Mathematik Primarstufe und Sekundarstufe I + II

Reihe herausgegeben von
Friedhelm Padberg, Universität Bielefeld, Bielefeld, Deutschland
Andreas Büchter, Universität Duisburg-Essen, Essen, Deutschland

Die Reihe „Mathematik Primarstufe und Sekundarstufe I + II" (MPS I+II), herausgegeben von Prof. Dr. Friedhelm Padberg und Prof. Dr. Andreas Büchter, ist die führende Reihe im Bereich „Mathematik und Didaktik der Mathematik". Sie ist schon lange auf dem Markt und mit aktuell rund 60 bislang erschienenen oder in konkreter Planung befindlichen Bänden breit aufgestellt. Zielgruppen sind Lehrende und Studierende an Universitäten und Pädagogischen Hochschulen sowie Lehrkräfte, die nach neuen Ideen für ihren täglichen Unterricht suchen.

Die Reihe MPS I+II enthält eine größere Anzahl weit verbreiteter und bekannter Klassiker sowohl bei den speziell für die Lehrerausbildung konzipierten Mathematikwerken für Studierende aller Schulstufen als auch bei den Werken zur Didaktik der Mathematik für die Primarstufe (einschließlich der frühen mathematischen Bildung), der Sekundarstufe I und der Sekundarstufe II.

Die schon langjährige Position als Marktführer wird durch in regelmäßigen Abständen erscheinende, gründlich überarbeitete Neuauflagen ständig neu erarbeitet und ausgebaut. Ferner wird durch die Einbindung jüngerer Koautorinnen und Koautoren bei schon lange laufenden Titeln gleichermaßen für Kontinuität und Aktualität der Reihe gesorgt. Die Reihe wächst seit Jahren dynamisch und behält dabei die sich ständig verändernden Anforderungen an den Mathematikunterricht und die Lehrerausbildung im Auge.

Weitere Bände in der Reihe http://www.springer.com/series/8296

Volker Ulm · Moritz Zehnder

Mathematische Begabung in der Sekundarstufe

Modellierung, Diagnostik, Förderung

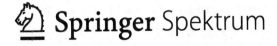

Volker Ulm
Mathematisches Institut, Universität Bayreuth
Bayreuth, Deutschland

Moritz Zehnder
Mathematisches Institut, Universität Bayreuth
Bayreuth, Deutschland

Mathematik Primarstufe und Sekundarstufe I + II
ISBN 978-3-662-61133-3   ISBN 978-3-662-61134-0   (eBook)
https://doi.org/10.1007/978-3-662-61134-0

Die Deutsche Nationalbibliothek verzeichnet diese Publikation in der Deutschen Nationalbibliografie; detaillierte bibliografische Daten sind im Internet über http://dnb.d-nb.de abrufbar.

Planung/Lektorat: Annika Denkert
Springer Spektrum ist ein Imprint der eingetragenen Gesellschaft Springer-Verlag GmbH, DE und ist ein Teil von Springer Nature.
Die Anschrift der Gesellschaft ist: Heidelberger Platz 3, 14197 Berlin, Germany

Hinweis der Herausgeber

Dieser Band von Volker Ulm und Moritz Zehnder beschäftigt sich umfassend mit Mathematischer Begabung in der Sekundarstufe. Der Band erscheint in der Reihe Mathematik Primarstufe und Sekundarstufe I + II. Insbesondere die folgenden Bände dieser Reihe könnten Sie unter mathematikdidaktischen oder mathematischen Gesichtspunkten interessieren:

- R. Danckwerts/D. Vogel: Analysis verständlich unterrichten
- M. Franke/S. Ruwisch: Didaktik des Sachrechnens in der Grundschule
- C. Geldermann/F. Padberg/U. Sprekelmeyer: Unterrichtsentwürfe Mathematik Sekundarstufe II
- G. Greefrath: Didaktik des Sachrechnens in der Sekundarstufe
- G. Greefrath/R. Oldenburg/H.-S. Siller/V. Ulm/H.-G. Weigand: Didaktik der Analysis für die Sekundarstufe II
- K. Heckmann/F. Padberg: Unterrichtsentwürfe Mathematik Sekundarstufe I
- W. Henn/A. Filler: Didaktik der Analytischen Geometrie und Linearen Algebra
- G. Hinrichs: Modellierung im Mathematikunterricht
- K. Krüger/H.-D. Sill/C. Sikora: Didaktik der Stochastik in der Sekundarstufe
- F. Padberg/S. Wartha: Didaktik der Bruchrechnung
- H.-J. Vollrath/H.-G. Weigand: Algebra in der Sekundarstufe
- H.-J. Vollrath/J. Roth: Grundlagen des Mathematikunterrichts in der Sekundarstufe
- H.-G. Weigand et al.: Didaktik der Geometrie für die Sekundarstufe I
- A. Büchter/H.-W. Henn: Elementare Analysis
- A. Filler: Elementare Lineare Algebra
- S. Krauter/C. Bescherer: Erlebnis Elementargeometrie
- H. Kütting/M. Sauer: Elementare Stochastik
- T. Leuders: Erlebnis Algebra
- F. Padberg/A. Büchter: Elementare Zahlentheorie
- F. Padberg/R. Danckwerts/M. Stein: Zahlbereiche

- B. Schuppar: Geometrie auf der Kugel – Alltägliche Phänomene rund um Erde und Himmel
- B. Schuppar/H. Humenberger: Elementare Numerik für die Sekundarstufe

Bielefeld   Friedhelm Padberg
Essen   Andreas Büchter
Januar 2020

Einleitung

Dieses Buch wendet sich primär an Lehramtsstudierende und Lehrkräfte mit dem Fach Mathematik. Sie können vielfältige Impulse erhalten, um im Mathematikunterricht bzw. in der Schule mathematisch besonders begabte Schüler sensibel zu erkennen und differenziert zu fördern.

Des Weiteren richtet sich das Buch an Personen, die in der Lehrerbildung im Fach Mathematik tätig sind. Sie finden Theorien, Konzepte und Materialien, um mit Studierenden oder angehenden bzw. erfahrenen Lehrkräften über mathematische Begabung nachzudenken und sie bei der Entwicklung zugehöriger professioneller Kompetenzen zu unterstützen.

- Kap. 1 klärt den Begriff der mathematischen Begabung. Dabei wird ein sehr enger Bezug zu Mathematik und Mathematikunterricht hergestellt. Zudem wird der Prozess der individuellen Entfaltung mathematischer Begabung in seiner Verwobenheit mit einem komplexen Geflecht von Einflussfaktoren beleuchtet.
- Kap. 2 gibt einen Überblick über die Diagnostik mathematischer Begabung. Der Fokus liegt dabei auf Verfahren, die sich insbesondere für Mathematiklehrkräfte bzw. Schulen eignen, um mathematisch besonders begabte Schüler zu erkennen und ihre Potenziale fachbezogen einzuschätzen.
- In Kap. 3 wird ein breites Spektrum an Wegen dargestellt, wie mathematisch besonders Begabte in der Schule spezifisch gefördert werden können. Einerseits steht dabei der reguläre Mathematikunterricht gemäß Stundenplan im Blickfeld. Da die Kinder und Jugendlichen hier Zeit in erheblichem Umfang verbringen, sollte diese bewusst und systematisch für die Förderung ihrer Begabungen genutzt werden – beispielsweise durch differenzierte Lernangebote. Andererseits bietet das Kapitel auch vielfältige Vorschläge, wie mathematisch besonders begabte Schüler über den regulären Unterricht hinaus Impulse für ihre mathematikspezifische Entwicklung von der Schule erhalten können.
- Kap. 4 betrachtet Entwicklungen auf der Ebene von Lehrkräften, von Unterricht und von Schule als Ganzes. Es werden Antworten auf die Frage entworfen, was eine Lehrkraft tun kann, um sich selbst und ihren Unterricht in Bezug auf das

Erkennen und Fördern mathematisch begabter Schüler weiterzuentwickeln. Ebenso werden Anregungen gegeben, wie das Fachkollegium Mathematik einer Schule Entwicklungen gestalten kann, um die Diagnostik und Förderung mathematischer Begabung an der Schule profilbildend zu intensivieren und zu systematisieren.

Ein Kerngedanke dieses Buches ist, dass Mathematikunterricht für alle Schüler gleichermaßen da ist. Jeder Schüler sollte dabei unterstützt werden, seine individuellen Potenziale möglichst optimal zu entfalten. Dabei ist es ein ganz natürliches Charakteristikum jeder Lerngruppe, dass sich die Lernenden in vielfältigster Weise unterscheiden. Das Buch ist ein Plädoyer dafür, diese Vielfalt wertzuschätzen und mit ihr bewusst gestaltend umzugehen. Das Erkennen und das Fördern mathematisch besonders begabter Schüler ordnen sich hier in natürlicher Weise ein. Es sind Facetten eines reflektierten, verantwortungsvollen Umgangs mit Diversität in der Schule.

Darüber hinaus möchten wir mit dem Buch die Botschaft vermitteln, dass Begabtenförderung allen Beteiligten ausgesprochen Spaß machen kann! Schüler wie Lehrkräfte können Mathematik als Feld für kreatives, freies Mathematiktreiben erleben. Im Schulalltag lädt dies dazu ein, in pädagogischer, didaktischer oder schulorganisatorischer Sicht Neues auszuprobieren, um Förderangebote individuell zu gestalten und Entfaltungsräume für Schüler zu schaffen. Wenn mathematisch besonders begabte Schüler entsprechend ihren Potenzialen lernen und arbeiten dürfen, kann dies zu beeindruckenden Entwicklungen und Ergebnissen führen, die Schule spannend, lebendig und für alle Beteiligten wertvoll machen.

Unser Anliegen ist es, eine positive Haltung zur Thematik mathematischer Begabung zu fördern, von der Schüler, Lehrkräfte, der Mathematikunterricht und die Schule als Ganzes substanziell profitieren können.

Schließlich der Hinweis: Wenn in diesem Buch von Studierenden, Lehrkräften, Schülern, Eltern etc. die Rede ist, sind damit jeweils Personen jeglichen Geschlechts gemeint.

Mögliche Schwerpunktsetzungen in Veranstaltungen zur Lehrerbildung

Das Buch kann in der Lehrerbildung als Grundlage für Veranstaltungen zur Thematik „mathematische Begabung" genutzt werden. Es ist ein Resultat entsprechender langjähriger Aktivitäten in diesem Bereich. Je nach Zielgruppe und zeitlichem Rahmen können dabei verschiedene Formate und Schwerpunktsetzungen zweckmäßig sein:

- Für Lehramtsstudiengänge bieten sich mathematikdidaktische Seminare an, in denen die Inhalte aller vier Kapitel – oder auch nur der ersten drei Kapitel – über ein Semester verteilt werden. Studierende können sich dadurch nicht nur facettenreich mit mathematischer Begabung befassen, sondern auch vielfältige allgemeine mathematikdidaktische und (schul-)mathematische Inhalte – ggf. unter neuen Blickwinkeln – kennenlernen. Die jeweiligen Literaturhinweise geben Impulse für vertiefendes Studieren.

- Einzelne universitäre Vorlesungen oder Veranstaltungen für Referendare können auf ausgewählte Aspekte der Modellierung, Diagnostik oder Förderung mathematischer Begabung fokussieren. Die Studierenden bzw. Referendare können diese Veranstaltungen anhand der jeweiligen Buchkapitel vor- und nachbereiten. Die Kapitel lassen sich dazu weitgehend unabhängig voneinander lesen.
- Für eine halb- oder eintägige Veranstaltung zur Lehrerfortbildung empfiehlt sich ein Fokus auf ein Kapitel – insbesondere auf Kap. 3, da dieses den engsten Bezug zum Unterrichtsalltag besitzt. Nach einer Schärfung des Begriffs mathematischer Begabung gemäß Abschn. 1.1.3 können die in Kap. 3 dargestellten Wege zur Förderung mathematisch besonders begabter Schüler diskutiert werden.
- Wirkungsvoll sind Veranstaltungen zur Lehrerfortbildung vor allem dann, wenn sie Bestandteil eines längerfristig angelegten Unterrichtsentwicklungsprozesses sind. Wie ein solcher organisiert werden kann, ist in Kap. 4 dargestellt. Die Beteiligten könnten sich etwa während eines Schuljahres an mehreren Terminen mit Inhalten dieses Buches befassen. Dabei lassen sich je nach Interessen Schwerpunkte im Bereich der Modelle, der Diagnostik, der Förderung oder der Schul- und Unterrichtsentwicklung setzen, wobei im Sinne von Ausgewogenheit im Lauf eines Schuljahres alle diese Aspekte berücksichtigt werden sollten.

Unabhängig von solchen Veranstaltungen lädt das Buch aber auch einfach nur zum Blättern, zum Schmökern und zum Beschäftigen mit Mathematikdidaktik und Mathematik ein – um Neues kennenzulernen oder Bekanntes unter neuen Perspektiven zu sehen.

Online-Materialien

Auf der Seite www.mathematische-begabung.de werden ergänzende Materialien zu diesem Buch angeboten. Insbesondere sind dort alle Aufgaben aus Kap. 3 zur Förderung von Schülern als Word- und als PDF-Dokumente verfügbar, um die Nutzung im Mathematikunterricht zu erleichtern.

Inhaltsverzeichnis

Modelle für (mathematische) Begabung

1

Im Fokus dieses ersten Kapitels steht die Frage: Was ist mathematische Begabung? Um dies zu klären, wird ein fachbezogenes Modell für mathematische Begabung entworfen. Es basiert auf einer facettenreichen Modellierung mathematischen Denkens und berücksichtigt Prozesse der Entwicklung von Begabung, Fähigkeiten und Leistung.

Der generelle Nutzen von Modellen besteht darin, dass sie Sachverhalte in vereinfachter und zu einem gewissen Grad strukturtreuer Form darstellen. Sie reduzieren reale Komplexität und heben dabei strukturelle Eigenschaften eines Sachverhalts hervor. Dadurch werden komplexe Phänomene verständlich und für weitere gedankliche Bearbeitungen zugänglich.

Ein hoher Komplexitätsgrad liegt auch beim Phänomen menschlicher Begabung vor. Dementsprechend wurden in den vergangenen gut einhundert Jahren vielfältige Modelle für Begabung entwickelt. Auch wenn jedes Begabungsmodell zwangsläufig eine Vereinfachung und Idealisierung der Realität darstellt, helfen diese Modelle doch, jeweils gewisse Strukturen und Aspekte des Phänomens der Begabung gedanklich greifbar zu machen.

Das im Folgenden entwickelte Modell für mathematische Begabung wird mit einem breiten Spektrum bestehender Begabungsmodelle aus der Psychologie, der Pädagogik und der Mathematikdidaktik in Bezug gesetzt. Dabei wird dargestellt, inwiefern das Modell für mathematische Begabung vielfältige zentrale Aspekte bestehender Modelle integriert. Dies schafft eine wesentliche Grundlage, um in den nachfolgenden Kapiteln Konzepte zur Diagnostik mathematischer Begabung und zur Förderung mathematisch begabter Schüler zu entwickeln. Es schafft aber auch Klarheit, um als praktizierende oder künftige Lehrkraft mit dem Phänomen mathematischer Begabung im Schulalltag sensibel, reflektiert und produktiv umzugehen.

© Springer-Verlag GmbH Deutschland, ein Teil von Springer Nature 2020
V. Ulm und M. Zehnder, *Mathematische Begabung in der Sekundarstufe,* Mathematik
Primarstufe und Sekundarstufe I + II, https://doi.org/10.1007/978-3-662-61134-0_1

1.1   Ein fachbezogenes Modell für mathematische Begabung

Um die Frage zu klären, was mathematische Begabung ist, wird ein differenziertes *Modell für mathematische Begabung* entworfen. Es ist in drei aufeinander aufbauende Komponenten strukturiert:

- *Modell für mathematisches Denken:* Zunächst wird in Abschn. 1.1.1 der Begriff des mathematischen Denkens facettenreich gefasst.
- *Definition mathematischer Begabung:* In Abschn. 1.1.3 wird mathematische Begabung als Potenzial zur Entwicklung von Fähigkeiten zu mathematischem Denken definiert.
- *Modell für die Entwicklung mathematischer Begabung, Fähigkeiten und Leistung:* Schließlich werden in Abschn. 1.1.5 die Prozesse der Entwicklung mathematischer Begabung, Fähigkeiten und Leistung in ihrer Verwobenheit mit allgemeinen Merkmalen der Person und der Umwelt dargestellt.

Die beiden zentralen Abbildungen des Modells für mathematische Begabung sind Abb. 1.1 und 1.13. Sie bilden die Komplexität mathematischen Denkens und zugehörige Entwicklungsprozesse ab. Dieses Modell für mathematische Begabung ist

- *bereichsspezifisch,* d. h. auf die Spezifika der Mathematik bezogen,
- *komplex,* wobei diese Komplexität natürlicherweise durch die Modellierung der Komplexität von Mathematik und der Komplexität menschlichen Denkens und Lernens entsteht,
- *dynamisch,* d. h., Begabung und Fähigkeiten werden als im Lauf des Lebens veränderliche und damit entwickelbare Eigenschaften einer Person gesehen, wobei Lernprozessen eine zentrale Bedeutung zukommt,
- *pädagogisch-didaktisch relevant,* da das Modell Orientierung und Hilfe bei der Diagnostik mathematischer Begabung und der Förderung mathematisch begabter Schüler sowie bei der Konzeption und Gestaltung entsprechenden Mathematikunterrichts geben kann.

1.1.1   Mathematisches Denken

Neben allgemeinen Bildungs- und Erziehungszielen strebt Mathematikunterricht insbesondere an, fachbezogene Denkfähigkeiten von Schülern weiterzuentwickeln. Im Kanon aller Schulfächer leistet das Fach Mathematik einen spezifischen Beitrag zur Entwicklung des Denkens. Doch was ist eigentlich „mathematisches Denken"? Betrachtet man das Gehirn als Organ des Denkens, lässt sich aus neurobiologischer Perspektive definieren:

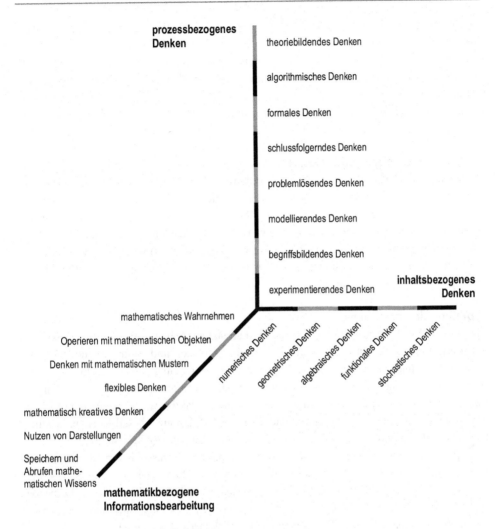

Abb. 1.1 Facetten mathematischen Denkens

▶ *Mathematisches Denken* bezeichnet neurobiologische Prozesse im Gehirn, die zu einer Beschäftigung mit einer mathematikhaltigen Situation in inhaltlichem Bezug stehen.

In Hinblick auf eine fachbezogene Fassung des Begriffs des mathematischen Denkens, die auch fachdidaktische Relevanz besitzt – z. B. für die Gestaltung von Mathematikunterricht –, ist diese Definition weiter mit Inhalt zu füllen. Hierzu wird der Begriff des mathematischen Denkens aus einer fachlichen Perspektive differenziert, um ihn damit greifbarer zu machen. Das zugehörige Modell in Abb. 1.1 zeigt verschiedene Facetten mathematischen Denkens und ordnet diese in drei Dimensionen:

- *prozessbezogenes Denken* (d. h. Denken bei mathematiktypischen Prozessen des Betreibens von Mathematik unabhängig vom jeweiligen Inhaltsbereich),
- *inhaltsbezogenes Denken* (d. h. Denken, das typisch für den Umgang mit mathematischen Objekten aus einem bestimmten Inhaltsbereich der Mathematik ist) und
- *mathematikbezogene Informationsbearbeitung* (d. h. Denken aus der Perspektive der Wahrnehmung, der Verarbeitung, der Speicherung und des Abrufs von Information).

1.1.1.1 Prozessbezogenes Denken

Mathematik zu betreiben bedeutet das gedankliche Vollziehen mathematiktypischer Prozesse. Diese für Mathematik typischen Arten mathematischen Tätigseins – unabhängig vom jeweiligen Inhaltsbereich – bilden im Modell in Abb. 1.1 die vertikale Dimension mathematischen Denkens. Sie werden im Folgenden erläutert; teils wird dies mit illustrierenden Beispielen versehen. Eine Vielzahl weiterer Beispiele zu den Facetten prozessbezogenen Denkens findet sich in Kap. 3 in Zusammenhang mit der Förderung mathematisch begabter Schüler.

Experimentierendes Denken

Mathematisches Experimentieren ist eine mathematische Arbeitsweise, die insbesondere von Bedeutung ist, wenn neue Themenfelder zu erforschen und dadurch neue Erkenntnisse zu gewinnen sind. Experimentiert wird dabei mit mathematischen Objekten, als Ergebnisse entstehen Einsichten in mathematische Strukturen. Im Mathematikunterricht kommt dem experimentierenden Denken bei didaktischen Konzepten wie dem „forschenden Lernen" – im englischsprachigen Bereich „inquiry based learning" – eine Schlüsselrolle zu (vgl. Abschn. 3.3.5 sowie Roth und Weigand 2014; Ulm 2009).

Experimentierendes Denken lässt sich über typische Prozesse bei mathematischem Experimentieren differenziert charakterisieren – etwa gemäß Ludwig et al. (2017, S. 3) sowie Philipp (2013, S. 66 ff.). Ausgangspunkt sind mathematikhaltige Phänomene. Lernende (z. B. in der Schule oder auch an der Universität) stehen dabei vor einer mathematischen Situation, die sie persönlich als komplex und strukturell unerschlossen erleben.

- *Beispiele untersuchen:* Ein Zugang zur Situation erfolgt etwa über konkrete Beispiele. Es werden Beispiele zu den Phänomenen spontan oder systematisch generiert und untersucht. Gefundene Beispiele werden variiert und Veränderungen von Eigenschaften beim Variieren analysiert. („Was passiert, wenn …?") Auf diese Weise werden die jeweiligen mathematischen Phänomene erkundet.
- *Beobachtungen strukturieren:* Zunächst ungeordnet entstandene Beobachtungen und Resultate werden systematisiert und strukturiert. Dabei wird nach allgemeinen Mustern und Strukturen geforscht, die den Beispielen zugrunde liegen.
- *Vermutungen aufstellen:* Die systematische Strukturierung und Analyse von Beispielen führt zu Vermutungen über tiefer liegende mathematische Zusammenhänge. Die sprachliche Formulierung der Vermutungen kondensiert Ergebnisse des bisherigen Experimentierens.

- *Vermutungen überprüfen:* Die Vermutungen werden anhand weiterer Beispiele überprüft. Dies kann die Vermutungen weiter untermauern. Allerdings können auch Gegenbeispiele entdeckt werden, die die Vermutungen widerlegen und ggf. zu Modifikationen
  bzw. genaueren Fassungen der Vermutungen führen. Über die Frage nach dem
  „Warum" kommt man ggf. zu Begründungen und Beweisen aufgedeckter Zusammenhänge.

Derartiges Experimentieren kann natürlich durch Handlungen mit realen Gegenständen
oder Zeichnungen zur Anschauung unterstützt werden. Allerdings sind die eigentlichen
Objekte des Experimentierens mathematischer und damit abstrakter Art.

  Beim Erkunden von Phänomenen sind Fehler, Irrwege und Rückschritte ganz normal.
Sie helfen, ins Themenfeld weiter einzudringen sowie Ideen und Fragen ggf. zu modifizieren, zu schärfen oder auch zurückzustellen bzw. auszusortieren. Zusammenfassend
ist experimentierendes Denken also eine Denkweise, die für mathematisches Forschen
zur Gewinnung neuer Einsichten und Erkenntnisse charakteristisch ist. Beispiele für
den Mathematikunterricht finden sich – im Hinblick auf die Förderung mathematisch
begabter Schüler – in Abschn. 3.2.4.

Begriffsbildendes Denken

Die Entwicklung von Mathematik als Wissenschaft, aber auch individuelles
mathematisches Lernen Einzelner sind eng mit dem Bilden von Begriffen verbunden.
Begriffe verdichten und ordnen Erkenntnisse, sie sind Grundlage für sprachliche
Kommunikation und Werkzeuge des Denkens. Dabei lassen sich Begriffe für *Objekte*
(z. B. Pyramide, Primzahl), für *Eigenschaften* von Objekten (z. B. punktsymmetrisch,
irrational), für *Relationen* zwischen Objekten (z. B. „ist Teiler von", „ist die Ableitungsfunktion von") und für *Prozesse* zum Umgang mit Objekten (z. B. „ein Lot fällen", „eine
lineare Gleichung lösen") unterscheiden (vgl. Franke und Reinhold 2016, S. 125 f.).

  Begriffsbildendes Denken kann als Prozess der Entwicklung von Verständnis für
einen mathematischen Begriff charakterisiert werden. Dies bedeutet nach Weigand
(2015, S. 264 ff.) insbesondere, dass Lernende

- Vorstellungen über Merkmale eines Begriffs und deren Beziehungen – also über den
  Begriffsinhalt – entwickeln,
- einen Überblick über die Gesamtheit aller Objekte bzw. Sachverhalte gewinnen, die
  unter einem Begriff zusammengefasst werden – also den *Begriffsumfang* erschließen,
- Beziehungen des Begriffs zu anderen Begriffen – also das *Begriffsnetz* – erfassen sowie
- Kenntnisse über *Anwendungen* des Begriffs und Fähigkeiten im *Umgang* mit dem
  Begriff erwerben.

Das individuelle Bilden von Begriffen kann auf verschiedene Arten erfolgen (vgl. z. B.
Franke und Reinhold 2016, S. 129 ff.; Weigand 2015, S. 267 ff.). Zwei typische Prozesse
begriffsbildenden Denkens werden im Folgenden skizziert:

Das *Begriffsbilden durch Abstrahieren* geht von konkreten Phänomenen oder Beispielen für einen Begriff aus. So sammeln Schüler zum Funktionsbegriff bereits in der Grundschule und den unteren Jahrgangsstufen der Sekundarstufe mannigfache Erfahrungen, ohne dass dabei der Begriff der Funktion definiert wird oder auch nur das Wort „Funktion" fällt. Sie untersuchen beispielsweise zeitliche Entwicklungen von Größen (z. B. Temperaturverläufe), gesetzte funktionale Zusammenhänge zwischen Größen (z. B. Kosten in Abhängigkeit von Stückzahlen) oder Eigenschaften von Objekten (z. B. Wohnort oder Geburtstag von Schülern). Derartige Abhängigkeiten werden in verschiedenen Repräsentationsformen dargestellt (z. B. Tabelle, Diagramm, Graph, Term, verbale Beschreibung). Bei derartigem Arbeiten mit Phänomenen entstehen bedeutungshaltige Vorstellungen zu funktionalen Zusammenhängen. Erst in höheren Jahrgangsstufen werden prototypische Beispiele so weit abstrahiert, dass dadurch eine allgemeine Definition des Funktionsbegriffs herausgearbeitet wird (vgl. Greefrath et al. 2016, S. 36 ff.). Bei dieser Art der Begriffsbildung erfolgt allmählich ein Loslösen von konkreten Phänomenen und Beispielen. Entscheidende begriffsbestimmende Merkmale werden identifiziert und schließlich zu einer Definition verdichtet.

Das *Begriffsbilden durch Spezifizieren eines Oberbegriffs* geht einen „umgekehrten" Weg. Hier wird ein bekannter Oberbegriff durch Hinzunahme weiterer Eigenschaften eingeschränkt. Zwei Beispiele: Eine Funktion heißt *reelle* Funktion, wenn Definitions- und Zielmenge Teilmengen von $\mathbb{R}$ sind. Ein Viereck heißt *Trapez,* wenn es zwei parallele Seiten besitzt. Jeweils wird der Oberbegriff der Funktion bzw. des Vierecks als Ausgangspunkt genommen, um durch eine weitere Einschränkung einen neuen Begriff zu definieren. Eine solche Definition bleibt allerdings bedeutungsarm, wenn dazu nicht anhand vielfältiger Beispiele und Gegenbeispiele das oben beschriebene Begriffsverständnis in Bezug auf den Begriffsinhalt, den Begriffsumfang, das Begriffsnetz und Anwendungen des Begriffs entwickelt wird.

Winter (1983, S. 186) schreibt zu Begriffsbildung im Unterricht: „Begriffe kann man im Grunde nicht einführen (wohl Sprechweisen und Termini), der Begriffserwerb ist vielmehr ein aktiver, schöpferischer Prozess des lernenden Individuums." Zahlreiche Beispiele hierzu werden in Abschn. 3.2.1 und 3.2.2 vorgestellt.

Explizit eingeschlossen in den Prozess der Begriffsbildung ist die Entwicklung von Grundvorstellungen zu Begriffen.

▶ „Eine *Grundvorstellung* zu einem mathematischen Begriff ist eine inhaltliche Deutung des Begriffs, die diesem Sinn gibt." (Greefrath et al. 2016, S. 17).

Um die Verbindung von Begriffsbildung und der Entwicklung von Grundvorstellungen zu illustrieren, führen wir obiges Beispiel zu Funktionen fort. Anhand vielfältigen Arbeitens mit Funktionen sollen Schüler im Mathematikunterricht folgende Grundvorstellungen zu diesem Begriff aufbauen: Eine Funktion ordnet jedem Wert einer Größe genau einen Wert einer zweiten Größe zu (Zuordnungsvorstellung). Eine Funktion erfasst, wie sich Änderungen einer Größe auf eine zweite Größe auswirken (Kovariationsvorstellung).

Eine Funktion beschreibt einen Zusammenhang zwischen Größen als Ganzes (Objektvorstellung). Im Abschnitt zu funktionalem Denken wird dies weiter vertieft.

Mit Grundvorstellungen werden also fachliche Aspekte eines mathematischen Begriffs – und damit der Begriffsinhalt – erfasst, der Begriff erhält dadurch eine inhaltliche Bedeutung. Dies ist eine wesentliche Voraussetzung dafür, dass man mit einem Begriff verständnisvoll umgehen und ihn anwenden kann. Grundvorstellungen zu einem Begriff entwickeln sich etwa, wenn sich Lernende mit sinnhaltigen Kontexten beschäftigen, in denen Aspekte des Begriffs erfahrbar werden (vgl. z. B. vom Hofe 1995, S. 97 f.; Blum und vom Hofe 2016, S. 230 f.).

Modellierendes Denken

Mathematisches Modellieren ist eine typische Denk- und Arbeitsweise zur mathematischen Bearbeitung außermathematischer Situationen. Es existieren verschiedene Modelle, die Modellierungsprozesse in Teilprozesse gliedern. Einen Überblick hierüber geben etwa Borromeo Ferri (2006, S. 86 ff.; 2011, S. 14 ff.) und Greefrath et al. (2013, S. 14 ff.). Exemplarisch ist in Abb. 1.2 ein Modellierungskreislauf nach Maaß (2006, S. 115) skizziert.

Modellierendes Denken bezeichnet die Gesamtheit der spezifischen Denkprozesse, die zum Durchlaufen eines Modellierungskreislaufes erforderlich sind. Sie lassen sich mit Kaiser et al. (2015, S. 369 f.), Maaß (2006, S. 116 f.) und gemäß Abb. 1.2 in fünf Teilkomplexe differenzieren:

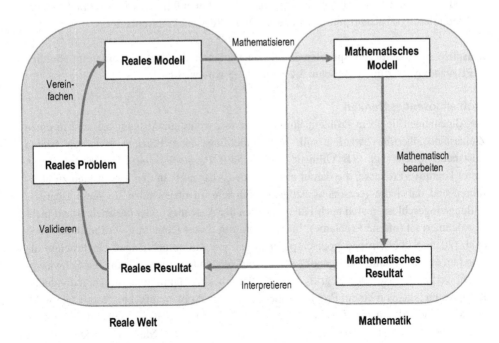

Abb. 1.2 Modellierungskreislauf

- *Vereinfachen:* In einer realen Situation besteht ein zu bearbeitendes reales Problem. Dieses ist angesichts der Komplexität der Realität zu vereinfachen. Dazu werden Annahmen getroffen, zentrale beeinflussende Größen identifiziert und Beziehungen zwischen Größen expliziert. So entsteht in der realen Welt ein reales Modell als vereinfachte Beschreibung der Problemsituation.
- *Mathematisieren:* Aus dem realen Modell wird ein mathematisches Modell entwickelt, d. h., relevante Größen und Beziehungen werden in mathematische Sprache übersetzt, mit Mathematik beschrieben und dabei ggf. weiter vereinfacht. Das Problem wird mit mathematischen Begriffen und Notationen dargestellt.
- *Mathematisch bearbeiten:* Mathematische Fragestellungen in Bezug auf das mathematische Modell werden bearbeitet. Bei diesem innermathematischen Arbeiten können vielfältige weitere Aspekte mathematischen Denkens erforderlich sein, etwa problemlösendes Denken, algorithmisches Denken, schlussfolgerndes Denken etc. Da diese Prozesse des innermathematischen Arbeitens nicht spezifisch für das Modellieren sind, werden sie mit Greefrath et al. (2013, S. 18) neben dem modellierenden Denken und nicht als Teil dessen gesehen.
- *Interpretieren:* Die mathematischen Resultate werden auf die Realsituation bezogen und im realen Modell interpretiert. So entsteht ein Resultat zum realen Problem.
- *Validieren:* Der gesamte Prozess der Lösungsfindung wird kritisch reflektiert. Insbesondere werden (vereinfachende) Annahmen beim Erstellen des realen und des mathematischen Modells infrage gestellt. Das Resultat wird in Bezug auf seine Bedeutung und Brauchbarkeit bewertet. Gegebenenfalls wird anschließend der Modellierungskreislauf mit modifizierten Modellen erneut durchlaufen.

Beispiele zu Modellierungsproblemen für den Mathematikunterricht werden im Hinblick auf Begabtenförderung in Abschn. 3.2.6 und 3.3.5 vorgestellt.

Problemlösendes Denken

Im Allgemeinen liegt ein Problem immer dann vor, wenn ein Ausgangszustand in einen Zielzustand überführt werden soll, dabei allerdings eine Barriere zwischen beiden Zuständen besteht (vgl. z. B. Öllinger 2017, S. 589). *Problemlösendes Denken* bezeichnet damit kognitive Prozesse, die darauf abzielen, den Ausgangs- in den Zielzustand zu überführen und dabei die (personenspezifische) Barriere zu überwinden. In diese Begriffsbildung eingeschlossen sind auch Fälle, in denen der Ausgangs- oder der Zielzustand nicht klar definiert ist (offene Probleme). Im Einklang mit dieser Definition wird nach Heinrich et al. (2015, S. 279) in pädagogisch-psychologischen Zusammenhängen ein Problem als eine (auf ein Individuum bezogene) Anforderung verstanden, deren Lösung mit Schwierigkeiten verbunden ist. Der Begriff des Problems besitzt damit eine starke individuelle Komponente, da „von einem Problem (oder auch einer Problemaufgabe) gesprochen wird, wenn ein Individuum ein Ziel hat, derzeit jedoch nicht bzw. nicht genau weiß, wie es dieses (momentan) erreichen kann. Insofern stellt sich für den Mathematikunterricht ein Problem dar als eine individuell schwierige Aufgabe" (ebd., S. 279 f.).

Wie lässt sich problemlösendes Denken im Fach Mathematik weiter differenzieren und dadurch charakterisieren? Um Prozesse des Problemlösens inhaltlich und zeitlich zu gliedern, wurden in der Mathematikdidaktik Phasenmodelle für das Problemlösen entworfen. Einen Überblick hierzu gibt etwa Rott (2014, S. 253 ff.). Abb. 1.3 zeigt ein solches Phasenmodell für problemlösendes Denken, das auf ein Modell von Schoenfeld (1985, S. 108 ff.) zurückgeht und dieses um zyklische Komponenten erweitert, wobei sich zentrale Elemente hiervon bereits bei Polya (1945) finden.

- *Analyse:* Die erste Phase zielt auf ein möglichst vielfältiges Verständnis des Problems ab. Die Ausgangs- und die Zielsituation werden perspektivenreich untersucht, indem beispielsweise Spezialfälle, Vereinfachungen oder Grenzfälle betrachtet werden und versucht wird, das Problem für diese Fälle zu lösen. Hieraus entstehen ggf. Einsichten in diesen Beispielen zugrunde liegende Muster. In diesem Zusammenhang ist es hilfreich, die mathematische Struktur des Problems möglichst klar herauszuarbeiten und zu visualisieren. Hierzu dienen insbesondere ikonische oder symbolische Darstellungen wie etwa Skizzen, Graphen, Tabellen, Terme oder Gleichungen. Solche Darstellungen der Problemstruktur werden als *heuristische Hilfsmittel* bezeichnet (vgl. Bruder und Collet 2011, S. 45 ff.). Mit ihnen lassen sich die zum Problem verfügbaren Informationen ordnen und auf ihren strukturellen Kern reduzieren. Dies kann ein entscheidender Schlüssel zum Verstehen des Problems und zu einer Problemlösung sein. So kann etwa eine aussagekräftige Skizze oder eine Gleichung sowohl die gegebenen Voraussetzungen und deren Beziehungen prägnant darstellen als auch ein Vorgehen zur Problemlösung nahelegen.
- *Planung, Reflexion, Regulation:* Der gesamte Problemlöseprozess wird von Planungs-, Reflexions- und Selbstregulationsaktivitäten begleitet und durchzogen. Einerseits ist der Problemlöseprozess in seiner Gesamtheit zu konzipieren, zu organisieren und zu gestalten. Hierzu dienen *heuristische Strategien.* Dies sind „grundsätzliche Vorgehensweisen [...], wie man in einer Problemsituation agieren kann, wenn das Problem im Wesentlichen verstanden wurde" (ebd., S. 68). Beispiele sind systematisches Probieren, Vorwärtsarbeiten, Rückwärtsarbeiten, Analogieschlüsse und die Rückführung von

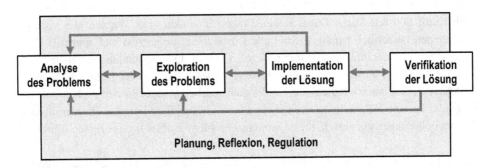

Abb. 1.3 Modell für das Problemlösen

Unbekanntem auf Bekanntes (vgl. ebd., S. 68 ff.). Andererseits sind die Lösungs-
bemühungen auf einer Metaebene zu bewerten und ggf. zu modifizieren. Es können
etwa alternative Strategien in Erwägung gezogen und Vorgehensweisen zur Problemlösung insgesamt weiterentwickelt werden. Dies ist ein dynamischer metakognitiver
Prozess, der durch den zunehmenden Gewinn an Einsichten in das Problem und mögliche Lösungswege stets neue Impulse erhält.

- *Exploration:* Die Phase der Exploration ist nach Schoenfeld (1985, S. 110) „the heuristic
  heart" des Problemlösens. Es wird versucht, einen Weg zu finden, um die Barriere
  zwischen Ausgangs- und Zielzustand zu überwinden. Dabei werden etwa heuristische
  Strategien umgesetzt (siehe oben). Zudem kann versucht werden, *heuristische Prinzipien*
  zu nutzen. Dies sind mathematikbezogene Vorgehensweisen, um zu einem erfassten
  Problem Lösungsideen und Lösungen zu gewinnen. Beispiele sind etwa das Zerlegungs-
  prinzip, Ergänzungsprinzip, Invarianzprinzip, Extremalprinzip, Symmetrieprinzip, Trans-
  formationsprinzip, Schubfachprinzip oder Fallunterscheidungen (vgl. Bruder und Collet
  2011, S. 87 ff. sowie Abschn. 3.3.4). Der Unterschied zwischen heuristischen Strategien
  und heuristischen Prinzipien liegt in ihrer Reichweite für den Problemlöseprozess und
  im Fachbezug. Heuristische Strategien beziehen sich auf die Organisation des Problem-
  löseprozesses als Ganzes und sind fachungebunden. Hingegen fokussieren heuristische
  Prinzipien einzelne Aspekte der Lösungsfindung und sind mathematikspezifisch.
  Allerdings ist diese Begriffsdifferenzierung nicht absolut trennscharf. Für die Frage,
  welche der vielfältigen heuristischen Strategien und Prinzipien beim konkreten Problem
  sinnvoll erscheinen, sind Reflexions-, Planungs- und Selbstregulationsaktivitäten wie
  oben beschrieben erforderlich. Gegebenenfalls kann auch ein Rückschritt zur Phase der
  Analyse nötig sein, um das Problem auf Basis bislang gewonnener Erkenntnisse besser
  zu fassen.
- *Implementation:* Der in der Explorationsphase entwickelte Weg wird Schritt für Schritt
  ausgeführt und dokumentiert. Als Ergebnis entsteht – im Idealfall – eine schriftlich
  fixierte Lösung des Problems (z. B. ein mathematischer Satz mit Beweis, ein Rechen-
  weg oder eine geometrische Konstruktion). Wenn sich dabei zeigt, dass das Problem
  noch nicht vollständig gelöst ist, ist eine Rückkehr in die Phasen der Analyse bzw. der
  Exploration erforderlich.
- *Verifikation:* In der letzten Phase wird die gefundene Lösung in der Rückschau
  überprüft und reflektiert. Dabei stehen Fragen im Fokus wie: Wurden alle Voraussetzungen tatsächlich benötigt? Sind alle Lösungsschritte korrekt und sinnvoll? Gibt
  es andere bzw. einfachere Lösungswege? Gibt es Querverbindungen zu anderen
  mathematischen Zusammenhängen? Welche Aspekte der Problemlösung können in
  anderen Situationen nützlich sein? Falls sich hierbei Mängel in der Problemlösung
  zeigen, ist eine Rückkehr zu vorherigen Phasen nötig. Eine korrekte Problemlösung
  kann Folgefragen aufwerfen, die zu weiteren Problembearbeitungsprozessen führen.

Natürlich stellt das Modell in Abb. 1.3 – wie jedes Modell – nur eine Idealisierung
realer Prozesse dar, macht diese dadurch aber greif- und verstehbar. Die Darstellung in

Abb. 1.3 soll nicht den Eindruck erwecken, dass reales Problemlösen aus schematischem Abarbeiten der einzelnen Schritte besteht. Mathematische Probleme zeichnen sich gerade dadurch aus, dass der Bearbeiter keine Verfahren zur Verfügung hat, deren Anwendung eine Lösung produziert. Insofern ist Problemlösen auch immer ein kreativer Prozess (vgl. entsprechenden Abschnitt zu kreativem Denken). Metakognitive Prozesse und fachliche Einsicht in das Problemfeld sind erforderlich, um aus der Vielzahl möglicher Handlungsoptionen jeweils erfolgversprechende Wege zu entwickeln.

Schlussfolgerndes Denken

Schlussfolgerndes Denken bedeutet, durch schlüssige Gedankenführung Aussagen zu begründen. Was hierbei unter „schlüssiger Gedankenführung" zu verstehen ist, ist Gegenstand der mathematischen Logik. Aussagen in der Mathematik sind entweder wahr oder falsch – auch wenn nicht immer bekannt ist, welcher dieser beiden Fälle vorliegt. Eine besondere Rolle nehmen dabei Axiome ein; von ihnen nimmt man an, dass sie wahr sind, ohne dass man sie beweist. Durch Prinzipien des Schlussfolgerns können aus wahren Aussagen weitere wahre Aussagen gewonnen werden. Im Folgenden werden einige typische Prinzipien des Schlussfolgerns dargestellt. Dabei wurden solche Prinzipien ausgewählt, die im Mathematikunterricht, aber auch weit über das Fach Mathematik hinaus von Bedeutung sind. Eine systematische Darstellung mathematischer Beweisprinzipien (hierzu gehört etwa auch vollständige Induktion) wird nicht angestrebt. Vielmehr sollen die Beispiele zeigen, wie Schüler durch Beschäftigung mit Mathematik Fähigkeiten zu präzisem schlussfolgerndem Denken entwickeln können.

Unterscheidung von Voraussetzung und Folgerung

Ein grundlegendes Element schlussfolgernden Denkens ist es, bei einer Aussage zwischen Voraussetzungen und daraus zu ziehenden Folgerungen klar zu unterscheiden. Dies ist die Basis für die Entwicklung bzw. das Verständnis von Gedankengängen, die aus Voraussetzungen Folgerungen ableiten. Betrachten wir dazu exemplarisch einen typischen Satz aus dem Geometrieunterricht – den Satz des Thales. Er kann folgendermaßen formuliert werden:

▶ **Satz des Thales**
Gegeben sind ein Dreieck $\triangle ABC$ und der Kreis mit dem Durchmesser $[AB]$.
Wenn der Punkt C auf der Kreislinie liegt, dann ist das Dreieck rechtwinklig.

Hier ist zunächst eine mathematische Situation beschrieben: Ein Dreieck und ein Kreis mit einer Dreiecksseite als Durchmesser sind gegeben. In dieser Situation ist eine Wenn-dann-Aussage formuliert. Die Voraussetzung ist, dass der Eckpunkt C auf der Kreislinie liegt. Die Folgerung hieraus ist, dass dann das Dreieck rechtwinklig ist. Eine solche klare gedankliche Trennung von Voraussetzung und Folgerung ist u. a. erforderlich, um den Satz des Thales zu beweisen.

Vertauscht man Voraussetzung und Folgerung, so entsteht die Umkehrung der ursprünglichen Wenn-dann-Aussage – hier also die Umkehrung des Satzes des Thales: Gegeben sind ein Dreieck $\triangle ABC$ und der Kreis mit dem Durchmesser $[AB]$. Wenn das Dreieck rechtwinklig ist, dann liegt der Punkt C auf der Kreislinie.

Beweis durch direkte Schlüsse

Eine „klassische" Art des Beweisens besteht darin, in einer gegebenen Situation von den Voraussetzungen auszugehen und – ggf. unter Verwendung weiterer bekannter Sätze – Folgerungen zu ziehen. Der Beweis ist damit eine Verkettung von Schlussfolgerungen, bei der die gegebenen Voraussetzungen am Anfang und die gewünschte Behauptung am Ende stehen. Wir illustrieren dieses direkte Schließen am Beispiel des im vorhergehenden Abschnitt bereits formulierten Satzes des Thales.

Ausgangspunkt ist die in Abb. 1.4 skizzierte Situation. Gegeben sind das Dreieck $\triangle ABC$ und der Kreis mit dem Durchmesser $[AB]$. Der Kreismittelpunkt wird mit M bezeichnet. Zudem sei die Voraussetzung erfüllt, dass C auf der Kreislinie liegt. Zu zeigen ist, dass das Dreieck $\triangle ABC$ rechtwinklig ist. Ein entscheidender Schlüssel zum Beweis ist, die Strecke $[MC]$ in die Betrachtungen mit einzubeziehen. Die Dreiecke $\triangle AMC$ und $\triangle CMB$ sind gleichschenklig, da jeweils zwei Seiten Kreisradien sind. In gleichschenkligen Dreiecken sind die Basiswinkel gleich groß. Diese sind in Abb. 1.4 jeweils mit α bzw. β bezeichnet. Die Innenwinkelsumme in Dreiecken beträgt 180°. Speziell für das Dreieck $\triangle ABC$ bedeutet dies $2\alpha + 2\beta = 180°$. Damit ist der Innenwinkel des Dreiecks an der Ecke C gleich $\alpha + \beta = 90°$.

Analysieren wir die Struktur dieses Beweises: Abb. 1.5 zeigt eine zugehörige schematische Darstellung des direkten Schlussfolgerns. Gegeben ist eine *mathematische Situation* mit einem Dreieck $\triangle ABC$ und einem Kreis. In dieser Situation liegt eine *Voraussetzung* über die Lage des Eckpunkts C vor. Daraus wird *gefolgert,* dass das gegebene Dreieck aus zwei gleichschenkligen Dreiecken besteht. Hierauf werden der *Begriff* des Basiswinkels in gleichschenkligen Dreiecken und der *Satz* über Basiswinkel angewendet. Mit diesem Ergebnis *folgt* in der geometrischen Situation, dass der gesuchte Innenwinkel an der Ecke C die Größe $\alpha + \beta$ hat und die Summe aller Innenwinkel im

Abb. 1.4 Satz des Thales

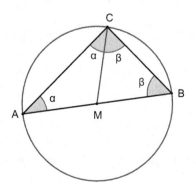

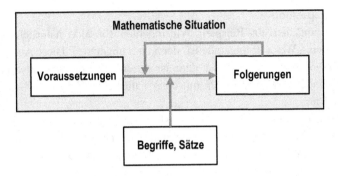

Abb. 1.5 Schema für direktes Schlussfolgern

Dreieck $\triangle ABC$ gleich $2\alpha + 2\beta$ ist. Mit dem *Satz* über die Innenwinkelsumme in Dreiecken *folgt* die Behauptung. Der Beweis ist also eine Kette von Folgerungen aus den Voraussetzungen in der gegebenen Situation, wobei weitere geometrische Sätze für Schlüsse innerhalb dieser Kette verwendet werden.

Widerspruchsbeweis
Stellen wir uns eine Situation vor Gericht vor: Ein Angeklagter will beweisen, dass er unschuldig ist. Er entwickelt folgendes Argumentationsschema: „Angenommen, ich wäre schuldig. Dann würde daraus folgen, dass ich zum Zeitpunkt der Tat in Berlin hätte gewesen sein müssen. Aber Letzteres ist gemäß der Zeugenaussage falsch. Damit bin ich unschuldig." Bei einer solchen Argumentation wird das Gegenteil dessen angenommen, was man eigentlich beweisen möchte. Dies wird durch korrekte Schlussfolgerungen auf einen Widerspruch geführt. Damit ist dieses Gegenteil der eigentlich zu zeigenden Aussage falsch, also die zu zeigende Aussage wahr.

Mit dieser Art des Begründens lässt sich beispielsweise im Mathematikunterricht zeigen, dass es unendlich viele Primzahlen gibt. Eine solche Argumentation findet sich bereits im Werk „Die Elemente" von Euklid, das etwa um 300 v. Chr. erschienen ist: Angenommen, es gäbe nur endlich viele Primzahlen. Man kann sie dann etwa $p_1, p_2, \ldots, p_n$ mit $n \in \mathbb{N}$ nennen. Die Zahl $N = p_1 \cdot p_2 \cdot \ldots \cdot p_n + 1$ ist durch keine der Primzahlen $p_1, p_2, \ldots, p_n$ teilbar, da die Division durch jede dieser Primzahlen jeweils den Rest 1 ergibt. Dies steht aber im Widerspruch dazu, dass sich jede natürliche Zahl in ein Produkt von Primzahlen zerlegen lässt. Damit ist die Annahme falsch.

Widerspruchsbeweise sind insbesondere auch von Bedeutung, wenn man zeigen möchte, dass etwas *nicht* existiert. Man nimmt dazu die Existenz an und führt dies auf einen Widerspruch. Im Mathematikunterricht findet sich ein solcher Gedankengang im Zusammenhang mit der Einführung reeller Zahlen, wenn man beweist, dass es keine rationale Zahl mit dem Quadrat 2 gibt. Hierbei führt die Annahme, dass ein Bruch $\frac{m}{n}$ mit $m, n \in \mathbb{N}$ das Quadrat 2 hat, auf einen Widerspruch.

Beweis der Kontraposition

Betrachten wir zunächst ein Beispiel: Wir möchten für jede natürliche Zahl n die Implikation zeigen: „Wenn n^2 ungerade ist, dann ist n ungerade." Diese Aussage ist äquivalent zur Aussage: „Wenn n gerade ist, dann ist n^2 gerade." Letzteres ist vergleichsweise einfach zu begründen. Ist etwa $n = 2k$ mit einer natürlichen Zahl k, so ist $n^2 = 4k^2$ ein Vielfaches von Vier.

Formulieren wir dieses Prinzip des Schlussfolgerns allgemein: Statt eine Implikation „Wenn A, dann B." zu zeigen, kann es manchmal einfacher sein, die sog. Kontraposition „Wenn nicht B, dann nicht A." zu beweisen. Dass beides äquivalent ist, kann man beispielsweise mit dem Prinzip des Widerspruchsbeweises einsehen.

Existenzbeweis durch Konstruktion

Gelegentlich besteht die Frage, ob es ein Objekt mit gewissen gewünschten Eigenschaften überhaupt gibt. Ein Weg, dies zu klären, besteht darin, ein solches Objekt explizit anzugeben und nachzuweisen, dass es über die gewünschten Eigenschaften verfügt. Ein Beispiel aus der Geometrie der Sekundarstufe I: „Gibt es zu jedem Dreieck einen Punkt, der von allen Ecken gleich weit entfernt ist?" Wir bezeichnen die Ecken des Dreiecks mit A, B und C sowie die Mittelsenkrechten der Dreiecksseiten entsprechend mit m_{AB}, m_{BC} und m_{AC}. Jeweils zwei Mittelsenkrechten schneiden sich, da sie nicht parallel sind. Wir bezeichnen den Schnittpunkt von m_{AB} und m_{BC} mit S und weisen nach, dass dieser Punkt die gewünschten Eigenschaften hat: Die Mittelsenkrechte einer Strecke ist die Menge aller Punkte, die von den Endpunkten der Strecke den gleichen Abstand besitzen. Da $S \in m_{AB}$, ist $\overline{SA} = \overline{SB}$. Da $S \in m_{BC}$, ist $\overline{SB} = \overline{SC}$. Insgesamt ist S also von A, B und C gleich weit entfernt. (Infolgedessen geht der Kreis um S durch A auch durch die beiden anderen Ecken des Dreiecks. Damit ist auch die Existenz des Umkreises konstruktiv gezeigt.)

Widerlegung durch ein Gegenbeispiel

In den vorhergehenden Abschnitten wurden jeweils Prinzipien erläutert, mit denen man begründen kann, dass eine Aussage richtig ist. Schlussfolgerndes Denken kann auch darauf abzielen, zu begründen, dass eine Aussage falsch ist. Bei einer allgemein formulierten Aussage genügt hierzu bereits, ein einziges Gegenbeispiel anzugeben. Auch wenn es viele Beispiele geben mag, für die die Aussage zutrifft, zeigt ein Gegenbeispiel, dass sie im Allgemeinen doch nicht gilt. Betrachten wir etwa die Aussage: „Wenn eine in einem Intervall differenzierbare Funktion in diesem Intervall streng monoton steigt, dann ist die Ableitung der Funktion in diesem Intervall positiv." Diese Aussage ist falsch, wie etwa das Gegenbeispiel $f(x) = x^3$ mit $D = \mathbb{R}$ an der Stelle $x = 0$ zeigt.

Funktionen schlussfolgernden Denkens

Schlussfolgerndes Denken – d. h. das Begründen von Aussagen durch folgerichtige Gedankenführung – hat innerhalb und außerhalb der Mathematik weitreichende Bedeutung. In Anknüpfung an de Villiers (1990, S. 18) sowie Jahnke und Ufer (2015, S. 342) lassen sich folgende Funktionen bzw. folgender Nutzen schlussfolgernden Denkens unterscheiden:

- *Verifizieren:* überprüfen, *ob* eine Aussage wahr oder falsch ist,
- *Erklären:* verstehbar machen, *warum* eine Aussage wahr oder falsch ist,
- *Kommunizieren:* anderen Personen Begründungszusammenhänge und Wissen vermitteln,
- *Entdecken:* neue Ergebnisse gewinnen,
- *Zusammenhänge herstellen:* Begriffe und Aussagen in Bezug zueinander setzen, vernetzen und systematisieren.

Formales Denken

Auch wenn Mathematik vielfältige Anwendungsbezüge aufweist und es ermöglicht, „Erscheinungen der Welt um uns [...] in einer spezifischen Art wahrzunehmen und zu verstehen" (Winter 1995, S. 37), so stellen sich gleichzeitig „mathematische Gegenstände und Sachverhalte, repräsentiert in Sprache, Symbolen, Bildern und Formeln, als geistige Schöpfungen, als eine deduktiv geordnete Welt eigener Art" (ebd., S. 37) dar. Es ist gerade eine Stärke der Mathematik, dass mathematische Objekte unabhängig von inhaltlichen Interpretationen existieren und mit ihnen unabhängig von derartigen Inhaltsbezügen operiert werden kann. Fischer und Malle (2004, S. 47) schreiben dazu: „Die Trennung des Formalen vom Inhaltlichen und die Verselbständigung des Formalen ist eine charakteristische Methode der Mathematik und eine ihrer Stärken." Mit dieser Sichtweise bezeichnet *formales Denken* den interpretationsfreien, regelhaften gedanklichen Umgang mit mathematischen Objekten.

Wir illustrieren dies an Beispielen: Die schriftlichen Rechenverfahren der Arithmetik erlauben das Rechnen mit Zahlen in Dezimaldarstellung, ohne dass für die Ausführung inhaltliche Vorstellungen zu den jeweiligen Zahlen oder den Rechenoperationen nötig sind. Die Regeln für das Rechnen mit Termen und Gleichungen ermöglichen Termumformungen und das Lösen von Gleichungen, ohne dass dazu den Variablen, Termen oder Gleichungen eine inhaltliche Bedeutung zugewiesen werden muss. Aus den Axiomen für Vektorräume lassen sich weitere Eigenschaften von Vektorräumen ableiten, ohne dass dazu auf ein konkretes Beispiel eines Vektorraums Bezug genommen werden muss. Derart gewonnene Ergebnisse gelten dann für alle Vektorräume gleichermaßen.

Formales Denken ist also eine typisch mathematische Denkweise. Sie ermöglicht, mathematische Ergebnisse und Erkenntnisse durch die Anwendung von Regeln und Verfahren zu gewinnen. Die Gültigkeit der Resultate wird dabei innermathematisch dadurch gesichert, dass die Schritte zu den Ergebnissen auf als wahr anerkannten Aussagen basieren und sie aus der Anwendung von als korrekt angenommenen Schlussweisen resultieren. Jedes Rechenverfahren und auch jede mathematische Theorie gründen sich auf dieses Prinzip.

Algorithmisches Denken

Ziegenbalg et al. (2016, S. 26) definieren einen Algorithmus als „eine endliche Folge von eindeutig bestimmten Elementaranweisungen, die den Lösungsweg eines Problems exakt und vollständig beschreiben". Algorithmen ermöglichen es, komplexe, schwer überschaubare Probleme zu lösen, indem man einfachere, kleinere Schritte ausführt. Sie

finden sich im Mathematikunterricht von der Grundschule bis zum Abitur. Beispiels-
weise kann man anhand der schriftlichen Verfahren für die Grundrechenarten mit großen
Zahlen rechnen, indem man sich nur Schritt für Schritt auf einzelne Stellen beschränkt.
Die Bestimmung des größten gemeinsamen Teilers zweier natürlicher Zahlen kann
mit dem Euklidischen Algorithmus durch wiederholtes Subtrahieren erfolgen (vgl.
Abschn. 3.3.3). Mit den Regeln zum Rechnen mit Brüchen werden die Grundrechenarten für Brüche auf das Rechnen mit Zähler und Nenner zurückgeführt. Für die
Berechnung reeller Zahlen wie Wurzeln, der Kreiszahl π, Nullstellen von Funktionen
oder bestimmten Integralen wurden Näherungsverfahren mit zugehörigen Algorithmen
entwickelt (vgl. Abschn. 3.3.3). In der Euklidischen Geometrie ermöglichen Algorithmen
zum Konstruieren mit Zirkel und Lineal beispielsweise die exakte Konstruktion von
Loten, Winkelhalbierenden, Spiegelpunkten etc. In der Analytischen Geometrie werden
Probleme wie etwa die Bestimmung des Abstands eines Punktes von einer Ebene auf
eine Folge einzelner elementarer Schritte zurückgeführt.

Kortenkamp und Lambert (2015, S. 5) definieren *algorithmisches Denken* wie folgt:
„Algorithmisches Denken ist eine Denkweise, die typisch für den Umgang mit Algorithmen
ist." (Hierbei modifizieren sie eine – weiter unten erläuterte – Charakterisierung von Vollrath
zu funktionalem Denken.) Die beiden Autoren differenzieren dies weiter, indem sie das
Arbeiten mit Algorithmen in sechs Phasen gliedern, die idealtypisch in einem Kreislauf
gemäß Abb. 1.6 durchlaufen werden. Wir beschreiben und illustrieren dies im Folgenden am
Beispiel des Newton-Verfahrens zur Bestimmung von Nullstellen reeller Funktionen; dieses
Beispiel wird in Abschn. 3.3.3 wieder aufgegriffen und weiter ausgeführt.

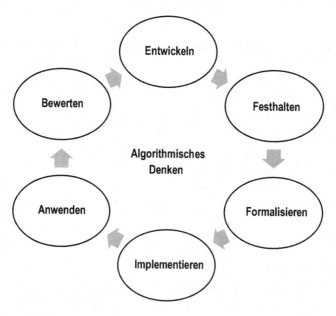

Abb. 1.6 Phasen algorithmischen Denkens

- *Entwickeln:* Zu einem gegebenen Problem ist zunächst ein Verfahren für eine algorithmische Lösung zu entwickeln. Beim Newton-Verfahren zur Bestimmung von Nullstellen einer Funktion f ist die Grundidee, eine Folge von Näherungswerten $(x_n)_{n \in \mathbb{N}}$ für eine Nullstelle nach folgendem Prinzip zu erzeugen: Ausgehend von einem Näherungswert x_n wird der Funktionsgraph durch die Tangente im Punkt $(x_n/f(x_n))$ approximiert. Die Schnittstelle dieser Tangente mit der x-Achse ist der nächste Näherungswert x_{n+1}. Dies führt zur Rekursionsformel $x_{n+1} = x_n - \frac{f(x_n)}{f'(x_n)}$. Des Weiteren ist zu überlegen, wie der Startwert x_1 der Folge gewonnen wird (z. B. durch Eingabe) und wann die Berechnung von Folgengliedern beendet wird (z. B. bei einer bestimmten Anzahl an Folgengliedern oder wenn eine gewisse Genauigkeit der Näherungen erreicht ist).

- *Festhalten:* Das entwickelte Verfahren für eine algorithmische Lösung wird schriftlich festgehalten, insbesondere um es zu strukturieren und einen klaren Überblick über den Lösungsweg zu gewinnen. Für die Formulierung können beispielsweise mathematische Symbolsprache und natürliche Sprache kombiniert werden.

- *Formalisieren:* Gemäß der obigen Definition des Algorithmus ist eine endliche Folge von eindeutig ausführbaren Elementaranweisungen zu formulieren, die so formalisiert sind, dass sie auf einem Computer umgesetzt werden können. Diese Formulierung kann beispielsweise in einer Programmiersprache, in Pseudo-Code oder anhand eines Ablaufdiagramms erfolgen. Für das Newton-Verfahren ist ein solcher Algorithmus in Pseudo-Code in Abschn. 3.3.3 angegeben.

- *Implementieren:* Der Algorithmus wird auf einem Computer mit Software technisch umgesetzt, etwa indem ein Programm erstellt oder bestehende Software verwendet wird. Im Fall des Newton-Verfahrens kann etwa mit einer Programmiersprache ein Programm zur Berechnung der Rekursionsfolge verfasst werden. Alternativ eignet sich auch Software für Tabellenkalkulation, um den Algorithmus umzusetzen.

- *Anwenden:* Die Software wird verwendet, um eine Lösung des Ausgangsproblems zu berechnen. Im Beispiel werden konkrete Näherungswerte für Nullstellen der Funktion mit dem erstellten Programm oder der Tabellenkalkulationssoftware berechnet.

- *Bewerten:* Schließlich sind die vielfältigen Entscheidungen, die beim Entwickeln, Formalisieren und Implementieren des Algorithmus zu treffen waren, zu reflektieren und zu bewerten. Mögliche Fragenkomplexe sind etwa: Wurde für das Ausgangsproblem ein zweckmäßiges Verfahren gewählt? Welche Vor- und Nachteile besitzen alternative Verfahren? Ist der Algorithmus zweckmäßig gestaltet? Kann er optimiert werden? Ist die Umsetzung am Computer passend realisiert? Kann dies verbessert werden? Beim Newton-Verfahren kommt es etwa zu einem Berechnungsfehler und Programmabbruch, wenn ein Folgenglied x_n nicht in der Definitionsmenge von f liegt oder wenn die Ableitung f' an dieser Stelle null ist. Solche Fälle könnten vom Programm „abgefangen" werden. Derartige Reflexionen können Anlass geben, den Algorithmus weiterzuentwickeln und den in Abb. 1.6 dargestellten Kreislauf erneut zu durchlaufen.

Theoriebildendes Denken

Charakteristisch für Mathematik sind die Entwicklung von und das Arbeiten mit Theorien. Ein Beispiel aus der Sekundarstufe I: Schüler können experimentierend die Beobachtung machen, dass ein Dreieck mit zwei gleich langen Seiten auch immer zwei gleich große Innenwinkel besitzt. Umgekehrt scheinen bei einem Dreieck mit zwei gleich großen Innenwinkeln automatisch zwei Seiten gleich lang zu sein. Diese Phänomene können durch experimentierendes Denken erkundet und strukturiert werden. Auf diese Weise kristallisiert sich in der Menge aller Dreiecke eine interessante Teilmenge im Sinne begriffsbildenden Denkens heraus. Es erscheint sinnvoll, derartige Dreiecke mit einem Namen zu bezeichnen. Für mathematische Theoriebildung ist dazu eine präzise *Definition* nötig, z. B.: „Ein Dreieck, bei dem zwei Seiten gleich lang sind, nennt man gleichschenklig." In dieser Definition wird nur auf so viele Eigenschaften derartiger Dreiecke Bezug genommen, wie es unbedingt nötig ist. Es wird also nicht die Gleichheit von Innenwinkeln in der Definition gefordert, denn diese folgt aus der Gleichheit zweier Seitenlängen. Aufgrund der experimentell gewonnenen Beobachtungen lässt sich als Vermutung der *Satz* formulieren: „Ein gleichschenkliges Dreieck besitzt zwei gleich große Innenwinkel." Die Frage, ob dieser Satz tatsächlich richtig ist, klärt ein *Beweis*. Dazu kann beispielsweise mit Achsensymmetrie argumentiert werden: Die Achsenspiegelung an der Winkelhalbierenden des Winkels an der Spitze bildet jeden Schenkel des Dreiecks auf den jeweils anderen Schenkel ab. Die Basisseite wird auf sich selbst abgebildet. Dadurch werden also die Basiswinkel aufeinander abgebildet und somit sind diese gleich groß. Das Erkunden der Thematik wirft auch die Vermutung auf, dass die *Umkehrung* des bewiesenen Satzes gilt: „Ein Dreieck mit zwei gleich großen Innenwinkeln ist gleichschenklig." Auch hier schafft ein Symmetriebeweis Klarheit, ob und warum dies gilt.

Dieses Beispiel illustriert *theoriebildendes Denken* in der Schule. Begriffe, Definitionen, Sätze, Beweise und Verfahren werden gewonnen, systematisiert und zu einem schlüssigen Theoriegewebe vernetzt. Diese Theorie wird schriftlich dokumentiert und dabei ggf. bezüglich Eleganz und Allgemeinheit optimiert sowie mit anderen Theorien verknüpft.

Verwobenheit prozessbezogenen Denkens

Auch wenn im Modell in Abb. 1.1 prozessbezogenes mathematisches Denken in eine Reihe von Facetten untergliedert ist, so sind diese typischen Prozesse mathematischen Tätigseins nicht isoliert voneinander zu sehen. Sie können bei der Beschäftigung mit Mathematik nebeneinander oder miteinander verwoben verlaufen. Beispielsweise kann eine tragfähige Begriffsbildung die Grundlage für Modellierungsprozesse oder theoriebildendes Denken darstellen. Experimentierendes, schlussfolgerndes, formales und algorithmisches Denken können Bestandteile von Problemlöseprozessen sein. Das Modell in Abb. 1.1 ist – wie jedes Modell – mit Vereinfachungen und Idealisierungen verbunden. Es macht aber gerade dadurch fundamentale strukturelle Aspekte eines komplexen Phänomens – des mathematischen Denkens – zugänglich, greifbar und verstehbar.

1.1.1.2 Mathematikbezogene Informationsbearbeitung

Mathematisches Denken umfasst die Wahrnehmung, die Verarbeitung, die Speicherung und den Abruf mathematikbezogener Information. Diese auf kognitive Prozesse der Informationsbearbeitung fokussierte Sichtweise eröffnet eine weitere Dimension mathematischen Denkens (vgl. Abb. 1.1).

Mathematisches Wahrnehmen

Grundlage für jeglichen Gewinn von Information aus der Umwelt sind Prozesse elementarer Wahrnehmung über die Sinne wie Sehen, Hören, Tasten sowie die Wahrnehmung der Lage und der Bewegung des eigenen Körpers im Raum. Darauf aufbauend bedeutet mathematisches Wahrnehmen aber noch mehr, nämlich den wahrgenommenen Informationen eine inhaltliche mathematische Bedeutung zu geben. Dies kann in verschiedenen Zusammenhängen erfolgen:

- In der realen Umwelt können Situationen unter mathematischen Gesichtspunkten wahrgenommen und darauf aufbauend mit mathematischen Begriffen beschrieben werden (z. B. geometrische Formen, funktionale Zusammenhänge oder stochastische Ereignisse im Alltag). Eine derartige Wahrnehmung der Welt durch eine „mathematische Brille" ist etwa eine Basis für Modellierungsprozesse.
- Mathematische Wahrnehmung ist auch Grundlage jeglicher zwischenmenschlicher Kommunikation über mathematische Inhalte. Dazu gehört etwa, mündliche Äußerungen oder schriftliche Darstellungen von anderen in Bezug auf ihren mathematischen Gehalt wahrzunehmen.
- Zudem bezieht sich mathematische Wahrnehmung auch auf rein innermathematische Situationen, in denen es etwa darum geht, die mathematische Struktur einer Situation (z. B. einer Problemstellung) zu erfassen, Besonderes zu erkennen oder interessante Fragen aufzuspüren.

Voraussetzung für mathematisches Wahrnehmen ist jeweils eine gewisse *mathematische Sensibilität,* d. h. eine Empfindsamkeit für den mathematischen Gehalt einer Situation. Beim mathematischen Wahrnehmen sind relevante Informationen in einer Situation herauszufiltern, mit mathematischem Vorwissen zu verknüpfen, gedanklich zu ordnen, um daraus Vorstellungen zum mathematischen Gehalt der Situation zu entwickeln. Derartige Prozesse können sowohl bewusst als auch unbewusst und intuitiv erfolgen. Auf Basis der Wahrnehmung können mathematikbezogene Emotionen entstehen. So kann ein mathematischer Sachverhalt (z. B. eine Formel, ein geometrisches Muster, ein Satz, ein Beweis) als schön bzw. ästhetisch empfunden werden.

Operieren mit mathematischen Objekten

Mathematisches Denken erfolgt an und mit mathematischen Objekten. Typisch ist dabei, dass mit den Objekten gedanklich operiert wird. Beispielsweise wird mit Zahlen gerechnet, es werden Terme umgeformt, Gleichungen gelöst, Funktionen aufgestellt, differenziert und integriert. Es werden geometrische Figuren konstruiert oder modifiziert, räumliche Körper geschnitten, zerlegt oder zusammengesetzt, Vektoren addiert oder skalar multipliziert etc.

Angesichts der vielfältigen Möglichkeiten des Operierens mit mathematischen Objekten kommt es beim mathematischen Denken darauf an, sowohl fachlich korrekte als auch in Bezug auf das jeweilige Vorhaben zielführende Operationen zu finden. Dabei können für manche Aufgaben direkt ausführbare Verfahren zum Operieren zur Verfügung stehen – beispielsweise wenn es darum geht, eine quadratische Gleichung zu lösen, den Schwerpunkt eines Dreiecks zu konstruieren oder ein bestimmtes Integral für eine Polynomfunktion zu berechnen. Es gibt aber auch Situationen, in denen die Hauptschwierigkeit darin besteht, Ideen zu entwickeln, welche Operationen überhaupt zielführend sind. Als Beispiele: Welche Umformungen führen zu einer Vereinfachung eines Bruchterms oder zur Lösung einer komplizierteren Gleichung? Welche Hilfslinien helfen bei einem Dreieck weiter, um etwa den Satz über die Innenwinkelsumme oder den Kosinussatz zu beweisen? Wie lässt sich eine Stammfunktion zu einer rationalen Funktion finden? Um hier aus der Vielzahl aller möglichen Operationen eine sinnvolle Auswahl zu treffen, sind sowohl fachliches Wissen zum jeweiligen Themenbereich notwendig als auch mathematische Sensibilität für die jeweilige Situation und mögliche Operationen – d. h. Empfindsamkeit für den mathematischen Gehalt der Situation und ein Gefühl für Wirkungen möglicher Operationen. Dies gibt Orientierung beim Operieren mit mathematischen Objekten. Dabei kann sich das Verständnis für die Situation beim Operieren auch noch vertiefen, wenn man etwa einige Operationen mit den mathematischen Objekten ausprobiert hat, in Sackgassen gelangt ist und dadurch zugrunde liegende Muster erst allmählich erschließt.

Denken mit mathematischen Mustern

„Mathematics is *the science of patterns*" – in deutscher Übersetzung: „Mathematik ist die Wissenschaft von den Mustern" – so beschreibt der amerikanische Mathematiker Devlin (1994, S. 3) das Wesen der Mathematik. Der Begriff „pattern" bzw. „Muster" hat hierbei eine mathematikspezifische Bedeutung. Wittmann und Müller (2012, S. 66) erläutern dazu, „dass unter einem ‚mathematischen Muster' eine Gesetzmäßigkeit, Regelmäßigkeit oder allgemeine Beziehung zu verstehen ist, die sich nicht auf einzelne Fälle, sondern auf eine umfangreiche Klasse spezieller Fälle bezieht. Alle Sätze, Formeln und Algorithmen der Mathematik sind in diesem Sinn ein ‚Muster'."

Um diese sehr spezifische Bedeutung des Begriffs des mathematischen Musters herauszuarbeiten, betrachten wir drei Beispiele.

Muster: Kommutativität der Multiplikation

Zunächst ein Beispiel aus der Mathematik der Primarstufe: Einerseits ist $3 \cdot 5 = 5 + 5 + 5 = 15$, andererseits ist aber auch $5 \cdot 3 = 3 + 3 + 3 + 3 + 3 = 15$. Leicht verständlich wird diese Gleichheit der Produkte $3 \cdot 5$ und $5 \cdot 3$, indem man die Produkte etwa wie in Abb. 1.7 graphisch darstellt. Die Punkteanordnung besteht aus drei Zeilen mit je fünf

Abb. 1.7 Visualisierung von
Produkten

Punkten, aber auch aus fünf Spalten mit je drei Punkten. Typisch für die Mathematik ist die Frage, ob dieser Zusammenhang spezifisch für die Zahlen 3 und 5 ist oder etwa auch für andere natürliche Zahlen gilt. Auf diese Weise gelangt man zu Einsicht in die Kommutativität der Multiplikation natürlicher Zahlen, in formalisierter Darstellung $a \cdot b = b \cdot a$ für alle $a, b \in \mathbb{N}$, als mathematisches Muster. Hierbei ist mit dem Begriff des mathematischen Musters gemäß obiger Beschreibung von Wittmann und Müller also nicht das konkrete Bild aus 15 Punkten in Abb. 1.7 gemeint, sondern die Kommutativität der Multiplikation natürlicher Zahlen.

Muster: Lösungen quadratischer Gleichungen

Im Algebraunterricht der Sekundarstufe I wird die Frage nach der Lösbarkeit und den Lösungen quadratischer Gleichungen thematisiert. Bereits bei einfachen Gleichungen wie $x^2 - 4 = 0$, $x^2 = 0$ und $x^2 + 4 = 0$ wird das Phänomen deutlich, dass die Zahl der Lösungen unterschiedlich sein kann. In den genannten Beispielen kann man Lösungen einfach durch Ausprobieren finden. Aber wie ist es in Fällen wie $2x^2 + 3x + 4 = 0$? Gesucht ist ein allgemeines Muster zur Lösbarkeit und zu den Lösungen derartiger Gleichungen der Form $ax^2 + bx + c = 0$ mit $a, b, c \in \mathbb{R}$, $a \neq 0$. Mit quadratischer Ergänzung lässt sich diese Gleichung umformen zu:

$$\left(x + \frac{b}{2a}\right)^2 = \frac{b^2 - 4ac}{4a^2}$$

Hierdurch zeigt sich auf algebraischem Weg das Muster zur Lösbarkeit der Gleichung: Ist die sog. Diskriminante $b^2 - 4ac$ positiv, so gibt es zwei verschiedene Lösungen; ist sie null, so existiert genau eine Lösung; ist sie negativ, so hat die Gleichung keine reelle Lösung. Schließlich führt Wurzelziehen zur Formel für die allgemeinen Lösungen (sofern die Diskriminante nicht negativ ist):

$$x_{1,2} = \frac{1}{2a}\left(-b \pm \sqrt{b^2 - 4ac}\right)$$

Damit ist das mathematische Muster zu Lösungen quadratischer Gleichungen entschlüsselt.

Muster: Anzahl von Permutationen

Die Stochastik bietet eine Fülle an Mustern, die es im Mathematikunterricht zu entdecken gilt. Betrachten wir zunächst folgende Frage: Wie viele Möglichkeiten gibt es, vier Musikstücke nacheinander anzuhören? Ein natürlicher Zugang zu derartigen Situationen ist, möglichst viele Möglichkeiten zu suchen und diese zu zählen. Aber wie kann man sich sicher sein, dass alle Möglichkeiten gefunden sind und dass man keine doppelt gezählt hat? Hier führt systematisches Zählen weiter. Für das erste Musikstück gibt es vier Möglichkeiten. Nachdem man dieses angehört hat, stehen für das zweite Musikstück noch drei Möglichkeiten zur Wahl. Danach gibt es für das dritte Musikstück zwei Alternativen. Das letzte Stück ist dann das noch übrig gebliebene. Insgesamt kann man die vier Stücke also auf $4 \cdot 3 \cdot 2 \cdot 1 = 24$ Arten der Reihe nach anhören.

Betrachten wir – auf den ersten Blick – andere Situationen: Wie viele Möglichkeiten gibt es, dass vier Personen auf einer Bank nebeneinandersitzen? Wie viele Möglichkeiten gibt es, vier verschiedene Kugeln Eis nacheinander zu essen? Ein Ziel des Mathematikunterrichts zu derartigen kombinatorischen Fragen ist, dass die Schüler Analogien zwischen Aufgaben erkennen. Für die Frage nach der Anzahl der Möglichkeiten ist es völlig unerheblich, ob es sich um Musikstücke, Personen oder Eiskugeln handelt. Dieser Abstraktionsschritt führt zum mathematischen Muster hinter den konkreten Situationen. Es sind jeweils vier verschiedene Objekte in eine Reihenfolge zu bringen. Dazu gibt es $4 \cdot 3 \cdot 2 \cdot 1 = 24$ Möglichkeiten. Damit ist das Muster hinter den Beispielen erkannt.

Wie ist es aber bei fünf, sechs, sieben oder $n \in \mathbb{N}$ verschiedenen Musikstücken, Personen bzw. Eiskugeln? Die Strategie zur Erkundung des Musters für vier Objekte lässt sich leicht verallgemeinern. Sollen n verschiedene Objekte in eine Reihenfolge gebracht werden, so kann man zunächst die erste Position mit einem der n Objekte besetzen. Für die zweite Position gibt es dann noch $n - 1$ Möglichkeiten usw. Insgesamt kann man die Objekte also auf $n \cdot (n - 1) \cdot (n - 2) \cdot \ldots \cdot 2 \cdot 1 = n!$ verschiedene Arten der Reihe nach anordnen. Damit ist das Muster zu Permutationen von n Objekten erschlossen. Es kann auf jede beliebige Anzahl von Objekten angewandt werden.

Muster als Werkzeuge des Denkens

Die ausführlichen Darstellungen der Beispiele sollen illustrieren, was Denken mit mathematischen Mustern ausmacht. Ein mathematisches Phänomen – wie etwa die Kommutativität der Multiplikation, die Lösbarkeit quadratischer Gleichungen oder die Anzahl von Permutationen – tritt einem Schüler zunächst in konkreten Einzelfällen entgegen. Man erkundet Beispiele, trennt relevante Eigenschaften von Unwichtigem und versucht die allgemeinen Gesetzmäßigkeiten, Regelmäßigkeiten oder Beziehungen – das mathematische Muster – hinter den Beispielen zu erkennen. Typische Prozesse sind dabei das Strukturieren mathematischer Sachverhalte, das Abstrahieren, das Erkennen und Nutzen von Analogien und das Verallgemeinern.

Die Beschreibung eines mathematischen Musters besitzt eine Tragweite, die über die konkreten Beispiele hinausgeht. Es handelt sich um eine allgemeine mathematische Erkenntnis, die auf alle Beispiele gleicher Art angewendet werden kann. Damit lassen sich wiederum Gedankengänge in weiteren konkreten Situationen durch Denken mit übergeordneten Mustern verkürzen. Wittmann und Müller (2012, S. 66) drücken dies wie folgt aus:

> „Das Denken in Mustern bedeutet eine entscheidende Steigerung der Denkökonomie, weil viele Einzelfälle mit einem Schlag gemeinsam erfasst werden können. Unser ganzes kognitives System ist auf Muster ausgerichtet, denn das Gehirn wäre gar nicht in der Lage, jeden Einzelfall einzeln zu behandeln."

Insofern ist das Denken mit Mustern zugleich charakteristisch und notwendig für substanzielles Beschäftigen mit Mathematik. Wittmann und Müller (2012, S. 66 f.) heben die enge Wechselbeziehung zwischen mathematischer Leistungsfähigkeit und dem Denken in Mustern hervor:

> „Leistungsstarke Kinder sind gerade deshalb leistungsstark, weil sie gelernt haben, Muster zu nutzen. Je mehr es gelingt, auch schwächeren Kindern Einsichten in Muster zu vermitteln, desto ökonomischer können auch sie denken und desto bessere Lernfortschritte können auch sie machen."

Dies lässt sich als fachdidaktischer Auftrag an Mathematikunterricht interpretieren, bei allen Schülern das Denken mit mathematischen Mustern gezielt zu fördern.

Flexibles Denken

Flexibilität beim mathematischen Denken bedeutet, nicht auf einen „Denkweg" festgelegt zu sein, sondern vielfältige Wege beim Denken einschlagen zu können. In einer konkreten mathematischen Situation bedeutet flexibles Denken also beispielsweise, die Situation unter verschiedenen Blickwinkeln zu sehen und zu bearbeiten, sie umzustrukturieren oder in verschiedene mathematische Kontexte einzubetten, beim Denken zwischen Repräsentationsebenen (real-situativ, ikonisch, verbal-symbolisch, mathematisch-symbolisch) zu wechseln oder Gedankengänge umzukehren.

Anknüpfend an die Theorie zur Struktur geistiger Fähigkeiten von Lompscher (1972, S. 36) kann die Fähigkeit zu flexiblem Denken als „geistige Beweglichkeit" charakterisiert werden, d. h. als das „Vermögen, mehr oder weniger leicht von einem Aspekt der Betrachtung zu einem anderen überzuwechseln beziehungsweise einen Sachverhalt oder eine Komponente in verschiedene Zusammenhänge einzubetten, die Relativität von Sachverhalten und Aussagen zu erfassen".

Betrachten wir ein Beispiel, bei dem eine mathematische Situation mit verschiedenen Kontexten verknüpft und dadurch multiperspektivisch bearbeitet wird:

Zahlen und ihr Kehrwert

Warum ist für jede positive reelle Zahl die Summe aus der Zahl und ihrem Kehrwert größer gleich 2?

- Mit den Werkzeugen der Algebra lässt sich diese Aussage durch die Ungleichung $x + \frac{1}{x} \geq 2$ für alle $x \in \mathbb{R}^+$ formalisieren und mit Äquivalenzumformungen zu $x^2 - 2x + 1 \geq 0$ bzw. $(x - 1)^2 \geq 0$ beweisen.
- In Kontext der Analysis kann etwa $f(x) = x + \frac{1}{x}$ als Term einer auf $\mathbb{R}^+$ definierten Funktion aufgefasst werden. Diese strebt für $x \to 0$ und für $x \to \infty$ gegen unendlich, sie besitzt ein absolutes Minimum bei $x = 1$ mit $f(1) = 2$.
- Alternativ können auch die Graphen der Funktionen $f(x) = \frac{1}{x}$ mit $x \in \mathbb{R}^+$ und $g(x) = 2 - x$ mit $x \in \mathbb{R}$ verglichen werden. Der Graph von f ist ein Hyperbelast.

Der Graph von g ist eine Gerade, die den Hyperbelast im Punkt (1; 1) berührt und ansonsten als Tangente unterhalb des Hyperbelastes verläuft, d. h., es ist $f(x) \geq g(x)$.

- In einem rein geometrischen Kontext können die Werte x und $\frac{1}{x}$ als Seitenlängen eines Rechtecks mit dem Flächeninhalt 1 interpretiert werden. Fügt man vier Exemplare dieses Rechtecks wie in Abb. 1.8 skizziert zusammen, so entsteht ein Quadrat mit der Seitenlänge $x + \frac{1}{x}$. Für seinen Flächeninhalt gilt $\left(x + \frac{1}{x}\right)^2 \geq 4$, wobei Gleichheit genau dann eintritt, wenn die vier Rechtecke kein „Loch" bilden, d. h. wenn sie Quadrate sind. Damit ist $x + \frac{1}{x} \geq 2$, wobei Gleichheit genau für $x = 1$ vorliegt. Mit dieser Überlegung ist gleichzeitig gezeigt, dass unter flächengleichen Rechtecken das Quadrat den kleinsten Umfang besitzt.

- Ebenfalls rein geometrisch kann aus einer Strecke der Länge x eine Strecke der Länge $\frac{1}{x}$ etwa über den Höhensatz konstruiert werden. Man konstruiert ein rechtwinkliges Dreieck mit einem Hypotenusenabschnitt x und der Höhe 1. Nach dem Höhensatz hat dann der andere Hypotenusenabschnitt die Länge $\frac{1}{x}$ (vgl. Abb. 1.9). Der Ausdruck $x + \frac{1}{x}$ besitzt in diesem Kontext die Bedeutung der Hypotenusenlänge und damit des Durchmessers des zugehörigen Thales-Kreises. Der Radius dieses Thales-Kreises ist stets größer gleich der betrachteten Höhe des Dreiecks, der Kreisdurchmesser $x + \frac{1}{x}$ ist damit stets größer gleich 2.

Abb. 1.8 Wert und Kehrwert als Rechteckseiten

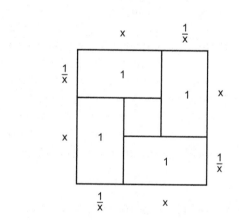

Abb. 1.9 Konstruktion des Kehrwerts mit dem Höhensatz

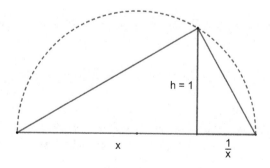

Dieses Beispiel macht deutlich, dass flexibles mathematisches Denken eng mit vernetztem Wissen verbunden ist. Einerseits wird Flexibilität beim Denken durch eine inhaltlich vernetzte Wissensbasis erleichtert, andererseits werden durch flexibles Denken in mathematischen Situationen Vernetzungen im Wissen weiterentwickelt. Für den Mathematikunterricht kann daraus die Forderung abgeleitet werden, dass mathematische Situationen multiperspektivisch bearbeitet werden sollten, um damit sowohl Fähigkeiten zu flexiblem Denken als auch vernetztes Wissen weiterzuentwickeln.

Mathematisch kreatives Denken
Kreativität ist ein schillernder Begriff, der in verschiedenen Bedeutungsvarianten verwendet wird. Wir koppeln ihn im Folgenden an den Begriff des mathematischen Denkens und nutzen dazu folgende Begriffsdefinition (z. B. nach Christou 2017, S. 17; Sriraman 2004, S. 20; Pehkonen 1997, S. 63):

▶ *Mathematisch kreatives Denken* bezeichnet die gedankliche Entwicklung neuer mathematischer Ideen. *Mathematische Kreativität* ist die Fähigkeit einer Person zu mathematisch kreativem Denken.

Bereits diese knappe Beschreibung wirft etwa die Frage auf, was hierbei unter „neu" zu verstehen ist. Muss die Idee neu für die Menschheit sein oder genügt es, wenn sie neu für die jeweilige Person ist? Diese Frage lässt sich leicht durch eine Begriffsdifferenzierung in absolute und relative mathematische Kreativität klären (z. B. nach Liljedahl und Sriraman 2006, S. 18 f., oder Leikin 2009, S. 398 f.). Absolute Kreativität ist dadurch ausgezeichnet, dass die Idee in Bezug auf die in der Menschheit bekannte Mathematik neu ist. Dies ist beispielsweise in der mathematischen Forschung auf Universitätsniveau relevant. Relative Kreativität liegt hingegen vor, wenn die Idee für die jeweilige Person neu ist. Diese letztere Begriffsbildung ist für pädagogische Kontexte, also insbesondere für den Mathematikunterricht in der Schule, von Bedeutung. Ein Schüler kann durch kreatives Denken mathematische Ideen entwickeln, die für ihn neu, aber in der Menschheitsgeschichte seit Jahrtausenden bekannt sind. Mathematikunterricht kann bzw. sollte darauf abzielen, solche Denkprozesse bei Schülern zu fördern und wertzuschätzen. Entsprechend dieser pädagogischen Relevanz ist im Folgenden jeweils relative Kreativität gemeint, wenn von Kreativität schlechthin die Rede ist.

Der Begriff der Kreativität wird im Allgemeinen in verschiedenen Bezügen verwendet. Er bezeichnet Eigenschaften von Denkprozessen, von Produkten, von Personen und von Umwelten. So unterscheidet etwa Rhodes (1961, S. 307 ff.) die „vier Ps der Kreativität" – im Englischen *Process, Product, Person* und *Press* (d. h. Einflussdruck der Umwelt).

- *Kreativer Prozess:* Prozesse mathematischen Denkens werden – wie oben definiert – als kreativ bezeichnet, wenn sie zu neuen mathematischen Ideen führen.
- *Kreatives Produkt:* Auch die Ergebnisse kreativer Denkprozesse werden kreativ genannt. So ist etwa eine kreative Problemlösung, ein kreativer Beweis oder eine kreative Begriffsbildung Produkt kreativen Denkens.

- *Kreative Person:* Eine Person wird als mathematisch kreativ bezeichnet, wenn sie zu mathematisch kreativem Denken fähig ist.
- *Kreative Umwelt:* Die Umwelt einer Person wird kreativ genannt, wenn sie kreatives Denken fördert.

In diesem Zusammenhang ist auch die Frage von Interesse, ob man sinnvoll von verschiedenen „Graden" von Kreativität sprechen kann und damit etwa einen Prozess, ein Produkt, eine Person oder ein Umfeld als „kreativer" als andere ansehen kann. Ein wesentlicher Aspekt einer solchen Differenzierung kreativen Denkens bezieht sich auf die „Originalität" der entwickelten Ideen (vgl. z. B. Silver 1997, S. 76; Mann et al. 2017, S. 60 f.; Leikin und Lev 2007, S. 164). Eine Idee wird dabei als originell bezeichnet, wenn sie etwa von konventionellen Denkmustern abweicht, gegebene Rahmen durchbricht oder ungewohnte Querverbindungen herstellt. Dies wird in Abschn. 2.2.4 vertieft.

Mathematisch kreatives Denken kann in allen Facetten prozessbezogenen und inhaltsbezogenen Denkens gemäß Abb. 1.1 auftreten. Dazu drei Beispiele:

- *Problemlösen* ist ein typisches Feld für kreatives Denken. In der Phase der Problemanalyse (vgl. Modell in Abb. 1.3) geht es darum, Einsichten in die mathematische Struktur des Problems zu gewinnen. In der Phase der Problemexploration wird versucht, einen Weg zu finden, um die Barriere zwischen Ausgangs- und Zielzustand zu überwinden. Konstitutiv für diese Prozesse des Problemlösens ist, dass hierfür neue Ideen, also kreatives Denken, notwendig sind.
- Das *Bilden von Begriffen* in der Mathematik ist ein ausgesprochen kreativer Prozess. Um einen neuen Begriff etwa für Objekte (wie „Prisma", „Funktion", „Vektorraum") oder Eigenschaften von Objekten (wie „irrational", „differenzierbar") zu bilden, sind zunächst Ideen nötig, welche Objekte bzw. Eigenschaften so interessant sind, dass es sich lohnt, hierfür einen Begriff zu bilden. Daraufhin ist eine Begriffsdefinition zu entwickeln, die die intendierten Vorstellungen zum neuen Begriff präzise fasst. Auf dieser Basis kann dann der Begriff mit anderen mathematischen Begriffen in Bezug gesetzt und in ein Begriffsnetz eingegliedert werden. All dies sind hochgradig kreative, schöpferische Tätigkeiten. Dies gilt einerseits für die Entwicklung von Mathematik als Wissenschaft, es hat aber auch substanzielle Bedeutung für den Mathematikunterricht. So zeigen etwa Vollrath (1987) und Weth (1999), dass und wie Begriffsbildung im Mathematikunterricht als kreativer Prozess gestaltet werden kann. Dies betrifft sowohl die Entwicklung von „Standardbegriffen" aus dem Lehrplan als auch von individuellen, neuen Begriffen. Ein Beispiel: Die Schüler sollen im Rahmen der Dreiecksgeometrie Dreiecke klassifizieren und Dreiecke mit besonderen Eigenschaften kennenlernen. Zugehörige Begriffe der Mathematik sind etwa „spitzwinklig", „rechtwinklig", „stumpfwinklig", „gleichschenklig" und „gleichseitig". Auf diese Vokabeln kommt es zunächst aber nicht an. Es geht darum, in der Menge

aller Dreiecke gewisse Dreiecke mit spezifischen Eigenschaften zu erkennen, zu beschreiben, auszuzeichnen und weiter zu erkunden. Die Schüler können bzw. sollten diesen Prozess der Begriffsbildung als kreativen Prozess erleben und auch selbst gestalten. Die hierzu nötigen Impulse können etwa die Arbeitsaufträge im nachfolgenden Beispiel „Ordnung im Zoo der Dreiecke" geben. Es ist zu erwarten, dass dabei in einer Klasse noch viel reichhaltigere und fantasievollere Begriffe entstehen, als es der Lehrplan vorschreibt. (Beispiel: „Ein Dreieck heißt *gefährlich*, wenn ein Winkel kleiner als 5° ist." Oder: „Ein Dreieck heißt *perfekt*, wenn alle Winkel gleich groß sind." Oder: „Ein Dreieck heißt *schön*, wenn es eine Symmetrieachse hat.") Mit derartigen von Schülern gebildeten Begriffen kann weitergearbeitet werden, es können Beziehungen zwischen den Begriffen entdeckt, herausgearbeitet und begründet werden. So findet theoriebildendes Denken statt. (Im Beispiel: „In einem perfekten Dreieck sind alle Seiten gleich lang." Oder: „Jedes perfekte Dreieck ist schön." Oder: „Jedes schöne Dreieck hat zwei gleich lange Seiten und zwei gleich große Winkel.") Haben die Schüler derart kreative, aber auch tiefgreifende Prozesse der Begriffsbildung vollzogen, ist es nur noch eine eher oberflächliche Aufgabe der Lehrkraft, die Vokabeln einzuführen, die im Lehrplan stehen. (Im Beispiel wären das „gleichseitig" für „perfekt" und „gleichschenklig" für „schön".) Die Lehrkraft kann dabei die Schüler darauf hinweisen, dass manche Begriffe – aber wohl nicht alle – schon früher gebildet worden sind und es für die Kommunikation unter Menschen sinnvoll ist, die gleichen Vokabeln für die Begriffe zu verwenden.

Ordnung im Zoo der Dreiecke

a) Überlege dir eine Eigenschaft, die Dreiecke haben können oder auch nicht haben können.

b) Erfinde einen Namen für Dreiecke mit dieser Eigenschaft und zeichne dazu einige Beispiele.

c) Erkläre genau, was du mit dem Namen beschreibst.

d) Haben Dreiecke mit diesem Namen weitere spezielle Eigenschaften? Gibt es Beziehungen zu anderen mathematischen Begriffen?

- Auch *algorithmisches Denken* bietet substanzielle Möglichkeiten für kreative Prozesse – vor allem bei der Neu- oder Weiterentwicklung von Algorithmen, um Probleme zu bearbeiten. Fragen wie etwa „Wie kann man einen 30°-Winkel mit Zirkel und Lineal konstruieren?" oder „Wie kann man zu einem Rechteck ein flächengleiches Quadrat mit Zirkel und Lineal konstruieren?" können durch die Entwicklung von Konstruktionsbeschreibungen gelöst werden. Sofern es sich – je nach Wissensstand des Einzelnen – nicht nur um die direkte Anwendung von bekanntem Wissen handelt, sind hierfür kreative Prozesse erforderlich (z. B. beim Herstellen von Querverbindungen zu gleichseitigen Dreiecken bzw. zum Höhen- oder Kathetensatz).

Nutzen von Darstellungen

Das Darstellen von Mathematik ist eng mit mathematischem Denken verbunden. Darstellungen geben Denkanstöße, mit Darstellungen werden Gedanken entwickelt, konkretisiert, geordnet, fixiert, dokumentiert und kommuniziert. Dabei lassen sich verschiedene Arten von Darstellungen unterscheiden. Wir illustrieren dies an einem Beispiel aus dem Bereich der Funktionen:

Sektglas befüllen

Wie ändert sich die Füllhöhe in einem kegelförmigen Sektglas, wenn gleichmäßig Flüssigkeit eingefüllt wird?

- *Real-situative Darstellungen:* Mathematik begegnet uns in Realsituationen und wird dadurch erfahrbar. Umgekehrt können Realsituationen bewusst gestaltet werden, um damit mathematische Gedankengänge darzustellen. Im Beispiel mit dem Sektglas kann etwa ein zunächst leeres Glas an einem Wasserhahn bei gleichmäßigem Zufluss mit Wasser gefüllt werden. Dabei ist zu beobachten, wie die Füllhöhe mit der Zeit zunimmt. Da das kegelförmige Sektglas nach oben hin breiter wird, wird die Änderung der Füllhöhe mit der Zeit geringer.
- *Ikonische Darstellungen:* Mit bildlichen Darstellungen werden mathematische Situationen visuell fassbar. In der Entwicklung aussagekräftiger Bilder und Grafiken zu einem Problem kann bereits ein entscheidender Schlüssel zur Lösung des Problems liegen. Je nach Situation können sehr unterschiedliche Darstellungsarten zweckmäßig sein, z. B. Schrägbilder für räumliche Körper, Punktemuster für figurierte Zahlen, Kreis- und Balkendiagramme oder Boxplots für statistische Daten, Baumdiagramme für kombinatorische Situationen, Pfeildiagramme und Funktionsgraphen für Zuordnungen. In obigem Beispiel mit dem Sektglas ist eine naheliegende Darstellung eine abstrahierte Skizze des Glases, um darin Zusammenhänge zwischen relevanten geometrischen Größen zu visualisieren – wie etwa die Beziehung $\frac{r}{h} = \frac{R}{H}$ gemäß dem Strahlensatz (Abb. 1.10). Eine andere ikonische Darstellung ist ein Funktionsgraph zur Abhängigkeit zwischen der Füllhöhe h und der Zeit t (Abb. 1.11), der experimentell oder algebraisch-analytisch (siehe unten) gewonnen werden kann.
- *Verbal-symbolische Darstellungen:* Mathematische Situationen können auch mit Worten dargestellt werden. Beispielsweise wurde die obige Situation zur Füllung eines Sektglases zunächst rein sprachlich anhand eines Satzes beschrieben. Durch die verbale Formulierung von Gedanken – mündlich oder schriftlich – können sich zunächst vage Gedanken verfestigen und klären. Sprachliche Begriffe verdichten Gedanken und können als Werkzeuge des Denkens dienen. Des Weiteren ist verbale Sprache natürlich essenziell für Kommunikation. Mit verbaler Sprache lassen sich etwa mathematische Symbole und graphische Darstellungen in Sinnzusammenhänge einbetten (z. B. bei Aufgabenstellungen oder erklärenden Texten).

Abb. 1.10 Maße am Kegel

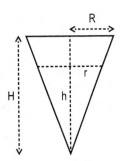

Abb. 1.11 Graph zur
Abhängigkeit der Füllhöhe von
der Zeit

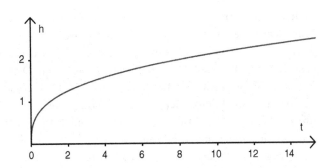

- *Mathematisch-symbolische Darstellungen:* Eine Stärke mathematischer Symbolik ist, dass Sachverhalte präzise, klar und ökonomisch dargestellt werden können. Damit ist mathematische Symbolik auch förderlich für Präzision, Klarheit und Ökonomie beim Denken. Wenden wir dies auf das Beispiel zum Sektglas an: Zum einen kann die Veränderung der Füllhöhe mit der Zeit anhand einer Wertetabelle dargestellt werden. Zum anderen lässt sich der Zusammenhang zwischen beiden Größen auch auf algebraischer Ebene beschreiben. Bei konstanter Zuflussgeschwindigkeit v ist das Flüssigkeitsvolumen im Glas zur Zeit t gleich $V = v \cdot t$. Andererseits ist mit der Volumenformel für Kegel das Volumen gleich $V = \frac{1}{3} \cdot r^2 \pi \cdot h$. Kombiniert man beides mit dem obigen geometrischen Zusammenhang $\frac{r}{h} = \frac{R}{H}$, so erhält man unmittelbar einen Funktionsterm für die Abhängigkeit der Füllhöhe von der Zeit: $h(t) = c\sqrt[3]{t}$, wobei in die Konstante c die Maße des Kegels und die Zuflussgeschwindigkeit eingehen. Die Füllhöhe nimmt also mit der dritten Wurzel der Zeit zu. Damit ist der funktionale Zusammenhang zwischen Füllhöhe und Zeit vollständig und transparent erschlossen.

Die vielfältigen Darstellungen mathematischer Sachverhalte können also drei bzw. vier Darstellungsebenen – auch Repräsentationsebenen genannt – zugeordnet werden:

- der real-situativen Ebene,
- der ikonischen Ebene,
- der symbolischen Ebene (verbal-symbolisch oder mathematisch-symbolisch).

Charakteristisch für mathematisches Denken ist, dass Sachverhalte auf verschiedenen Darstellungsebenen bearbeitet werden. Beispielsweise kann eine real-situative Darstellung einen Zugang zu einer Thematik schaffen. Auf ikonischer Ebene werden zugrunde liegende mathematische Muster – im Sinne von Gesetzmäßigkeiten, Regelmäßigkeiten und Beziehungen – entdeckt und herausgearbeitet. Auf symbolischer Ebene erfolgt eine allgemeine und präzise Darstellung mit zugehörigen Begründungen und mit Bezügen zu graphischen Darstellungen. Dies macht deutlich, dass für mathematisches Denken insbesondere auch flexibles Wechseln zwischen Darstellungen auf einer Ebene sowie zwischen Darstellungen auf verschiedenen Repräsentationsebenen typisch ist.

Speichern und Abrufen mathematischen Wissens

Beim Begriff des Wissens lässt sich etwa zwischen explizitem und implizitem Wissen differenzieren. Dabei wird Wissen einer Person als explizit bezeichnet, wenn es von dieser Person mit Sprache kommuniziert werden kann. Dies kann beispielsweise Faktenwissen (z. B. Satz des Pythagoras, Eigenschaften geometrischer Körper, Definition der Ableitungsfunktion) oder Wissen zu Tätigkeiten (z. B. die Mittelsenkrechte einer Strecke konstruieren, Brüche multiplizieren, eine Polynomfunktion differenzieren) sein. Im Gegensatz hierzu bedeutet implizites Wissen, dass eine Person dieses Wissen zwar besitzt, sie es aber nicht sprachlich darstellen kann. Dies zeigt sich daran, dass die Person etwas kann, ohne genau sagen zu können, wie es im Einzelnen geht. Beispiele aus dem Alltag sind Fahrradfahren, Schwimmen, Sprechen oder Singen. Man erwirbt dieses Wissen durch Erfahrung im Zuge entsprechender Tätigkeiten und Übung. Bezogen auf Schüler und das Fach Mathematik fällt in diese Wissenskategorie beispielsweise Wissen zu Fragen wie: Wann ist eine Zeichenkette ein Term und wann nicht? Was ist eine Fläche? Wie bearbeitet man eine Textaufgabe? Wie argumentiert man folgerichtig? Was muss man bei einem Beweis beweisen und was kann man als bekannt annehmen? Wie kann man an ein Problem herangehen? Solches Wissen wird im Mathematikunterricht vor allem über Beispiele vermittelt, allerdings idealerweise durchaus begleitet von verbalen Erläuterungen der Lehrkraft, die darauf abzielen, das Allgemeine an den Beispielen herauszustellen.

Mathematisches Denken ist immer auch Umgehen mit mathematischem Wissen, insbesondere Weiterentwickeln, Vernetzen, Speichern und Abrufen von Wissen. Deutlich wird die enge Beziehung zwischen der Informationsverarbeitung im Gehirn und dem Speichern bzw. Abrufen von Wissen, wenn man das Gehirn aus neurobiologischer Perspektive betrachtet.

Ein menschliches Gehirn enthält größenordnungsmäßig etwa 100 Mrd. Nervenzellen, die Neuronen, davon ca. 20 Mrd. in der Großhirnrinde (vgl. z. B. Bear et al. 2018, S. 26; Spitzer 2006, S. 51). Sie sind vielfach miteinander vernetzt. Ein Neuron kann an bis zu etwa 10.000 andere Neuronen elektrische Signale senden. Dies passiert dann, wenn das Neuron selbst passende Signale von anderen Neuronen oder von Rezeptoren im Körper erhalten hat. Informationsverarbeitung bedeutet aus dieser biologischen Perspektive, dass im neuronalen Netz elektrische Impulse von Neuronen gesendet bzw. empfangen werden. Wissen ist im Gehirn in der Art und Weise gespeichert, wie die Neuronen miteinander verbunden sind – welche Verbindungen es gibt und wie stark diese sind.

> „Jegliches Wissen ist in der Form von Verbindungsstärken (Synapsengewichten) zwischen Neuronen gespeichert, den *gleichen* Neuronen, die auch Informationsverarbeitung leisten. […] Jeder Informationsverarbeitungsvorgang beeinflusst die Verbindungsstärken zwischen Neuronen." (Spitzer 2000, S. 217).

Es ist also das gleiche neuronale Netz, das einerseits der Speicherung von mathematischem Wissen und andererseits dem mathematischen Denken dient. Vergleiche des Gehirns mit einem Computer, bei dem eine räumliche Trennung zwischen Informationsverarbeitung (z. B. im Prozessor) und der Informationsspeicherung (z. B. auf einer Festplatte) besteht, erscheinen also etwas grob. Vielmehr sind das Speichern und Abrufen von Wissen Facetten der Informationsverarbeitung im Gehirn. Dementsprechend sind in Abb. 1.1 das Speichern und Abrufen von mathematischem Wissen als eine Facette mathematischen Denkens dargestellt.

Verwobenheit mathematikbezogener Informationsbearbeitung

Wie bereits beim prozessbezogenen Denken sind auch die dargestellten Facetten mathematikbezogener Informationsbearbeitung nicht voneinander isoliert zu sehen. Beim Betreiben von Mathematik können diese Denkprozesse eng miteinander verwoben sein. Beispielsweise ist Denken mit mathematischen Mustern förderlich für flexibles und kreatives Denken sowie für eine effiziente Speicherung von Inhalten im Gedächtnis. Das Operieren mit mathematischen Objekten kann auf Darstellungen dieser Objekte basieren. Kreatives Denken kann durch Darstellungen angestoßen, aber auch strukturiert werden. In vielen der bislang skizzierten Beispiele hat sich diese Verwobenheit bereits gezeigt.

1.1.1.3 Inhaltsbezogenes Denken

Mathematisches Denken vollzieht sich an mathematischen Inhalten. Über Inhaltsbereiche der Mathematik kann es charakterisiert und klassifiziert werden. So definiert beispielsweise Vollrath (1989, S. 6): „Funktionales Denken ist eine Denkweise, die typisch für den Umgang mit Funktionen ist." Auf den ersten Blick scheint diese Formulierung inhaltsarm und selbstreferenziell zu sein. Der zu definierende Begriff des funktionalen Denkens wird scheinbar mit Begriffen erklärt, die nur wie eine sprachliche Umschreibung wirken. Auf den zweiten Blick leistet diese Definition allerdings Wesentliches. Sie koppelt den zunächst vagen Begriff des funktionalen Denkens eng an den *mathematischen* Begriff der Funktion und macht ihn dadurch fassbar. Aus der Perspektive der Mathematikdidaktik lässt sich dann beschreiben, was für den gedanklichen Umgang mit Funktionen typisch ist.

Dieses Definitionsprinzip wird im Folgenden auf alle Facetten des inhaltsbezogenen mathematischen Denkens angewendet. Dabei wird zwischen den fünf Haupt-Inhaltsbereichen der Schulmathematik differenziert: Zahlen, Geometrie, Algebra, Funktionen, Stochastik.

▶ *Numerisches/geometrisches/algebraisches/funktionales/stochastisches Denken* bezeichnet jeweils Denkweisen, die typisch für den Umgang mit mathematischen Objekten aus dem Bereich der Zahlen/Geometrie/Algebra/Funktionen/Stochastik sind.

Diese Begriffsbildungen werden konkret, wenn man sie im jeweiligen Inhaltsbereich auf mathematische Objekte bezieht und zudem mit den differenzierten Beschreibungen prozessbezogenen mathematischen Denkens und mathematikbezogener Informationsbearbeitung aus den vorhergehenden Abschnitten kombiniert. Dadurch lassen sich „Denkweisen, die typisch für den Umgang mit mathematischen Objekten" sind, fachbezogen charakterisieren. In jedem der fünf Inhaltsbereiche Zahlen, Geometrie, Algebra, Funktionen und Stochastik sind es typisch mathematische Tätigkeiten, zu experimentieren, Begriffe zu bilden, zu modellieren, Probleme zu lösen, Schlussfolgerungen zu entwickeln, formal zu denken, mit Algorithmen umzugehen und Theorien zu bilden. Bei jeder dieser Arten des Mathematiktreibens im jeweiligen Inhaltsbereich lassen sich die Facetten der mathematikbezogenen Informationsbearbeitung aus dem vorhergehenden Abschnitt identifizieren. Dementsprechend wird in Abb. 1.1 das inhaltsbezogene mathematische Denken in einer weiteren Dimension dargestellt. Für jeden der fünf Inhaltsbereiche werden diese Bezüge im Folgenden exemplarisch ausgeführt.

Numerisches Denken

Zahlen stellen einen grundlegenden Inhaltsbereich der Mathematik dar. Numerisches Denken bedeutet, mit Zahlen gedanklich umzugehen. Dazu gehört, im Rahmen der Begriffsbildung Grundvorstellungen zu den verschiedenen Zahlenbereichen (natürliche, ganze, rationale, reelle, komplexe Zahlen) sowie zu Operationen mit Zahlen zu entwickeln und diese Vorstellungen in mathematikhaltigen Situationen zu nutzen. Beispielsweise sind zu natürlichen Zahlen die Kardinalzahlvorstellung und die Ordinalzahlvorstellung wesentlich (vgl. z. B. Padberg und Benz 2011, S. 13 ff.). Mit Ersterer wird eine natürliche Zahl als Anzahl der Elemente einer Menge verstanden. Mit Letzterer steht eine natürliche Zahl für eine Position bzw. einen Rangplatz in einer geordneten Reihe. Darauf können Vorstellungen für Operationen mit natürlichen Zahlen aufbauen, wenn etwa die Addition über das Zusammenfügen disjunkter Mengen oder über das Weiterzählen in einer geordneten Reihe verstanden wird. Negative Zahlen erhalten inhaltliche Bedeutung, indem man sie beispielsweise als Kontostände oder Temperaturen unter Null interpretiert. Im Bereich der rationalen Zahlen sind etwa die Grundvorstellungen von Brüchen als Anteile eines Ganzen oder als Anteile mehrerer Ganzer (vgl. z. B. Padberg und Wartha 2017, S. 19 ff.) grundlegend, um auf dieser Basis mit Brüchen zu operieren. Das Charakteristische des Zahlenbereichs der reellen Zahlen wird durch Vorstellungen zur Vollständigkeit ausgedrückt. In der Menge der reellen Zahlen konvergiert jede monoton wachsende, nach oben beschränkte Folge; jede nichtleere, nach oben beschränkte Menge hat ein Supremum; jede Intervallschachtelung besitzt einen Kern (vgl. z. B. Kramer und von Pippich 2013, S. 140 ff.). Fundamental für numerisches Denken mit komplexen Zahlen ist zum einen ihre algebraische Eigenschaft, dass man mit ihnen formal rechnet wie mit reellen Zahlen und dabei die Beziehung $i^2 = -1$ berücksichtigt. Zum anderen ist die geometrische Interpretation komplexer Zahlen als Punkte und als Vektoren in der Gauß'schen Zahlenebene grundlegend. Hierüber lassen sich Vorstellungen zu den Grundrechenarten für komplexe Zahlen gewinnen (vgl. Abschn. 3.3.2).

Mit derartigen Vorstellungen zu den verschiedenen Zahlenbereichen kann sich mathematisches Denken mit Zahlen in allen Facetten des prozessbezogenen Denkens und der mathematikbezogenen Informationsbearbeitung gemäß dem Modell in Abb. 1.1 entfalten. Beispielsweise ist experimentierendes Denken beim Erkunden kombinatorischer Muster gefordert (vgl. Abschn. 3.2.4). Algorithmisches Denken wird bei Verfahren zur Bestimmung von größten gemeinsamen Teilern bzw. kleinsten gemeinsamen Vielfachen oder bei Verfahren zur näherungsweisen Berechnung reeller Zahlen wie der Kreiszahl π oder Nullstellen von Funktionen benötigt (vgl. Abschn. 3.3.3). Problemlösendes und schlussfolgerndes Denken wird beispielsweise mit Knobelaufgaben zu natürlichen Zahlen (vgl. Abschn. 3.3.4) angesprochen.

Geometrisches Denken

Der Bereich der Geometrie durchzieht den Mathematikunterricht von der ersten Jahrgangsstufe in der Grundschule bis hin zum Abitur. Geometrisches Denken bezeichnet – wie oben definiert – Denkweisen, die typisch für den Umgang mit geometrischen Objekten sind. Exemplarisch illustrieren wir dies an drei Beispielen: dem Begriffsbilden zu Figuren und Körpern, dem Messen von Flächen und Volumina sowie der Raumvorstellung.

Begriffsbildung zu Figuren und Körpern

In der Primarstufe und den unteren Jahrgangsstufen der Sekundarstufe stehen im Geometrieunterricht Begriffsbildungsprozesse für ebene Figuren und räumliche Körper im Fokus. Dabei geht es – gemäß den obigen allgemeinen Beschreibungen zu begriffsbildendem Denken – zunächst darum, Vorstellungen über Eigenschaften geometrischer Objekte wie Gerade, Winkel, Dreieck, Kreis, Quader, Kegel etc. zu entwickeln und anhand charakterisierender Eigenschaften Objekte dem jeweiligen Begriff zuordnen zu können – also den Begriffsinhalt und den Begriffsumfang zu erfassen. Zudem sind Beziehungen zwischen diesen Begriffen zu entwickeln. Typisch sind dabei hierarchische Beziehungen zwischen Ober- und Unterbegriffen (wie „Viereck – Trapez – Parallelogramm – Rechteck – Quadrat") oder Teil-Ganzes-Beziehungen (wie „Kreis als Teil der Kegeloberfläche"). Derartige Vernetzungen von Begriffen sind für den Umgang mit diesen Begriffen und Anwendungen erforderlich.

Messen von Flächen und Volumina

Die Begriffsbildung zu ebenen Figuren und räumlichen Körpern ist in der Sekundarstufe eng mit der Frage nach der Größe zugehöriger Flächeninhalte bzw. Volumina verbunden. Die Basis stellen dabei Rechtecke und Quader dar. Ihr Flächeninhalt bzw. ihr Volumen kann mit dem Grundprinzip des Messens ermittelt werden: Es wird direkt bestimmt, wie oft eine Einheit in die zu messende Größe passt. So lässt sich beispielsweise die Fläche eines Rechtecks der Seitenlängen 4 und 5 mit $4 \cdot 5 = 20$ Einheitsquadraten vollständig auslegen. Sie können in 4 Reihen zu je 5 Quadraten strukturiert werden. Die Verallgemeinerung und Abstraktion dieser Überlegung führt zur Flächenformel $A = a \cdot b$ für Rechtecke. Legt man entsprechend Quader mit Einheitswürfeln aus, gelangt man analog zur Volumenformel $V = a \cdot b \cdot c$ für Quader. Ausgehend vom Rechteck lassen sich die Flächeninhalte weiterer Figuren wie etwa von Dreiecken, Parallelogrammen, Trapezen und Kreisen durch eine universelle Strategie ermitteln: Unbekannte Flächeninhalte werden auf bekannte Flächeninhalte zurückgeführt und dadurch erschlossen. Dazu werden die unbekannten Flächen in Teile zerlegt und ggf. die Teile anders angeordnet oder die unbekannten Flächen werden zu bekannten Flächen ergänzt. Auf diese Weise können die Flächenformeln für Dreiecke, Parallelogramme und Trapeze aus der Flächenformel für Rechtecke abgeleitet werden. Bei Kreisen sind dabei zudem infinitesimale Überlegungen nötig. Die entsprechende Strategie ist auch im dreidimensionalen Raum zielführend: Unbekannte Oberflächeninhalte werden auf bekannte Flächeninhalte zurückgeführt, unbekannte Volumina werden zu bekannten Volumina in Bezug gesetzt. Dadurch lassen sich beispielsweise Oberflächen und Volumina von Prismen, Zylindern, Pyramiden, Kegeln und Kugeln erschließen. Diese Skizzierung von Zusammenhängen macht deutlich, dass die Formeln für Flächeninhalte und Volumina in der Geometrie Produkte substanziellen geometrischen Denkens sind. Hierbei ist mit geometrischen Objekten vielfältig zu operieren und mit ihren Eigenschaften zu argumentieren. Vernetzungen zwischen geometrischen Objekten sind herzustellen, um anhand der Bezüge Schlussfolgerungen ziehen zu können.

Raumvorstellung

Des Weiteren zielt Geometrieunterricht u. a. darauf ab, dass Schüler ihr räumliches Vorstellungsvermögen (weiter-)entwickeln. Dies sind universelle Denkfähigkeiten, die nicht nur im Fach Mathematik, sondern auch im Alltag, in anderen Fachbereichen und verschiedensten Berufsfeldern von Bedeutung sind. Räumliches Vorstellungsvermögen, bezeichnet – prägnant formuliert – „die Fähigkeit, in der Vorstellung räumlich zu sehen und zu denken" (Grüßing 2002, S. 37). Dies umfasst die Wahrnehmung räumlicher Situationen, die Entwicklung von Bildern in der Vorstellung sowie den gedanklichen Umgang mit Vorstellungsbildern inklusive ihrer Modifikation. Dabei bezieht sich dies gleichermaßen auf zwei- und auf dreidimensionale Räume. Insbesondere aus psychologischer Perspektive wurden im 20. Jahrhundert vielfältige Theorien entwickelt, die das komplexe Konstrukt der Raumvorstellung strukturieren. Maier (1999, S. 31 ff.) gibt hierüber einen Überblick und schlägt als Fazit – insbesondere durch Zusammenfassung der Analysen von Linn und Petersen (1985) sowie Thurstone (1950) – folgende Differenzierung von fünf Komponenten des räumlichen Vorstellungsvermögens vor:

- *Räumliche Wahrnehmung (spatial perception)* beschreibt die Fähigkeit, eine räumliche Situation in Bezug auf die Horizontale und Vertikale zu erfassen und dies ggf. mit der Ausrichtung des eigenen Körpers in Beziehung zu setzen. Die Objekte werden dabei als statisch betrachtet und nicht verändert oder bewegt.
- *Räumliche Beziehungen (spatial relations)* herzustellen, bedeutet das Erfassen räumlicher Konfigurationen von Objekten und der Beziehungen dieser Objekte untereinander. Die eigene Person hat dabei einen Standpunkt außerhalb der Situation. Auch hier werden die Objekte als statisch angesehen, es geht um Beziehungen zwischen unbewegten Objekten.
- *Räumliche Orientierung (spatial orientation)* bezeichnet die Fähigkeit, sich selbst als Teil in eine räumliche Situation einzuordnen und sich als Person in dieser Situation zurechtzufinden. Diese Fähigkeit ist gefordert, wenn man sich in einem Raum real oder gedacht bewegt. Die weiteren Objekte im Raum werden dabei nicht bewegt, nur der eigene Standpunkt und damit die eigene Perspektive ändern sich.
- *Vorstellungsfähigkeit von Rotationen (mental rotation)* bezeichnet das Vermögen, zwei- oder dreidimensionale Objekte in Gedanken zu drehen. Dies ist also – im Gegensatz zu den drei vorher genannten Komponenten – mit gedanklichen Bewegungen der Objekte verbunden. Aus Vorstellungsbildern werden dadurch neue Vorstellungsbilder erzeugt.
- *Räumliche Visualisierung (spatial visualization)* charakterisiert die Fähigkeit, komplexere, mehrschrittige Bearbeitungen räumlicher Situationen in Gedanken durchzuführen. „Spatial visualization is the label commonly associated with those spatial ability tasks that involve complicated, multistep manipulations of spatially presented information. These tasks may involve the processes required for spatial perception and mental rotations but are distinguished by the possibility of multiple solution strategies." (Linn und Petersen 1985, S. 1484) Ein Beispiel wäre die gedankliche Abwicklung der Oberfläche eines Polyeders zu einem Netz dieses Körpers. Das Denken bezieht sich hier auf dynamische Prozesse in der räumlichen Situation, d. h., Objekte oder Teile der Objekte sind in Gedanken zu bewegen oder zu verändern. Die Person hat dabei einen Standpunkt außerhalb der Situation. Sie ist gefordert, eine Strategie zur Bearbeitung der Situation zu entwickeln.

Algebraisches Denken

Gemäß obiger Begriffsbildung bezeichnet algebraisches Denken Denkweisen, die typisch für den Umgang mit algebraischen Objekten sind. Wir konkretisieren dies im Folgenden für Variablen, Terme und Gleichungen als zentrale Objekte der Algebra in der Sekundarstufe. Zudem geben wir einen Ausblick auf das Denken mit algebraischen Strukturen wie etwa Gruppen oder Vektorräumen.

Mit Variablen denken

Variablen sind „Grundbausteine" für algebraisches Denken. Je nach Bedarf werden sie unter verschiedenen Aspekten verwendet. Im Zuge von Prozessen der Begriffsbildung zu

Variablen ist es von Bedeutung, solche Aspekte des Variablenbegriffs zu erfassen. Hierbei lassen sich nach Malle (1993, S. 80) folgende unterscheiden:

- *Einzelzahlaspekt:* Eine Variable steht für eine feste Zahl aus einem Zahlenbereich. Betrachten wir als Beispiel die Sachsituation: „Die Mutter ist viermal so alt wie die Tochter, beide zusammen sind 40 Jahre alt." Wenn dazu die Gleichungen $y = 4x$ und $x + y = 40$ aufgestellt werden, stehen die Variablen x und y jeweils für eine einzige, zunächst unbekannte Zahl.
- *Simultanaspekt:* Eine Variable repräsentiert gleichzeitig alle Zahlen aus einem Zahlenbereich. Beispielsweise stehen bei der Formel für die Rechteckfläche $A = a \cdot b$ oder beim Kommutativgesetz der Addition $a + b = b + a$ die Variablen a und b als Repräsentanten für alle Zahlen aus dem jeweiligen Zahlenbereich. Durch die Verwendung von Variablen wird ausgedrückt, dass die Gleichung für alle Zahlen gilt, die für die Variablen eingesetzt werden dürfen.
- *Veränderlichenaspekt:* Eine Variable wird als veränderlich in einem Bereich aufgefasst. Die Zahlen des Bereichs werden „durchlaufen". Ein Beispiel: Wird die Gleichung $y = x^2 + 1$ als Funktionsgleichung einer quadratischen Funktion betrachtet, so sind x und y Veränderliche. Es wird x als freie Variable im Bereich der reellen Zahlen und y als davon abhängige Variable aufgefasst.

Mit Variablen gedanklich umzugehen schließt also ein, sie im jeweiligen Kontext unter dem passenden Aspekt zu sehen und sie entsprechend zu verwenden.

Mit Termen denken

Auf dem Variablenbegriff baut der Begriff des Terms auf. Im Mathematikunterricht werden Terme etwa als sinnvolle Zusammenstellung von Zahlen, Variablen, Rechenzeichen und Klammern definiert. Dabei wird in der Regel nicht scharf festgelegt, was in diesem Zusammenhang „sinnvoll" bedeutet. Die Schüler sind vielmehr gefordert, den Begriffsumfang des Termbegriffs über Beispiele und Gegenbeispiele zu erfassen. (So ist etwa „5 + (" kein Term.)

Typische Tätigkeiten beim Umgang mit Termen sind das Aufstellen, Interpretieren und Umformen von Termen. Ein Beispiel:

Handschläge

In einer Gruppe von Personen begrüßt jeder jeden per Handschlag. Wie viele Handschläge finden dabei statt?

Für kleine Anzahlen von Personen können die Handschläge direkt abgezählt werden. Betrachten wir etwa fünf Personen und nummerieren wir diese. Die erste Person begrüßt die vier anderen Personen, die zweite Person muss danach noch drei anderen die Hand geben, für die dritte Person bleiben daraufhin zwei weitere Handschläge und schließlich muss die vierte Person der fünften Person die Hand geben. Insgesamt gibt es also $4 + 3 + 2 + 1 = 10$ Handschläge. Alternativ kann man auch folgendermaßen argumentieren: Jede der fünf Personen reicht den anderen vier Personen die Hand. Immer wenn sich zwei Personen die Hand reichen, entsteht ein Handschlag. Es gibt also $5 \cdot 4 \cdot \frac{1}{2} = 10$ Handschläge. Wie ist es aber bei 6, 7, 8, ... Personen? Wenn man das algebraische Muster in der Situation erkannt hat, ist die Anwendung auf andere Anzahlen von Personen leicht. Man muss nur die Zahl 5 durch eine andere Zahl ersetzen. Allgemein lässt sich dieses Muster mit einer Variablen ausdrücken: Bei n Personen gibt es $(n - 1) + (n - 2) + \ldots + 2 + 1$ Handschläge bzw. in der zweiten Betrachtungsweise sind es $\frac{1}{2}n \cdot (n - 1)$ Handschläge. Der letzte Term ist gleich $\frac{n!}{2! \cdot (n-2)!} = \binom{n}{2}$. Dieser Binomialkoeffizient lässt sich auch als Anzahl der zweielementigen Teilmengen einer n-elementigen Menge interpretieren. Mit diesem kombinatorischen Modell kann das Ausgangsproblem also ebenso gelöst werden. Wir sehen an diesem Beispiel, dass zum algebraischen Denken gehört, mit Termen allgemeine Muster im Bereich der Zahlen oder Größen zu beschreiben und zu bearbeiten. Mit Termen werden Muster ökonomisch und präzise dargestellt – beispielsweise um diese Muster kommunizierbar und einer weiteren Bearbeitung zugänglich zu machen (vgl. Fischer et al. 2010, S. 2).

Eine Stärke der Algebra ist, dass Terme anhand eines Regelwerks umgeformt werden können, ohne dass man dazu auf inhaltliche Interpretationen der Variablen und Terme – z. B. in außermathematischen Situationen – zurückgreifen muss. Dies entlastet beim Denken. Zugehörige Umformungsregeln wie z. B. $a + a + a = 3a$, $a \cdot a \cdot a = a^3$ oder $3a^3 + 4a^3 = 7a^3$ ergeben sich durch Verallgemeinerung entsprechender Regeln aus dem Bereich der Zahlen. Ein solches Regelwerk, wie es beim Termumformen verwendet wird, nennt man Kalkül. „Ein Kalkül besteht aus einer Sammlung von Regeln, enthält aber keine Vorschrift, in welcher Reihenfolge diese anzuwenden sind. Im Gegensatz dazu ist ein Algorithmus eine eindeutige Handlungsvorschrift zur Ausführung von klar definierten elementaren Schritten." (Greefrath et al. 2016, S. 164) Dies macht zwei Hauptschwierigkeiten beim Termumformen deutlich, wenn man ein Ziel wie etwa das Vereinfachen oder Faktorisieren eines Terms verfolgt: Zum einen ist es generell erforderlich, nur gültige Regeln korrekt anzuwenden (und nicht etwa $a^3 + a^3 = a^6$ zu rechnen). Zum anderen ist im Hinblick auf das jeweilige Ziel bei jedem Schritt der Termumformung zu entscheiden, welche Umformungsregel überhaupt angewendet wird. Die zugehörigen Denkprozesse können im Modell für mathematisches Denken gemäß Abb. 1.1 einerseits im Bereich des prozessbezogenen Denkens insbesondere dem formalen und ggf. dem problemlösenden und schlussfolgernden Denken zugeordnet werden. Andererseits sind alle Facetten mathematikbezogener Informationsbearbeitung von Bedeutung, z. B. das Wahrnehmen der Termstruktur, ein Denken mit mathematischen Mustern und das Operieren mit mathematischen Objekten unter Nutzung von Darstellungen und aus dem Gedächtnis abgerufenen Regeln.

Mit Gleichungen denken

Der Termbegriff ist unmittelbare Grundlage für den Begriff der Gleichung, denn eine Gleichung besteht aus zwei Termen, zwischen denen ein Gleichheitszeichen steht. Wie bei Termen sind typische Tätigkeiten mit Gleichungen das Aufstellen, das Interpretieren und das Umformen. Entsprechend den oben dargestellten drei Aspekten von Variablen finden Gleichungen vielfältige Verwendung in der Mathematik und darüber hinaus:

- *Gleichung als Bestimmungsgleichung:* Gleichungen dienen dazu, unbekannte Werte für Variablen zu bestimmen. Diese Variablen werden dabei unter dem Einzelzahlaspekt gesehen.
- *Gleichung als Regel oder Formel:* Mit Gleichungen werden universelle Beziehungen ausgedrückt. Die Variablen werden hierbei unter dem Simultanaspekt betrachtet. Beispiele sind etwa Rechengesetze wie das Distributivgesetz $a \cdot (b + c) = ab + ac$ oder Formeln wie die Volumenformel $V = \frac{1}{3}Gh$ für Pyramiden.
- *Gleichung als Funktionsgleichung:* Gleichungen beschreiben funktionale Abhängigkeiten. Dazu werden in Funktionsgleichungen Variablen als Veränderliche aufgefasst.

Um Gleichungen für solche Zwecke zu inner- oder außermathematischen Situationen aufzustellen, sind jeweils eine sorgsame Analyse der Situation, ggf. eine zweckmäßige Einführung von Variablen und ein Erfassen der Beziehungen zwischen Zahlen und Variablen erforderlich. So kann beispielsweise bei einer Sachaufgabe eine Gleichung das Ergebnis des Mathematisierens im Modellierungsprozess sein; die Gleichung verdichtet Erkenntnisse über die mathematische Struktur der Sachsituation. Dies kann ein mächtiges Werkzeug für die weitere Bearbeitung der Situation darstellen.

Typisch für den Umgang mit Gleichungen ist, sie umzuformen – beispielsweise sie nach einer Variablen aufzulösen, um den Wert dieser Variablen zu berechnen oder um diese Variable in Abhängigkeit von anderen Variablen auszudrücken. Dabei tritt der Effekt auf, dass Umformungen die Lösungsmenge gleich lassen oder verändern. Äquivalenzumformungen ändern die Lösungsmenge nicht (z. B. auf beiden Seiten den gleichen Term addieren, beide Seiten mit der gleichen Zahl ungleich Null multiplizieren oder die Terme auf den beiden Seiten einzeln mit Termumformungen bearbeiten). Hingegen gibt es auch Umformungen, die die Lösungsmenge vergrößern können (z. B. Quadrieren) oder verkleinern können (z. B. durch eine Variable dividieren). Die Herausforderungen beim Auflösen einer Gleichung bestehen also darin, zielführende Umformungen zu finden und diese korrekt durchzuführen. Die zugehörigen mathematischen Denkprozesse im Sinne des Modells in Abb. 1.1 können – wie beim Umformen von Termen – insbesondere dem formalen und ggf. dem problemlösenden und schlussfolgernden Denken sowie allen Facetten mathematikbezogener Informationsbearbeitung zugeordnet werden.

Mit algebraischen Strukturen denken

Im Mathematikunterricht insbesondere der Sekundarstufe II kann algebraisches Denken um eine weitere, substanziell neue Komponente erweitert werden: Denken mit algebraischen Strukturen. Die Schüler können etwa im Sinne von Begriffsbildung auf das Phänomen stoßen, dass auf den ersten Blick sehr unterschiedlich erscheinende Mengen mit Verknüpfungen doch gleiche strukturelle Eigenschaften besitzen. Die Menge der ganzen Zahlen mit der Addition, die Menge der rationalen Zahlen ohne Null mit der Multiplikation, die Menge der reellen Polynome mit der Addition, die Menge der Kongruenzabbildungen in der Ebene, die Menge der Drehungen um einen Punkt, die Menge der Deckabbildungen eines regelmäßigen Vielecks, die Menge der Permutationen einer endlichen Menge jeweils mit der Hintereinanderausführung dieser Abbildungen als Verknüpfungen – all diese Mengen besitzen mit den angegebenen inneren Verknüpfungen ihrer Elemente die gleiche Struktur. Es gilt das Assoziativgesetz, es gibt ein neutrales Element und zu jedem Element gibt es ein Inverses. Um diese Eigenschaften zusammenfassend auszudrücken, wurde in der Mathematik der Begriff der Gruppe eingeführt. Er kann anhand der genannten Eigenschaften axiomatisch definiert werden. Im Sinne theoriebildenden, schlussfolgernden und formalen Denkens können aus der Definition des Gruppenbegriffs Eigenschaften von Gruppen gefolgert werden, z. B. die Eindeutigkeit des neutralen Elements oder die Eindeutigkeit des jeweils inversen Elements. Dadurch gewinnen die Schüler einen Einblick in Algebra als Wissenschaft algebraischer Strukturen. In Abschn. 3.2.2 wird dies mit Unterrichtsbeispielen zum algebraischen Begriff des Vektorraums weiter illustriert.

Funktionales Denken

Funktionales Denken lässt sich – wie bereits erwähnt – nach Vollrath (1989, S. 6; 2014, S. 117) als Denkweise charakterisieren, die typisch für den Umgang mit Funktionen ist. Dies bindet den Begriff des funktionalen Denkens eng an den mathematischen Begriff der Funktion und macht ihn dadurch fachdidaktisch greifbar. Aus der Perspektive der Fachdidaktik lässt sich konkretisieren, was für den Umgang mit Funktionen typisch ist. Greefrath et al. (2016, S. 36 ff.) stellen hierzu Folgendes heraus:

Phänomene mit Funktionen bearbeiten

Mit Funktionen werden *Phänomene,* denen funktionale Zusammenhänge zugrunde liegen, mathematisch erfasst, erschlossen und bearbeitet. Solche Phänomene sind beispielsweise zeitliche Entwicklungen (z. B. die Abhängigkeit der Größe eines Menschen von seinem Alter), Kausalzusammenhänge zwischen Ursachen und Wirkungen (z. B. die Abhängigkeit der Dauer einer Fahrt von der Geschwindigkeit) oder willkürlich gesetzte Zusammenhänge zwischen Größen (z. B. die Abhängigkeit des Briefportos vom Gewicht des Briefes). Bei mathematischem Arbeiten mit solchen Phänomenen können vielfältige Facetten prozessbezogenen Denkens und mathematikbezogener Informationsbearbeitung gemäß dem Modell in Abb. 1.1 erforderlich sein. So geht es beispielsweise zunächst darum, einen funktionalen Zusammenhang als solchen überhaupt wahrzunehmen. Dies kann die Grundlage für einen Modellierungsprozess darstellen, der dazu dient, ein Problem zu bearbeiten. Hierbei ist der funktionale Zusammenhang u. a. darzustellen (siehe nächster Punkt) und es ist mit mathematischen Objekten und Mustern zu operieren.

Mit Darstellungsformen von Funktionen umgehen

Typisch für das Denken mit Funktionen ist es, mit *Darstellungsformen* von Funktionen umzugehen. Die obigen Ausführungen zum Nutzen von Darstellungen als Facette prozessbezogenen Denkens mit der Unterscheidung in real-situative, ikonische, verbal-symbolische und mathematisch-symbolische Darstellungen lassen sich auf Funktionen anwenden und weiter konkretisieren:

- *Real-situative Darstellungen:* Funktionale Zusammenhänge können in Real-situationen direkt sichtbar sein. Wenn beispielsweise ein Gegenstand im freien Fall zu Boden fällt, dann ist die Abhängigkeit der Fallstrecke x und der Geschwindigkeit v von der Zeit t unmittelbar erfahrbar.
- *Graphische Darstellungen:* Die gebräuchlichste ikonische Darstellung von reellen Funktionen ist die Darstellung mit Funktionsgraphen in einem kartesischen Koordinatensystem. Beim freien Fall wird die zeitliche Abhängigkeit der Fall-strecke durch eine Parabel, die zeitliche Abhängigkeit der Geschwindigkeit durch eine Ursprungsgerade dargestellt. Weitere Arten graphischer Darstellungen von Funktionen – v. a. bei endlicher Definitionsmenge – sind Pfeildiagramme oder Diagramme der Statistik wie etwa Säulendiagramme oder Kreisdiagramme.
- *Darstellungen mit Termen:* Mit Funktionstermen und Funktionsgleichungen werden funktionale Zusammenhänge als Ganzes algebraisch erfasst und für eine weitere Bearbeitung (z. B. mithilfe der Analysis) zugänglich. Im Beispiel zum freien Fall lauten diese $x = \frac{1}{2}gt^2$ und $v = gt$, wobei $g = 9{,}81 \frac{\text{m}}{\text{s}^2}$ die Fallbeschleunigung bezeichnet.
- *Tabellarische Darstellungen:* Wertetabellen sind sehr elementare Darstellungen von Funktionen. Sie geben einander zugeordnete Werte unmittelbar neben- bzw. unter-einander an. Die Grenzen solcher Darstellungen sind offensichtlich, denn es können in der Regel nur wenige Wertepaare angegeben werden. Bei einer Funktion, die auf einer unendlichen Menge (z. B. einem Zahlenintervall) definiert ist, kann eine Tabelle also nur einen sehr kleinen Ausschnitt der Zuordnung darstellen.
- *Verbale Darstellungen:* Funktionale Zusammenhänge können auch mit Worten beschrieben werden. Im Beispiel zum freien Fall ist die Geschwindigkeit direkt proportional zur Fallzeit mit dem Proportionalitätsfaktor $g = 9{,}81 \frac{\text{m}}{\text{s}^2}$. Die Fallstrecke nimmt mit der Zeit quadratisch zu.

Zum Umgang mit Funktionen gehört, solche Darstellungen zu erstellen, zu interpretieren und anzuwenden, Beziehungen zwischen Darstellungsformen zu erkennen und zu nutzen, Darstellungsformen ineinander zu transformieren sowie zwischen verschiedenen Darstellungen flexibel und zielorientiert zu wechseln. In Abb. 1.12 sind diese Darstellungsformen von Funktionen schematisch zusammengefasst, die Verbindungsstrecken stehen dabei für mögliche Übergänge zwischen verschiedenen Darstellungsformen. Darüber hinaus sind auch Änderungen der Darstellung innerhalb einer Darstellungsform von Bedeutung (z. B. Umformen eines Funktionsterms, Verfeinern einer Wertetabelle, Umformulieren eines beschreibenden Textes).

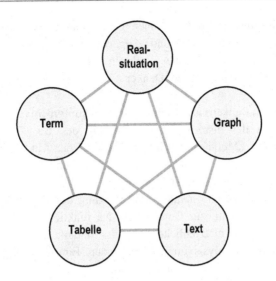

Abb. 1.12 Darstellungsformen von Funktionen und Wege des Transfers

Grundvorstellungen zu Funktionen nutzen

Im Zuge von Prozessen der Begriffsbildung zu Funktionen sollten *Grundvorstellungen* zu diesem Begriff aufgebaut werden. Sie geben dem Begriff inhaltliche Bedeutung und bilden eine Basis, um mit Funktionen verständnisvoll und flexibel umzugehen. Dabei können nach Vollrath (1989, S. 8 ff.; 2014, S. 117 ff.) und Malle (2000, S. 8 f.) folgende Grundvorstellungen unterschieden werden:

- *Zuordnungsvorstellung:* Eine Funktion ordnet jedem Wert einer Größe genau einen Wert einer zweiten Größe zu. Mit dem Mengenbegriff formuliert bedeutet dies: Eine Funktion ordnet jedem Element einer Definitionsmenge genau ein Element einer Zielmenge zu. Ein Beispiel: Wenn heißer Tee auf Raumtemperatur abkühlt, kann man jedem Zeitpunkt im Betrachtungszeitraum eine zugehörige Temperatur des Tees zuordnen. Diese Zuordnung lässt sich beispielsweise mit einer Wertetabelle oder anhand eines Funktionsgraphen darstellen.
- *Kovariationsvorstellung:* Eine Funktion erfasst, wie sich Änderungen einer Größe auf eine zweite Größe auswirken. Beim Abkühlen von heißem Tee nimmt die Temperatur des Tees zunächst schnell und dann immer langsamer ab. Bei solchen Fragen der Änderung steht nicht – wie bei der Zuordnungsvorstellung – nur der punktuelle Zusammenhang zwischen Werten der Definitions- und der Zielmenge im Fokus, sondern es wird der Blick auf lokale Bereiche der Definitions- und Zielmenge gerichtet. Es werden Änderungen der Variablen und der lokale Verlauf des Graphen betrachtet.
- *Objektvorstellung:* Eine Funktion ist ein einziges Objekt, das einen Zusammenhang als Ganzes beschreibt. So kann beispielsweise beim Abkühlen von heißem Tee der Temperaturverlauf mit einer Exponentialfunktion der Form $f(t) = a \cdot b^t + c$ modelliert werden (Abschn. 3.2.6). Der Funktionsterm und der zugehörige Graph stellen den Abkühlvorgang als Ganzes dar.

Zum gedanklichen Umgang mit Funktionen gehört damit auch, Grundvorstellungen zu Funktionen situationsangemessen und zielgerichtet zu nutzen und zwischen verschiedenen Grundvorstellungen flexibel wechseln – beispielsweise in Verbindung mit modellierendem oder problemlösendem Denken.

Förderung funktionalen Denkens als Ziel des Mathematikunterrichts

Einen Meilenstein in der historischen Entwicklung des Begriffs des funktionalen Denkens stellen die sog. „Meraner Vorschläge" von 1905 dar. Mit ihnen formulierte eine Kommission der „Gesellschaft Deutscher Naturforscher und Ärzte" bei einer Tagung in Meran Leitlinien für den Mathematikunterricht, um diesen weiterzuentwickeln. Sie stellten insbesondere zwei Ziele heraus: „die Stärkung des räumlichen Anschauungsvermögens und die Erziehung zur Gewohnheit des funktionalen Denkens" (Gutzmer 1908, S. 104). Dies hatte maßgeblichen Einfluss darauf, dass der Themenbereich der Funktionen und die Analysis im 20. Jahrhundert Eingang in die Lehrpläne und schulischen Mathematikunterricht gefunden haben.

Wir haben funktionales Denken als für den Umgang mit Funktionen typische Denkweise definiert. Dazu sei abschließend bemerkt, dass sich dies auf den Funktionsbegriff in seiner vollen Breite bezieht und nicht nur auf Funktionen, die auf Zahlenmengen definiert sind. So fallen etwa auch geometrische Abbildungen der Ebene oder des Raumes (z. B. Spiegelungen, Drehungen, Streckungen) unter den Funktionsbegriff. In der dynamischen Geometrie hängen Objekte von anderen Objekten funktional ab, Konstruktionen sind beweglich, Veränderungen von Objekten können Veränderungen abhängiger Objekte bewirken. Gerade hierbei wird die Kovariationsvorstellung von Funktionen deutlich angesprochen. Diese weite Auffassung funktionalen Denkens entspricht auch den „Meraner Vorschlägen" von 1905. Sie forderten für den Mathematikunterricht u. a.:

> „Diese Gewohnheit des funktionalen Denkens soll auch in der Geometrie durch fortwährende Betrachtung der Änderungen gepflegt werden, die die ganze Sachlage durch Größen- und Lagenänderung im einzelnen erleidet, z. B. bei Gestaltänderungen der Vierecke, Änderungen in der gegenseitigen Lage zweier Kreise usw." (Gutzmer 1908, S. 113)

Stochastisches Denken

Der Oberbegriff *Stochastik* umfasst die beiden mathematischen Teilbereiche der Wahrscheinlichkeitsrechnung und der Statistik. Letztere kann gegliedert werden in beschreibende, explorative und beurteilende Statistik. In der beschreibenden (bzw. deskriptiven) Statistik werden Daten durch Tabellen und Grafiken strukturiert, verdichtet und zusammengefasst sowie durch Kennzahlen charakterisiert. Vor allem bei umfangreichem Datenmaterial ist dies notwendig, um einen Überblick über die Daten zu gewinnen und um sie auf wesentliche Aussagen zu reduzieren. Die explorative Statistik (bzw. explorative Datenanalyse EDA) verfolgt darüber hinaus das Ziel, bislang unbekannte Muster, Strukturen und Zusammenhänge in den Daten zu finden und dadurch neue Hypothesen zu gewinnen. Die beurteilende (bzw. schließende bzw. induktive) Statistik versucht, aus den Daten einer Stichprobe auf Eigenschaften einer Grundgesamtheit zu schließen. Hierbei liefert die Wahrscheinlichkeitsrechnung mathematische Werkzeuge für Schätz- und Testverfahren. Darüber hinaus kann zur Stochastik im weiteren Sinn auch die Kombinatorik gezählt werden. Hier stehen Fragen nach der Anzahl von Möglichkeiten im Fokus. Dies ist insbesondere bei der Berechnung von Laplace-Wahrscheinlichkeiten von Bedeutung.

Analog zu den anderen Inhaltsbereichen der Mathematik bezeichnet stochastisches Denken Denkweisen, die typisch für den Umgang mit mathematischen Objekten aus dem Bereich der Stochastik sind. Angesichts der oben umrissenen Teilbereiche der Stochastik und im Hinblick auf Stochastik in der Schule kann dies aus der Perspektive der Fachdidaktik weiter konkretisiert werden. Wir fassen dazu Empfehlungen des Arbeitskreises Stochastik in der Gesellschaft für Didaktik der Mathematik zu Zielen und zur Gestaltung von Stochastikunterricht (GDM AK Stochastik 2003, S. 23 ff.) sowie die von Krüger et al. (2015, S. 16 ff.) identifizierten und empfohlenen „Entwicklungslinien stochastischen Wissens und Könnens" zusammen. Damit umfasst stochastisches Denken insbesondere folgende Komponenten:

- stochastische Situationen wahrnehmen und modellieren,
- stochastische Experimente, Simulationen und statistische Untersuchungen planen, durchführen, auswerten und reflektieren,
- Tabellen und graphische Darstellungen zu statistischen Daten anfertigen und interpretieren,
- statistische Kenngrößen berechnen und interpretieren,
- Wahrscheinlichkeiten berechnen, interpretieren und mit relativen Häufigkeiten in Bezug setzen, Wahrscheinlichkeitsaussagen reflektieren,
- Zufallsgrößen zur Modellierung von Vorgängen, die vom Zufall beeinflusst sind, nutzen,
- Wahrscheinlichkeitsverteilungen zu Zufallsgrößen ermitteln, untersuchen und vergleichen,
- stochastische Zusammenhänge und Abhängigkeiten ermitteln, darstellen und untersuchen,
- Hypothesen mit Stichproben und Signifikanztests prüfen, statistische Aussagen und Schlussweisen reflektieren.

Vernetzungen bei stochastischem Denken

Alle Facetten prozessbezogenen mathematischen Denkens gemäß dem Modell in Abb. 1.1 sind auch in der Stochastik von Bedeutung. Dabei kommt im Hinblick auf Mathematikunterricht insbesondere dem Experimentieren, Modellieren und Problemlösen eine besondere Rolle zu. Dies illustriert das folgende Beispiel aus dem Mathematikunterricht nach Vogel und Eichler (2011, S. 7) sowie Eichler und Vogel (2013, S. 31 ff., 159 ff.). Es zeigt auch, wie sich beschreibende und explorative Statistik,

Wahrscheinlichkeitsrechnung und beurteilende Statistik eng verknüpfen lassen, indem in empirischen Daten Wahrscheinlichkeitsmuster aufgedeckt werden, um begründet Prognosen aufzustellen.

Schokolinsen

Schokolinsen werden in kleinen Packungen verkauft. Es gibt Schokolinsen in verschiedenen Farben. Überlege dir hierzu Fragestellungen und erforsche sie.

Eine Fülle mathematischer und unterrichtsbezogener Aspekte dieser Thematik diskutieren Eichler und Vogel (2013, S. 31 ff., 159 ff.). Naheliegende mathematische Fragen sind etwa, wie viele Linsen in einer Packung enthalten sind und mit welcher Häufigkeit bzw. Wahrscheinlichkeit die verschiedenen Farben vorkommen. Dies gibt Anlass zu vielfältigem stochastischem Denken.

- *Daten erheben, darstellen und analysieren:* Einen experimentellen Zugang zur Thematik können Schüler durch eine statistische Untersuchung gewinnen. Eine Anzahl von Packungen wird geöffnet und jeweils werden die Schokolinsen der verschiedenen Farben gezählt. Die gewonnenen Rohdaten können mit Mitteln der beschreibenden Statistik graphisch und numerisch ausgewertet werden. Beispielsweise lässt sich beobachten, dass die absolute und die relative Häufigkeit von Schokolinsen einer bestimmten Farbe von Packung zu Packung variieren. Kumuliert man diese Daten, können die Schüler das empirische Gesetz der großen Zahlen erfahren: Die relative Häufigkeit von Schokolinsen einer bestimmten Farbe stabilisiert sich mit zunehmender Zahl untersuchter Packungen, wenn man jeweils die enthaltenen Linsen zusammennimmt. Anhand der Daten und ihrer Auswertung werden damit experimentell Erkenntnisse zur stochastischen Situation gewonnen.
- *Modellannahmen treffen und Modelle bilden:* Die statistische Erhebung kann etwa Anlass zur Annahme geben, dass die Schokolinsen sechs verschiedene Farben haben können und dass diese sechs Farben unter den Schokolinsen gleich verteilt sind. Mit dieser Modellannahme gelangt man von „der empirischen Welt der Daten [in …] die wahrscheinlichkeitstheoretische Welt" (Vogel und Eichler 2011, S. 2). Das Entnehmen einer Schokolinse aus einer Packung wird als Laplace-Experiment mit einem sechselementigen Ergebnisraum $\Omega = \{\text{Rot}, \text{Gelb}, \ldots\}$ der möglichen Farben modelliert. Aus diesem Laplace-Modell ergibt sich für die Wahrscheinlichkeit, dass eine Schokolinse eine bestimmte Farbe hat, der Wert $p = \frac{1}{|\Omega|} = \frac{1}{6}$. Eine weitere Modellannahme betrifft die Unabhängigkeit der Farben verschiedener Schokolinsen voneinander. Werden zwei oder mehr Linsen aus einer Packung entnommen, kann im Hinblick auf den Herstellungsprozess der Packungen angenommen werden, dass die Farbe einer Linse nicht von den Farben der anderen Linsen abhängt. Die Wahrscheinlichkeit, dass eine Schokolinse eine bestimmte Farbe hat, ist also immer $p = \frac{1}{6}$, unabhängig davon, welche Farben die anderen Linsen besitzen. Diese

Modellannahmen werden durch die Analyse der stochastischen Situation und der empirischen Daten nahegelegt, folgen hieraus aber nicht zwingend.

- *Zufallsgrößen und Wahrscheinlichkeitsverteilungen untersuchen:* Wir interessieren uns beispielsweise für die Frage, wie viele Linsen einer bestimmten Farbe – z. B. Rot – in einer Packung mit insgesamt $n = 24$ Linsen enthalten sind. In der Welt der Wahrscheinlichkeitstheorie stellt die Anzahl roter Linsen in einer Packung eine Zufallsgröße X dar. Mit den Modellannahmen kann berechnet werden, wie groß die Wahrscheinlichkeit ist, dass X einen bestimmten Wert $k \in \{0; 1; \ldots; 24\}$ annimmt. Aufgrund der Modellannahmen liegt eine Binomialverteilung vor, d. h., die Wahrscheinlichkeit für k rote Linsen in einer Packung ist $P(X = k) = \binom{n}{k} \cdot p^k \cdot (1 - p)^{n-k} = \binom{24}{k} \cdot \left(\frac{1}{6}\right)^k \cdot \left(\frac{5}{6}\right)^{24-k}$. Es bietet sich an, diese Verteilung numerisch und graphisch zu untersuchen. Beispielsweise ist $P(X = 4) \approx 21{,}4\,\%$ der Maximalwert, hingegen ist etwa $P(X = 10) \approx 0{,}3\,\%$.

- *Zufallsexperimente simulieren:* Einen Zugang zu dieser Wahrscheinlichkeitsverteilung kann man auf Basis der obigen Modellannahmen auch durch eine Simulation z. B. mit einem Tabellenkalkulationsprogramm gewinnen. Um die zufällige Zusammenstellung der Linsenfarben in einer Packung zu simulieren, werden etwa in einer Tabellenzeile 24 Zufallszahlen aus der Menge $\{1; 2; \ldots; 6\}$ erzeugt – wobei jede Zahl für eine Linsenfarbe steht. Zudem wird gezählt, wie oft unter diesen 24 Zufallszahlen eine bestimmte Zahl – z. B. die Eins – vorkommt, also wie viele Linsen einer bestimmten Farbe in der Packung enthalten sind. Wenn man von dieser Art beispielsweise 10.000 Tabellenzeilen erstellt, simuliert man auf Basis der Modellannahmen die Untersuchung von 10.000 Packungen mit Schokolinsen und gewinnt dadurch eine Häufigkeitsverteilung, die der obigen Binomialverteilung nahekommt.

- *Prognosen treffen und Hypothesen testen:* Aufbauend auf den wahrscheinlichkeitstheoretischen Annahmen und Betrachtungen können begründete Prognosen für noch ungeöffnete Packungen von Schokolinsen getroffen werden. Beispielsweise ist der Erwartungswert der obigen Zufallsgröße X der Anzahl roter Linsen in einer Packung $E(X) = np = 24 \cdot \frac{1}{6} = 4$ aufgrund der Binomialverteilung. Des Weiteren können Hypothesen über die Grundgesamtheit aller Schokolinsen anhand von Stichproben getestet werden. Damit gelangt man in den Bereich der beurteilenden Statistik. So haben wir beispielsweise die Modellannahme getroffen, dass bei den Schokolinsen alle Farben mit gleicher Wahrscheinlichkeit vorkommen. Es kann infrage gestellt und überprüft werden, ob dieses Laplace-Modell wirklich zur Realität passt. In diesem Modell hat die Wahrscheinlichkeit, dass eine zufällig gewählte Linse rot ist, den Wert $p = \frac{1}{6}$. Nimmt man eine Packung mit 24 Linsen als Stichprobe und zählt man die roten Linsen in der Packung, stellt sich die Frage, für welche Anzahlen roter Linsen die Hypothese „$p = \frac{1}{6}$" beibehalten werden kann bzw. verworfen werden sollte. Bei der Festsetzung eines Kriteriums hierfür sind Abwägungen erforderlich, denn jedes Kriterium kann Fehlentscheidungen nach sich ziehen. Einerseits ist es möglich, dass man aufgrund des Kriteriums die Hypothese ablehnt, obwohl sie richtig ist (Fehler 1.

Art). Andererseits kann es passieren, dass man die Hypothese beibehält, obwohl sie falsch ist (Fehler 2. Art). Ein Beispiel: Wenn man die Hypothese „$p = \frac{1}{6}$" gegen die Alternativhypothese „$p \neq \frac{1}{6}$" testen und dabei den Fehler 1. Art auf 5 % begrenzen möchte, liegt es nahe, die Hypothese beizubehalten, wenn die Zahl der roten Schoko- linsen in der Stichprobe mindestens 1 und höchstens 8 ist, und sie entsprechend abzu- lehnen, wenn 0 oder mindestens 9 rote Linsen in der Stichprobe sind. Diese Grenzen resultieren aus der Binomialverteilung der Zufallsgröße X und führen zu einem Fehler 1. Art von $P(X = 0) + P(X \geq 9) \approx 1,2\,\% + 1,2\,\% = 2,4\,\%$.

Dieses Beispiel zeigt, dass sich stochastisches Denken an einer einzigen Thematik in verschiedenen Bereichen der Stochastik und auf unterschiedlichen Niveaus entwickeln kann.

Verwobenheit inhaltsbezogenen Denkens
Die inhaltsbezogenen Facetten mathematischen Denkens sind nicht unabhängig von- einander. Beispielsweise ist numerisches Denken eng mit geometrischem Denken ver- bunden, wenn man sich Zahlen als Punkte am Zahlenstrahl, als Streckenlängen oder als Vektoren vorstellt und wenn Operationen mit Zahlen durch Operationen mit diesen geo- metrischen Bildern visualisiert werden. Stochastisches Denken hängt mit numerischem Denken zusammen, wenn etwa das Zählprinzip der Kombinatorik als Anwendung der Multiplikation gesehen wird oder Wahrscheinlichkeiten mit Verhältnissen ausgedrückt werden. Funktionales Denken kann sich – wie oben beschrieben – auch auf funktionale Abhängigkeiten in geometrischen Situationen beziehen.

1.1.2 Mathematische Fähigkeiten

Mit dem differenzierten, fachbezogenen Modell für mathematisches Denken in Abb. 1.1 fällt es leicht, den Begriff der mathematischen Fähigkeiten zu definieren:

▶ *Mathematische Fähigkeiten* bezeichnen das Vermögen zu mathematischem Denken.

Im vorhergehenden Abschnitt wurde ausführlich beschrieben, wie der Begriff des mathematischen Denkens gefasst werden kann. Die mathematischen Fähigkeiten einer Person sind damit das bei der Person vorhandene individuelle Vermögen, mathematisch zu denken. Mit dieser Begriffsbildung übertragen sich die Differenzierungen und Strukturierungen aus dem Modell für mathematisches Denken in Abb. 1.1 auf den Begriff der mathematischen Fähigkeiten. Es lassen sich damit vielfältige Facetten mathematischer Fähigkeiten im Bereich inhaltsbezogenen und prozessbezogenen Denkens sowie mathematikbezogener Informationsbearbeitung unterscheiden und konkretisieren.

Es mag sich die Frage stellen, wie sich mathematisches Wissen und wie sich Fähigkeiten zu mathematikbezogenem Handeln hier einordnen. Mathematisches Wissen ist mit mathematischem Denken aufs Engste verbunden. Wissen wird durch Denken erworben, erweitert, vernetzt und verwendet, Denken wird durch Wissen ermöglicht, befruchtet, strukturiert, aber auch begrenzt – und zwar in allen drei Dimensionen in Abb. 1.1. Mit der Definition von mathematischen Fähigkeiten als Vermögen zu mathematischem Denken ist insbesondere das Vermögen eingeschlossen, mit mathematischem Wissen gedanklich umzugehen – also beispielsweise solches Wissen zu aktivieren und zu nutzen. Ein Beispiel: Mathematische Fähigkeiten im Bereich von Funktionen sind das Vermögen zu funktionalem Denken, d. h. zu gedanklichem Umgang mit Funktionen. Dies schließt insbesondere ein, mit deklarativem und prozeduralem Wissen zu Funktionen gedanklich umzugehen. (Beispiele: „Was ist eine Exponentialfunktion?" „Unter welchen Voraussetzungen ist eine Exponentialfunktion ein sinnvolles Modell für einen Änderungsprozess?" „Wie kann man die Ableitungsfunktion bestimmen?")

Entsprechend ist auch mathematikbezogenes Handeln untrennbar mit mathematischem Denken verbunden. Mathematikbezogenes Handeln ist entweder gedankliches Handeln mit mathematischen Objekten (z. B. eine Funktion ableiten, eine Gleichung lösen) oder es ist Handeln mit materiellen Objekten, das gedanklich mit Mathematik verbunden wird (z. B. mit einem Abakus rechnen, das Klassenzimmer ausmessen, zufällige Ereignisse beim Würfeln feststellen). Im ersten Fall ist mathematikbezogenes Handeln als gedankliches Handeln vollständig unter dem Begriff des mathematischen Denkens zu sehen. Im zweiten Fall erhält das Handeln mit materiellen Objekten erst dadurch Mathematikbezug, dass es mit mathematischem Denken verknüpft wird. Mit obiger Definition von mathematischen Fähigkeiten ist eingeschlossen, in Handlungssituationen entsprechend mathematisch denken zu können – unabhängig davon, ob Handlungen mit materiellen Objekten real ausgeführt werden.

1.1.3   Mathematische Begabung

Auf Basis der Begriffe des mathematischen Denkens und der mathematischen Fähigkeiten kann nun der Begriff der mathematischen Begabung fachbezogen definiert werden:

▶ *Mathematische Begabung* ist das individuelle Potenzial zur Entwicklung mathematischer Fähigkeiten.

Betrachten wir verschiedene Aspekte dieser Definition etwas genauer:

- *Begabung als Potenzial:* Mathematische Begabung ist ein Potenzial – das Potenzial, Fähigkeiten zu mathematischem Denken zu entwickeln. Es mag also sein, dass ein Mensch zwar über ein gewisses Potenzial verfügt, dieses allerdings (noch) nicht zu einer Fähigkeit entwickelt ist, weil etwa die dazu notwendige Anregung durch die

Umwelt nicht vorhanden war. Beispielsweise können Grundschüler ein Potenzial besitzen, Fähigkeiten zu stochastischem Denken zu entwickeln. Wenn sie sich jedoch weder in der Schule noch zu Hause mit stochastischen Fragestellungen befassen, werden die entsprechenden Denkfähigkeiten nicht bestmöglich entwickelt.

- *Komplexität von Begabung:* Die Komplexität mathematischen Denkens (Abschn. 1.1.1) und mathematischer Fähigkeiten (Abschn. 1.1.2) hat als Konsequenz, dass auch mathematische Begabung eine entsprechende Komplexität aufweist, die letztlich aus der Komplexität von Mathematik resultiert. Mit den bisherigen Begriffsbildungen übertragen sich die Differenzierungen und Strukturierungen in Abb. 1.1 auf den Begriff der mathematischen Begabung. Durch diese facettenreiche, mehrdimensionale Sicht auf mathematische Begabung ist klar, dass dieses komplexe Phänomen auf einer eindimensionalen Skala kaum zutreffend beschrieben werden kann. Eine simple Reduktion mathematischer Begabung auf eine Zahl (wie beim IQ) wird der Komplexität der Mathematik nicht gerecht und ist für schulische Diagnostik und pädagogische Fördermaßnahmen auch bei Weitem nicht so hilfreich wie das hier dargestellte multiperspektivische Konzept.

- *Begabung als individuelle Personeneigenschaft:* Dass Begabung als „individuell" aufgefasst wird, bedeutet dreierlei: Zum einen besitzt jede Person ein gewisses Potenzial und damit eine gewisse Begabung. Diese Sichtweise bietet Anschlussmöglichkeiten an die Theorie der personorientierten Begabungsförderung (vgl. Abschn. 1.2.8) und ist fundamental für entsprechende Fördermaßnahmen in der Schule. Zum anderen ist mathematische Begabung individuell ausgeprägt, d. h., Menschen unterscheiden sich in ihrem individuellen Potenzial, Fähigkeiten zu mathematischem Denken in den in Abb. 1.1 dargestellten Facetten zu entwickeln. Mathematisch besonders Begabte zeichnen sich dadurch aus, dass dieses Potenzial in vielen Facetten deutlich überdurchschnittlich ausgeprägt ist. Des Weiteren ist Begabung eine im Individuum liegende Eigenschaft, eine Eigenschaft der Person. Umweltfaktoren werden in den Begabungsbegriff also nicht eingeschlossen. Sie werden vielmehr als Einflussfaktoren auf Begabungsentwicklung modelliert (vgl. Abschn. 1.1.5). In diesem Sinne wirkt etwa Mathematikunterricht auf die Entwicklung der mathematischen Begabung der Schüler, er ist aber nicht Bestandteil dieser Begabung.

- *Differenzierung von Begabung und Fähigkeiten:* Die getroffenen Begriffsbildungen unterscheiden explizit und betont zwischen Begabung und Fähigkeiten. Begabung ist ein Potenzial für die Entwicklung von Fähigkeiten. Ein Individuum besitzt zu einem bestimmten Zeitpunkt mathematische Fähigkeiten, die auf Basis individueller Begabung entwickelt worden sind. Gleichzeitig stellt die aktuelle Begabung ein Potenzial für künftige Entwicklungen von Fähigkeiten dar. In Abschn. 1.1.5 wird dieses Verhältnis eingehend analysiert und mit dem Begriff des Lernens gekoppelt.

- *Vergangene und künftige Entwicklung im Blickfeld:* Die obige Begabungsdefinition vereint mit dem Begriff der „Entwicklung" eine retrospektive und eine prospektive Sicht. Diese stehen in pädagogischen Kontexten in engem Bezug zur Diagnostik und zur Förderung von Begabung. Einerseits werden die aktuellen mathematischen

Fähigkeiten als Ergebnis abgelaufener Lernprozesse gesehen, die von den individuellen Begabungen maßgeblich geprägt wurden. Diese Perspektive ist in der Schule die Basis für jegliche Begabungsdiagnostik, die aus festgestellten Fähigkeiten auf zugrunde liegende Begabungen rückschließt (vgl. Kap. 2). Andererseits hat die Begabungsdefinition auch künftige Entwicklungen im Blick. Sie sieht die aktuelle Begabung als Voraussetzung für künftige Prozesse der Entwicklung mathematischer Fähigkeiten. Hierauf können beispielsweise pädagogisch-didaktische Förderkonzepte aufbauen (vgl. Kap. 3).

- *Dynamik von Begabung:* Begabung wird als dynamisches Konstrukt gesehen, das sich im Lauf des Lebens angesichts vieler Einflussfaktoren verändert (vgl. Abschn. 1.1.5). Dabei gehen wir allerdings davon aus, dass innerhalb eines „mittleren" Zeitrahmens von ca. einem Jahr intra- und interindividuelle Änderungen der Begabung eher moderat ausfallen. Eine solche Annahme ist letztlich essenziell, um im Bereich der Schule auf der Basis von Begabungsdiagnosen etwa Fördermaßnahmen für besonders begabte Schüler zu konzipieren und durchzuführen (z. B. Enrichment- oder Akzelerationsmaßnahmen, vgl. Kap. 3). Der Begabungsbegriff erhält damit einerseits eine notwendige Stabilität und Tragweite, die über Phasen weniger Wochen und Monate hinausreicht. Andererseits erhält er aber auch die notwendige Flexibilität und Dynamik, damit Begabungsentwicklung als pädagogische Aufgabe verstanden werden kann.

Ein Hinweis zu Begrifflichkeiten: Gemäß obiger Definition besitzt jeder Schüler eine gewisse mathematische Begabung. Aus pädagogischer Perspektive gehört es zu den Aufgaben der Schule, jeden Schüler bei der persönlichen Entwicklung seiner Begabung und seiner Fähigkeiten bestmöglich zu unterstützen. Hierfür ist der Begriff der *Begabungsförderung* gebräuchlich (vgl. Abschn. 1.2.8). Im Gegensatz dazu bezieht sich der Begriff der *Begabtenförderung* auf die Förderung besonders begabter Schüler. Mathematisch besonders begabte Schüler zeichnen sich durch ein deutlich überdurchschnittliches Potenzial zur Entwicklung mathematischer Fähigkeiten in vielen Facetten gemäß Abb. 1.1 aus. Wenn im Folgenden aus dem Zusammenhang klar ist, dass mathematisch besonders begabte Schüler gemeint sind, wird verkürzt, aber gleichbedeutend auch einfach von mathematisch begabten Schülern oder mathematisch Begabten gesprochen. Sie bilden die Zielgruppe der Begabtenförderung in Mathematik.

1.1.4 Mathematische Leistung

Weder Begabungen noch Fähigkeiten eines Individuums sind direkt beobachtbar. Für die Umwelt – und damit auch für Lehrkräfte – zugänglich ist lediglich das vom Individuum gezeigte *Verhalten* und hierdurch erzeugte *Produkte*. Bei Schülern sind dies beispielweise mündliche Äußerungen von Gedanken, Handlungen mit Materialien, Notizen im Heft bzw. auf Arbeitsblättern oder schriftliche Bearbeitungen von Leistungserhebungen bzw. Tests. Dies wird mit folgender Definition zusammengefasst:

▶ *Mathematische Leistung* bezeichnet geäußerte Ergebnisse mathematischen Denkens.

Der Begriff der Leistung wird hier also durchaus weit gesehen, unabhängig von Situationen der Leistungsbewertung und unabhängig davon, ob eine Leistung in einem sozialen System (wie etwa der Schule) als gut oder schlecht beurteilt wird. Mathematische Leistung resultiert aus mathematischem Denken und manifestiert sich in geäußerten Ergebnissen des Denkens, z. B. mündlicher oder schriftlicher Art. Diese Ergebnisse sind einerseits durch individuelle Fähigkeiten und damit Begabungen bedingt; ihr Entstehen wird andererseits maßgeblich durch ein komplexes Geflecht von Persönlichkeits- und Umweltmerkmalen beeinflusst. Dies wird im folgenden Abschn. 1.1.5 genauer analysiert.

1.1.5 Modell für die Entwicklung von Begabung, Fähigkeiten und Leistung

Die Prozesse zur Entwicklung mathematischer Begabung, Fähigkeiten und Leistung sowie die vielfältigen hierauf wirkenden Einflussfaktoren sind im Modell in Abb. 1.13 dargestellt.

1.1.5.1 Lernen als Kernprozess der Entwicklung von Fähigkeiten

Der zentrale Prozess für die Entwicklung von Fähigkeiten ist Lernen. Um die eigenen mathematischen Fähigkeiten weiterzuentwickeln, muss man sich gedanklich mit Mathematik beschäftigen. Beim zugehörigen mathematischen Denken finden Lernprozesse im Kopf statt, die zu einer Erweiterung der mathematischen Fähigkeiten des Lernenden führen können. Prägnant formuliert: Mathematisches Denken lernt man durch mathematisches Denken. Dieses Lernen erfolgt auf Basis der individuellen mathematischen Begabung – dem Potenzial zur Fähigkeitsentwicklung. (In Abschn. 3.1.1 wird der Begriff des Lernens weiter geschärft.)

Diese Sichtweise hat substanzielle pädagogische und didaktische Folgen für die Förderung mathematisch begabter Schüler: Um ihre mathematischen Fähigkeiten möglichst optimal zu fördern, sollten sie angeregt werden, sich gedanklich mit mathematischen Situationen zu befassen, die ihrem aktuellen Potenzial für mathematisches Denken möglichst gut entsprechen. Dabei ist klar, dass dieser individualisierenden und etwas idealistischen Sichtweise in der schulischen Realität auch Grenzen gesetzt sind. Dennoch kann diese Perspektive helfen, Förderkonzepte für den Schulalltag zu konzipieren und umzusetzen. In Kap. 3 wird dies vertieft behandelt.

1.1.5.2 Die Dynamik von Begabung und Fähigkeiten

Ist Begabung eine zeitlich unveränderliche Personeneigenschaft oder eine sich im Lauf des Lebens entwickelnde und verändernde Eigenschaft? Im Modell für mathematische Begabung wird eine dynamische Sichtweise eingenommen. Dies greift neuere Begabungsmodelle der Psychologie und der Pädagogik (Abschn. 1.2) sowie der Fachdidaktik

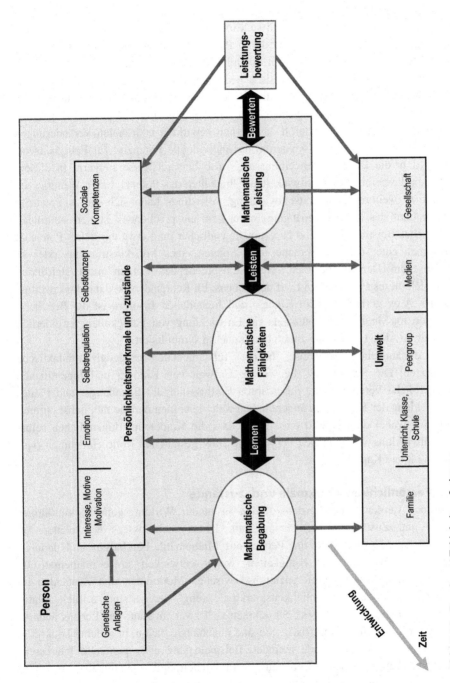

Abb. 1.13 Begabung, Fähigkeiten, Leistung

Mathematik (Abschn. 1.3) auf, die die Dynamik und den Entwicklungsprozess individueller Begabungen und Fähigkeiten herausstellen.

Mathematische Begabung entwickelt sich im Lauf des Lebens auf Basis genetischer Anlagen und durch Lernprozesse, die durch Persönlichkeitsmerkmale und Persönlichkeitszustände sowie durch die Umwelt beeinflusst werden. (Dazu weiter unten gleich mehr.) Neben rein biologischen, genetisch bedingten Entwicklungs- und Reifungsvorgängen (im Gehirn) spielt dabei das individuelle Lernen eine wesentliche Rolle: Lernen führt einerseits zur Entwicklung mathematischer Fähigkeiten, also zu Fähigkeiten, mathematisch zu denken. Die durch das Lernen bewirkten neuronalen Veränderungen im Gehirn können andererseits wiederum das individuelle Potenzial zur Fähigkeitsentwicklung (d. h. die Begabung) beeinflussen – also beispielsweise steigern. In diesem Fall erhöhen die beim Lernen entwickelten Fähigkeiten das Potenzial zum Weiterlernen und damit zu weiterer Fähigkeitsentwicklung. Allerdings kann sich dieses Potenzial ebenso im Lauf des Lebens verringern, wenn kein entsprechendes Lernen stattfindet. Ein plastisches Beispiel: Ein Kind bzw. ein Jugendlicher mag etwa ein hohes Potenzial zum Erlernen einer (Fremd-)Sprache, zum Spielen eines Musikinstruments oder zu mathematischem Denken besitzen. Wenn entsprechendes Lernen nicht stattfindet, reduziert sich dieses Potenzial im Lauf des Lebens. Im Rentenalter ist dann das jeweilige Potenzial i. Allg. geringer als im Kindes- und Jugendalter. Insofern ist die Begabung einer Person im Sinne eines Potenzials zur Entwicklung von Fähigkeiten veränderlich mit der Zeit. In Abb. 1.13 ist dies durch die Zeitachse symbolisiert.

Diese dynamische Sichtweise besitzt fundamentale pädagogisch-didaktische Konsequenzen: Die Schule und die weitere Umwelt von Kindern und Jugendlichen tragen erhebliche Verantwortung dafür, ihren Einfluss auf die Begabungs- und Fähigkeitsentwicklung der Kinder und Jugendlichen wahrzunehmen und sie möglichst optimal zu fördern – wobei dies explizit einschließt, dass die Kinder und Jugendlichen selbst bei der Entwicklung ihrer eigenen Person eine aktiv gestaltende Rolle einnehmen (vgl. Abschn. 1.2.8 und Kap. 3).

1.1.5.3 Persönlichkeitsmerkmale und -zustände

Prozesse des Lernens und Leistens finden in einem Wirkungsgeflecht vielfältiger Merkmale und Zustände einer Person statt. Diese beeinflussen, in welcher Art und in welchem Umfang sich die Person mit Mathematik beschäftigt und dadurch mathematische Begabung und Fähigkeiten (weiter-)entwickelt sowie mathematische Leistung erbringt. Mit der Differenzierung zwischen Merkmalen und Zuständen ist Folgendes ausgedrückt: Persönlichkeitsmerkmale (engl. *traits*) sind zeitlich relativ stabile Eigenschaften einer Person. Sie können sich zwar im Lauf des Lebens ändern, aber variieren i. Allg. nicht kurzfristig. Sie sind unabhängig davon, in welcher konkreten Situation sich die Person gerade befindet. Beispiele sind etwa generelle Interessen, Gewissenhaftigkeit, Ehrlichkeit, Egoismus, Teamfähigkeit, Selbstständigkeit.

Hiervon abgrenzen lassen sich Persönlichkeitszustände (engl. *states*) als situationsabhängige, zeitlich kurzfristig variable Befindlichkeiten einer Person. Beispiele sind die aktuelle Motivation für eine konkrete Tätigkeit oder durch eine Situation hervorgerufene Emotionen wie Freude oder Angst. Diese Beispiele zeigen bereits die Beziehung zwischen *states* und *traits:* Persönlichkeitszustände entstehen in spezifischen Situationen und werden durch Situationseigenschaften sowie Persönlichkeitsmerkmale hervorgerufen bzw. beeinflusst. Im Folgenden wird dies für die Themenkomplexe „Motivation/Motive/Interessen" sowie „Emotionen" weiter konkretisiert.

Im Modell in Abb. 1.13 ist die Gesamtheit aller Persönlichkeitsmerkmale (außer mathematischer Begabung und mathematischen Fähigkeiten) und Persönlichkeitszustände mit einem lang gezogenen Rechteck symbolisiert. Innerhalb dieses Rechtecks sind einige Persönlichkeitsmerkmale und -zustände explizit angegeben, die für mathematische Lern- und Leistungsprozesse von besonderer Relevanz sind. Allerdings soll damit nicht ausgedrückt werden, dass diese Aufzählung alle nur denkbaren Persönlichkeitsmerkmale und -zustände umfasst, die Einfluss auf das Lernen und Leisten einer Person haben können.

Interesse, Motive und Motivation

Motivation ist zentral für zielorientiertes Handeln. Sie lässt sich nach Dresel und Lämmle (2017, S. 81) wie folgt charakterisieren: „*Motivation* ist ein psychischer Prozess, der die Initiierung, Steuerung, Aufrechterhaltung und Evaluation zielgerichteten Handelns leistet." Motivation ist also die persönliche Triebfeder für alle Phasen eines Handlungsverlaufs – vom Abwägen, welche Handlungsoptionen in welchem Maß lohnenswert erscheinen, über die Planung und Durchführung einer Handlung bis hin zu ihrer Bewertung.

Diese Begriffsbildung lässt sich auf die Beschäftigung mit Mathematik und Prozesse des Lernens und Leistens spezifizieren. Damit ist Motivation ein Einflussfaktor für die Entwicklung mathematischer Begabung und Fähigkeiten sowie das Erbringen mathematischer Leistung. Sie bestimmt, ob, in welcher Art und Weise und mit welcher Ausdauer sich ein Schüler mit einer mathematischen Situation gedanklich auseinandersetzt.

Die aktuelle Motivation für eine bestimmte Handlung ist im Sinne obiger Begriffsbildung ein Persönlichkeitszustand *(state).* Motivation entsteht im Zusammenspiel von Merkmalen einer spezifischen Situation (z. B. Anforderungen, erwartete Ergebnisse, soziale Einbettung) und zeitlich relativ stabilen Persönlichkeitsmerkmalen *(traits).* Zu Letzteren zählen etwa Interessen, Motive, Bedürfnisse, Ziele und Fähigkeiten zur Selbstregulation (z. B. Anstrengungsbereitschaft, Fleiß, Durchhaltevermögen).

Hierbei bezeichnet Interesse im Allgemeinen „eine herausgehobene Beziehung einer Person zu einem Gegenstand, die durch eine hohe subjektive Wertschätzung für den Gegenstand und eine insgesamt positive Bewertung der emotionalen Erfahrungen während der Interessenhandlung gekennzeichnet ist" (Krapp et al. 2014, S. 205). Eine mathematisch interessierte Person zeichnet sich somit dadurch aus, dass sie Mathematik wertschätzt und die eigene Beschäftigung mit Mathematik insgesamt als wertvoll und emotional positiv empfindet.

Motive sind zeitlich stabile Vorlieben einer Person für bestimmte Klassen von Anreizen. Beispielsweise sind in pädagogischen Kontexten insbesondere das Leistungsmotiv, das Neugiermotiv und das Anschlussmotiv von Bedeutung. Das Leistungsmotiv ist die Vorliebe, herausfordernde Aufgaben zu meistern, Dinge besonders gut zu machen oder auch sich im Wettbewerb mit anderen zu beweisen. Das Neugiermotiv bezeichnet die Präferenz, Neues zu erfahren, zu erleben oder zu erkunden. Das Anschlussmotiv ist die Vorliebe für soziale Kontakte, zwischenmenschliche Beziehungen und soziale Eingebundenheit (vgl. Brandstätter et al. 2018, S. 5, 32, 53 f.).

Die Beziehung zwischen Interesse, Motiven und Motivation auf der einen Seite sowie mathematischer Begabung, mathematischen Fähigkeiten und Leistungen auf der anderen Seite kann als wechselseitig mit positiver Rückkopplung angenommen werden. Ist ein Schüler generell mathematisch interessiert und hat er ein ausgeprägtes Leistungs- und Neugiermotiv, so begünstigt dies in einer mathematikhaltigen Situation die Motivation, sich damit – auch ausdauernd und intensiv – zu beschäftigen, d. h. mathematisch zu denken, beispielsweise um Neues zu lernen oder Leistungen zu erbringen. Erlebt sich der Schüler dabei als erfolgreich und kompetent, so kann dies im Sinne einer Interessensentwicklung das generelle Interesse am Fach Mathematik steigern sowie seine lern- und leistungsbezogenen Motive festigen (vgl. Wild et al. 2001, S. 224).

Emotion

Beispiele für Emotionen sind Freude, Traurigkeit, Angst, Ärger, Überraschung, Ekel, Hoffnung, Stolz, Scham, Erleichterung und Langeweile. Eine *Emotion* lässt sich charakterisieren als „komplexes Muster körperlicher und mentaler Veränderungen […] als Antwort auf eine Situation, die als persönlich bedeutsam wahrgenommen wurde" (Gerrig 2015, S. 458). Derartige Reaktionen auf eine spezifische Situation können in mehreren Bereichen erfolgen; entsprechend sind Emotionen mehrdimensionale Konstrukte, die sich in folgende Komponenten gliedern lassen (vgl. z. B. Frenzel et al. 2015, S. 202 f.; Frenzel und Stephens 2017, S. 20 ff.):

- *affektive* Komponente (angenehme oder unangenehme Gefühle),
- *physiologische* Komponente (körperliche Prozesse wie z. B. Herzklopfen, Muskelanspannung, Schwitzen),
- *kognitive* Komponente (Gedanken in Bezug auf die jeweilige Situation, z. B. zu möglichen Folgen),
- *expressive* Komponente (Mimik, Gestik, Körperhaltung, verbaler Ausdruck),
- *motivationale* Komponente (Emotionen lösen entsprechendes Verhalten aus, z. B. Vermeidungs-, Flucht- oder Angriffsverhalten bei negativen Emotionen, Annäherung oder exploratives Verhalten bei positiven Emotionen).

Diese Charakterisierung sieht Emotionen als situationsabhängige Persönlichkeitszustände *(states)*. Darüber hinaus kann man Emotionen auch den Charakter von Persönlichkeitsmerkmalen *(traits)* zuweisen. Sie beziehen sich dann darauf, wie eine Person generell und zeitlich relativ stabil in identischen oder ähnlichen Situationen emotional reagiert (vgl. z. B. Frenzel und Stephens 2017, S. 22). Beispiele wären generelle Freude an Mathematik oder auch generelle Angst vor Mathematik.

Zur Bedeutung von Emotionen schreibt Pekrun (2018, S. 215):

> „Emotionen nehmen tiefgreifenden Einfluss auf menschliches Denken und Handeln. Sie steuern unsere Aufmerksamkeit, formen unsere Motivation, beeinflussen Speicherung und Abruf von Information aus dem Gedächtnis und befördern oder reduzieren Selbstregulation und den Einsatz von Problemlösestrategien. Dies hat zur Folge, dass sie auch für Lernen und Leistung im Bildungskontext zentrale Stellgrößen darstellen."

Damit stehen Emotionen auch in enger Wechselwirkung zur Entwicklung mathematischer Begabung, Fähigkeiten und Leistung. Emotionen beeinflussen Prozesse mathematischen Denkens und damit des Lernens und Leistens. Positive, aktivierende Emotionen zu einer mathematikhaltigen Situation wie Freude, Hoffnung auf Erfolg und Neugier richten die Aufmerksamkeit auf diese Situation, sie begünstigen exploratives Verhalten, flexibles und kreatives Denken sowie das Herstellen von gedanklichen Vernetzungen (vgl. z. B. Frenzel und Götz 2018, S. 113). Negative Emotionen wie Angst oder Ärger müssen nicht zwingend mathematisches Denken verhindern, sie können durchaus auch aktivierend wirken. Unter Angst sind im Gehirn die Mandelkerne (Amygdalae) in besonderem Maße aktiv. Sie tragen zu einem „verengten" Denkstil bei, der darauf ausgerichtet ist, dass man der Angstsituation möglichst rasch entkommen kann – z. B. durch den Abruf sicher verfügbarer Routinen. Das perspektivenreiche Betrachten einer Situation, gedankliche Flexibilität und Kreativität werden unter Angst dagegen gehemmt (vgl. z. B. Spitzer 2006, S. 161 ff.). Damit sind für die Entwicklung mathematischer Begabung und Fähigkeiten vor allem positive, aktivierende Emotionen förderlich. In Prüfungssituationen können Fähigkeiten zur Bewältigung von Stress und zum Umgang mit (Prüfungs-)Angst erforderlich sein.

Wirkungen zwischen Emotionen und dem Lernen bzw. Leisten bestehen aber auch in umgekehrter Richtung. Erfolge beim Lernen bzw. Leisten und soziale Anerkennung für zugehörige Prozesse und Produkte begünstigen positive Emotionen wie Freude und Stolz. Unterforderung kann Langeweile hervorrufen; Misserfolge und Scheitern können zu Traurigkeit, Ärger, Wut oder Angst führen. Speziell für das Fach Mathematik haben Pekrun et al. (2017) auf Basis der Studie PALMA gezeigt, dass Emotionen und Lernleistungen über die Zeit hinweg in positiver Rückkopplung stehen. Die Autoren identifizieren „positive developmental feedback loops linking emotions and achievement" (S. 1666).

Selbstregulation

Selbstregulation bedeutet, dass eine Person in ihr ablaufende Prozesse im Hinblick auf Ziele initiiert, aufrechterhält, überwacht, bewertet und bei Bedarf modifiziert. Dies kann sich beispielsweise auf Kognitionen, Emotionen, Motivationen oder Handlungen beziehen. Die Ziele können dabei von der jeweiligen Person selbst gesetzt und auch im Verlauf des Prozesses adaptiert werden, oder es können von außen gesetzte Ziele übernommen werden. Diese allgemeine Begriffsbildung lässt sich insbesondere auf Lern- und Leistungsprozesse bzw. auf die Beschäftigung mit Mathematik anwenden, sodass sie pädagogische und didaktische Bedeutung gewinnt. Selbstreguliertes Lernen bedeutet demnach, dass eine Person ihre eigenen Lernprozesse auf Ziele hin orientiert plant, gestaltet, beobachtet, reflektiert und ggf. verändert. In Abschn. 3.1.1 wird dieser Begriff des selbstregulierten Lernens – insbesondere in seinem Spannungsfeld zu Fremdregulation – weiter vertieft.

Im Hinblick auf die Entwicklung mathematischer Begabung, Fähigkeiten und Leistung können drei Ebenen der Selbstregulation beim Lernen und Leisten gemäß einem Modell von Boekaerts (1999, S. 448 ff.) unterschieden werden (vgl. auch Götz und Nett 2017, S. 154 f.; Landmann et al. 2015, S. 50 f.):

- *Regulation der inhaltlichen Verarbeitung:* Auf dieser untersten Ebene geht es darum, den unmittelbaren kognitiven Umgang mit den Inhalten der Lern-/Leistungssituation zu steuern. Als Beispiele: Welche Möglichkeiten der Umformung einer gegebenen Gleichung gibt es, welche hiervon sind in Bezug auf die aktuellen Ziele sinnvoll? Welche Folgerungen kann man in einer mathematischen Situation aus den gegebenen Voraussetzungen ziehen, um eine zielführende Argumentation zu entwickeln? Die Regulation bezieht sich also darauf, in einer Situation den unmittelbaren Umgang mit den mathematischen Objekten und das zugehörige mathematische Denken angesichts der Vielfalt möglicher Denkwege so zu gestalten, dass die jeweiligen Ziele erreicht werden. Hierfür bedarf es beim mathematischen Denken neben mathematischen Fähigkeiten auch allgemeiner Persönlichkeitsmerkmale wie Konzentrationsfähigkeit, der Fähigkeit, die Aufmerksamkeit auf eine Situation zu fokussieren und sich in eine Sache zu vertiefen, sowie Gründlichkeit und Genauigkeit im Denken und Tun.
- *Regulation des Lern-/Leistungsprozesses als Ganzes:* Auf höherer Ebene ist der gesamte Prozess des Lernens bzw. Leistens zu planen, zu überwachen, aufrechtzuerhalten, zu bewerten und ggf. zu modifizieren. Beispielsweise sind zu einer mathematischen Situation im Hinblick auf ein gesetztes Ziel passende Aktivitäten zu initiieren und durchzuführen. Im Sinne von Monitoring ist der eigene Bearbeitungsprozess zu beobachten und zu reflektieren, um ggf. Fortschritte, Probleme oder Irrwege zu erkennen. Auf dieser Basis können Anpassungen oder Strategiewechsel erforderlich erscheinen. Hierfür sind metakognitive Fähigkeiten nötig, aber auch allgemeine Persönlichkeitsmerkmale wie Anstrengungsbereitschaft, Durchhaltevermögen, Beharrlichkeit und Selbstständigkeit. Ein Beispiel: Wenn die Nullstelle einer Funktion gesucht ist, kann ein erster Versuch darin bestehen, die Gleichung $f(x) = 0$ nach der Variablen x algebraisch aufzulösen. Falls dies nicht gelingt, ist ggf. zu erkennen, dass die Gleichung nicht auflösbar ist und ein Strategiewechsel sinnvoll sein kann, um etwa mit einem graphischen oder numerischen Zugang – ggf. mit digitalen Werkzeugen – zum Ziel zu gelangen.

- *Regulation des Selbst:* Diese Ebene bezieht sich auf die Person. Angesichts vieler möglicher Ziele, die eine Person haben und verfolgen kann, ist zu wählen, welche Ziele tatsächlich angestrebt und welche Ressourcen (z. B. Zeit, Anstrengung) hierfür aufgewendet werden. Dies ist im Lauf der Zeit zu reflektieren und ggf. zu adaptieren. In Bezug auf Mathematik kann dies etwa bedeuten, dass ein Schüler ein bestimmtes Themenfeld aus eigenem Interesse erschließen möchte, er eine bestimmte Note erreichen möchte oder an einem Mathematikwettbewerb erfolgreich teilnehmen möchte. Hierfür ist er in gewissem Maß bereit, Zeit und Energie aufzuwenden sowie andere Bedürfnisse zurückzustellen. Je nach Erfolg der Bemühungen können die Ziele und der Ressourceneinsatz beibehalten oder modifiziert werden. Gegebenenfalls wird ein Ziel aufgegeben oder es wird ein neues, höheres persönliches Ziel gesteckt.

Alle diese drei Ebenen der Selbstregulation haben also unmittelbaren Einfluss auf Prozesse des Lernens und Leistens und damit auf Begabungsentwicklung. Umgekehrt entwickeln sich die persönlichen Fähigkeiten zur Selbstregulation durch entsprechende Erfahrungen bei Lern- und Leistungsprozessen weiter (vgl. Kontinuum der Regulation des Lernens in Abschn. 3.1.1).

Selbstkonzept

Menschen haben in der Regel Vorstellungen und Wissen über sich selbst. Mit dem Begriff des Selbstkonzepts werden diese kognitiven Repräsentationen zur eigenen Person gefasst: „Das Selbstkonzept enthält die auf die eigene Person bezogenen Informationen und kann als mentales Modell der Person von sich selbst beschrieben werden." (Krapp et al. 2014, S. 201) Hierunter fällt beispielsweise Wissen über persönliche Vorlieben, Einstellungen, Überzeugungen, Begabungen, Fähigkeiten, aber auch über äußere Merkmale. Speziell für schulisches Lernen und Leisten bzw. die Entwicklung von Begabungen ist das Fähigkeitsselbstkonzept von Bedeutung. „Das *Fähigkeitsselbstkonzept* bezeichnet kognitive Repräsentationen der eigenen Fähigkeiten." (Dresel und Lämmle 2017, S. 106) Es ist also die Komponente des Selbstkonzepts einer Person, die sich auf die eigenen Fähigkeiten bezieht. Dies umfasst beispielsweise Annahmen und Überzeugungen über die Höhe, Struktur, Stabilität und Wirksamkeit der eigenen Fähigkeiten.

Die Entwicklung des Selbstkonzepts im Lauf des Lebens gründet sich auf Erfahrungen mit dem eigenen Selbst, Rückmeldungen der sozialen Umwelt und damit verbundene Vergleiche. Hierbei lassen sich nach Möller und Trautwein (2015, S. 187) vier Arten des Vergleichs unterscheiden:

- *soziale* Vergleiche (Wie stehe ich im Vergleich mit anderen?),
- *temporale* Vergleiche (Wie habe ich mich im Lauf der Zeit entwickelt?),
- *dimensionale* Vergleiche (Wie stehe ich in einem Bereich/Fachgebiet im Vergleich zu einem anderen Bereich/Fachgebiet?),
- *kriteriale* Vergleiche (Inwieweit kann ich selbst- oder fremdgesetzte Kriterien erfüllen?).

Das Fähigkeitsselbstkonzept – beispielsweise eines Schülers in Bezug auf Mathematik – steht mit dem Lernen und Leisten der Person in wechselseitiger Beziehung (Wild et al. 2001, S. 229). Einerseits sind persönliche Erfahrungen und Ergebnisse beim Lernen und Leisten, Rückmeldungen der Umwelt und zugehörige soziale, temporale, dimensionale und kriteriale Vergleiche maßgeblich für die Entwicklung des Selbstkonzeptes – in positiver wie in negativer Hinsicht. Hierbei spielt auch eine Rolle, welche Ursachen die Person einem erlebten Erfolg bzw. Misserfolg subjektiv zuschreibt (Kausalattribution). So ist es etwa günstig für die Entwicklung bzw. Bewahrung eines positiven Fähigkeits-selbstkonzepts, wenn Gründe für Erfolge in relativ stabilen Eigenschaften der eigenen Person (z. B. Begabungen, Fähigkeiten) gesehen werden und Misserfolge auf kurzfristig variable Eigenschaften der Person (z. B. mangelnde Anstrengung, Krankheit) zurück-geführt werden (Möller und Trautwein 2015, S. 187). Dies führt zu bzw. stabilisiert Überzeugungen, dass gewünschte Ergebnisse durch eigenes Verhalten hervorgerufen werden können und sich eigene Anstrengung lohnt – also positive Überzeugungen zur Selbstwirksamkeit.

Andererseits begünstigt umgekehrt ein positives Fähigkeitsselbstkonzept in einem Fach das Lernen und Leisten in diesem Fach. Möller und Trautwein (2015, S. 193) stellen dazu fest: „Der positive Effekt eines vergleichsweise hohen Selbstkonzepts auf die nachfolgende Leistungsentwicklung kann mittlerweile als empirisch gesichert gelten." Erklärt werden kann dies dadurch, dass ein positives Fähigkeitsselbstkonzept förderlich für Motivation, positive Emotionen, Anstrengungsbereitschaft und Ausdauer in Lern- und Leistungssituationen (z. B. im Mathematikunterricht) ist.

Soziale Kompetenzen

Lernen, Leisten und damit Begabungsentwicklung sind auch soziale Prozesse. Sie finden in sozialen Kontexten – wie etwa der Schule – statt (vgl. Abschn. 3.1.1), für zugehörige Interaktionen mit anderen Menschen sind soziale Kompetenzen nötig. Mit dem Begriff der sozialen Kompetenzen wird ein vielschichtiger Komplex bezeichnet, der sich etwa nach Roth (2006, S. 34 f.) in folgende Komponenten gliedern lässt:

- *soziale Wahrnehmungsfähigkeit:* Gefühle, Wünsche und Bedürfnisse von anderen und von sich selbst sensibel wahrnehmen können, Perspektiven anderer einnehmen können, Empathie;
- *soziale Mitteilungsfähigkeit:* Gefühle, Wünsche und Bedürfnisse von anderen und von sich selbst verbal oder nonverbal ausdrücken können, Feedback geben können;
- *soziale Handlungsfähigkeit:* eigene Ziele in sozialen Kontexten verfolgen und ggf. adaptieren können, mit anderen solidarisch und gemeinsam handeln können, zu einem gemeinsamen Wohl einer Gemeinschaft verantwortlich beitragen können.

In sozialen Gemeinschaften – wie einer Klasse – besteht für die Mitglieder in Bezug auf Werteorientierung ein Spannungsfeld zwischen Eigeninteressen und dem Wohl anderer bzw. der Gemeinschaft. Im Hinblick auf das eigene Handeln liegt entsprechend ein Spannungsfeld zwischen der Durchsetzung eigener Vorstellungen und sozialer Anpassung vor (vgl. Brohm 2009, S. 69). Soziale Kompetenzen ermöglichen einem Menschen „einen Kompromiss zwischen den Ansprüchen, die die soziale Umwelt an den Einzelnen stellt, und seinen eigenen Interessen, die es auch in sozialen Kontexten zu verwirklichen gilt" (Kanning 2015, S. 3). Einerseits ist es für das Zusammenleben in sozialen Gemeinschaften unerlässlich, dass sich die einzelnen Mitglieder an die Gemeinschaft anpassen und Werte, Normen und Verhaltensregeln übernehmen. Dies gilt beispielsweise für alle an Schule Beteiligten, damit Unterricht überhaupt sinnvoll stattfinden kann. Andererseits dienen soziale Kompetenzen auch der Durchsetzung eigener Interessen. Auf Basis sozialer Kompetenzen können in einer Gemeinschaft die Einzelnen ihre Standpunkte vertreten und verfolgen und damit auch zu einer Weiterentwicklung der Gemeinschaft beitragen. So kann es beispielsweise für Mathematikunterricht ausgesprochen produktiv sein, wenn Schüler ihre eigenen Ideen aktiv einbringen und auch verteidigen – mit Durchsetzungs-, Konflikt- und Kompromissfähigkeit.

Prozesse des Lernens und Leistens bzw. der Begabungsentwicklung in der Schule bedürfen also sozialer Kompetenzen der Schüler. Umgekehrt entwickeln Kinder und Jugendliche durch das soziale Miteinander in der Schule – insbesondere auch im Mathematikunterricht – ihre sozialen Kompetenzen weiter.

1.1.5.4 Die Person als Ganzes

Im Modell in Abb. 1.13 werden in verschiedenen Kästen und Ellipsen Merkmale und Zustände einer Person (Gene, mathematische Begabung, Interesse, Motivation, Emotionen, …) separiert dargestellt, um diese Aspekte, ihre (Wechsel-)Wirkungen und Entwicklungen im Sinne einer Modellierung klar herauszustellen. Dennoch ist dabei natürlich zu bedenken, dass jeder Mensch ein unteilbares Ganzes, eine als Einheit zu sehende Person ist, die die dargestellten Aspekte und viele weitere integriert. Die ganzheitliche Sicht auf den Menschen als Person wird im Modell in Abb. 1.13 durch das große Rechteck im Hintergrund symbolisiert; es umfasst alle modellierten Merkmale und Zustände der Person sowie zugehörige Wirkungs- und Entwicklungsprozesse. In Abschn. 1.2.8 wird diese Perspektive auf die Person als Ganzes wieder aufgegriffen und vertieft, indem Begabungsentfaltung als Entwicklung der Person und Bildungsprozess gesehen wird.

1.1.5.5 Umweltmerkmale

Neben den Persönlichkeitsmerkmalen und -zuständen hat die Umwelt einen entscheidenden Einfluss darauf, inwieweit sich mathematische Begabung und Fähigkeiten entwickeln und entsprechende Leistungen gezeigt werden. Umweltmerkmale sind maßgeblich dafür, ob und wie sich ein Schüler mit Mathematik (in und neben der Schule) befasst. Sie haben damit direkten Einfluss auf das Lernen und Leisten. Umgekehrt ist jeder Schüler Bestandteil seiner Umwelt und wirkt selbst als Person auf seine Umwelt – auch verändernd – ein.

Familie

Die Familie besitzt ganz erheblichen Einfluss auf und damit auch Verantwortung für die Entwicklung eines Kindes bzw. Jugendlichen – vom ersten Lebensjahr an. Dies betrifft beispielsweise die kognitive Entwicklung im Bereich der Sprache, des Wissens über die Welt, aber auch der Mathematik. Im Hinblick auf den Mathematikunterricht in der Grundschule stellt etwa Schipper (2005, S. 25) fest: „So ist es für das Mathematiklernen z. B. von großer Bedeutung, dass die Kinder in der vorschulischen Zeit ausreichend Gelegenheit hatten, sich auf spielerische Weise arithmetische und räumliche Erfahrungen anzueignen." Die Bedeutung der Familie für mathematisches Lernen beschränkt sich aber nicht nur darauf, dass im familiären Umfeld mathematikbezogene Erfahrungen gewonnen werden. Vielmehr beeinflussen der Erziehungsstil, das Familienklima und das soziale Miteinander in der Familie wesentlich die Ausprägung allgemeiner Persönlichkeitsmerkmale wie etwa Interessen, Motive (z. B. intellektuelle Neugier, Leistungsmotiv), Fähigkeiten zur Selbstregulation (z. B. Anstrengungsbereitschaft, Durchhaltevermögen), das Selbstkonzept (z. B. Selbstwirksamkeitsüberzeugungen) und soziale Kompetenzen, die wiederum für Lernprozesse von Bedeutung sind. Schließlich kann die Wertschätzung innerhalb der Familie für schulisches Lernen und auch für Mathematik förderlich oder hinderlich auf die Einstellungen von Kindern und Jugendlichen zu Schule und Mathematik und damit auf die Entwicklung ihrer mathematischen Fähigkeiten wirken.

Unterricht, Klasse, Schule

Es klingt banal, stellt aber eine hohe Herausforderung in der Praxis dar: Natürlich hat die Schule mit ihren vielfältigen Lernangeboten eine hervorgehobene Bedeutung für die Entwicklung mathematischer Begabung und Fähigkeiten von Kindern und Jugendlichen – von der ersten bis zur letzten Jahrgangsstufe. Zum einen ist es Aufgabe des regulären Unterrichts, alle Schüler möglichst optimal zu fördern, insbesondere auch die besonders Begabten. Zum anderen sollte die Schule besonders begabten Schülern Wege zur individuellen Entwicklung über den regulären Unterricht hinaus eröffnen (z. B. durch Neigungsgruppen, Wettbewerbe etc.). In Kap. 3 werden hierzu vielfältige Beispiele dargestellt. Für die Wirkung solcher Angebote ist es förderlich, wenn in der jeweiligen Klasse bzw. an der Schule eine „begabungsfördernde Lernkultur" herrscht. Dies bedeutet etwa, dass die Diversität der Schüler als positives, natürliches Charakteristikum von Lerngemeinschaften angesehen wird. Daraus resultiert ein wertschätzender, fördernder Umgang mit Begabung sowie besonderen Fähigkeiten und Leistungen von Schülern – auch im Fach Mathematik. In Kap. 4 wird dies im Hinblick auf Schulentwicklung weiter ausgeführt.

Peergroup

Im sozialen Umfeld eines Schülers lassen sich in der Regel Gruppen von Kindern bzw. Jugendlichen abgrenzen, die für den Schüler von besonderer Bedeutung sind und denen er sich zugehörig fühlt (z. B. der engere oder weitere Freundeskreis, eine Clique, Mitglieder einer Sport- oder Musikgruppe etc.). Solche Peergroups geben dem Individuum soziale Orientierung und leisten einen Beitrag zur Entwicklung von Persönlichkeit und Identität.

Wenn mathematisch begabte Schüler eine Peergroup um sich haben, in der besonderes Interesse an Mathematik besteht, dann kann dies auf die individuelle mathematikbezogene Entwicklung des Einzelnen ausgesprochen positiv wirken. Sind diese Schüler gemeinsam in einer Klasse, können sie beispielsweise im regulären Mathematikunterricht bzw. in Differenzierungsphasen zusammenarbeiten und auf ihrem Niveau lernen. Aber auch unabhängig vom Klassenverband ist eine mathematisch interessierte Peergroup für mathematisch Begabte förderlich, um etwa Enrichment-Angebote innerhalb und außerhalb der Schule (z. B. Wettbewerbe, Angebote von Universitäten für Schüler) mit Gleichgesinnten gemeinsam wahrzunehmen. Die Peergroup schafft soziale Eingebundenheit, sie bietet Möglichkeiten des fachbezogenen Austausches und damit der individuellen Weiterentwicklung. Aufgrund dieser Bedeutung von Peergroups sollte das Schulsystem bewusst Begegnungen von mathematisch begabten Schülern unterstützen und dazu beispielsweise im Rahmen von Fördermaßnahmen Kontakte zwischen den Teilnehmern klassen-, jahrgangsstufen- bzw. schulübergreifend herstellen und pflegen. Umgekehrt ist auch klar, dass eine Peergroup, in der schulisches Lernen bzw. Mathematik gering geschätzt werden, die Entwicklung von schulbezogenen bzw. mathematischen Fähigkeiten deutlich hemmen kann.

Medien

Medien sind integraler Bestandteil unseres Lebens, sie haben vielfältigste Funktionen und Wirkungen für den Einzelnen und die Gesellschaft. Aus diesem Gesamtkomplex soll hier nur eine – thematisch eher enge – Facette herausgegriffen werden: das fachbezogene Wirkungspotenzial von Medien für mathematisches Lernen und Leisten und damit für die Entfaltung mathematischer Begabung.

Zum einen bieten Medien Schülern ein leicht zugängliches, schier unüberschaubares Informationsangebot über Mathematik – etwa in Form gedruckter oder digitaler Medien. Beispielsweise gibt es eine Vielzahl an Webseiten, die mathematische Inhalte darstellen oder multimedial zum eigenständigen Lernen anregen (z. B. mit Erklärvideos, Animationen, Aufgabenbeispielen, Wettbewerben etc.). Mathematische Literatur (z. B. Lehrbücher) ist gedruckt und digital verfügbar. Interaktive Kommunikation im Web über mathematische Fragen ermöglichen etwa Mathe-Chats und Online-Foren. Schüler haben dadurch vielfältige Quellen, um mit mathematischen Inhalten neben dem regulären Unterricht zu arbeiten; Lehrkräfte können auf derartige Angebote gezielt im Sinne von Impulsen für Enrichment zur Begabtenförderung hinweisen bzw. sie in ihren Unterricht integrieren (vgl. Kap. 3).

Zum anderen können digitale Medien wie etwa Software für dynamische Mathematik, Tabellenkalkulation, Computeralgebrasysteme oder Programmierumgebungen als Werkzeuge für mathematisches Arbeiten genutzt werden. Sie dienen beispielsweise dazu, mathematische Zusammenhänge mit dynamischen Konstruktionen zu erkunden, umfangreichere Berechnungen automatisiert durchzuführen oder

Algorithmen umzusetzen (vgl. z. B. Abschn. 3.3.3). Damit können digitale Medien mathematisches Denken unterstützen.

Schließlich haben Massenmedien (z. B. Fernsehen, Printmedien, Online-Dienste etc.) in unserer Gesellschaft eine erhebliche Wirkung auf die Bildung öffentlicher Meinung. Durch diese Medien werden insbesondere das Bild von Mathematik und die Wertschätzung dieses Faches in der Öffentlichkeit beeinflusst. Berichterstattungen über mathematische Aktivitäten – z. B. an Schulen – können etwa zu einem positiven Bild von Mathematik und von Begabtenförderung beitragen.

Gesellschaft

Der Einfluss der Gesellschaft auf Entwicklungen des Einzelnen ist ausgesprochen fundamental. So beruhen bereits das Schulsystem an sich und der Fächerkanon auf gesellschaftlichen Entscheidungen. Immerhin ist es bemerkenswert, dass das Fach Mathematik eine ausgesprochen gewichtige Stellung im Schulsystem besitzt. Jeder Schüler hat in der Regel in jeder Jahrgangsstufe mehrere Unterrichtsstunden in Mathematik. Nur das Fach Deutsch besitzt eine vergleichbare Stellung. Des Weiteren hängt es von der Gesellschaft ab, welche Begabungen als förderwürdig angesehen werden und wie die zugehörige Förderung gestaltet wird. Wir leben heutzutage in einer Gesellschaft, in der mathematische Begabung im Allgemeinen wertgeschätzt wird und der Staat die Förderung mathematisch besonders begabter Kinder und Jugendlicher grundsätzlich als Aufgabe des Bildungssystems ansieht.

1.1.5.6 Das Spannungsfeld von genetischen Anlagen, Umwelteinflüssen und persönlicher Freiheit

Eine insbesondere im 20. Jahrhundert in der Psychologie kontrovers diskutierte Frage war, inwieweit individuelle Begabungen und Fähigkeiten durch die genetischen Anlagen eines Menschen vorbestimmt sind oder durch die Umwelt beeinflusst werden. Einen Überblick über diese Anlage-Umwelt-Diskussion und einschlägige Forschungsresultate gibt etwa Weinert (2012). Er kommt zusammenfassend zum Fazit,

> „dass etwa 50 Prozent der geistigen Unterschiede zwischen Menschen genetisch determiniert sind, ungefähr ein Viertel durch die kollektive Umwelt und ein weiteres Viertel durch die individuelle, zum Teil selbstgeschaffene Umwelt erklärbar sind" (S. 33).

Daran schließt er die Empfehlung an:

> „Man sollte dieses letzte Viertel weder kognitionspsychologisch noch motivationstheoretisch oder lebenspraktisch gering schätzen. Durch dieses komplexe Determinationsmuster geistiger Leistungsunterschiede zwischen verschiedenen Menschen erübrigen sich Schuld-zuweisungen an die biologischen Eltern wie gegenüber der sozialen Umwelt. Es gibt aber auch keine Gründe für persönliche Resignation! Von der Anlage-Umwelt-Forschung aus betrachtet ist die Welt voller Spielräume für die geistige Entwicklung sehr unterschiedlich begabter Individuen. Ist das nicht beruhigend und motivierend zugleich?" (ebd., S. 33)

Auch wenn derartige Quantifizierungen mit Prozentsätzen kritisch hinterfragt werden können, da sie immer mit Annahmen verbunden sind, was mit welchen Werkzeugen gemessen wird, so drückt Weinert damit durch umfassende psychologische Forschung fundiert aus, dass für die Entwicklung von Begabung und Fähigkeiten die Einflussfaktoren „Gene", „Umwelt" und „Person" jeweils von maßgeblicher Relevanz sind. Im Modell für mathematische Begabung sind diese Einflussfaktoren integriert (vgl. Abb. 1.13). Genetische Anlagen haben entscheidende Wirkung auf die natürliche biologische Entwicklung – insbesondere des Körpers und damit auch des Gehirns. Der Einfluss von Umweltmerkmalen auf die Entwicklung mathematischer Begabung und Fähigkeiten wurde bereits oben herausgestellt. Hierbei ist im Sinne Weinerts zu bedenken, dass das Individuum in enger Wechselwirkung mit seiner Umwelt steht, es diese beeinflusst und teils sogar aktiv gestaltet. Auch bei der Frage, wie intensiv etwa Lernangebote aus der Umwelt angenommen werden, kommt dem Individuum gemäß konstruktivistischen Lernauffassungen eine erhebliche Freiheit und Eigenverantwortung zu. Insofern können Kinder und Jugendliche ihr mathematisches Lernen und damit die Entwicklung ihrer mathematischen Begabung und ihrer Fähigkeiten auch maßgeblich selbstständig und eigenverantwortlich beeinflussen.

1.1.5.7 Leistung und Leistungsbewertung

Mathematische Leistung bezeichnet nach Abschn. 1.1.4 geäußerte Ergebnisse mathematischen Denkens. Dies können etwa mündliche Darstellungen, schriftliche Aufzeichnungen oder Handlungen sein. Diese weite Begriffsbildung sieht Leistung also unabhängig davon, ob die Leistung bewertet oder in einer Situation zur Leistungsbewertung (wie etwa einem Test) erbracht wird. Der Prozess des Leistens basiert auf den jeweiligen mathematischen Fähigkeiten und wird – wie im Modell in Abb. 1.13 dargestellt – von den gleichen Persönlichkeitsmerkmalen, -zuständen und Umwelteigenschaften beeinflusst wie das Lernen. Von diesen hängt generell ab, ob und wie sich eine Person mit Mathematik beschäftigt – unabhängig davon, ob beim zugehörigen mathematischen Denken eher das Lernen oder eher das Leisten im Fokus steht.

Anerkennung können mathematische Leistungen nur in sozialen Systemen (wie etwa der Schule) erfahren, wenn Ergebnisse mathematischen Denkens kommuniziert und von sozialen Systemen bewertet werden. Dabei ist zu bedenken, dass jede Leistungsbewertung von Kriterien des jeweiligen sozialen Systems abhängt und damit nie völlig objektiv erfolgen kann. Was eine gute Mathematikleistung ist, bewertet in der Schule zumeist die Lehrkraft auf Basis ihrer professionellen Kompetenz (vgl. Abschn. 4.1.3) und ihrer beruflichen Expertise. Leistungsbewertungen geben dem Schüler und seiner Umwelt Rückmeldung. Sie wirken dadurch auf Persönlichkeitsmerkmale und -zustände (wie beispielsweise Motivation, Emotion und das Selbstkonzept) ebenso wie auf die Umwelt (wie etwa die Familie, die Klasse und die Peergroup) und beeinflussen damit auch künftiges Lernen und Leisten.

Die Differenzierung von Begabung, Fähigkeiten, Leistung und Leistungsbewertung im Modell in Abb. 1.13 zeigt ein Grundproblem der Begabungsdiagnostik deutlich auf:

Weder Begabungen noch Fähigkeiten sind als interne Eigenschaften einer Person direkt beobachtbar. Deshalb basiert jegliche Begabungsdiagnostik auf dem Prinzip, dass von positiv bewerteten Leistungen auf entsprechende Fähigkeiten und zugrunde liegende Begabungen geschlossen wird. Ein solcher Schluss basiert auf der – praktikablen und durchaus vertretbaren – Annahme, dass positiv bewertete Leistungen im Allgemeinen nur gezeigt werden können, wenn entsprechende Fähigkeiten und damit auch Begabungen vorliegen. Der Umkehrschluss ist hingegen problematisch und generell nicht zulässig: Wenn gezeigte Leistungen einer Person schlecht bewertet werden, muss dies nicht bedeuten, dass die Person geringe Fähigkeiten oder geringe Begabungen besitzt. Die Entwicklung von Fähigkeiten und das Zeigen von Leistung finden im komplexen Geflecht aus Persönlichkeitsmerkmalen, -zuständen und Umwelteigenschaften statt und werden letztlich auch durch freie Entscheidungen der jeweiligen Person bedingt. Zudem ist denkbar, dass von Bewertenden die Qualität einer Leistung nicht erkannt wird.

1.1.5.8 Weitere Wirkungen

Im Modell in Abb. 1.13 sind vielfältige Wirkungen zwischen den Komponenten mit Pfeilen dargestellt, sie wurden in den vorherigen Abschnitten weitgehend besprochen. Allerdings sind nicht alle Beziehungen in diesem Wirkungsgeflecht mit Pfeilen symbolisiert, um das Modell nicht unübersichtlich werden zu lassen und um – im Sinne einer komplexitätsreduzierenden Modellierung – die Wirkungen, die direkt für die Entwicklung von Begabung, Fähigkeiten und Leistung von Bedeutung sind, zu betonen.

Über die abgebildeten Beziehungen hinaus bestehen beispielsweise vielfältige prägende Wechselwirkungen zwischen der Umwelt und den Persönlichkeitsmerkmalen bzw. -zuständen. Die Umwelt beeinflusst die Entwicklung von Persönlichkeitsmerkmalen und die situative Ausprägung von Persönlichkeitszuständen; umgekehrt wirkt das Individuum mit der eigenen Persönlichkeit in seiner Umwelt. Aber auch zwischen den einzelnen Facetten der Umwelt bzw. der Persönlichkeitsmerkmale und -zustände bestehen Wirkungsbeziehungen. So können etwa positive Emotionen beim Beschäftigen mit Mathematik zu entsprechendem Interesse und zu Motivation führen. Schließlich lassen sich auch Korrelationen zwischen den genetischen Anlagen und der Umwelt feststellen (Genom-Umwelt-Korrelation, vgl. z. B. Plomin 1994, S. 106 f.). So suchen sich Personen aktiv Umwelten, die zu ihren genetischen Dispositionen passen – z. B. Freunde oder Förderangebote zur Begabungsentwicklung. Umgekehrt reagiert die Umwelt in unterschiedlicher Weise auf genetische Dispositionen von Personen und beeinflusst dadurch deren Entwicklung – z. B. durch Selektion für Förderangebote.

1.1.5.9 Nutzen dieses Modells in der Schule

Das in diesem Abschn. 1.1 entwickelte Modell für mathematische Begabung kann sich für schulische Zwecke als nützlich erweisen, denn es erlaubt einen fachbezogenen und differenzierten Blick auf die Phänomene „Denken", „Begabung", „Fähigkeiten" und „Leistung" im Fach Mathematik.

Das Modell kann zum einen der *Diagnostik* dienen. Anhand der facettenreichen Modellierung mathematischen Denkens in Abb. 1.1 können Schülerleistungen multiperspektivisch erfasst und unter Berücksichtigung der vielfältigen Einflussfaktoren gemäß Abb. 1.13 multikausal interpretiert werden. Hierbei stellt das Modell heraus, dass Fähigkeiten oder Begabung nie direkt beobachtet oder gemessen werden können, sondern dass jegliche Diagnostik immer nur versuchen kann, über gezeigte Leistung indirekt auf Fähigkeiten und Begabung zurückzuschließen. Das differenzierte Modell mathematischen Denkens eröffnet dabei einen vielschichtigen Blick auf die mathematischen Fähigkeiten und die Begabung von Schülern. Beispielsweise kann ein Schüler sehr gut im algorithmischen Denken sein, dagegen Probleme beim Modellieren haben; er mag etwa Stärken im geometrischen Denken und Schwächen im stochastischen Denken besitzen. Pauschale Urteile wie „Der Schüler XY ist in Mathematik schlecht" wirken vor diesem Hintergrund platt und fragwürdig.

Zum anderen kann das Modell handlungsleitend für die *Förderung* von Schülern sein. Es stellt Lernen als zentralen Prozess zur Entwicklung mathematischer Begabung und mathematischer Fähigkeiten heraus. Da hierbei mathematisches Denken sehr differenziert betrachtet wird, kann auf dieser Basis eine gezielte individuelle Förderung ansetzen. Schüler, die beispielsweise Schwächen bei Fähigkeiten zu funktionalem Denken besitzen, benötigen entsprechende Lernumgebungen, um ihr Potenzial optimal zu entfalten. Das pädagogische Handeln in der Schule sollte aber auch die dargestellten Persönlichkeitsmerkmale und -zustände sowie die Umwelt der Schüler berücksichtigen, damit sich Begabung bestmöglich zu Fähigkeiten und Leistung entfalten kann. So sollte auch im Mathematikunterricht etwa auf positive Emotionen, Motivation, Selbstregulation, ein positives Selbstkonzept, soziale Kompetenzen und ein positives Klassenklima Wert gelegt werden.

Schließlich bietet das Modell Struktur und Planungshilfe für eine *Gesamtkonzeption von Mathematikunterricht* – z. B. im regulären Klassenunterricht, in mathematischen Arbeitsgemeinschaften für besonders Begabte, auf Ebene einer Schule und auf Ebene des Schulsystems. Es hilft, mathematisches Denken in seinen vielen Facetten zu sehen und Lernangebote inhaltlich und methodisch so zu gestalten, dass die Schüler bei der Beschäftigung mit Mathematik ihre mathematischen Fähigkeiten möglichst vielseitig und ausgewogen entwickeln.

1.2   Modelle und Konzepte für Begabung aus der Psychologie und der Pädagogik

Die Psychologie beschäftigt sich als Wissenschaft etwa seit dem Übergang vom 19. zum 20. Jahrhundert mit Begabung. Dementsprechend gibt es aus dem Bereich der Psychologie zahlreiche und vielfältige Modelle für Begabung, um dieses Phänomen zu fassen und der Forschung zugänglich zu machen. Wir stellen im Folgenden einige solcher Modelle aus der Psychologie vor. Bei der Auswahl wurde zum einen eine

gewisse Breite des Spektrums an Modellen berücksichtigt. Zum anderen haben die vorgestellten Modelle auch eine deutliche Wirkung auf das Schulsystem entfaltet. Den
Abschluss dieses Abschnitts bildet ein Blick auf Begabung aus der Perspektive der
Pädagogik. Hierzu wird die insbesondere für schulische Kontexte relevante Theorie der
personorientierten Begabungsförderung dargestellt.

1.2.1   Der Intelligenzquotient

1.2.1.1 Intelligenztests und der IQ

Das Konzept des Intelligenzquotienten (IQ) ist insbesondere in der Begabungsdiagnostik
weit verbreitet. Es geht u. a. auf Arbeiten der Psychologen Alfred Binet (1857–1911),
William Stern (1871–1938) und Lewis Terman (1877–1956) zurück. Heutzutage hat
dieses Konzept im Schulsystem beispielsweise Bedeutung, wenn es um die Frage geht,
ob ein Schüler eine Klasse bzw. eine Schule speziell für Hochbegabte besuchen darf.

Grundlage zur Messung des IQ sind Intelligenztests. Solche Tests sind typischer-
weise folgendermaßen aufgebaut: Je nach psychologischer Basistheorie umfasst der
Test Aufgaben, die sich jeweils auf bestimmte kognitive Fähigkeiten beziehen. Die
Aufgaben sind kurz und schematisch zu beantworten – z. B. durch Ankreuzen im
Multiple-Choice-Format. Typische Anforderungen sind beispielsweise:

- *Gemeinsamkeiten erkennen:* Zu gegebenen Begriffen oder geometrischen Figuren
  sind Gemeinsamkeiten zu erkennen, um damit anzugeben, welcher Begriff oder
  welche Figur nicht zu den anderen passt. (Ein Beispiel: „Freude", „Heiterkeit", „Ver-
  gnügen", „Trübsal", „Frohsinn")
- *Analogien erkennen:* Zwischen Begriffen oder geometrischen Figuren sind
  Beziehungen zu erkennen und auf andere Begriffe bzw. Figuren zu übertragen. (Ein
  Beispiel: „reparieren zu Hammer wie musizieren zu ?", wobei für das Fragezeichen die
  Worte „Orchester", „Musiker", „Posaune", „Instrument", „Komponist" zur Auswahl
  stehen.)
- *Muster fortsetzen:* Bei einer Folge geometrischer Figuren oder einer Zahlenfolge ist
  das Bildungsprinzip zu erkennen, um die Folge fortzusetzen. (Ein Beispiel: 0, 3, 8,
  15, 24, ?)
- *Räumlich denken:* Es sind z. B. verschiedene Bilder räumlicher Objekte gegeben
  und es ist zu erkennen, welche Bilder das gleiche Objekt – nur aus unterschiedlichen
  Perspektiven – zeigen.

Teilnehmer eines Intelligenztests haben in der Regel eine relativ hohe Anzahl an Aufgaben in einem beschränkten Zeitrahmen zu bearbeiten. Es ist bei der Testerstellung
definiert worden, welche Antworten als richtig und welche als falsch gelten. Dadurch
lässt sich die Bewertung der Antworten eines Teilnehmers als richtig bzw. falsch rein
schematisch durchführen. Aus diesen Ergebnissen wird eine Zahl, der Intelligenzquotient

IQ, berechnet. Dies ist so gestaltet, dass der IQ normalverteilt ist, der Erwartungswert bei 100 liegt und die Standardabweichung 15 beträgt (vgl. Abb. 1.14). Da es Intelligenztests für verschiedene Altersgruppen gibt, kann die individuelle Leistung des Testteilnehmers mit den Leistungen einer Vergleichsgruppe von Personen ähnlichen Alters in Beziehung gesetzt werden.

1.2.1.2 Definition von Begabung auf Basis des IQ

Mit dem IQ kann man Begabung bzw. Hochbegabung quantifizieren. Dazu werden Begabung und Intelligenz gleichgesetzt und als Personeneigenschaft angesehen, die sich mit dem IQ quantitativ ausdrücken und mit Intelligenztests messen lässt. Mit dieser Sichtweise wird Hochbegabung gemeinhin so definiert, dass der individuelle IQ mindestens zwei Standardabweichungen über dem Erwartungswert liegt. Mit dem Erwartungswert 100 und der Standardabweichung 15 bedeutet dies also, dass der IQ größer oder gleich 130 ist. Als Folge ergibt sich aufgrund der Form der Normalverteilung, dass dies bei 2 % der Bevölkerung der Fall ist. Dies ist gleich dem Anteil der in Abb. 1.14 markierten Fläche an der Gesamtfläche zwischen dem Graphen und der Achse. Die Grenzziehung bei zwei Standardabweichungen bzw. bei 130 bzw. bei 2 % ist dabei relativ willkürlich, es ist lediglich eine Konvention, die je nach Bedürfnissen auch anders gewählt werden kann.

Diese nüchterne Definition soll nun mit etwas Substanz gefüllt werden. Machen wir dazu eine Abschätzung: Deutschland hat etwa 83 Mio. Einwohner. Hiervon haben 2 %, also etwa 1,7 Mio. Personen, einen IQ von mindestens 130. In Deutschland besuchen etwa 11 Mio. Schüler allgemeinbildende oder berufliche Schulen. Damit besitzen ca. 220.000 Schüler in Deutschland einen IQ von mindestens 130. Wir sprechen somit nicht über eine verschwindend kleine Randgruppe, sondern von einer durchaus nennenswerten Anzahl von Schülern.

1.2.1.3 Bezug zum Modell für mathematische Begabung

Mit Intelligenztests werden gewisse Facetten mathematischen Denkens gemäß dem Modell in Abb. 1.1 erfasst. Im Bereich des inhaltsbezogenen Denkens ist numerisches Denken insbesondere beim Fortsetzen von Zahlenfolgen gefordert; geometrisches Denken wird beim Fortsetzen ebener geometrischer Muster oder beim gedanklichen Operieren mit räumlichen Objekten benötigt. Aus dem Bereich des prozessbezogenen Denkens ist vor allem schlussfolgerndes Denken bei Aufgabentypen erforderlich,

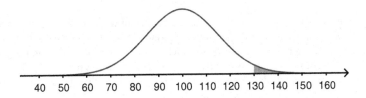

Abb. 1.14 Normalverteilung des IQ

bei denen es darum geht, Beziehungen, Zusammenhänge oder Gesetzmäßigkeiten zu erkennen und diese folgerichtig anzuwenden. Im Bereich der Informationsbearbeitung fordern Intelligenztests insbesondere rasche und präzise Wahrnehmung sowie das Denken mit mathematischen Mustern (v. a. geometrischen und arithmetischen Mustern).

Auch wenn es gewisse Bezüge zwischen Intelligenztests und Mathematik gibt, so sind Intelligenztests doch nur in sehr eingeschränkter Weise dazu in der Lage, mathematische Begabung bzw. mathematische Fähigkeiten im Sinne von Abschn. 1.1 zu erfassen. Dies betrifft die Breite, Tiefe und Komplexität mathematischen Denkens. Zum einen spielen zahlreiche Facetten mathematischen Denkens wie beispielsweise mathematikbezogenes Theoriebilden, Problemlösen, Modellieren, Begriffsbilden und Experimentieren in Intelligenztests praktisch keine Rolle. Zum anderen kann die Beantwortung der Aufgaben nur oberflächlich und schematisch erfolgen – z. B. durch Setzen eines Kreuzes bei einem Multiple-Choice-Format oder durch Eintragen einer Antwortzahl in ein vorgegebenes Kästchen. Ein für Mathematik typisches längerfristiges Beschäftigen mit einer problemhaltigen Situation, um diese möglichst perspektivenreich zu durchdringen, ist in Intelligenztests nicht vorgesehen. Erläuterungen von Überlegungen oder Begründungen von Antworten können bzw. sollen nicht gegeben werden; die Darstellung kreativer Gedankengänge ist nicht möglich, da hierfür kein Platz zur Verfügung steht. Zu viel Kreativität kann in Intelligenztests sogar hinderlich sein, da dann der Bearbeiter evtl. zu Antworten kommt, die vom Ersteller des Tests als falsch definiert wurden.

Hierzu ein Beispiel für eine Aufgabe vom Typ „Gemeinsamkeiten erkennen" in Intelligenztests: Welche der Zahlen 353, 868, 797, 242, 531, 636 passt nicht zu den anderen? Die vom Aufgabensteller als richtig definierte Antwort ist 531, denn bei allen anderen Zahlen ist die Hunderterstelle gleich der Einerstelle („Zahlenpalindrom"). Auf Begründungen kommt es bei der Bearbeitung eines Intelligenztests allerdings nicht an. So würde es als falsch bewertet, wenn ein Bearbeiter die Zahl 636 markieren würde. Allerdings können mathematisch durchaus substanzielle Überlegungen auch zum Ergebnis 636 führen, wie etwa: Alle anderen Zahlen bestehen entweder nur aus Ziffern für gerade Zahlen oder nur aus Ziffern für ungerade Zahlen. Bei allen anderen Zahlen ist die Differenz nebeneinanderstehender Ziffern gleich 2. Nur die Zahl 636 ist durch 3 und durch 4, also durch 12 teilbar. Wenn ein Bearbeiter auf diese Art denkt und 636 als Antwort gibt, wird dies bei der schematischen Testauswertung als falsch eingestuft. Dies wirkt sich damit auf den mit dem Test bestimmten IQ-Wert negativ aus.

Käpnick (2013, S. 12) drückt die unzureichende Eignung von Intelligenztests zur Feststellung mathematischer Begabung folgendermaßen aus:

> „Die in Intelligenztests gemessenen kognitiven Fähigkeiten ,decken' nur unzureichend die Spezifik und die Komplexität mathematischen Tuns ab. So werden das Suchen, Bestimmen und Lösen komplexerer Probleme, einschließlich des Beweisens von Zusammenhängen, oder das Entwickeln mathematischer Theorieansätze üblicherweise nicht in Intelligenztests thematisiert. Hinzu kommt, dass sich nicht alle, für mathematisches Tätigsein wesentliche Fähigkeiten, wie z. B. mathematische Sensibilität, (leicht) operationalisieren und durch abgeschlossene Testaufgaben ,quantitativ' erfassen lassen."

Diese Darstellungen zeigen, dass Intelligenztests im Hinblick auf schulrelevante Begabungsdiagnostik erhebliche Einschränkungen besitzen. Sie messen zwar durchaus gewisse kognitive Fähigkeiten, allerdings sind diese Fähigkeiten nicht ausreichend für ein erfolgreiches Arbeiten in den Schulfächern bzw. Wissenschaftsbereichen (wie etwa Mathematik), da sie der Komplexität dieser Fächer und des jeweiligen fachbezogenen Denkens nicht entsprechen. In Kap. 2 zur Diagnostik wird diese Thematik wieder aufgegriffen und vertieft.

1.2.2 Drei-Ringe-Modell von Renzulli

Das Drei-Ringe-Modell des amerikanischen Psychologen Joseph S. Renzulli ist weltweit eines der bekanntesten Begabungsmodelle, das Begabungsdefinitionen über den Intelligenzquotienten explizit infrage stellt bzw. als zu einseitig kennzeichnet. Ausgangspunkt von Renzulli (1978) ist die Frage, welche Eigenschaften einer Person notwendig sind, damit die Person außergewöhnliche Leistung erbringen kann. Bezogen auf die Schule ist dies eng mit der pädagogischen Frage verbunden, aufgrund welcher Charakteristika Schüler für Programme zur Begabtenförderung ausgewählt werden sollten. Ein Kernresultat von Renzulli (1978, S. 182) lautet:

> „Research on creative/productive people has consistently shown that although no single criterion should be used to identify giftedness, persons who have achieved recognition because of their unique accomplishments and creative contributions possess a relatively well-defined set of three interlocking clusters of traits. These clusters consist of above average though not necessarily superior ability, task commitment, and creativity."

Renzulli nimmt hiermit eine retrospektive Sicht ein und identifiziert drei Eigenschaftscluster von Personen, die sich durch besonders kreative und produktive Leistungen auszeichnen. Graphisch dargestellt sind diese drei Cluster in Abb. 1.15, sie werden im Folgenden genauer beschrieben.

1.2.2.1 Überdurchschnittliche Fähigkeiten

Renzulli (2005, S. 259 f.) unterscheidet zwei Arten von Fähigkeiten: *Allgemeine Fähigkeiten* („general abilities"), die von überfachlicher Bedeutung sind, wie etwa sprachliche Fähigkeiten, räumliches Vorstellungsvermögen oder abstraktes Denken. Derartige Fähigkeiten werden u. a. in Intelligenztests gemessen. In Gegensatz dazu betreffen *spezifische Fähigkeiten* („specific abilities") einzelne Domänen wie etwa Mathematik, Chemie, Musik, bildende Kunst oder Fotographie. Diese Fähigkeiten beziehen sich also darauf, inwieweit eine Person im jeweiligen Fachgebiet denken und agieren kann. Für das Fach Mathematik wurde genau dies in Abschn. 1.1.1 spezifiziert. Renzulli stellt dazu fest, dass sich diese spezifischen Fähigkeiten in der Regel einer Erfassung durch standardisierte Tests entziehen.

Abb. 1.15 Drei-Ringe-
Modell von Renzulli

„Many specific abilities, however, cannot be easily measured by tests, and, therefore, […]
must be evaluated through observation by skilled observers or other performance-based
assessment techniques." (ebd., S. 260)

Beim Begriff der „überdurchschnittlichen" Fähigkeiten wendet sich Renzulli explizit und
vehement gegen eine schematische Identifizierung von Personen, die in standardisierten
Tests zu den besten 2 % der Teilnehmer zählen. Vielmehr bezieht er sich mit Blick auf
die pädagogische Praxis in der Schule und Anforderungen der Gesellschaft auf etwa
15 bis 20 % einer Schülerpopulation (ebd., S. 260). In diesem Zusammenhang betont
er allerdings, dass eine scharfe Grenze für die Festsetzung „überdurchschnittlicher"
Fähigkeiten nicht existieren kann, da aufgrund der inhaltlichen Komplexität der Fähigkeitsbereiche jede Fähigkeitsmessung zu einem gewissen Grad immer subjektiv ist.

„If some degree of subjectivity cannot be tolerated, then our definition of giftedness and
the resulting programs will logically be limited to abilities that can be measured only by
objective tests." (ebd., S. 258)

1.2.2.2 Aufgabenzuwendung

Das zweite Eigenschaftscluster seines Modells bezeichnet Renzulli im englischen
Original mit „task commitment". Er beschreibt dies als „energy brought to bear on a
particular problem (task) or specific performance area" und umschreibt diesen Begriff
mit „perseverance, endurance, hard work, dedicated practice, self-confidence, a belief in
one's ability to carry out important work, and action applied to one's area(s) of interest"
(Renzulli 2005, S. 263).

In deutschen Fassungen des Drei-Ringe-Modells finden sich als Übersetzung
für „task commitment" die Begriffe „Aufgabenzuwendung" und „Motivation". Der
Begriff der Motivation erscheint hierbei aus zwei Gründen als Übersetzung ungünstig.
Einerseits betont Renzulli (1978, S. 182) selbst, dass der Begriff „motivation" für
sein Modell zu allgemein ist, weil dieser zunächst unabhängig von „tasks" ist und
deshalb auf die Beschäftigung mit „Aufgaben" zu spezifizieren wäre. Hierbei ist der

Aufgabenbegriff durchaus weit zu sehen; er kann sich beispielsweise darauf beziehen, sich in einem Wissenschaftsbereich wie Mathematik zu vertiefen, eine Sprache oder ein Musikinstrument zu erlernen. Andererseits stellen im Hinblick auf die Unterscheidung zwischen zeitlich relativ stabilen Persönlichkeitsmerkmalen *(traits)* und zeitlich variablen, situationsabhängigen Persönlichkeitszuständen *(states,* Abschn. 1.1.5) die drei Ringe im Modell „clusters of traits" (ebd., S. 182) dar. Motivation hat hingegen den Charakter eines *states,* da sie maßgeblich von der jeweiligen Situation geprägt ist (Abschn. 1.1.5). Im Gegensatz dazu drückt der Renzulli'sche Eigenschaftscluster „task commitment" die zeitlich stabile Fähigkeit einer Person aus, sich über einen längeren Zeitraum mit einer Aufgabe oder einem Aufgabengebiet eingehend zu befassen. Dieses Persönlichkeitsmerkmal wird im vorliegenden Text mit „Aufgabenzuwendung" bezeichnet.

1.2.2.3 Kreativität

Wie bereits in Abschn. 1.1.1 dargestellt, kann sich der Begriff der Kreativität auf Personen, Prozesse, Produkte und Umwelten beziehen. Renzulli (2005, S. 255) charakterisiert kreative Produkte durch zwei Eigenschaften: „novelty and appropriateness" – also Neuartigkeit und Angemessenheit bzw. Eignung zur Bewältigung von Herausforderungen. Es kommt ihm dabei darauf an, dass ein kreatives Produkt (dies kann auch eine Idee sein) nicht nur neu ist, sondern auch eine gewisse Relevanz, einen Nutzen z. B. für die Lösung eines Problems oder die Weiterentwicklung einer sozialen Gemeinschaft aufweist. Kreativität als Personeneigenschaft bezeichnet die Fähigkeit, kreative Produkte zu schaffen. Mit dieser Begriffsbildung steht Renzulli im Einklang mit gängigen Definitionen der Psychologie zu Kreativität wie etwa: „Creativity is the ability to produce work that is both novel (i.e., original, unexpected) and appropriate (i.e., useful, adaptive concerning task constraints)" (Sternberg und Lubart 2009, S. 3) oder „creativity represents to some degree […] a combination of two core elements […]. The first is newness, novelty, or originality. The second is task appropriateness, usefulness, or meaningfulness." (Helfand et al. 2016, S. 15).

In Bezug auf den Aspekt der Neuartigkeit wurde bereits in Abschn. 1.1.1 die Unterscheidung zwischen absoluter und relativer Kreativität getroffen. Erstere ist dadurch ausgezeichnet, dass ein Produkt „für die Menschheit" neu ist. Letztere liegt vor, wenn das Produkt für die jeweilige Person neu ist. Für pädagogische Kontexte ist vor allem relative Kreativität von Relevanz. Kreative Produkte von Schülern – wie etwa Ideen – sind also dadurch charakterisiert, dass sie in der jeweiligen Situation des Schülers neu und in gewisser Weise nützlich, bedeutungsvoll oder hilfreich sind.

1.2.2.4 Begabung im Schnittbereich der drei Ringe

Renzulli (2005, S. 248) betont, dass er Begabung eng an gezeigtes Verhalten koppelt und er deshalb nicht Personen an sich als „Begabte" kennzeichnet, sondern eher das Verhalten dieser Personen als besonders herausstellt. Dementsprechend bezieht sich seine Begabungsdefinition auf „begabtes Verhalten" („gifted behavior"):

„Gifted behavior consists of thought and action resulting from an interaction among three basic clusters of human traits, above average general and/or specific abilities, high levels of task commitment, and high levels of creativity." (ebd., S. 267)

Begabtes Verhalten resultiert also aus einem Zusammenwirken der drei beschriebenen Eigenschaftscluster „überdurchschnittliche Fähigkeiten", „Aufgabenzuwendung" und „Kreativität". In Abb. 1.15 kann begabtes Verhalten deshalb aus dem Schnittbereich der drei Ringe resultieren. Damit Personen begabtes Verhalten zeigen können, sind alle drei Eigenschaftscluster gleichermaßen erforderlich. Umgekehrt verleihen diese drei Eigenschaftscluster einer Person aber auch das Potenzial zu begabtem Verhalten.

1.2.2.5 Bereichsspezifische Begabung

Begabtes Verhalten kann nach Renzulli (2005, S. 257) in vielfältigen Tätigkeitsbereichen („performance areas") gezeigt werden – wie beispielsweise in Mathematik, Chemie, Astronomie, Philosophie, Musik, Jura, aber auch Modedesign, Fotographie, Kochen, Kinderpflege, Landwirtschaft etc. Das Drei-Ringe-Modell besitzt die hierzu notwendige Flexibilität und Adaptierbarkeit. Wenn man die drei Eigenschaftscluster „überdurchschnittliche Fähigkeiten", „Aufgabenzuwendung" und „Kreativität" jeweils auf einen spezifischen Tätigkeitsbereich bezieht, erhält man notwendige und hinreichende Voraussetzungen für begabtes Verhalten in diesem Tätigkeitsbereich.

Wenden wir dies also beispielsweise auf das Fach Mathematik an: Nach dem Drei-Ringe-Modell ist mathematisch begabtes Verhalten das Resultat eines Zusammenwirkens von

- überdurchschnittlichen mathematischen Fähigkeiten,
- Zuwendung zur Beschäftigung mit Mathematik und
- mathematischer Kreativität.

Nach Renzulli verfügen Personen, die besondere mathematische Leistungen erbringen, über diese drei Eigenschaftscluster. Umgekehrt ermöglichen diese drei Eigenschaftscluster einer Person aber auch, besondere Leistungen im Fach Mathematik hervorzubringen.

1.2.2.6 Interaktion mit allgemeinen Persönlichkeitseigenschaften und der sozialen Umwelt

Auf den ersten Blick scheint das auf drei Ringe reduzierte Begabungsmodell von Renzulli die Rolle allgemeiner Persönlichkeitseigenschaften und der sozialen Umwelt bei der Entwicklung begabten Verhaltens auszublenden. In der Tat findet sich entsprechende Kritik in Diskussionen von Renzullis Theorie (vgl. z. B. Trautmann 2016, S. 54). Diese Kritik erscheint allerdings nicht unbedingt gerechtfertigt. Renzulli hebt selbst deutlich hervor, dass die drei Ringe in Abb. 1.15 vor einem Hintergrund zu sehen sind, der Persönlichkeits- und Umweltmerkmale und deren Interaktion repräsentiert:

„The three rings are embedded in a [...] background that represents the interaction between personality and environmental factors that give rise to the three rings." (Renzulli 2005, S. 256)

„the interaction among the [...] three rings is still the most important feature leading to the display of gifted behaviors. There are, however, a host of other factors that must be taken into account in our efforts to explain what causes some persons to display gifted behaviors at certain times and under certain circumstances. I have grouped these factors into the two traditional dimensions of studies about human beings commonly referred to as personality and environment." (Renzulli 1986, S. 83)

Als relevante Persönlichkeitseigenschaften identifiziert Renzulli (2005, S. 269) Optimismus, Mut, Leidenschaft für ein Thema bzw. eine Disziplin, Sensibilität für andere, physische und mentale Energie sowie die Vision, Veränderungen bewirken zu können. Diese Eigenschaften einer Persönlichkeit fördern die Entwicklung von begabtem Verhalten.

1.2.2.7 Bezug zum Modell für mathematische Begabung

Bezieht man die drei Ringe in Renzullis Modell bereichsspezifisch auf das Fach Mathematik, finden sich die Elemente dieses Modells allesamt im Modell für mathematische Begabung gemäß Abschn. 1.1 und Abb. 1.13 wieder – mit punktuellen Unterschieden.

- Mit dem Begriff des *begabten Verhaltens* beschreibt Renzulli „thought and action", also das, was im Modell in Abb. 1.13 als mathematische Leistung bezeichnet wurde – geäußerte Ergebnisse mathematischen Denkens.
- In beiden Modellen werden *mathematische Fähigkeiten* als Voraussetzung für mathematische Leistung hervorgehoben.
- Was Renzulli mit *Aufgabenzuwendung* bezeichnet, ist im Modell für mathematische Begabung im Bereich der Persönlichkeitsmerkmale inbegriffen. Es handelt sich bei diesem „cluster of traits" (Renzulli 1978, S. 182) um ein Bündel von Persönlichkeitsmerkmalen aus Interessen, Motiven (z. B. Neugiermotiv, Leistungsmotiv) und Fähigkeiten zur Selbstregulation (z. B. Anstrengungsbereitschaft, Durchhaltevermögen). Sie bilden die Basis für die Motivation, über einen längeren Zeitraum an einer mathematischen Aufgabe oder einem mathematischen Themengebiet zu arbeiten. In beiden Modellen wird dies als essenziell für das Erbringen besonderer Leistungen gesehen.
- *Mathematische Kreativität* findet sich in beiden Modellen – jedoch liegt in der jeweiligen Bedeutung dieses Begriffs ein gewisser inhaltlicher Unterschied vor. Im Modell für mathematisches Denken bezeichnet gemäß Abschn. 1.1.1 mathematische Kreativität die Fähigkeit einer Person, neue mathematische Ideen zu entwickeln. Auf die zusätzliche Forderung von Renzulli, dass diese Ideen nützlich oder angemessen in Bezug auf eine Herausforderung bzw. ein Problem sind, wurde im Modell für mathematisches Denken bewusst verzichtet, denn dies würde kaum zu beantwortende Fragen aufwerfen wie etwa: Was ist Nutzen bzw. Angemessenheit? Wer entscheidet

anhand welcher Kriterien, ob eine Idee nützlich bzw. angemessen ist? In der Geschichte der Menschheit haben ausgesprochen kreative Leistungen teils erst Jahrzehnte oder Jahrhunderte später entsprechende Wertschätzung erfahren. Der Begriff der mathematischen Kreativität aus Abschn. 1.1.1 ist also allgemeiner als der auf Mathematik bezogene Kreativitätsbegriff von Renzulli. Damit ist der Renzulli'sche Eigenschaftscluster der Kreativität beim Modell für mathematische Begabung im Bereich der mathematischen Fähigkeiten enthalten.

- Renzulli sieht die drei Ringe und damit die Entwicklung von Leistung eingebettet in einen Hintergrund aus *Persönlichkeits- und Umwelteigenschaften*. Diese werden zusammen mit ihren Wirkungen im Modell für mathematische Begabung in Abb. 1.13 ebenso hervorgehoben und etwas deutlicher dargestellt.

Insgesamt stellen also beide Modelle vergleichbare Voraussetzungen für die Entstehung mathematischer Leistung heraus. Das Modell für mathematische Begabung ist allerdings umfassender, da es nicht nur auf die Entwicklung äußerlich sichtbarer Leistung im Sinne von „gifted behavior" fokussiert, sondern auch die vorgelagerten Prozesse der Entwicklung von Begabung und Fähigkeiten inkludiert. Gerade diese Prozesse sind aber aus pädagogisch-didaktischer Sicht im Hinblick auf die Förderung von Schülern im Mathematikunterricht bzw. in der Schule zentral: Es sind Prozesse des Lernens.

1.2.3 Triadisches Interdependenz-Modell von Mönks

Der niederländische Begabungsforscher Franz Mönks hat das Drei-Ringe-Modell von Renzulli modifiziert, indem er die soziale Umwelt des sich entwickelnden Lernenden expliziter hervorgehoben hat. Wie in Abschn. 1.2.2 erwähnt, sieht Renzulli seine drei Ringe in einen Hintergrund aus weiteren Persönlichkeits- und Umweltmerkmalen eingebettet. Hieran anknüpfend stellt Mönks mit einer entwicklungspsychologischen Perspektive die Bedeutung der sozialen Umgebung deutlicher heraus. Dabei legt er entsprechend dem Gedanken der Entwicklung von Begabung seinem Konzept einen potenzialbasierten Begabungsbegriff zugrunde:

> „Giftedness is an individual potential for exceptional or outstanding achievements in one or more domains." (Mönks und Katzko 2005, S. 191)

1.2.3.1 Beschreibung des Modells
Im Fokus steht bei Mönks die Frage, welche Faktoren die Begabungsentwicklung beeinflussen. Hierbei unterscheidet er zwei „Triaden" (d. h. Systeme aus jeweils drei verflochtenen, sich gegenseitig beeinflussenden Komponenten). Sie sind in Abb. 1.16 gemäß Mönks (1992, S. 20), Mönks und Katzko (2005, S. 191) sowie Mönks und Ypenburg (2012, S. 29) dargestellt.

Einerseits greift Mönks die drei Ringe von Renzulli mit der Triade der Persönlichkeitsmerkmale „intellektuelle Fähigkeiten", „Aufgabenzuwendung" und „Kreativi-

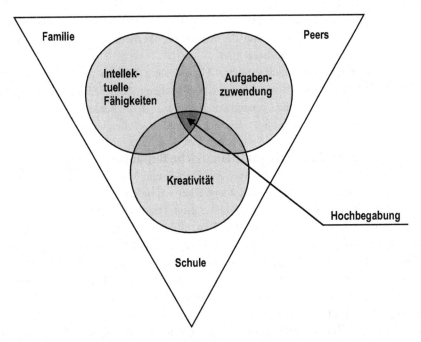

Abb. 1.16 Triadisches Interdependenz-Modell von Mönks

tät" auf. Mit dem ersten Begriff der „intellektuellen Fähigkeiten" schränkt Mönks
(1992, S. 19) den entsprechenden Renzulli'schen Ring inhaltlich ein, indem er ihn mit
Intelligenz im Sinne von IQ-Tests gleichsetzt. Die beiden anderen Begriffe werden
dagegen wie von Renzulli verwendet. Explizit betont Mönks (1992, S. 19), dass er für
den Renzulli'schen Begriff „task commitment" die deutsche Übersetzung „Aufgabenzuwendung" und nicht „Motivation" nutzt.

Andererseits hebt Mönks (1992, S. 19) die soziale Umwelt für Entwicklungsprozesse
von Kindern und Jugendlichen mit der Triade „Familie", „Peers" und „Schule" hervor
und begründet dies wie folgt:

> „Jede Begabung, sei sie durchschnittlich oder außergewöhnlich, erfordert Begleitung und
> Förderung, damit sie sich entwickeln kann. Der am dringendsten benötigte Nährboden für
> die Entwicklung einer Anlage ist die soziale Umgebung. […] Der Mensch ist seinem Wesen
> nach sozial ausgerichtet. Das bedeutet, daß er für gesunde Entwicklung auf Umgang und
> Austausch mit der sozialen Umgebung angewiesen ist. Die drei wichtigsten Sozialbereiche,
> in denen das Kind aufwächst, sind Familie, Schule und Freundeskreis. Statt Freundeskreis
> sprechen wir auch von ‚Peers' im Sinne von ‚Entwicklungsgleichen'."

Beide Triaden stehen in enger Wechselwirkung: Zum einen hat die soziale Umgebung
entscheidenden Einfluss auf die persönliche Entwicklung des Einzelnen – in fördernder
oder auch hemmender Weise. Zum anderen ist der Einzelne Bestandteil der drei Bereiche
Familie, Peers, Schule und entfaltet damit Wirkungen auf diese Gruppen seiner sozialen

Umwelt. Graphisch ist diese Interdependenz der beiden Triaden im Modell von Mönks in Abb. 1.16 dargestellt – auch wenn die konkreten Wechselwirkungen zwischen den sechs Komponenten nicht symbolisiert sind.

Mit diesem Triadischen Interdependenz-Modell stellt Mönks notwendige und hinreichende Faktoren für die Entwicklung von Begabung beim Einzelnen dar. Hochbegabung entsteht, „wenn die genannten Faktoren, d. h. beide Dreiergruppen, so ineinandergreifen, dass sich eine harmonische Entwicklung vollziehen kann." (ebd., S. 21)

1.2.3.2 Bezug zum Modell für mathematische Begabung

In Abschn. 1.2.2 wurde dargestellt, dass das Drei-Ringe-Modell von Renzulli flexibel auf Fachbereiche wie z. B. Mathematik adaptierbar ist, indem man jeden der drei Ringe jeweils fachbezogen sieht. Diese Flexibilität geht im Triadischen Interdependenz-Modell dadurch etwas verloren, dass Mönks den Renzulli'schen Ring der „überdurchschnittlichen Fähigkeiten" durch überdurchschnittliche „intellektuelle Fähigkeiten" ersetzt und dies als Intelligenz im Sinne von Intelligenztests interpretiert. Hierdurch sind fachbezogene Fähigkeiten nur noch so weit enthalten, wie sie sich im Intelligenzbegriff wiederfinden. Insbesondere in Bezug auf Mathematik ist dies eine erhebliche Einschränkung (vgl. Abschn. 1.2.1).

Abgesehen von dieser Beschränkung sind alle Komponenten des Triadischen Interdependenz-Modells im Modell für mathematische Begabung aus Abb. 1.13 enthalten. Für die beiden Ringe „Aufgabenzuwendung" und „Kreativität" wurde dies bereits in Abschn. 1.2.2 erläutert. Die Triade der sozialen Umgebung „Familie, Peers, Schule" ist Bestandteil der Konzeption von Umwelt im Modell für mathematische Begabung.

Allerdings ist das Modell für mathematische Begabung noch umfassender und differenzierter als das Modell von Mönks. Es werden Persönlichkeitsmerkmale und -zustände sowie Umweltmerkmale auf breiterer Basis erfasst, es wird deutlicher zwischen Begabung, Fähigkeiten und Leistung unterschieden und es werden Wechselwirkungen in diesem komplexen Gefüge modelliert.

Den Begabungsbegriff definiert Mönks, wie oben zitiert, als Potenzial für außergewöhnliche Leistungen in einem oder mehreren Bereichen. Diese Sichtweise von Begabung als Potenzial deckt sich in gewisser Weise mit der Definition von mathematischer Begabung in Abschn. 1.1.3. Allerdings wird in der Definition von Mönks nicht deutlich gemacht, ob Begabung als Bündel von bestehenden Fähigkeiten aufgefasst wird, die in einer entsprechenden Situation in Leistungen umgesetzt werden können, oder ob Begabung als Potenzial zur Entwicklung dieser Fähigkeiten gesehen wird. In Bezug auf diesen Aspekt ist das Modell für mathematische Begabung in Abb. 1.13 mit der Unterscheidung von Begabung, Fähigkeiten und Leistung etwas differenzierter. Im Hinblick auf Mathematikunterricht und Schule ist aber gerade die Differenzierung von Begabung und Fähigkeiten sinnvoll, da dadurch Prozesse des Lernens – also der Entfaltung von Begabung und der Entwicklung von Fähigkeiten – ins Blickfeld rücken. Solche Lernprozesse anzuregen und zu unterstützen ist eine zentrale Aufgabe des Bildungssystems.

1.2.4   Münchner Hochbegabungsmodell von Heller

Das wohl bekannteste Begabungsmodell aus dem deutschsprachigen Raum ist das Münchner Hochbegabungsmodell des Psychologen Kurt Heller und seiner Arbeitsgruppe. Im Folgenden wird zunächst der zugrunde liegende Begabungsbegriff beleuchtet und dann eine graphische Darstellung des Modells diskutiert.

Heller (2013, S. 52) konzeptualisiert Begabung „as a multi-factorized ability construct within a network of non-cognitive (motivations, control expectations, self-concepts, etc.) and social moderators as well as performance-related (criterion) variables".

In ähnlicher Weise wird dies von Heller et al. (2002, S. 53) ausgedrückt, die Hochbegabung zum einen definieren „als mehrdimensionales Fähigkeitskonstrukt in einem Netz von individuellen Begabungsfaktoren, nichtkognitiven (vor allem motivationalen) und sozialen Moderatorvariablen sowie einzelnen Leistungsbezugsvariablen". Zum anderen beschreiben sie Hochbegabung „als individuelles Fähigkeitspotential für außergewöhnliche (exzellente) Leistungen in einem bestimmten Bereich [...] oder in mehreren Bereichen" (ebd., S. 53).

1.2.4.1 Beschreibung des Modells

Charakteristisch und strukturbildend für das Münchner Hochbegabungsmodell ist die Unterscheidung von drei Arten von Variablen (vgl. Abb. 1.17 und Heller et al. 2002, S. 55 f.):

- *Kriterien* sind Leistungsvariablen, die beispielsweise bei einem Schüler vorhergesagt oder erklärt werden sollen. Dabei wird Leistung in Leistungsbereiche (z. B. Mathematik, Naturwissenschaften, Technik, Informatik, Schach, Kunst, Sprachen, Sport und soziale Beziehungen) kategorisiert.
- *Prädiktoren* sind kognitive Fähigkeitsvariablen bzw. Begabungsfaktoren (intellektuelle Fähigkeiten, kreative Fähigkeiten, soziale Kompetenz, praktische Intelligenz, künstlerische Fähigkeiten, Musikalität, psychomotorische Fähigkeiten), die in einem kausalen oder zumindest korrelativen Zusammenhang zu Leistungsvariablen stehen. Sie stellen damit kognitive Voraussetzungen für Leistungsentwicklung dar.
- *Moderatoren* können den Zusammenhang zwischen Prädiktoren und Kriterien systematisch beeinflussen, also die Leistungsentwicklung steigern oder hemmen. Unterscheiden lassen sich dabei nichtkognitive Merkmale der jeweiligen Person (Stressbewältigung, Leistungsmotivation, Lernstrategien etc.) und Merkmale der sozialen Umwelt (Anregungsgehalt der häuslichen Lernumwelt, Unterrichtsqualität, Klassenklima etc.).

Das Münchner Hochbegabungsmodell in Abb. 1.17 (z. B. nach Heller 2004, S. 304; 2013, S. 52; Heller et al. 2002, S. 54; 2005, S. 149; Heller und Perleth 2007, S. 143) geht also davon aus, dass die Begabungsfaktoren (Prädiktoren) als unabhängige Variablen einen Effekt auf hiervon abhängige Leistungsvariablen (Kriterien) ausüben. Die Größe dieses Effekts wird durch nichtkognitive Persönlichkeitsmerkmale und Umweltmerkmale

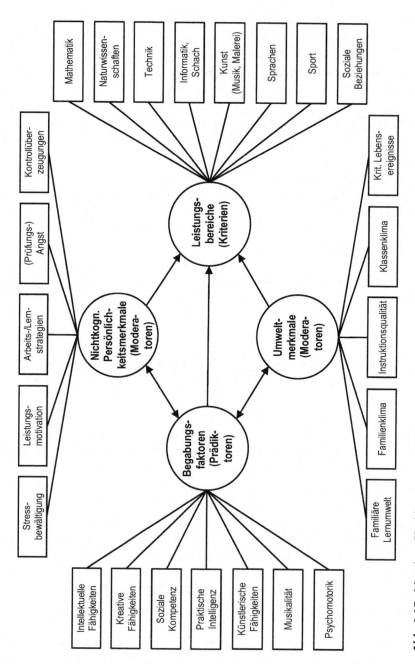

Abb. 1.17 Münchner Hochbegabungsmodell

(Moderatoren) beeinflusst. „The moderators influence the transition of individual potentials (predictors) into performance (criterion) in various domains. For diagnostic purposes the moderators often play an indispensable role for explaining the relationship between predictors and criteria, e.g. the causal analysis of underachievement" (Heller und Perleth 2008, S. 175).

Das Münchner Hochbegabungsmodell postuliert mit den Begabungsfaktoren verschiedene Bereiche der Begabung (intellektuelle, kreative, soziale, praktische etc.). Die Begabungs*entwicklung* wird als Interaktion von Begabungsfaktoren, nichtkognitiven Persönlichkeitsmerkmalen und Umweltmerkmalen aufgefasst. Die jeweils aktuelle Begabungs*ausprägung* ist das Ergebnis dieser Interaktion (vgl. Heller und Perleth 2007, S. 143). Dabei wird die in Abb. 1.17 dargestellte Sammlung von Begabungsfaktoren, Moderatoren und Leistungsbereichen nicht als abschließend, sondern als erweiterbar gesehen.

Eine Anwendung findet das Münchner Hochbegabungsmodell in der „Münchner Hochbegabungstestbatterie" (MHBT). Sie wurde auf Grundlage dieses Modells von der Arbeitsgruppe um Heller entwickelt. Dabei handelt es sich um eine Sammlung von Tests und Fragebogen, mit denen sowohl verschiedene Begabungsfaktoren (Prädiktoren) als auch nichtkognitive Persönlichkeitsmerkmale und Umweltmerkmale (Moderatoren) aus dem Modell quantitativ erfasst werden können. Hieraus lässt sich gemäß dem Modell ein differenziertes Begabungsprofil erstellen. Diese Testbatterie enthält allerdings keine Werkzeuge zur Messung von Leistungen in den obigen Leistungsbereichen. Hierfür verweisen Heller und Perleth (2008, S. 177) auf die im jeweiligen Leistungsbereich etablierten Formen der Leistungsmessung (z. B. Schulnoten) und stellen entsprechend der Konzeption des Münchner Hochbegabungsmodells fest: „Such scales are not included in the MHBT. In the diagnosis-prognosis paradigm, the criterion is to be predicted".

1.2.4.2 Bezug zum Modell für mathematische Begabung

Das Münchner Hochbegabungsmodell und das Modell für mathematische Begabung gemäß Abb. 1.13 besitzen wesentliche strukturelle Gemeinsamkeiten. Sie heben jeweils hervor, dass individuelle Leistungen auf der Basis persönlicher Fähigkeiten bzw. Begabungen erbracht werden können und dass die hierfür nötigen Entwicklungsprozesse maßgeblich von allgemeinen Persönlichkeitsmerkmalen und der Umwelt beeinflusst werden. Beide Modelle stellen dabei das komplexe Geflecht von Wirkungsbeziehungen in strukturell ähnlicher Weise dar. Jeweils wird deutlich, dass besondere Begabungen nicht automatisch zu besonderen Leistungen führen, sondern dass dabei die Merkmale der eigenen Person und der Umwelt in vielfältiger Weise fördernd, aber auch hemmend wirken können. Wenn man dies auf Schule bezieht, besitzen beide Modelle damit hohe pädagogische Relevanz. Sie helfen, Phänomene der Entwicklung begabter Schüler zu verstehen sowie Maßnahmen zur Diagnostik und Förderung reflektiert zu konzipieren und durchzuführen.

Ein wesentlicher Unterschied liegt allerdings in der Differenzierung von Begabung und Fähigkeiten im Modell für mathematische Begabung. Hier wird mathematische

Begabung als Potenzial zur Entwicklung mathematischer Fähigkeiten gesehen (Abschn. 1.1.3). Diese Unterscheidung von Begabung und Fähigkeiten erscheint aus fachdidaktischer und pädagogischer Sicht sinnvoll, da die Prozesse der Entwicklung von Fähigkeiten auf der Basis von Begabung Lernprozesse sind. Sie stehen im Zentrum des Unterrichts und sollen durch die Schule möglichst optimal unterstützt werden.

Hingegen wird von Heller – wie oben zitiert – Begabung als „Fähigkeitskonstrukt" bzw. „ability construct" definiert. Die Begabungsfaktoren sind „kognitive Fähigkeits-variablen", die in quantitativen Tests – wie etwa aus der „Münchner Hochbegabungstest-batterie" – gemessen werden können. Aus dieser psychometrischen Perspektive steht der Begriff der Begabung im Münchner Modell für ein Konstrukt aus messbaren und damit entwickelten Fähigkeiten und weniger für ein Potenzial zur Entwicklung dieser Fähig-keiten. Der Begriff der „Fähigkeitspotenzials" drückt hierbei aus, dass Begabungen als Fähigkeiten ein Potenzial für das Erbringen von Leistungen in den Leistungsbereichen in Abb. 1.17 darstellen.

1.2.5 Münchner dynamisches Begabungs-Leistungs-Modell von Perleth

Der Psychologe Christoph Perleth hat das Münchner Hochbegabungsmodell (Abschn. 1.2.4) aufgegriffen und um Entwicklungsprozesse im Lauf der Lebensspanne mit dem „Münchner dynamischen Begabungs-Leistungs-Modell" („Munich Dynamic Ability-Achievement Model" [MDAAM]) erweitert. Gleichzeitig schlägt er damit eine Brücke zwischen Begabungsforschung und Expertiseforschung, indem er sowohl die Entwicklung von Begabung als auch den Aufbau von Wissen bzw. von Expertise in Spezialgebieten integriert.

1.2.5.1 Beschreibung des Modells

Das Modell ist in Abb. 1.18 dargestellt und lässt sich nach Perleth (2001, S. 367 ff.), Heller et al. (2005, S. 152), Perleth (2007, S. 169 ff.) sowie Heller und Perleth (2007, S. 144 ff.) wie folgt beschreiben:

Weitgehend angeborene, persönliche Merkmale der Informationsverarbeitung stellen den Ausgangspunkt dar, sie sind in Abb. 1.18 links skizziert. Dazu gehören Aspekte wie Aufmerksamkeit, Habituation (d. h. Gewöhnung an wiederholte Reize), Gedächtnis-effizienz, Informationsverarbeitungsgeschwindigkeit, Aktivationsniveau, visuelle Wahr-nehmung und Motorik. Diese individuellen Charakteristika bilden die Grundlage, setzen aber auch Grenzen für den Aufbau von Begabungen, Wissen und Expertise. „[They] can all be seen as innate dispositions or prerequisites of learning and achievement. Indeed, these characteristics represent the basic cognitive equipment of an individual" (Heller et al. 2005, S. 152).

Die darauf aufbauenden Lern- und Entwicklungsprozesse im Lauf des Lebens sind in Abb. 1.18 durch Dreiecke symbolisiert und zeitlich in vier Phasen gegliedert:

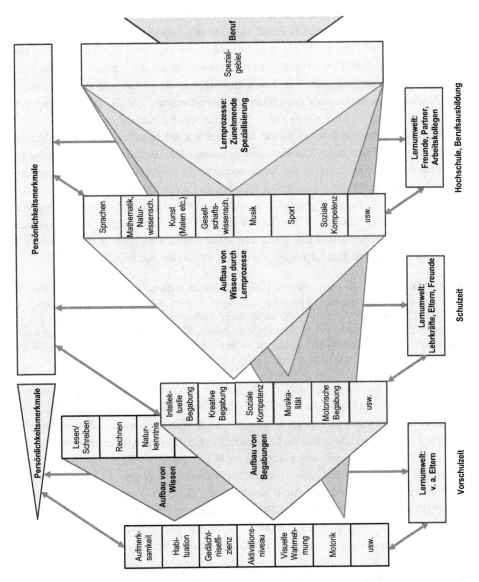

Abb. 1.18   Münchner dynamisches Begabungs-Leistungs-Modell

In der Kleinkind- und Vorschulzeit entwickeln sich durch Reifung und weitgehend informelles Lernen anhand der Aktivitäten eines Kindes Begabungen im Sinne
der Begabungsfaktoren aus dem Münchner Hochbegabungsmodell (Abschn. 1.2.4).
Dabei handelt es sich gemäß dem Münchner Hochbegabungsmodell um fachunspezi-
fische, kognitive Fähigkeiten (intellektuelle Fähigkeiten, kreative Fähigkeiten, soziale
Kompetenz, Musikalität, motorische Fähigkeiten etc.). In diesem Zeitraum erwerben die

Kinder neben diesen Fähigkeiten auch elementares Wissen – z. B. über die Welt, über Zahlen oder Schriftsprache. Zudem entwickeln sie allgemeine Persönlichkeitsmerkmale, die insbesondere wiederum für die Begabungsentwicklung von Bedeutung sind. Die für viele Kinder in dieser Phase maßgebliche Lernumwelt ist die Familie – ggf. ergänzt durch Betreuungseinrichtungen wie Kindertagesstätten etc. Diese Umwelt hat erheblichen Einfluss und damit auch entsprechende Verantwortung für die Entwicklung von Begabungen, Wissen und der allgemeinen Persönlichkeit der Kinder.

Während der Schulzeit gewinnt gemäß dem dynamischen Begabungs-Leistungs-Modell der Aufbau von Wissen durch Lernprozesse zunehmend an Bedeutung. Die Begabungsentwicklung ist zwar in dieser Phase der Schulzeit nicht abgeschlossen, Begabungen entwickeln sich im komplexen Geflecht der vielfältigen Einflussfaktoren weiter (auch wenn dies in Abb. 1.18 so nicht dargestellt ist), allerdings tritt der zielgerichtete Aufbau von Wissen in den verschiedenen Unterrichtsfächern in den Vordergrund. Fachbezogenes Wissen entsteht durch Lernen auf Basis von Begabungen und unter dem Einfluss von Persönlichkeitsmerkmalen und der Lernumwelt – insbesondere der Schule.

„Dieses Wissen stellt die entscheidende Grundlage für die weitere (Leistungs-)Entwicklung dar. Begabung ist zum einen notwendig, um dieses Wissen aufzubauen: Begabte Kinder lernen auf ihrem Gebiet schneller und nachhaltiger. Andererseits stellen erst ein breites, gut organisiertes Wissen sowie gut entwickelte Fertigkeiten die Basis dar, auf der Begabungen fruchtbar werden können. Gute Leistungen als Erwachsene setzen zum einen Begabungen, zum anderen erworbenes Wissen voraus." (Heller und Perleth 2007, S. 146)

Die substanzielle Weiterentwicklung des Münchner dynamischen Begabungs-Leistungs-Modells gegenüber dem Münchner Hochbegabungsmodell aus Abschn. 1.2.4 besteht also darin, dass den Prozessen des aktiven, zielgerichteten Wissenserwerbs und dem dadurch erworbenen Wissen eine Schlüsselrolle für (exzellente) Leistungen zugewiesen werden.

Dieser Grundgedanke gilt entsprechend auch für die dritte Phase im Modell: die zunehmende Spezialisierung durch vertieftes Lernen in einem Hochschulstudium oder in einer Berufsausbildung. Auch hier betonen Heller und Perleth (2007, S. 146) die Bedeutung von Begabungen und Wissen. Berufliche Spezialisierung ist ein Lernprozess, der umso erfolgreicher verläuft, je besser die individuellen Begabungen zu den Anforderungen im jeweiligen Berufsfeld passen und je solider die zugrunde liegende Wissensbasis gestaltet ist. Bei manchen Professionen beginnt die notwendige Spezialisierung bereits in der Schul- oder gar Vorschulzeit (z. B. bei Berufsmusikern oder Sportlern). Dies ist in Abb. 1.18 durch entsprechend langgezogene Dreiecke symbolisiert.

Als vierte Phase im dynamischen Begabungs-Leistungs-Modell wird schließlich das berufsbegleitende Lernen zur Entwicklung zunehmender, beruflicher Expertise gesehen. Dies erfolgt analog zur dritten Phase, nur mit einem noch höheren Spezialisierungsgrad. In Abb. 1.18 ist dies angesichts der Vielfalt an Berufsfeldern nur angedeutet.

Wie im Münchner Hochbegabungsmodell werden Persönlichkeitsmerkmale und die Lernumwelt als moderierende Einflussgrößen auf die lebenslangen Prozesse zur Entwicklung von Wissen und Expertise gesehen. Die relevanten Persönlichkeitsmerkmale entwickeln sich dabei vor allem in der Vor- und Grundschulzeit. Bei den Umweltfaktoren spezifiziert das Modell die verschiedenen Einflussgrößen je nach Entwicklungsphase. Sind im Vorschulalter die Eltern im Allgemeinen die zentralen Bezugspersonen, so treten in der Schulzeit Lehrkräfte und Freunde hinzu. Im Erwachsenenalter wird die engere soziale Lernumwelt etwa durch Partner, Arbeitskollegen und Freunde bestimmt.

1.2.5.2 Bezug zum Modell für mathematische Begabung

Das Münchner dynamische Begabungs-Leistungs-Modell und das Modell für mathematische Begabung aus Abschn. 1.1 weisen vielfältige strukturelle Übereinstimmungen auf.

- Sie sehen jeweils die Entwicklung von Begabungen und Wissen bzw. Fähigkeiten auf der Grundlage angeborener, genetisch bedingter Eigenschaften einer Person und unter dem Einfluss eines komplexen Wirkungsgeflechts aus allgemeinen Persönlichkeits- merkmalen und der Umwelt.
- Die zentralen Prozesse des Aufbaus von Begabungen und Wissen bzw. Fähigkeiten werden jeweils als individuelle Lernprozesse konzipiert. Als Folge lässt sich daraus die pädagogisch-didaktische Forderung ableiten, die schulische und außerschulische Förderung von Kindern und Jugendlichen so zu gestalten, dass ihre Begabungen und ihr Wissen bzw. ihre Fähigkeiten bestmöglich entwickelt werden.
- Die Ergebnisse des Lernens werden in beiden Modellen jeweils fachbezogen betrachtet. Perleth sieht fachbezogenes Wissen in den verschiedenen Schulfächern bzw. Leistungsbereichen als Resultat bzw. Ziel schulischen Lernens. Im Modell für mathematische Begabung ist dies für das Fach Mathematik spezifiziert und mit dem Begriff der mathematischen Fähigkeiten charakterisiert.
- Die zeitliche Dynamik von Begabungen und Wissen bzw. Fähigkeiten ist in beiden Modellen explizit ausgedrückt. Begabungen, Wissen und Fähigkeiten verändern sich im Lauf des Lebens durch Lern- und Entwicklungsprozesse. Im Münchner dynamischen Begabungs-Leistungs-Modell ist dieser zeitliche Verlauf über die Lebensspanne hinweg von links nach rechts dargestellt. Im Modell für mathematische Begabung in Abb. 1.13 wird dies durch die Zeitachse „nach vorne" symbolisiert.

Ein Unterschied zwischen beiden Modellen besteht beim Begabungsbegriff. Das Münchner dynamische Begabungs-Leistungs-Modell übernimmt den Begabungsbegriff des Münchner Hochbegabungsmodells (vgl. Abschn. 1.2.4). Begabung wird als mess- bares „Fähigkeitskonstrukt" konzipiert, die Fähigkeiten sind dabei fachunspezifisch (intellektuell, kreativ, sozial etc.). Hingegen differenziert das Modell für mathematische Begabung in Abb. 1.13 zwischen mathematischer Begabung und mathematischen Fähig- keiten. Mathematische Begabung wird als Potenzial zur Entwicklung von Fähigkeiten gesehen (vgl. Abschn. 1.1.3). Insbesondere im Hinblick auf fachliche Lernprozesse in der Schule ist diese Begriffsbildung sinnvoll, da damit die Aufgabe des Mathematik- unterrichts zur fachbezogenen Entwicklung von mathematischer Begabung und mathematischen Fähigkeiten differenziert hervorgehoben werden kann.

1.2.6 „Differentiated Model of Giftedness and Talent" und „Comprehensive Model of Talent Development" von Gagné

Der kanadische Psychologe und Begabungsforscher Françoys Gagné schuf ein Modell, in dessen Zentrum die Unterscheidung zwischen Begabungen und Talenten steht und in dem die Entwicklung von Begabungen und Talenten in einem komplexen Wirkungs-geflecht perspektivenreich betrachtet wird.

1.2.6.1 Differentiated Model of Giftedness and Talent (DMGT)

Gagné hat sein „Differentiated Model of Giftedness and Talent" (DMGT) über mehrere Jahrzehnte hinweg entwickelt und dementsprechend verschiedene Fassungen dieses Modells publiziert (vgl. z. B. Gagné 1993, 2004, 2009, 2010, 2011, 2012, 2014, 2015). Im Folgenden wird die neuere Fassung „DMGT 2.0" aus den genannten Publikationen seit 2010 vorgestellt; Abb. 1.19 zeigt eine graphische Darstellung.

Unterscheidung zwischen Begabungen und Talenten
Wir betrachten zunächst Definitionen der beiden in der Theorie von Gagné zentralen Begriffe „giftedness" und „talent" und werden diese anschließend weiter analysieren.

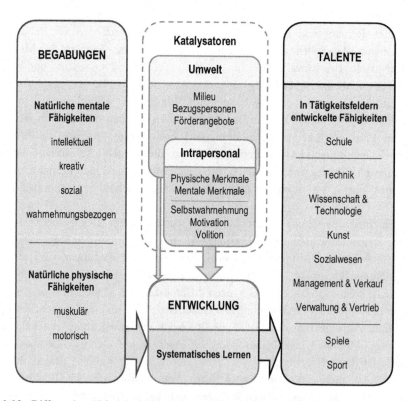

Abb. 1.19 Differentiated Model of Giftedness and Talent (DMGT) von Gagné

„*Giftedness* designates the possession and use of untrained and spontaneously expressed outstanding natural abilities or aptitudes (called gifts), in at least one ability domain, to a degree that places an individual at least among the top 10% of age peers.

Talent designates the outstanding mastery of systematically developed competencies (knowledge and skills) in at least one field of human activity to a degree that places an individual at least among the top 10% of 'learning peers' (those having accumulated a similar amount of learning time from either current or past training)." (Gagné 2015, S. 15)

Für die Begriffsbildung von *Begabung* („giftedness") unterscheidet Gagné (2010, S. 83; 2012, S. 2; 2015, S. 18 f.) sechs Fähigkeitsbereiche („natural ability domains") – vier mentale und zwei physische:

- *Intellektuelle Fähigkeiten* umfassen allgemeine Intelligenz („general intelligence, g factor"), sprachliche Fähigkeiten, numerische Fähigkeiten, räumliches Denken, logisches Denken und Gedächtnisfähigkeit.
- *Kreative Fähigkeiten* betreffen etwa Einfallsreichtum, Fantasie und Originalität z. B. beim Lösen von Problemen oder bei künstlerischem oder literarischem Schaffen.
- *Soziale Fähigkeiten* schließen Sensibilität und Bereitschaft für soziale Interaktion, Taktgefühl, aber auch Überzeugungskraft und Eloquenz ein.
- *Wahrnehmungsbezogene Fähigkeiten* beziehen sich auf die Sinne (sehen, hören, schmecken, riechen, tasten) und schließen Raumwahrnehmung ein.
- *Muskuläre Fähigkeiten* wie Muskelkraft, Schnelligkeit und Ausdauer sind Voraussetzungen für hohe physische Leistungsfähigkeit.
- *Motorische Fähigkeiten* betreffen die (fein-)motorische Kontrolle und Steuerung von Bewegung, also etwa die Geschwindigkeit von Reflexen, Beweglichkeit, Koordination und den Gleichgewichtssinn.

In jedem dieser Fähigkeitsbereiche besitzt jeder Mensch zu einem gewissen Grad entwickelte „natürliche Fähigkeiten" („natural abilities"). Sie entwickeln sich über die gesamte Lebensspanne hinweg – insbesondere im Kindes- und Jugendalter durch Reifung und informelles Lernen.

In Bezug auf die Frage, wie sich bei einem Individuum der Grad der entwickelten natürlichen Fähigkeiten in den verschiedenen Fähigkeitsbereichen messen lässt, verweist Gagné (2004, S. 123) einerseits auf Tests wie etwa Intelligenztests für intellektuelle Fähigkeiten, Kreativitätstests für kreative Fähigkeiten und sportliche Test für physische Fähigkeiten. Andererseits hebt er auch die Rolle von „trained observations of teachers" (Gagné 2014, S. 2) hervor.

Mit diesen Konzepten kann Gagné quantitativ definieren, was er unter einem „begabten Individuum" versteht: eine Person, die in mindestens einem der sechs Fähigkeitsbereiche natürliche Fähigkeiten so weit entwickelt hat, dass sie zu den besten 10 % ihrer Altersgruppe gehört. Diese außergewöhnlichen natürlichen Fähigkeiten werden dann als Begabungen bezeichnet.

Vom Begabungsbegriff grenzt Gagné dezidiert den Begriff des *Talents* ab und gibt ihm eine sehr spezifische – durchaus auch ungewöhnlich erscheinende – Bedeutung: Er betrachtet Felder menschlicher Tätigkeiten („fields of human activity"), für die Fähigkeiten erforderlich sind, die nur systematisch und langfristig erworben werden können. Im Kindes- und Jugendalter sind hier etwa die verschiedenen Schulfächer (Sprachen, Mathematik, Naturwissenschaften etc.) relevant. Im Erwachsenenalter treten Berufe in den unterschiedlichsten Bereichen (Technik, Sozialwesen, Management & Verkauf etc.) an diese Stelle. In das Konzept sind aber auch Tätigkeitsfelder für Freizeitbeschäftigungen integriert – wie beispielsweise Spiele (Schach, Videogames etc.), Sport, Kochen, Gartenarbeit oder Musizieren (Gagné 2004, S. 124). Charakteristisch für derartige Tätigkeitsfelder ist jeweils, dass für den Erwerb der nötigen Fähigkeiten langfristige Lern- und Entwicklungsprozesse nötig sind. Dadurch können sich zwischen verschiedenen Personen erhebliche Unterschiede bei den in einem Tätigkeitsfeld entwickelten Fähigkeiten ergeben.

Nach Gagné (2004, S. 124) werden erreichte Fähigkeiten mit für das jeweilige Tätigkeitsfeld charakteristischen Methoden gemessen. In der Schule erfolgt dies anhand der verschiedenen Formen von Leistungserhebungen. Auch im Studium und Ausbildungsbereich werden Prüfungen durchgeführt und Noten erteilt. Im Berufsleben werden Beurteilungen verfasst, Auszeichnungen vergeben, Arbeitszeugnisse erstellt; Produkte oder Dienstleistungen werden von Kunden bewertet. Im Hobbybereich gibt es Wettbewerbe und Leistungsschauen. Im Sport werden Leistungen nach expliziten Kriterien gemessen und ausgezeichnet.

Mit dieser Konzeption definiert Gagné quantitativ, was er unter einem „talentierten Individuum" versteht: eine Person, die in mindestens einem Tätigkeitsbereich Fähigkeiten besitzt, sodass sie zu den besten 10 % der Personen gehört, die sich diesem Tätigkeitsbereich in zeitlich vergleichbarem Umfang mit Lernen zugewendet haben („learning peers"). Die zugehörigen außergewöhnlichen Fähigkeiten dieser Person werden als Talent bezeichnet.

Entwicklung von Talenten und zugehörige Katalysatoren

Der zentrale Prozess im „Differentiated Model of Giftedness and Talent" ist die Entwicklung von Talenten. Er stellt die Beziehung zwischen Begabungen und Talenten her (vgl. Abb. 1.19). Dies verleiht diesem Modell insbesondere auch pädagogische und didaktische Bedeutung.

> „The talent development process consists in transforming specific natural abilities into the skills that define competence or expertise in a given occupational field." (Gagné 2004, S. 125)

Talententwicklung bedeutet also, natürliche Fähigkeiten im oben beschriebenen Sinne („natural abilities") in einem Tätigkeitsfeld („field of human activity") anzuwenden und dadurch für dieses Tätigkeitsfeld spezifische Fähigkeiten zu erwerben. Beispielsweise bedeutet Talententwicklung im Fach Mathematik, sich auf Basis von Begabungen mit Mathematik zu beschäftigen und dadurch mathematische Fähigkeiten zu entwickeln.

„The process of talent development manifests itself when the child or adolescent engages in systematic *learning and practicing;* the higher the level of talent sought, the more intensive this process will be." (Gagné 2009, S. 158)

Gagné (2010, S. 84) betont, dass für die Entwicklung von Talenten im Sinne weit überdurchschnittlicher Fähigkeiten systematisches und langfristiges Lernen in strukturierten Programmen nötig ist. Dies ist insbesondere für die Konzeption von Förderprogrammen für Schüler von Relevanz.

Maßgeblichen Einfluss auf die Talententwicklung besitzen nach Gagné sog. Katalysatoren („catalysts"), die die Entwicklung fördern oder hemmen können. Sie entsprechen den „Moderatoren" im Münchner Hochbegabungsmodell (Heller 2004, S. 306). Gagné (2010, S. 85 ff.; 2012, S. 4; 2015, S. 21 ff.) unterscheidet dabei analog zu Heller zwei Arten von Katalysatoren:

Intrapersonale Katalysatoren sind Einflussfaktoren, die in der Person des Lernenden begründet sind. Gagné differenziert diese weiter in relativ stabile Personenmerkmale („traits") und spezifische Fähigkeiten, um Ziele zu erreichen („goal management"). Die Personenmerkmale gliedern sich in

- *physische Merkmale* (körperliche Erscheinung, Gesundheit, Behinderungen etc.) und
- *mentale Merkmale* (Temperament, Persönlichkeit, psychische Widerstandsfähigkeit etc.).

Mit dem Begriff des „goal managements" fasst Gagné die Fähigkeiten zusammen, geeignete Ziele einer Talententwicklung zu finden, solche Ziele für sich selbst zu setzen und die erforderlichen Lern- und Entwicklungsprozesse zu gestalten und aufrechtzuerhalten. Er drückt diese mit drei Begriffen aus:

- *Selbstwahrnehmung* (Bewusstsein über eigene Stärken und Schwächen, Wahrnehmung eigener Entwicklungen als eine Grundlage, um eigene Aktivitäten zur Talententwicklung zu planen und zu gestalten),
- *Motivation* (individueller Prozess des Setzens von (Handlungs-)Zielen, um persönliche Talente zu entwickeln) und
- *Volition* (Willenskraft, um beabsichtigte Prozesse zur Talententwicklung auch tatsächlich umzusetzen und gesetzte Ziele zu erreichen – ggf. mit Überwindung von Schwierigkeiten).

Neben diesen intrapersonalen Katalysatoren übt die *Umwelt* Einfluss auf jegliche Talententwicklung aus. Gagné differenziert dabei die drei Komponenten:

- *Milieu* (Gesellschaft, geographische, politische, soziale, kulturelle und sozioökonomische Umgebung, Familiensituation etc.),
- *Bezugspersonen* (Eltern, Geschwister, Lehrkräfte, Trainer, Freunde, Vorbilder etc.) und
- *Förderangebote* (Zugang zu Angeboten zur Talentförderung wie z. B. schulisches Enrichment, Musikunterricht, Sportgruppen).

In der neueren Darstellung „DMGT 2.0" des „Differentiated Model of Giftedness and Talent" wird der Katalysatorbereich Umwelt wie in Abb. 1.19 hinter den intrapersonalen Katalysatoren skizziert. Gagné (2010, S. 85; 2012, S. 4) begründet dies dadurch, dass die Einflüsse der Umwelt auf die Talententwicklung zum größten Teil durch intrapersonale Katalysatoren gefiltert werden. In Abb. 1.19 ist dies durch Pfeile ausgedrückt: Nur ein vergleichsweise dünner Pfeil weist direkt von der Umwelt zur Talententwicklung. Der Hauptteil der Anregungen aus der Umwelt entfaltet nur dann Wirkung auf die Talententwicklung, wenn er mit den Interessen, Bedürfnissen und Zielen des Individuums kompatibel ist. Anders ausgedrückt: Das Individuum entscheidet maßgeblich, inwieweit es Lernangebote aus seiner Umwelt für die Entwicklung von Talenten annimmt und nutzt.

Rolle des Zufalls bei Entwicklungen

In älteren Abbildungen des „Differentiated Model of Giftedness and Talent" hat Gagné neben intrapersonalen Katalysatoren und der Umwelt den Faktor „Zufall" als weiteren Einflussfaktor herausgestellt (z. B. Gagné 2004, S. 121; 2009, S. 157). Der Zufall beeinflusst die genetische Ausstattung eines Menschen und die Umwelt, in der er aufwächst und lebt. Welche Begabungen und welche Persönlichkeitseigenschaften ein Mensch besitzt, ist damit auch vom Zufall abhängig. Welche Lern- und Entwicklungsmöglichkeiten ein Mensch in seiner Familie, in der Schule und seiner weiteren Umgebung vorfindet, wird teils vom Zufall beeinflusst.

Allerdings ist „Zufall" kein kausaler oder moderierender Einflussfaktor auf die Entwicklung von Talenten im Sinne der anderen Komponenten des Modells in Abb. 1.19. Vielmehr wird damit nur ausgedrückt, dass das Individuum die drei Einflussfaktoren auf die Talententwicklung (Begabungen, intrapersonale Katalysatoren, Umwelt) nur zum Teil selbst beeinflussen kann. Deshalb plädiert Gagné (2010, S. 86; 2012, S. 5) dafür, den Zufall nicht im Modell aufzunehmen bzw. ihn allenfalls in den Hintergrund zu stellen.

1.2.6.2 Comprehensive Model of Talent Development (CMTD)

Gagné (2014, 2015) erweitert das „Differentiated Model of Giftedness and Talent" (DMGT) zum „Comprehensive Model of Talent Development" (CMTD), indem er den Bereich der Begabungen – neben dem Bereich der Talente – auch als Ergebnis von Entwicklungsprozessen darstellt. Er betont dazu:

> „gifts are not innate, they develop during the course of childhood, and sometimes continue to do so during adulthood." (Gagné 2015, S. 27)

Abb. 1.20 zeigt eine graphische Darstellung des „Comprehensive Model of Talent Development".

Auf Basis der genetischen Ausstattung eines Menschen entwickeln sich physiologische Eigenschaften und die anatomische Erscheinung. Dies bildet die biologische Basis für die Entwicklung von natürlichen Fähigkeiten und Begabungen. Diese Entwicklung erfolgt einerseits durch Reifung, andererseits durch informelles Lernen. Hierin unterscheiden sich die Begabungs- und die Talententwicklung substanziell: Während

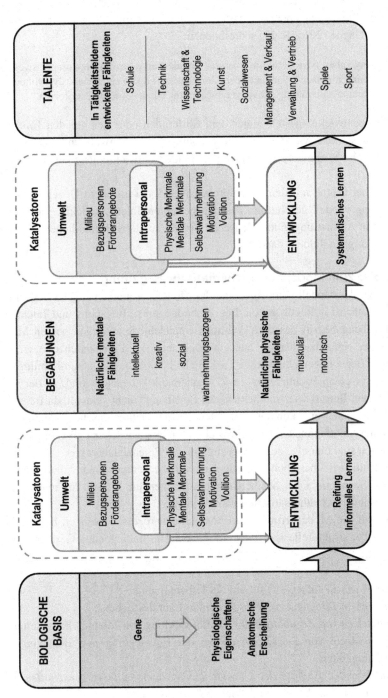

Abb. 1.20 Comprehensive Model of Talent Development (CMTD) von Gagné

Erstere genetisch bedingt ist und zugehörige Lernprozesse eher informell (also außerhalb strukturierter Bildungsangebote) ablaufen, bedarf Letztere systematischer, formeller Lernprozesse. Gagné (2015, S. 29) schreibt dazu:

> „Just like any other type of ability, natural abilities need to develop progressively, in large part during a person's younger years; but they will do so spontaneously, without the structured learning and training activities typical of the talent development process."

Die Begabungsentwicklung steht unter dem fördernden oder hemmenden Einfluss der gleichen Katalysatoren wie die Talententwicklung – der Umwelt und intrapersonaler Katalysatoren. Die Wirkmechanismen sind bei beiden Entwicklungsprozessen vergleichbar (ebd., S. 32).

Insgesamt hat Gagné mit dem „Comprehensive Model of Talent Development" eine Theorie und ein Modell geschaffen, das den gesamten Talententwicklungsprozess von der genetischen Ausstattung eines Menschen bis hin zu außergewöhnlicher Expertise in spezifischen Tätigkeitsfeldern darstellt.

1.2.6.3 Bezug zum Modell für mathematische Begabung

Vergleichen wir das Modell von Gagné und das Modell für mathematische Begabung aus Abschn. 1.1 zunächst in Bezug auf die Begriffsbildungen zu Begabung und Talent.

Beim Begabungsbegriff bestehen deutliche Unterschiede zwischen beiden Modellen hinsichtlich der Spezifizierbarkeit auf ein Fach und des Potenzialcharakters. Gagné bezeichnet als Begabungen entwickelte „natürliche Fähigkeiten" („natural abilities"), die gerade nicht auf einen Fachbereich – wie Mathematik – bezogen sind. In der Theorie von Gagné ist ein Begriff wie „mathematische Begabung" nicht sinnvoll, da Begabungen nicht fachspezifisch sein können. Im Modell für mathematische Begabung wird Begabung hingegen als Potenzial zur Entwicklung mathematischer Fähigkeiten gesehen. Charakteristisch sind hier also der Fachbezug und der Potenzialcharakter.

Beim Talentbegriff bestehen derartige inhaltliche Unterschiede allerdings nicht: Talente nach Gagné im Fach Mathematik entsprechen im Modell für mathematische Begabung besonderen mathematischen Fähigkeiten.

In Bezug auf die Modellierung von Entwicklungsprozessen besitzen beide Modelle sehr wesentliche, strukturelle Übereinstimmungen. Die tiefliegenden Gemeinsamkeiten betreffen

- die *Dynamik von Begabungen* im Lauf der Lebensspanne,
- die *Dynamik von Talenten bzw. Fähigkeiten* im Lauf des Lebens,
- das *Voraussetzen von Begabungen* für die Entwicklung von Talenten/Fähigkeiten,
- die zentrale Rolle von *Lernprozessen* bei der Entwicklung von Begabungen und Talenten/Fähigkeiten,
- den *moderierenden Einfluss der Umwelt und intrapersonaler Eigenschaften* auf die Entwicklung von Begabungen und Talenten/Fähigkeiten,
- die *Wirkung der Gene* auf die Entwicklung von Begabungen.

Wenn man im „Comprehensive Model of Talent Development" in Abb. 1.20 die beiden Komponenten „Begabungen" und „Talente" durch die Komponenten „Mathematische Begabung" und „Mathematische Fähigkeiten" aus Abb. 1.13 ersetzt, dann erhält man ein Modell, das sich im Modell für mathematische Begabung strukturell wiederfinden lässt.

Ein weiterer Unterschied zwischen dem Modell von Gagné und dem Modell für mathematische Begabung besteht jedoch darin, dass das Modell von Gagné die Entwicklungsbeziehung zwischen Begabungen und Talenten als monodirektional ansieht. Talente entwickeln sich aufgrund von Begabungen bzw. „natürlichen Fähigkeiten". Dies wirft die Frage auf, ob eine Talententwicklung nicht auch Rückwirkungen auf den Bereich der natürlichen Fähigkeiten entfalten kann. Im Modell für mathematische Begabung wird dies eindeutig bejaht: Erworbene mathematische Fähigkeiten fördern das Potenzial zur Entwicklung weitergehender mathematischer Fähigkeiten, sie wirken also auf mathematische Begabung zurück.

Schließlich ist das Modell für mathematische Begabung in einer weiteren Hinsicht differenzierter und umfassender als das Modell von Gagné: bei der Unterscheidung von Fähigkeiten und Leistung. Im Modell für mathematische Begabung werden mathematische Fähigkeiten als personeninterne Eigenschaften aufgefasst, die von außen nicht direkt beobachtbar sind. Hingegen bezeichnet mathematische Leistung geäußerte Ergebnisse mathematischen Denkens. Dadurch wird der Prozess des Erbringens von Leistung auf der Basis bestehender mathematischer Fähigkeiten im Modell abgebildet. Es wird deutlich, dass die erbrachte Leistung nicht unbedingt den tatsächlichen Fähigkeiten entsprechen muss.

Gagné nimmt diese Differenzierung hingegen nicht vor. Sein Begriff des Talents umfasst beide Aspekte. Er umschreibt Talente einerseits mit Begriffen wie „outstanding knowledge and skills", „systematically developed abilities", „competencies", andererseits aber auch mit „performance", „achievement", „expertise", „outcome" (Gagné 2011, S. 11; 2015, S. 15). Eine Differenzierung zwischen Kompetenz und Performanz bzw. zwischen Fähigkeiten und Leistung besteht beim Talentbegriff von Gagné also nicht.

1.2.7 Theorie der multiplen Intelligenzen von Gardner

In den 1980er Jahren brachte der amerikanische Psychologe Howard Gardner international Bewegung in die Diskussion um Intelligenz.

1.2.7.1 Kritik an der Aussagekraft des IQ

Gardner stellt dezidiert die Aussagekraft des etablierten Konzepts des Intelligenzquotienten als Maß für Intelligenz infrage. Seine Kritik bezieht sich sowohl auf die starke inhaltliche Einengung erfasster kognitiver Fähigkeiten, als auch auf die schematische Art der Testung anhand von Testbogen oder standardisierten Interviews.

> „In a traditional view, intelligence is defined operationally as the ability to answer items on tests of intelligence." (Gardner 1993, S. 15)

As „IQ tests measure only logical or logical-linguistic capacities, in this society we are nearly ‚brain-washed‘ to restrict the notion of intelligence to the capacities used in solving logical and linguistic problems". (ebd., S. 14)

„Vor allem ist die IQ-Bewegung blind empirisch. [...] Sie hat keinen Blick für den Prozeß; dafür, wie der Prüfling vorgeht, um das Problem zu lösen; sie fragt nur, ob er die richtige Antwort gibt oder nicht." (Gardner 1991, S. 28)

Ein Ausgangspunkt für Gardner ist, dass Menschen sehr vielfältige, außergewöhnliche Fähigkeiten entwickeln können. Dabei hat er beispielsweise Wissenschaftler, Schriftsteller, Dolmetscher, Musiker, Schachspieler, Athleten, Trainer, Tänzer, Schauspieler, Politiker, Ärzte, Unternehmer oder Handwerker im Blick. Ihre spezifischen Begabungen und Fähigkeiten werden durch IQ-Tests nicht oder kaum erfasst.

„we believe that human cognitive competence is better described in terms of a set of abilities, talents, or mental skills, which we call ‚intelligences‘. All normal individuals possess each of these skills to some extent; individuals differ in the degree of skill and in the nature of their combination." (Gardner 1993, S. 15)

Gardner entwickelte eine Theorie, die Intelligenz als multidimensionales Konstrukt auffasst. Hieraus folgert er, dass man Intelligenz nicht sinnvoll mit einer einzigen Zahl wie dem IQ messen kann. Damit stellte sich Gardner Ende des 20. Jahrhunderts ausdrücklich gegen den Mainstream der Begabungspsychologie – das „intelligence establishment" (Gardner 1999, S. 19), das den psychometrischen Ansatz mit Intelligenztests verfolgte.

1.2.7.2 Induktiver Weg zur Modellierung des menschlichen Intellekts

Gardner (1991, S. 22 ff.; 1993, S. 7 f.; 1999, S. 85 ff.) beschreibt seine Forschungsmethode wie folgt: Er analysierte eine Vielfalt an Quellen und Studien über Wunderkinder, Begabte, Personen mit Hirnschädigungen und Lernbehinderungen, idiots savants, Autisten sowie Experten auf unterschiedlichen Gebieten – und dies aus verschiedenen Kulturkreisen. Dabei bezog er Ergebnisse verschiedener Wissenschaften wie etwa der Entwicklungspsychologie, der Kognitionspsychologie, der Neurowissenschaften, der Genetik, der Soziologie und der Anthropologie ein.

Sein Ziel war, eine umfassende Theorie über den menschlichen Intellekt – „the human mind in its cognitive aspects" (Gardner 1999, S. 89) bzw. „human cognition in its fullness" (ebd., S. 44) – zu entwickeln. Dazu definiert er den Begriff der Intelligenz

„as a biopsychological potential to process information that can be activated in a cultural setting to solve problems or create products that are of value in a culture." (ebd., S. 33 f.)

Durch die Betrachtung von Intelligenz als biopsychologisches Potenzial trennt Gardner das Konstrukt der Intelligenz von Fähigkeiten, die in kulturell geschaffenen Domänen auf Basis von Intelligenzen entwickelt werden können. Dies wird weiter unten am Beispiel der Differenzierung von „logisch-mathematischer Intelligenz" und „Fähigkeiten im Bereich der Mathematik" genauer illustriert. Ob und in welchem Ausmaß sich Intelligenzen im Sinne von Potenzialen in Fähigkeiten manifestieren, hängt nach Gardner (1999, S. 82 f.) entscheidend von persönlichen Erfahrungen des Individuums im jeweiligen kulturellen Kontext ab.

Gardner (1983, S. 66 ff.; 1991, S. 66 ff.; 1999, S. 35 ff.) gibt explizit acht Kriterien an, die erfüllt sein müssen, damit von einer Intelligenz in seinem Sinne gesprochen werden kann. So sollte beispielsweise jede Intelligenz insofern isoliert beobachtbar sein, als dass es Menschen gibt, die über die jeweilige Intelligenz in besonderem Maße oder auch gerade nicht verfügen – z. b. aufgrund einer Inselbegabung oder einer Verletzung des Gehirns. Es sollte aus evolutionsbiologischer Sicht nachvollziehbar sein, warum die jeweilige Intelligenz im Lauf der Evolution einen Vorteil für die Menschheit darstellte. Dahinter steht der darwinistische Gedanke, dass sich vor allem die Eigenschaften in einer Spezies durchgesetzt haben, die sich für das Überleben als günstig erwiesen haben. Des Weiteren sollte die individuelle Entwicklung von Fähigkeiten auf Basis einer Intelligenz einen wahrnehmbaren und in gewissem Grad beeinflussbaren Lernprozess darstellen, bei dem erreichte Niveaus des Könnens identifizierbar sind. Dies ist insbesondere aus pädagogischer Sicht notwendig, um entsprechende Lehr-Lern-Situationen (z. B. in der Schule, in privaten Musik- oder Sportgruppen) passend gestalten zu können.

1.2.7.3 Multiple Intelligenzen

Mit obiger Begriffsbildung und dem beschriebenen Vorgehen identifiziert Gardner (1999, S. 41 ff., 48 ff.) acht verschiedene Intelligenzen. Er stellt dies als Ergebnis langjähriger Forschungsarbeit dar, betont aber auch, dass diese Differenzierung von Intelligenzen nicht abgeschlossen ist und auf Basis weiterer Forschung revidiert oder erweitert werden kann.

- *Sprachliche Intelligenz* ist das Potenzial zum Erlernen von Sprachen und zum Umgang mit Sprachen. Dabei sind schriftliche und mündliche Ausdrucksformen ebenso eingeschlossen wie Gebärdensprache. Personen mit hoher sprachlicher Intelligenz zeichnen sich etwa durch eine besondere Sensibilität für Sprache aus – wie etwa Dichter, Schriftsteller und Sprachwissenschaftler – oder durch besonderes Geschick, andere Personen mit Sprache zu beeinflussen bzw. zu überzeugen – wie etwa Werbetexter oder Politiker.
- *Logisch-mathematische Intelligenz* bezeichnet das Potenzial, in abstrakten (Problem-) Situationen zugrunde liegende Muster und Strukturen zu erkennen, mit abstrakten Objekten gefühlvoll und gleichzeitig logisch-schlussfolgernd umzugehen. Dies ist Grundlage für jegliches wissenschaftliche Arbeiten, wenn es darum geht, auf der Basis bestehenden Wissens durch schlüssige Gedankenführung neue Erkenntnisse zu gewinnen. Dementsprechend ist diese Form der Intelligenz insbesondere bei Wissenschaftlern ausgeprägt – nicht nur bei Mathematikern.
- *Räumliche Intelligenz* ist mit Gardner (1991, S. 163) das Potenzial, „die visuelle Welt richtig wahrzunehmen, die ursprünglichen Wahrnehmungen zu transformieren und zu modifizieren und Bilder der visuellen Erfahrung auch dann zu reproduzieren,

wenn entsprechende physische Stimulierungen fehlen." Aus mathematikdidaktischer Perspektive ist räumliche Intelligenz das Potenzial für räumliches Vorstellungsvermögen (vgl. Charakterisierungen zu geometrischem Denken in Abschn. 1.1.1). Hohe räumliche Intelligenz wird beispielsweise von Architekten, Bildhauern, Chirurgen, Piloten und Fluglotsen gefordert.

- *Körperlich-kinästhetische Intelligenz* steht für das Potenzial zur Kontrolle und Koordination von Körperbewegungen. Dies betrifft beispielsweise Mimik und Gestik, manuelle Tätigkeiten beim Umgang mit Gegenständen oder den Ausdruck des Körpers als Ganzes. Schauspieler, Tänzer, Sportler, Musiker, bildende Künstler, aber auch Handwerker, Zahnärzte und Chirurgen benötigen diese Form der Intelligenz.

- *Musikalische Intelligenz* bezeichnet das Potenzial, mit Musik kognitiv umzugehen, also etwa Töne, Melodien, Harmonien, Klangfarben und Rhythmen wahrzunehmen, zu erfinden, zu merken, zu beurteilen, zu interpretieren und zu erzeugen. Diese Form der Intelligenz ist zentral, um Musikinstrumente zu erlernen und zu spielen, wobei die dafür notwendige Feinmotorik auch körperlich-kinästhetische Intelligenz erfordert. Komponisten, Dirigenten, Berufsmusiker und Musikkritiker verfügen über diese Intelligenzform in besonderem Maße.

- *Interpersonale Intelligenz* ist das Potenzial, Stimmungen, Gefühlszustände, Intentionen, Motivationen und Wünsche bei anderen Menschen wahrzunehmen, zu erfassen und entsprechend darauf zu reagieren. Dies ist eine Grundvoraussetzung für ein gelingendes soziales Miteinander von Menschen. Gefordert ist diese Form der Intelligenz insbesondere etwa von Psychologen, Psychiatern, Lehrkräften, Eltern, Pfarrern oder Verkäufern.

- *Intrapersonale Intelligenz* steht für das Potenzial einer Person, sich selbst bewusst wahrzunehmen und entsprechend damit umzugehen. Dabei geht es beispielsweise um die Wahrnehmung von und den Umgang mit eigenen Gefühlen, Stimmungen und Emotionen, aber auch eigenen Stärken, Schwächen und Zielen. Das auf dieser Basis entstehende Verständnis eines Menschen für sich selbst ist die Grundlage, um mit sich selbst verantwortungsvoll umzugehen und auf die eigene Person bezogene Entscheidungen treffen zu können.

- *Naturalistische Intelligenz* bezeichnet das Potenzial, Objekte und Erscheinungen in der Welt aufgrund erkannter Gemeinsamkeiten bzw. Unterschiede zu ordnen. Dies betrifft beispielsweise die Fauna und die Flora. Aufgrund naturalistischer Intelligenz sind Menschen in der Lage, im Tier- und Pflanzenreich Strukturen und Ordnungen zu erkennen. Dies ist notwendig, um einzelne Tiere oder Pflanzen einordnen und angemessen mit ihnen umgehen zu können. In der Biologie führte diese Fähigkeit von Menschen bis hin zur Entwicklung differenzierter Taxonomien von Lebewesen. Das Potenzial zur Klassifikation aufgrund wahrgenommener Muster kann aber auch auf die unbelebte Welt angewendet werden, um etwa Gegenstände oder Phänomene in der Natur (z. B. Steine, Wettererscheinungen), Objekte des Alltags (z. B. Autos, Kleidungsmarken, Lebensmittel) oder auch mathematische Objekte (z. B. geometrische Figuren und Körper) zu unterscheiden, zu klassifizieren und damit entsprechend umzugehen.

Nachdem die multiplen Intelligenzen nun vorgestellt sind, wird am Beispiel der Mathematik die oben bereits erwähnte Differenzierung zwischen Intelligenzen und Fähigkeiten nochmals aufgegriffen und expliziter erläutert. „[An] *intelligence* is a bio-psychological potential that is ours by virtue of our species membership." (Gardner 1999, S. 82) Es ist also charakteristisch für das Menschsein, dass wir über jede der acht Intelligenzformen in gewissem Ausmaß naturgegeben verfügen. Auf der anderen Seite haben Kulturen gewisse Domänen, d. h. Fähigkeits- und Aktivitätsbereiche wie beispielsweise Mathematik, Psychologie, Schach, Musik etc., hervorgebracht. Damit Menschen Fähigkeiten in diesen Domänen erwerben, sind Lernprozesse auf der Basis der jeweiligen individuellen Intelligenzen erforderlich.

Es gibt dabei keine Eins-zu-eins-Zuordnung zwischen Intelligenzen und Domänen. So ist etwa logisch-mathematische Intelligenz im oben definierten Sinne in jeder Domäne nötig, in der es auf schlüssiges Denken ankommt, also insbesondere in jedem Wissenschaftsbereich (wie z. B. Jura, Medizin, Chemie oder Geschichte). Andererseits erfordert die Entwicklung mathematischer Fähigkeiten eine Vielfalt von Intelligenzen – neben logisch-mathematischer Intelligenz etwa auch sprachliche Intelligenz (z. B. für fachbezogene Kommunikation), räumliche Intelligenz (z. B. in der Geometrie), körperlich-kinästhetische Intelligenz (z. B. für handlungsbezogenes Lernen), inter-personale Intelligenz (z. B. für Lernen in sozialen Umwelten) und intrapersonale Intelligenz (z. B. für die selbstregulierte Gestaltung eigener Lernprozesse).

Gardner (1999, S. 44 f.) stellt als Grundannahme seiner Theorie heraus, dass jeder Mensch über alle beschriebenen Intelligenzen verfügt (es sei denn, es liegen erheb-liche Schädigungen des Gehirns vor). Dabei ist jedoch die Art der Ausprägung jeder einzelnen Intelligenz von Mensch zu Mensch unterschiedlich, d. h. jede Person besitzt ein individuelles Intelligenzprofil. Für die Schule ergibt sich daraus die fundamentale pädagogische und didaktische Frage, wie mit dieser Individualität von Lernenden in Bezug auf ihre Intelligenzen umgegangen werden sollte.

> „We can choose to ignore this uniqueness, strive to minimize it, or revel in it. Without in any sense wishing to embrace egocentrism or narcissism, I suggest that the big challenge facing the deployment of human resources is how best to take advantage of the uniqueness conferred on us as the species exhibiting several intelligences." (ebd., S. 45).

Für konkrete Diagnose- und Fördermaßnahmen in der Schule kann sich die Theorie der multiplen Intelligenzen als ausgesprochen nützlich erweisen, da mit ihr Fähigkeiten bzw. auch Defizite von Schülern differenzierter modelliert werden als beispielsweise mit dem IQ. Zahlreiche Bildungseinrichtungen weltweit haben seit den 1980er Jahren Gardners Theorie aufgegriffen, um damit Schulentwicklungsprozesse anzustoßen und zu begründen (vgl. z. B. Gardner 1993, S. 112 ff.; 1999, S. 142 ff.).

1.2.7.4 Bezug zum Modell für mathematische Begabung

Die Theorie der multiplen Intelligenzen und das Modell für mathematische Begabung besitzen durchaus tiefliegende strukturelle Gemeinsamkeiten.

Dies betrifft zum einen die Konzeption der Begriffe der Intelligenz bzw. der Begabung mit ihrem *Potenzialcharakter.* Gardner (1999) sieht – wie oben dargestellt – Intelligenz als „biopsychologisches Potenzial zur Informationsverarbeitung". Dies entspricht konzeptionell dem Begabungsbegriff aus Abschn. 1.1.3, bei dem mathematische Begabung als „individuelles Potenzial für mathematisches Denken" definiert wird. Jeweils wird das Potenzial begrifflich gefasst, das die kognitive Voraussetzung für die Entwicklung von Fähigkeiten darstellt.

Sowohl in der Theorie von Gardner als auch im Modell für mathematische Begabung wird die *Entwicklung von Fähigkeiten* als zentraler Prozess menschlicher Entwicklung gesehen. Dies erfolgt jeweils durch Lernprozesse auf der Basis individueller Ausprägungen von Intelligenz bzw. Begabung sowie unter dem Einfluss der sozialen Umwelt und nichtkognitiver Persönlichkeitsmerkmale. Gardner hebt dabei insbesondere das jeweilige kulturelle Setting, Bezugspersonen in der Familie und Schule sowie motivationale Faktoren der Person hervor (z. B. Gardner 1999, S. 34, 82). Im Modell in Abb. 1.13 ist dies ebenfalls enthalten.

Offenkundige Unterschiede zwischen der Theorie der multiplen Intelligenzen und dem Modell für mathematische Begabung bestehen natürlich in Bezug auf die inhaltliche Breite und Tiefe. Während Gardner darauf abzielt, eine Theorie zum menschlichen Intellekt in seiner Gesamtheit zu entwickeln, fokussiert das Modell für mathematische Begabung auf mathematisches Denken. Diese Möglichkeit der *Spezialisierung und Ausdifferenzierung* ist von Gardner allerdings bereits mitbedacht. Er schreibt zu seiner Theorie der multiplen Intelligenzen:

> „each form of intelligence can be subdivided, or the list can be rearranged. The real point here is to make the case for the plurality of intellect." (Gardner 1993, S. 9)

> „if one wants to represent what is involved in particular musical tasks, like conducting, performing, or composing music, a single construct of ‚musical intelligence' is far too gross.

> In writing about multiple intelligences, I have always noted that each intelligence comprises constituent units. There are several musical, linguistic, and spatial ‚subintelligences'; and for certain analytic or training purpose, it may be important to dissect intelligence at this level." (Gardner 1999, S. 103)

Genau diese von Gardner angedeutete Ausdifferenzierung und Reorganisation leistet das Modell für mathematische Begabung. Es greift aus Gardners Theorie die logisch-mathematische und die räumliche Intelligenz sowie Elemente der sprachlichen Intelligenz (bei der Nutzung von Darstellungen) und der naturalistischen Intelligenz (beim experimentellen und begriffsbildenden Denken) auf, bezieht diese auf Mathematik und differenziert sie in fachlicher Hinsicht.

Insgesamt verfolgen beide Theorien ein sehr ähnliches übergeordnetes Ziel: Gardner möchte anhand der multiplen Intelligenzen – wie oben zitiert – „the plurality of intellect" herausarbeiten. Er wendet sich explizit gegen eine Verkürzung auf Intelligenzquotienten. Entsprechend wird mit dem Modell in Abb. 1.1 die *Pluralität* mathematischen Denkens dargestellt. Sie resultiert aus der inhaltlichen Komplexität der Mathematik. Beide Theorien sehen also menschliches Denken multidimensional und inhaltlich vielgestaltig.

1.2.8 Person und Begabung nach Weigand

Im Folgenden beleuchten wir Begabung aus der Perspektive der Pädagogik. Dies erweitert die bislang dargestellten Perspektiven aus der Psychologie substanziell. Im Blickfeld steht der Mensch als Ganzes – als selbstbestimmte und eigenverantwortliche Person. Die Entfaltung von Begabung wird als Persönlichkeitsentwicklung und Bildungsprozess gesehen. Dabei spielt die Definition von quantitativ messbaren Größen zur Vermessung von Begabung (wie etwa mit dem IQ) keine Rolle. Wir stellen aus dem Bereich der Pädagogik speziell das Konzept der personorientierten Begabungsförderung vor, da dieses insbesondere für die Entwicklung von Schule und (Mathematik-)Unterricht eine tragfähige Grundlage bieten kann.

1.2.8.1 Anthropologische Grundlage: Der Mensch als Person

Ausgangspunkt des personorientierten Begabungskonzepts ist die anthropologische Frage nach dem Menschen. Was ist das am Menschen Spezifische und Besondere, das ihn etwa von Tieren, Pflanzen und unbelebten Gegenständen unterscheidet? Eine Antwort hierauf gibt der Begriff der Person. Nach Böhm (2011, S. 123 ff.) und Weigand (2011, S. 32 f.; 2014a, S. 27 ff.) lässt sich dieser Begriff anhand folgender drei Aspekte charakterisieren:

- *Person als Prinzip:* Jeder Mensch ist Person. Dabei drückt dieser Begriff aus, dass jeder Mensch als Person eine nicht beschränkbare Würde, an keine Bedingungen gebundenen Rechte sowie die Freiheit und Verantwortung für ein selbstbestimmtes Leben und zur Selbstverwirklichung hat. Dieses Grundprinzip ist international beispielsweise in der Menschenrechtscharta der Vereinten Nationen von 1948 in Art. 1 festgelegt: „Alle Menschen sind frei und gleich an Würde und Rechten geboren." Für die Bundesrepublik Deutschland ist entsprechend im Grundgesetz in Art. 1 verankert: „Die Würde des Menschen ist unantastbar. […] Das Deutsche Volk bekennt sich darum zu unverletzlichen und unveräußerlichen Menschenrechten als Grundlage jeder menschlichen Gemeinschaft, des Friedens und der Gerechtigkeit in der Welt." Zu diesen Menschenrechten gehören beispielsweise das Recht auf Leben und körperliche Unversehrtheit, das Recht auf freie Entfaltung der Persönlichkeit, das Recht auf Meinungsfreiheit und freie Meinungsäußerung sowie das Recht auf Bildung. Zu diesen mit dem Personbegriff untrennbar verbundenen Rechten gehören also auch Rechte, sich zu entfalten und das eigene Leben zu gestalten. Dies verweist auf den folgenden, zweiten Aspekt:
- *Prozess der Persönlichkeitsbildung:* Einerseits ist jeder Mensch Person, andererseits entwickelt sich jeder Mensch im Lauf seines Lebens als Person. Dieser Prozess des Entwickelns der Person kann auch als Persönlichkeitsbildung bezeichnet werden. „Persönlichkeit bildet sich dadurch, dass Person sich im Lauf des Lebens entfaltet." (Schweidler 2011, S. 29) Dabei bezeichnet der Begriff der Persönlichkeit die individuelle Eigenart einer Person im Unterschied zu anderen Personen, also etwa

Eigenschaften, Fähigkeiten und Charakterelemente. Dieser Prozess des Werdens der Person, der Persönlichkeitsbildung, ist auf das gesamte Leben hin angelegt. Hierbei kommt zum einen der Person selbst eine entscheidende Rolle zu. Die Person hat die Freiheit, Aufgabe und Verantwortung, ihr eigenes Leben selbstbestimmt zu gestalten, sich in ihrer Einmaligkeit selbst zu entwickeln. Hierdurch wird „der Mensch zum wirklichen *Autor* seiner eigenen Lebensgeschichte" (Böhm 1994, S. 24). Zum anderen erfolgt diese Persönlichkeitsbildung unter naturgegebenen und gesellschaftlichen Rahmenbedingungen, in Relation zum Umfeld. Dies führt zum dritten Aspekt:

- *Relationalität der Person:* Jeder Mensch steht als Person in einem Verhältnis zu sich selbst, einem Verhältnis zu anderen (d. h. zu Mitmenschen und zur Gesellschaft) sowie einem Verhältnis zur nichtmenschlichen Umwelt (wie etwa der Natur der Erde). In dieser Relationalität finden jegliche Prozesse des Lebens und Sich-Entwickelns von Personen statt. Die „Dialogizität des Menschen und seine Fähigkeit zur personalen Gemeinschaft [sind] ein konstitutives Moment der Person selbst" (Böhm 2011, S. 136). Hierauf basiert jegliches Zusammenleben in einer „Gesellschaft, in der sich die Menschen als Personen begegnen, miteinander handeln und sich über ihr Handeln immer wieder verständigen" (ebd., S. 181). Auch wenn personales Leben heißt, sein Leben selbst in die Hand zu nehmen, es eigenständig und eigenverantwortlich zu gestalten, so hat diese Selbstbestimmung und Selbstverwirklichung nicht das Geringste mit Egozentrismus oder Egoismus zu tun. Im Gegenteil! „Weil der Mensch Person ist, d. h. weil er denkend von sich selbst Abstand zu nehmen vermag, kann er auch den Mitmenschen als selbstständige Person anerkennen, die nicht nur um seinetwillen, sondern auch um ihrer selbst willen zu achten und zu lieben ist." (ebd., S. 137) Hier spiegelt sich im Personalismus also das Prinzip der Nächstenliebe als Grundlage für menschliches Miteinander wider.

1.2.8.2 Der Personbegriff als Grundlage für Bildungs- und Erziehungsprozesse

Diese Sicht auf den Menschen als Person kann jeglichen Bildungs- und Erziehungsprozessen in Theorie und Praxis Orientierung geben. Schüler werden als selbstbestimmte Akteure ihrer eigenen Entwicklung als Person gesehen. Sie bei diesen Prozessen der Persönlichkeitsentwicklung zu unterstützen, ist zentrale Aufgabe der Schule.

„Eine Schule, die sich auf das Personprinzip stützt, verpflichtet sich zur Unterstützung der personalen Mündigkeit, sie organisiert die Erziehungs- und Bildungsprozesse in der Art, dass sie den Heranwachsenden ermöglichen, vielfältige Erfahrungen zu machen, sich Wissen anzueignen und kritisch zu reflektieren, sich intensiv mit Fragen und Problemen auseinanderzusetzen und gestaltend tätig zu werden. Eine solche Pädagogik lehnt Formen von Fremdbestimmung ab, äußerer, etwa durch gesellschaftliche Einwirkungen bedingte Fremdbestimmung ebenso wie eine fremdbestimmte Pädagogik. Die Berufung auf dieses Prinzip hilft den in der Schule tätigen Akteuren also, sich gegenüber gesellschaftlichen und privaten Interessen, staatlichen und wirtschaftlichen Ansprüchen, bildungspolitischen und konjunkturellen Forderungen zu behaupten und aus pädagogischen Prinzipien heraus zu entscheiden und zu handeln. Eine solche Sicht erlaubt auch eine Beurteilung pädagogischer

Einzelfragen und Einzelprobleme aus dem eigenen Prinzip heraus. Und schließlich vermag das Personprinzip auch in Fragen der Begabungs- und Begabtenförderung als Maßstab zu dienen, um pädagogisch *begründete* und nicht nur von zufälligen Moden und Motivationen abhängige Entscheidungen treffen zu können." (Weigand 2014a, S. 31)

Um Schüler bei ihrer Entwicklung als Person zu unterstützen, müssen die Schule und damit die Lehrkräfte den Kindern und Jugendlichen einerseits die nötige Freiheit zur selbstbestimmten und eigenverantwortlichen Entfaltung geben. Andererseits sind hierbei im Sinne der Relationalität von Personen notwendige Voraussetzungen und Rahmenbedingungen zu schaffen, die auch Anregung und Anleitung durch die Lehrkraft einschließen. In Abschn. 3.1.1 wird dieses fundamentale pädagogische Spannungsfeld mit Bezug zum Begriff der Lernumgebungen weiter beleuchtet. Folgerungen für personorientierte Schulentwicklung werden in Kap. 4 gezogen.

1.2.8.3 Begabung als Potenzial zum Leben als Person

Auf Basis des Personbegriffs und insbesondere im Hinblick auf damit verbundene Prozesse der Entwicklung als Person lässt sich ein pädagogischer Begriff der Begabung nach Weigand (2014a, S. 33) definieren:

Begabung ist das Potenzial zu einem Leben als Person.

Analysieren wir diese Begriffsbildung im Hinblick auf die oben beschriebenen drei Aspekte des Personbegriffs genauer: Nach dem Personprinzip ist jeder Mensch Person. Das Personsein ist untrennbar mit dem Menschsein verbunden. Damit besitzt jeder Mensch ein gewisses Potenzial zu einem Leben als Person, d. h. eine Begabung. Diese Begabung ist gleichzeitig Grundlage für die Entwicklung der Person, d. h. für den Prozess der Persönlichkeitsbildung. Gemäß der Relationalität der Person findet diese Entwicklung in Wechselwirkung mit der Umwelt der Person statt. Weigand (2014a, S. 33) betont hierbei den dynamischen Charakter des Begabungsbegriffs:

„Begabung ist nicht statisch zu sehen, sondern *dynamisch*. So können die einmal entfalteten und geförderten Potenziale eines Menschen sich je nach Art und Intensität der Bildungsräume, der Anregungen und Anforderungen weiterentwickeln und aktiv vom Einzelnen gestaltet werden oder sich auch zurückentwickeln und verkümmern. Sie bieten in jedem Fall den (mehr oder weniger günstigen) Ausgangspunkt für weitere Lern- und Bildungsmöglichkeiten."

1.2.8.4 Personorientierte Begabungsförderung

Mit dieser Sicht des Menschen als Person können die Begriffe „Begabungsentfaltung", „Entwicklung der Person" und „Persönlichkeitsbildung" identifiziert werden. Alle drei Begriffe betonen einerseits die Freiheit, Aufgabe und Verantwortung der Person selbst, den eigenen Entwicklungsprozess zu gestalten. Andererseits beinhalten diese Begriffe aber auch die Bedeutung des Umfeldes für diesen Prozess. Hieraus erwächst und begründet sich die Aufgabe von Schule, alle Schüler jeweils bei der Entfaltung ihrer Begabung bzw. der Entwicklung ihrer Person bzw. der Bildung ihrer Persönlichkeit zu unterstützen. Genau dies lässt sich als *personorientierte Begabungsförderung* bezeichnen.

Personorientierte Begabungsförderung sieht die Schüler als Personen im Zentrum. Sie erhalten von der Schule Freiraum und Unterstützung, um selbst als Akteure den Prozess der Entfaltung ihrer Begabung produktiv zu gestalten. Sie „sind Partner in einem personorientierten Dialog und die eigentlichen Subjekte des schulischen Geschehens" (Weigand 2014b, S. 13).

Auf einen sprachlichen Aspekt mit zentraler inhaltlicher Bedeutung sei hierbei hingewiesen: Im Kontext der Pädagogik der Person ist von „Begabungsförderung" und nicht von „Begabtenförderung" die Rede. Dies begründet sich dadurch, dass nach dem Personprinzip jeder Mensch Person ist und jeder Mensch ein Potenzial zu einem Leben als Person – d. h. eine Begabung – hat. Insbesondere in der Schule gilt es, diese Begabung bei jedem Schüler zu fördern. Dabei geht es dezidiert nicht um die Förderung nur einer Teilgruppe von Schülern, die als „Begabte" angesehen werden. Personorientierte Begabungsförderung im Sinne einer Unterstützung bei der Entwicklung der Person muss allen Schülern gleichberechtigt zukommen. Freilich bedeutet dies nicht, dass alle Schüler die gleiche Förderung bekommen sollen. Ganz im Gegenteil! Wenn sich Begabungsförderung an der Person orientiert, dann führt dies angesichts der Vielfalt der Schüler in natürlicher Weise zu Differenzierung. In Kap. 3 wird dies weiter ausgeführt und konkretisiert.

1.2.8.5 Bezug zum Modell für mathematische Begabung

Auch wenn das Konzept der personorientierten Begabungsförderung und das Modell für mathematische Begabung aus Abschn. 1.1 auf den ersten Blick sehr unterschiedlich erscheinen, so stehen beide Ansätze inhaltlich in sehr harmonischem Bezug. Der Unterschied resultiert daher, dass sie Lern- und Bildungsprozesse unter verschiedenen Zielsetzungen und dazu Schule und Unterricht auf verschiedenen Ebenen betrachten.

Personorientierte Begabungsförderung fokussiert die Entfaltung von Personen als Ganzes im Sinne umfassender Persönlichkeitsbildung. In der Schule erfolgt die zugehörige Förderung maßgeblich im Rahmen von Unterricht der verschiedenen Fächer. Mit der personorientierten Sichtweise erhält dieser Fachunterricht eine Bedeutung, die über die jeweiligen fachbezogenen Ziele deutlich hinausweist: Der Fachunterricht trägt zur Persönlichkeitsbildung bei.

> „Die fachlichen Aspekte, die Ermöglichung von Einsichten und Erkenntnissen, von gelingenden Lehr-/Lernprozessen, ein anregender und fordernder Unterricht behalten ihre Wichtigkeit, sie sind für die Begabungsförderung geradezu zentral. Aber sie sind nicht Selbstzweck, sondern haben Dienstfunktion." (Weigand 2014a, S. 34 f.)

Das Fach Mathematik ordnet sich hier ein. Schüler sollen gemäß den Modellen in Abb. 1.1 und 1.13 auf Basis ihrer mathematischen Begabung Fähigkeiten zu mathematischem Denken entwickeln. Die vielfältigen hiermit verbundenen Lernprozesse inklusive der Erfahrungen im sozialen Miteinander beim Lernen leisten Beiträge dazu, Facetten der Persönlichkeit der Schüler herauszubilden. Mathematische Fähigkeiten werden dadurch zum Teil der Persönlichkeit. Im Modell in Abb. 1.13 ist diese ganzheitliche Sicht auf den Schüler als Person durch das hinterlegte Rechteck symbolisiert, das alle personenbezogenen Komponenten des Modells umfasst. Insbesondere lässt sich mathematische Begabung im Sinne von Abschn. 1.1.3 als Komponente allgemeiner Begabung im Sinne der Pädagogik der Person auffassen. Mit anderen Worten: Das Potenzial zur Entwicklung mathematischer Fähigkeiten ist eine Komponente des Potenzials zu einem Leben als Person. Hierbei sehen beide Konzepte Begabung als dynamisch entwickelbares Potenzial.

Mathematikunterricht leistet aber nicht nur Dienst für personorientierte Begabungsförderung, sondern kann umgekehrt von diesem pädagogischen Konzept auch selbst substanziell profitieren. Einerseits gibt die Sicht auf Lernende als selbstbestimmte und eigenverantwortliche Personen Orientierung bei der Gestaltung von Lernumgebungen zur mathematischen Förderung von Schülern (Kap. 3). Andererseits kann das Konzept der personorientierten Begabungsförderung auf Systemebene Impulse zur Schul- und Unterrichtsentwicklung entfalten, die den Mathematikunterricht strukturell weiterentwickeln (Kap. 4).

1.3 Modelle für Begabung aus der Fachdidaktik Mathematik

Die Mathematikdidaktik hat sich als Wissenschaft zum Lehren und Lernen von Mathematik seit Jahrzehnten auch mit dem Phänomen mathematischer Begabung befasst. Im deutschsprachigen Bereich leisteten beispielsweise die Mathematikdidaktiker Heinrich Bauersfeld, Karl Kießwetter, Peter Bardy, Marianne Nolte, Friedhelm Käpnick, Ralf Benölken, Torsten Fritzlar, Benjamin Rott und ihre jeweiligen Arbeitsgruppen wesentliche Beiträge. Einen Überblick über einschlägige mathematikdidaktische Forschungsarbeiten geben etwa Fritzlar (2013b) und Käpnick (2013). Insbesondere hat diese Forschung zu empirisch überprüften Theorien geführt, die mathematische Begabung durch die Zusammenstellung mathematischer Denkfähigkeiten charakterisieren, über die mathematisch Begabte typischerweise in besonderem Maße verfügen. Eine Zusammenschau vielfältiger Studien zur Kategorisierung besonderer Denkfähigkeiten mathematisch begabter Kinder und Jugendlicher im Alter von 4 bis 16 Jahren gibt Zehnder (in Vorbereitung). All diese mathematikdidaktische Forschung stellte eine wesentliche Grundlage für die Entwicklung des Modells für mathematisches Denken in Abschn. 1.1.1 dar. Die von den verschiedenen Autoren herausgestellten Facetten mathematischen Denkens wurden gesammelt, zusammengefasst, erweitert und in den drei Dimensionen in Abb. 1.1 strukturiert.

Im Folgenden werden zwei Modelle aus der Mathematikdidaktik vorgestellt: das Modell mathematischer Begabungsentwicklung im Grundschulalter von Käpnick und Fuchs sowie das Modell zur Entwicklung mathematischer Expertise von Fritzlar. Beide Modelle zeichnen sich dadurch aus, dass sie nicht nur spezifische mathematische Fähigkeiten und Leistungen begabter Schüler fachbezogen charakterisieren, sondern dass sie darüber hinaus zeitliche Entwicklungsprozesse und ein komplexes Geflecht von Einflussfaktoren auf die Entwicklung von Fähigkeiten und Leistungen abbilden.

1.3.1 Modell mathematischer Begabungsentwicklung im Grundschulalter von Käpnick und Fuchs

Auf Basis langjähriger empirischer und theoretischer Forschungen hat der Mathematik-didaktiker Friedhelm Käpnick ein Merkmalssystem für mathematisch begabte Dritt- und Viertklässler entwickelt und dieses in Kooperation mit Mandy Fuchs zu einem Modell mathematischer Begabungsentwicklung im Grundschulalter ausgebaut (vgl. z. B. Käpnick 1998, 2006, 2013, 2014a, b; Fuchs 2006).

1.3.1.1 Unterscheidung von Kompetenz und Performanz

Eine grundlegende Unterscheidung im Modell von Käpnick und Fuchs betrifft die beiden Begriffe der Kompetenz und der Performanz:

> „Unter Kompetenz wird [...] die Verfügbarkeit von Wissen verstanden, mit dessen Hilfe die in einer Situation gestellten Anforderungen erkannt und bewältigt werden können. Verein-facht ist Kompetenz das, was ein Individuum bzgl. eines Inhaltsbereichs prinzipiell weiß und kann (sein Potenzial). Performanz ist demgegenüber die eingeschränkte Anwendung von Kompetenz (die diagnostizierbare Leistungsfähigkeit). Kompetenzen können somit immer nur aus der direkt erfassbaren Performanz erschlossen werden." (Käpnick 2014b, S. 223)

Der Begriff der mathematischen Kompetenz bezieht sich also auf das bei einem Individuum vorhandene mathematische Wissen und Können. Dieser Begriff ist inhalt-lich gleichbedeutend zum in Abschn. 1.1.2 gebildeten Begriff der mathematischen Fähigkeiten. Im Gegensatz dazu bezeichnet Performanz die in einer Situation gezeigte Leistung. In diesem Zusammenhang drückt der Begriff des Potenzials in obigem Zitat aus, dass Kompetenz das bei einem Individuum jeweils vorhandene Potenzial für das Erbringen von Leistung ist. Dabei muss die Performanz nicht unbedingt die tatsäch-lich vorhandene Kompetenz widerspiegeln. Vielmehr betont Käpnick (2014a, S. 206), dass mit der Unterscheidung von Kompetenz und Performanz der in der Diagnostik auf-tretenden Diskrepanz zwischen einem hohen Potenzial für Leistung und einer vergleichs-weise geringen tatsächlich gezeigten Leistung Rechnung getragen wird.

1.3.1.2 Modell mathematischer Begabungsentwicklung

Das Modell von Käpnick und Fuchs zu mathematischer Begabungsentwicklung im Grundschulschulalter ist in Abb. 1.21 dargestellt. Es findet sich etwa bei Käpnick (2006, S. 60; 2013, S. 32; 2014a, S. 204; 2014b, S. 221) und Fuchs (2006, S. 67).

Im Kern des Modells – d. h. im zentralen Rechteck – steht ein Merkmalssystem aus mathematikspezifischen Begabungsmerkmalen und begabungsstützenden Persönlich-keitseigenschaften. „Die Auflistung der Merkmale ist als ein ‚System' zu verstehen, d. h. dass die Merkmale wechselseitig zusammenhängen, individuell verschieden ausgeprägt sein können und beim Lösen einer substanziellen Problemaufgabe komplex genutzt werden." (Käpnick 2014a, S. 206) Anhand dieses Merkmalssystems kann mathematische Begabung charakterisiert werden. Käpnick (2014b, S. 220) führt dazu aus:

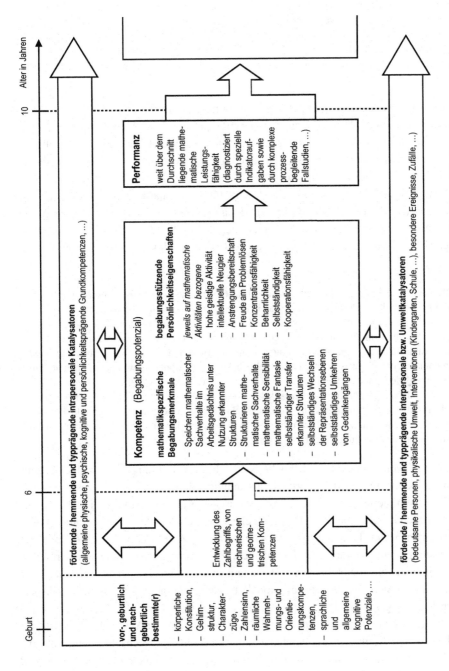

Abb. 1.21 Modell mathematischer Begabungsentwicklung im Grundschulalter von Käpnick und Fuchs

„Entsprechend dem Modell wird unter einer mathematischen Begabung im Grundschulalter im Kern ein sich dynamisch entwickelndes und individuell geprägtes Potenzial verstanden. Dieses Potenzial weist bzgl. der als wesentlich erachteten mathematikspezifischen Begabungsmerkmale ein weit über dem Durchschnitt liegendes Niveau auf und entwickelt sich in wechselseitigen Zusammenhängen mit begabungsstützenden bereichsspezifischen Persönlichkeitseigenschaften [...]. Das Begabungspotenzial ist einerseits z. T. angeboren bzw. erblich bedingt und andererseits das Ergebnis von günstigen intrapersonalen und interpersonalen Katalysatoren."

Damit wird der Potenzialcharakter von Begabung betont. Käpnick (1998, S. 51) fasst Begabung „vor allem als ein Potential für überdurchschnittliche Fähigkeiten auf, die mit großer Wahrscheinlichkeit zu einem späteren Zeitpunkt erreichbar sind". Das Fachspezifische mathematischer Begabung wird dadurch hergestellt, dass der Begabungsbegriff mit mathematischem Tätigsein gekoppelt wird. Käpnick beschreibt mathematische Begabung als „nichts anderes als ,Begabung für Mathematik' bzw. ,begabt sein für mathematische Tätigkeiten'" (ebd., S. 53) oder auch „als (bereichsspezifische) Begabung für (produktives) mathematisches Tun" (Käpnick 2014b, S. 220). Mit diesem Begriff des mathematischen Tuns verdeutlicht Käpnick explizit die Fachbezogenheit mathematischer Begabung.

„Die Spezifik mathematischen Tuns wird darin gesehen, dass es das Bestimmen und Lösen von Problemen bzw. Problemfeldern, das Erkennen und Erstellen von sowie ein effizientes Arbeiten mit komplexen Strukturen zu Zahlen, Formen, funktionalen Zusammenhängen u.Ä.m. bis hin zum Entwickeln logisch widerspruchsfreier Theorien wie auch vielfältige inner- und außerfachliche Anwendungen umfasst. Typisch für mathematisches Tun sind demgemäß ein spielerisch-kreativer, vielfach von Intuitionen geprägter Umgang mit Problemen wie auch eine hohe Kompetenz im formal-abstrakten und präzisen Denken sowie ein besonderes Gefühl für mathematische Zusammenhänge, einschließlich eines spezifisch ästhetischen Empfindens für ,schöne' Zahl- oder Formenmuster, originelle Beweisideen u.Ä.m., woraus zugleich resultiert, dass es verschiedene individuelle Ausprägungen mathematischer Begabungen gibt." (Käpnick 2014a, S. 202)

Das Modell von Käpnick und Fuchs sieht die Entwicklung von mathematischer Begabung, Kompetenz und Performanz als individuelle dynamische Prozesse in einem komplexen Wirkgeflecht. Auf Basis der genetischen Anlagen entwickeln sich vor- und nachgeburtlich körperliche Charakteristika eines Menschen (inkl. seiner Gehirnstruktur), es entwickeln sich Charakterzüge und elementare kognitive Fähigkeiten (z. B. räumliche Wahrnehmung, sprachliche Fähigkeiten, Zahlensinn). Dies bildet die Grundlage für die Entwicklung mathematischer Begabung und mathematischer Kompetenz. Beide Begriffe lassen sich mittels der im Modell in Abb. 1.21 genannten mathematikspezifischen Begabungsmerkmale und der begabungsstützenden Persönlichkeitseigenschaften charakterisieren. Letztere sind dabei explizit auf mathematische Aktivitäten bezogen. Die Begabungs- und Kompetenzentwicklung findet einerseits in Wechselwirkung mit einer Vielfalt intrapersonaler Katalysatoren (d. h. allgemeiner Merkmale der Person wie z. B. allgemeine kognitive Fähigkeiten) statt. Andererseits steht das Individuum im Austausch mit seiner Umwelt (z. B. im Elternhaus, in der Schule) und wird dadurch in Bezug auf seine Entwicklung mehr oder weniger gefördert. Auf Basis seiner Begabungen und Kompetenzen kann das Individuum Mathematik betreiben und dadurch mathematische Performanz zeigen. Hierauf stützen sich Diagnosemaßnahmen, z. B. anhand von Indikatoraufgaben (Abschn. 2.2.4) oder Fallstudien (vgl. Käpnick 2014a, S. 203 ff.; 2014b, S. 219 ff.; Fuchs 2006, S. 66 ff.).

Das Modell verzichtet bewusst auf quantitative Niveaufestlegungen von mathematischer Begabung, mit denen etwa zwischen besonderer und durchschnittlicher mathematischer Begabung trennscharf quantitativ unterschieden werden könnte. „Hauptgründe hierfür sind zum einen grundsätzliche Probleme bzw. Grenzen bezüglich einer Messung von ‚mathematischer Fantasie' oder ‚mathematischer Sensibilität', die prinzipiellen Probleme einer einmaligen Testung [...] sowie der hochkomplexe Charakter des Merkmalssystems. Letzteres bedeutet, dass die verschiedenen mathematikspezifischen Begabungsmerkmale und die begabungsstützenden Persönlichkeitseigenschaften in einem Systemzusammenhang stehen, d. h., dass sich diese wechselseitig bedingen (und damit kaum oder nicht isoliert beim mathematischen Tun erfasst werden können) und dass sie individuell sehr verschieden ausgeprägt sein können" (Käpnick 2014b, S. 223 f.).

1.3.1.3 Bezug zum Modell für mathematische Begabung

Das Modell von Käpnick und Fuchs und das Modell für mathematische Begabung aus Abschn. 1.1 besitzen strukturell durchaus tiefgründige Gemeinsamkeiten.

So sehen beide Modelle mathematische Begabung als *fachspezifisches Potenzial.* Käpnick beschreibt dies – wie oben dargestellt – als Potenzial für mathematische Fähigkeiten und für mathematisches Tun; in Abschn. 1.1.3 wurde mathematische Begabung als Potenzial definiert, Fähigkeiten zu mathematischem Denken zu entwickeln. Gemeinsam sind beiden Begriffsbildungen also die Betonung des Potenzialcharakters von Begabung und die enge *Bindung an kognitive mathematische Aktivitäten.* Letztere werden in beiden Modellen durch eine differenzierte Darstellung solcher Aktivitäten charakterisiert. Das Modell von Käpnick und Fuchs nutzt dazu die im Zentrum des Modells angegebenen mathematikspezifischen Begabungsmerkmale; sie umreißen jeweils Facetten mathematikbezogener kognitiver Aktivität. Das Modell für mathematische Begabung in Abschn. 1.1 stützt sich auf den Begriff des mathematischen Denkens und die zugehörige Differenzierung mathematischen Denkens gemäß Abb. 1.1.

Die von Käpnick herausgestellten mathematikspezifischen Begabungsmerkmale (vgl. Beschreibungen bei Käpnick 1998, S. 110 ff., 265 ff.) lassen sich den Facetten mathematischen Denkens in Abb. 1.1 zuordnen.

- Das *Speichern mathematischer Sachverhalte unter Nutzung erkannter Strukturen* ist eine Facette mathematikbezogener Informationsbearbeitung (Speichern mathematischen Wissens).
- Das *Strukturieren mathematischer Sachverhalte* kann im Modell für mathematisches Denken einerseits dem Bereich des Wahrnehmens zugeordnet werden. Hierbei geht es

etwa darum, die mathematische Struktur einer Situation zu erfassen und Zusammenhänge zu erkennen (vgl. Abschn. 1.1.1). Hierauf aufbauend erfolgt andererseits ein
Strukturieren mathematischer Sachverhalte auch beim Denken mit mathematischen
Mustern, etwa wenn erkannte Einzelinformationen zu übergeordneten Strukturen
zusammengefasst und Muster herausgearbeitet werden.

- *Mathematische Sensibilität*, d. h. Empfindsamkeit für den mathematischen Gehalt
  einer Situation, ist – wie in Abschn. 1.1.1 erläutert – eine Komponente der Fähigkeit für mathematisches Wahrnehmen und der Fähigkeit des Operierens mit
  mathematischen Objekten (im Sinne eines sensiblen, die Wirkungen von Operationen
  berücksichtigenden Umgangs mit Objekten).
- *Mathematische Fantasie* bedeutet, neue originelle mathematische Gedanken zu
  entwickeln, und ist damit im Wesentlichen bedeutungsgleich zu mathematischer
  Kreativität.
- Der *selbstständige Transfer erkannter Strukturen* bezeichnet das Übertragen von
  Mustern im Sinne von erkannten Regelmäßigkeiten, Gesetzmäßigkeiten oder all-
  gemeinen Beziehungen auf neue Situationen. Dies fällt damit in den Bereich des
  Denkens mit mathematischen Mustern.
- Das *selbstständige Wechseln von Repräsentationsebenen* ist eine Form flexiblen
  Denkens beim Nutzen von Darstellungen.
- Auch das *selbstständige Umkehren von Gedankengängen* ist eine Facette flexiblen
  Denkens.

Eine weitere strukturelle Gemeinsamkeit beider Modelle ist die im Wesentlichen
jeweils bedeutungsgleiche Verwendung der Begriffe *Kompetenz* und *Fähigkeiten* einerseits sowie *Performanz* und *Leistung* andererseits. Zudem grenzen beide Modelle in
gleicher Weise Kompetenz bzw. Fähigkeiten von Performanz bzw. Leistung ab. Sie sehen
mathematische Kompetenz bzw. Fähigkeiten als notwendige, aber nicht hinreichende
Voraussetzung für mathematische Performanz bzw. Leistung. Mit dieser Differenzierung
heben beide Modelle gleichermaßen im Hinblick auf Diagnostik hervor, dass die von
einer Person gezeigte Performanz bzw. Leistung nicht unbedingt der tatsächlichen
Kompetenz bzw. den tatsächlichen Fähigkeiten der Person entsprechen muss.

Beide Modelle sehen Begabung, Kompetenz/Fähigkeiten und Performanz/Leistung
jeweils als *dynamische Konstrukte,* die sich mit der Zeit individuell entwickeln. Diese
Entwicklungsprozesse erfolgen in einem Wirkungsgeflecht vielfältiger *Einflussfaktoren.*
Beide Modelle stellen dabei genetische Anlagen, Persönlichkeitsmerkmale und Umwelt-
einflüsse als maßgeblich heraus.

Bei allen Gemeinsamkeiten weisen beide Modelle aber auch strukturelle Unterschiede auf. Ein offensichtlicher Unterschied liegt darin, dass im Modell für
mathematische Begabung in Abb. 1.13 deutlich zwischen mathematischer Begabung
und mathematischen Fähigkeiten differenziert wird. Dies entspricht der Definition in
Abschn. 1.1.3, gemäß der mathematische Begabung das Potenzial zur Entwicklung
mathematischer Fähigkeiten ist. Diese Differenzierung erscheint deshalb sinnvoll, weil

damit der Prozess der Entwicklung mathematischer Fähigkeiten auf Basis von Begabung als Lernprozess im Modell abgebildet werden kann und gerade dieser Lernprozess im Fokus mathematikbezogener Fördermaßnahmen des Bildungssystems steht.

Ein weiterer Unterschied besteht darin, dass im Modell von Käpnick und Fuchs in Abb. 1.21 begabungsstützende Persönlichkeitseigenschaften im Kernbereich „Kompetenz (Begabungspotenzial)" verortet sind. Sie sind jeweils auf mathematische Aktivitäten bezogen und werden deutlich von allgemeinen intrapersonalen Katalysatoren unterschieden. Diese Differenzierung nimmt das Modell für mathematische Begabung in Abb. 1.13 nicht vor. Vielmehr werden dort im Bereich der Persönlichkeitsmerkmale auch begabungsstützende Persönlichkeitseigenschaften im Sinne von Käpnick verortet. Durch diese Modellierung wird ihr Einfluss auf alle Prozesse der Entwicklung von Begabung, Fähigkeiten und Leistung betont. Zudem treten Wechselwirkungen zwischen all diesen Persönlichkeitsmerkmalen einerseits sowie Begabung, Fähigkeiten, Leistung und zugehörigen Entwicklungsprozessen andererseits deutlich hervor. Dabei lässt sich etwa die von Käpnick herausgestellte begabungsstützende Persönlichkeitseigenschaft „intellektuelle Neugier" dem Komplex der Motive/Motivation im Modell in Abb. 1.13 zuordnen, denn Neugier ist ein Persönlichkeitsmerkmal, das Motivation hervorrufen kann (vgl. Abschn. 1.1.5). Entsprechend lassen sich „Freude am Problemlösen" als spezifische Emotion und „Kooperationsfähigkeit" als Bestandteil sozialer Kompetenzen auffassen. Schließlich sind „Anstrengungsbereitschaft", „Konzentrationsfähigkeit", „Beharrlichkeit" und „Selbstständigkeit" Komponenten der Fähigkeit zur Selbstregulation bei Lern- und Leistungsprozessen (vgl. Abschn. 1.1.5).

1.3.2 Modell zur Entwicklung mathematischer Expertise von Fritzlar

Expertise in einem Bereich bezeichnet bereichsspezifische Fähigkeiten, die man benötigt, um dauerhaft herausragende Leistungen in diesem Bereich zu erbringen. Es sind die Fähigkeiten, die einen Experten in dem Bereich auszeichnen. Explizit eingeschlossen ist hierbei das Verfügen über umfangreiches, gut vernetztes und flexibel nutzbares Wissen zu dem Bereich. Dies ist für das Erbringen entsprechend herausragender Leistungen Voraussetzung.

Nach Sternberg (1998, S. 16) kann jegliches fachbezogenes Lernen in einem Fachbereich als Expertiseentwicklung angesehen werden: „individuals are constantly in a process of developing expertise when they work within a given domain". Bezieht man dies auf das Fach Mathematik, so lässt sich mathematisches Lernen – z. B. von Kindern und Jugendlichen – als Entwicklung mathematischer Expertise auffassen. Auch wenn Schüler noch keine Experten sind und die meisten von ihnen auch keine Experten in Mathematik werden, so können dennoch ihre aktuellen Lernprozesse als Schritte hin zu Expertise gesehen werden. Mit dieser Sichtweise verschmelzen Expertiseentwicklung und Begabungsentfaltung. Beide Begriffe stehen de facto für das Gleiche: für Lernen. Der

Begriff der Expertiseentwicklung betrachtet Lernen aus der Perspektive des Ergebnisses, der Begriff der Begabungsentfaltung betont das Ausgangspotenzial für Lernprozesse.

Der Mathematikdidaktiker Torsten Fritzlar hat mit Bezug zu Mathematik diesen Zusammenhang zwischen der Entfaltung von Begabung und der Entwicklung von Expertise herausgearbeitet und dabei ein Modell zur Entwicklung mathematischer Expertise entworfen (vgl. Fritzlar 2010, 2013a). Es wird im Folgenden vorgestellt.

1.3.2.1 Grundlagen für die Entwicklung mathematischer Expertise

Fritzlar (2010, S. 128 ff.; 2013a, S. 48 ff.) unterscheidet vier Bereiche, die für die Entwicklung mathematischer Expertise grundlegend sind. Sie sind in der runden Scheibe in Abb. 1.22 dargestellt.

- *Kognitiver Apparat:* Mit dem Begriff des kognitiven Apparats ist das Gehirn als Organ des Denkens bezeichnet. Es vollbringt kognitive Leistungen wie etwa Wahrnehmen, Steuern von Aufmerksamkeit sowie Verarbeiten, Vernetzen, Speichern und Erinnern von Informationen.
- *Mathematikspezifische Erfahrungen:* Den Schlüssel zur Entwicklung mathematischer Expertise stellen individuelle Erfahrungen beim Beschäftigen mit Mathematik dar. Hierbei finden im kognitiven Apparat mathematikspezifische Denk- und Lernprozesse statt. Es kommt dabei sowohl auf den Umfang als auch auf die Qualität der Erfahrungen an. Der Begriff der Qualität bezieht sich beispielsweise darauf, inwiefern die Erfahrungen authentisch und spezifisch für Mathematik sind und inwieweit sie mit bestehendem Wissen vernetzt werden.
- *Umwelt:* Jegliches Leben findet in einer Umwelt statt. Im Hinblick auf die Beschäftigung mit Mathematik und die Entwicklung von mathematischer Expertise haben insbesondere Personen (z. B. Familienmitglieder, Lehrkräfte, Peers), Lernangebote (z. B. Unterricht, Wettbewerbe, Förderprogramme) und das gesellschaftliche Milieu maßgeblichen Einfluss.
- *Intrapersonale Faktoren:* Da der Aufbau von Expertise erheblicher Anstrengungen des Individuums bedarf, sind für die Initiierung, Aufrechterhaltung und Regulation des Lernens vielfältige nichtkognitive Persönlichkeitsfaktoren erforderlich. „Nur durch enorme Motivation, Interesse, Hingabe, Willenskraft, Ausdauer, Anstrengungsbereitschaft, Lernbereitschaft, Leistungsorientierung, Verantwortlichkeit für die eigene Entwicklung, Selbstvertrauen, soziale Kompetenzen etc. ist es möglich, eine geeignete kognitive Ausstattung mit einem hinreichend großen Erfahrungsschatz zusammenzubringen" (Fritzlar 2010, S. 130).

Diese vier Bereiche sind nicht unabhängig voneinander, jeder Bereich wirkt auf jeden anderen ein. Beispielsweise werden in der Schule als Bestandteil der Umwelt mathematikspezifische Erfahrungen gewonnen, die zu Entwicklungen des kognitiven Apparats und von Persönlichkeitsmerkmalen führen können. In der kreisförmigen Darstellung rechts unten in Abb. 1.22 sind diese Wechselwirkungen durch schwarze Doppelpfeile zwischen den vier Bereichen symbolisiert.

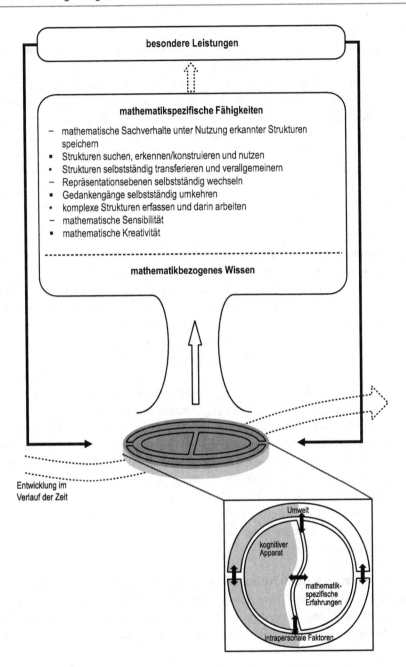

Abb. 1.22 Modell zur Entwicklung mathematischer Expertise von Fritzlar

Des Weiteren ist in dieser Darstellung ein Teil der Fläche grau gefärbt. Die graue Schattierung soll andeuten, dass der jeweilige Bereich maßgeblich durch angeborene Variablen – also genetisch – beeinflusst ist. Dies betrifft den kognitiven Apparat, intrapersonale Faktoren und die Umwelt (vgl. Genom-Umwelt-Korrelation in Abschn. 1.1.5).

Schließlich stellt das Modell in Abb. 1.22 mit dem geschwungenen gestrichelten Pfeil dar, dass sich die vier genannten Merkmalsbereiche im Verlauf der Zeit verändern. So entwickelt sich das Individuum im Lauf des Lebens in Bezug auf seine kognitiven und nichtkognitiven Eigenschaften. Die Umwelt ist einem steten Wandel unterzogen, aber auch die Bedeutung einzelner Umweltfaktoren (z. B. Familie, Schule, Peers, Experten) für die persönliche Expertiseentwicklung verändert sich mit der Zeit. Damit verbunden sind Entwicklungen aufseiten von Lernangeboten und damit von mathematikspezifischen Erfahrungen.

1.3.2.2 Entwicklung von Fähigkeiten, Wissen und Leistungen

Auf Grundlage der im vorhergehenden Abschnitt beschriebenen vier Bereiche bildet das Individuum im Lauf der Zeit mathematische Fähigkeiten und mathematisches Wissen aus. Diese Entwicklung ist in Abb. 1.22 in vertikaler Richtung dargestellt. Die in der Abbildung aufgezählten mathematikspezifischen Fähigkeiten sind primär im Hinblick auf Schüler der Grundschule formuliert. Davon ausgehend können im Sinne zunehmender Expertise weitere mathematische Fähigkeiten entwickelt werden. Mit den unterschiedlichen Aufzählungszeichen in der Liste soll ausgedrückt werden, dass diese Fähigkeiten in verschiedenen Maßen ausgeprägt sein können und es keinen einfachen additiven Zusammenhang bei diesen gibt (vgl. Fritzlar 2013a, S. 52).

Ausgehend von mathematikspezifischen Fähigkeiten und mathematikbezogenem Wissen können besondere Leistungen gezeigt werden. Dies muss jedoch nicht notwendig erfolgen, was durch die Strichelung des entsprechenden vertikalen Pfeils in Abb. 1.22 verdeutlicht werden soll. Mathematische Leistungen können ihrerseits wieder auf die vier Grundlagenbereiche wirken, beispielsweise in Form einer gesteigerten Motivation, einer Veränderung des Fähigkeitsselbstkonzepts oder neuer Förderangebote durch die Umwelt. Auf diese Weise kann es zu sich positiv verstärkenden Rückkopplungen in der Expertiseentwicklung kommen.

1.3.2.3 Bezug zum Modell für mathematische Begabung

Das Modell von Fritzlar zur Entwicklung mathematischer Expertise und das Modell für mathematische Begabung in Abschn. 1.1 mit Abb. 1.13 besitzen in Bezug auf die dargestellten Komponenten und ihre Wirkzusammenhänge substanzielle Übereinstimmungen.

- Beide Modelle differenzieren zwischen mathematischen Fähigkeiten und mathematischen Leistungen und stellen jeweils den Prozesscharakter der Entwicklung von Fähigkeiten und Leistungen heraus. Insbesondere betonen beide Modelle, dass Fähigkeiten nicht automatisch zu entsprechenden Leistungen führen müssen.
- Beide Modelle differenzieren und konkretisieren mathematische Fähigkeiten anhand von Facetten mathematischen Denkens.

- Beide Modelle heben in inhaltlich gleicher Weise den Einfluss von Umwelt, Persönlichkeitsfaktoren und Genen für die Entwicklung von Fähigkeiten und Leistungen hervor.
- Beide Modelle sehen für den Prozess des Entwickelns mathematischer Fähigkeiten die Beschäftigung mit Mathematik und das Gewinnen mathematikspezifischer Erfahrungen als zentral an.
- Beide Modelle bilden Wechselwirkungen und Rückkopplungen im Geflecht der dargestellten Komponenten in inhaltlich ähnlicher Weise ab.
- Beide Modelle sehen zeitliche Entwicklungen der dargestellten Komponenten und symbolisieren dies jeweils mit einem Zeitpfeil.

Natürlich bestehen auch einige Unterschiede, allerdings keine inhaltlich wirklich tiefgründigen:

- Das Modell von Fritzlar differenziert zwischen Fähigkeiten und Wissen. Im Modell für mathematische Begabung wird nur der Begriff der Fähigkeiten aufgrund der in Abschn. 1.1.2 dargestellten Überlegungen verwendet.
- Im Modell zur Entwicklung mathematischer Expertise wird auf den Begriff der mathematischen Begabung verzichtet. Fasst man wie in Abschn. 1.1.3 mathematische Begabung als Potenzial zur Entwicklung mathematischer Fähigkeiten auf, so lässt sich Begabung im Modell von Fritzlar am ehesten bei den Voraussetzungen und Grundlagen zur Entwicklung von Fähigkeiten, d. h. im Bereich der runden Scheibe in Abb. 1.22 lokalisieren.
- Der Prozess der Entwicklung von Fähigkeiten wird im Modell für mathematische Begabung in Abb. 1.13 klar als „Lernen" bezeichnet und herausgestellt. Dies schließt ein, dass das Individuum mathematikspezifische Erfahrungen macht. Im Modell zur Entwicklung mathematischer Expertise findet sich dieser Prozess teils im Bereich „mathematikspezifische Erfahrungen" in der runden Scheibe, teils ist er durch den vertikalen Pfeil von den Grundlagen hin zu Fähigkeiten und Wissen symbolisiert.

Kerngedanken aus diesem Kapitel

- In Abschn. 1.1 wurde der Begriff des mathematischen Denkens differenziert gefasst. Darauf aufbauend wurde mathematische Begabung als individuelles Potenzial für die Entwicklung von Fähigkeiten zu mathematischem Denken konzipiert. Es zeigte sich, dass Prozesse zur Entwicklung mathematischer Begabung, Fähigkeiten und Leistung mit einem Geflecht vielfältiger Eigenschaften der Person und der Umwelt in Wechselwirkung stehen.
- In Abschn. 1.2 wurden Modelle und Konzepte für Begabung aus der Psychologie und der Pädagogik vorgestellt und jeweils mit dem Modell für mathematische Begabung in Bezug gesetzt.
- Abschn. 1.3 hat weitere Modelle aus der Mathematikdidaktik zur Entwicklung mathematischer Begabung und mathematischer Expertise beleuchtet und in den Gedankengang des vorliegenden Buches eingeordnet.

Literatur

Bear, M., Connors, B., Paradiso, M. (2018): Neurowissenschaften, Springer Spektrum, Berlin

Blum, W., Hofe, R. vom (2016): „Grundvorstellungen" as a Category of Subject-Matter Didactics, Journal für Mathematik-Didaktik, 37, Supplement 1, S. 225–254

Boekaerts, M. (1999): Self-regulated learning: where we are today, International Journal of Educational Research, 31, S. 445–457

Böhm, W. (1994): Der Mensch, das Maß der Bildung – wer sonst? in: Heitger, M. (Hrsg.): Der Mensch – das Maß der Bildung? Tyrolia, Innsbruck, S. 9–28

Böhm, W. (2011): Theorie und Praxis, Eine Einführung in das pädagogische Grundproblem, Königshausen & Neumann, Würzburg

Borromeo Ferri, R. (2006): Theoretical and empirical differentiations of phases in the modelling process, Zentralblatt für Didaktik der Mathematik, 38 (2), S. 86–95

Borromeo Ferri, R. (2011): Wege zur Innenwelt des mathematischen Modellierens, Kognitive Analysen zu Modellierungsprozessen im Mathematikunterricht, Vieweg + Teubner, Wiesbaden

Brandstätter, V., Schüler, J., Puca, R. M., Lozo, L. (2018): Motivation und Emotion, Springer, Berlin, Heidelberg

Brohm, M. (2009): Sozialkompetenz und Schule, Theoretische Grundlagen und empirische Befunde zu Gelingensbedingungen sozialbezogener Interventionen, Juventa, Weinheim, München

Bruder, R., Collet, C. (2011): Problemlösen lernen im Mathematikunterricht, Cornelsen Scriptor, Berlin

Christou, C. (2017): Creativity and imagination in mathematics, in: Pitta-Pantazi, D. (Hrsg.): Mathematical Creativity and Giftedness, Proceedings of the 10th Mathematical Creativity and Giftedness International Conference, Nicosia, S. 17–24

Devlin, K. (1994): Mathematics, The Science of Patterns, Scientific American Library, New York

Dresel, M., Lämmle, L. (2017): Motivation, in: Götz, T. (Hrsg.): Emotion, Motivation und selbstreguliertes Lernen, Schöningh, Paderborn, S. 79–142

Eichler, A., Vogel, M. (2013): Leitidee Daten und Zufall, Von konkreten Beispielen zur Didaktik der Stochastik, Springer Spektrum, Wiesbaden

Fischer, A., Hefendehl-Hebeker, L., Prediger, S. (2010): Mehr als Umformen: Reichhaltige algebraische Denkhandlungen im Lernprozess sichtbar machen, Praxis der Mathematik in der Schule, 33, S. 1–7

Fischer, R., Malle, G. (2004): Mensch und Mathematik, Eine Einführung in didaktisches Denken und Handeln, Klagenfurter Beiträge zur Didaktik der Mathematik, 5, Profil, München

Franke, M., Reinhold, S. (2016): Didaktik der Geometrie in der Grundschule, Springer Spektrum, Berlin, Heidelberg

Frenzel, A., Götz. T. (2018): Emotionen im Lern- und Leistungskontext, in: Rost, D., Sparfeldt, J., Buch, S. (Hrsg.): Handwörterbuch Pädagogische Psychologie, Beltz, Weinheim, Basel, S. 109–118

Frenzel, A., Götz, T., Pekrun, R. (2015): Emotionen, in: Wild, E., Möller, J. (Hrsg.): Pädagogische Psychologie, Springer, Berlin, Heidelberg, S. 201–224

Frenzel, A., Stephens, E. (2017): Emotionen, in: Götz, T. (Hrsg.): Emotion, Motivation und selbstreguliertes Lernen, Schöningh, Paderborn, S. 15–77

Fritzlar, T. (2010): Begabung und Expertise, Eine mathematikdidaktische Perspektive, mathematica didactica, 33, S. 113–140

Fritzlar, T. (2013a): Robert – Zur Entwicklung mathematischer Expertise bei Kindern und Jugendlichen, in: Fritzlar, T., Käpnick, F. (Hrsg.): Mathematische Begabungen, Denkansätze zu einem komplexen Themenfeld aus verschiedenen Perspektiven, WTM, Münster, S. 41–59

Fritzlar, T. (2013b): Mathematische Begabungen im Grundschulalter, Ein Überblick zu aktuellen mathematikdidaktischen Forschungsarbeiten, mathematica didactica, 36, S. 5–27

Fuchs, M. (2006): Vorgehensweisen mathematisch potentiell begabter Dritt- und Viertklässler beim Problemlösen, Empirische Untersuchung zur Typisierung spezifischer Problembearbeitungsstile, LIT, Berlin

Gagné, F. (1993): Constructs and models pertaining to exceptional human abilities, in: Heller, K., Mönks, F., Passow, A. (Hrsg.): International Handbook of Research and Development of Giftedness and Talent, Pergamon Press, Oxford, S. 63–85

Gagné, F. (2004): Transforming gifts into talents: the DMGT as a developmental theory, High Ability Studies, 15 (2), S. 119–147

Gagné, F. (2009): Debating Giftedness: Pronat vs. Antinat, in: Shavinina, L. (Hrsg.): International Handbook on Giftedness, Springer Netherlands, Dordrecht, S. 155–204

Gagné, F. (2010): Motivation within the DMGT 2.0 framework, High Ability Studies, 21 (2), S. 81–99

Gagné, F. (2011): Academic Talent Development and the Equity Issue in Gifted Education, Talent Development & Excellence, 3 (1), S. 3–22

Gagné, F. (2012): Building gifts into talents: Brief overview of the DMGT 2.0, https://www.researchgate.net/publication/287583969_Building_gifts_into_talents_Detailed_overview_of_the_DMGT_20

Gagné, F. (2014): Academic talent development within the DMGT-CMTD framework, Keynote address given at the International Conference for Gifted and Talented Education (IC-GATE), Kuala Lumpur, Malaysia

Gagné, F. (2015): From genes to talent: the DMGT/CMTD perspective, Revista de Educación, 368, S. 12–37

Gardner, H. (1983): Frames of Mind, The Theory of Multiple Intelligences, Basic Books, New York

Gardner, H. (1991): Abschied vom IQ, Die Rahmen-Theorie der vielfachen Intelligenzen, Klett Cotta, Stuttgart

Gardner, H. (1993): Multiple Intelligences, The Theory in Practice, Basic Books, New York

Gardner, H. (1999): Intelligence Reframed, Multiple Intelligences for the 21th Century, Basic Books, New York

GDM AK Stochastik – Arbeitskreis Stochastik der Gesellschaft für Didaktik der Mathematik (2003): Empfehlungen zu Zielen und zur Gestaltung des Stochastikunterrichts, Stochastik in der Schule, 23, S. 21–26

Gerrig, R. (2015): Psychologie, Pearson, Hallbergmoos

Götz, T., Nett, U. (2017): Selbstreguliertes Lernen, in: Götz, T. (Hrsg.): Emotion, Motivation und selbstreguliertes Lernen, Schöningh, Paderborn, S. 143–184

Greefrath, G., Kaiser, G., Blum, W., Borromeo Ferri, R. (2013): Mathematisches Modellieren – Eine Einführung in theoretische und didaktische Hintergründe, in: Borromeo Ferri, R., Greefrath, G., Kaiser, G. (Hrsg.): Mathematisches Modellieren für Schule und Hochschule, Springer Spektrum, Wiesbaden, S. 11–38

Greefrath, G., Oldenburg, R., Siller, H.-S., Ulm, V., Weigand, H.-G. (2016): Didaktik der Analysis, Springer Spektrum, Berlin, Heidelberg

Grüßing, M. (2002): Wieviel Raumvorstellung braucht man für Raumvorstellungsaufgaben? Strategien von Grundschulkindern bei der Bewältigung räumlich-geometrischer Anforderungen, Zentralblatt für Didaktik der Mathematik, 34 (2), S. 37–45

Gutzmer, A. (1908): Bericht betreffend den Unterricht in der Mathematik an den neunklassigen höheren Lehranstalten, in: Gutzmer, A. (Hrsg.): Die Tätigkeit der Unterrichtskommission der Gesellschaft Deutscher Naturforscher und Ärzte, Teubner, Leipzig, S. 104–114

Heinrich, F., Bruder, R., Bauer, C. (2015): Problemlösen lernen, in: Bruder, R., Hefendehl-Hebeker, L., Schmidt-Thieme, B., Weigand, H.-G. (Hrsg.): Handbuch der Mathematikdidaktik, Springer Spektrum, Berlin, Heidelberg, S. 279–301

Helfand, M., Kaufman, J., Beghetto, R. (2016): The Four-C Model of Creativity: Culture and Context, in: Glăveanu, V. (Hrsg.): The Palgrave Handbook of Creativity and Culture Research, Palgrave Macmillan, London, S. 15–36

Heller, K. (2004): Identification of Gifted and Talented Students, Psychology Science, 46 (3), S. 302–323

Heller, K. (2013): Findings from the Munich Longitudinal Study of Giftedness and Their Impact on Identification, Gifted Education and Counseling, Talent Development & Excellence, 5 (1), S. 51–64

Heller, K., Perleth, C. (2007): Talentförderung und Hochbegabtenförderung in Deutschland, in: Heller, K., Ziegler, A. (Hrsg.): Begabt sein in Deutschland, LIT, Berlin, S. 139–170

Heller, K., Perleth, C. (2008): The Munich High Ability Test Battery (MHBT): A multi-dimensional, multimethod approach, Psychology Science Quarterly, 50 (2), S. 173–188

Heller, K., Perleth, C., Lim, T. K. (2005): The Munich Model of Giftedness Designed to Identify and Promote Gifted Students, in: Sternberg, R., Davidson, J. (Hrsg.): Conceptions of Giftedness, Cambridge University Press, Cambridge, S. 147–170

Heller, K., Reimann, R., Rindermann, H. (2002): Theoretische und methodische Grundlagen der Evaluationsstudien, in: Heller, K. (Hrsg.): Begabtenförderung im Gymnasium, Leske + Budrich, Opladen

Hofe, R. vom (1995): Grundvorstellungen mathematischer Inhalte, Spektrum Akademischer Verlag, Heidelberg

Jahnke, H. N., Ufer, S. (2015): Argumentieren und Beweisen, in: Bruder, R., Hefendehl-Hebeker, L., Schmidt-Thieme, B., Weigand, H.-G. (Hrsg.): Handbuch der Mathematikdidaktik, Springer Spektrum, Berlin, Heidelberg, S. 331–355

Kaiser, G., Blum, W., Borromeo Ferri, R., Greefrath, G. (2015): Anwendungen und Modellieren, in: Bruder, R., Hefendehl-Hebeker, L., Schmidt-Thieme, B., Weigand, H.-G. (Hrsg.): Handbuch der Mathematikdidaktik, Springer Spektrum, Berlin, Heidelberg, S. 357–383

Kanning, U. P. (2015): Soziale Kompetenzen fördern, Hogrefe, Göttingen

Käpnick, F. (1998): Mathematisch begabte Kinder, Modelle, empirische Studien und Förderungsprojekte für das Grundschulalter, Lang, Frankfurt a. M.

Käpnick, F. (2006): Problembearbeitungsstile mathematisch begabter Grundschulkinder, Beiträge zum Mathematikunterricht 2006, Vorträge auf der 40. Tagung für Didaktik der Mathematik vom 6.3. bis 10.3.2006 in Osnabrück, Franzbecker, Hildesheim, Berlin, S. 59–60

Käpnick, F. (2013): Theorieansätze zur Kennzeichnung des Konstruktes „Mathematische Begabung" im Wandel der Zeit, in: Fritzlar, T., Käpnick, F. (Hrsg.): Mathematische Begabungen, Denkansätze zu einem komplexen Themenfeld aus verschiedenen Perspektiven, WTM, Münster, S. 9–39

Käpnick, F. (2014a): Fachdidaktik Mathematik, in: International Panel of Experts for Gifted Education (iPEGE) (Hrsg.): Professionelle Begabtenförderung, Fachdidaktik und Begabtenförderung, ÖZBF, Salzburg, S. 199–215

Käpnick, F. (2014b): Mathematiklernen in der Grundschule, Springer Spektrum, Berlin, Heidelberg

Kortenkamp, U., Lambert, A. (2015): Wenn …, dann … bis …, Algorithmisches Denken (nicht nur) im Mathematikunterricht, mathematik lehren, 188, S. 2–9

Kramer, J., Pippich, A.-M. von (2013): Von den natürlichen Zahlen zu den Quaternionen, Springer Spektrum, Wiesbaden

Krapp, A., Geyer, C., Lewalter, D. (2014): Motivation und Emotion, in: Seidel, T., Krapp, A. (Hrsg.): Pädagogische Psychologie, Beltz, Weinheim, Basel, S. 193–222

Krüger, K., Sill, H.-D., Sikora, C. (2015): Didaktik der Stochastik in der Sekundarstufe I, Springer Spektrum, Berlin, Heidelberg

Landmann, M., Perels, F., Otto, B., Schnick-Vollmer, K., Schmitz, B. (2015): Selbstregulation und selbstreguliertes Lernen, in: Wild, E., Möller, J. (Hrsg.): Pädagogische Psychologie, Springer, Berlin, Heidelberg, S. 45–65

Leikin, R. (2009): Bridging research and theory in mathematics education with research and theory in creativity and giftedness, in: Leikin, R., Berman, A., Koichu, B. (Hrsg.): Creativity in Mathematics and the Education of Gifted Students, Sense Publishers, Rotterdam, S. 385–411

Leikin, R., Lev, M. (2007): Multiple Solution Tasks as a Magnifying Glass for Observation of Mathematical Creativity, in: Woo, J. H., Lew, H. C., Park, K. S., Seo, D. Y. (Hrsg.): Proceedings of the 31st Conference of the International Group for the Psychology of Mathematics Education, Seoul, 3, S. 161–168

Liljedahl, P., Sriraman, B. (2006): Musings on Mathematical Creativity, For the Learning of Mathematics, 26 (1), S. 17–19

Linn, M. C., Petersen, A. C. (1985): Emergence and Characterization of Sex Differences in Spatial Ability, A Meta-Analysis, Child Development, 56 (6), S. 1479-1498

Lompscher, J. (1972): Wesen und Struktur allgemeiner geistiger Fähigkeiten, in: Lompscher, J. (Hrsg.): Theoretische und experimentelle Untersuchungen zur Entwicklung geistiger Fähigkeiten, Volk und Wissen, Berlin, S. 17–72

Ludwig, M., Lutz-Westphal, B., Ulm, V. (2017): Forschendes Lernen im Mathematikunterricht, Mathematische Phänomene aktiv hinterfragen und erforschen, Praxis der Mathematik in der Schule, 73, S. 2–9

Maaß, K. (2006): What are modelling competencies? Zentralblatt für Didaktik der Mathematik, 38 (2), S. 113–142

Maier, P. (1999): Räumliches Vorstellungsvermögen, Ein theoretischer Abriss des Phänomens räumliches Vorstellungsvermögen, Auer, Donauwörth

Malle, G. (1993): Didaktische Probleme der elementaren Algebra, Vieweg, Braunschweig

Malle, G. (2000): Zwei Aspekte von Funktionen: Zuordnung und Kovariation, mathematik lehren, 103, S. 8–11

Mann, E., Chamberlin, S., Graefe, A. (2017): The Prominence of Affect in Creativity: Expanding the Conception of Creativity in Mathematical Problem Solving, in: Leikin, R., Sriraman, B. (Hrsg.): Creativity and Giftedness, Interdisciplinary perspectives from mathematics and beyond, Springer International Publishing, Switzerland, S. 57–73

Möller, J., Trautwein, U. (2015): Selbstkonzept, in: Wild, E., Möller, J. (Hrsg.): Pädagogische Psychologie, Springer, Berlin, Heidelberg, S. 177–199

Mönks, F. (1992): Ein interaktionales Modell der Hochbegabung, in: Hany, E., Nickel, H. (Hrsg.): Begabung und Hochbegabung, Hans Huber, Bern, Göttingen, S. 17–22

Mönks, F., Katzko, M. (2005): Giftedness and Gifted Education, in: Sternberg, R., Davidson, J. (Hrsg.): Conceptions of Giftedness, Cambridge University Press, Cambridge, S. 187–200

Mönks, F., Ypenburg, I. (2012): Unser Kind ist hochbegabt, Reinhardt, München

Öllinger, M. (2017): Problemlösen, in: Müsseler, J., Rieger, M. (Hrsg.): Allgemeine Psychologie, Springer, Berlin, Heidelberg, S. 587–618

Padberg, F., Wartha, S. (2017): Didaktik der Bruchrechnung, Spektrum Akademischer Verlag, Heidelberg

Padberg, F., Benz, C. (2011): Didaktik der Arithmetik, Spektrum Akademischer Verlag, Heidelberg

Pehkonen, E. (1997): The State of Art in Mathematical Creativity, Zentralblatt für Didaktik der Mathematik, 29 (3), S. 63–67

Pekrun, R. (2018): Emotionen, Lernen und Leistung, in: Huber, M., Krause, S. (Hrsg.): Bildung und Emotion, Springer VS, Wiesbaden, S. 215–231

Pekrun, R., Lichtenfeld, S., Marsh, H., Murayama, K., Götz, T. (2017): Achievement Emotions and Academic Performance: Longitudinal Models of Reciprocal Effects, Child Development, 88 (5), S. 1653–1670

Perleth, C. (2001): Follow-up-Untersuchungen zur Münchner Hochbegabungsstudie, in: Heller, K. (Hrsg.): Hochbegabung im Kindes- und Jugendalter, Hogrefe, Göttingen, S. 357–446

Perleth, C. (2007): Hochbegabung, in: Borchert, J. (Hrsg.): Einführung in die Sonderpädagogik, Oldenbourg, München, S. 149–183

Philipp, K. (2013): Experimentelles Denken, Theoretische und empirische Konkretisierung einer mathematischen Kompetenz, Springer Spektrum, Wiesbaden

Plomin, R. (1994): Genetics and Experience, The Interplay Between Nature and Nurture, Sage Publications, Thousand Oaks, London, New Delhi

Polya, G. (1945): How to solve it, Princeton University Press, Princeton

Renzulli, J. (1978): What makes giftedness? Reexamining a definition, Phi Delta Kappan, 60 (3), S. 180–184, 261

Renzulli, J. (1986): The Three-Ring Conception of Giftedness, A Developmental Model for Creative Productivity, in: Sternberg, R., Davidson, J. (Hrsg.): Conceptions of Giftedness, Cambridge University Press, Cambridge, S. 53–92

Renzulli, J. (2005): The Three-Ring Conception of Giftedness, A Developmental Model for Promoting Creative Productivity, in: Sternberg, R., Davidson, J. (Hrsg.): Conceptions of Giftedness, Cambridge University Press, Cambridge, S. 246–279

Rhodes, M. (1961): An analysis of creativity, Phi Delta Kappan, 42 (7), S. 305–310

Roth, J., Weigand, H.-G. (2014): Forschendes Lernen, Eine Annäherung an wissenschaftliches Arbeiten, mathematik lehren, 184, S. 2–9

Roth, W. (2006): Sozialkompetenz fördern, Julius Klinkhardt, Bad Heilbrunn

Rott, B. (2014): Mathematische Problembearbeitungsprozesse von Fünftklässlern – Entwicklung eines deskriptiven Phasenmodells, Journal für Mathematik-Didaktik, 35 (2), S. 251–282

Schipper, W. (2005): Lernschwierigkeiten erkennen – verständnisvolles Lernen fördern, Handreichung zu SINUS-Transfer Grundschule, Mathematik, Institut für die Pädagogik der Naturwissenschaften (IPN), Kiel

Schoenfeld, A. (1985): Mathematical Problem Solving, Academic Press, San Diego

Schweidler, W. (2011): Der Personbegriff aus Sicht der Philosophie, Zur Aktualität des Personbegriffs, in: Hackl, A., Steenbuck, O., Weigand, G. (Hrsg.): Werte schulischer Begabtenförderung, Begabungsbegriff und Werteorientierung, Karg-Heft 3, Karg-Stiftung, Frankfurt, S. 26–31

Silver, E. A. (1997): Fostering Creativity through Instruction Rich in Mathematical Problem Solving and Problem Posing, Zentralblatt für Didaktik der Mathematik, 29 (3), S. 75–80

Spitzer, M. (2000): Geist im Netz, Modelle für Lernen, Denken und Handeln, Spektrum Akademischer Verlag, Heidelberg, Berlin

Spitzer, M. (2006): Lernen, Gehirnforschung und die Schule des Lebens, Springer Spektrum, Berlin, Heidelberg

Sriraman, B. (2004): The Characteristics of Mathematical Creativity, The Mathematics Educator, 14 (1), S. 19–34

Sternberg, R. (1998): Abilities Are Forms of Developing Expertise, Educational Researcher, 27 (3), S. 11–20

Sternberg, R., Lubart, T. (2009): The concept of creativity: Prospects and paradigms, in: Sternberg, R. (Hrsg.): Handbook of Creativity, Cambridge University Press, Cambridge, S. 3–15

Thurstone, L. L. (1950): Some primary abilities in visual thinking, Psychometric Laboratory Research Report No. 62, University of Chicago Press, Chicago

Trautmann, T. (2016): Einführung in die Hochbegabtenpädagogik, Schneider, Hohengehren, Baltmannsweiler

Ulm, V. (2009): Eine natürliche Beziehung, Forschendes Lernen in der Mathematik, in: Messner, R. (Hrsg.): Schule forscht, Ansätze und Methoden zum forschenden Lernen, edition Körber-Stiftung, Hamburg, S. 89–105

Villiers, M. de (1990): The role and function of proof in mathematics, Pythagoras, 24, S. 17–24

Vogel, M., Eichler, A. (2011): Das kann doch kein Zufall sein! Wahrscheinlichkeitsmuster in Daten finden, Praxis der Mathematik in der Schule, 39, S. 2–8

Vollrath, H.-J. (1987): Begriffsbildung als schöpferisches Tun im Mathematikunterricht, Zentralblatt für Didaktik der Mathematik, 19, S. 123–127

Vollrath, H.-J. (1989): Funktionales Denken, Journal für Mathematik-Didaktik, 10, S. 3–37

Vollrath, H.-J. (2014): Funktionale Zusammenhänge, in: Linneweber-Lammerskitten, H. (Hrsg.): Fachdidaktik Mathematik, Friedrich, Seelze, S. 112–125

Weigand, G. (2011): Person und Begabung, in: Hackl, A., Steenbuck, O., Weigand, G. (Hrsg.): Werte schulischer Begabtenförderung, Begabungsbegriff und Werteorientierung, Karg-Heft 3, Karg-Stiftung, Frankfurt, S. 32–38

Weigand, G. (2014a): Begabung und Person, in: Weigand, G., Hackl, A., Müller-Oppliger, V., Schmid, G. (Hrsg.): Personorientierte Begabungsförderung, Beltz, Weinheim, Basel, S. 26–36

Weigand, G. (2014b): Zur Einführung: Eine Idee entsteht …, in: Weigand, G., Hackl, A., Müller-Oppliger, V., Schmid, G. (Hrsg.): Personorientierte Begabungsförderung, Beltz, Weinheim, Basel, S. 11–20

Weigand, H.-G. (2015): Begriffsbildung, in: Bruder, R., Hefendehl-Hebeker, L., Schmidt-Thieme, B., Weigand, H.-G. (Hrsg.): Handbuch der Mathematikdidaktik, Springer Spektrum, Berlin, Heidelberg, S. 255–278

Weinert, F. E. (2012): Begabung und Lernen, Zur Entwicklung geistiger Leistungsunterschiede, in: Hackl, A., Pauly, C., Steenbuck, O., Weigand, G. (Hrsg.): Werte schulischer Begabtenförderung, Begabung und Leistung, Karg-Heft 4, Karg-Stiftung, Frankfurt, S. 23–34

Weth, T. (1999): Kreativität im Mathematikunterricht, Begriffsbildung als kreatives Tun, Franzbecker, Hildesheim

Wild, E., Hofer, M., Pekrun, R. (2001): Psychologie des Lerners, in: Krapp, A., Weidenmann, B. (Hrsg.): Pädagogische Psychologie, Beltz, Weinheim, Basel, S. 207–270

Winter, H. (1983): Entfaltung begrifflichen Denkens, Journal für Mathematik-Didaktik, 4 (3), S. 175–204

Winter, H. (1995): Mathematikunterricht und Allgemeinbildung, Mitteilungen der Gesellschaft für Didaktik der Mathematik, 61, S. 37–46

Wittmann, E., Müller, G. (2012): Muster und Strukturen als fachliches Grundkonzept des Mathematikunterrichts in der Grundschule, in: Müller, G., Selter, C., Wittmann, E. (Hrsg.): Zahlen, Muster und Strukturen, Spielräume für aktives Lernen und Üben, Klett, Stuttgart, S. 61–79

Zehnder, M. (in Vorbereitung): Mathematische Begabung in den Jahrgangsstufen 9 und 10, Ein theoretischer und empirischer Beitrag zur Modellierung und Diagnostik

Ziegenbalg, J., Ziegenbalg, O., Ziegenbalg, B. (2016): Algorithmen von Hammurapi bis Gödel, Springer Spektrum, Wiesbaden

Diagnostik mathematischer Begabung 2

Im Fokus dieses Kapitels steht die Frage, wie man herausfinden kann, welches Potenzial zur Entwicklung mathematischer Fähigkeiten ein Schüler besitzt. Doch warum sollte man sich überhaupt mit dieser Frage beschäftigen, deren Antwort zweifelsohne wie mathematische Begabung selbst komplex und dementsprechend aufwendig zu finden sein wird? Anders gefragt: Warum ist das Erkennen mathematisch begabter Schüler sinnvoll und sogar notwendig? Oder noch prägnanter: Warum sollte man sich überhaupt mit diesem Kapitel beschäftigen? Antworten hierauf lassen sich aus zwei unterschiedlichen Perspektiven geben.

Nach Artikel 29 der Kinderrechtskonvention der Vereinten Nationen ist die Begabungsentfaltung ein Ziel der Bildung jedes Kindes (vgl. BMFSFJ 2018, S. 22). Der Entfaltungsprozess umfasst insbesondere das Lernen als Kernprozess der Entwicklung von Fähigkeiten auf Basis der mathematischen Begabung eines Schülers. Wie wir in Abschn. 1.1.5 gesehen haben, besitzt die Umwelt eines Schülers einen fördernden oder hemmenden Einfluss auf diesen Lern- bzw. Entfaltungsprozess. Es ist daher sinnvoll, unabhängig von der Ausprägung der mathematischen Begabung eines Schülers sein individuelles Potenzial zur Entwicklung mathematischer Fähigkeiten zu kennen, um eine Förderung der Begabungsentfaltung möglichst optimal zu gestalten. Teilweise wird eine entsprechende Erkundung des Potenzials sogar als notwendige Voraussetzung einer effektiven Förderung angesehen (vgl. z. B. Käpnick 2014b, S. 227). Sinn und Notwendigkeit des Erkennens einer mathematischen Begabung lassen sich also aus einer individuellen Perspektive aus dem Recht des Schülers auf eine optimale Förderung ableiten.

Auch die Gesellschaft hat ein natürliches Interesse an der Förderung und in Konsequenz dem Erkennen mathematisch begabter Schüler. Dieses Interesse ist eng verbunden mit der Bedeutung der Mathematik für andere Domänen, insbesondere für den MINT-Bereich. Teilweise wird von Mathematik auch als „Schlüsselwissenschaft"

V. Ulm und M. Zehnder, *Mathematische Begabung in der Sekundarstufe*, Mathematik Primarstufe und Sekundarstufe I + II, https://doi.org/10.1007/978-3-662-61134-0_2

gesprochen. Da mathematisch begabte Schüler das Potenzial besitzen, herausragende Fähigkeiten und Expertise im Bereich der Mathematik zu erwerben, können sie damit einen wesentlichen Beitrag zum Vorankommen der Gesellschaft leisten. Es ist folglich aus einer gesellschaftlichen Perspektive heraus von besonderem Interesse, mathematisch begabte Schüler zu erkennen, um ihre Entwicklung bestmöglich zu fördern.

Man sieht, dass das Diagnostizieren bzw. Erkennen (Kap. 2) sowie Fördern (Kap. 3) mathematisch begabter Schüler zwei Seiten einer Medaille sind. Weil die Förderung eine unbestrittene Aufgabe der Schule und damit der Mathematiklehrkräfte ist, fällt ihr bzw. ihnen auch die Aufgabe des Diagnostizierens besonderer Potenziale zu. Geht es im Folgenden also um „den Diagnostiker", kann man diesen gleichsetzen mit „der Mathematiklehrkraft".

Angesichts der vielfältigen und umfangreichen Aufgaben, die Lehrkräften im Schulalltag zukommen, stellt sich die Frage, ob die Diagnostik mathematischer Begabung nicht eine zu große zusätzliche Belastung sei. Eine ehrliche Antwort hierauf ist, dass das Diagnostizieren mathematisch besonders begabter Schüler sicherlich einen gewissen Aufwand bedeutet. Allerdings ist es eine zentrale Aufgabe von Schule, alle Schüler entsprechend ihren Potenzialen möglichst gut zu fördern. Für zielgerichtete und passgenaue Förderung kommt man nicht umhin, die individuellen Lernvoraussetzungen – also insbesondere Begabungen – der Schüler in den Blick zu nehmen. Dazu wird in diesem Kapitel deutlich werden, dass Lehrkräfte – oft möglicherweise unbewusst – bereits über vielfältige Möglichkeiten verfügen, im regulären Schulalltag Informationen über Schüler zu sammeln, die für eine Diagnostik genutzt werden können. Welche Möglichkeiten dies sind und was Mathematiklehrkräfte darüber hinaus tun können, um eine mathematische Begabung zu diagnostizieren, sind zentrale Fragen, die in diesem Kapitel beantwortet werden.

2.1 Grundlagen der pädagogischen Diagnostik

Wir haben eben festgestellt, dass das Diagnostizieren mathematisch begabter Schüler sinnvoll und notwendig ist, um sie optimal bei der Verwirklichung ihrer Potenziale zu unterstützen. Lernen ist dabei ein Kernprozess (vgl. Abschn. 1.1.5). Es liegt also nahe, dass wir uns in diesem Abschnitt mit den Grundlagen pädagogischer Diagnostik beschäftigen. Eine ihrer Aufgaben ist nämlich, wie wir gleich sehen werden, individuelles Lernen zu optimieren. Zu Beginn werden zunächst die zentralen Begriffe der pädagogischen Diagnostik sowie der Diagnostik mathematischer Begabung inhaltlich erläutert und zueinander in Beziehung gesetzt. Ausgehend vom diagnostischen Prozess werden danach mögliche Zielsetzungen, Strategien und Verfahren vorgestellt, die in der pädagogischen Diagnostik realisiert werden können. Den Abschluss dieses Abschnitts bildet die Beschreibung von Merkmalen diagnostischer Urteile sowie von Gütekriterien, deren Einhaltung eine hohe Qualität diagnostischer Urteile sicherstellen soll.

2.1.1 Begriffsklärung

Der Begriff Diagnostik hat seinen Ursprung im griechischen Wort diagnōstikós, das „zum Unterscheiden geschickt" bedeutet (Dudenredaktion o. J.). Wenn man nur diese ursprüngliche Wortbedeutung berücksichtigt, ist also davon auszugehen, dass das Diagnostizieren mathematisch begabter Schüler – und damit auch das Unterscheiden dieser Schüler von anderen – eine Facette der Diagnostik ist. Dass diese Aussage auch für pädagogische Diagnostik richtig ist, verdeutlichen die folgenden Abschnitte.

2.1.1.1 Pädagogische Diagnostik

Karl-Heinz Ingenkamp schlug 1968 den Begriff *pädagogische Diagnostik* angelehnt an medizinische und psychologische Diagnostik vor. Das Folgende wird darunter verstanden:

> „Pädagogische Diagnostik umfasst alle diagnostischen Tätigkeiten, durch die bei einzelnen Lernenden und den in einer Gruppe Lernenden Voraussetzungen und Bedingungen planmäßiger Lehr- und Lernprozesse ermittelt, Lernprozesse analysiert und Lernergebnisse festgestellt werden, um individuelles Lernen zu optimieren. Zur Pädagogischen Diagnostik gehören ferner die diagnostischen Tätigkeiten, die die Zuweisung zu Lerngruppen oder zu individuellen Förderungsprogrammen ermöglichen sowie die mehr gesellschaftlich verankerten Aufgaben der Steuerung des Bildungsnachwuchses oder der Erteilung von Qualifikationen zum Ziel haben." (Ingenkamp und Lissmann 2008, S. 13)

Diese Definition ist sehr gehaltvoll, sie kann aber auf drei zentrale Elemente reduziert werden: das Vorgehen, die Gegenstände und die Aufgaben pädagogischer Diagnostik. Betrachten wir diese drei Elemente nun etwas genauer.

Pädagogische Diagnostik wird entsprechend ihrer Definition ganz wesentlich durch diagnostische Tätigkeit bestimmt. Ingenkamp und Lissmann (2008, S. 13) beschreiben diese so:

> „Unter diagnostischer Tätigkeit wird […] ein Vorgehen verstanden, in dem (mit oder ohne diagnostische Instrumente) unter Beachtung wissenschaftlicher Gütekriterien beobachtet und befragt wird, die Beobachtungs- und Befragungsergebnisse interpretiert und mitgeteilt werden, um ein Verhalten zu beschreiben und/oder die Gründe für dieses Verhalten zu erläutern und/oder zukünftiges Verhalten vorherzusagen."

Obwohl im ersten Zitat von Ingenkamp und Lissmann – der Definition pädagogischer Diagnostik – nur von diagnostischer Tätigkeit gesprochen wird, macht das zweite Zitat – die Beschreibung diagnostischer Tätigkeit – deutlich, dass das Vorgehen pädagogischer Diagnostik implizit in der Begriffsbildung enthalten ist. Mit den Voraussetzungen und den Bedingungen des Lernens sowie mit Lernprozessen und Lernergebnissen spricht die obige Definition pädagogischer Diagnostik auch die vier Gegenstände an, die im Rahmen diagnostischer Tätigkeit untersucht werden. Diese Untersuchung dient letztlich einer von vier Aufgaben. Pädagogische Diagnostik kann auf der einen Seite dem

Optimieren von individuellen Lernprozessen bzw. einer Zuweisung zu Lerngruppen oder Förderungsprogrammen dienen, auf der anderen Seite aber auch zur Steuerung des Bildungsnachwuchses oder zur Erteilung von Qualifikationen eingesetzt werden. Die verschiedenen Aufgaben sind also entweder pädagogisch-didaktischer oder bildungspolitisch-gesellschaftlicher Natur und stehen wegen dieses eher gegensätzlichen Naturells in einem gewissen Spannungsverhältnis zueinander.

Natürlich gibt es neben der Beschreibung von Ingenkamp und Lissmann (2008) noch weitere Definitionen pädagogischer oder, teilweise synonym verwendet, pädagogisch-psychologischer Diagnostik (vgl. z. B. Klauer 1978b, S. 5; Wilhelm und Kunina-Habenicht 2015, S. 307). In der Regel stimmen diese Definitionen im Kern mit der zuvor dargestellten Definition überein, sie beschreiben oft aber das Vorgehen, die Gegenstände und die Aufgaben (wenn überhaupt) ungenauer und sind daher für die Praxis weniger geeignet.

2.1.1.2 Vergleich pädagogischer und psychologischer Diagnostik

Eine Begriffsklärung zielt üblicherweise neben der Definition des Begriffs auch darauf ab, Gemeinsamkeiten und Unterschiede zu anderen Begriffen aufzuzeigen. Weil Ingenkamp die pädagogische Diagnostik in Anlehnung an die psychologische Diagnostik vorschlug und weil pädagogische Diagnostik laut Klauer (1978a, S. XIII) aus psychologischer Diagnostik „herausgewachsen" ist, liegt ein Vergleich der beiden Begriffe nahe.

> „Psychologische Diagnostik ist eine Teildisziplin der Psychologie. Sie dient der Beantwortung von Fragestellungen, die sich auf die Beschreibung, Klassifikation, Erklärung oder Vorhersage menschlichen Verhaltens und Erlebens beziehen. Sie schließt die gezielte Erhebung von Informationen über das Verhalten und Erleben eines oder mehrerer Menschen sowie deren relevanter Bedingungen ein. Die erhobenen Informationen werden für die Beantwortung der Fragestellung interpretiert. Das diagnostische Handeln wird von psychologischem Wissen geleitet. Zur Erhebung von Informationen werden Methoden verwendet, die wissenschaftlichen Standards genügen." (Schmidt-Atzert und Amelang 2012, S. 4, Hervorh. entfernt)

Auch in dieser Definition lassen sich Vorgehen (Sammeln und Auswerten von Informationen), Gegenstände (menschliches Verhalten und Erleben) sowie Aufgaben (Beschreibung, Erklärung, Vorhersage und Klassifikation menschlichen Verhaltens und Erlebens) identifizieren. Vergleichen wir also diese drei Elemente psychologischer und pädagogischer Diagnostik miteinander:

- *Vorgehen:* Bei psychologischer und pädagogischer Diagnostik erhebt man Informationen und interpretiert sie. Das Vorgehen als Ganzes ist geprägt durch seine Wissenschaftlichkeit. Kleine Unterschiede wie die Mitteilung der Ergebnisse, die nur für pädagogische Diagnostik genannt wird, sind lediglich auf sprachlicher, nicht aber inhaltlicher Ebene vorhanden.

- *Gegenstände:* Lernen aus Sicht der Psychologie ist ein „erfahrungsbasierter Prozess, der in einer relativ überdauernden Veränderung des Verhaltens oder der Verhaltensmöglichkeiten resultiert" (Imhof 2016, S. 48). Die pädagogische Diagnostik beschäftigt sich also mit Änderungen des Verhaltens und der Verhaltensmöglichkeiten, die speziell auf Lernen zurückzuführen sind, sowie mit den Voraussetzungen und Bedingungen dieser Änderungen. Anders ausgedrückt interessieren die pädagogische Diagnostik das Verhalten und Erleben sowie deren Bedingungen in Lehr- und Lernprozessen. Demgegenüber untersucht die psychologische Diagnostik Verhalten und Erleben sowie deren Bedingungen in ganz unterschiedlichen Kontexten, also nicht nur auf Lernen bezogen.
- *Aufgaben:* Psychologische Diagnostik soll Fragestellungen beantworten, die sich auf die Beschreibung, Erklärung, Vorhersage und Klassifikation des menschlichen Verhaltens und Erlebens beziehen. Jede der Aufgaben pädagogischer Diagnostik kann als eine solche Fragestellung formuliert werden. Beispielsweise hilft die Beantwortung der Frage „Welche Faktoren beeinflussen das Lernverhalten des Schülers positiv bzw. negativ?" bei der Optimierung individueller Lernprozesse. Wir sehen in Abschn. 2.1.3 außerdem, dass Beschreibung, Klassifikation, Erklärung und Vorhersage Ziele pädagogischer Diagnostik und als solche eng mit ihren Aufgaben verwoben sind.

Die Gegenüberstellung macht deutlich, dass pädagogische und psychologische Diagnostik in ihren Aufgaben und ihrem Vorgehen weitestgehend übereinstimmen. Hinsichtlich der betrachteten Gegenstände ist die pädagogische Diagnostik eine Spezialisierung psychologischer Diagnostik mit Bezug auf Lehr- und Lernkontexte.

Prägnant zusammengefasst: Man kann pädagogische Diagnostik im Wesentlichen als Spezialfall psychologischer Diagnostik auffassen. Die Tatsache, dass die pädagogische Psychologie mit Fragestellungen wie der nach der Eignung von Schülern für spezielle Fördermaßnahmen als ein Anwendungsgebiet psychologischer Diagnostik aufgeführt wird, unterstützt diese Interpretation. Trotzdem war und ist die pädagogische Diagnostik in ihrer Entwicklung unabhängig von der psychologischen Diagnostik und liefert dadurch eigene Beiträge wie z. B. die kriterienorientierte Messung (vgl. Ingenkamp und Lissmann 2008, S. 19).

2.1.1.3 Bezug zur Diagnostik mathematischer Begabung

Zum Abschluss der Begriffsklärung setzen wir noch pädagogische Diagnostik und die Diagnostik mathematischer Begabung miteinander in Beziehung. Doch was genau ist die „Diagnostik mathematischer Begabung"? Nutzt man den in Kap. 1 gebildeten Begriff mathematischer Begabung, lässt sich definieren:

▶ Die *Diagnostik mathematischer Begabung (bei Schülern)* bzw. das *Diagnostizieren mathematisch begabter Schüler* bezeichnet den Prozess, in dessen Verlauf eine Antwort auf die Frage gesucht wird, welches Potenzial zur Entwicklung mathematischer Fähigkeiten ein Schüler besitzt.

Ein Vergleich der Diagnostik mathematischer Begabung mit pädagogischer Diagnostik lässt sich auch hier über eine Betrachtung der drei Elemente Vorgehen, Gegenstände und Aufgaben durchführen.

- *Vorgehen:* Das Vorgehen wird in der Definition nicht genannt. Wenn man mathematisch begabte Schüler diagnostiziert, liegt es jedoch nahe, dass diagnostische Tätigkeiten im Sinne pädagogischer Diagnostik nach obiger Definition von Ingenkamp und Lissmann (2008, S. 13) ausgeführt werden.
- *Gegenstände:* Der Gegenstand beim Diagnostizieren mathematisch begabter Schüler ist mathematische Begabung. Sie ist das individuelle Potenzial zur Entwicklung mathematischer Fähigkeiten, wobei sich das Potenzial durch Lernprozesse verwirklicht (vgl. Abschn. 1.1.5). Mathematische Begabung ist also eine spezielle Voraussetzung dieser Lernprozesse. Bei der Diagnostik mathematischer Begabung betrachtet man damit einen Gegenstand, der auch für die pädagogische Diagnostik von Interesse ist.
- *Aufgaben:* Zu Beginn dieses Kapitels haben wir gesehen, dass die Diagnostik und die Förderung mathematischer Begabung zwei Seiten einer Medaille sind. Wenn man mathematisch begabte Schüler diagnostiziert, kann dies einer Förderung und damit der Optimierung von Lernprozessen dienen. Außerdem kann die Diagnostik mathematischer Begabung durchgeführt werden, um Schüler einer speziellen Lerngruppe (z. B. einer Begabtenklasse) oder speziellen Förderprogrammen (z. B. einem außerunterrichtlichen Zusatzangebot) zuzuweisen. Ob nun das eine oder das andere, die Diagnostik mathematischer Begabung erfüllt zentrale Aufgaben der pädagogischen Diagnostik.

Die Diagnostik mathematischer Begabung ist also insbesondere gemäß ihrem Gegenstand und ihren Aufgaben eine Spezialform der pädagogischen Diagnostik. Alle nachfolgenden Überlegungen zur pädagogischen Diagnostik lassen sich daher auch für das Diagnostizieren mathematisch begabter Schüler konkretisieren.

2.1.2 Der diagnostische Prozess

Eben haben wir definiert, dass die Diagnostik mathematischer Begabung einen Prozess bezeichnet, in dessen Verlauf die Frage nach dem Potenzial eines Schülers beantwortet werden soll. Hinweise darauf, wie dieser Prozess ablaufen kann, gibt das Vorgehen der pädagogischen Diagnostik. Die einzelnen Elemente des Vorgehens, d. h. die Elemente diagnostischer Tätigkeit, werden nun zu einem Prozessmodell pädagogischer Diagnostik und damit auch zu einem Prozessmodell der Diagnostik mathematischer Begabung erweitert (vgl. Abb. 2.1).

Jäger (2006, S. 89) beschreibt den diagnostischen Prozess als „die zeitliche, organisatorische, strategische und personale Erstreckung zwischen vorgegebenen

Abb. 2.1 Der erweiterte
Prozess pädagogischer
Diagnostik

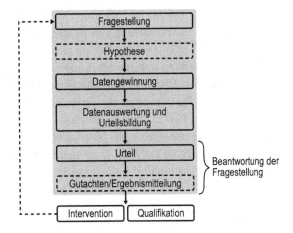

zunächst allgemeinen und später präzisierten Fragestellungen sowie deren Beantwortung"
und legt damit direkt den Anfangspunkt (Fragestellung) und den Endpunkt (Beantwortung
der Frage) des Prozesses fest. Dazwischen liegen ihm zufolge drei weitere Teilschritte:
Hypothesenbildung, Gewinnung diagnostischer Daten sowie Datenauswertung und
Urteilsbildung (vgl. Jäger 2006, S. 91 ff.). Zwar hat Jäger die Teilschritte ursprünglich für die psychologische Diagnostik vorgeschlagen, verschiedene Beschreibungen für
die pädagogische Diagnostik (vgl. z. B. Paradies et al. 2007, S. 34 f.; van Ophuysen und
Lintorf 2013, S. 61 ff.) machen aber deutlich, dass sich die Teilschritte im Wesentlichen
hierauf übertragen lassen. Was genau tut der Diagnostiker in den einzelnen Schritten?

2.1.2.1 Phasen des diagnostischen Prozesses

Die *Fragestellung* leitet den diagnostischen Prozess ein. Der Anlass für diese Fragestellung ist in der Regel eine (vorläufige und gegebenenfalls unpräzise) Frage, die entweder unmittelbar von der Lehrkraft stammt oder etwa von Eltern, Schülern oder
Kollegen an die Lehrkraft herangetragen wird. Die (endgültige) diagnostische Fragestellung sollte präzise formuliert sein und insbesondere entsprechende psychologische,
fachliche und fachdidaktische Erkenntnisse und Theorien berücksichtigen (vgl. Jäger
1986, S. 65 f.). Aufgabe der Lehrkraft in diesem ersten Teilschritt ist es daher, falls notwendig eine Präzisierung der ursprünglichen Fragestellung vorzunehmen, die dann als
Grundlage des weiteren diagnostischen Prozesses dienen kann.

   In der psychologischen Diagnostik schließt sich an die Fragestellung die
Formulierung einer oder mehrerer auf der Frage basierender *Hypothesen* an. Dieser
Schritt ist in der pädagogischen Diagnostik jedoch eher unüblich und wird auch in unterschiedlichen Beschreibungen des pädagogisch-diagnostischen Prozesses nicht berücksichtigt (vgl. z. B. van Ophuysen und Lintorf 2013, S. 61 ff.). In Abb. 2.1 verdeutlichen
gestrichelte Linien die fakultative Natur der Hypothesengenerierung.

   Die *Datengewinnung* ist ein zentraler Teilschritt der pädagogischen Diagnostik und
unterteilt sich in drei Phasen. Es gilt zunächst, die Fragestellung oder Hypothese(n),

die den Prozess tragen, zu *operationalisieren*. Operationalisieren meint in diesem Zusammenhang „die Einsetzung von Beobachtungsvariablen anstelle latenter Merkmale" (Rettler 1999, S. 283). Die zur Beantwortung der Fragestellung bzw. zur Überprüfung der Hypothese(n) notwendigen Merkmale einer Person werden also durch Indikatoren erfassbar gemacht. Ebenfalls zur Operationalisierung gehört die Festlegung von Verfahren und ggf. Instrumenten zur Erfassung der Indikatoren (vgl. Döring und Bortz 2016b, S. 228). Hierzu zwei Beispiele: Eine Operationalisierung modellierenden Denkens, wie in Abschn. 1.1.1 beschrieben, kann anhand einer Mathematikaufgabe erfolgen, bei deren Bearbeitung man mathematisch modellieren muss. Mathematisches Interesse kann man mithilfe eines Fragebogens operationalisieren, in dem Schüler auf einer Skala angeben sollen, wie sehr bestimmte Aussagen auf sie zutreffen (für ein Beispiel vgl. Abschn. 2.2.2). An die Operationalisierung schließen sich die *Planung der Untersuchungsstrategie* und die *Konkretisierung der Durchführung der Datenerhebung* an. Den Abschluss des Teilschrittes bildet dann die eigentliche *Datenerhebung*.

Während der *Datenauswertung und diagnostischen Urteilsbildung* interpretiert, integriert und verdichtet der Diagnostiker die gesammelten Daten, um daraus ein Urteil zu gewinnen. Das Zusammenfassen der Daten kann dabei auf zwei unterschiedliche Arten geschehen (vgl. Beauducel und Leue 2014, S. 50): zum einen subjektiv, intuitiv und informell im Rahmen einer klinischen Urteilsbildung und zum anderen regelgeleitet und algorithmisch im Sinne einer statistischen Urteilsbildung. Das entstandene *Urteil*, das eine Diagnose oder eine Prognose sein kann, schließt den diagnostischen Prozess ab, sofern kein *Gutachten* vereinbart wurde. Gutachten sind in der pädagogischen Praxis eher unüblich – eine Ausnahme sind aber z. B. sonderpädagogische Gutachten –, häufiger wird eine mündliche *Ergebnismitteilung* ein Resultat der diagnostischen Tätigkeit sein. Genauso ist es jedoch auch denkbar, auf eine Mitteilung der Ergebnisse zu verzichten, wenn die Fragestellung direkt vom Diagnostiker ausging. Weder Gutachten noch Ergebnismitteilung sind also fester Bestandteil des diagnostischen Prozesses und folglich ist auch diese Komponente in Abb. 2.1 mit gestrichelten Linien gezeichnet.

In der pädagogischen Praxis schließt sich an das Urteil sowie dessen Mitteilung, also die Beantwortung der einleitenden Fragestellung, eine von zwei Konsequenzen – eine *Intervention* oder die Erteilung einer *Qualifikation* – an. Beide Konsequenzen sind spezifische Aufgaben der pädagogischen Diagnostik (vgl. Abschn. 2.1.1), aber streng genommen keine ihrer eigentlichen Schritte. Hierzu gehören nur die grau hinterlegten Teilschritte in Abb. 2.1. Da sich die Konsequenzen aber unmittelbar aus dem Urteil ergeben und damit sehr eng mit dem diagnostischen Prozess in Verbindung stehen – speziell der Einfluss der Intervention auf den diagnostischen Prozess wird später in Abschn. 2.3.3 noch einmal aufgegriffen –, sind sie Teil des erweiterten Prozessmodells in Abb. 2.1. Während die Erteilung einer Qualifikation keine weiteren diagnostischen Maßnahmen erforderlich macht, wird sich an eine Intervention – z. B. die Zuweisung zu individuellen Förderprogrammen, eine Anpassung des Lernprozesses oder eine Empfehlung für den Bildungsgang eines Schülers – oftmals eine neue Fragestellung der Form „Ist die Interventionsmaßnahme erfolgreich?" anschließen. In diesem Fall wird der diagnostische Prozess ausgehend von dieser Frage noch einmal durchlaufen. Eine solche wirksamkeitsüberprüfende Diagnostik ist zwar nicht zwingend notwendig – sie wird im erweiterten Prozessmodell deshalb auch nur durch einen gestrichelten Pfeil von der Intervention hin zur Fragestellung angedeutet –, aus pädagogisch-didaktischer Sicht ist sie aber unbedingt angeraten.

2.1.2.2 Bezug zur Diagnostik mathematischer Begabung

Die Diagnostik mathematischer Begabung ist ein Spezialfall pädagogischer Diagnostik. Aus diesem Grund übertragen sich die Phasen des diagnostischen Prozesses auch unmittelbar auf das Diagnostizieren mathematisch begabter Schüler. Entsprechend der Definition der Diagnostik mathematischer Begabung leitet die Frage nach dem Potenzial eines Schülers zur Entwicklung mathematischer Fähigkeiten den diagnostischen Prozess. Wie sich speziell die Phase der Datengewinnung und die darin enthaltene Operationalisierung begabungsrelevanter Faktoren gestalten lassen, werden wir in Abschn. 2.2 sehen. Entsprechend der komplexen Natur mathematischer Begabung wird das abschließende Urteil sowie dessen Mitteilung, also die Beantwortung der ursprünglichen Fragestellung, nicht nur „Der Schüler besitzt ein hohes Potenzial." lauten, sondern komplex und differenziert ausfallen. Nichtsdestotrotz kann in der Regel aus dem Ergebnis der Diagnostik mathematischer Begabung eine Antwort auf die Frage „Ist der Schüler mathematisch begabt?" abgeleitet werden. Diese Antwort lautet dann entweder „Ja" oder „Nein".

2.1.3 Zielsetzungen, Strategien und Verfahren pädagogischer Diagnostik

Die Ausgestaltung der einzelnen Teilschritte pädagogischer Diagnostik hängt von Entscheidungen der Lehrkraft in unterschiedlichen Bereichen ab. Drei dieser Bereiche – Zielsetzungen, Strategien und Verfahren pädagogischer Diagnostik – werden nachfolgend genauer betrachtet.

2.1.3.1 Zielsetzungen

Für welche Zielsetzung man sich entscheidet, beeinflusst die den Prozess leitende Fragestellung und beantwortet dadurch auch unmittelbar die Frage, warum man eine pädagogische Diagnostik überhaupt durchführt. Es ist daher wenig verwunderlich, dass sich enge Beziehungen zwischen den Zielen und den Aufgaben pädagogischer Diagnostik finden lassen. Nach Eid und Petermann (2006, S. 16 ff.) lassen sich vier Ziele unterscheiden:

- Beschreibung und Klassifikation
- Erklärung
- Prognose
- Evaluation von Interventionen

Beschreibung und Klassifikation

Führt man pädagogische Diagnostik zur *Beschreibung* durch, dann geht es um die Beschreibung von Merkmalen von oder Merkmalsunterschieden zwischen einzelnen Lernenden oder Gruppen Lernender. Entsprechend den Gegenständen pädagogischer Diagnostik können die Merkmale dabei Voraussetzungen, Bedingungen oder Ergebnisse des Lernens sowie das Lernen selbst, also der Lernprozess, sein. An eine Beschreibung kann sich eine *Klassifikation*, d. h. eine Einordnung eines Schülers in eine bestimmte Gruppe aufgrund spezifischer beobachteter Merkmale, anschließen. Die Lehrkraft kann also beispielsweise die Fähigkeit eines Schülers zum Denken mit mathematischen Mustern beschreiben und ihn anschließend anhand der Beschreibung einer der drei Gruppen „Unterdurchschnittlich entwickelt", „Altersangemessen entwickelt" oder „Überdurchschnittlich entwickelt" zuordnen. Bezogen auf die Aufgaben pädagogischer Diagnostik ist eine Beschreibung sowohl für die Optimierung von Lernprozessen als auch zur Erteilung von Qualifikationen notwendig. Soll eine Zuweisung zu Lerngruppen bzw. individuellen Förderprogrammen stattfinden oder der Bildungsnachwuchs gesteuert werden, ist eine Klassifikation der Lernenden sinnvoll.

Erklärung

Möchte die pädagogische Diagnostik eine *Erklärung* anbieten, ist die Aufklärung von Ursachen des Verhaltens und Erlebens von Lernenden von Bedeutung. Beispielsweise genügt es dann nicht, unerwartete Lernergebnisse zu beschreiben, das Ziel des Diagnostikers ist es vielmehr, die Gründe hierfür herauszufinden. Mit dieser Zielsetzung ist in der Regel die Betrachtung der Voraussetzungen und Bedingungen des Lernens sowie des Lernprozesses selbst verbunden, um aus den Erklärungen letztlich Möglichkeiten zur Optimierung von Lernprozessen abzuleiten.

Prognose

Die Vorhersage des zukünftigen Lernens und des zu erwartenden Lernerfolgs ist das zentrale Anliegen der *Prognose* als Zielsetzung pädagogischer Diagnostik. Prognosen können entweder aus einer interindividuellen oder einer intraindividuellen Perspektive heraus gestellt werden. Interindividuell-orientierte Prognosen treffen eine Vorhersage zu Unterschieden zwischen Lernenden und sind daher oft die Grundlage von Selektionsentscheidungen (z. B. Zuweisung zu Lerngruppen oder individuellen Förderprogrammen). Im Gegensatz dazu möchten intraindividuell-orientierte Prognosen eine Vorhersage der Entwicklungsmöglichkeiten einer einzelnen Person unter verschiedenen Bedingungen liefern. Sie können daher wertvolle Anhaltspunkte bei der Planung von Interventionen und der Optimierung von Lernprozessen aufzeigen.

Evaluation von Interventionen

Wird pädagogische Diagnostik mit dem Ziel einer *Evaluation von Interventionen* durchgeführt, interessieren den Diagnostiker der Verlauf von Interventionen sowie das Erreichen von Interventionszielen. Eid und Petermann (2006, S. 18) sehen darin deutliche Parallelen zur formativen bzw. summativen Evaluation von Interventionen. Unabhängig davon, ob der Prozess oder dessen Ergebnis betrachtet wird, eignet sich die Evaluation von Interventionen insbesondere für eine Optimierung von Lernprozessen.

Abgrenzung der Zielsetzungen

Insgesamt betrachtet sind die unterschiedlichen Zielsetzungen nicht völlig über-schneidungsfrei, beispielsweise werden Beschreibungen bei allen Zielen eine Rolle spielen. Nichtsdestotrotz sind mit den unterschiedlichen Zielen im Kern auch unter-schiedliche Absichten verbunden. Während die Beschreibung lediglich eine Moment-aufnahme liefert, sucht die Erklärung in Beschreibungen nach Zusammenhängen. Die Prognose extrapoliert aus Beschreibungen einen zu erwartenden zukünftigen Verlauf und bei der Evaluation von Interventionen rücken aktuelle oder vergangene Verläufe sowie bereits erfolgte Veränderungen in den Fokus der Aufmerksamkeit.

2.1.3.2 Strategien

Zum Erreichen der unterschiedlichen Ziele kann man verschiedene Strategien bzw. Herangehensweisen nutzen. Die hierbei getroffene Entscheidung wirkt sich sowohl auf die Datengewinnung als auch auf die Datenauswertung im diagnostischen Prozess aus. Wir betrachten nachfolgend vier Paare von einander gegenüberstehenden Strategien und setzen diese mit den Zielen pädagogischer Diagnostik in Beziehung. Bei den Paaren handelt es sich um:

- Status-/Ergebnisdiagnostik vs. Prozess-/Veränderungsdiagnostik
- Norm- vs. kriterienorientierte Diagnostik
- Dimensionale vs. klassifikatorische Diagnostik
- Unimethodale vs. multimethodale Diagnostik

Status-/Ergebnisdiagnostik vs. Prozess-/Veränderungsdiagnostik

Charakteristisch für die *Statusdiagnostik* ist die Erfassung eines Merkmals zum aktuellen Zeitpunkt, wohingegen die *Prozess-* bzw. *Veränderungsdiagnostik* der Untersuchung von bedingten oder spontanen Veränderungen sowie deren Ausbleiben über einen Zeit-raum hinweg dient. Die Ziele, die man beim Einsatz einer der beiden Strategien ver-folgt, lassen sich deutlich gegeneinander abgrenzen. Während die Statusdiagnostik in der Regel zur Beschreibung, Erklärung oder Prognose genutzt wird, kommt die Prozess-diagnostik vorwiegend im Bereich der Evaluation von Interventionsprozessen zum Ein-satz. Interventionsfolgen kann man wiederum über eine Statusdiagnostik evaluieren, wobei in diesem Fall die Bezeichnung *Ergebnisdiagnostik* besser ist (vgl. Ingenkamp und Lissmann 2008, S. 32). Auswirkungen der Strategiewahl ergeben sich bei diesem Paar insbesondere im Hinblick auf die zeitliche Ausdehnung der Datengewinnung. Zur Status- und Ergebnisdiagnostik genügt eine einmalige Erhebung, für eine Veränderungs-bzw. Prozessdiagnostik müssen die Daten über einen längeren Zeitraum prozess-begleitend erhoben werden.

Norm- vs. kriterienorientierte Diagnostik

Die Unterscheidung zwischen einer norm- und einer kriterienorientierten Diagnostik zielt „auf das Bezugssystem [ab], nach dem der einzelne Fall diagnostiziert werden soll" (Pawlik 1976, S. 28). Bei der *normorientierten Diagnostik* werden die Daten zu Merkmalen eines Schülers in Beziehung zu einer Bezugsgruppe gesetzt. Beispielsweise ist die Intelligenzdiagnostik normorientiert, da die Intelligenz eines Schülers dabei im interindividuellen Vergleich zur entsprechenden Altersgruppe beurteilt wird. An dieser Stelle erweitern wir das in der Literatur üblicherweise vorzufindende Begriffsverständnis und fassen unter die normorientierte Diagnostik zusätzlich zum *inter*individuellen auch einen *intra*individuellen Vergleich – das Bezugssystem ist in diesem Fall der Schüler selbst. Ein solcher Vergleich kann zum einen querschnittlich, also in Form eines Vergleichs unterschiedlicher Merkmale wie z. B. der verschiedenen Facetten mathematischen Denkens, oder längsschnittlich, d. h. als Vergleich eines Merkmals zu unterschiedlichen Zeitpunkten, stattfinden (vgl. Wilhelm und Kunina-Habenicht 2015, S. 308). Bei der *kriterienorientierten Diagnostik* bilden hingegen externe sachliche Standards – beispielsweise die Anzahl der korrekt bearbeiteten Aufgaben in einer Schulaufgabe – den Bezugspunkt für eine Beurteilung der im diagnostischen Prozess gewonnenen Daten. Beide Strategien sind aber nicht vollständig überschneidungsfrei, denn auch wenn man sich an Kriterien orientiert, können die Daten im Vergleich zu einer Bezugsgruppe interpretiert werden. Hierzu ein Beispiel: Wenn eine Lehrkraft die Mathematikschulaufgabe eines Schülers beurteilt, dann nutzt sie hierfür in der Regel ein Auswertungsschema, das auf den Lernzielen des vorangegangenen Unterrichts und somit auf externen, sachlichen Standards basiert. Die Gesamtpunktzahl entsteht also zunächst kriterienorientiert, sie kann von der Lehrkraft aber auch normorientiert im Vergleich zur restlichen Klasse interpretiert werden. Im Gegensatz zum vorherigen Strategiepaar kann man jedes der vier Ziele sowohl durch eine norm- als auch eine kriterienorientierte Diagnostik erreichen. Nichtsdestotrotz gibt es besonders im Hinblick auf die unterschiedlichen Aufgaben pädagogischer Diagnostik gewisse Tendenzen – beispielsweise werden Qualifikationen in der Regel eher im Anschluss an eine kriterienorientierte Diagnostik vergeben.

Dimensionale vs. klassifikatorische Diagnostik

Die Qualität der gewonnenen Daten kennzeichnet den Unterschied zwischen dimensionaler und klassifikatorischer Diagnostik. Bei einer *dimensionalen Diagnostik* werden „Merkmalsausprägungen auf (mehr oder weniger) kontinuierlichen Dimensionen festgestellt" (Eid und Petermann 2006, S. 21), was einen inter- oder intraindividuellen Vergleich hinsichtlich der betrachteten Merkmale ermöglicht. Die Schüler können also, wie beispielsweise bei Intelligenztests, bezüglich ihrer individuellen Merkmalsausprägungen geordnet werden. Bei einer *klassifikatorischen Diagnostik* ist das Ziel, Schüler aufgrund ihrer Ähnlichkeit bezüglich bestimmter Merkmale in Klassen zusammenzufassen. Es interessieren also nur qualitative Unterschiede zwischen Schülern. Ein Beispiel, in dem eine klassifikatorische Strategie ausreichend ist, ist die Auswahl von mathematisch begabten Schülern für ein Förderprogramm – die Klassen dabei sind mathematisch besonders begabte und mathematisch höchstens durchschnittlich begabte Schüler. Eid und Petermann (2006, S. 21 f.) bemerken, dass es sich bei den beiden Strategien nicht um einander ausschließende Alternativen handelt, man sollte die eine eher als Ergänzung der jeweils anderen verstehen. So kann sich an eine Klassifikation eine dimensionale Diagnostik zur genaueren Untersuchung der Schüler innerhalb einer Gruppe anschließen oder man kann dimensionale Daten zur Klassifikation nutzen. Betrachtet man die unterschiedlichen Ziele pädagogischer Diagnostik, kann jedes davon sowohl durch eine dimensionale als auch durch eine klassifikatorische Diagnostik erreicht werden.

Unimethodale vs. multimethodale Diagnostik

Uni- und *multimethodale Diagnostik* unterscheiden sich hinsichtlich der Anzahl von Verfahren, die zur Datengewinnung genutzt werden. Bei unimethodaler Diagnostik beschränkt man sich auf ein Verfahren, bei multimethodaler Diagnostik werden mehrere Verfahren kombiniert. Charakteristisch für eine multimethodale Diagnostik ist, „die verschiedenen Komponenten des Untersuchungsgegenstands […] möglichst umfassend und unter Einbeziehung unterschiedlicher Aspekte abzubilden" (Mühlig und Petermann 2006, S. 100). Mögliche Aspekte sind dabei unter anderem die Daten- quellen (z. B. Schüler, Eltern, Lehrkräfte, Mitschüler), die Beobachterperspektiven (Selbst- und Fremdbeurteilung) und die Untersuchungsmethoden. Die Möglichkeit, über eine multimethodale Diagnostik den Untersuchungsgegenstand, in unserem Fall also mathematische Begabung, facettenreich und adäquat abzubilden, ist ein Grund dafür, dass – im Gegensatz zu den bisherigen Strategien – eine Empfehlung für diese Strategie ausgesprochen wird (vgl. Eid und Petermann 2006, S. 20 f.). Für den Einsatz einer multimethodalen Diagnostik spricht darüber hinaus, dass mit ihrer Hilfe jedes Ziel pädagogischer Diagnostik verfolgt werden kann.

Multistrategisches Vorgehen

Bereits bei der dimensionalen und klassifikatorischen Diagnostik klang an, dass die unterschiedlichen Strategien zwar als einander gegenüberstehende und sich schein- bar ausschließende Alternativen formuliert sind, dass sie – mit Ausnahme der uni- und multimethodalen Diagnostik – aber lediglich unterschiedliche Herangehensweisen an den Untersuchungsgegenstand darstellen. Kombiniert man diese unterschiedlichen Strategien zu einem multistrategischen Vorgehen, kann man, analog zur multimethodalen Diagnostik, ein facettenreicheres, adäquateres Bild der Wirklichkeit gewinnen.

2.1.3.3 Verfahren

Wenn die pädagogische Diagnostik auf ein multimethodales Vorgehen setzt, sind unter- schiedliche Untersuchungsmethoden notwendig, um Daten zu erheben. Diese Methoden – synonym wird auch von Verfahren gesprochen – bestimmen das „Wie" und damit den Verlauf der Datengewinnung und haben außerdem Einfluss auf die Datenauswertung.

Obgleich die Definition diagnostischer Tätigkeit in Abschn. 2.1.1 nur Befragung und Beobachtung als Methoden aufführt, kann man in Anlehnung an Lukesch (1998) sowie Ingenkamp und Lissmann (2008) insgesamt vier Verfahrensklassen unterscheiden. Hierbei handelt es sich um

- mündliche und schriftliche Befragungsverfahren,
- Verhaltensbeobachtung,
- Testverfahren und
- Dokumentenanalyse.

Diese Einteilung ist eine von vielen in der Literatur auffindbaren Kategorisierungen (vgl. z. B. Baumann und Stieglitz 2008, S. 192 ff.). Darüber hinaus erhebt die Aufzählung keinen Anspruch auf Vollständigkeit und Trennschärfe, sie soll lediglich eine Gliederung der sonst eher unüberschaubaren Anzahl von Verfahren ermöglichen. Betrachten wir die einzelnen Klassen genauer.

Mündliche und schriftliche Befragungsverfahren

Mündliche und schriftliche Befragungsverfahren sind nach Lukesch (1998, S. 94) besonders dann angebracht, wenn es keine anderen geeigneten Verfahren für die Datenerhebung gibt. Er warnt jedoch davor, dass eine gewisse Anfälligkeit für Verzerrungen vorliegt, weshalb zum einen das Vorgehen regelgeleitet und kontrolliert sein sollte und zum anderen eine Absicherung des Urteils durch weitere Daten empfohlen wird (vgl. Lukesch 1998, S. 94). Das *Interview* ist ein für die pädagogische Diagnostik sehr wichtiges Beispiel eines mündlichen Befragungsverfahrens. Als diagnostisches Verfahren ist es gekennzeichnet durch eine „zielgerichtete, systematische und regelgeleitete Generierung und Erfassung von verbalen Äußerungen einer Befragungsperson [...] oder mehrerer Befragungspersonen [...] zu ausgewählten Aspekten ihres Wissens, Erlebens und Verhaltens in mündlicher Form" (Döring und Bortz 2016a, S. 356). Von den mündlichen Befragungen kann man schriftliche Befragungen abgrenzen, die im Wesentlichen mit Interviews vergleichbar sind, bei denen Äußerungen jedoch in schriftlicher Form gewonnen werden (vgl. ebd., S. 398). In der pädagogischen Diagnostik nutzt man in der Regel *Fragebogen* als Instrumente der schriftlichen Befragung.

Verhaltensbeobachtung

Verfahren zur *Verhaltensbeobachtung* bilden die zweite Klasse von Ansätzen zur Datengewinnung im diagnostischen Prozess. Für die pädagogische Diagnostik sind zielgerichtet und methodisch kontrolliert ablaufende (sog. wissenschaftliche) Beobachtungen von Bedeutung, die gegen naive, ungerichtete Beobachtungen abzugrenzen sind (vgl. Ingenkamp und Lissmann 2008, S. 74). Für Erstere kann man eine zusätzliche Untergliederung unter anderem anhand der folgenden Kategorien vornehmen (vgl. ebd., S. 78): unsystematische versus systematische Beobachtung, nichtteilnehmende versus teilnehmende Beobachtung sowie eine Einteilung anhand der Art der Ergebnisfixierung.

Lehrkräfte beobachten speziell in Unterrichtssituationen in der Regel unsystematisch. Solche Beobachtungen weisen eine eher geringe methodische Kontrolle auf, verfolgen aber dennoch ein – wenn auch weiter gefasstes – Ziel und grenzen sich damit gegen naive, ungezielte Beobachtungen ab. Lehrkräfte sind im Unterricht stets teilnehmende Beobachter, deren Einbindung in das Gesamtgeschehen jedoch in Abhängigkeit der Arbeitsform variiert.

Testverfahren

Testverfahren werden durch die Messung einer Auswahl von Merkmalen des Verhaltens gekennzeichnet, die gewissen Gütekriterien (vgl. Abschn. 2.1.5) folgt. Bei einer Messung geht es darum, beobachtbaren Merkmalen Zahlenwerte derart zuzuordnen, dass Zusammenhänge auf Merkmalsebene durch die zugeordneten Zahlen widergespiegelt werden. Eine formale Charakterisierung einer Messung liefert die folgende Definition (vgl. Orth 1999, S. 286 ff.):

▶ Es sei O eine Menge von Messobjekten und R eine Relation auf O sowie Z eine Menge von Zahlen als mögliche Messwerte und S eine Relation auf Z. Eine Abbildung $m : O \to Z$ ist genau dann eine *Messung*, wenn sie homomorph ist, das heißt, für alle $a, b \in O$ gilt aRb genau dann, wenn $m(a)Sm(b)$.

Um diese formale Definition mit Substanz zu füllen, betrachten wir als Beispiel die Messung der Körpergröße von Schülern in einer Klasse. Die Elemente der Menge O sind in diesem Fall die Schüler der Klasse und die zugehörige Relation R sei „... ist mindestens so groß wie ...". Ob ein Schüler a mindestens so groß ist wie ein Schüler b, kann man einfach überprüfen, indem sich beide Schüler nebeneinanderstellen. Für die Menge möglicher Messwerte gelte $Z = \mathbb{N}_0$ und S sei die Relation $\geq$. Die Abbildung m definieren wir wie folgt: m ordnet jedem Schüler $a \in O$ seine Körpergröße in Zentimetern $m(a)$ zu. Die Abbildung m ist offensichtlich homomorph, denn für zwei Schüler $a, b \in O$ ist a genau dann mindestens so groß wie b, wenn $m(a) \geq m(b)$, d. h., a besitzt eine Körpergröße in Zentimetern, die mindestens so groß ist wie die von b.

Häufiger als manifeste, direkt beobachtbare Merkmale wie die Körpergröße werden im schulischen Kontext latente, nicht direkt beobachtbare Merkmale gemessen. Hierbei ist die Operationalisierung (Abschn. 2.1.2) von zentraler Bedeutung, da durch sie die Indikatoren und das Messinstrument festgelegt werden, mit deren Hilfe eine (indirekte) Messung möglich wird. Ein Beispiel hierfür ist die Messung von Intelligenz. Intelligenz wird in der Regel durch einen Test operationalisiert, dessen Aufgaben Indikatoren für Intelligenz darstellen und dessen Ergebnisse unmittelbar die Messwerte liefern. In dieser Situation kann man die Definition einer Messung wie folgt konkretisieren: Die Elemente der Menge O seien Schüler gleichen Alters und die zugehörige Relation R sei

„… ist mindestens so intelligent wie …". Für die Menge möglicher Messwerte gelte $Z = \mathbb{N}_0$ und S sei die Relation $\geq$. Die Abbildung m definieren wir wie folgt: m ordnet jedem Schüler $a \in O$ sein Ergebnis $m(a)$ in einem bestimmten Intelligenztest zu. Da die gewählte Operationalisierung Intelligenz durch die verwendeten Indikatoren erfassbar macht, ist die Abbildung m insbesondere auch homomorph. Für beliebige $a, b \in O$ gilt also, dass a genau dann mindestens so intelligent wie b ist, wenn $m(a) \geq m(b)$, d. h. wenn a im Intelligenztest mindestens so viele Punkte erreicht wie b.

Schmidt-Atzert und Amelang (2012, S. 37 f.) nennen weitere charakteristische Merkmale von Tests:

- Das gemessene Verhalten muss durch testspezifische Bedingungen hervorgerufen werden.
- Das gemessene Verhalten stellt lediglich eine Stichprobe dar.
- Das Vorgehen beim Testen ist standardisiert.
- Es besteht die Möglichkeit, Unterschiede im Verhalten weitestgehend auf die Variation des zu messenden Merkmals zurückzuführen.

Besonders im schulischen Bereich kann für Verfahren, die im Wesentlichen unter die Definition eines Tests fallen – beispielsweise schriftliche Leistungsnachweise –, die Einhaltung der Gütekriterien oft nur bedingt gesichert werden (vgl. z. B. Ingenkamp und Lissmann 2008, S. 142 ff.). Da diese Verfahren für die pädagogische Diagnostik aber trotzdem von Bedeutung und zu Tests in vielen anderen Belangen ähnlich sind, bezeichnen wir sie ebenfalls als Testverfahren.

Testverfahren unterscheiden sich von Beobachtungsverfahren in erster Linie dadurch, dass beim Testen ein Verhalten bewusst hervorgerufen wird, während beim Beobachten das Verhalten in den wenigsten Fällen auf testspezifische und standardisierte Bedingungen zurückzuführen ist. Weniger deutlich lassen sich Testverfahren von mündlichen und schriftlichen Befragungsverfahren abgrenzen. Dies liegt hauptsächlich daran, dass Fragebogen als spezielle Interviewinstrumente sowohl als schriftliche Befragungs- als auch Testverfahren gesehen werden können (vgl. Ingenkamp und Lissmann 2008, S. 101 und 106; Schmidt-Atzert und Amelang 2012, S. 38 f.).

Dokumentenanalyse

Kennzeichnend für die *Dokumentenanalyse* ist, dass bei „einer genuinen Dokumentenanalyse auf bereits vorhandene bzw. vorgefundene Dokumente […] zurückgegriffen" (Döring und Bortz 2016a, S. 533, Hervorh. entfernt) wird. Die Dokumente sind ursprünglich also nicht für diagnostische Zwecke generiert. Hierin liegt auch der wesentliche Unterschied zu den drei anderen Verfahrensklassen, bei denen man im Rahmen des diagnostischen Prozesses Dokumente – wenn überhaupt – gezielt neu erstellt. Von Bedeutung für die pädagogische Diagnostik sind insbesondere die folgenden Dokumente:

- Urkunden, z. B. Zeugnisse oder Schülerbogen,
- institutionell veranlasste Dokumente, z. B. Schulaufsätze oder schriftliche Aufgabenbearbeitungen aus dem Schulunterricht, sowie
- private Verbaldokumente, z. B. Notizen der Schüler in Schulheften.

2.1.3.4 Bezug zur Diagnostik mathematischer Begabung

Bei der Diagnostik mathematischer Begabung soll erkundet werden, welches Potenzial zur Entwicklung mathematischer Fähigkeiten ein Schüler besitzt. Die Diagnostik verfolgt also das Ziel einer *Prognose,* da man die zukünftige Fähigkeitsentwicklung voraussagt. Auf das Potenzial und damit die Begabung eines Schülers kann man jedoch nur über die mathematische Leistung schließen (vgl. Abschn. 1.1.5). Die Diagnostik mathematischer Begabung erfordert also auch eine *Beschreibung* mathematischer Leistungen sowie eine *Erklärung* ihres Entstehens u. a. durch die Berücksichtigung von Bedingungsfaktoren. Schließlich ist mit der Beantwortung der Ausgangsfragestellung nach dem Potenzial eines Schülers zumindest implizit auch eine *Klassifikation* verbunden. Denn wenn man ein besonderes Potenzial feststellt, ergibt sich daraus immer auch die Möglichkeit einer Zuordnung zur Klasse „Mathematisch besonders begabt". Die Diagnostik mathematischer Begabung kann also beschreibende, erklärende, prognostische sowie klassifikatorische Ziele umfassen, muss dies jedoch nicht notwendig. Trotz der prognostischen Anteile in der Zielsetzung der Diagnostik mathematischer Begabung spricht man bei der Antwort auf die diagnostische Fragestellung in der Regel von einer Diagnose. Wird ein besonderes Potenzial diagnostiziert, spricht man zusätzlich von der *Diagnose einer mathematischen Begabung.*

Das Modell für die Entwicklung von Begabung, Fähigkeiten und Leistung in Abschn. 1.1.5 verdeutlicht, dass mathematische Begabung in ein umfassendes Gefüge von Faktoren eingebettet ist, woraus sich eine komplexe dynamische Entwicklung ergibt. Diese Komplexität spricht für den Einsatz einer *multimethodalen Diagnosestrategie,* da eine Erfassung der vielfältigen Faktoren am besten durch unterschiedliche Verfahren erreicht werden kann. Käpnick (2014a, S. 203) bemerkt außerdem, dass sich mathematische Begabung aufgrund ihrer eigenen Komplexität einer exakten Quantifizierung entzieht. Der Diagnoseprozess als Ganzes kann daher keiner dimensionalen Strategie, die eine Quantifizierung erfordert, sondern nur einer *klassifikatorischen Strategie* folgen. Teilaspekte mathematischer Begabung – beispielsweise spezifische Facetten mathematischen Denkens – können aber durchaus mithilfe einer dimensionalen Strategie sowie entsprechender Verfahren erfasst werden. Da bei einer mathematischen Begabung ein Potenzial zur Entwicklung mathematischer Fähigkeiten auf einem überdurchschnittlichen Niveau vorliegt, muss der Diagnostiker mathematische Fähigkeiten und genauso mathematische Leistung immer im Vergleich zu einer Bezugsgruppe, in der Regel Gleichaltrige, beurteilen. Eine weitere Einschränkung bei der Strategiewahl im Rahmen der Diagnostik mathematischer Begabung ist daher, dass insgesamt nur *normorientiert* vorgegangen werden kann. Auch hier können aber einzelne diagnostisch relevante Aspekte, beispielsweise das mathematische Wissen eines Schülers im Vergleich zu den curricularen Vorgaben, kriterienorientiert erfasst werden. Zusammengefasst lässt sich also festhalten: Die Diagnostik mathematischer Begabung verläuft im Allgemeinen unter dem Einsatz multimethodaler, klassifikatorischer und normorientierter Strategien.

Die Konkretisierung der einzelnen Verfahrensklassen für die Diagnostik mathematischer Begabung ist sehr umfänglich. Für jede Klasse können feinere Untergliederungen oder spezifischere Elemente aufgeführt werden, die eine Hilfe beim Diagnostizieren mathematisch begabter Schüler sein können. Darüber hinaus stellen die Methoden zur Datenerhebung einen zentralen Baustein der Diagnostik mathematischer Begabung dar, da sie bestimmen, wie der Diagnostiker die Daten zur Urteilsbildung gewinnt. Wir beschäftigen uns deshalb in einem separaten Abschnitt (Abschn. 2.2) ausführlich mit unterschiedlichen Verfahren und sehen dort, wie sich die einzelnen Verfahrensklassen für die Diagnostik mathematischer Begabung konkretisieren lassen.

2.1.4 Merkmale diagnostischer Urteile

Ziele, Strategien und Verfahren beeinflussen die unterschiedlichen Schritte des diagnostischen Prozesses (vgl. Abb. 2.1). Zum Abschluss betrachten wir nun noch Merkmale des Urteils, das am Ende der pädagogischen Diagnostik steht. Wember (1998, S. 108 ff.) und Moser Opitz (2010, S. 13 f.) betonen fünf solcher Merkmale, die, weil das Urteil ja gerade aus dem pädagogischen Diagnoseprozess heraus entsteht, ebenfalls Merkmale des Prozesses sind.

- *Urteile sind aspekthaft selektiv:* Die im diagnostischen Prozess gewonnenen Daten können niemals die gesamte Wirklichkeit des Schülers abbilden. Sie sind daher nur ein selektiver Ausschnitt der Wirklichkeit und berücksichtigen lediglich die Aspekte, die für die Fragestellung von Bedeutung sind. Dieses Merkmal verdeutlicht, dass im Rahmen der Datengewinnung, genauer der Operationalisierung, durch den Diagnostiker Indikatoren ausgewählt werden müssen, die für die Fragestellung besonders relevant sind. Die Datengewinnung verläuft aber nicht nur selektiv bezüglich der Wirklichkeit, sondern auch selektiv bezüglich der Zeit. So stellt jedes Urteil immer nur eine „Momentaufnahme" (Moser Opitz 2010, S. 13) dar und könnte zu einem anderen Zeitpunkt auf der Grundlage anderer Daten auch anders ausfallen.
- *Urteile sind wertgeleitet:* Die Entscheidung, welche Fragestellungen Gegenstände pädagogischer Diagnostik sein sollten, und damit auch die daraus entstehenden Urteile sind durch Wertvorstellungen und Überzeugungen geleitet. Ob also z. B. eine mathematische Begabung diagnostiziert wird, hängt wesentlich davon ab, ob Diagnostiker oder die Gesellschaft sie als wichtig einschätzen. Dass dies der Fall ist, haben wir bereits zu Beginn dieses Kapitels gesehen.
- *Urteile sind theoriebestimmt:* Sowohl beim Stellen präziser diagnostischer Fragen als auch bei der Auswahl von Indikatoren im Rahmen der Datengewinnung spielen

Theorien eine wichtige Rolle (vgl. Abschn. 2.1.2). Wember (1998, S. 109) bemerkt, dass es „von sekundärer Bedeutung [ist], ob die Theorie [...] eine ausformulierte, reflektierte und wissenschaftlich geprüfte Theorie ist oder eine weniger genau formulierte, nur in Teilen reflektierte und mehr oder minder ungeprüfte Alltagstheorie oder subjektive Theorie". Neben der Selektion von Indikatoren sind Theorien aber auch für die möglicherweise notwendige Konstruktion neuer Diagnoseinstrumente sowie die Dateninterpretation von Bedeutung (vgl. Moser Opitz und Nührenbörger 2015, S. 495). Da also alle Teilschritte des diagnostischen Prozesses, die zum Urteil führen, theoriebestimmt sind, ist es folglich auch das Urteil selbst.

- *Urteile sind deskriptive Sätze, die für sich alleine keine Ziele begründen:* Urteile sind lediglich eine Abbildung des Ist-Zustands und folglich rein deskriptiver Natur. Möchte man daraus Ziele einer Intervention, also einen Soll-Zustand ableiten, ist das nur in Verbindung mit normativen Vorstellungen und entsprechendem Handlungswissen möglich. Hierzu ein Beispiel: Das Urteil „Der Schüler kann nicht mit rationalen Zahlen rechnen." ist zunächst eine reine Beschreibung. Wäre der Schüler in Jahrgangsstufe 5, wären Ist- und Soll-Zustand identisch, eine Intervention ist in diesem Fall also nicht notwendig. Für Schüler in Jahrgangsstufe 8 hingegen ist eine Intervention bei diesem Urteil dringend angeraten, da das Rechnen mit rationalen Zahlen zu diesem Zeitpunkt sicher beherrscht werden sollte. Auch der Schritt von einem Urteil zur angeschlossenen Intervention ist also wertgeleitet.

- *Urteile sind fehlerbehaftet:* Neben situativen Gegebenheiten wie der Verfassung des Schülers oder allgemeinen Besonderheiten der Erhebungssituation (beispielsweise vorangegangene Belastungen, Tageszeit oder Ablenkungen) können auch Aspekte wie das Verhältnis zwischen Diagnostiker und Schüler das Urteil verfälschen (vgl. Moser Opitz und Nührenbörger 2015, S. 496). Es existieren daher Gütekriterien (vgl. Abschn. 2.1.5), deren Einhaltung das Auftreten von Fehlern minimiert und „die intersubjektive Nachvollziehbarkeit des Diagnoseprozesses [...] erhöht" (Moser Opitz 2010, S. 14). Neben dem Urteil ist also auch der diagnostische Prozess, und darin insbesondere die Datengewinnung und -auswertung, fehleranfällig.

Bezug zur Diagnostik mathematischer Begabung

Soll nur klassifiziert werden, ob ein Schüler mathematisch begabt ist oder nicht – in diesem Fall sprechen wir von der *Identifikation mathematisch begabter Schüler* –, kann man zwei Typen von Fehlern unterscheiden (Tab. 2.1): Fehler erster Art, d. h. falsch positive Urteile (B), sowie Fehler zweiter Art, d. h. falsch negative Urteile (C).

Tab. 2.1 Arten von Fehlern bei der Diagnostik mathematischer Begabung

Urteil lautet	Person ist			
	Mathematisch begabt		Nicht mathematisch begabt	
Mathematisch begabt	✓	(A)	Fehler erster Art	(B)
Nicht mathematisch begabt	Fehler zweiter Art	(C)	✓	(D)

Mit einem positiven Urteil ist dabei – ohne jede Wertung – die Feststellung einer mathematischen Begabung gemeint. Beide Fehler können mit nachteiligen Folgen für fehldiagnostizierte Schüler verbunden sein. So kann ein falsch positives Urteil bedingen, dass Schüler im Anschluss eine Förderung erhalten, die ihr tatsächliches Können und ihr Potenzial übersteigt. Eine solche Intervention kann sich negativ unter anderem auf das Selbstkonzept und damit die weitere Entwicklung auswirken. Ein falsch negatives Urteil kann dahingegen die Entfaltung einer mathematischen Begabung durch eine fehlende Förderung behindern und somit Potenzial unausgeschöpft lassen. Hany (1987, S. 112 f.) bemerkt, dass beim Fällen eines Urteils immer nur das Risiko für einen Fehlertyp reduziert werden kann. Verringert man also die Wahrscheinlichkeit eines Fehlers erster Art, z. B. durch strengere Urteile, erhöht sich zeitgleich das Risiko, einen Fehler zweiter Art zu begehen und umgekehrt.

Die Diagnostik mathematischer Begabung sowie ein daraus hervorgehendes Urteil sind durch Wertvorstellungen und Überzeugungen geleitet. Beispielsweise hängt eine Entscheidung für oder gegen das Diagnostizieren mathematisch Begabter u. a. von der Relevanz ab, die man Mathematik zuschreibt; die Überzeugung des Diagnostikers, was Mathematiktreiben ausmacht, beeinflusst, welche Facetten mathematischen Denkens (Abschn. 1.1.1) bei Diagnostik und Urteilsbildung berücksichtigt werden und wie dies erfolgt.

Den theoretischen Rahmen für die Diagnostik und das Urteil bildet das Modell für mathematische Begabung aus Abschn. 1.1. Es umfasst als Komponenten das Modell für mathematisches Denken (Abschn. 1.1.1), die Definition mathematischer Begabung (Abschn. 1.1.3) und das Modell für die Entwicklung von Begabung, Fähigkeiten und Leistung (Abschn. 1.1.5). Aus dem Modell für mathematisches Denken lassen sich mögliche Leistungen und damit Indikatoren ableiten, die auf das Vorhandensein einer mathematischen Begabung hindeuten. Das Modell für die Entwicklung von Begabung, Fähigkeiten und Leistung gibt zusätzlich Hinweise auf weitere, eine mathematische Begabung beeinflussende Faktoren, die Lehrkräfte bei der Diagnostik berücksichtigen sollten.

2.1.5 Gütekriterien

Das Risiko fehlerhafter Urteile kann verringert werden, wenn man bestimmte Gütekriterien bei der Datenerhebung einhält. Speziell für das Testen und die damit einhergehende Messung gibt es Kriterien, anhand derer die Qualität der Messung beschrieben werden kann (vgl. Ingenkamp und Lissmann 2008, S. 51). Wenn einem Messobjekt unter Einhaltung dieser Qualitätsstandards ein Messwert zugeordnet wird, kann dieser sinnvoll interpretiert werden.

2.1.5.1 Hauptgütekriterien

Drei Kriterien sollten bei jeder Messung berücksichtigt werden:

- Objektivität,
- Reliabilität und
- Validität.

Sie besitzen in der Gesamtheit aller Gütekriterien einen besonderen Stellenwert und werden daher auch als *Hauptgütekriterien* bezeichnet.

Objektivität

▶ Eine Messung ist dann *objektiv*, wenn sie unabhängig von der diagnostizierenden Person ist (vgl. Wilhelm und Kunina-Habenicht 2015, S. 313).

Die Unabhängigkeit von der diagnostizierenden Person kann verschiedene Phasen des diagnostischen Prozesses betreffen. Von Bedeutung ist sie insbesondere bei der Datenerhebung, der Datenauswertung und der Urteilsbildung. Dementsprechend unterscheidet man auch drei Subkomponenten der Objektivität: *Durchführungsobjektivität*, *Auswertungsobjektivität* und *Interpretationsobjektivität*. Die Datenerhebung ist dann objektiv, wenn in ihr Anforderungen und Rahmenbedingungen, also beispielsweise Aufgabenstellung, Bearbeitungszeit, ergänzende Erklärungen oder Hilfsmittel, festgelegt und damit immer gleich sind (vgl. Ingenkamp und Lissmann 2008, S. 52). Die Objektivität bei der Auswertung von Daten kann man durch die Vorgabe von Kriterien oder den Einsatz eindeutig lösbarer Aufgaben (z. B. solche, bei denen aus mehreren Antwortmöglichkeiten die richtige Alternative gewählt werden muss) sichern oder zumindest verbessern. Am kompliziertesten ist es, die Objektivität der Dateninterpretation sicherzustellen, wobei auch hier klare Vorgaben wie Normentabellen oder Lernzielkataloge hilfreich sein können.

Objektivität ist nicht nur für Tests, sondern auch für Befragungs- und Beobachtungsverfahren von Bedeutung (vgl. z. B. Wilhelm und Kunina-Habenicht 2015, S. 313). Bei diesen Verfahren kann der Diagnostiker speziell die Durchführungsobjektivität durch Maßnahmen wie die Vorgabe von Fragen in Interviews oder die Beschreibung von Kriterien zur Verhaltensbeobachtung sichern.

Reliabilität

Die Reliabilität einer Messung gibt Auskunft darüber, wie verlässlich ein einmaliges Messergebnis ist und ob man ihm trauen kann.

▶ „Unter *Zuverlässigkeit* oder *Reliabilität* einer Messung versteht man den Grad der Sicherheit oder Genauigkeit, mit dem ein bestimmtes Merkmal gemessen werden kann." (Ingenkamp und Lissmann 2008, S. 54)

Zuverlässig sind Messwerte im Allgemeinen dann, wenn man sie in vergleichbarer Form auch bei einer anderen Messung erwarten könnte. Der jeweilige Messwert X sollte vom tatsächlichen Wert Y nur eine unbedeutende Abweichung ε (Messfehler) besitzen (vgl. Schmidt-Atzert und Amelang 2012, S. 137). Diesem Gedanken liegt als zentrale Annahme der klassischen Testtheorie der Zusammenhang $X = Y + \varepsilon$ zugrunde. Für die Reliabilität lassen sich drei Arten unterscheiden (vgl. Wilhelm und Kunina-Habenicht 2015, S. 314): die *Stabilität,* die *Äquivalenz* sowie die *Inter-Item-Konsistenz.* Über die Stabilität wird die Gleichheit von Messungen zu unterschiedlichen Zeitpunkten unter gleichen Bedingungen ausgedrückt. Der Aspekt der Äquivalenz gibt an, inwiefern die Ergebnisse in zwei vergleichbaren, parallelen Tests übereinstimmen. Bei der Inter-Item-Konsistenz ist von Interesse, ob verschiedene Items eines Tests zuverlässig das gleiche Merkmal messen. Die drei Reliabilitätsarten lassen sich auch unmittelbar in unterschiedlichen Ansätzen zur Berechnung von Reliabilitätskoeffizienten – der Retest-Methode, der Paralleltestmethode und der Methode der internen Konsistenz – entdecken (vgl. Rost 2004, S. 377 ff.).

Validität

Mit einer genauen, reliablen Messung geht nicht automatisch einher, dass man auch tatsächlich das intendierte Merkmal misst. Erst eine valide Messung kann dies garantieren.

▶ „Die *Gültigkeit* oder *Validität* eines Verfahrens sagt aus, ob tatsächlich das gemessen wird, was man messen will, und nicht etwas anderes." (Ingenkamp und Lissmann 2008, S. 57)

Um Aussagen über die Validität treffen zu können, muss bereits ein Kriterium existieren, anhand dessen man die Gültigkeit der Messung beurteilen kann. Je nach der Natur des Kriteriums lassen sich unterschiedliche Validitätsarten unterscheiden. Ingenkamp und Lissmann (2008, S. 57 ff.) nennen insgesamt vier Arten: *Inhaltsvalidität, Überein-stimmungsvalidität, Vorhersagevalidität* und *Konstruktvalidität.* Inhaltsvalidität beschreibt, ob das in einem Test geforderte Verhalten inhaltlich mit einem extern vorgegebenen Verhalten übereinstimmt. Im Zusammenhang mit der Übereinstimmungs-validität wird überprüft, inwiefern die Messung mit einer zweiten, durch ein anderes Testverfahren erhaltenen Messung des Merkmals übereinstimmt. Zur Überprüfung der Vorhersagevalidität kontrolliert man, ob ein Zusammenhang zwischen der Merkmals-messung und einem zu einem späteren Zeitpunkt erfassten Kriterium besteht. Schließlich liegt Konstruktvalidität vor, wenn die Ergebnisse eines Tests in hohem Maß mit einem zuvor auf einem theoretischen Konstrukt erarbeiteten Modell übereinstimmen. Während also Übereinstimmungs- und Vorhersagevalidität die empirische Gültigkeit betrachten, fragt die Konstruktvalidität eher nach der theoretischen Gültigkeit.

Hierarchische Beziehung zwischen den drei Hauptgütekriterien

Die drei Hauptgütekriterien stehen in einer hierarchischen Beziehung zueinander. So ist Objektivität eine notwendige Voraussetzung für Reliabilität, die ihrerseits wieder notwendige Voraussetzung für Validität ist (vgl. Rost 2004, S. 33). Objektivität ist also die

Grundvoraussetzung für jedes in einem pädagogischen Diagnoseprozess genutzte Testverfahren, denn ein Test, der nicht objektiv ist, kann weder reliabel noch valide sein. Die Validität stellt hingegen aus methodischer Perspektive das wichtigste der drei Kriterien dar und sollte daher bei allen Verfahren gewährleistet sein. Das ist leicht nachvollziehbar, denn das Urteil am Ende des diagnostischen Prozesses ist darauf angewiesen, dass auch tatsächlich die Merkmale gemessen wurden, die für die Fragestellung und ggf. die Hypothese(n) von Bedeutung sind. Nur wenn die Validität garantiert werden kann, ist das Urteil, das aus dem diagnostischen Prozess heraus entsteht, überhaupt im Sinne der Fragestellung verwertbar.

2.1.5.2 Nebengütekriterien

Neben den Hauptgütekriterien gibt es zahlreiche weitere Kriterien, die bei Messungen berücksichtigt werden sollten. Diese spielen in der Praxis eine weniger zentrale Rolle, man nennt sie deshalb auch Nebengütekriterien. Folgende Kriterien sind für die Diagnostik mathematischer Begabung von besonderer Bedeutung (vgl. Kubinger 2009, S. 98 ff.; Schmidt-Atzert und Amelang 2012, S. 168 ff.):

- die *Ökonomie* eines Tests, die dann vorliegt, wenn man für den Einsatz insgesamt wenig Ressourcen (Zeit, Geld und Aufwand) benötigt.
- die *Nützlichkeit* eines Tests, die besonders dann gegeben ist, wenn das gemessene Merkmal von praktischer Relevanz ist und es hierzu entweder noch keine geeigneten Tests gibt oder andere Tests eine geringere Reliabilität, Validität oder Ökonomie besitzen.
- die *Zumutbarkeit* eines Tests, die anhand des Verhältnisses zwischen der Belastung des Probanden und dem tatsächlichen Nutzen eingeschätzt wird.
- die *Unverfälschbarkeit* eines Tests, die sicherstellt, dass die Ergebnisse nicht durch den Probanden zu beeinflussen sind. Außerdem bemerken Ingenkamp und Lissmann (2008, S. 60), dass unter dieses Gütekriterium auch die Nichtbeeinflussung des Probanden durch das Verfahren, beispielsweise durch Suggestivfragen, fällt.
- Ein Test, der das Gütekriterium der *Fairness* berücksichtigt, garantiert, dass es zu keiner systematischen Benachteiligung bestimmter Personengruppen kommt.

2.1.5.3 Effektivität, Effizienz und Spezifität

Auch die aus den Daten der unterschiedlichen Verfahren abgeleiteten Urteile können hinsichtlich ihrer Qualität eingeschätzt werden. Hierzu eignen sich speziell für den Fall einer Klassifikation in mathematisch begabte und nicht mathematisch begabte Schüler die Kennzahlen

- Effektivität,
- Effizienz und
- Spezifität.

Die folgenden Ausführungen beziehen sich auf Tab. 2.1 und interpretieren die Variablen *A, B, C* und *D* jetzt als absolute Häufigkeiten der Urteile in den einzelnen Zellen der Tabelle.

Über die Effektivität eines Urteils wird nach Pegnato und Birch (1959, S. 302) der Anteil der korrekt identifizierten an allen tatsächlich mathematisch Begabten beschrieben. Mit den Bezeichnungen aus Tab. 2.1 gilt also *Effektivität*=*A/(A+C)*. Synonym zu Effektivität wird auch von der *Sensitivität* eines Verfahrens gesprochen. Bei der Diagnostik mathematischer Begabung ist also eine hohe Effektivität wünschenswert, da man möglichst viele mathematisch begabte Schüler entdecken möchte. Im Optimalfall besitzt das zur Diagnostik genutzte Verfahren, genauer das daraus abgeleitete Urteil, auch eine hohe Effizienz, d. h., es werden viele korrekte Diagnosen einer mathematischen Begabung gestellt. Wieder mit den Bezeichnungen aus Tab. 2.1 ausgedrückt, gilt also *Effizienz*=*A/(A+B)*. Effizienz wird teilweise auch als Anteil aller korrekt klassifizierten Personen verstanden (vgl. Wilhelm und Kunina-Habenicht 2015, S. 320). In diesem Fall gilt dann mit den in Tab. 2.1 genutzten Bezeichnungen: *Effizienz*=*(A+D)/(A+B+C+D)*. Völlig analog zum Fehler erster und zweiter Art können – und das wird unmittelbar über die Formeln ersichtlich – Effektivität und Effizienz nicht gleichzeitig optimiert werden. Schließlich beschreibt die Spezifität noch den Anteil der korrekt identifizierten an allen tatsächlich nicht mathematisch Begabten, mit den Bezeichnungen aus Tab. 2.1 ist also *Spezifität*=*D/(B+D)*.

Eine allgemeine Empfehlung, welche der Kennzahlen man zur Beurteilung der Qualität des aus einem Verfahren abgeleiteten Urteils nutzen sollte, kann nicht gegeben werden. Zwar scheint es grundsätzlich sinnvoll, die Effektivität zu erhöhen, also möglichst viele mathematisch begabte Schüler zu identifizieren, und folglich den Fehler zweiter Art zu reduzieren. Das ist aber nicht in allen Situationen sinnvoll. Soll sich beispielsweise an das Urteil eine Intervention anschließen, die entweder nur für tatsächlich mathematisch begabte Schüler sinnvoll ist oder an der nur eine sehr begrenzte Schülerzahl teilnehmen kann, liegt es näher, die Effizienz bzw. die Spezifität zu maximieren und dementsprechend den Fehler erster Art zu minimieren. Die Qualität kann anhand der drei Kennzahlen Effektivität, Effizienz und Spezifität also immer nur für den Einzelfall eingeschätzt werden. Eine allgemeine „goldene Regel" dafür gibt es nicht.

2.1.5.4 Kritische Würdigung der Gütekriterien im Rahmen der pädagogischen Diagnostik

Im Kontext der pädagogischen Diagnostik wird teilweise hinterfragt, ob eine strenge Einhaltung der Gütekriterien von Messungen notwendig oder überhaupt erreichbar ist. Eggert (2007) beschäftigt sich kritisch mit der Eignung der Testdiagnostik für eine auf Förderung ausgerichtete pädagogische Diagnostik und hinterfragt in diesem Zusammenhang auch die Eignung der klassischen Gütekriterien. Er kommt dabei zu dem Schluss, dass bereits Objektivität für die pädagogische Diagnostik problematisch ist, und nennt hierfür zwei Gründe (vgl. ebd., S. 46). Zum einen sind die Situationen, in denen pädagogische Diagnostik betrieben wird, oft durch Interaktionen geprägt. Man kann deshalb nur schwer eine objektive Durchführung der Verfahren zur Datenerhebung garantieren. Zum anderen sieht er in freien Beantwortungen von Fragen oder Aufgaben während der Datengewinnung, die im pädagogischen Kontext oft auftreten, ein Problem, da man solche kaum objektiv auswerten kann. Eggert (2007, S. 46 f.) beschreibt Objektivität deshalb als „eine wenig realistische Grundannahme in [der] Pädagogik" und meint, es sei „schlechterdings nicht möglich, wirklich objektive Situationen bei der Untersuchung menschlichen Handelns und bei seiner Bewertung zu entwickeln". Da Objektivität aber Voraussetzung für Reliabilität und Validität ist, wird aus dieser Perspektive eine Berücksichtigung der Hauptgütekriterien bei pädagogischer Diagnostik kaum möglich sein.

Mit der Ablehnung einer psychometrischen Diagnostik sollten jedoch nicht zeitgleich alle Gütekriterien über Bord geworfen werden. Die Orientierung an Gütekriterien stellt vielmehr eine notwendige Voraussetzung für eine professionell durchgeführte Diagnostik dar (vgl. Scherer und Moser Opitz 2010, S. 36 f.). „Mit dieser Forderung ist nicht gemeint, dass die Gütekriterien der klassischen Testtheorie anzuwenden sind, sondern es geht darum, den Diagnoseprozess theoriegeleitet, transparent und intersubjektiv nachvollziehbar zu planen, durchzuführen und zu evaluieren." (ebd., S. 37) Dies ist ein Plädoyer gegen eine starre Anwendung klassischer Gütekriterien, also ein Heranziehen von statistischen Kennwerten (z. B. Cronbachs Alpha zur Bestimmung der Reliabilität in Form der Inter-Item-Konsistenz) zusammen mit vorgegebenen Grenzwerten (für Cronbachs Alpha z. B. $\alpha > 0{,}7$) als alleiniges Kennzeichen für die Güte eines Verfahrens. Deutlich sinnvoller ist es, durch Maßnahmen wie beispielsweise vor der Datenerhebung überlegte und dokumentierte Fragen, eine anhand fachdidaktischen Wissens begründete Aufgabenwahl oder eine Dokumentation der Erhebungssituation den Diagnoseprozess theoriegeleitet, transparent und für andere nachvollziehbar zu gestalten.

Bisher klang es so, als wären die klassischen Gütekriterien von Messungen im Rahmen der pädagogischen Diagnostik nicht sinnvoll nutzbar. Sind pädagogisch-didaktische Aufgaben der Anlass der Diagnostik, dann entstehen Urteile oft in Interaktionssituationen und besitzen qualitativen Charakter. In diesem Fall ist die Berücksichtigung klassischer Gütekriterien entsprechend den Überlegungen von Eggert (2007) also nicht sinnvoll. Aufgrund der Rahmenbedingungen (interaktive Situationen, qualitative Urteile) diagnostischer Bemühungen mit einem pädagogisch-didaktischen Ziel ist es wenig verwunderlich, dass die von Scherer und Moser Opitz (2010) alternativ vorgeschlagenen Gütekriterien – Theoriegeleitetheit, Transparenz und intersubjektive Nachvollziehbarkeit – eine gewisse Nähe zu Gütekriterien qualitativer Forschung besitzen. So kann man zwei der sechs von Mayring (2016, S. 144 ff.) vorgeschlagenen Kriterien, Verfahrensdokumentation und Regelgeleitetheit, in der intersubjektiven Nachvollziehbarkeit sowie der Transparenz der Diagnostik wiederfinden. Die Kritik an den klassischen Gütekriterien muss man aber relativieren. Objektive, valide und reliable Urteile sind nämlich besonders dann erforderlich, wenn die pädagogische Diagnostik bildungspolitisch-gesellschaftliche Aufgaben verfolgt, die über einen langen Zeitraum und in großem Ausmaß wirken. Beispiele hierfür sind Schulabschlüsse oder Entscheidungen zum weiteren Bildungsverlauf von Schülern.

Kurz zusammengefasst bleibt festzuhalten: Die zuvor beschriebenen klassischen Güte- und Nebengütekriterien von Messungen sind auch für die pädagogische Diagnostik von Bedeutung, ihre Gewichtung variiert aber abhängig von der übergeordneten Aufgabe des diagnostischen Prozesses. Sobald ein Urteil pädagogisch-didaktische Aufgaben erfüllen soll – und dies ist für die Diagnostik mathematischer Begabung in der Regel der Fall –, ist die Güte der Diagnostik weniger anhand statistischer Kennwerte zu ermitteln, sondern eher durch ein theoriegeleitetes, intersubjektiv nachvollziehbares, transparentes Vorgehen zu gewährleisten.

2.2   Verfahren zum Diagnostizieren mathematisch begabter Schüler

Insbesondere wegen der Komplexität mathematischer Begabung ist für ihre Diagnostik die Nutzung multimethodaler Strategien empfehlenswert (vgl. Abschn. 2.1.3). Es ist folglich notwendig, unterschiedliche und vielfältige Ansätze der Datengewinnung zu kennen und deren Bedeutung und Nutzen für das Diagnostizieren mathematisch begabter Schüler einschätzen zu können. Das Ziel dieses Abschnitts ist es daher, die zuvor skizzierten Klassen von Verfahren aus Abschn. 2.1.3 weiter zu konkretisieren und dadurch für eine praktische Nutzung zugänglicher zu machen. Die Konkretisierung bezieht sich dabei einerseits auf eine detailliertere oder differenziertere Beschreibung von Verfahren und andererseits auf die Beschreibung von spezifischen Instrumenten, also Hilfsmitteln zur Datensammlung im Rahmen bestimmter Verfahren. Zusätzlich bewerten wir die Güte der einzelnen Ansätze zur Diagnostik mathematischer Begabung anhand empirischer Untersuchungen – wenn hierzu Erkenntnisse vorliegen. Falls dies nicht der Fall ist, werden – wieder sofern vorhanden – Erkenntnisse zum Einsatz im Rahmen der Identifikation (allgemein intellektuell) Hochbegabter berichtet und/oder theoretische Überlegungen zur Güte bzw. zum Nutzen für das Diagnostizieren mathematisch begabter Schüler ergänzt.

Abb. 2.2 bietet einen Überblick über die in diesem Abschnitt betrachteten Verfahren. Wir beginnen dabei mit mündlichen und schriftlichen Befragungsverfahren (Abschn. 2.2.2) und besprechen ausgehend von diesen im Uhrzeigersinn anschließend Verhaltensbeobachtungen (Abschn. 2.2.3), Testverfahren (Abschn. 2.2.4) sowie die Dokumentenanalyse (Abschn. 2.2.5). Zuvor wird jedoch noch ein Modell vorgestellt, um die unterschiedlichen Verfahren bezüglich drei diagnostisch relevanter Dimensionen zu gliedern und dadurch zu strukturieren.

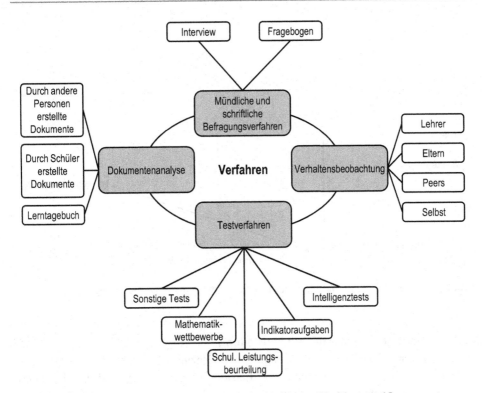

Abb. 2.2 Übersicht über die in diesem Abschnitt beschriebenen Verfahren und Instrumente

2.2.1   Ein Modell zur Strukturierung unterschiedlicher Verfahren

Abschn. 2.1.4 machte deutlich, dass der Diagnostik mathematischer Begabung stets spezifische Theorien zugrunde liegen. Wir stützen uns zum einen auf das Modell für mathematische Begabung aus Abschn. 1.1 sowie zum anderen auf die Ausführungen zur Diagnostik mathematischer Begabung aus Abschn. 2.1. Vor der Konkretisierung der unterschiedlichen Verfahrensklassen stellen wir ein Modell für Verfahren zum Diagnostizieren mathematisch Begabter dar, das im weiteren Verlauf eine Einordnung der diagnostischen Verfahren ermöglicht und dadurch hilft, die mannigfaltigen Verfahren zu strukturieren.

2.2.1.1 Die Dimensionen des Strukturmodells

Das Strukturmodell unterscheidet insgesamt drei diskrete Dimensionen, bezüglich derer diagnostische Verfahren und Instrumente eingeordnet werden können (vgl. Abb. 2.3). Sie leiten sich unmittelbar aus dem theoretischen Rahmen der Diagnostik mathematischer Begabung ab.

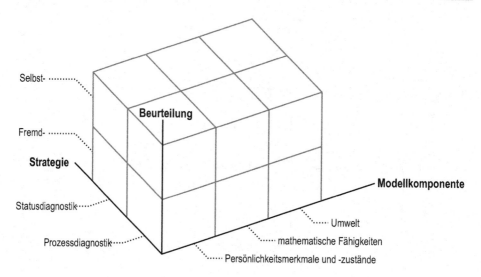

Abb. 2.3 Strukturmodell für Verfahren zur Diagnostik mathematischer Begabung

Modellkomponente, Strategie und Beurteilung

Die Dimension *Modellkomponente* nimmt direkt Bezug auf das Modell für die Entwicklung von Begabung, Fähigkeiten und Leistung (Abschn. 1.1.5) und die hierin enthaltenen drei Gruppen von Faktoren, welche die Leistungsentwicklung beeinflussen: Persönlichkeitsmerkmale und -zustände, mathematische Fähigkeiten sowie Umwelt. Mathematische Fähigkeiten entwickeln sich auf Basis der mathematischen Begabung einer Person. Diese Entwicklung findet unter dem Einfluss von Persönlichkeitsmerkmalen und -zuständen sowie der Umwelt statt. Erfasst man also die mathematische Leistung eines Schülers, kann man – unter Berücksichtigung der vielfältigen Einflüsse – einen Schluss auf seine mathematischen Fähigkeiten und damit also auf die zu einem früheren Zeitpunkt vorhandene mathematische Begabung ziehen. Diese Kenntnis erlaubt einen Rückschluss auf die mathematische Begabung zum aktuellen Zeitpunkt, wobei eine gewisse dynamische Entwicklung der mathematischen Begabung des Schülers, ebenfalls unter dem Einfluss von Persönlichkeitsmerkmalen und -zuständen sowie der Umwelt, berücksichtigt werden muss.

Die Dimension *Strategie* unterscheidet in Anlehnung an die in Abschn. 2.1.3 aufgeführten Strategien zwischen Status- und Prozessdiagnostik. Das Strukturmodell ermöglicht dadurch eine Einordnung von Verfahren im Hinblick auf die Erfassung eines aktuellen Status oder einer Veränderung. Da wir mathematische Begabung als ein Potenzial zur Entwicklung, also zur Veränderung verstehen, ist diese Unterscheidung der Diagnosestrategie für die Diagnostik mathematischer Begabung von besonderer Bedeutung.

Die Aufnahme der dritten Dimension *Beurteilung* in das Strukturmodell kann man ebenfalls anhand des theoretischen Rahmens der Diagnostik mathematischer Begabung begründen. Zum einen findet die Entwicklung und Entfaltung einer mathematischen Begabung in Wechselwirkung zwischen dem betreffenden Schüler und seiner Umwelt statt. Sowohl der Blick des Schülers auf sich selbst als auch die Einschätzung durch Personen aus der Umwelt des Schülers sind daher für die Diagnostik mathematischer Begabung, das Verständnis der bisherigen Begabungsentwicklung sowie die Ableitung möglicher Schlüsse bzw. Konsequenzen für ihre zukünftige Entwicklung von Bedeutung. Zum anderen ist die Beobachterperspektive mit den Facetten Selbst- und Fremdbeurteilung ein Aspekt multimethodaler Diagnostik, die insbesondere auch für die Diagnostik mathematischer Begabung empfohlen wird.

Weitere Ausdifferenzierungen möglich
Neben diesen drei Dimensionen gibt es natürlich noch weitere, bezüglich derer Verfahren zur Diagnostik mathematischer Begabung eingeordnet werden können. Denkbar ist z. B. eine Unterscheidung zwischen Verfahren zum Gewinnen klassifikatorischer bzw. dimensionaler Daten in einer zweiten Strategiedimension. Diese Dimensionen sind aber – basierend auf den theoretischen Ausführungen – von geringerer Bedeutung als die im Strukturmodell enthaltenen Dimensionen, weshalb insbesondere im Sinne einer möglichst geringen Komplexität des Modells auf Ergänzungen verzichtet wurde.

Neben Ergänzungen sind prinzipiell auch feinere Untergliederungen der einzelnen Dimensionen möglich. Unter anderem können die Modellkomponenten in einzelne Faktoren und die Strategien bezüglich des zeitlichen Umfangs der Datenerhebung untergliedert werden. Beispielsweise kann eine Prozessdiagnostik punktuell in Form einer retrospektiven Datenerhebung oder parallel zum Prozess selbst und damit längerfristig stattfinden. Die Beurteilungsdimension ließe sich im Hinblick auf die Objektivität bzw. Subjektivität der abgegebenen Einschätzung weiter untergliedern. Auf solche zusätzlichen Differenzierungen wird ebenfalls aufgrund der dadurch gesteigerten Komplexität, deren Notwendigkeit nicht durch den theoretischen Rahmen zu begründen ist, verzichtet.

Zusammenfassend betrachtet handelt es sich beim Strukturmodell diagnostischer Verfahren in Abb. 2.3 also um ein theoriegestütztes Rahmenmodell, das zentrale theorierelevante Dimensionen berücksichtigt, innerhalb seiner einzelnen Komponenten jedoch noch weiter ausdifferenziert werden kann.

2.2.1.2 Die Funktionen des Strukturmodells
Das vorgestellte Strukturmodell erfüllt wesentliche Funktionen im Hinblick auf die Diagnostik mathematischer Begabung:

- *Strukturierung:* Das Modell liefert eine komplexitätsreduzierte, theoriegeleitete Strukturierung unterschiedlicher Verfahren zum Diagnostizieren mathematisch begabter Schüler.

- *Einordnung:* Das Modell ermöglicht eine Einordnung von Verfahren in den theoretischen Rahmen der Diagnostik. Eine solche ist sinnvoll, da man hierdurch unter anderem die Bedeutung der durch die Verfahren gewonnenen Daten für die Diagnostik einschätzen kann.

- *Beurteilung vorhandener diagnostischer Ansätze:* Die Beurteilung der Qualität bereits vorhandener diagnostischer Ansätze ist eine weitere Funktion des Modells. Im Rahmen einer solchen Beurteilung können beispielsweise einseitige Schwerpunktsetzungen in einzelnen Dimensionen (z. B. ausschließlich Tests zu mathematischen Fähigkeiten) verdeutlicht werden. Solche Schwerpunktsetzungen stehen im Widerspruch zur Komplexität mathematischer Begabung und würden wegen der Vernachlässigung relevanter Aspekte bei der Diagnostik zu einer geringer einzuschätzenden Qualität des Ansatzes führen.

- *Entwurf neuer und Ergänzung vorhandener diagnostischer Ansätze:* Das Modell unterstützt schließlich noch beim Entwurf neuer sowie der Erweiterung bestehender theoriekonformer Diagnoseansätze. Dabei kommen insbesondere auch die drei vorher beschriebenen Funktionen zum Tragen. Die Strukturierung erleichtert in Verbindung mit der theoretischen Einordnung eine gezielte Verfahrens- oder Instrumentenwahl, die möglichst vielfältige Facetten des Strukturmodells bei der Datenerhebung berücksichtigt. Außerdem zeigt eine stetige Bewertung des Entwurfs mögliche Schwachstellen und damit gleichzeitig auch Ansatzpunkte für eine weitere Optimierung auf. Bei bereits bestehenden Diagnoseansätzen schließen sich an die Beurteilung der Qualität – sofern ein Verbesserungspotenzial festgestellt werden kann – eine gezielte Auswahl von Verfahren, die eine sinnvolle und theoriekonforme Ergänzung darstellen, sowie deren Integration in den Diagnoseansatz an.

Die folgenden Abschnitte beschäftigen sich nun mit konkreten Verfahren und Instrumenten, die von Lehrkräften zur Diagnostik mathematischer Begabung genutzt werden können. Im Sinne der zweiten Funktion des Strukturmodells werden die einzelnen Verfahren jeweils bezüglich der drei Dimensionen eingeordnet. Die Beschreibung gliedern wir nach den aus Abschn. 2.1.3 bekannten vier Klassen: mündliche und schriftliche Befragungsverfahren, Verhaltensbeobachtung, Testverfahren sowie Dokumentenanalyse.

2.2.2 Mündliche und schriftliche Befragungsverfahren

Im Folgenden stellen wir das Interview als mündliche und den Fragebogen als schriftliche Form der Befragung vor.

2.2.2.1 Interviews

Das Interview ist „eine der ältesten und auch heute noch am häufigsten benutzten diagnostischen Methoden" (Ingenkamp und Lissmann 2008, S. 95). Da das Interview u. a.

durch eine zielgerichtete Erfassung von mündlichen Äußerungen charakterisiert ist, kann man die Durchführung von Interviews als eine der vielfältigen pädagogisch-didaktischen Aufgaben von Lehrkräften sehen. Im Mathematikunterricht werden Interviews (oftmals ohne sie so zu nennen) regelmäßig, beispielsweise für Erfolgskontrollen, genutzt. Dabei geht es im Wesentlichen darum, das Erreichen von Lernzielen zu überprüfen.

Verschiedene Arten von Interviews

Die Interviewsituation, die genutzten Fragen, die befragte Person bzw. die befragten Personen sowie der Interviewer sind die charakteristischen Elemente eines Interviews (vgl. Döring und Bortz 2016a, S. 356). Anhand der ersten beiden Elemente kann man unterschiedliche Formen von Interviews differenzieren. Atteslander (2010, S. 134 f., 144 ff.) nennt hierfür

- den Grad der *Strukturierung,* der umso höher ist, je umfassender der Interviewverlauf unter anderem durch ein Frageschema festgelegt wird,
- die *Standardisierung* der verwendeten Fragen, die bei der Verwendung von Antwortkategorien vorliegt, sowie
- den Grad der *Offenheit* der Interviewfragen, welcher die Freiheit bei der Beantwortung beschreibt.

Die einzelnen Elemente hängen zumindest teilweise miteinander zusammen. Zum einen können offene Fragen keinesfalls standardisiert sein. Zum anderen werden in wenig strukturierten Interviewsituationen kaum geschlossene Fragen zum Einsatz kommen, da die Fragen durch Offenheit die Mitteilung von Informationen durch den Interviewten fördern sollen. Ingenkamp und Lissmann (2008, S. 101) bemerken, dass speziell in „der pädagogischen Praxis [...] das wenig strukturierte Interview mit nicht standardisierten offenen Fragen häufiger benutzt" wird. Dies gilt grundsätzlich auch für die Diagnostik mathematischer Begabung, wobei man aufgrund der oftmals sehr konkreten Ziele bei der Datensammlung in der Regel ein zumindest teilweise strukturiertes Interview durchführen wird.

Diagnostische Eignung von Interviews

Dafür, dass das Interview ein heute noch sehr häufig genutztes diagnostisches Verfahren darstellt, können zwei zentrale Gründe gefunden werden. Zum einen ist die Vielseitigkeit von Interviews zu nennen. Sie zeigt sich unter anderem in den verschiedenen Informationsbereichen, die sich über Interviews ergründen lassen. So kann man das subjektive Erleben (beispielsweise Emotionen oder Überzeugungen), Ereignisse und Verhaltensweisen, die sich einer direkten Beobachtung durch den Diagnostiker entziehen – z. B. weil sie im privaten Bereich oder in der Vergangenheit stattfinden bzw. stattfanden –, sowie Informationen über komplexe Zusammenhänge und Prozesse, die sich über einen langen Zeitraum erstrecken, gut über Interviews erfassen (vgl. Döring und Bortz 2016a, S. 356 f.). Zum anderen kann man durch Interviews häufig solche

Informationen unmittelbar gewinnen, die sich auf anderem Weg – beispielsweise über Verhaltensbeobachtungen (vgl. Abschn. 2.2.3) – durch den Diagnostiker nur mittelbar erschließen lassen.

Einordnung in das Strukturmodell

Die Vielseitigkeit von Interviews zeigt sich auch bei ihrer Verortung im Struktur-modell diagnostischer Verfahren (Abb. 2.3). Sie lassen sich in der Strategiedimension beiden Facetten zuordnen. Man kann Interviews nämlich sowohl zur Statusdiagnostik, beispielsweise für die Ermittlung des situativen, subjektiven Erlebens, als auch zur Prozessdiagnostik, zum Beispiel für die Erhebung der Entwicklung eines Schülers im Kindesalter durch eine Befragung der Eltern, nutzen. Die im Interview gesammelten Informationen können außerdem auf einer Fremdbeurteilung (z. B. beurteilen Eltern das Durchhaltevermögen ihres Kindes beim Bearbeiten anspruchsvoller Problem-stellungen) oder einer Selbstbeurteilung (z. B. beurteilt eine potenziell mathematisch begabte Person ihr eigenes mathematikbezogenes Interesse) basieren. Schließlich kann das Informationsinteresse auch jede der drei Modellkomponenten betreffen. Wie zuvor erwähnt, sind Interviews besonders für nicht direkt beobachtbare Aspekte der Umwelt sowie für Persönlichkeitsmerkmale als Grundlage des subjektiven Empfindens angebracht. Doch auch mathematische Fähigkeiten können Inhalt eines Interviews sein, beispielsweise durch das Erläutern der Bearbeitung einer Problemstellung. Inter-views lassen sich – abhängig von ihrer Gestaltung – also in jeder einzelnen Facette des Strukturmodells wiederfinden.

Beispiele

Zwei in empirischen Studien erprobte Beispiele für Interviews zur Unterstützung der Diagnostik mathematischer Begabung stammen von Aßmus (2017) und Sjuts (2017). Beide schlagen jeweils ein eher stark strukturiertes Interview vor. Das Interview von Aßmus ist zusätzlich noch standardisiert, nutzt geschlossene Fragen und versucht, die Strategien bei der Bearbeitung spezieller Indikatoraufgaben (vgl. Abschn. 2.2.4) zu ergründen (vgl. Aßmus 2017, S. 403 ff.). Sjuts hingegen nutzt ein nichtstandardisiertes Interview mit eher offenen Fragen, um potenziell mathematisch begabte Schüler sowie deren Eltern zu begabungsrelevanten Merkmalen – z. B. der kognitiven Entwicklung, persönlichen Eigenschaften oder mathematischem Problemlösen – zu befragen (vgl. Sjuts 2017, S. 411 ff.). Dazu im Folgenden einige Beispiele für mögliche Fragen, die Lehrkräfte in Interviews nutzen können.

Interviewfragen an Eltern

Fragen zur körperlichen, sozialen und kognitiven Entwicklung helfen dabei, die bisherige Entwicklung des Schülers zu rekonstruieren und seinen aktuellen Ent-wicklungsstand individuell angemessen zu bewerten:

- Gab es Auffälligkeiten in der körperlichen Entwicklung Ihres Kindes (z. B. bezüglich der Motorik, der Feinmotorik, dem Seh- oder Hörvermögen)?
- Wie würden Sie Ihren Erziehungsstil beschreiben?
- Hat Ihr Kind Geschwister? Wie ist das Verhältnis zu diesen?
- Wie verlief die kognitive Entwicklung Ihres Kindes (z. B. bezüglich des Sprechens, des logischen Denkens, des Erinnerungsvermögens oder des räumlichen Vorstellungsvermögens)?

Fragen zu Persönlichkeitsmerkmalen helfen dabei, wichtige Einflussfaktoren auf das Lernen und Leisten zu ergründen:

- Knobelt Ihr Kind auch zu Hause?
- Wie verhält sich Ihr Kind, wenn ihm beim Knobeln eine Lösung nicht gleich gelingt?
- Hat Ihr Kind generell Spaß am Knobeln? Wenn ja, wie zeigt sich das zu Hause?
- Welche weiteren Hobbys oder Interessen hat Ihr Kind?
- Wie würden Sie das Temperament Ihres Kindes beschreiben?
- Wie selbstständig ist Ihr Kind? Wie äußert sich das?
- Wie geht Ihr Kind mit Misserfolgen (insbesondere bezogen auf Mathematik) um?
- Wie ist das Verhalten Ihres Kindes gegenüber Gleichaltrigen/Älteren/Jüngeren?
- Wie würden Sie den Freundeskreis Ihres Kindes beschreiben?

Fragen zur Familie als Umweltfaktor helfen ebenfalls, Faktoren zu erkunden, die das Lernen und Leisten beeinflussen:

- Motivieren Sie Ihr Kind dazu, sich mit mathematischen Inhalten zu beschäftigen? Wie?
- Welche Bedeutung spielt die Mathematik in Ihrem Leben?
- Wie schätzen Sie die Bedeutung der Mathematik für das Leben im Allgemeinen ein?

Interviewfragen an Schüler

Die obigen Fragen zu Persönlichkeitsmerkmalen und der Familie als Umweltfaktor können Schülern in entsprechend angepasster Form gestellt werden (z. B. „Knobelst du auch zu Hause?"). Darüber hinaus können Persönlichkeitsmerkmale und -zustände tiefergehend erkundet werden:

- Wie ehrgeizig bist du beim Mathematiklernen in und außerhalb der Schule?
- Wie schätzt du deine Leistungsfähigkeit in Mathematik ein?
- Wie fühlst du dich vor Prüfungen in Mathematik?

- Wie fühlst du dich, wenn du für die Bearbeitung einer Aufgabe nur wenig Zeit hast?
- Was tust du, wenn dir bei einer Aufgabe die Lösung nicht direkt gelingt?
- Wie fühlst du dich, wenn du eine schwierige Aufgabe gelöst hast?
- Knobelst du lieber alleine oder in einer Gruppe? Warum?

Weil die diagnostischen Fragestellungen, die ein Interview erforderlich machen, sehr individueller Natur sein können, ist es oftmals sinnvoll, dass der Diagnostiker die Interviewsituation ebenso individuell selbst gestaltet. Wie schon erwähnt, ist das Interview in der Regel zumindest teilweise durch Fragen strukturiert. Für die Erstellung der Interviewfragen wie auch für die grundsätzliche Gestaltung der Interviewsituation weisen Ingenkamp und Lissmann (2008, S. 98 f.) sowie de Landsheere (1969, S. 68 f.) auf einige grundlegende Punkte hin, die der Interviewende beachten sollte:

- Der Interviewer sollte die Inhalte bestimmen, die im Interview abgedeckt werden sollen, und hierzu Fragen entwerfen.
- Die Reihenfolge der Fragen sollte zunächst psychologisch und erst dann sachlogisch begründet sein. Beispielsweise gibt der nächste Punkt dieser Liste ein psychologisches Prinzip für die Reihenfolge der Fragen vor, das über sachlogischen Zusammenhängen steht.
- Zu Beginn des Interviews sollte man Fragen stellen, die „das Eis brechen". Dies trägt auch zu einer offenen Atmosphäre bei. Problematische, z. B. intime, peinliche oder belastende Fragen sollten allenfalls im späteren Verlauf des Interviews, dann auch nicht gehäuft und insgesamt in nur geringer Zahl gestellt werden.
- Nimmt man Zurückhaltung bei der Beantwortung einer Frage wahr, sollte diese respektiert werden.
- Die Ausdrucksweise des Interviewers sollte neutral und dem bzw. den Interviewten angepasst sein (z. B. nicht zu technisch, aber auch nicht zu „flachsig"). Suggestivfragen sind zu vermeiden.
- Allgemein ist auf eine angenehme Gesprächsatmosphäre zu achten.

Eine spezielle Form des unstrukturierten Interviews stellt die *Methode des lauten Denkens* dar. Bei dieser Methode fordert der Interviewer den Schüler dazu auf, seine handlungsbegleitenden Denkprozesse zu verbalisieren (vgl. Döring und Bortz 2016a, S. 369). Der Diagnostiker kann so insbesondere mathematische Fähigkeiten erfassen und einschätzen, die über andere diagnostische Verfahren häufig nicht zugänglich sind. Dieses spezielle Interviewverfahren eignet sich deshalb auch sehr gut zur Diagnostik mathematischer Begabung (vgl. z. B. Krutetskii 1976; Sowell et al. 1990).

2.2.2.2 Fragebogen

Mit Fragebogen werden in hoch strukturierter, schriftlicher Form Fragen gestellt, die oftmals – aber nicht notwendig – standardisiert und geschlossen sind. Außerdem – und dies ist notwendig – beantwortet man die Fragen in schriftlicher Form. Sofern Fragebogen standardisierte geschlossene Fragen umfassen, sind sie sowohl bezüglich der Durchführung als auch der Auswertung deutlich ökonomischer als mündliche Befragungen. Gleichzeitig reduzieren sich aber die Wahrscheinlichkeit für unerwartete Rückmeldungen sowie die Informationsdichte durch das geschlossene Antwortformat (vgl. Ingenkamp und Lissmann 2008, S. 101). Ganz allgemein ist die Informationsdichte in Interviews höher als bei der Beantwortung von Fragebogen, da in der gleichen Zeit mündlich viel mehr mitgeteilt werden kann als schriftlich.

Einordnung in das Strukturmodell

Die geringere Informationsdichte bedingt, dass Fragebogen weniger zur Erfassung von Prozessen geeignet sind und tendenziell eher im Kontext einer statusdiagnostischen Strategie zum Einsatz kommen. Von besonderem Interesse bei einem Einsatz sind, wie bei Interviews, das subjektive Empfinden sowie Verhaltensweisen und Ereignisse, die sich einer direkten Beobachtung entziehen. Fragebogen sind daher grundsätzlich wie auch Interviews zur Erfassung aller drei Modellkomponenten nutzbar. Ebenfalls analog zu Interviews können Selbst- oder Fremdbeurteilungen Grundlage der gewonnenen Daten sein, abhängig davon, wer den Fragebogen ausfüllt.

Eignung zur Diagnostik mathematischer Begabung

Fragebogen können als Komponente einer multimethodalen, theoriegestützten Diagnostik das Diagnostizieren mathematisch begabter Schüler unterstützen, sofern sie Faktoren erfassen, die für die Entwicklung von Begabung, Fähigkeiten und Leistung von Bedeutung sind. Beim Rückgriff auf bereits vorhandene und erprobte Fragebogen kann man außerdem davon ausgehen, Daten hoher Güte zu erhalten. Wie die im Folgenden aufgeführten Beispiele verdeutlichen, existieren speziell für Persönlichkeitsmerkmale und Umweltfaktoren auch verschiedene, teils domänenunspezifische Fragebogen.

Beispiele

Einen Überblick über zahlreiche aktuell (meist kostenpflichtig) verfügbare und empirisch überprüfte (meist nicht mathematikspezifische) Fragebogen bietet das Verzeichnis von Testverfahren des Leibniz-Zentrums für Psychologische Information und Dokumentation (vgl. ZPID 2018). Obwohl dort dem Namen nach Testverfahren aufgeführt werden, sind auch viele Fragebogen enthalten – bei der Beschreibung der Verfahrensklassen (vgl. Abschn. 2.1.3) haben wir bereits gesehen, dass Fragebogen in der Schnittmenge zwischen schriftlichen Befragungs- und Testverfahren liegen. Ein konkretes Beispiel einer Quelle für Fragebogen zur Begabungsdiagnostik ist die Münchner Hochbegabungstestbatterie für die Sekundarstufe (MHBT-S), die auf dem Münchner Hochbegabungsmodell (vgl. Abschn. 1.2.4) basiert. Die Testbatterie enthält unter anderem Fragebogen zum Erkenntnisstreben, zur Leistungsmotivation sowie zum Familien- und Schulklima (vgl. Perleth und Heller 2017, S. 88 f.). Diese Fragebogen wurden jedoch nicht domänenspezifisch konzipiert, die Erfassung der Faktoren findet also nicht bzw. nicht ausschließlich mit Bezug auf mathematische Tätigkeit statt. Man muss hier sowie ganz allgemein bei nicht mathematikspezifischen Fragebogen überlegen, inwiefern die gewonnenen Daten bei der Diagnostik mathematischer Begabung helfen können. Beispielsweise kann ein Schüler domänenunspezifisch, also über alle Schulfächer hinweg, eine eher geringe Leistungsmotivation besitzen, in Mathematik jedoch überdurchschnittlich leistungsmotiviert sein. Dies würde man in einem allgemeinen Fragebogen möglicherweise übersehen. In solchen Fällen kann es durchaus sinnvoll sein, selektiv nur Teile von Fragebogen einzusetzen.

Ein mathematikspezifisches Beispiel ist der Fragebogen zur Erfassung des Interesses an Mathematik von Wininger et al. (2014). Sie haben diesen zwar ursprünglich für Grundschüler entwickelt, er wurde aber zum einen auch mit Schülern der Jahrgangsstufe 6 validiert und zum anderen sind die Fragen weitestgehend jahrgangsstufenunspezifisch.

Fragebogen zu mathematischem Interesse

Der Fragebogen (vgl. Wininger et al. 2014) erfasst das individuelle Interesse von Schülern an Mathematik – ein Persönlichkeitsmerkmal. Die enthaltenen Fragen lassen sich insgesamt vier Faktoren zuordnen, die jeweils Ausdruck des individuellen Interesses sind: Emotionen (Fragen 1–4), Wertschätzung (Fragen 5–8), Wissen (Fragen 9–12) sowie außerschulisches Engagement (Fragen 13–17). Beispielsweise lernen interessierte Schüler eher Mathematik, was letztlich zu mehr Wissen führt, oder sie beschäftigen sich eher außerhalb der Schule mit Mathematik.

	Frage	0	1	2	3	4
1	Mathematik ist interessant					
2	Ich mag Mathematik nicht					
3	Mathematik macht Spaß					
4	Mathematik ist cool					
5	Mathematik zu lernen ist wichtig					
6	Mathematik zu lernen ist hilfreich					
7	Was ich in Mathematik lerne, ist nützlich					
8	Gut in Mathematik zu sein ist unwichtig					
9	Ich weiß viel über Mathematik					
10	Ich bin gut in Mathematik					
11	Ich erbringe gute Leistungen im Mathematikunterricht					
12	Mathematik fällt mir schwer					

	Frage	0	1	2	3	4
13	Ich sehe mir außerhalb der Schule Fernsehsendungen über Mathematik an					
14	Ich besuche außerhalb der Schule Webseiten über Mathematik					
15	Ich spiele außerhalb der Schule Mathematikspiele am Computer					
16	Ich lese außerhalb der Schule Bücher über Mathematik					
17	Ich bearbeite gerne mathematische Probleme außerhalb der Schule					

$0 = $ nie, $1 = $ selten, $2 = $ manchmal, $3 = $ meistens, $4 = $ immer

Sind keine Fragebogen vorhanden, können diese – analog zu Interviews – selbstständig erstellt werden. Hierfür kann man beispielsweise auf Interviewfragen zurückgreifen. Dabei ist aber darauf zu achten, dass eine schriftliche Beantwortung in einem sinnvollen Rahmen möglich ist. Ingenkamp und Lissmann (2008, S. 102 f.) geben für das Erstellen von Fragebogen ebenfalls Regeln vor, um eine möglichst hohe Qualität der Daten sicherzustellen:

- Bei der Formulierung von Fragen ist auf die Sprache und den Wortschatz der Befragten zu achten.
- Unbestimmte Begriffe wie z. B. „häufig", „durchschnittlich", „selten" oder „besonders" sollten vermieden werden. (Die Problematik solcher Begriffe wird im folgenden Abschn. 2.2.3 für Checklisten noch einmal aufgegriffen.)
- Bei der Beantwortung von Items in Fragebogen kann man eine Tendenz zur Bejahung beobachten. Man sollte also auch Fragen so formulieren, dass eine positive Ausprägung des Merkmals einer Verneinung bedarf. Die Items 2, 8 und 12 im obigen Fragebogen zur Erfassung mathematischen Interesses sind Beispiele für eine solche Formulierung.
- Für die Reihenfolge der Fragen sollte man auf die „Trichtertechnik" (Ingenkamp und Lissmann 2008, S. 103) setzen: Der Fragebogen beginnt mit allgemeinen Fragen und wird im Verlauf immer spezieller.

2.2.3   Verhaltensbeobachtungen

Die Verhaltensbeobachtung ist eine Klasse diagnostischer Verfahren, die gerade im schulischen Kontext eine große Bedeutung für pädagogische Diagnostik im Allgemeinen sowie die Diagnostik mathematischer Begabung im Speziellen besitzt. Da Schüler einen nicht unwesentlichen Teil des Tages gemeinsam mit Lehrkräften und Mitschülern (Peers) verbringen, kann ihr Verhalten durch diese beiden Personengruppen über einen vergleichsweise langen Zeitraum beobachtet werden. Dadurch ist jeder Schultag eine natürlich auftretende Gelegenheit für Verhaltensbeobachtungen. Neben Lehrkräften und Peers können auch Eltern und der jeweilige Schüler selbst, unabhängig vom Schulkontext, das Verhalten des Schülers beobachten.

Es ist zwar nicht notwendig davon auszugehen, dass die Personen die Beobachtungen methodisch streng kontrolliert und damit wissenschaftlich im Sinne von Ingenkamp und Lissmann (2008, S. 78) durchführen, nichtsdestotrotz können – wie im Folgenden dargestellt wird – durch jede einzelne Beobachtergruppe spezifische Verhaltensweisen erfasst werden, die den jeweils anderen nicht zugänglich sind. Das Einbinden unterschiedlicher Beobachter in den diagnostischen Prozess ermöglicht also, ein umfassendes, facettenreiches Bild des Verhaltens des Schülers zu gewinnen. Dies ist – auch aufgrund des komplexen Wirkgeflechts bei der Entwicklung von Begabung, Fähigkeiten und Leistung – als günstig für die Diagnostik mathematischer Begabung einzuschätzen. Die nachfolgenden Beschreibungen zur Verhaltensbeobachtung sind dementsprechend nach den vier Beobachtern (Lehrer, Eltern, Peers und Schüler) gegliedert. Ihnen vorgelagert stellen wir aber zunächst einige grundlegende Überlegungen zur Verhaltensbeobachtung dar.

2.2.3.1 Grundlegende Überlegungen

Verhaltensbeobachtungen zielen im Allgemeinen darauf ab, eine Urteilsbildung über Eigenschaften einer Person, also Persönlichkeitsmerkmale und -zustände bzw. mathematische Fähigkeiten, zu ermöglichen. Dies hat unmittelbare Auswirkung auf die Verortung der Verfahren dieser Klasse im Strukturmodell für Verfahren zur Diagnostik mathematischer Begabung.

Einordnung in das Strukturmodell

Da Eigenschaften einer Person beobachtet werden, werden Faktoren der Umwelt des Schülers in der Regel nicht erfasst. Man gewinnt also lediglich Daten zu den Modellkomponenten Persönlichkeitsmerkmale und -zustände sowie mathematische Fähigkeiten. Wir werden später sehen, dass es in der Modellkomponentendimension für die einzelnen Personengruppen aber durchaus unterschiedliche Beobachtungsschwerpunkte gibt. Abhängig unter anderem vom Zeitraum, in dem die Verhaltensbeobachtung stattfindet, kann sie entweder zur Erfassung des aktuellen Status spezifischer Merkmale im Sinne einer statusdiagnostischen Strategie oder für die Feststellung von Änderungen im Rahmen einer Prozessdiagnostik eingesetzt werden. Man kann sie in der Strategiedimension also in beiden Facetten finden.

Distale und proximale Merkmale

Um zu Urteilen über *distale,* nicht unmittelbar beobachtbare Eigenschaften einer Person zu gelangen, werden vom Beobachter *proximale,* wahrnehmbare Merkmale betrachtet, von denen aus auf die Eigenschaften geschlossen wird (vgl. Lukesch 1998, S. 165). Die Gültigkeit dieser Urteile hängt dabei wesentlich von zwei Punkten ab: zum einen von der „wissenschaftlichen Begründung [...] der verwendeten proximalen Merkmale" (ebd., S. 166), d. h. vom theoretisch begründbaren und empirisch belegten Zusammenhang zwischen proximalem Merkmal und zu ergründender Eigenschaft, zum anderen von der Tatsache, wie unmittelbar die proximalen Merkmale registriert werden können. Man spricht hierbei vom Maß der Inferenz, d. h. dem Umfang der Schlussfolgerungen, die notwendig sind, um vom beobachteten Verhalten zum proximalen Merkmal zu gelangen. Es lassen sich allgemein niedrig- und hochinferente Urteile unterscheiden. Ein Beispiel für ein proximales Merkmal zur Erfassung der Motivation, das ein hochinferentes Urteil notwendig machen würde, ist: Der Schüler zeigt Anstrengungsbereitschaft. Hier ist nicht unmittelbar klar, durch welches Verhalten hohe Anstrengungsbereitschaft ausgedrückt wird. Bedeutet es, dass ein Schüler trotz Unterforderung weiter dem Unterricht folgt? Oder dass er auch bei Rückschlägen nicht aufgibt? Beide Verhaltensweisen können als Anstrengungsbereitschaft interpretiert werden, sie unterscheiden sich aber deutlich voneinander. Im Gegensatz dazu kann das auf Motivation und Anstrengungsbereitschaft hinweisende Merkmal „Der Schüler arbeitet ausdauernd an anspruchsvollen mathematischen Problemstellungen" (vgl. Rott und Schindler 2017, S. 244) beinahe unmittelbar wahrgenommen werden. Hier muss deshalb nur ein niedriginferentes Urteil getroffen werden. Nichtsdestotrotz sind die Ausdauer bei der Arbeit sowie der Anspruch der Problemstellungen noch vom Bezugssystem abhängig. Genauso wie bei hoher Inferenz können gleiche Urteile daher auf deutlich unterschiedlichem Verhalten basieren (vgl. Holling und Kanning 1999, S. 44 f.).

Verhaltenskodierung
Im Idealfall hält der Beobachter das wahrgenommene Verhalten bzw. die daraus abgeleiteten Urteile zu proximalen Merkmalen schriftlich fest. Insgesamt lassen sich vier Möglichkeiten unterscheiden, eine solche Verhaltenskodierung vorzunehmen (vgl. Hesse und Latzko 2017, S. 90; Ingenkamp und Lissmann 2008, S. 81 ff.; Lukesch 1998, S. 129 f.).

- *Verbalsysteme oder freie Beschreibung:* Hier wird das Verhalten „sprachlich und relativ vollständig protokolliert" (Hesse und Latzko 2017, S. 90).
- *Zeichen- oder Indexsysteme:* Bei dieser Variante der Verhaltenskodierung sind für einen Verhaltensbereich bestimmte Verhaltensäußerungen als Indikatoren vorgegeben. Die Äußerungen repräsentieren den Bereich möglichst gut, müssen ihn aber nicht notwendig vollständig abdecken. Ein Beispiel für solche Systeme sind Checklisten (vgl. Hesse und Latzko 2017, S. 90). Über die in den Systemen aufgeführten Verhaltensäußerungen wird letztlich das Verhalten kodiert, wobei ein konkretes Verhalten durchaus gleichzeitig mehreren der genannten Verhaltensäußerungen entsprechen kann. Möglicherweise kommt es also zu einer multiplen Registrierung. Hierzu ein Beispiel: Hat man die Verhaltensäußerungen „Der Schüler blickt aus dem Fenster." und „Der Schüler wackelt mit dem Stuhl.", müsste man das Verhalten eines aus dem Fenster blickenden und gleichzeitig mit dem Stuhl wackelnden Schülers doppelt registrieren.

- *Kategoriensysteme:* Diese Spezialform der Zeichen- oder Indexsysteme bildet theoretisch fundiert anhand unterschiedlicher, überschneidungsfreier Kategorien das Verhalten des zu beobachtenden Verhaltensbereichs vollständig ab (vgl. Hesse und Latzko 2017, S. 90). Das Verhalten wird aufgrund der disjunkten Kategorien nun nicht mehr mehrfach kodiert, sondern genau einer Kategorie zugeordnet. Ein bekanntes Kategoriensystem zur Interaktionsanalyse im Unterricht sind die *Flanders Interaction Categories* (FIAC) (vgl. z. B. Lukesch 1998, S. 153 f.).
- *Schätz- oder Ratingskalen:* Diese Möglichkeit zur Kodierung von Verhalten unterscheidet sich von Zeichen- oder Index- bzw. Kategoriensystemen dadurch, dass man mit ihr nicht das Auftreten bestimmter Indikatoren festhält, sondern deren Grad, beispielsweise die Häufigkeit oder die Intensität, beurteilt (vgl. Ingenkamp und Lissmann 2008, S. 88). Anstatt also jedes einzelne Mal festzuhalten, wenn der Schüler mit dem Stuhl wackelt, beurteilt man hier nur, ob er dies nie, selten, häufig oder immer getan hat.

Speziell für die zuletzt genannten Ratingskalen wird die Überlappung der Verhaltensbeobachtung mit schriftlichen Befragungen deutlich. Ratingskalen kann man formal nämlich auch als Fragebogen mit standardisierten, geschlossenen Fragen auffassen (vgl. Ingenkamp und Lissmann 2008, S. 101). Ebenso gibt es Überschneidungen zwischen der Selbstbeobachtung (unabhängig von der Verhaltenskodierung) und der Befragung, denn die Ergebnisse der Selbstbeobachtung werden in der Regel durch eine Befragung erfasst (vgl. Döring und Bortz 2016a, S. 329).

Freie Beschreibungen sind in der schulischen Praxis wenig praktikabel und Kategoriensysteme aufgrund der strengen inhaltlichen Anforderungen kompliziert zu entwickeln. Daher greifen die folgenden Ausführungen zu den unterschiedlichen Beobachtern – Lehrer, Eltern, Peers und der Schüler selbst – hauptsächlich auf Indexsysteme, dort oft Checklisten, und Ratingskalen zur Verhaltenskodierung zurück.

Typische Fehler

Beim Beobachten und insbesondere beim Beurteilen von Verhalten können unterschiedliche Fehler auftreten, welche die Güte der gewonnenen Daten negativ beeinflussen. Das reine Wissen über diese Fehler wird sie nicht automatisch verhindern, aber es ist nichtsdestotrotz hilfreich, für diese Fehler sensibel zu sein, um eigene Beobachtungen auf entsprechende Fehler zu überprüfen bzw. die Fehler möglichst zu vermeiden. So ist auch die folgende Auflistung als eine Sensibilisierung für häufig auftretende Fehler gedacht (vgl. z. B. Lukesch 1998, S. 177 ff.; Schmidt-Atzert und Amelang 2012, S. 320 f.):

- *Halo-Effekt:* Die Bewertung eines Merkmals kann auf andere Merkmale „strahlen" und deren Beurteilung beeinflussen. Ein Beispiel ist, dass einem Schüler mit hohen mathematischen Leistungen günstige Persönlichkeitsmerkmale zugeschrieben werden.

- *Antworttendenzen:* Ein Beobachter kann tendenziell bessere Urteile *(Mildefehler)* oder tendenziell schlechtere Urteile *(Strengefehler)* abgeben, als andere Beobachter dies tun würden. Eine weitere Form ist, zu durchschnittlichen Urteilen *(zentrale Tendenz)* oder zu extremen Urteilen *(Tendenz zu Extremurteilen)* zu neigen.

- *Logische Fehler:* Diesem Fehler liegt die Tendenz zugrunde, dass Merkmale, die der Beobachter als zusammengehörig ansieht, ähnlich beurteilt werden. Dieser Fehler wird also insbesondere durch falsche implizite Theorien von Beobachtern begünstigt. Eine Spezialform des logischen Fehlers sind soziale Stereotype, bei denen sozialen Gruppen (ungerechtfertigt) bestimmte Merkmale zugeschrieben werden. Ein Beispiel wäre: „Mädchen sind wenig interessiert an Mathematik.“

- *Primacy- und Recency-Effekt:* Der Beobachter kann sich bei der Beurteilung stärker durch Verhalten beeinflussen lassen, das am Anfang oder am Ende der Beobachtungsphase gezeigt wurde. Ein Primacy-Effekt kann entstehen, wenn man bereits relativ früh während der Beobachtung ein Urteil bildet, das man im weiteren Verlauf zu bestätigen versucht. Ist man lange unentschlossen, weil sich aus den Beobachtungen kein schlüssiges Gesamtbild ergibt, besteht die Möglichkeit, dass sich der Beobachter eher auf die Beobachtungen am Ende bezieht. Es kann dann zum Recency-Effekt kommen.

2.2.3.2 Lehrerbeobachtung

Wie bereits erwähnt, verbringen Mathematiklehrkräfte in jeder Schulwoche mehrere Stunden mit den Schülern und können sie währenddessen beim Betreiben und Lernen von Mathematik beobachten. Als Lehrkräfte besitzen sie außerdem eine fachwissenschaftliche, fachdidaktische, pädagogische und psychologische Ausbildung, die sie in besonderer Weise für Verhaltensbeobachtungen zum Diagnostizieren mathematisch begabter Schüler qualifiziert.

Einordnung in das Strukturmodell

Wenn eine Lehrkraft das Verhalten eines Schülers beobachtet und beurteilt, handelt es sich dabei um eine Fremdbeurteilung. Bedingt durch die Situationen, in denen Lehrkräfte solche Beobachtungen vornehmen können, und aufgrund ihrer Expertise kann der Schwerpunkt der Beobachtungen auf beiden für Verhaltensbeobachtungen möglichen Modellkomponenten – mathematischen Fähigkeiten sowie Persönlichkeitsmerkmalen und -zuständen – liegen. Da die Lehrerbeobachtung sowohl als Status- wie auch als Prozessdiagnostik durchgeführt werden kann, zeigt sich – analog zu Interviews – auch für Verhaltensbeobachtungen durch Lehrkräfte eine große Breite bezüglich der Einsatzmöglichkeiten anhand der drei Dimensionen des Strukturmodells.

Freie Beobachtungen

Sieht sich eine Lehrkraft mit der Frage nach dem Vorliegen einer mathematischen Begabung bei einem Schüler konfrontiert, wird sie diesen in der Regel zunächst beim Mathematiktreiben beobachten. Eine notwendige Voraussetzung dafür ist natürlich, dass im Unterricht Möglichkeiten für den Schüler geschaffen werden, um mathematisch tätig zu werden und dabei ein Verhalten zu zeigen, das auf eine mathematische Begabung hinweist (vgl. Käpnick et al. 2005, S. 27). Die Beobachtung in den entsprechenden Situationen wird oftmals zunächst unsystematisch und frei erfolgen und dadurch Orientierung liefern. Unsystematisch meint dabei, dass die Lehrkraft das Verhalten des Schülers unter der weit gefassten Fragestellung „Welches Potenzial zur Entwicklung mathematischer Fähigkeiten besitzt der Schüler?" in seiner Breite betrachtet. Die im Rahmen der freien Beobachtung berücksichtigten Verhaltensweisen, also die proximalen Merkmale, bestimmt die Lehrkraft selbst. Hierbei sollte sie aber keinesfalls auf eine theoretische Fundierung verzichten, da sonst ein größeres Risiko für eine negative Beeinflussung des Urteils durch implizite Theorien der Lehrkraft besteht (vgl. Preckel und Vock 2013, S. 131 f.). In Abschn. 1.1 haben wir einen solchen theoretischen Rahmen zu mathematischer Begabung sowie zur Entwicklung von Begabung, Fähigkeiten und Leistung vorgestellt.

Es ist empfehlenswert, dass die Lehrkraft die Ergebnisse ihrer freien Verhaltensbeobachtung in Form eines schriftlichen Berichts, also in einem Verbalsystem, festhält (vgl. Schmidt-Atzert und Amelang 2012, S. 310). Jede Lehrkraft hat während und nach dem Unterricht aber vielfältige Aufgaben, die weit über eine reine Beobachtung von Schülern hinausgehen. Das Verschriftlichen wird daher in der Regel nur in einer reduzierten Form und bedingt detailliert vorgenommen werden können. Trotzdem sichert man durch diese Maßnahme die intersubjektive Nachvollziehbarkeit, eines der (alternativen) Gütekriterien der Diagnostik mathematischer Begabung (vgl. Abschn. 2.1.5), weshalb keinesfalls auf eine (wenn auch knappe) Fixierung der Ergebnisse verzichtet werden sollte.

Lehrernomination

Aufbauend auf solchen unsystematischen freien Beobachtungen können Mathematiklehrkräfte einzelne Schüler als potenziell mathematisch begabt nominieren. Wir sprechen an dieser Stelle nicht von einer Diagnose, sondern von einer Nomination, um klarzumachen, dass es sich zunächst nur um eine vorläufige Einschätzung handelt. Diese sollte unbedingt durch Daten aus weiteren Verfahren im Sinne einer multimethodalen Diagnostik be- oder entkräftet werden. Ein offensichtlicher Vorteil der Lehrernomination im Vergleich zu punktuellen Verfahren wie z. B. Tests (vgl. Abschn. 2.2.4) ist, dass sie auf einer Verhaltensbeobachtung über einen längeren Zeitraum hinweg basieren kann. Hierdurch ist die Lehrernomination gegenüber einzelnen Ausreißern robust (vgl. Holling und Kanning 1999, S. 47). Ein „besonderer Tag", an dem ein Schüler ein im Vergleich zu sonst ungewöhnliches Verhalten zeigt, kann von der Lehrkraft daher als solcher erkannt und für das endgültige Urteil ggf. nicht berücksichtigt werden.

Nichtsdestotrotz zeigen Studien, dass Lehrernominationen keinesfalls frei von Fehlern sind. In der Untersuchung von Niederer et al. (2003, S. 79) nominierten neuseeländische Lehrkräfte mathematisch begabte 10- und 11-Jährige beispielsweise mit einer Effektivität von 50 % und einer Effizienz von 38 %. Sie erkannten also nur die

Hälfte der tatsächlich mathematisch begabten Schüler und deutlich mehr als die Hälfte ihrer Begabungsnominationen waren falsch. In einer anderen Studie gelang es Lehrkräften in England, in einer Gruppe von 13-jährigen Schülern 61 % derjenigen mit hohen mathematischen Fähigkeiten korrekt zu identifizieren (vgl. Denton und Postlethwaite 1984, S. 106 f.). Bei diesen zunächst ernüchternd wirkenden Zahlen gilt es zwei Punkte zu berücksichtigen:

- Es gibt teilweise deutliche individuelle Unterschiede hinsichtlich der Effektivität der Identifikation mathematisch begabter Schüler zwischen Lehrkräften (vgl. Denton und Postlethwaite 1984, S. 111; Preckel und Vock 2013, S. 132). Manche Lehrkräfte nominieren also mehr mathematisch begabte Schüler richtig, während andere aber die Nomination auch mit geringerer Effektivität durchführen.
- Die in den Studien ermittelte Effektivität hängt maßgeblich von der jeweiligen Operationalisierung mathematischer Begabung ab, da über diese die „tatsächlich" mathematisch Begabten ermittelt werden. Die Operationalisierung bestimmt also, welche der nominierten Schüler als korrekt identifiziert gelten. Dabei kann es deutliche Unterschiede geben, wenn eine mathematische Begabung z. B. einmal über eine besonders hohe Intelligenz und einmal über besondere Fähigkeiten zum modellierenden Denken festgestellt wird. Bei der Interpretation der Ergebnisse zur Effektivität von Nominationen muss man daher immer auch die jeweilige Operationalisierung mathematischer Begabung berücksichtigen. (Niederer et al. nutzten Problemlösen, Denton und Postlethwaite einen aus mehreren Tests – darunter u. a. Tests zu numerischen Fähigkeiten oder abstraktem Denken – bestehenden Gesamtscore zur Identifikation mathematisch begabter Schüler.)

Lehrerchecklisten

Eine Möglichkeit, die Qualität von Lehrerurteilen zu mathematischer Begabung zu verbessern, besteht im Einsatz von Checklisten (vgl. Holling und Kanning 1999, S. 47). Obwohl Checklisten eigentlich Indexsysteme sind, werden teilweise auch Ratingskalen darunter gefasst (vgl. z. B. ebd., S. 47). Die folgenden Ausführungen beziehen sich daher auf beide Varianten der Verhaltenskodierung, auch wenn nur von Checklisten gesprochen wird.

Checklisten können eine unterstützende Funktion bei der Verhaltensbeobachtung erfüllen, indem sie die Beobachtung systematisieren und die Aufmerksamkeit auf diagnostisch relevante Verhaltensaspekte lenken (vgl. Holling und Kanning 1999, S. 47; Lack 2009, S. 113; Ulbricht 2011, S. 1; Urban 1990, S. 92). Dass sie das Lehrerurteil aber nicht zwangsläufig verbessern, zeigt z. B. eine Untersuchung von Denton und Postlethwaite. Darin konnte die Effektivität des regulären, unsystematischen Lehrerurteils durch den Einsatz einer mathematikspezifischen Checkliste nicht gesteigert werden (vgl. Denton und Postlethwaite 1985, S. 99 f.). Dennoch hatte die Nutzung der Checkliste eine Wirkung: Die Lehrkräfte nominierten teilweise andere Schüler als ohne Checkliste.

Die ausbleibende Steigerung der Effektivität der Lehrernomination in der Untersuchung von Denton und Postlethwaite kann möglicherweise auf die beiden folgenden zentralen Kritikpunkte an Checklisten zurückgeführt werden. Zum einen ist die Validität, also die Gültigkeit, der in den Listen genannten Merkmale oftmals nicht wissenschaftlich belegt (vgl. Bardy 2013, S. 96; Perleth 2010, S. 65). Es ist also unklar, wie gut die aufgelisteten Verhaltensweisen eine mathematische Begabung repräsentieren, ob sie also typisch dafür sind. Zum anderen werden die oft hochinferenten Urteile, die beim Ausfüllen der Checklisten notwendig sind, sowie häufig notwendige bezugsrahmenabhängige Wertungen (z. B. signalisiert durch Adjektive und Adverbien wie „außergewöhnlich" oder „oft") kritisiert (vgl. BMBF 2017, S. 41). Checklisten – genauso wie Ratingskalen – sollte man daher mit einer gewissen Vorsicht begegnen, nicht zuletzt auch deshalb, weil sie nicht notwendig ein effektiveres Diagnostizieren bzw. Nominieren mathematisch begabter Schüler garantieren.

„Lokale" Urteile

Bis zu diesem Punkt betreffen die Ausführungen zu Lehrerbeobachtungen die Nomination von mathematisch begabten Schülern. Lehrkräfte geben also ein globales Urteil zur Begabung der Schüler ab (vgl. Baudson 2010, S. 90). Genauso können sie aber auch Verhaltensbeobachtungen durchführen, um „lokale" Urteile über ganz spezifische begabungsrelevante Faktoren, beispielsweise die mathematische Kreativität oder die mathematikbezogene Anstrengungsbereitschaft, zu fällen. Leitfragen der Beobachtung könnten dann sein: „Äußert der Schüler für ihn neue Ideen (z. B. beim Problemlösen oder beim Begriffsbilden)?" Oder: „Arbeitet der Schüler ausdauernd an schwierigen Problemstellungen?" Oder: „Gibt der Schüler schnell auf, wenn ihm eine Lösung nicht gelingt?" Diese Beobachtungen können ebenfalls frei, also unter einer individuellen Auswahl von Verhaltensmerkmalen stattfinden. Nichtsdestotrotz sind sie bezüglich der betrachteten Merkmale deutlich enger als die freien Beobachtungen zur Nomination. Checklisten und Ratingskalen helfen auch hier, die Beobachtungen zu systematisieren und dadurch sowohl die Aufmerksamkeit zu fokussieren als auch eine Vergleichbarkeit des Urteils sicherzustellen (vgl. Ingenkamp und Lissmann 2008, S. 79).

Da sich mathematische Begabung, Fähigkeiten und Leistung in einem komplexen Wirkgeflecht entwickeln, können solche lokalen Urteile sehr unterschiedliche Faktoren innerhalb der beiden beobachtbaren Modellkomponenten (mathematische Fähigkeiten sowie Persönlichkeitsmerkmale und -zustände) umfassen. Eine allgemeine Einschätzung der Validität von Checklisten ist deshalb nicht möglich. Man kann jedoch davon ausgehen, dass spezialisierte lokale Skalen häufiger wissenschaftlich überprüft sind und daher eine tendenziell höhere Validität hinsichtlich des zu erfassenden Faktors besitzen als globale Checklisten und Ratingskalen. Aus der Validität lässt sich jedoch nicht die Bedeutung des Faktors für die Diagnostik mathematischer Begabung ableiten. Diese muss über den theoretischen Rahmen der Diagnostik, z. B. das Modell zur Entwicklung von Begabung, Fähigkeiten und Leistung aus Kap. 1, begründet werden.

Beispiele

Es gibt viele Checklisten und Ratingskalen zur Unterstützung der Nomination begabter Schüler. Diese sind aber oftmals fachunspezifisch und zielen somit eher auf eine allgemeine (kognitive) Begabung ab. Exemplarisch sei hier auf die *Scales for Rating the Behavioral Characteristics of Superior Students* von Renzulli et al. (2010) verwiesen. Sie umfassen in insgesamt 14 Ratingskalen sowohl Items zu mathematischen Charakteristika als auch Items zu Motivation, zu Kreativität und zu Merkmalen des Lernens. Sie erfassen also mindestens teilweise wichtige Facetten des Modells für die Entwicklung von Begabung, Fähigkeiten und Leistung. Einen Überblick über eine Auswahl deutschsprachiger (allgemeiner) Checklisten und Ratingskalen findet sich bei Ulbricht (2011). Speziell auf Mathematik bezogen ist die von Denton und Postlethwaite (1985, S. 36 ff.) entworfene, 22 Items zu unterschiedlichen mathematischen Fähigkeiten umfassende Checkliste.

Die Checkliste von Denton und Postlethwaite (1985)

Die Items sind so entworfen, dass sie die unterschiedlichen Facetten der Struktur mathematischer Fähigkeiten nach Krutetskii (1976) erfassen. Die über die Verhaltensweisen beschriebenen mathematischen Fähigkeiten lassen sich jeweils auch im Modell für mathematisches Denken entdecken. Die Items der Checkliste gliedern sich in die Verhaltensbereiche „Verständnis von Informationen", „Informationsverarbeitung", „mathematisches Gedächtnis" und „allgemeines Verhalten".

Verständnis von Informationen

- Der Schüler versteht die formale Struktur eines Problems, er sieht die Beziehungen zwischen den gegebenen Informationen auch dann, wenn viel verarbeitet werden muss.
- Der Schüler erkennt redundante Informationen in einem Problem auch dann, wenn viel verarbeitet werden muss.
- Der Schüler erkennt, wenn zu einem Problem nicht genügend Informationen gegeben sind, und er erkennt, welche Informationen zum Lösen des Problems benötigt werden. Beides auch dann, wenn viel verarbeitet werden muss.

Informationsverarbeitung

- Der Schüler kann plausible Lösungsansätze für bislang unbekannte Probleme vorschlagen.
- Der Schüler kann dem logischen Gedankengang in einem mathematischen Beweis folgen.

- Der Schüler kann mathematische Beweise führen, die
  - ähnlich zu bereits bekannten sind.
  - eine neue logische Struktur benötigen, aber aus einem bekannten Themenbereich stammen.
  - zu Problemen aus einem neuen oder unbekannten Themengebiet gehören.
- Der Schüler sieht schnell, dass eine Lösungsmethode, die für ein Problem zu einem Thema genutzt wurde, auch vergleichbare Probleme in anderen Themenbereichen lösen kann.
  - Er sieht dies mit Hilfe.
  - Er sieht dies selbstständig.
- Der Schüler erkennt schnell, wenn Beispiele eines mathematischen Ergebnisses breiter oder allgemeiner genutzt werden können, und richtet seine Aufmerksamkeit dann schnell auf die Verallgemeinerung anstatt auf die konkreten Beispiele.
- Der Schüler ist in der Lage, logischen Erklärungen oder Beweisen auch dann zu folgen, wenn logische Sprünge gemacht werden, die einige logische Schritte auslassen oder einfach annehmen.
- Der Schüler zeigt die Fähigkeit, beim logischen Denken Sprünge zu machen. Er ist aber in der Lage, die ausgelassenen Schritte zu erläutern.
- Wenn während eines Argumentationsprozesses ein Ansatz scheitert, ist der Schüler in der Lage, einen alternativen Denkansatz auszuprobieren, in dessen neue Struktur der Schüler dann bereits korrekt gefolgerte Schlüsse integriert, indem er
  - der Logik einer anderen Person folgt.
  - eigenständig ein logisches System konstruiert.
- Der Schüler ist in der Lage, alternative Lösungswege anzugeben (sofern dies möglich ist).
- Der Schüler steht wenig eleganten Lösungen kritisch gegenüber und strebt in seiner eigenen Arbeit nach der größtmöglichen Eleganz.
- Der Schüler erkennt schnell falsche logische Schritte oder unzulässige Schlüsse.
- Der Schüler ist erst dann zufrieden, wenn er ein mathematisches Konzept, eine mathematische Methode oder einen mathematischen Prozess vollständig verstanden hat.
- Der Schüler wechselt schnell die Denkrichtung.

Mathematisches Gedächtnis

- Der Schüler hat ein gutes Gedächtnis für Lösungsmethoden. Er erinnert sich an Beweise eher über die logische Struktur als durch Auswendiglernen.
- Der Schüler behält Techniken, die für ein spezielles Themengebiet entwickelt wurden, gut im Langzeitgedächtnis. Er benötigt wenig bis keine Wiederholung, um ein vorheriges Kompetenzniveau zu erreichen.

Allgemeines Verhalten

- Der Schüler zeigt auch nach Phasen intensiver Konzentration bei der Bearbeitung von Problemen nur geringe geistige Müdigkeit.
- Der Schüler ist nicht zufrieden damit, ein interessantes Problem ungelöst zu lassen, und denkt auch in ungewöhnlichen Momenten daran, bis es gelöst ist.
- Der Schüler kann arithmetische Berechnungen präzise und mit Leichtigkeit ausführen.
- Wenn der Schüler versucht, neue Probleme zu lösen, zeigt er eine Tendenz, diese
  - räumlich/geometrisch zu interpretieren und zu lösen.
  - analytisch/logisch zu interpretieren und zu lösen.

Die große Anzahl unterschiedlicher Checklisten und Ratingskalen macht unmittelbar deutlich, dass es „die eine Checkliste für mathematische Begabung" nicht gibt. Wie schon für die Befragungsverfahren ist auch hier zu einem selektiven, auf die konkrete Situation sowie das diagnostische Ziel angepassten Einsatz zu raten. Sowohl die zuvor genannten Beispiele als auch unser nachfolgendes Beispiel einer Lehrercheckliste sind also Vorschläge, die dem Diagnostiker Anreize liefern sollen.

Lehrercheckliste zur Nomination mathematisch begabter Schüler

Die folgende Checkliste kann als Orientierung bei der Beobachtung von Schülern dienen. Sie orientiert sich an den Facetten mathematischen Denkens aus Abschn. 1.1.1. Falls viele der folgenden Merkmale für einen Schüler zutreffen, kann er als mathematisch begabt nominiert werden. Falls nur wenige der Merkmale beobachtbar sind, bedeutet dies aber nicht zwingend, dass keine mathematische Begabung vorliegt!

Mathematische Fähigkeiten
Der Schüler …

- erkennt schnell Zusammenhänge bzw. Muster in komplexen mathematischen Problemen.
- kann Erkenntnisse aus konkreten Beispielen verallgemeinern, um sie so für andere Situationen nutzbar zu machen.
- ist in der Lage, komplexe Schlussfolgerungen nachzuvollziehen.
- kann neue mathematische Beweise entwickeln.
- bevorzugt das Arbeiten auf formaler Ebene.
- benötigt wenig Übungszeit.
- äußert sich negativ zu redundantem Üben.
- achtet auf logisch korrekte Formulierungen und nutzt dabei mathematische Fachsprache.
- bemerkt nichtexakte Formulierungen oder fehlende Informationen.

- besitzt ein umfangreiches mathematisches Wissen, das möglicherweise über die curricularen Inhalte der Jahrgangsstufe hinausgeht.
- kann mathematische Situationen flexibel aus unterschiedlichen Perspektiven betrachten.
- äußert Ideen, die im jeweiligen Zusammenhang und in dieser Jahrgangsstufe neu sind.
- erinnert sich lange an mathematische Inhalte, wobei er einzelne Bausteine ggf. rekonstruieren muss. Die Rekonstruktion fällt ihm dann aber leicht.
- sieht die Welt durch eine „mathematische Brille", er sieht also die Mathematik in der realen Welt.
- besitzt ein „Gespür", eine Sensibilität für Mathematik. Er begründet sein Vorgehen z. B. anhand seines „Bauchgefühls".
- äußert sich (positiv oder negativ) zur Ästhetik bestimmter mathematischer Phänomene.

Persönlichkeitsmerkmale und -zustände
Der Schüler …

- zeigt Interesse an Mathematik. Zum Beispiel äußert er sich positiv zur Mathematik oder beschäftigt sich gerne mit mathematischen Inhalten.
- hat Spaß am Mathematiktreiben.
- arbeitet ausdauernd an komplexen Problemstellungen.
- arbeitet konzentriert und lässt sich selten ablenken.
- arbeitet strukturiert und zielorientiert.
- hat meist ein hohes Arbeitstempo.

2.2.3.3 Elternbeobachtung

Eltern besitzen zwar im Gegensatz zu Lehrkräften im Allgemeinen keine spezielle Ausbildung, die sie für Verhaltensbeobachtungen besonders qualifiziert, sie sind aber dennoch eine wichtige Quelle für Informationen über das Verhalten ihrer Kinder. Das liegt insbesondere daran, dass Eltern ihre Kinder in Bereichen und Situationen beobachten können, die für Lehrkräfte nicht zugänglich sind. Besonders hervorzuheben sind dabei zum einen der häusliche Bereich sowie Teile der Freizeit und zum anderen retrospektiv erinnerte Situationen und darin gezeigtes Verhalten, z. B. die Entwicklung in der frühen Kindheit.

Einordnung in das Strukturmodell

Die Elternbeobachtung ist in der Beurteilungsdimension des Strukturmodells der Fremdbeurteilung zuzuordnen. Der Schwerpunkt der Beobachtung liegt auf den Persönlichkeitsmerkmalen und -zuständen der Schüler (vgl. Baudson 2010, S. 98). Da Eltern im Allgemeinen keine fachwissenschaftliche und fachdidaktische Ausbildung besitzen, sollten aus Elternbeobachtungen resultierende Urteile über mathematische Fähigkeiten mit einer gewissen Vorsicht für die Diagnostik mathematischer Begabung genutzt werden. Aus strategischer Perspektive kann eine Elternbeobachtung, wie ganz allgemein jede Verhaltensbeobachtung, sowohl status- als auch prozessdiagnostisch durchgeführt werden.

Nomination durch Eltern

Genau wie Lehrkräfte werden Eltern oftmals unsystematisch und frei beobachten. Auch hier ist eine zentrale Voraussetzung einer erfolgreichen Beobachtung, dass Situationen auftreten oder Eltern entsprechende Situationen schaffen, in denen ein Verhalten gezeigt wird, das auf eine mathematische Begabung hinweist. Eltern, die frei beobachten, tun dies oft nur selektiv und zufällig, insbesondere also nicht permanent, sowie nicht immer objektiv (vgl. Baudson 2010, S. 98). Es kann daher leichter als bei Lehrkräften passieren, dass sie ihr Kind falsch einschätzen. Man muss das Elternurteil daher im Vergleich zum Lehrerurteil als im Allgemeinen weniger valide ansehen (vgl. Perleth 2010, S. 73 f.). Trotz der verschiedenen Kritikpunkte sollte der Diagnostiker das Elternurteil aber nicht gering schätzen. Unter anderem beim Erkennen von Underachievern, also Schülern, deren aktuelle Leistungen nicht ihrem Potenzial entsprechen und die von Lehrkräften häufig übersehen werden, sind Nominierungen durch Eltern eine potenziell wertvolle Ergänzung (vgl. Perleth 2010, S. 73, 84).

Niederer et al. untersuchten die Güte des Elternurteils über die mathematische Begabung von 10- bis 12-jährigen Schülern und ermittelten für die Nomination durch Eltern eine Effektivität von 86 % und eine Effizienz von 39 % (vgl. Niederer et al. 2003, S. 80). Dieses Ergebnis legt nahe, dass Eltern ihre Kinder bezüglich ihrer mathematischen Begabung tendenziell überschätzen. Ein vergleichbares Resümee für den Grundschulbereich ziehen Käpnick et al. (2005, S. 27):

> „Wir können nach unseren Erfahrungen davon ausgehen, dass viele Eltern sehr gut in der Lage sind, die Begabung ihrer Kinder einzuschätzen, aber manche erkennen sogar nach beeindruckenden Testergebnissen nicht, dass ihre Kinder ungewöhnliche Leistungen erbracht haben, und sehr viele überschätzen ihre Kinder auch."

Wenn Eltern dazu neigen, die mathematische Begabung ihrer Kinder zu überschätzen, dann sind sie eher dazu bereit, ihr Kind als mathematisch begabt zu nominieren. Dass eine solche Tendenz bei Lehrkräften eher nicht zu entdecken ist, spricht einmal mehr dafür, dass das Elternurteil eine wertvolle Ergänzung für die Identifikation von Underachievern darstellen kann.

Elternchecklisten

Auch die Elternbeobachtung kann durch den Einsatz von Checklisten und Rating-skalen systematisiert und fokussiert werden. Die für Lehrerbeobachtungen geäußerte Kritik an solchen Listen und Skalen (kritische Validität der Checklistenitems und häufige Notwendigkeit hochinferenter Urteile) übertragen sich unmittelbar auf die

Elternbeobachtung. Eine Systematisierung oder Fokussierung der Beobachtung durch eine Auflistung von Verhaltensweisen, die ein möglichst niedriginferentes Urteil erlauben, ist sinnvoll, da Eltern im Allgemeinen keine fachwissenschaftliche, fachdidaktische, pädagogische und psychologische Ausbildung besitzen. Entsprechend greifen Eltern bei unsystematischen Beobachtungen häufiger als Lehrkräfte auf implizite Theorien zu mathematischer Begabung bei der Beurteilung ihrer Kinder zurück. Beispielsweise bringen Eltern von Grundschulkindern mathematisches Talent teilweise in Verbindung mit Rechenfähigkeiten (vgl. Mann 2008, S. 51). Sie nominieren ihre Kinder also oft dann als mathematisch begabt, wenn diese gut rechnen können. Da mathematische Begabung (auch im Grundschulalter) aber deutlich mehr Facetten als nur die Rechenfähigkeit besitzt, ist davon auszugehen, dass viele der Nominierungen falsch sind – das Elternurteil ist also wenig valide. Dem Rückgriff auf implizite Theorien und der damit verbundenen problematischen Validität können Checklisten und Ratingskalen für Eltern teilweise entgegenwirken.

Beispiele

Auch für Eltern gibt es eine große Fülle an Checklisten, die beim Erkennen hochbegabter Schüler helfen sollen. Beispielsweise nennt Bardy (2013, S. 97) Verhaltensweisen, die (bei Grundschulkindern) auf eine Begabung hinweisen können. Außerdem können auch Eltern die *Scales for Rating the Behavioral Characteristics of Superior Students* (vgl. Renzulli et al. 2010) nutzen. Es müssen dann aber durch den Diagnostiker solche Items ausgewählt werden, die sich auf durch Eltern wahrnehmbares Verhalten der Schüler beziehen. Auch Fragebogen können bei der Systematisierung der Elternbeobachtung helfen. Sie fragen teilweise eine retrospektive Einschätzung der Häufigkeit oder Intensität bestimmter Verhaltensäußerungen des Schülers ab. Statt diese Abfrage retrospektiv vorzunehmen, können die Fragen auch Grundlage einer aktuellen Beobachtung sein.

Die folgende Checkliste ist wieder nur ein Vorschlag bzw. eine Anregung für eine Beschreibung von möglichem spezifischem Verhalten mathematisch begabter Schüler. Weder muss jede einzelne Verhaltensäußerung bei allen mathematisch begabten Schülern zu entdecken sein, noch ist diese Liste als vollständige Aufzählung gedacht.

Elterncheckliste zur Nomination mathematisch begabter Schüler

Die folgende Checkliste kann als Orientierung bei der Beobachtung Ihres Kindes dienen. Falls viele der folgenden Merkmale für einen Schüler zutreffen, kann er als mathematisch begabt nominiert werden. Falls nur wenige der Merkmale beobachtbar sind, bedeutet dies aber nicht zwingend, dass keine mathematische Begabung vorliegt!

Mein Kind …

- ordnet gerne Dinge, um Zusammenhänge zu entdecken.
- sieht die Welt durch eine „mathematische Brille", d. h., es entdeckt Mathematik in ganz unterschiedlichen, auch vermeintlich nichtmathematischen Situationen.
- muss nur wenig für den Mathematikunterricht in der Schule lernen.
- hat ein sehr umfangreiches mathematisches Wissen.
- argumentiert logisch und stichhaltig.
- äußert sich (positiv oder negativ) zur Ästhetik mathematischer Phänomene.
- verbringt in seiner Freizeit zusätzlich zu Schularbeiten Zeit mit Mathematik.
- ist sehr neugierig in Bezug auf Mathematik.
- sucht sich regelmäßig neue mathematische Herausforderungen.
- arbeitet ausdauernd an mathematischen Aufgaben.
- arbeitet strukturiert und zielorientiert.
- ist sehr konzentriert, wenn es mathematisch tätig ist.
- ist bei mathematischen Tätigkeiten selbstständig.

Die Checkliste kann auch durch ein Rating (z. B. nie/selten/manchmal/meistens/immer) ergänzt werden. Dadurch werden differenziertere Urteile zu den einzelnen Verhaltensweisen möglich. Die Einschätzung wird aber insgesamt auch anspruchsvoller, da beispielsweise entschieden werden muss, ob ein Verhalten nur manchmal oder meistens gezeigt wird.

2.2.3.4 Beobachtung durch Peers

Auch Peers, d. h. in unserem Fall Mitschüler, können das Verhalten potenziell mathematisch begabter Schüler beobachten. Ihre Beobachtungen für die Diagnostik mathematischer Begabung zu berücksichtigen, kann einen Informationsgewinn darstellen, da sich Mitschüler „untereinander auch in Bereichen und Situationen erleben, die Eltern und Lehrkräften eher verborgen bleiben" (Preckel 2008, S. 462).

Einordnung in das Strukturmodell

Die Beobachtung des Verhaltens eines Schülers durch Peers ist wieder als Fremdbeurteilung in die Strategiedimension des Strukturmodells einzuordnen. Eine durch Mitschüler vorgenommene Beurteilung ist dabei sowohl für Persönlichkeitsmerkmale und -zustände als auch für mathematische Fähigkeiten sinnvoll. Die Schüler können – im Gegensatz zu Eltern – die Schulklasse als Bezugssystem nutzen, innerhalb dessen ein auf Fähigkeiten oder Wissen bezogenes Verhalten eingeschätzt und eingeordnet werden kann.

Nomination durch Peers

Wie bereits für Lehrkräfte und Eltern beschrieben, beruhen Nominationen (mathematisch) begabter Schüler durch Peers auf unsystematischen freien Beobachtungen. Ob es tatsächlich sinnvoll ist, Beurteilungen durch Peers für diagnostische Entscheidungen zu berücksichtigen, hängt vom Alter der Peers ab. Erst ab etwa 10 Jahren können Schüler objektive und zuverlässige Urteile über Mitschüler treffen (vgl. Gagné 1995, S. 23 f.; Preckel und Vock 2013, S. 134). Im Sekundarstufenbereich sind Peer-Urteile und darauf basierende Nominationen also grundsätzlich sinnvoll. „Bislang weiß man allerdings kaum etwas über die Validität von Peernominierungen für das Erkennen Hochbegabter." (Preckel und Vock 2013, S. 134) Deutlich kritischer schätzt Perleth (2010, S. 75) die Nomination durch Peers ein und weist darauf hin, dass sie „sich im Lichte empirischer Untersuchungen als noch weniger [als das Elternurteil], besser kaum geeignet zur Identifikation von Hochbegabten erwiesen hat". Diese Unsicherheit hinsichtlich der Validität bzw. der Eignung der Peernomination kann ein Grund dafür sein, warum Beurteilungen durch Mitschüler in der Praxis der Diagnostik mathematischer Begabung eine eher untergeordnete Rolle spielen, obwohl sie für eine Identifikation begabter Schüler mit Behinderung, aus Minderheiten, aus anderen Kulturkreisen oder aus anderen benachteiligten Gruppen durchaus als hilfreich angesehen werden (vgl. z. B. Davis et al. 2011, S. 70).

Checklisten für Peers

Die Beobachtung durch Mitschüler kann wieder über die Vorgabe spezifischer Checklisten oder Ratingskalen systematisiert werden. Man muss jedoch festhalten, dass „[u]nklar ist, wieweit sich die Urteile der Kinder durch Aufklärung [...] noch verbessern lassen" (Holling und Kanning 1999, S. 49). Außerdem sind Checklisten für diese Beobachtergruppe ebenfalls aufgrund der schon für Lehrerbeobachtungen geäußerten Kritikpunkte (geringe Validität sowie oft Notwendigkeit hochinferenter Urteile) mit einer gewissen Vorsicht zu betrachten. Setzt man dennoch auf Checklisten, können darauf neben konkreten Verhaltensweisen auch allgemeinere begabungsrelevante Merkmale, z. B. mathematische Kreativität, zur Beobachtung vorgegeben werden, für die die Schüler im Sinne einer freien Beobachtung selbstständig Indikatoren festlegen.

Für Peernominationen liegt es nahe, auf allgemeine Checklisten zurückzugreifen und diese ggf. für den Einsatz im Mathematikunterricht anzupassen. Beispielsweise liefert eine Untersuchung von Gagné (1995, S. 21) eine Reihe von fachunspezifischen Merkmalen, die entsprechend adaptiert werden können. Darüber hinaus kann wieder, völlig analog zur Elternbeobachtung, auf Fragebogen zur Strukturierung und Fokussierung der Beobachtung zurückgegriffen werden.

Abschließend noch zwei Tipps, die man bei der Durchführung einer Peernomination beachten sollte (vgl. Davis et al. 2011, S. 71):

- Schüler tendieren dazu, ihre Freunde zu nominieren. Die Lehrkraft sollte deshalb gezielt darauf hinweisen, dass eine entsprechende Beeinflussung des Urteils vermieden werden sollte.
- Schüler nominieren teilweise nur einen Mitschüler. Die Lehrkraft sollte daher darauf aufmerksam machen, dass auch mehr als ein Mitschüler nominiert werden kann. Außerdem sollte sie auf die Möglichkeit der Selbstnomination hinweisen.

2.2.3.5 Selbstbeobachtung

Schließlich kann auch der Schüler, für den man die Diagnostik mathematischer Begabung durchführt, zu einer Beobachtung des eigenen Verhaltens, Denkens und Erlebens angeregt werden. Denken und Erleben sind zwar streng genommen keine Aspekte von Verhalten, also „jenes Geschehen[s], das, an einem Organismus oder von einem Organismus ausgehend, außenseitig wahrnehmbar ist" (Faßnacht 2001, S. 390), es ist aber trotzdem sinnvoll, ihre Beobachtung unter der Selbstbeobachtung zu subsumieren. Zum einen sind Denken und Erleben durch eine Selbstbeobachtung des Schülers zugänglich. Zum anderen gibt es vereinzelt auch Verhaltensbegriffe, die das Denken und Erleben umfassen (vgl. Häcker und Stapf 1998, S. 922).

Einordnung in das Strukturmodell
Die Selbstbeobachtung ist offensichtlich das einzige Verfahren der Verhaltensbeobachtung, das man bezüglich der Beurteilungsdimension im Strukturmodell der Selbstbeurteilung zuordnen kann. Wir haben eben gesehen, dass neben dem nach außen wahrnehmbaren Verhalten auch Prozesse des Denkens und Erlebens Gegenstände der Beobachtung sein können. Aus diesem Grund eignen sich Selbstbeobachtungen potenziell zur Erschließung der beiden die Person betreffenden Modellkomponenten: Persönlichkeitsmerkmale und -zustände sowie mathematische Fähigkeiten.

Selbstnomination
Selbstbeobachtungen können (neben anderen Faktoren wie schulischen Zensuren oder der elterlichen Einschätzung der Fähigkeiten) eine Grundlage für Selbstnominationen und Selbsteinschätzungen sein. Jedoch hängt die Qualität solcher Einschätzungen „in starkem Ausmaß vom Alter der Schüler und den damit verbundenen metakognitiven und selbstreflexiven Fähigkeiten" (Baudson 2010, S. 99) ab. Speziell für intellektuelle Fähigkeiten geht man davon aus, dass Schüler ab der dritten Jahrgangsstufe grundsätzlich zu Selbsteinschätzungen in der Lage sind (vgl. z. B. Holling und Kanning 1999, S. 50). Dabei tendieren aber sowohl jüngere als auch ältere Schüler zu einer Überschätzung ihrer eigenen Fähigkeiten (vgl. Baudson 2010, S. 99; Neber 2004a, S. 32 ff., 2004b, S. 357). Hinsichtlich der Beurteilung der eigenen Fähigkeiten kann daher von einer hohen Effektivität bei eher geringer Effizienz ausgegangen werden.

Wenig überraschend ist, dass sowohl ein geringer Selbstwert als auch ein geringes Fähigkeitsselbstkonzept einen negativen Einfluss auf die Selbstnomination intellektuell Hochbegabter besitzen (vgl. Preckel 2008, S. 463). Hieraus ergibt sich eine Problematik bei der Diagnostik mathematisch begabter Underachiever. Diese Schüler haben oft ein problematisches Fähigkeitsselbstkonzept und nominieren sich daher möglicherweise nicht selbst (vgl. Preckel und Vock 2013, S. 134 f.). Es besteht somit die Gefahr, dass Underachiever bei einer Selbstnomination unentdeckt bleiben.

Wege zur Anregung einer Selbstbeobachtung

Lehrkräfte können Selbstbeobachtungen durch Schüler auf verschiedene Arten anregen. Beispiele dafür sind:

- *Checklisten:* Breite, aber auch auf einzelne Merkmale fokussierte Selbstbeobachtungen können durch Checklisten und Ratingskalen angeregt, systematisiert und theoretisch fundiert werden. Natürlich muss man auch in diesem Fall wieder die schon mehrfach geäußerte Problematik solcher Listen und Skalen berücksichtigen.
- *Fragebogen:* Die Lehrkraft kann Selbstbeobachtungen ebenfalls durch den Einsatz von Fragebogen initiieren, die Schüler sonst im Rahmen einer schriftlichen Befragung erhalten würden.
- *Lerntagebuch:* Ein weiterer Weg zur Anregung einer Selbstbeobachtung ist das Lerntagebuch. Dieses besprechen wir im Abschnitt zur Dokumentenanalyse genauer (vgl. Abschn. 2.2.5).
- *Methode des lauten Denkens:* Die Methode des lauten Denkens haben wir schon in Abschn. 2.2.2 bei den mündlichen Befragungsverfahren genannt. Die Lehrkraft fordert die Schüler dabei zur Selbstbeobachtung des eigenen Denkens und zur Mitteilung dieser Beobachtung auf.

2.2.4 Testverfahren

Testverfahren ist ein Begriff für eine Klasse von Verfahren, die Merkmale einer Person durch gezieltes Auslösen eines Verhaltens messen, also quantifizieren (vgl. Abschn. 2.1.3). Psychometrische Tests sind nur für speziell ausgebildete Personen zugänglich und können daher nur von wenigen Lehrkräften bezogen bzw. eingesetzt werden. Trotzdem kommen sie regelmäßig bei der Begabungsdiagnostik zum Einsatz. Beispielsweise ist für die Zulassung zu speziellen Hochbegabtenklassen in Bayern und Baden-Württemberg unter anderem ein Intelligenztest notwendig (vgl. Stumpf und Trottler 2014, S. 34 f.). Auch für die Diagnostik mathematischer Begabung sind Testverfahren von Relevanz. Da psychometrische Tests für Lehrkräfte kaum zugänglich sind, werden speziell im schulischen Kontext eher solche Tests genutzt, bei denen die Gütekriterien weniger streng überprüft sind. Der Vorteil dieser „testähnlichen" (Test-)Verfahren ist, dass sie für Lehrkräfte zugänglich und – mit einer entsprechenden Anleitung – in der Regel auch von ihnen eingesetzt werden können.

2.2.4.1 Grundlegende Überlegungen

Es gibt sehr unterschiedliche Formen von Tests, die sich anhand verschiedener Merkmale genauer charakterisieren lassen.

Verschiedene Arten von Tests

Man kann verschiedene Merkmale nutzen, um Tests zu klassifizieren (vgl. Lukesch 1998, S. 222 f.). Für die Diagnostik mathematischer Begabung sind zwei davon von besonderer Bedeutung. Man kann sie – wie wir es schon von den Strategien kennen – in Form einander gegenüberstehender Paare von Begriffen formulieren.

- *Einzel- vs. Gruppentests:* Abhängig von der Möglichkeit, Testverfahren mit einzelnen Personen oder Personengruppen durchzuführen, wird zwischen Einzel- und Gruppentests unterschieden. In der Regel sind Gruppentestungen deutlich zeitökonomischer als Einzeltestungen, da man hier bei einer einzigen Durchführung des Tests die Merkmale mehrerer Personen gleichzeitig messen kann. Dagegen kann nur bei einer Einzeltestung eine genauere Beobachtung der Testperson stattfinden, die u. a. Rückschlüsse auf das Arbeitsverhalten und Bearbeitungsstrategien ermöglicht.
- *Typisches vs. maximales Verhalten:* Das durch einen Test hervorgerufene Verhalten kann entweder typisch oder maximal für eine Person sein. In der Regel betrifft typisches Verhalten Persönlichkeitsmerkmale (z. B. das Interesse) und maximales Verhalten die Leistung einer Person.

Abschließend sei noch auf ein Merkmal hingewiesen, das aktuell noch nicht von zentraler Bedeutung ist, in Zukunft aber an Bedeutung gewinnen kann: der Modus der Datenerhebung. Wir stellen in diesem Kapitel zahlreiche Testverfahren vor, die allesamt auf Papier-Bleistift-Instrumente setzen. Dem gegenüber stehen Testverfahren, bei denen die Datengewinnung – und oft auch die Datenauswertung – computergestützt stattfindet. Ein populäres Beispiel, das stellvertretend für den Trend weg vom Analogen hin zum Digitalen gesehen werden kann, ist die PISA-Studie. Diese wurde in Deutschland im Jahr 2015 erstmals vollständig computergestützt durchgeführt (vgl. Sälzer und Reiss 2016, S. 26).

Einordnung in das Strukturmodell

Sämtliche Testverfahren lassen sich sowohl bezüglich der Beurteilungs- als auch bezüglich der Strategiedimension relativ eindeutig in das Strukturmodell diagnostischer Verfahren einordnen. Das durch die Verfahren hervorgerufene Verhalten – auch wenn dieses nur aus einem Kreuz in einer Multiple-Choice-Aufgabe besteht – wird in der Regel durch eine fremde Person ausgewertet. Man kann Testverfahren deshalb in der Beurteilungsdimension der Fremdbeurteilung zuordnen. Außerdem wird das Verhalten lediglich im Moment des Testeinsatzes erfasst. In der Regel nutzt man Testverfahren also für eine Statusdiagnostik. Eine prozessdiagnostische Strategie kann mithilfe von Tests dann verfolgt werden, wenn man sie zu mehreren Zeitpunkten einsetzt und Veränderungen über die Ergebnisse zu den einzelnen Testzeitpunkten erschließt. Tests erfassen Merkmale einer Person und können daher in der dritten Dimension des

Strukturmodells, den Modellkomponenten, den beiden Facetten „Persönlichkeitsmerkmale und -zustände" sowie „mathematische Fähigkeiten" zugeordnet werden.

Kritische Betrachtung von Testverfahren

Es gibt kaum Ansätze zur Diagnostik mathematischer Begabung, die ohne ein oder
mehrere Testverfahren auskommen. Sind Tests ganz allgemein also besonders gut für
Begabungsdiagnostik geeignet? Ein großer Vorteil von Tests im Vergleich zu den bisher
vorgestellten Verfahren ist, dass sie in der Regel eine relativ hohe Objektivität, Reliabilität und Validität besitzen. Darüber hinaus sind Tests üblicherweise normiert, sie ermöglichen also eine Einordnung der Messergebnisse in Bezug auf eine Referenzgruppe.
Dies ist speziell für die Begabungsdiagnostik sehr hilfreich, weil dadurch eingeschätzt
werden kann, ob bestimmte Merkmale oder Leistungen wirklich besonders oder überdurchschnittlich sind. Häufig werden diese Punkte, die für einen Testeinsatz sprechen,
angeführt, um die Überlegenheit von Tests gegenüber anderen Verfahren zu verdeutlichen.

Man kann Tests aber auch durchaus kritisch hinterfragen. Hierbei geht es im Wesentlichen darum, ob die gemessenen Merkmale wirklich repräsentativ sind. Ist das gezeigte
Verhalten also wirklich typisch oder maximal oder ist es aufgrund verschiedener Einflussfaktoren (z. B. Testängstlichkeit, Tagesform, Wetter, unruhige Umgebung u. v. a. m.)
eben doch eher weniger typisch oder maximal? Dieser Kritikpunkt betrifft letztlich aber
nicht nur Tests, sondern alle Verfahren, die auf eine punktuelle, statusdiagnostische
Datenerfassung unter kontrollierten Bedingungen setzen.

Ein weiterer Kritikpunkt speziell für die Testung von Leistung im Hinblick auf
Begabungsdiagnostik betrifft die statische Natur der Testergebnisse. Oft sind Messungen
davon abhängig, was ein Schüler bisher gelernt hat. Der Test erfasst also sowohl das
Potenzial als auch die Lerngelegenheiten eines Schülers. Dies hat zur Folge, dass man
aus schlechten Testergebnissen nicht notwendig auf ein geringes Potenzial schließen
kann; die Testergebnisse könnten einfach so niedrig ausfallen, weil der Schüler bislang kaum entsprechende Lerngelegenheiten erhalten hat. (Erreicht ein Schüler aber
besonders gute Testergebnisse, ist ein hohes Potenzial sehr wahrscheinlich.) Eine
Möglichkeit, diese Problematik zu umgehen, bietet ein sogenanntes *dynamic assessment* (vgl. Kirschenbaum 1998, S. 141 ff.). Bei diesem wird zunächst ein Test zur
Bestimmung der Ausgangslage durchgeführt. Daran schließen sich ein Lernprozess
sowie eine zweite Testung zur Feststellung der durch das Lernen erreichten Änderung
an. Weil man durch diese Form einer testbasierten Prozessdiagnostik das Potenzial eines
Schülers beinahe unmittelbar erschließen kann, ist sie für die Begabungsdiagnostik – und
dabei besonders für das Erkennen von ansonsten bei Tests benachteiligten Schülern –
sinnvoll (vgl. Kirschenbaum 1998, S. 140; Peter-Koop et al. 2002, S. 20).

Die folgenden Beispiele illustrieren Testverfahren, die man zur Diagnostik
mathematischer Begabung einsetzen kann. Die Beispiele sind aber keine unterschiedlichen Verfahren im eigentlichen Sinn, da der Ablauf der Datengewinnung – eine
Messung von Merkmalen einer oder mehrerer Personen – jeweils vergleichbar abläuft.

Vielmehr handelt es sich um unterschiedliche Klassen von Instrumenten, die Hilfsmittel für Testverfahren sind.

2.2.4.2 Intelligenztests

„Intelligenztests sind für die Erfassung kognitiver Fähigkeiten das Mittel der Wahl" (Preckel und Vock 2013, S. 101). Da kognitive Fähigkeiten eine zentrale Komponente der meisten (allgemeinen) Begabungsmodelle darstellen, ist es wenig verwunderlich, dass die Ergebnisse von Intelligenztests oftmals ein oder gar das einzige Kriterium für die Diagnose einer (intellektuellen) Hochbegabung sind. Zur Messung von Intelligenz gibt es eine Vielzahl unterschiedlicher Testinstrumente (vgl. z. B. Lukesch 1998, S. 251 ff.; Preckel und Vock 2013, S. 106 ff.), die jeweils ein maximales Verhalten erfassen und – abhängig vom konkreten Instrument – als Einzel- und/oder Gruppentest durchgeführt werden können. Nun sind kognitive (mathematische) Fähigkeiten auch für mathematische Begabung von substanzieller Bedeutung (vgl. Abschn. 1.1.3); es liegt daher die Frage nahe, inwieweit sich Intelligenztests auch für die Diagnostik mathematischer Begabung eignen. Dieser Frage gehen wir im Folgenden nach.

Eignung aufgrund der Aufgabeninhalte

In Abschn. 1.2.1 haben wir bei der Darstellung des Intelligenzquotienten als ein Modell für Begabung bereits bemerkt, dass Intelligenztests nur bedingt dazu in der Lage sind, mathematische Begabung bzw. mathematische Fähigkeiten zu erfassen. Aufgrund ihrer inhaltlichen Gestaltung – z. B. als geschlossene Aufgabenstellungen im Multiple-Choice-Format – bilden sie mathematische Fähigkeiten nicht in ihrer Breite, Tiefe und Komplexität ab. Mathematische Fähigkeiten und mathematisches Denken können durch Intelligenztests also nicht vollständig erfasst werden. Eine noch grundlegendere Frage ist aber: Erfassen Intelligenztests überhaupt immer mathematische Fähigkeiten? Können die Ergebnisse aus Intelligenztests also grundsätzlich im Hinblick auf spezifische Facetten des mathematischen Denkens interpretiert werden? Betrachten wir hierzu zwei Beispiele:

- Im *Advanced Progressive Matrices*-Test (vgl. Raven et al. 1998) müssen Schüler in jeder Aufgabe Fehlstellen in einer Matrix so durch eine von acht vorgegebenen Figuren ergänzen, dass ein in der Matrix enthaltenes Muster passend fortgesetzt wird (vgl. Abb. 2.4). Die Bearbeitung dieser Aufgaben fordert von den Schülern hauptsächlich geometrisches Denken (sie müssen mit geometrischen Figuren arbeiten), Denken mit mathematischen Mustern (aus der vorgegebenen Matrix muss das passende Muster erschlossen werden) sowie schlussfolgerndes Denken (das in der Matrix enthaltene Muster muss genutzt werden, um die passende Figur zu identifizieren). Das Ergebnis dieses Tests, der erhaltene Intelligenzquotient, kann also als Beschreibung der Fähigkeit zu mathematischem Denken in den entsprechenden Facetten interpretiert werden.

Abb. 2.4 Einfaches
Beispielitem zum *Advanced
Progressive Matrices*-Test.
(vgl. Verguts und Boeck 2002,
S. 525)

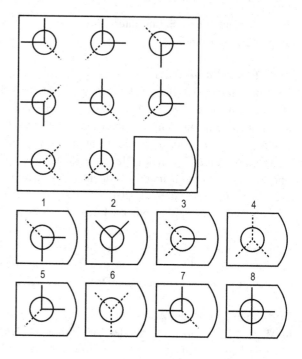

- Der *Hamburg-Wechsler-Intelligenztest für Kinder IV* besteht aus vier untergeordneten Tests, sog. Subtests, die jeweils einen anderen Intelligenzaspekt messen. Schüler bearbeiten darin Aufgaben zum Sprachverständnis, zum wahrnehmungsgebundenen logischen Denken, zum Arbeitsgedächtnis sowie zur Verarbeitungsgeschwindigkeit. Jeder einzelne Subtest untergliedert sich dann nochmals in drei bis fünf unterschiedliche Aufgabenformate (vgl. Petermann und Petermann 2007). Eines dieser Aufgabenformate zum Sprachverständnis ist ein Wortschatz-Test, in dem Schüler vorgegebene Objekte benennen sollen. Mathematisches Denken ist bei der Bearbeitung kaum erforderlich. Man kann deshalb den Gesamt-IQ, der aus den Leistungen in den einzelnen Subtests berechnet wird, nicht sinnvoll als Maß für mathematische Fähigkeiten interpretieren.

Die Antwort auf die eingangs gestellte Frage muss also differenziert ausfallen. Intelligenztests messen nicht immer mathematische Fähigkeiten. Doch auch wenn ein Intelligenztest als Ganzes mathematisches Denken nicht abbildet, sind in vielen Fällen doch Subtests oder zumindest einzelne Aufgaben enthalten, deren Lösung mathematisches Denken voraussetzt. Statt des Gesamtwerts für den IQ kann man in diesen Fällen Ergebnisse aus einzelnen Subtests sinnvoll in Bezug auf mathematische Fähigkeiten interpretieren. Erhält man als Lehrkraft also aus einer externen Quelle, z. B. von einem Psychologen, einen IQ-Wert eines Schülers, sollte man (sofern diese Information nicht bereits gegeben wird) in jedem Fall fragen: Welcher Intelligenztest wurde verwendet und welche Intelligenzaspekte wurden dabei gemessen? Nur mit dieser Information kann man entscheiden, ob und welche Testergebnisse überhaupt für die Beurteilung mathematischer Fähigkeiten sinnvoll sind.

Eignung aufgrund des Aufgabenformats

Bei der Bearbeitung von Intelligenztests müssen Schüler teilweise nur aus mehreren Alternativen die richtige Antwort auswählen. Bereits in Abschn. 1.2.1 haben wir bemerkt, dass dieses Multiple-Choice-Format nicht zulässt, die Gedankengänge des Schülers nachzuvollziehen. Das gedankliche Vorgehen und Strategien bei der Aufgabenbearbeitung bleiben dem Diagnostiker verborgen. Betrachten wir hierzu eine Aufgabe zum Operieren mit geometrischen Objekten als Beispiel.

Falsifikationsstrategie bei der Bearbeitung von Würfelaufgaben

Zur Messung des räumlichen Vorstellungsvermögens werden u. a. sogenannte Würfelaufgaben genutzt. In diesen Aufgaben wird ein Würfel vorgegeben, auf dessen Seiten sich sechs unterschiedliche Symbole befinden. Aus unterschiedlichen Antwortwürfeln soll dann derjenige ausgewählt werden, der aus dem vorgegebenen Würfel durch Kippen und/oder Drehen entstehen kann (vgl. Abb. 2.5).

Diese Aufgabe kann entweder gelöst werden, indem man den gegebenen Würfel einmal gedanklich nach links kippt und so Antwort C als Lösung identifiziert. Dieser Gedankengang ist in der Regel auch der gewünschte. Alternativ kann man entdecken, dass in keinem außer dem Antwortwürfel C das Lageverhältnis zwischen der Seite mit dem Dreieck und der Seite mit dem Pfeil dem Lageverhältnis beim gegebenen Würfel entspricht. Folglich muss Würfel C die Lösung sein. Beim zweiten Lösungsweg wird eine sog. Falsifikationsstrategie genutzt. Anstatt den korrekten Antwortwürfel zu identifizieren, werden so lange falsche Lösungen ausgeschlossen, bis nur noch eine Alternative als Lösung übrig bleibt. In der Beispielaufgabe kann man durch dieses Vorgehen auf ein gedankliches Kippen des Würfels verzichten.

Der Einsatz von Falsifikationsstrategien lässt sich einfach verhindern, indem man eine weitere Antwortalternative „Keine der Lösungen ist richtig." hinzufügt. Dadurch

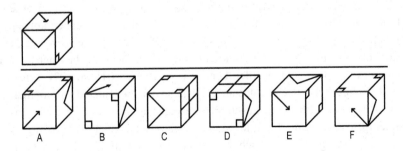

Abb. 2.5   Beispiel einer Würfelaufgabe

sind die Schüler gezwungen, den verbleibenden Würfel als Lösung zu verifizieren –
auch dieser könnte nämlich keine Lösung sein.

Wenn man nicht rekonstruieren kann, wie ein Schüler eine Testaufgabe bearbeitet hat,
sind Rückschlüsse auf die genutzten mathematischen Fähigkeiten kaum möglich. Dies
erschwert wiederum eine Interpretation der Testergebnisse im Hinblick auf das Vorliegen bestimmter mathematischer Fähigkeiten. Eine Möglichkeit, das Vorgehen bei
solchen Aufgaben dennoch zu erfassen, ist, die Testbearbeitung mit einer Befragung zu
kombinieren. Zum einen kann man Schüler im Anschluss an die Testbearbeitung inter-
viewen, um so ihre Strategien retrospektiv zu erfragen. Zum anderen kann man die Aufgaben auch in einer Einzelsituation einsetzen und Schüler zum lauten Denken und damit
zum Verbalisieren ihrer Strategien anregen.

Eignung aufgrund der Aufgabenschwierigkeit

Intelligenztests sind in der Regel so konzipiert, dass man sie für *alle* Personen einer
Altersgruppe nutzen kann. Damit eine Intelligenzmessung auch für Personen mit
niedriger oder mittlerer Intelligenz differenziert möglich ist, muss der Intelligenztest ausreichend viele Aufgaben von niedrigem bzw. mittlerem Schwierigkeitsniveau enthalten.
Folglich können viele oder (fast) alle Aufgaben für Personen mit hoher Intelligenz lösbar sein. Dadurch kann das Problem entstehen, dass der Test zwischen Personen mit
hoher Intelligenz nicht ausreichend differenziert – man spricht in diesem Fall von einem
Deckeneffekt (vgl. Preckel und Vock 2013, S. 102). Auch speziell für mathematisch
begabte Schüler kann dieser Effekt, wie Käpnick (1998, S. 276) in seiner Untersuchung
von Dritt- und Viertklässlern feststellt, auftreten.

Es gibt zwei Wege, um solche Deckeneffekte bei der Begabungsdiagnostik zu
umgehen. Zum einen kann man auf Intelligenztests zurückgreifen, die speziell für hochbegabte Schüler entwickelt wurden und daher ausreichend schwierige Aufgaben enthalten. Beispiele für solche Instrumente sind der *Advanced Progressive Matrices-Test*
sowie der *Kognitive Fähigkeitstest Hochbegabung* (vgl. Heller und Perleth 2007), der
ein Teil der Münchner Hochbegabungstestbatterie für die Sekundarstufe ist, die auf dem
Münchner Hochbegabungsmodell basiert. Zum anderen kann man Intelligenztests einsetzen, die eigentlich für ältere Personen entworfen wurden. Man spricht bei diesem
Ansatz auch von einem „Akzelerationsmodell der Testung" oder „above-level-testing"
(Preckel und Vock 2013, S. 102). Die in den Tests enthaltenen Aufgaben können, weil
sie eigentlich für ältere Personen gedacht sind, auch für begabte Schüler eine Herausforderung darstellen. Ein Problem bei diesem Vorgehen ist jedoch, dass nur hohe Testleistungen sinnvoll interpretiert werden können (vgl. Bardy 2013, S. 102). Erreicht ein
Schüler durchschnittliche oder schlechte Testleistungen, bedeutet dies lediglich, dass
er genauso gute oder schlechtere Leistungen gezeigt hat wie die älteren Personen, für
die der Intelligenztest normiert wurde. Man darf daraus aber nicht schlussfolgern, dass
die Leistungen im Vergleich zu Gleichaltrigen nur durchschnittlich oder gar unterdurchschnittlich sind.

Empirische Befunde

Die bisherigen Überlegungen betrachten die Eignung von Intelligenztests zur Diagnostik mathematischer Begabung hauptsächlich auf theoretisch-inhaltlicher Ebene. Welche Konsequenzen sich daraus für den praktischen Einsatz ergeben können, machen die beiden folgenden Befunde deutlich.

Käpnick (2008, S. 20 f.) untersuchte, in welchem Maß die Ergebnisse unterschiedlicher Ansätze zur Identifikation mathematisch begabter Drittklässler in einem Förderprojekt miteinander übereinstimmen. Er verglich u. a. die Ergebnisse ganzjähriger Fallstudien, die während der im Zwei-Wochen-Rhythmus stattfindenden Förderstunden durchgeführt wurden, mit den Ergebnissen aus einem Intelligenztest, dem CFT 20 (vgl. Weiß 1987). Wie oftmals üblich, war ein IQ-Wert von mindestens 130 notwendig, um als mathematisch begabt identifiziert zu werden. Lediglich 12 von insgesamt 29 Schülern, also etwa 41 %, erhielten dabei anhand der Fallstudie und des Intelligenztests übereinstimmende Diagnosen. Geht man davon aus, dass die umfassenden Möglichkeiten zur Ergründung des Potenzials der Schüler im Rahmen der Fallstudien in allen Fällen eine korrekte Identifikation garantieren, hat der Intelligenztest also mehr als die Hälfte der Drittklässler falsch identifiziert.

Der zweite Befund stammt ebenfalls aus einem Förderprojekt für Grundschüler. An der Universität Hamburg wurde ein spezieller Mathematiktest entwickelt, in dem Schüler für sie relativ komplexe Aufgabenstellungen bearbeiten müssen (PriMa Mathematiktest). Nolte (2013) verglich die Leistungen von insgesamt 1663 Drittklässlern, die über einen Zeitraum von neun Jahren am Aufnahmeverfahren für das Förderprojekt teilgenommen hatten, in diesem Mathematiktest mit den Leistungen in einem Intelligenztest. Sie kommt dabei zum Schluss: „In der Regel schneiden Kinder, die anhand des Intelligenztests als hochbegabt getestet wurden, im Mathematiktest statistisch signifikant besser ab als die übrigen." (ebd., S. 186) Sie stellt jedoch auch fest, „dass das, was wir als mathematische Hochbegabung erfassen, nicht aus den Ergebnissen des CFT 20R abgeleitet werden kann. Dies bestätigt die Beobachtung der Einzelfälle, dass Hochbegabung nicht immer mit einer besonders hohen mathematischen Begabung einhergeht und umgekehrt." (ebd., S. 186)

Fazit

Zusammenfassend können wir festhalten: Intelligenztests alleine sind nicht für die Diagnostik mathematischer Begabung ausreichend. Sie sind schlicht nicht in der Lage, mathematische Fähigkeiten und damit mathematische Begabung in all ihren Facetten abzubilden. Spezifische Aspekte mathematischen Denkens können durch sie aber durchaus erfasst werden, weshalb man sie teilweise sinnvoll als einen Baustein einer multimethodalen Diagnostik einsetzen kann (wie dies etwa im oben genannten Förderprojekt an der Universität Hamburg erfolgt). Ob sich ein Intelligenztest zur Diagnostik mathematischer Begabung eignet, muss für jeden Test einzeln entschieden werden. Aufgrund der Vielzahl und großen Vielfalt unterschiedlicher Intelligenztests ist hierzu keine pauschale Aussage möglich.

2.2.4.3 Indikatoraufgaben

Im Gegensatz zu Intelligenztests werden Indikatoraufgaben mathematikspezifisch entworfen, um mathematische Fähigkeiten zu erfassen.

▶ *Indikatoraufgaben* unterstützen die Unterscheidung zwischen mathematisch besonders und mathematisch höchstens durchschnittlich Begabten, indem sie die Qualität bestimmter mathematischer Fähigkeiten über die bei der Aufgabenbearbeitung gezeigte Leistung messen.

Aus der Beschreibung gehen unmittelbar zwei wesentliche Charakteristika hervor:

- Indikatoraufgaben erfassen ausgewählte mathematische Fähigkeiten und deren qualitative Ausprägung.
- Indikatoraufgaben unterstützen die Diagnostik mathematischer Begabung.

Oftmals handelt es sich bei solchen Aufgaben um „größtenteils relativ offene und komplexe Problemaufgaben, mit denen mathematisch-produktive Lerntätigkeiten initiiert werden" (Fuchs 2015, S. 216). Die Berücksichtigung der Komplexität mathematischen Denkens ist ein Punkt, der viele – wie wir aber noch sehen werden, nicht alle – Indikatoraufgaben von Aufgaben aus Intelligenztests unterscheidet. In der Regel können Indikatoraufgaben sowohl in Einzel- als auch Gruppentests genutzt werden und erfassen dabei Leistung als maximales Verhalten von Schülern.

Entsprechend der Definition sind Indikatoraufgaben ein sehr gutes Werkzeug, um mathematisch begabte Schüler zu diagnostizieren. Eine naheliegende Frage für den Diagnostiker ist deshalb: Woher bekomme ich diese Aufgaben? Eine naheliegende Antwort ist, dass man einfach auf bestehendes Material zurückgreift; eine Alternative ist aber auch, Indikatoraufgaben selbst zu erstellen. Im Folgenden betrachten wir drei Quellen, aus denen man Aufgaben teilweise direkt übernehmen kann, die aber in jedem Fall Anregung zur selbstständigen Gestaltung von Indikatoraufgaben geben können.

Indikatoraufgaben aus Intelligenztests

Wir haben im vorherigen Abschnitt zu Intelligenztests bereits gesehen, dass es in solchen Tests durchaus Aufgaben geben kann, deren Bearbeitung spezifische Facetten mathematischen Denkens fordert. Sind diese Aufgaben anspruchsvoll genug, um einen Deckeneffekt und damit ein verringertes Differenzierungsvermögen im oberen Fähigkeitsbereich zu vermeiden, kann man sie als Indikatoraufgaben oder auch als Anregung für einen eigenen Entwurf von Indikatoraufgaben nutzen. Wie dieser Ansatz praktisch umgesetzt werden kann, zeigt das folgende Beispiel.

Indikatoraufgabe zum räumlichen Vorstellungsvermögen

Die Aufgabe in Abb. 2.6 ist in Anlehnung an den Subtest N3 des *Kognitiven Fähig-keitstests für 4. bis 12. Klassen* (KFT 4–12+R) in seiner revidierten Form (vgl. Heller und Perleth 2000) entworfen. Darin vorgegeben ist ein Quadrat, ein „Blatt Papier", das man mehrmals entlang vorgegebener Kanten faltet. Im letzten Schritt wird das gefaltete Blatt Papier noch mit Löchern versehen. Die Aufgabe ist es, aus den gegebenen Antwortalternativen diejenige auszuwählen, die das Blatt Papier nach dem Auffalten darstellt. (Antwortalternative F ist enthalten, um beim Einsatz mehrerer solcher Aufgaben unterscheiden zu können, ob die Aufgabe zu schwer war oder auf-grund zeitlicher Beschränkungen nicht gelöst wurde.)

Betrachten wir, ob die Aufgabe die Charakteristika einer Indikatoraufgabe erfüllt:

- Bei der Aufgabenbearbeitung müssen Schüler ein Blatt Papier in Gedanken zunächst falten und anschließend wieder auffalten. Die Aufgabe erfasst also räumliches Vor-stellungsvermögen (wie bereits die Würfelaufgabe in Abb. 2.5). Im Modell für mathematisches Denken aus Abschn. 1.1.1 kann man sie in den drei Dimensionen u. a. den folgenden Facetten zuordnen: geometrisches Denken (inhaltsbezogenes Denken), mathematisches Wahrnehmen, Operieren mit mathematischen Objekten und flexibles Denken (mathematikbezogene Informationsbearbeitung) sowie schluss-folgerndes Denken (prozessbezogenes Denken).
- Zehnder (in Vorbereitung) untersuchte, ob die Aufgabe in der Lage ist, das Diagnostizieren mathematisch begabter Schüler (speziell in den Jahrgangs-stufen 9 und 10) zu unterstützen. Er verglich die Lösungshäufigkeit von 60

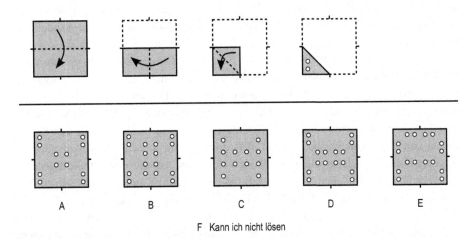

F Kann ich nicht lösen

Abb. 2.6 Indikatoraufgabe zum räumlichen Vorstellungsvermögen in Anlehnung an den KFT 4–12+R

Teilnehmern an Mathematikwettbewerben auf Landesniveau, also extrem wahrscheinlich mathematisch begabten Schülern, mit der von 158 Schülern aus regulären gymnasialen Schulklassen. Insgesamt fanden 73 % der Wettbewerbsteilnehmer die Lösung. Dies gelang nur 16 % der Schüler in der Vergleichsgruppe. Das Ergebnis weist darauf hin, dass die Aufgabe hinreichend anspruchsvoll ist und sich somit gut zum Erfassen von besonderen Fähigkeiten zum räumlichen Vorstellungsvermögen eignet. Des Weiteren legt die deutliche Differenz der Lösungshäufigkeiten nahe, dass die Aufgabe die Diagnostik mathematischer Begabung unterstützen kann.

Indikatoraufgaben aus vorhandenen Instrumenten

Mehrere wissenschaftliche Untersuchungen haben sich mit dem Entwurf und der Überprüfung von Indikatoraufgaben beschäftigt. Daraus ist eine relativ große Sammlung von Aufgaben für unterschiedliche Jahrgangsstufen entstanden, die in der Regel in wissenschaftlichen Arbeiten veröffentlicht wurden. Damit sind sie, insbesondere im Vergleich zu Intelligenztests, auch für Lehrkräfte gut zugänglich. Ein Teil der Arbeiten wird in der folgenden Liste genannt, wobei wir auch auf Indikatoraufgaben für das späte Grundschulalter verweisen. Diese kann man nämlich teilweise auch in der unteren Sekundarstufe oder aber als (empirisch abgesicherte) Grundlage eigener Aufgabenentwürfe nutzen.

- *Jahrgangsstufen 3 und 4* (Berlinger 2015; Käpnick 1998): Die beiden Arbeiten liefern Indikatoraufgaben zu unterschiedlichen mathematischen Fähigkeiten. Käpnick (1998) entwickelte u. a. Aufgaben zum Denken mit mathematischen Strukturen, zum problemlösenden Denken sowie zum Speichern und Abrufen von Wissen. Berlinger (2015) beschäftigte sich intensiv mit dem räumlichen Vorstellungsvermögen und entwarf hierzu vielfältige Aufgaben, die insbesondere unterschiedliche Aspekte dieser mathematischen Fähigkeit erfassen. Einschränkend ist aber festzuhalten, dass es sich nur bei einem Teil dieser Aufgaben tatsächlich um Indikatoraufgaben handelt, da nicht alle zur Identifikation mathematisch begabter Schüler geeignet sind.
- *Jahrgangsstufen 5 und 6* (Sjuts 2017): In dieser Dissertation wurden ebenfalls Indikatoraufgaben zu unterschiedlichen Facetten mathematischen Denkens entworfen und empirisch überprüft. Hierbei wurden u. a. das Denken mit mathematischen Mustern und das flexible Denken berücksichtigt. Besonders hervorzuheben ist ein separater Test zum schlussfolgernden Denken. Zwar sind, basierend auf den Ergebnissen von Sjuts' Untersuchung, nicht alle Aufgaben zur Identifikation mathematisch begabter Schüler geeignet, sie bilden jedoch vielfältige Aspekte des schlussfolgernden Denkens ab und sind daher gerade auch für eigene Entwürfe eine gute Grundlage.
- *Jahrgangsstufen 6 und 7* (Ehrlich 2013): Der Schwerpunkt dieser Arbeit liegt auf dem Denken mit mathematischen Mustern. Entsprechend kann man dort zahlreiche Indikatoraufgaben zu dieser Facette mathematischen Denkens sowie theoretische Ausführungen als Hintergrund für eine selbstständige Aufgabengestaltung finden.

- *Jahrgangsstufen 9 und 10* (Zehnder, in Vorbereitung): Insgesamt fünf unterschiedliche Facetten prozessbezogenen Denkens und mathematikbezogener Informationsbearbeitung werden über die in dieser Dissertation entworfenen Aufgaben erfasst. Eine der Indikatoraufgaben zum räumlichen Vorstellungsvermögen ist schon in Abb. 2.6 gezeigt worden. Daneben finden sich in der Arbeit u. a. auch Aufgaben zur Erfassung des Denkens mit mathematischen Mustern, des flexiblen Denkens oder der mathematischen Kreativität.

Betrachten wir eine der Indikatoraufgaben zur Erfassung mathematischer Kreativität genauer (vgl. Zehnder, in Vorbereitung). Interessant sind dabei sowohl die Aufgabenstellung als auch der besondere Bewertungsmodus.

Indikatoraufgabe zu mathematischer Kreativität

Zerlege das Quadrat der Seitenlänge von 5 Längeneinheiten in fünf Teile mit jeweils gleichem Flächeninhalt. Finde so viele verschiedene Zerlegungen wie möglich! (Du hast 10 Minuten zur Bearbeitung der Aufgabe.)

(*Hinweis für den Einsatz:* Bei dieser Aufgabe sollten die Schüler ein bzw. mehrere Blätter erhalten, auf dem bzw. denen bereits Quadrate vorgegeben sind.)

Mögliche Lösungen der Aufgabe

Das vorgegebene Problem besitzt sehr viele – genau genommen unendlich viele – Lösungen. Die Zerlegungen kann man jedoch in unterschiedliche Gruppen einteilen, abhängig davon, welche Teilfiguren bei der Zerlegung entstehen. Einen Überblick über verschiedene Gruppen gibt Abb. 2.7.

Messung mathematischer Kreativität

Bei dieser Art von Aufgaben handelt es sich um „multiple-solution tasks" (Leikin 2009, S. 133). Schüler werden darin explizit aufgefordert, mathematische Probleme auf vielfältigen Wegen zu lösen. Die Kreativität wird dann produktorientiert anhand der Lösungen bewertet. Hierfür nutzt man die drei Faktoren Ideenfluss, Flexibilität und Originalität. Betrachten wir genauer, was bezogen auf die Aufgabe hierunter zu verstehen ist:

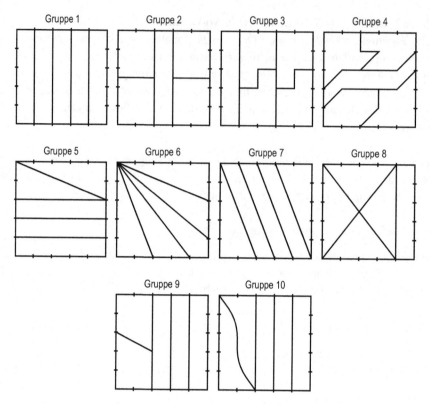

Abb. 2.7 Mögliche Lösungen der Indikatoraufgabe zu mathematischer Kreativität

- *Ideenfluss:* Mithilfe dieses Faktors wird erfasst, wie viele Lösungen ein Schüler zu einem gegebenen Problem finden kann. Es sollten hier auch solche „Lösungen" berücksichtigt werden, die nicht vollständig korrekt bzw. ungenau, aber „angemessen" sind. In solchen angemessenen Lösungen lassen sich trotzdem Problemlösestrategien oder Algorithmen finden, die für die Lösung des Problems hilfreich sind. Unwichtig bei diesem Faktor ist, wie sehr sich die Lösungen unterscheiden.
- *Flexibilität:* Die „Verschiedenheit" der Lösungen wird über die Flexibilität erfasst. Ein Schüler, dessen Lösungen auf Flexibilität (des Denkens) hinweisen, findet Lösungen in vielen unterschiedlichen Gruppen. Eine Aufgabenbearbeitung, die auf eher wenig Flexibilität hinweist, kann durchaus viele Lösungen umfassen, diese sind aber aus einer bzw. wenigen Gruppen.
- *Originalität:* Die Originalität wird im Sinne relativer Kreativität verstanden. Sie kann in Bezug auf ein Kriterium (kriterienorientiert) oder eine Referenzgruppe (normorientiert) beurteilt werden. Eine Lösung ist originell, wenn das Finden ein gewisses Maß an Einsicht (engl. *insight*) benötigt. Insgesamt handelt es sich um eine „relatively simple solution which is difficult to discover until solution-relevant features are

recognized" (Leikin et al. 2016, S. 306). Ein Beispiel hierfür bilden die Lösungen der Gruppe 6, bei denen die Einsicht gewonnen werden muss, dass die vier Dreiecke und das Drachenviereck tatsächlich flächengleich sind. Wenig Einsicht ist bei solchen Lösungen notwendig, die konventionell sind oder die man über bekannte Algorithmen ermitteln kann (z. B. die Lösungen der Gruppe 1). Ist der Vergleich mit einer Bezugsgruppe möglich, bestimmt sich die Originalität einer Lösung über deren Häufigkeit innerhalb der Gruppe. Beide Ansätze haben gewisse Unzulänglichkeiten: Schüler können eine konventionelle Lösung selten nennen; diese wird dadurch normorientiert als originell eingestuft. Auch kann eine Einsicht bereits vor der Aufgabenbearbeitung erreicht worden sein, z. B. im Mathematikunterricht, die Lösung würde kriterienorientiert trotzdem als originell eingestuft. Ideal ist daher eine Kombination beider Ansätze, sofern eine Bezugsgruppe zur Verfügung steht.

Die Bewertung der Aufgabenbearbeitung geschieht über eine Bewertung anhand der drei Faktoren. Für den Grad der Flexibilität und Originalität werden dabei drei Stufen (0,1 Punkte, 1 Punkt oder 10 Punkte) unterschieden. Wie man für eine Lösung die entsprechenden Stufen ermittelt, macht Tab. 2.2 deutlich (vgl. Leikin 2009, S. 136 ff.).

Hat man für jede Lösung i die Flexibilität Flx_i und die Originalität Or_i ermittelt, berechnet sich die durch die Aufgabenbearbeitung ausgedrückte mathematische Kreativität Kr bei insgesamt n Lösungen (d. h., der Ideenfluss Flu besitzt den Wert n) folgendermaßen: $\sum_{i=1}^{n} Flx_i \cdot Or_i$. Anhand der Formel erkennt man, dass originelle

Tab. 2.2 Bewertungsschema nach Leikin (2009)

Punkte	Flexibilität	Originalität
0,1	Lösung aus einer Gruppe, für die zuvor schon eine beinahe identische Lösung genannt wurde. Bei der Indikatoraufgabe bedeutet dies, dass Lösungen durch eine Drehung und/oder Spiegelung aus einer vorherigen hervorgehen.	Lösungen, die häufig auftreten ($P \geq 40\,\%$), oder Lösungen, die mit einem bekannten Algorithmus bzw. bekannten Strategien ermittelt werden können. Bei der Indikatoraufgabe wäre das z. B. eine Lösung der Gruppe 1.
1	Lösung aus einer Gruppe, für die zuvor schon mindestens eine Lösung genannt wurde. Die Lösungen aus dieser Gruppe unterscheiden sich aber von der neuen Lösung.	Gelegentlich vorkommende Lösungen ($15\,\% \leq P < 40\,\%$) oder Lösungen, für die gewöhnliche Lösungsstrategien in ungewöhnlichen Situationen genutzt werden müssen.
10	Lösung aus einer Gruppe, zu der noch keine Lösung genannt wurde (also auch die erste überhaupt genannte Lösung).	Seltene Lösungen ($P < 15\,\%$) oder Lösungen, die ein besonderes Maß an Einsicht erfordern. Bei der Indikatoraufgabe wäre z. B. für die Lösungen 6, 7 und 10 ein hohes Maß an Einsicht notwendig.

Lösungen in der Regel eine Voraussetzung für hohe Werte mathematischer Kreativität sind. Mit nur einer originellen Lösung erhält man einen Wert mathematischer Kreativität von 100. Einen solchen mit höchstens durchschnittlich originellen Lösungen zu erreichen, ist zwar theoretisch möglich, praktisch jedoch eher unwahrscheinlich.

Konkrete Beispiele zur Berechnung des Wertes mathematischer Kreativität anhand dieser Indikatoraufgabe finden sich in den Online-Materialien unter www.mathematische-begabung.de.

Nicht unerwähnt soll an dieser Stelle bleiben, dass die Messung bzw. Erfassung mathematischer Kreativität ein sehr aktuelles Thema in der fachdidaktischen Forschung darstellt. Neben *multiple-solution tasks* werden auch alternative Ansätze wie das Stellen neuer und das Modifizieren vorhandener Probleme (engl. *problem posing*) (vgl. z. B. Singer et al. 2017; Voica und Singer 2013) sowie die Registrierung von Augenbewegungen (engl. *eye tracking*) (vgl. z. B. Schindler und Lilienthal 2017) zur Erfassung und Beurteilung kreativer Produkte und Prozesse diskutiert.

Überprüfung der Charakteristika einer Indikatoraufgabe

Betrachten wir abschließend, ob die Aufgabe den charakteristischen Eigenschaften einer Indikatoraufgabe genügt:

- Die Aufgabe stellt, insbesondere da nicht nur eine, sondern möglichst viele Lösungen gefunden werden sollen, für die Schüler ein Problem dar. Da durchaus zahlreiche anspruchsvolle Lösungen möglich sind, ist von einem guten Differenzierungsvermögen im hohen Fähigkeitsbereich auszugehen. Bei der Bearbeitung der Aufgabe sind u. a. die folgenden Facetten mathematischen Denkens von Bedeutung: geometrisches Denken (inhaltsbezogenes Denken), flexibles Denken und mathematisch kreatives Denken (mathematikbezogene Informationsbearbeitung) sowie problemlösendes Denken (prozessbezogenes Denken).
- Die Ergebnisse von Zehnder (in Vorbereitung) zeigen, dass Neunt- und Zehntklässler, die erfolgreich an Mathematikwettbewerben auf Landesniveau teilgenommen haben – also sehr wahrscheinlich mathematisch begabte Schüler sind –, insgesamt mehr und originellere Lösungen finden als gleichaltrige Schüler regulärer Gymnasialklassen. Auch weisen die Wettbewerbsteilnehmer eine höhere Flexibilität bei der Aufgabenbearbeitung auf. Dies zeigt sich ebenfalls in den erreichten Punktwerten zur Beurteilung mathematischer Kreativität. Insgesamt erzielen 22 % der Wettbewerbsteilnehmer mindestens 100 Punkte und können damit als überdurchschnittlich mathematisch kreativ eingeschätzt werden. Eine vergleichbare Punktzahl erreichen hingegen nur 4 % der Schüler in der Vergleichsgruppe. Die deutliche Differenz zwischen den Anteilen besonders mathematisch kreativer Schüler zeigt, dass die Aufgabe gut zur Diagnostik mathematischer Begabung genutzt werden kann.

Indikatoraufgaben aus Schulbüchern, Fördermaterialien und Mathematikwettbewerben

Auch Schulbücher oder Fördermaterialien bieten einen reichen Fundus an möglichen Indikatoraufgaben bzw. Anregungen zur eigenständigen Gestaltung ebensolcher. Bevor man entsprechende Aufgaben übernimmt oder eigene Entwürfe einsetzt, sollte man jedoch die beiden folgenden Fragen beantworten: Welche mathematische Fähigkeit bzw. welche mathematischen Fähigkeiten wird bzw. werden durch die Aufgabe erfasst? Ist die Aufgabe hinreichend anspruchsvoll, um auch für mathematisch begabte Schüler eine Herausforderung darzustellen?

Die zweite Frage wird gerade für Aufgaben aus Schulbüchern oftmals mit einem Nein beantwortet werden müssen. In diesem Fall kann aber teilweise eine Modifikation der Aufgaben eine angemessene Schwierigkeit sicherstellen.

Indikatoraufgabe zum Denken mit mathematischen Mustern

Das folgende Muster von Figuren wird aus Streichhölzern gelegt.

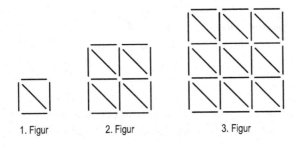

1. Figur   2. Figur   3. Figur

a) Wie viele Streichhölzer benötigt man für die vierte Figur?
b) Wie viele Streichhölzer benötigt man für die zehnte Figur?
c) Gib eine allgemeine Formel zur Berechnung der Anzahl der Streichhölzer für eine beliebige Figur dieser Figurenfolge an.

Begründe deine Antworten! Du hast 10 Minuten Zeit, die Aufgabe zu bearbeiten.

Erläuterungen zur Aufgabenstellung

Aufgaben dieser Art sind bereits im Grundschulbereich ganz typisch, um Fähigkeiten zum Erkennen, Beschreiben und Fortsetzen von Mustern zu entwickeln. In dieser konkreten Aufgabe soll das Muster in einer figurierten Zahlenfolge erkannt werden. Die drei Teilaufgaben stellen dabei zunehmend höhere Ansprüche an die mathematischen Fähigkeiten der Schüler. In der ersten Teilaufgabe genügt es, das Muster zur Bildung der Figurenfolge zu erkennen, um die Lösung z. B. durch Abzählen zu ermitteln. Dieses Vorgehen ist für die zweite Teilaufgabe aufgrund der limitierten Bearbeitungszeit nicht sinnvoll. Zielführend ist es hier z. B., das rekursive Muster „Die Differenz zwischen zwei Elementen der Folge ist immer um 6 größer als die vorangehende Differenz." zu nutzen. Die dritte Teilaufgabe fragt schließlich nach dem globalen Muster, also dem funktionalen Zusammenhang zwischen der Position in der Folge und der Anzahl an Streichhölzern. Die Bearbeitung dieser Aufgabe muss nicht der dargestellten Reihenfolge folgen, genauso gut kann ein anderes Vorgehen gewählt werden. Beispielsweise kann man direkt mit der dritten Teilaufgabe beginnen und ausgehend von einer allgemeinen Formel die Lösungen der beiden anderen Teilaufgaben berechnen.

Die Fortsetzung von Mustern wie dem in dieser Aufgabe gegebenen ist nicht notwendig eindeutig. Beispielsweise kann in jedem Schritt das aus Streichhölzern gelegte Quadrat um ein Streichholz vergrößert werden – diese ist die intendierte Fortsetzung. Genauso ist aber auch eine „periodische" Figurenfolge möglich, bei der sich an Figur 3 wieder die Figuren 2 und 1 anschließen, denen dann wieder Figuren 2 und 3 folgen usw. Damit man auch solche überraschenden, unerwarteten Ergebnisse nachvollziehen und hinsichtlich des Einsatzes mathematischer Fähigkeiten (z. B. mathematischer Kreativität) beurteilen kann, fordert die Aufgabe Begründungen der Antworten ein.

Überprüfung der Charakteristika einer Indikatoraufgabe

Überprüfen wir wieder, ob die Aufgabe die Charakteristika einer Indikatoraufgabe erfüllt:

- Bei der Aufgabenbearbeitung müssen die Schüler mit mathematischen Mustern denken (mathematikbezogene Informationsbearbeitung). Sie müssen außerdem schlussfolgernd denken (prozessbezogenes Denken) und dabei geometrische und funktionale sowie ggf. auch numerische Inhalte gedanklich verarbeiten (inhaltsbezogenes Denken), um das Muster zu erkennen. Es werden also spezifische mathematische Fähigkeiten zur Lösung der Aufgabenstellung benötigt.
- Die drei Teilaufgaben stellen zunehmend höhere Ansprüche an die Fähigkeit zum Denken mit mathematischen Mustern, es ist daher eine Erfassung unterschiedlicher Qualitäten dieser mathematischen Fähigkeit möglich. Dass hierdurch die Diagnostik mathematischer Begabung unterstützt wird, belegt die vergleichende Untersuchung von Wettbewerbsteilnehmern und Schülern regulärer Gymnasialklassen von Zehnder (in Vorbereitung) für die Jahrgangsstufen 9 und 10. Besonders Teilaufgabe c macht das Potenzial für die Diagnostik mathematischer Begabung deutlich. Bei dieser Teilaufgabe konnten insgesamt nur 11 % der Schüler aus Gymnasialklassen eine allgemeine Formel zur Beschreibung des Musters angeben. Im Gegensatz dazu gelang das jedoch 92 % der Wettbewerbsteilnehmer.

Variation der Aufgabenschwierigkeit

Die Eignung dieser Aufgabe zur Unterstützung der Diagnostik mathematischer Begabung wurde gezielt für die Jahrgangsstufen 9 und 10 untersucht. Möchte man

Abb. 2.8 Figurenfolge mit
linearer Struktur

Aufgaben dieser Art auch in niedrigeren Jahrgangsstufen einsetzen, kann es durchaus sinnvoll sein, die Schwierigkeit zu reduzieren. Man kann dies einfach dadurch erreichen, dass man den funktionalen Zusammenhang vereinfacht. Diesem Beispiel liegt ein quadratischer Zusammenhang zugrunde: Für die Anzahl der Streichhölzer $N(k)$ in der k-ten Figur gilt $N(k) = 3k^2 + 2k$. Leichter fällt es Schülern im Allgemeinen, lineare Zusammenhänge zu entdecken. Diese bieten sich daher eher für Indikatoraufgaben in niedrigeren Jahrgangsstufen an. Beispielsweise wird über die schwarzen „Plättchen" in Abb. 2.8 ein lineares Muster beschrieben.

Fördermaterialien für mathematisch begabte Schüler sind eine weitere Quelle, in der Diagnostiker nach potenziellen Indikatoraufgaben oder Anregungen zur selbstständigen Gestaltung suchen können. Darin finden sich oft komplexe Problemstellungen, die – da sie ja gerade zur Bearbeitung durch mathematisch begabte Schüler gedacht sind – eine hinreichende Schwierigkeit besitzen. Das folgende Beispiel stammt ursprünglich vom Hamburger Mathematikdidaktiker Karl Kießwetter, der mehr als 30 Jahre ein Förderprogramm für mathematisch begabte Schüler der Sekundarstufe anbot und in diesem Rahmen sehr anspruchsvolle Aufgabenfelder entwickelt hat (vgl. Kießwetter und Rehlich 2005, S. 22 ff. sowie die Adaption von Joklitschke et al. 2018, S. 510).

Indikatoraufgabe zum problemlösenden Denken

Lisa hat sich ein Dominospiel gekauft. Auf den Steinen stehen die Zahlen von 0 bis 6, wobei jede Zahlenkombination vorkommt. Jede Kombination ist aber nur einmal enthalten, es gibt also nur den Stein 2–3 und nicht auch noch den Stein 3–2.

a) Kann man einen Kreis aus Dominosteinen legen, der alle Steine enthält?
b) In Adams Dominospiel stehen auf den Steinen die Zahlen von 0 bis 9. Kann man hier einen solchen Kreis legen?

Lösungsskizze
Betrachten wir zunächst die zweite Frage, diese ist vergleichsweise einfach zu beantworten. Angenommen, wir können aus Adams Dominospiel einen Kreis legen, der alle Dominosteine enthält. In einem solchen Kreis müssen immer zwei gleiche Zahlen aneinandergelegt werden, das Spiel müsste daher z. B. eine gerade Anzahl von Nullen enthalten. Adams Dominospiel enthält jedoch elf Nullen (neun auf den Steinen 0-n für $1 \leq n \leq 9$ und zwei auf dem Stein 0-0), er kann also keinen Kreis legen. (Die Null in dieser Überlegung kann natürlich gegen jede der anderen Zahlen im Dominospiel ausgetauscht werden.)

Abb. 2.9 Darstellung eines
Lösungsansatzes für das
Dominoproblem

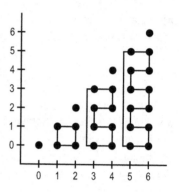

Die Überlegung, die für Adams Dominospiel zum Widerspruch geführt hat, lässt sich auf Lisas Spiel, das eine gerade Anzahl von Nullen (und auch von allen anderen Zahlen im Spiel) enthält, nicht übertragen. Stattdessen kann man in ihrem Fall zeigen, dass sich ein Kreis aus allen Dominosteinen legen lässt. Eine Hilfe kann dabei Abb. 2.9 sein. Darin ist jeder Stein durch einen schwarzen Punkt dargestellt. Wie die Steine aneinandergelegt werden, wird durch die Striche symbolisiert. Die Abbildung zeigt drei Kreise aus Dominosteinen und die vier einzelnen Dominosteine 0-0, 2-2, 4-4 und 6-6. Die folgenden Überlegungen führen dann zu einem Kreis, der alle Dominosteine enthält:

- Dominosteine der Form k-k mit $k \in \{0, 1, \ldots, 6\}$ können genau dann in einen bestehenden Kreis eingefügt werden, wenn dieser Kreis mindestens einen Stein mit der Zahl k darauf enthält.
- Der linke und der mittlere Kreis können an einer beliebigen Stelle geöffnet werden. Dadurch entsteht jeweils eine Kette von Dominosteinen, die eine Art „Superstein" der Form k-k ist (denn die Zahlen an den beiden Enden sind gleich). Man kann für beide Kreise verschiedene k erhalten, abhängig davon, wo man sie öffnet.
- Im Kreis aus Dominosteinen auf der rechten Seite von Abb. 2.9 ist für jede Zahl $0 \leq k \leq 6$ mindestens ein Dominostein enthalten. Die einzelnen Dominosteine sowie die „Supersteine", die aus den beiden ersten Kreisen entstehen, können also darin integriert werden.

Ein alternativer Lösungsansatz zum ersten Teil der Indikatoraufgabe ist, die Zahlen bzw. Steine des Dominospiels als Knoten bzw. Kanten eines Graphen zu interpretieren und die Aufgabe mit Hilfsmitteln der Graphentheorie (das Stichwort ist „Euler-Kreis") zu lösen.

Überprüfung der Charakteristika einer Indikatoraufgabe
Überprüfen wir, ob die Aufgabe die wesentlichen Eigenschaften einer Indikatoraufgabe erfüllt:

- Zur Bearbeitung der Aufgabe sind vielfältige Facetten mathematischen Denkens notwendig. Schüler müssen problemlösend und schlussfolgernd denken. Sie können mit den konkreten Dominosteinen arbeiten und arithmetisch denken; genauso ist es aber möglich, Darstellungen auf ikonischer Ebene zu nutzen, um die Steine zu repräsentieren, und damit geometrisch zu denken. Schließlich arbeiten sie wieder mit mathematischen Mustern, hilfreich kann jedoch ebenso flexibles Denken sein. Die Schüler müssen beim Lösen der Aufgabe also auf vielfältige Art mathematisch denken.
- Joklitschke et al. (2018, S. 511 f.) verweisen auf das Potenzial dieser Aufgabe zur Unterstützung der Diagnostik mathematischer Begabung. In ihrer Untersuchung haben sie elf Schüler sowohl anhand der Aufgabenbearbeitung als auch anhand einer ganzheitlichen, intensiven Beobachtung hinsichtlich der mathematischen Begabung beurteilt. Die daraus resultierenden Rankings der Schüler stimmten weitgehend überein. Geht man davon aus, dass sich durch die aufwendige Beobachtung das tatsächliche Potenzial eines Schülers richtig einschätzen lässt, verdeutlicht dieses Ergebnis den Wert obiger Aufgabe für die Diagnostik mathematischer Begabung.

Komplexe offene Problemstellungen kann man auch in Mathematikwettbewerben finden. Oftmals stehen die darin verwendeten Aufgaben online zur Verfügung. Derartige Aufgabensammlungen sind also eine sehr nützliche Quelle bei der Suche nach anspruchsvollen mathematischen Problemen. Wir betrachten Mathematikwettbewerbe in diesem Abschnitt noch genauer und werden in Abschn. 3.3.4 Wettbewerbsaufgaben unter der Perspektive der Förderung mathematisch begabter Schüler diskutieren.

Hinweise zur selbstständigen Gestaltung

Die vorangegangenen Beispiele verdeutlichen, dass es für Lehrkräfte vielfältige Quellen gibt, um Indikatoraufgaben entweder direkt zu finden oder Anregungen zur eigenständigen Gestaltung zu erhalten. Für den selbstständigen Entwurf neuer Indikatoraufgaben gilt es, zwei Punkte zu beachten:

- Um zu entscheiden, ob eine Aufgabe oder Aufgabenidee als Grundlage für eine Indikatoraufgabe geeignet ist, muss man zunächst die Fragen klären: Benötigen die Schüler zur Bearbeitung der Aufgabe mathematische Fähigkeiten? Ist die Aufgabe so anspruchsvoll, dass sie auch für mathematisch begabte Schüler eine Herausforderung darstellt?
- Wenn man Indikatoraufgaben selbst erstellt, sind diese in der Regel nicht empirisch überprüft. Diesen Punkt sollte man bei der Interpretation der Ergebnisse berücksichtigen, da es durchaus passieren kann, dass Aufgaben zu schwer oder – trotz entsprechender Vorsicht – zu leicht gestellt werden. Solche Aufgaben sind dann nicht zur Diagnostik mathematischer Begabung geeignet.

Diese beiden Punkte sind keine Argumente, die gegen eine Erstellung von Indikatoraufgaben durch Lehrkräfte sprechen. Es handelt sich lediglich um Punkte, die bei der Gestaltung und beim Einsatz berücksichtigt werden sollten. Hat man diese im Hinterkopf, eröffnet sich ein großer Bestand von Aufgaben und Ideen, die nur darauf warten, entdeckt und an die individuellen Bedürfnisse angepasst zu werden.

2.2.4.4 Schulische Leistungsbeurteilungen

Lernen ist der Kernprozess zur Entwicklung mathematischer Fähigkeiten (vgl. Abschn. 1.1.5). Diesen Prozess sowie seine Ergebnisse im schulischen Kontext zu beurteilen, ist Aufgabe der schulischen Leistungsbeurteilung und gehört zum Alltagsgeschäft von Lehrkräften. Die Abfrage zu Beginn der Unterrichtsstunde, die Schulaufgabe nach Unterrichtssequenzen oder die Beobachtung von Schülern während selbstständiger Lerntätigkeit ordnen sich hier ein.

In diesem Abschnitt betrachten wir die Beurteilung mathematischer Fähigkeiten von Schülern durch Lehrkräfte im Sinne einer Statusdiagnostik. (Hiermit ist auch die Einordnung schulischer Leistungsbeurteilungen in das Strukturmodell geklärt.) Verfahren für die Prozessdiagnostik und damit die Beurteilung von Lernprozessen wie z. B. Interviews (vgl. Abschn. 2.2.2), Verhaltensbeobachtungen (vgl. Abschn. 2.2.3) oder die Analyse von Lerntagebüchern (vgl. Abschn. 2.2.5) wurden oder werden an anderer Stelle besprochen.

Unterschiedliche Formen schulischer Leistungsbeurteilung

Man kann für schulische Leistungsbeurteilungen anhand ihrer Objektivität zwischen zwei Formen unterscheiden: *subjektive* und *objektive Verfahren.* Bei den subjektiven Verfahren handelt es sich im Wesentlichen um die (traditionell) im Unterricht durch die Lehrkraft genutzten mündlichen und schriftlichen Prüfungsformen. Objektive Verfahren, die sich von den subjektiven Verfahren durch eine deutlich stärkere Berücksichtigung der klassischen Gütekriterien unterscheiden, können in Anlehnung an Preckel und Vock (2013, S. 120 ff.) weiter in *Schulleistungstests* sowie *Vergleichsarbeiten* untergliedert werden. Während Schulleistungstests wie andere psychometrische Tests bei Bedarf und in der Regel für einzelne Schüler eingesetzt werden, sind Vergleichsarbeiten institutionell für größere Schülergruppen veranlasst. Das heißt, dass mit ihrer Hilfe zu einem festgelegten Zeitpunkt alle Schüler in einem Bundesland, einem Teil Deutschlands oder ganz Deutschland getestet werden, um gezielt Kompetenzen auf der Ebene der Klassen, Schulen oder Bundesländer zu vergleichen (vgl. Preckel und Vock 2013, S. 122 f.).

Bei den unterschiedlichen Formen schulischer Leistungsbeurteilung kann es sich sowohl um Einzel- als auch um Gruppentests handeln. Gemein ist allen hier betrachteten Verfahren, dass sie auf Basis von Lernergebnissen ein maximales Verhalten erfassen.

Mündliche und schriftliche Prüfungen

In der Schule erhält jeder Schüler in jedem Schuljahr Zensuren, die unter anderem aus traditionellen schriftlichen und mündlichen Prüfungen resultieren. Diese Noten stellen eine Informationsquelle dar, die ohne zusätzlichen Aufwand für die Diagnostik mathematischer Begabung genutzt werden kann. Doch wie gut sind schulische Zensuren für diesen Zweck überhaupt geeignet?

Teilweise wird die Aussagekraft traditioneller subjektiver Leistungsbeurteilungen in der Schule stark angezweifelt. Der Kern dieser Kritik liegt darin begründet, dass diese Verfahren die klassischen Gütekriterien nicht hinreichend berücksichtigen. Es konnte beispielsweise gezeigt werden, dass das Sprechtempo oder Informationen zu Vorzensuren die Ergebnisse mündlicher Prüfungen beeinflussen (vgl. Ingenkamp und Lissmann 2008, S. 139 f.). Auch für schriftliche Prüfungen wurde eine problematische Objektivität von Zensuren festgestellt. Zum einen liegt dies an der Auswertungsobjektivität, die speziell in Mathematikprüfungen wider Erwarten gering ausfiel, und zum anderen an der Interpretationsobjektivität (vgl. Ingenkamp und Lissmann 2008, S. 143 ff.). Bei der Interpretation wurde teilweise auf ein klasseninternes Bezugssystem zurückgegriffen, d. h., die Ergebnisse wurden anhand des Klassenniveaus sowie der Gütemaßstäbe der Lehrkraft beurteilt. Dies hat einen negativen Einfluss auf die Objektivität und erschwert außerdem den Vergleich von Schülerleistungen über verschiedene Schulklassen hinweg.

Die gerade beschriebenen Studien untersuchten Beurteilungen, die aus einzelnen Prüfungen stammen. In Zeugnisnoten werden solche Einzelzensuren aber regelmäßig zusammengefasst. Sie bilden also die Schulleistungen eines gesamten Schulhalb- bzw. Schuljahres ab und besitzen aufgrund des höheren Informationsgehalts auch eine größere Aussagekraft. „Generell sind Schulnoten umso aussagekräftiger, je länger die Zeiträume sind, auf die sie sich beziehen." (Preckel und Vock 2013, S. 118)

Kommen wir zurück zur ursprünglichen Frage nach der Eignung von Zensuren zur Diagnostik mathematischer Begabung. Alleine anhand einer bzw. der Mathematiknote sollte nicht über die mathematische Begabung eines Schülers geurteilt werden. Darüber hinaus erschwert die geringe Objektivität der Zensuren eine Identifikation mathematisch begabter Schüler über unterschiedliche Schulklassen hinweg. Nichtsdestotrotz können Schulnoten hilfreich sein, wenn es um eine vorläufige Nomination möglicherweise mathematisch begabter Schüler in einer Klasse geht. Es hat sich nämlich gezeigt, dass die durch Lehrkräfte vergebenen Noten – unabhängig von ihrer globalen Güte – zumindest auf Klassenebene die Leistungen gut abbilden (vgl. z. B. Ingenkamp und Lissmann 2008, S. 146 f.).

Schulleistungstests und Vergleichsarbeiten
Deutlich stärker um die Einhaltung der Gütekriterien bemüht sind Schulleistungstests und Vergleichsarbeiten (vgl. Ingenkamp und Lissmann 2008, S. 156; Preckel und Vock 2013, S. 122). In der Regel sind Schulleistungstests anhand einer Bezugsgruppe normiert. Vergleichsarbeiten beziehen sich hingegen oftmals auf curriculare Vorgaben, weshalb ihre Normierung anhand von Kriterien vorgenommen wird. Betrachten wir auch hier die Frage, wie gut diese Testverfahren zur Diagnostik mathematischer Begabung geeignet sind.

Schulleistungstests existieren (gerade auch für Mathematik) vor allem für den Grundschulbereich und sind dort oftmals für das Entdecken von Defiziten (z. B. Dyskalkulie) entworfen worden (vgl. Preckel und Vock 2013, S. 121). Ein Schulleistungstest für die Sekundarstufe ist der Deutsche Mathematiktest für neunte Klassen (vgl. Schmidt et al. 2013). Er wurde unter Berücksichtigung der Bildungsstandards im Fach Mathematik für den Hauptschulabschluss (vgl. KMK 2005) entworfen und umfasst Items zu jeder der fünf Leitideen. Nutzt man derartige Schulleistungstests für die Diagnostik mathematischer Begabung, werden aufgrund der Defizitorientierung und der damit einhergehenden eher moderaten Schwierigkeit oftmals Deckeneffekte auftreten. Eine differenzierte Erfassung der mathematischen Fähigkeiten besonders begabter Schüler ist damit nicht möglich.

Vergleichsarbeiten sind Instrumente der Schul- und Unterrichtsentwicklung. Im Gegensatz zu den klassischen mündlichen und schriftlichen Prüfungen sind sie nicht auf den unmittelbar vorangegangenen Lernprozess ausgerichtet, sondern erfassen die insgesamt zu einem bestimmten Zeitpunkt bei Schülern verfügbaren Kompetenzen. Sie dienen damit insbesondere zur Überprüfung der Leistungsfähigkeit des Schulsystems bzw. des Mathematikunterrichts als Ganzes und sind primär nicht für die Individualdiagnose der Fähigkeiten einzelner Schüler vorgesehen. Trotzdem ist dies in manchen Fällen möglich. Ein Beispiel hierfür sind die jährlich in jedem deutschen Bundesland durchgeführten Vergleichsarbeiten in der 8. Jahrgangsstufe (VERA-8). Sie werden vom Institut zur Qualitätsentwicklung im Bildungswesen (IQB) u. a. für das Fach Mathematik entwickelt und ermöglichen es, Schüler entsprechend ihren mathematischen Kompetenzen einer bestimmten Kompetenzstufe (vgl. Blum et al. 2013) zuzuordnen. Ist eine solche Ergebnisinterpretation der Leistungen einzelner Schüler möglich, können Vergleichsarbeiten – trotz der ursprünglich anderen Intention – „im Rahmen der Hochbegabtendiagnostik [dennoch] eine sinnvolle und zudem leicht verfügbare Informationsquelle sein" (Preckel und Vock 2013, S. 122 f.).

2.2.4.5 Mathematikwettbewerbe

Mathematikwettbewerbe haben sich im deutschen Schulsystem bereits seit längerer Zeit fest etabliert. In jedem dieser Wettbewerbe werden Leistungen von Schülern bei der Bearbeitung mathematischer Aufgaben erfasst und in Form von Punkten und/oder einer Platzierung quantifiziert. Sie erfüllen damit ein zentrales Charakteristikum von Testverfahren, die weiteren Eigenschaften liegen aber nur selten vor.

Arten von Mathematikwettbewerben

Man kann im Allgemeinen zwei Arten von Mathematikwettbewerben unterscheiden: *Hausaufgaben-Wettbewerbe*, die zu Hause von einer Person oder einer Gruppe bearbeitet werden, sowie *Klausur-Wettbewerbe*, die in Einzelarbeit und einem vorgegebenen zeitlichen und räumlichen Rahmen stattfinden. Klausur-Wettbewerbe lassen sich hinsichtlich des Aufgabenformats weiter in Wettbewerbe mit offenen Antwortformaten und solche mit Aufgaben im Multiple-Choice-Format untergliedern. Prominente Beispiele zu den unterschiedlichen Wettbewerbsarten sind der *Bundeswettbewerb Mathematik* (Hausaufgabenwettbewerb), die *Mathematik-Olympiade in Deutschland* (Klausur-Wettbewerb mit offenem Antwortformat) und das *Känguru der Mathematik* (Klausur-Wettbewerb mit Aufgaben im Multiple-Choice-Format).

Bei jedem Wettbewerb findet – wie schon erwähnt – über eine Punktbewertung oder die Platzierungen eine Quantifizierung der bei der Bearbeitung gezeigten mathematischen Leistungen und damit indirekt auch der mathematischen Fähigkeiten statt. Sie erfassen dabei das maximale Verhalten. Bei Mathematikwettbewerben handelt es sich in der Terminologie von Testverfahren um Gruppentests.

Einordnung in das Strukturmodell
Die erfolgreiche Teilnahme an Mathematikwettbewerben erfordert in der Regel ein hohes Durchhaltevermögen (die Bearbeitung von Problemlöseaufgaben benötigt Zeit, viele Wettbewerbe bestehen aus mehreren Runden), Interesse an Mathematik (die Wettbewerbe finden oft außerhalb des Mathematikunterrichts statt), ein unterstützendes und informierendes Umfeld (z. B. müssen die Schüler auf die Wettbewerbe zunächst aufmerksam werden) sowie besondere mathematische Fähigkeiten. Durch eine Wettbewerbsteilnahme besteht also die Möglichkeit eines Rückschlusses auf vielfältige Faktoren innerhalb aller drei Modellkomponenten. Zu Persönlichkeitseigenschaften und der Umwelt sind eher qualitative Aussagen im Sinne einer Tendenz möglich, da diese im Rahmen von Mathematikwettbewerben nicht speziell erfasst werden. Eine Aussage über die mathematischen Fähigkeiten, die bei der Aufgabenbearbeitung gezeigt wurden, ist dann möglich, wenn die Lösungen entsprechend inhaltlich analysiert und ausgewertet werden. Eine solche Auswertung findet jedoch nur selten statt, da die umfassende Diagnostik mathematischer Begabung in der Regel kein explizites Ziel von Mathematikwettbewerben ist. Betrachtet man lediglich den Wettbewerbserfolg, sind wie schon für Persönlichkeitseigenschaften und die Umwelt nur qualitative und wenig differenzierte Einschätzungen möglich.

Eignung zur Diagnostik mathematischer Begabung
Eine differenzierte theoretisch-analytische Einschätzung des Potenzials ausgewählter Wettbewerbe für die Diagnostik mathematischer Begabung geben Käpnick und Benölken (2017). Sie betrachten unter anderem den *Bundeswettbewerb Mathematik* (BWM), der in zwei von drei Runden als Hausaufgaben-Wettbewerb stattfindet, sowie das *Känguru der Mathematik* (KdM), einen Klausur-Wettbewerb. Ihrer Einschätzung nach „kann man insbesondere dem BWM ein gewisses Potenzial hinsichtlich des Erkennens und Förderns mathematischer Begabungen bescheinigen" (Käpnick und Benölken 2017, S. 47), da seine Aufgaben sowie die Organisationsform das Wesen mathematisch-produktiven Tuns in besonderer Form berücksichtigen. Bei den Aufgaben handelt es sich im Allgemeinen um komplexe mathematische Problemstellungen, die die Schüler innerhalb eines großzügigen Zeitrahmens alleine oder auch in Gruppen bearbeiten können.

In der Dezimaldarstellung von $\sqrt{2} = 1{,}4142\ldots$ findet Isabelle eine Folge von k aufeinanderfolgenden Nullen, dabei ist k eine positive ganze Zahl.

Beweise: Die erste Null dieser Folge steht frühestens an der k-ten Stelle nach dem Komma.

(Weitere Aufgaben und deren Lösungen finden sich unter https://www.mathe-wettbewerbe.de.)

Grundsätzlich können alle Schüler am Bundeswettbewerb Mathematik teilnehmen, die inhaltlichen Anforderungen orientieren sich jedoch an den Jahrgangsstufen 9 bis 13. Der Wettbewerb findet in drei Runden statt, die jeweils unterschiedlich gestaltet sind.

- 1. Runde: Die Schüler erhalten in dieser Hausaufgaben-Runde insgesamt vier Aufgaben, die sie alleine oder in Gruppen von höchstens drei Schülern bearbeiten. Die Einreichungen werden bewertet und anschließend Preisträger festgelegt. Insgesamt gibt es erste, zweite und dritte Preise, Anerkennungen und keine Preise.
- 2. Runde: An dieser Hausaufgaben-Runde dürfen die Preisträger der ersten Runde teilnehmen. Auch hier gilt es wieder vier Aufgaben zu bearbeiten. Gruppenarbeit ist jedoch nicht mehr zugelassen. Ebenfalls werden wieder Preisträger festgelegt, Anerkennungen entfallen aber.
- 3. Runde: Die ersten Preisträger der zweiten Runde werden zu einem Kolloquium eingeladen. Die hierbei ausgewählten Schüler sind dann die Bundessieger im Wettbewerb.

Die Einschätzung zur diagnostischen Eignung des Bundeswettbewerbs Mathematik lässt sich auch auf einige Landeswettbewerbe Mathematik übertragen. Diese finden z. B. in Baden-Württemberg oder Bayern statt und sind vergleichbar zum Bundeswettbewerb Mathematik organisiert. Ihnen fehlt aber oft die dritte Auswahlrunde. Auch dem formal als Hausaufgaben-Wettbewerb einzustufenden Angebot *Jugend forscht* sowie seinem für jüngere Schüler angelegten Pendant *Schüler experimentieren* kann man aufgrund des offenen Formats, das zum forschenden Lernen (vgl. Abschn. 3.3.5) einlädt, „unter Diagnostikperspektive ein reichhaltiges Potenzial" (Käpnick und Benölken 2017, S. 48) zusprechen.

Nur bedingt zur Diagnostik mathematischer Begabung geeignet ist das Känguru der Mathematik. In diesem Klausur-Wettbewerb bearbeiten Schüler unterschiedlicher Altersgruppen Aufgaben verschiedener Schwierigkeit im Multiple-Choice-Format in einem vorgegebenen Zeitrahmen und in Einzelarbeit.

Beispielaufgabe aus dem Känguru der Mathematik für die Jahrgangsstufen 7/8 im Jahr 2019

Zwei Kerzen wurden gleichzeitig angezündet. Sie sind beide zylinderförmig, haben aber unterschiedliche Durchmesser und Höhen. Die Brenndauer der ersten Kerze beträgt 6 h, die Brenndauer der zweiten 8 h. Nach 3 h sind beide Kerzen auf die gleiche Höhe heruntergebrannt. Die erste Kerze war vor dem Anzünden 35 cm hoch. Wie hoch war die zweite Kerze vor dem Anzünden?

A) 10,5 cm

B) 15 cm

C) 17,5 cm

D) 20 cm

E) 28 cm

(*Hinweis:* Bei dieser Aufgabe handelt es sich um eine 5-Punkte-Aufgabe. Dies entspricht der höchsten Schwierigkeit im Wettbewerb. Alle Aufgaben dieses Wettbewerbs sind unter http://www.mathe-kaenguru.de verfügbar.)

Da die Bearbeitung der Aufgaben in einem festgelegten Zeitrahmen sowie in Einzelarbeit stattfindet, wird das Wesen des Mathematiktreibens in diesem Wettbewerb weniger gut abgebildet als z. B. beim Bundeswettbewerb Mathematik (vgl. Käpnick und Benölken 2017, S. 46). Hinzu kommt, dass die Wettbewerbsaufgaben mathematisches Denken, analog zu Intelligenztests, nicht in seiner Tiefe und Komplexität erfassen. Das Markieren der richtigen Lösung genügt, weitere Überlegungen müssen nicht geschildert werden.

Ebenfalls um einen Klausur-Wettbewerb handelt es sich bei der Mathematik-Olympiade in Deutschland. Schüler der Jahrgangsstufen 5 bis 13 bearbeiten darin in drei bis vier Runden Probleme, die für die entsprechende Jahrgangsstufe durchaus anspruchsvoll sind.

Beispielaufgabe aus der 3. Runde der Mathematik-Olympiade 2018 (Jahrgangsstufe 7)

Hänsel und Gretel sind im Land der Ungeheuer. An einer alten Eiche lesen sie auf einem Schild:

1. Krokoparden sind Ungeheuer ohne Fell.
2. Jedes Ungeheuer, das nicht schwimmen kann, hat keine Hörner.
3. Alle Ungeheuer mit Schuppen können fliegen.
4. Alle Ungeheuer mit Ausnahme der Krokoparden sind ungefährlich für Kinder.
5. Jedes Ungeheuer ohne Schuppen hat ein dickes Fell.
6. Jedes Ungeheuer, das fliegen kann, kann nicht schwimmen.
7. Jedes Ungeheuer mit Schuppen hat zwei krumme Hörner.

In der Ferne taucht plötzlich ein riesiges fliegendes Ungeheuer auf.

Lässt sich aus den wahren Aussagen 1) bis 7) schließen, ob das riesige fliegende Ungeheuer gefährlich für Kinder ist?

Begründe deine Entscheidung.

(Hinweis: Eine Übersicht über die Aufgaben der Mathematik-Olympiade in Deutschland ist unter https://www.mathematik-olympiaden.de/moev verfügbar.)

Vergleichbar zum Känguru der Mathematik wird das Mathematiktreiben auch in der Mathematik-Olympiade in Deutschland aufgrund des Klausur-Charakters weniger gut abgebildet als z. B. im Bundeswettbewerb Mathematik. Trotzdem lässt sich sagen, dass erfolgreiche Teilnehmer an der zweiten bis vierten Runde, d. h. der Regional-, Landes- oder Bundesrunde, insbesondere aufgrund des mit jeder Runde steigenden Anspruchs- niveaus außergewöhnliche mathematische Fähigkeiten besitzen.

Zusammenfassend kann man Folgendes festhalten: Für die Diagnostik mathematischer Begabung sind Hausaufgaben-Wettbewerbe, in denen komplexe Problemstellungen gelöst werden müssen, am besten geeignet. Dennoch kann auch ein erfolgreiches Abschneiden in Klausur-Wettbewerben einen Hinweis auf eine mathematische Begabung geben. Diese bilden mathematisches Tätigsein in der Regel zwar weniger gut ab; um mit besonderen Ergebnissen hervorzustechen, müssen Schüler aber im Allgemeinen besondere mathematische Fähigkeiten besitzen, die ein Indikator für eine mathematische Begabung sein können.

Unabhängig davon, welche Art Mathematikwettbewerbe man zum Diagnostizieren mathematisch begabter Schüler nutzt, sollte man noch folgende Punkte berücksichtigen:

- Ob ein Schüler (erfolgreich) an einem Mathematikwettbewerb teilnimmt, hängt immer davon ab, ob er (z. B. von der Mathematiklehrkraft) auf den Wettbewerb hin- gewiesen wird. Darüber hinaus können Zusatzangebote wie Seminare zur Wett- bewerbsvorbereitung, in denen Problemlösestrategien eingeübt werden, den Erfolg maßgeblich beeinflussen. Ob ein Schüler an einem Mathematikwettbewerb teilnimmt und ob er dabei erfolgreich ist, hängt somit nicht nur von seiner mathematischen Begabung, sondern u. a. auch von seinem Umfeld ab. Dies sollte bei der Ergebnis- interpretation berücksichtigt werden.
- Gerade Klausur-Wettbewerbe besitzen einen stark kompetitiven Charakter. Empirische Befunde legen nahe, dass für manche mathematisch begabte Mädchen solche Situationen eher unpassend sind (vgl. Käpnick und Benölken 2017, S. 44). Sie könnten daher bei einer Diagnostik, die auf Mathematikwettbewerbe baut, übersehen werden.

Neben den hier genannten Wettbewerben gibt es noch zahlreiche andere. Beispielsweise kann man der Liste den *Pangea-Mathematikwettbewerb* oder regional stattfindende Wettbewerbe wie die *Fürther Mathematik-Olympiade* (FüMO) hinzufügen. Da die beschriebenen Beispiele aber stellvertretend für die unterschiedlichen Wettbewerbsarten stehen, können hier nicht genannte Wettbewerbe trotzdem hinsichtlich ihrer Eignung für die Diagnostik mathematischer Begabung eingeordnet werden.

2.2.4.6 Weitere Tests zu Persönlichkeitsmerkmalen und -zuständen

Nur kurz erwähnt seien Tests zu Persönlichkeitsmerkmalen und -zuständen. In der Regel entwerfen Psychologen entsprechende Tests, die – im Gegensatz zu den bisher betrachteten Testverfahren – ein typisches Verhalten (und kein maximales Verhalten, vgl. „Grundlegende Überlegungen" zu Beginn dieses Abschn. 2.2.4) erfassen. Abhängig von ihrer Gestaltung können Tests zu Persönlichkeitsmerkmalen und -zuständen zur Einzel- oder Gruppentestung gedacht sein. Eine umfangreiche Übersicht über entsprechende Verfahren findet sich in dem vom Leibniz-Zentrum für Psychologische Information und Dokumentation veröffentlichten Verzeichnis (vgl. ZPID 2018). Bei den darin enthaltenen Instrumenten handelt es sich teilweise auch um Fragebogen mit geschlossenen und standardisierten Fragen, da sich diese – wie zuvor schon bemerkt wurde – mit Testver- fahren überlappen. Der in Abschn. 2.2.2 vorgestellte Fragebogen zum mathematischen Interesse von Wininger et al. (2014) kann somit auch als ein Test aufgefasst werden. Da ein Schüler in einem Fragebogen z. B. mit einer Ratingskala sein Verhalten selbst beurteilt, sind diese Instrumente in der Beurteilungsdimension – im Gegensatz zu allen anderen Verfahren in diesem Abschnitt – der Selbstbeurteilung zuzuordnen.

Eine Testung ausgewählter Persönlichkeitsmerkmale oder -zustände eines Schülers erscheint insbesondere dann sinnvoll, wenn der Eindruck besteht, dass die jeweiligen Merkmale bzw. Zustände von besonderer Bedeutung für die Entwicklung mathematischer Begabung, Fähigkeiten und Leistung des Schülers sind. Ein Beispiel für ein solches Merkmal kann das Interesse an Mathematik sein. Für dessen Erfassung wurde in Abschn. 2.2.3 ein Fragebogen vorgestellt.

2.2.5   Dokumentenanalyse

Sowohl innerhalb als auch außerhalb des Mathematikunterrichts erstellen Schüler unter- schiedliche Dokumente, deren Analyse Lehrkräften bei der Diagnostik mathematischer Begabung helfen kann. Daneben liefern auch andere Personen Dokumente, die zum Diagnostizieren mathematisch begabter Schüler genutzt werden können. Solche Dokumente, die zunächst ohne die Absicht einer mathematischen Begabungsdiagnostik entstanden sind, untersucht man im Rahmen einer Dokumentenanalyse genauer. Dass die Dokumente ohne eine begabungsdiagnostische Intention entstanden sind, ist jedoch nicht gleichbedeutend damit, dass überhaupt kein diagnostisches Interesse mit ihrer Erstellung verbunden war. Charakteristisch ist nur, dass die ursprüngliche Intention nicht darin bestand, mathematisch begabte Schüler zu diagnostizieren. Hierzu ein Beispiel:

Eine Lehrkraft lässt im Mathematikunterricht Schüler ein mathematisches Problem lösen und nutzt diese Lösungen stichprobenartig, um festzustellen, ob sie ihr Lernziel – das Einüben bestimmter Problemlösestrategien – erreicht haben. Ihre Intention ist also zunächst eine Kontrolle des Lernerfolgs. Einige Zeit später fällt ihr im Unterricht ein Schüler auf, der sich durch außergewöhnliche Ideen, eine schnelle Auffassungsgabe sowie weitere mathematische Fähigkeiten hervortut. Die Lehrkraft beschließt, die Lösung des eingangs erwähnten Problems genauer zu untersuchen. Sie bemerkt dabei, dass der Schüler einen sehr originellen und so nicht besprochenen Weg zur Problemlösung genutzt hat, der auf ein gewisses Niveau von Einsicht in die Problemsituation hindeutet.

Wir sehen anhand dieses Beispiels, dass die Dokumentenanalyse teilweise mit anderen Verfahren überlappt. Wäre nämlich das mathematische Problem mit diagnostischer Intention gestellt worden, würde man es eher als eine Art Indikatoraufgabe sehen. Für die folgenden Beispiele ist diese Überlappung aber weniger von Bedeutung, da diese Dokumente nur selten explizit im Rahmen der Diagnostik mathematischer Begabung entstehen.

2.2.5.1 Lerntagebuch

Ein Begriff, der stark durch das Dialogische Lernen von Gallin und Ruf geprägt wurde, ist der des Lerntagebuchs (teilweise auch synonym Reisetagebuch, Lernjournal oder Journal). Wir verstehen darunter das Folgende (Gallin und Hußmann 2006; Gallin und Ruf 1993):

▶ In einem *Lerntagebuch* dokumentiert der Lernende (der Schüler) seinen Lernprozess mehr oder weniger umfassend. Die Dokumentation kann dabei u. a. Ergebnisse, Denkprozesse, Metakognitionen und Emotionen umfassen, die mit dem Lernprozess in Verbindung stehen.

Der Lernende hält im Lerntagebuch also sein „Mathematiktreiben", seinen individuellen Lernweg fest. Dies tut er zum einen für sich selbst, um seinen Lernweg zu gestalten, Ideen und Ergebnisse zu entwickeln, aber auch, um im Rückblick sein Lernen zu reflektieren und sich an beschrittene Wege zu erinnern. Zum anderen dient die Dokumentation des Lernens dem Dialog mit anderen, insbesondere der Lehrkraft. Sie kann Rückmeldungen geben und z. B. durch Kommentare zum Weiterdenken anregen oder auf Fehler hinweisen. Schließlich kann das Lerntagebuch als Grundlage einer Bewertung genutzt werden, wobei diese dann auch den Lernprozess einbeziehen kann.

In der Literatur wird dem Lerntagebuch oft das *Portfolio* gegenübergestellt. Ein Portfolio beschreibt dabei im Allgemeinen „a purposeful collection of student work that exhibits the student's efforts, progress, and achievements in one or more areas" (Paulson et al. 1991, S. 60). Anhand dieser Beschreibung wird aber deutlich, dass es sich bei Portfolios – genauso wie bei den dafür unterschiedenen Typen wie Arbeitsportfolios, Entwicklungsportfolios, Beurteilungsportfolios oder Forschungsportfolios (vgl. z. B. Gläser-Zikuda und Hascher 2007, S. 12 f.) – ebenfalls um Lerntagebücher im oben beschriebenen Sinn handelt.

Einordnung in das Strukturmodell

Lernen als zentraler Prozess der Fähigkeitsentwicklung wird im Lerntagebuch aus Sicht des Schülers und in ganzheitlicher Form beschrieben. Die Aufzeichnungen bieten sich daher für eine Analyse im Hinblick auf alle die Person betreffenden Merkmale im Begabungsmodell, also mathematische Fähigkeiten sowie Persönlichkeitsmerkmale und -zustände an. Da im Tagebuch der Lernprozess festgehalten wird, besteht bei der Analyse die Möglichkeit, eine prozessdiagnostische Strategie zu verfolgen. In der Beurteilungsdimension des Strukturmodells kann die Analyse von Lerntagebüchern zweifach eingeordnet werden. Einerseits analysiert die Lehrkraft die Einträge und beurteilt diese dabei als fremde Person, andererseits können im Lerntagebuch aber auch Selbstbeurteilungen von Schülern enthalten sein (z. B.: „Das hat mir richtig Spaß gemacht.").

Eignung zur Diagnostik mathematischer Begabung

Lerntagebücher können für die Diagnostik mathematischer Begabung ausgesprochen wertvoll sein:

- Lerntagebücher bilden den Lernprozess des Schülers ausführlich ab. Man hat also die Möglichkeit, anhand der Einträge komplexe Informationen zu gewinnen, die Rückschlüsse auf vielfältige begabungsrelevante Faktoren ermöglichen.
- Schüler beschreiben in Lerntagebüchern ihr eigenes Denken und Erleben während des Lernens. Hierdurch erhält man als Lehrkraft die Möglichkeit, die Perspektive des Schülers unmittelbar zu ergründen. Der Vorteil des Lerntagebuchs gegenüber anderen Verfahren ist, dass das Lernen unverfälscht und relativ vollständig dokumentiert wird, wohingegen sich Befragungen immer nur retrospektiv auf den Lernprozess beziehen können.
- In Lerntagebüchern können Schüler Ideen und Gedanken äußern, die sie im regulären Unterricht möglicherweise für sich behalten würden oder die im Klassenunterricht sonst ggf. unentdeckt bleiben würden. Ein Lerntagebuch bietet gerade Platz für solche außergewöhnlichen Ideen und Gedanken (Gallin und Ruf sprechen von einem „Wurf"). Durch das schriftliche Fixieren im Lerntagebuch wird außerdem vermieden, dass Lehrkräfte solche „Würfe" z. B. aufgrund sprachlicher Unzulänglichkeiten oder einfach aufgrund der vielen anderen Ideen innerhalb einer Klasse übersehen.

Wesentlich für diese drei Punkte ist, dass das Arbeiten in Lerntagebüchern so stark wie nötig, aber so gering wie möglich vorstrukturiert wird, um den „Charakter der persönlich gehaltenen Auseinandersetzung mit der eigenen Lern- und Bildungsarbeit" (Jürgens und Lissmann 2015, S. 112) zu gewährleisten. Nur wenn das Lerntagebuch den Schülern die Möglichkeit für freie Äußerungen zu ihrem eigenen Lernen bietet, kann es für die Diagnostik mathematischer Begabung wirklich hilfreich sein. Einen Vorschlag für eine (maximale) Strukturierung von Lerntagebüchern geben z. B. Gallin und Ruf (1993, S. 16).

2.2.5.2 Weitere durch Schüler erstellte Dokumente

Neben dem Lerntagebuch kann die Lehrkraft für Analysen auch auf andere durch
Schüler erstellte Dokumente zurückgreifen. Dabei kann es sich z. B. um Bearbeitungen
von Aufgaben aus dem Unterricht, Hausaufgaben, Plakate oder sonstige, auch
außerunterrichtlich entstandene Schülerprodukte handeln. Gemein ist diesen Schüler-
produkten, dass ihnen implizit oder explizit selbst- oder fremdbestimmte Aufgabenstellungen zugrunde liegen.

Schüler bearbeiten im Unterricht sehr viele Aufgaben, die Lehrkraft kann folglich nicht alle Bearbeitungen analysieren. Welche dieser Aufgaben liefern also
Bearbeitungen, die besonders zum Diagnostizieren mathematisch begabter Schüler
geeignet sind? Die Antwort auf diese Frage findet sich zum Teil bereits in vorherigen
Abschnitten: Die Aufgaben sollten *anspruchsvoll, komplex* und *mathematisch reichhaltig*
sein. Anspruchsvolle Aufgaben ermöglichen es mathematisch begabten Schülern, ihre
besonderen mathematischen Fähigkeiten zu zeigen. Sie werden also nicht durch eine zu
geringe Aufgabenschwierigkeit in ihrer Leistung „gebremst". In komplexen Aufgaben
müssen Schüler vielfältige mathematische Fähigkeiten miteinander verknüpfen, um zu
einer Lösung zu gelangen. Hierdurch hat die Lehrkraft die Möglichkeit, die individuelle
Natur der mathematischen Begabung genauer zu analysieren. Mathematisch reichhaltige
Aufgaben ermöglichen Schülern eine Bearbeitung auf individuellen Wegen. Diese
Bearbeitung kann ebenfalls die individuelle Natur der mathematischen Begabung verdeutlichen, sie kann aber genauso individuelle Interessen und Vorlieben aufdecken.

2.2.5.3 Durch andere Personen erstellte Dokumente

Auch durch andere Personen, insbesondere andere Lehrkräfte erstellte Dokumente über
einen Schüler können die Grundlage einer Analyse sein. Im schulischen Kontext von
besonderem Interesse ist dabei die *Schülerakte*. Sie beinhaltet eine Sammlung unterschiedlicher institutionell erstellter Dokumente, z. B. Zeugnisse oder Notenlisten, sowie
weitere Daten zum Schüler wie beispielsweise Stammdaten. Sofern es sich bei den
Daten in der Schülerakte nicht um objektive Tatsachen (z. B. den Wohnort des Schülers)
handelt, stammen diese aus Fremdbeurteilungen.

Die aus der Schülerakte ersichtlichen Zensuren in einzelnen Prüfungen und
Zeugnissen können die Entwicklung des Schülers verdeutlichen. Damit unterscheidet
sich die Analyse der Zensuren von den klassischen schulischen Leistungsbeurteilungen,
also mündlichen und schriftlichen Prüfungen, bei denen die Beurteilung der aktuell entwickelten mathematischen Fähigkeiten im Vordergrund steht. Dagegen kann man aus
der Schülerakte retrospektiv langfristige Fähigkeitsentwicklungen erschließen. Neben
den Zensuren können auch Zeugniskommentare oder Eintragungen zu disziplinarischen
Maßnahmen wertvolle Hinweise zu Persönlichkeitsmerkmalen des Schülers liefern. Möglicherweise zeigte ein Schüler z. B. in niedrigeren Jahrgangsstufen großes Interesse an
Mathematik, lässt dieses aufgrund fehlender Herausforderungen im regulären Unterricht
jetzt aber nur noch selten erkennen. Man könnte dies als Anlass nehmen zu hinterfragen,

ob tatsächlich kein Interesse an Mathematik mehr vorliegt oder ob es sich z. B. statt in der Schule in außerschulischen Aktivitäten manifestiert.

Wie lässt sich speziell die Schülerakte in das Strukturmodell in Abb. 2.3 einordnen? Wir haben bereits bemerkt, dass es sich bei den Daten in der Schülerakte in der Regel um Fremdbeurteilungen handeln wird. Man hat außerdem die Möglichkeit, anhand der darin enthaltenen Informationen sowohl mathematische Fähigkeiten als auch Persönlichkeitsmerkmale einzuschätzen. Sehr begrenzt kann man auch Informationen zur Umwelt des Schülers erhalten, z. B. zu den Erziehungsberechtigten, und daraus möglicherweise Schlussfolgerungen ziehen. Im Hinblick auf die Strategie kann die Schülerakte sowohl statusdiagnostisch als auch prozessdiagnostisch nützlich sein. In der Regel enthalten die Dokumente zwar Beschreibungen eines aktuellen Status, da die Daten aber über längere Zeiträume sehr regelmäßig erhoben werden, z. B. in Notenlisten, kann man daraus auch Veränderungen erschließen.

2.3 Vorgehen für die Diagnostik mathematischer Begabung

In Abschn. 2.1 haben wir die Theorie und in Abschn. 2.2 das „Handwerkszeug", also die diagnostischen Verfahren zum Diagnostizieren mathematisch begabter Schüler, kennengelernt. In diesem Abschnitt wenden wir uns nun konkret der Frage zu, wie man als Lehrkraft vorgehen kann bzw. was man tun sollte, wenn man mathematisch begabte Schüler in seiner Klasse identifizieren möchte.

2.3.1 Sequenzielles Vorgehen

Die beiden vorherigen Abschnitte dieses Kapitels helfen dabei, die Frage nach einem konkreten Vorgehen zur Diagnostik mathematischer Begabung zu beantworten. In Abb. 2.10 ist diese Antwort dargestellt. Betrachten wir den Verlauf genauer.

Die Diagnostik mathematischer Begabung beginnt mit der initialen Fragestellung nach dem Potenzial eines Schülers zur Entwicklung mathematischer Fähigkeiten. Hieran kann, muss sich aber nicht (daher auch die gestrichelten Linien wie bereits in Abb. 2.1) die Formulierung einer oder mehrerer Hypothesen anschließen. Die darauf folgende Datenerhebung, -auswertung und Urteilsbildung läuft in insgesamt drei Schritten – Screening, Statusdiagnostik und Prozessdiagnostik – ab. Nach jedem Schritt wird ein Urteil gefällt, das entweder positiv (Es liegt wahrscheinlich ein besonderes Potenzial vor.) oder negativ (Es liegt wahrscheinlich kein besonderes Potenzial vor.) ausfallen kann. Ist das Urteil nach allen drei Schritten positiv, erhält der betrachtete Schüler schließlich die Diagnose einer mathematischen Begabung. Die drei Phasen Screening, Statusdiagnostik und Prozessdiagnostik bilden den Kern des sequenziellen Vorgehens. Sie werden deshalb im Folgenden ausführlicher beschrieben.

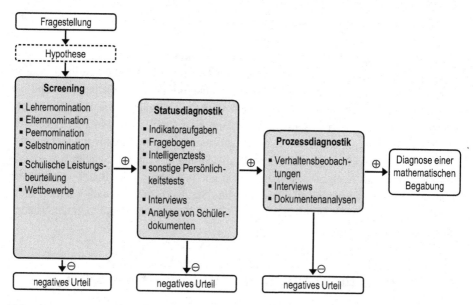

Abb. 2.10 Sequenzielles Vorgehen für die Diagnostik mathematischer Begabung

2.3.1.1 Screening

Das *Screening* ist nur dann von Bedeutung, wenn eine sogenannte „Talentsuche" durchgeführt wird, wenn man also eine größere Gruppe von Schülern, z. B. eine Schulklasse oder Jahrgangsstufe, vor sich hat und die Frage beantworten möchte, welche dieser Schüler mathematisch begabt sind und wie ihr jeweiliges Potenzial ausgeprägt ist. Das Ziel dieser Phase ist es daher, einen Grobüberblick über bestimmte begabungsrelevante Merkmale zu erhalten (vgl. Jäger 1999, S. 452 f.). Hierdurch kann man eine (noch relativ ungenaue) Vorselektion potenziell mathematisch begabter Schüler vornehmen und den Pool möglicherweise begabter Schüler verkleinern. Der Schritt ist nicht notwendig, wenn das Potenzial eines einzelnen Schülers ergründet werden soll; in diesem Fall kann man ihn einfach überspringen. Häufig wird man, um auf Schüler aufmerksam zu werden, die möglicherweise mathematisch begabt sind, aber (evtl. unbewusst) ein Screening durchführen.

Bei Talentsuchen sollte jeder Schüler die Möglichkeit haben, am Screening teilzunehmen. Außerdem sollte man falsch negative Urteile, also Fehler zweiter Art, vermeiden. Beide Empfehlungen zielen darauf ab, beim Screening möglichst keinen mathematisch begabten Schüler zu übersehen. In anderen Worten sollte es also das Ziel sein, beim Screening eine maximale Effektivität der Diagnosen zu erreichen (vgl. Abschn. 2.1.5). Natürlich bedeutet das aber auch, dass die Effizienz entsprechend gering ist; es werden beim Screening also relativ viele Schüler als möglicherweise mathematisch begabt eingestuft, die es aber tatsächlich gar nicht sind. Für das Screening bieten sich daher Verfahren an, die auch für viele Schüler mit vertretbarem Aufwand durchgeführt werden können und dabei eine hohe Effektivität im Hinblick auf die Einschätzung der mathematischen Begabung besitzen.

Das naheliegendste Verfahren, das man für ein Screening nutzen kann, sind Lehrernominationen. Sie sind relativ zeitökonomisch und können aufgrund der Zeit, die Mathematiklehrkräfte mit den Schülern verbringen, auf einer Vielzahl unterschiedlicher Charakteristika der Schüler beruhen. Wie wir in Abschn. 2.2.3 gesehen haben, erkennen Lehrkräfte nur einen Teil der mathematisch begabten Schüler – auch dann, wenn sie Checklisten nutzen. Es ist daher sinnvoll, auch die Nominationen anderer Personen zu berücksichtigen. Da Eltern zur Überschätzung ihrer Kinder tendieren, kann man Lehrernominationen und Elternnominationen kombinieren, um ein effektiveres Screening zu erreichen. Beim Kombinieren sollte man eine „Oder-Strategie" (vgl. Schmidt-Atzert und Amelang 2012, S. 412) nutzen, d. h., ein Schüler erhält dann die vorläufige Diagnose einer mathematischen Begabung, wenn er von der Lehrkraft *oder* seinen Eltern nominiert wird. Zusätzlich zu Nominationen durch Lehrkräfte und Eltern kann auch auf Peer- oder Selbstnominationen zurückgegriffen werden. Diese zusätzlichen Informationen sollte man ebenfalls im Sinne einer Oder-Strategie nutzen. Neben den aus Verhaltensbeobachtungen resultierenden Nominationen kann die Lehrkraft auch auf Zensuren, also schulische Leistungsbeurteilungen, oder die Ergebnisse nach einer Teilnahme an Mathematikwettbewerben zurückgreifen. Sehr wahrscheinlich werden diese Informationen aber bereits in seine Nomination eingeflossen sein und daher keine Steigerung der Effektivität bewirken.

2.3.1.2 Statusdiagnostik

Für die Schüler, die durch das Screening ein insgesamt positives Urteil erhalten haben, schließt sich eine *Statusdiagnostik* an. Da mathematische Begabung sowie ihre Entwicklung sehr komplex sind, sollte man in diesem Schritt die aktuelle Ausprägung, den Status möglichst vieler und unterschiedlicher Faktoren des Modells für die Entwicklung von Begabung, Fähigkeiten und Leistung (Abschn. 1.1.5) berücksichtigen. Im Gegensatz zum vorherigen Screening ermöglichen die in diesem Schritt genutzten Verfahren insgesamt eine zuverlässigere und validere Datenerhebung und erfassen darüber hinaus gezielt einzelne Faktoren, anstatt nur ein globales Bild des Schülers zu liefern. Hierdurch wird das Erkennen falsch positiver Diagnosen, die man im Rahmen des Screenings gestellt hat, erleichtert. Nach der Statusdiagnostik sollte die Wahrscheinlichkeit, dass ein Schüler mit einer positiven Diagnose auch tatsächlich mathematisch begabt ist, deutlich höher sein.

Zur Datenerhebung bieten sich für die Statusdiagnostik besonders Indikatoraufgaben, Fragebogen, Intelligenztests sowie sonstige Persönlichkeitstests als Verfahren an. Sie können mit einem vergleichsweise geringen zeitlichen und personellen Aufwand eingesetzt werden. Führt man eine Talentsuche durch, spricht außerdem für sie, dass viele der Instrumente auch mit größeren Gruppen von Schülern nutzbar sind. Die Verfahren bieten zudem die Möglichkeit, ganz unterschiedliche Faktoren der drei zentralen Modellkomponenten (vgl. Abb. 2.3) zu untersuchen. Eine facettenreiche

Erfassung mathematischer Begabung sowie der entwicklungsbeeinflussenden Faktoren ist daher möglich. Prinzipiell kann man auch Interviews sowie die Analyse von Schülerdokumenten zur Statusdiagnostik nutzen. Da beide Verfahrensklassen zeitlich und personell aber deutlich aufwendiger als Testverfahren sind, sollte man sie nur bei entsprechend ausreichenden Ressourcen schon in dieser Phase verwenden. Häufig wird es sinnvoller sein, diese beiden Verfahren erst im folgenden Schritt einzusetzen.

2.3.1.3 Prozessdiagnostik

Der letzte Schritt der Sequenz ist eine ebenfalls multifaktoriell angelegte *Prozessdiagnostik*. Sie ermöglicht das Gewinnen eines umfassenden, ganzheitlichen Bildes einzelner Schüler sowie ihrer Entwicklungspotenziale. Die Prozessdiagnostik kann entweder als eigenständiger Schritt vor einer Förderung oder alternativ parallel zu ersten Fördermaßnahmen im Anschluss an die Statusdiagnostik durchgeführt werden. Das Risiko situativer oder aufgabenbedingter Fehlurteile, das speziell für die vorherige Statusdiagnostik vergleichsweise groß ist, ist in diesem Schritt reduziert, da die Datengewinnung über einen längeren Zeitraum stattfindet und somit unterschiedliche Situationen umfasst. Es ist also für den Diagnostiker leichter, einzelne (positive oder negative) Ausreißer als solche zu erkennen.

Verhaltensbeobachtungen, Interviews sowie Dokumentenanalysen sind für die Prozessdiagnostik besonders geeignete Verfahren. Informationen zu Entwicklungsprozessen kann man entweder retrospektiv über Interviews gewinnen oder direkt über Verhaltensbeobachtungen erschließen. Im zweiten Fall muss die Lehrkraft aber sicherstellen, dass Schüler in Situationen kommen, in denen das Verhalten gezeigt werden kann. Möchte man z. B. theoriebildendes Denken und seine Entwicklung beobachten, muss man Situationen schaffen, in denen es benötigt wird. Eine Zwischenstellung zwischen retrospektiver und unmittelbarer Erfassung einer Entwicklung nehmen Dokumentenanalysen ein. Die dabei analysierten Dokumente liegen zum Zeitpunkt der Diagnostik mathematischer Begabung zwar grundsätzlich schon vor, sie können sich jedoch hinsichtlich der Aktualität der darin enthaltenen Informationen unterscheiden. So kann man z. B. über ein Lerntagebuch beinahe unmittelbar die Entwicklung eines Schülers innerhalb des letzten Monats darstellen, die Zensuren in Zeugnissen der vergangenen Jahre liefern dagegen eher ein retrospektives Bild der Entwicklung.

Am Ende dieses dritten Schrittes kann man, wenn man einem Schüler auch weiterhin ein besonderes Potenzial zur Entwicklung mathematischer Fähigkeiten zuspricht, die Informationen aller drei Schritte kombinieren. Die Lehrkraft fasst also die vielfältigen Informationen aus den unterschiedlichen Verfahren und Quellen zusammen, um ein differenziertes Bild des Schülers, seiner mathematischen Begabung, seiner Persönlichkeitsmerkmale und -zustände und der Umwelt des Schülers zu zeichnen. Es entsteht die Diagnose einer mathematischen Begabung.

2.3.2 Begründung des Vorgehens

Warum sind nun aber wirklich drei Schritte sinnvoll, um mathematisch begabte Schüler zu diagnostizieren? Bedeutet das nicht auch direkt dreimal so viel Aufwand? Für das sequenzielle Vorgehen sprechen mehrere Punkte – manche davon sind praktischer, andere eher theoretischer Natur.

- Das Vorgehen ist *ökonomisch* sowohl bezüglich des Zeitaufwands als auch hinsichtlich der notwendigen personellen Ressourcen. Man kann die Informationen für das im ersten Schritt durchgeführte Screening weitestgehend während des regulären Schulalltags und damit ohne größeren zusätzlichen zeitlichen Aufwand gewinnen. Genauso wenig entsteht durch Nominationen, Zensuren oder die Auswertung von Wettbewerbsergebnissen ein großer personeller Mehraufwand. Natürlich müssen z. B. Eltern um ein Urteil über ihr Kind gebeten werden, dies kann man aber beispielsweise über einen einfachen Elternbrief tun. Das Screening benötigt also vergleichsweise geringe zeitliche und personelle Ressourcen, da die meisten diagnostischen Maßnahmen sowieso schon im regulären Unterricht umgesetzt werden. Die Statusdiagnostik ist im Vergleich dazu aufwendiger. Notwendige Daten entstehen hier nicht aus dem Unterricht heraus, sondern müssen in eigens dafür geschaffenen Testsituationen generiert werden. Nochmals mehr zeitliche und personelle Ressourcen werden für die oftmals individuell und über einen längeren Zeitraum stattfindende Prozessdiagnostik benötigt. Aufgrund dieses zunehmenden „Ressourcenhungers" ist es sinnvoll, aufwendigere Verfahren erst dann einzusetzen, wenn die Wahrscheinlichkeit für das Vorliegen einer mathematischen Begabung durch „ressourcenschonendere" Verfahren maximiert wurde. Dieser Punkt ist besonders dann von Bedeutung, wenn man eine Talentsuche durchführt. In diesem Fall reduziert man in jedem Schritt die Anzahl der möglicherweise mathematisch begabten Schüler (in Abb. 2.10 wird das durch die kleiner werdenden Rechtecke verdeutlicht).
- Mithilfe eines sequenziellen Vorgehens kann man eine *Reduktion von Fehldiagnosen* erreichen. Das ist möglich, weil dabei sowohl eine große Breite von Merkmalen relativ ungenau als auch einzelne Merkmale genau und zuverlässig erfasst werden können. Bei einstufigen Verfahren ist dies aufgrund des Bandbreite-Fidelitäts-Dilemmas (vgl. Cronbach und Gleser 1965, S. 99 f.) nicht realisierbar. Durch das sequenzielle Vorgehen können daher Fehler erster und zweiter Art „gebannt oder wenigstens verringert werden" (Heller 2001, S. 34). Nicht unmittelbar das sequenzielle Vorgehen, aber die darin verfolgte multimethodale Strategie begünstigt die Reduktion einer anderen Fehlerart. Der Einsatz unterschiedlicher Verfahren verringert nämlich die Wahrscheinlichkeit, dass Schüler aus besonderen Risikogruppen durch spezifische Verfahren übermäßig benachteiligt und folglich falsch diagnostiziert werden. Beispiele solcher Risikogruppen sind

- (mathematisch begabte) Mädchen, die tendenziell „weniger gut mit Zeit- und Konkurrenzdruck umgehen [...] können" (Benölken 2013, S. 84) als Jungen und daher möglicherweise in Geschwindigkeitstests tendenziell schlechter abschneiden, sowie

- *twice exceptional,* also zweifach außergewöhnliche Schüler, „who have both mathematical potential and handicaps or educational special needs" (Nolte 2018, S. 199). Für diese Risikogruppe ergeben sich aus den unterschiedlichen Handicaps oder speziellen Förderbedarfen zahlreiche Herausforderungen. Beispielsweise kann sich ein unterdurchschnittliches Lesevermögen negativ auf das Verständnis und die Bearbeitung von verbal präsentierten und komplexen Problemstellungen auswirken (vgl. ebd., S. 210 f.), was unter anderem Schwierigkeiten beim Einsatz von Indikatoraufgaben bedingen kann.

- Sequenzielle Verfahren zum Diagnostizieren mathematisch begabter Schüler wurden außerdem in unterschiedlichen Förderprojekten *praktisch erprobt* und haben sich dort *bewährt.* Ein mehrschrittiges Vorgehen kommt beispielsweise bei der Auswahl von Grundschulkindern für Förderprogramme an den Universitäten Münster oder Hamburg bereits seit vielen Jahren zum Einsatz (vgl. Nolte 2004, S. 69 ff.; Sjuts 2017, S. 152 f.). Auch für die Auswahl von Schülern für Begabtenklassen an bayerischen und baden-württembergischen Gymnasien werden regelmäßig mehrschrittige Vorgehen genutzt, die einen Intelligenztest zur Vorselektion sowie daran angeschlossen weitere Datenerhebungen, beispielsweise in Form von Zeugnisnoten, Elterngesprächen oder Probeunterricht, umfassen (vgl. Stumpf und Trottler 2014, S. 34 ff.).

2.3.3 Einflussfaktoren auf das diagnostische Vorgehen

Das sequenzielle Vorgehen in Abb. 2.10 ist theoretisch begründet und praktisch erprobt. Trotzdem sollte man es nicht als eine Art Kochrezept für die Diagnostik mathematischer Begabung verstehen, dessen Zutaten (die genannten Verfahren) in jedem Fall verwendet werden müssen. Vielmehr sind die genannten Verfahren ein Vorschlag für „Zutaten" des diagnostischen Prozesses. Jede Lehrkraft kann diesen Prozess individuell gestalten, sie kann also selbstständig „würzen". Welche diagnostischen Methoden genau ausgewählt werden, hängt im Wesentlichen von drei Faktoren ab (vgl. Ziegler und Stöger 2004, S. 326): dem theoretischen Modell, den verfügbaren Ressourcen sowie dem Ziel der Diagnostik. Wie genau beeinflussen diese Faktoren die Ausgestaltung?

- Wir haben schon an anderer Stelle gesehen, dass der theoretische Rahmen und damit insbesondere auch das der Diagnostik zugrunde liegende *theoretische Modell* einen bedeutenden Einfluss auf die Diagnostik besitzen (vgl. Abschn. 2.1.4). Das Modell beeinflusst beispielsweise, welche Faktoren bei der Diagnostik berücksichtigt werden oder welche Bedeutung diese für das Urteil besitzen. In Kap. 1 haben wir unser Verständnis mathematischer Begabung sowie ein Modell für die Entwicklung von Begabung, Fähigkeiten und Leistung vorgestellt. Die im sequenziellen Vorgehen (Abb. 2.10) vorgeschlagenen Verfahren basieren auf diesen Überlegungen. Genauso könnte man aber etwa das Drei-Ringe-Modell von Renzulli (vgl. Abschn. 1.2.2) zugrunde legen und die konkrete Gestaltung daran orientieren.

- Als *Ressourcen* sind für den diagnostischen Prozess von Bedeutung: Zeit, Zugang zu Informationen, vorhandenes Material sowie diagnostische Kompetenz.
  - Der Einfluss der *Zeit* ist offensichtlich. Kann man als Lehrkraft nur wenig Zeit für die Diagnostik aufbringen, wird man eher auf eine umfassende Statusdiagnostik setzen und allenfalls wenige Verfahren zur Prozessdiagnostik nutzen. Genauso ist aber auch Zeit seitens der anderen am diagnostischen Prozess beteiligten Personen notwendig. Wenn Eltern beispielsweise die Zeit fehlt, um an einem ausführlichen Interview teilzunehmen, kann dieses Verfahren nicht für die Diagnostik mathematischer Begabung berücksichtigt werden.
  - Ebenso klar ist, dass der *Zugang zu Informationen* das Vorgehen bestimmt. Wenn man z. B. die Bearbeitung von Aufgaben in einem Mathematikwettbewerb analysieren möchte, setzt das voraus, dass diese Bearbeitungen zugänglich sind.
  - Das *vorhandene Material* betrifft u. a. den Zugang zu speziellen Instrumenten wie Intelligenztests oder die Verfügbarkeit von Indikatoraufgaben.
  - Schließlich bedingen auch die *diagnostischen Kompetenzen* die konkrete Ausgestaltung der Diagnostik (zu diagnostischen Kompetenzen vgl. Jürgens und Lissmann 2015, S. 22 ff.). Nur wenn eine Lehrkraft beispielsweise Indikatoraufgaben kennt und weiß, wie man sie zum Erkennen mathematisch begabter Schüler nutzen kann, wird sie diese auch in den diagnostischen Prozess integrieren.
- Das *Ziel der Diagnostik* bestimmt, welche Informationen man im diagnostischen Prozess erheben sollte. Besonders dann, wenn sich an die Diagnose einer mathematischen Begabung eine Förderung anschließt – und dies wird in der Schule meist der Fall sein –, sollte die Diagnostik auf die Förderung abgestimmt sein (vgl. Hany 1987, S. 99 f.). Möchte man in einem Förderprojekt beispielsweise kreative Problemlösungen fördern, ist eine im Wesentlichen auf Intelligenztests basierende Diagnostik wenig passend. Geeigneter wäre dann z. B. der Einsatz von Indikatoraufgaben, die unterschiedliche Problemlösungen zulassen, oder die Beobachtung von Schülern beim Bearbeiten komplexer Problemstellungen.

Neben diesen drei global wirkenden Einflussfaktoren gibt es auch solche, die eher einen Einfluss auf die Auswahl bestimmter Verfahren besitzen. Beispielsweise können sich ein schlechtes Klassenklima oder Mobbing negativ auf die Güte einer Peernomination auswirken, weshalb dann eher davon abgesehen werden sollte, dieses Verfahren zur Diagnostik mathematischer Begabung zu nutzen. Außerdem kann z. B. ein soziales Umfeld, in dem besondere Leistungen in Mathematik ein negatives Ansehen besitzen, das Ergebnis einer Selbstnomination ungünstig beeinflussen. Bemerkt man also die

Gefahr der Verfälschung einer Selbstnomination durch gruppenkonforme Antworten, sollte man auch hier besser auf den Einsatz des Verfahrens verzichten.

Insgesamt wird deutlich, dass die Diagnostik mathematischer Begabung immer in einen situativen Kontext eingebettet ist. Da Lehrkräfte bei der Ausgestaltung des Vorgehens diese situationsspezifischen Einflüsse berücksichtigen sollten, ist es nicht sinnvoll, ein starres Vorgehen für das Diagnostizieren mathematisch begabter Schüler vorzugeben. Trotzdem bietet das sequenzielle Vorgehen in Abb. 2.10 einen Rahmen, an dem man sich orientieren kann.

2.3.4 Mathematiklehrkräfte als Diagnostiker

Am Anfang dieses Kapitels haben wir geschrieben, dass wir „Diagnostiker" und „Mathematiklehrkraft" gleichsetzen. Manch einen mag dies zunächst irritieren, bringt man doch sonst mit Diagnostikern eher Ärzte oder Psychologen in Verbindung. Warum sind also gerade Mathematiklehrkräfte die Personen, die mathematisch begabte Schüler diagnostizieren sollen? Auf diese Frage kann man Antworten aus unterschiedlichen Perspektiven geben.

- Die pädagogische Diagnostik ist eine *zentrale Aufgabe von Lehrkräften*. Sobald sie z. B. Schüler abfragen, um das Erreichen von Lernzielen zu kontrollieren, Schüler im Unterricht beobachten, Schülerleistungen beurteilen oder Lernvoraussetzungen ermitteln, stellen sie Diagnosen. Es ist also naheliegend, dass Lehrkräfte auch mathematische Begabung diagnostizieren, ist diese doch Grundlage für die Entwicklung mathematischer Fähigkeiten.
- Die Diagnostik mathematischer Begabung sollte von „Spezialisten" (Käpnick 2014a, S. 208) durchgeführt werden. Aufgrund ihrer Ausbildung in verschiedenen, für die Begabungsdiagnostik relevanten Disziplinen – ein Lehramtsstudium umfasst in der Regel sowohl fachwissenschaftliche, fachdidaktische, psychologische als auch (schul-)pädagogische Anteile – sowie ihrer beruflichen Expertise aus der Schulpraxis kann man Lehrkräfte als *Spezialisten* bezeichnen. Sie sind insbesondere Spezialisten für die Gestaltung und Begleitung von Lernprozessen und damit für Prozesse der Begabungsentfaltung (vgl. Abschn. 1.1.5).
- Der Mathematikunterricht bietet Lehrkräften eine *natürliche Möglichkeit, Informationen über Schüler zu sammeln.* Es ist also naheliegend, dass sie diese Informationen verdichten und durch zusätzliche Informationen ergänzen, um so das Potenzial der Schüler einzuschätzen.
- Ein pragmatischer Grund ist, dass einfach *zu viele Schüler* diagnostiziert werden müssen, um diese Aufgabe nur anderen Personen (z. B. Psychologen oder Fachdidaktikern) zu überlassen. Sie kann nur von einer entsprechend großen Gruppe von Diagnostikern geleistet werden – den Mathematiklehrkräften.

Die Diagnostik mathematischer Begabung als eine Aufgabe von Mathematiklehrkräften zu sehen, soll keinesfalls bedeuten, dass eine Lehrkraft die Diagnostik alleine durchführen muss. Vielmehr ist es oftmals sinnvoll, in einem multiprofessionellen Team zu arbeiten, in dem die Lehrkraft z. B. durch Fachdidaktiker, (Schul-)Psychologen oder Kollegen unterstützt wird. Dieser Ansatz ermöglicht eine Bündelung von Expertise in unterschiedlichen Bereichen und bietet dadurch die Möglichkeit, individuelle Schwächen diagnostischer Kompetenz zu kompensieren bzw. zu beheben. Beispielsweise können Schulpsychologen bei der Auswahl geeigneter Verfahren zur Datengewinnung unterstützen. Fachdidaktiker oder Kollegen, die fundierte Kenntnisse zu Theorien mathematischer Begabung haben, können bei der Auswahl von Faktoren, die die Entwicklung mathematischer Begabung, Fähigkeiten und Leistung beeinflussen, helfen. Eine solche Teambildung kann dabei entweder dauerhaft, für den Zeitraum der Diagnostik oder nur punktuell, z. B. bei der Planung der Datenerhebung oder der Dateninterpretation, stattfinden. Sie kann auch Bestandteil eines systematischen Schulentwicklungsprozesses sein (vgl. Kap. 4).

Kerngedanken aus diesem Kapitel

- In Abschn. 2.1 wurden Grundlagen der pädagogischen Diagnostik skizziert und auf die Diagnostik mathematischer Begabung bezogen. Es zeigte sich, dass die Diagnostik mathematisch begabter Schüler einen Spezialfall pädagogischer Diagnostik darstellt.
- Abschn. 2.2 hat vielfältige Verfahren genauer beleuchtet, die beim Diagnostizieren mathematisch begabter Schüler im schulischen Kontext hilfreich sein können. Die unterschiedlichen Verfahren wurden zusätzlich in ein Strukturmodell eingebettet, das eine Verbindung zu den theoretischen Grundlagen der Diagnostik mathematischer Begabung herstellt.
- In Abschn. 2.3 wurde ein mehrschrittiges Vorgehen zum Diagnostizieren mathematisch begabter Schüler beschrieben. Das Vorgehen bietet einen Rahmen für die flexible Ausgestaltung einer diagnostischen Praxis in der Schule, die an die unterschiedlichen Bedingungen vor Ort angepasst ist.

Literatur

Aßmus, D. (2017): Mathematische Begabung im frühen Grundschulalter unter besonderer Berücksichtigung kognitiver Merkmale, WTM, Münster

Atteslander, P. (2010): Methoden der empirischen Sozialforschung, Erich Schmidt, Berlin

Bardy, P. (2013): Mathematisch begabte Grundschulkinder, Diagnostik und Förderung, Springer, Berlin, Heidelberg

Baudson, T. G. (2010): Nominationen von Schülerinnen und Schülern für Begabtenfördermaßnahmen, in: Preckel, F., Schneider, W., Holling, H. (Hrsg.): Diagnostik von Hochbegabung, Hogrefe, Göttingen, S. 89–117

Baumann, U., Stieglitz, R.-D. (2008): Multimodale Diagnostik – 30 Jahre später, Zeitschrift für Psychiatrie, Psychologie und Psychotherapie, 56 (3), S. 191–202, https://doi.org/10.1024/1661-4747.56.3.191

Beauducel, A., Leue, A. (2014): Psychologische Diagnostik, Hogrefe, Göttingen u. a.

Benölken, R. (2013): Geschlechtsspezifische Besonderheiten in der Entwicklung mathematischer Begabung, Forschungsergebnisse und praktische Konsequenzen, mathematica didactica, 36, S. 66–96

Berlinger, N. (2015): Die Bedeutung des räumlichen Vorstellungsvermögens für mathematische Begabungen bei Grundschulkindern, Theoretische Grundlegung und empirische Untersuchungen, WTM, Münster

Blum, W., Roppelt, A., Müller, M. (2013): Kompetenzstufenmodelle für das Fach Mathematik, in: Pant, H. A., Stanat, P., Schroeders, U., Roppelt, A., Siegle, T., Pöhlmann, C. (Hrsg.): IQB-Ländervergleich 2012: Mathematische und naturwissenschaftliche Kompetenzen am Ende der Sekundarstufe I, Waxmann, Münster, S. 61–73, http://www.content-select.com/index.php?id=bib_view&ean=9783830979906

BMBF – Bundesministerium für Bildung und Forschung (2017): Begabte Kinder finden und fördern, Ein Wegweiser für Eltern, Erzieherinnen und Erzieher, Lehrerinnen und Lehrer, https://www.bmbf.de/upload_filestore/pub/Begabte_Kinder_finden_und_foerdern.pdf

BMFSFJ – Bundesministerium für Familie, Senioren, Frauen und Jugend (2018): Übereinkommen über die Rechte des Kindes, VN-Kinderrechtskonvention im Wortlaut mit Materialien, https://www.bmfsfj.de/blob/93140/78b9572c1bffdda3345d8d393acbbfe8/uebereinkommen-ueber-die-rechte-des-kindes-data.pdf

Cronbach, L. J., Gleser, G. C. (1965): Psychological tests and personnel decisions, University of Illinois Press, Urbana, London

Davis, G. A., Rimm, S. B., Siegle, D. (2011): Education of the gifted and talented, Pearson, Upper Saddle River, NJ

de Landsheere, G. (1969): Einführung in die pädagogische Forschung, Beltz, Weinheim, Berlin, Basel

Denton, C., Postlethwaite, K. (1984): The incidence and effective identification of pupils with high ability in comprehensive schools, Oxford Review of Education, 10 (1), S. 99–113, https://doi.org/10.1080/0305498840100109

Denton, C., Postlethwaite, K. (1985): Able children, Identifying them in their classroom, NFER-Nelson, Windsor

Döring, N., Bortz, J. (2016a): Datenerhebung, in: Döring, N., Bortz, J. (Hrsg.): Forschungsmethoden und Evaluation in den Sozial- und Humanwissenschaften, Springer, Berlin, Heidelberg, S. 321–577, https://doi.org/10.1007/978-3-642-41089-5_10

Döring, N., Bortz, J. (2016b): Operationalisierung, in: Döring, N., Bortz, J. (Hrsg.): Forschungsmethoden und Evaluation in den Sozial- und Humanwissenschaften, Springer, Berlin, Heidelberg, S. 221–289, https://doi.org/10.1007/978-3-642-41089-5_8

Dudenredaktion (o. J.): „Diagnostik" auf Duden online, https://www.duden.de/node/32261/revision/32290

Eggert, D. (2007): Von den Stärken ausgehen, Individuelle Entwicklungspläne (IEP) in der Lernförderungsdiagnostik, Borgmann, Dortmund

Ehrlich, N. (2013): Strukturierungskompetenzen mathematisch begabter Sechst- und Siebtklässler, Theoretische Grundlegung und empirische Untersuchungen zu Niveaus und Herangehensweisen, WTM, Münster

Eid, M., Petermann, F. (2006): Aufgaben, Zielsetzungen und Strategien der Psychologischen Diagnostik, in: Petermann, F., Eid, M. (Hrsg.): Handbuch der psychologischen Diagnostik, Hogrefe, Göttingen u. a., S. 15–25

Faßnacht, G. (2001): Verhalten, in: Lexikon der Psychologie in fünf Bänden: Reg bis Why, Spektrum, Heidelberg, S. 390–394

Fuchs, M. (2015): Alle Kinder sind Matheforscher, Frühkindliche Begabungsförderung in heterogenen Gruppen, Klett Kallmeyer, Seelze

Gagné, F. (1995): Learning about the nature of gifts and talents through peer and teacher nominations, in: Katzko, M. W., Mönks, F. J. (Hrsg.): Nurturing talent: Individual needs and social ability, Van Gorcum, Assen, S. 20–30

Gallin, P., Hußmann, S. (2006): Dialogischer Unterricht, Aus der Praxis in die Praxis, Praxis der Mathematik in der Schule, 48 (7), S. 1–6

Gallin, P., Ruf, U. (1993): Sprache und Mathematik in der Schule, Ein Bericht aus der Praxis, Journal für Mathematik-Didaktik, 14 (1), S. 3–33

Gläser-Zikuda, M., Hascher, T. (Hrsg., 2007): Lernprozesse dokumentieren, reflektieren und beurteilen, Lerntagebuch und Portfolio in Bildungsforschung und Bildungspraxis, Klinkhardt, Bad Heilbrunn

Häcker, H., Stapf, K. H. (Hrsg., 1998): Dorsch Psychologisches Wörterbuch, Huber, Bern u. a.

Hany, E. A. (1987): Modelle und Strategien zur Identifikation hochbegabter Schüler (Dissertation), Ludwig-Maximilians-Universität, München

Heller, K. A. (2001): Projektziele, Untersuchungsergebnisse und praktische Konsequenzen, in: Heller, K. A. (Hrsg.): Hochbegabung im Kindes- und Jugendalter, Hogrefe, Göttingen, S. 21–40

Heller, K. A., Perleth, C. (2000): Kognitiver Fähigkeitstest für 4. bis 12. Klassen, Revision (KFT 4–12+R), Beltz, Göttingen

Heller, K. A., Perleth, C. (2007): Münchner Hochbegabungstestbatterie für die Sekundarstufe [Datenbankeintrag], abgerufen aus PSYNDEX (Dokumentennummer: 9005778)

Hesse, I., Latzko, B. (2017): Diagnostik für Lehrkräfte, Budrich, Opladen, Toronto

Holling, H., Kanning, U. P. (1999): Hochbegabung, Forschungsergebnisse und Fördermöglichkeiten, Hogrefe, Göttingen

Imhof, M. (2016): Psychologie für Lehramtsstudierende, Springer, Wiesbaden, https://doi.org/10.1007/978-3-658-11954-6

Ingenkamp, K., Lissmann, U. (2008): Lehrbuch der Pädagogischen Diagnostik, Beltz, Weinheim, Basel

Jäger, R. S. (1986): Der diagnostische Prozeß, Eine Diskussion psychologischer und methodischer Randbedingungen, Deutsches Institut für Internationale Pädagogische Forschung, Hogrefe, Göttingen, Toronto, Zürich

Jäger, R. S. (1999): Der diagnostische Prozeß, in: Jäger, R. S., Petermann, F. (Hrsg.): Psychologische Diagnostik: Ein Lehrbuch, Beltz, Weinheim, S. 450–455

Jäger, R. S. (2006): Diagnostischer Prozess, in: Petermann, F., Eid, M. (Hrsg.): Handbuch der psychologischen Diagnostik, Hogrefe, Göttingen u. a., S. 89–96

Joklitschke, J., Rott, B., Schindler, M. (2018): Mathematische Begabung in der Sekundarstufe II – die Herausforderung der Identifikation, in: Kortenkamp, U., Kuzle, A. (Hrsg.): Beiträge zum Mathematikunterricht 2017, WTM, Münster, S. 509–512

Jürgens, E., Lissmann, U. (2015): Pädagogische Diagnostik, Grundlagen und Methoden der Leistungsbeurteilung in der Schule, Beltz, Weinheim, Basel

Käpnick, F. (1998): Mathematisch begabte Kinder, Modelle, empirische Studien und Förderungsprojekte für das Grundschulalter, Lang, Frankfurt a. M. u. a.

Käpnick, F. (2008): Diagnose und Förderung mathematisch begabter Kinder im Spannungsfeld zwischen interdisziplinärer Komplexität und Bereichsspezifik, in: Fischer, C., Mönks, F. J., Westphal, U. (Hrsg.): Individuelle Förderung: Begabungen entfalten – Persönlichkeit entwickeln: Allgemeine Forder- und Förderkonzepte, LIT, Berlin, Münster, S. 3–23

Käpnick, F. (2014a): Fachdidaktik Mathematik, in: International Panel of Experts for Gifted Education (iPEGE) (Hrsg.): Professionelle Begabtenförderung: Fachdidaktik und Begabtenförderung, özbf (Eigenverlag), Salzburg, S. 199–215

Käpnick, F. (2014b): Mathematiklernen in der Grundschule, Springer, Berlin, Heidelberg, https:// doi.org/10.1007/978-3-642-37962-8

Käpnick, F., Benölken, R. (2017): Inwiefern eignen sich Schülerwettbewerbe für die Diagnose und Förderung mathematischer Begabungen? Theoretisch-analytische Erörterungen, Journal für Begabtenförderung, 2017 (2), S. 36–50

Käpnick, F., Nolte, M., Walther, G. (2005): Talente entdecken und unterstützen, Modulbeschreibungen des Programms SINUS-Transfer Grundschule, Leibniz-Institut für die Pädagogik der Naturwissenschaften und Mathematik (IPN) an der Universität Kiel, Kiel, http:// www.sinus-an-grundschulen.de/fileadmin/uploads/Material_aus_STG/Mathe-Module/M5.pdf

Kießwetter, K., Rehlich, H. (2005): Das Hamburger Modell der Begabungsforschung und Begabtenförderung im Bereich der Mathematik, Der Mathematikunterricht, 51 (5), S. 21–27

Kirschenbaum, R. J. (1998): Dynamic assessment and its use with underserved gifted and talented populations, Gifted Child Quarterly, 42 (3), S. 140–147, https://doi. org/10.1177/001698629804200302

Klauer, K. J. (Hrsg., 1978a): Handbuch der pädagogischen Diagnostik (Band 1), Schwann, Düsseldorf

Klauer, K. J. (1978b): Perspektiven Pädagogischer Diagnostik, in: Klauer, K. J. (Hrsg.): Handbuch der pädagogischen Diagnostik, Schwann, Düsseldorf, S. 3–14

KMK – Ständige Konferenz der Kultusminister der Länder in der Bundesrepublik Deutschland (2005): Bildungsstandards im Fach Mathematik für den Hauptschulabschluss, Beschluss vom 15.10.2004, Wolters Kluwer, München, Neuwied

Krutetskii, V. A. (1976): The psychology of mathematical abilities in schoolchildren, University of Chicago Press, Chicago

Kubinger, K. D. (2009): Psychologische Diagnostik, Theorie und Praxis psychologischen Diagnostizierens, Hogrefe, Göttingen

Lack, C. (2009): Aufdecken mathematischer Begabung bei Kindern im 1. und 2. Schuljahr, Vieweg+Teubner, Wiesbaden, https://doi.org/10.1007/978-3-8348-9630-8

Leikin, R. (2009): Exploring mathematical creativity using multiple solution tasks, in: Leikin, R., Berman, A., Koichu, B. (Hrsg.): Creativity in Mathematics and the Education of Gifted Students, Sense Publishers, Rotterdam, S. 129–145

Leikin, R., Waisman, I., Leikin, M. (2016): Does solving insight-based problems differ from solving learning-based problems? Some evidence from an ERP study, ZDM, 48 (3), S. 305–319, https://doi.org/10.1007/s11858-016-0767-y

Lukesch, H. (1998): Einführung in die pädagogisch-psychologische Diagnostik, Roderer, Regensburg

Mann, E. L. (2008): Parental perceptions of mathematical talent, Social Psychology of Education, 11 (1), S. 43–57, https://doi.org/10.1007/s11218-007-9034-y

Mayring, P. (2016): Einführung in die qualitative Sozialforschung, Beltz, Weinheim, Basel

Moser Opitz, E. (2010): Diagnose und Förderung: Aufgaben und Herausforderungen für die Mathematikdidaktik und die mathematikdidaktische Forschung, in: Lindemeier, A. M., Ufer, S. (Hrsg.): Beiträge zum Mathematikunterricht 2010: Vorträge auf der 44. Tagung für Didaktik der Mathematik vom 08.03.2010 bis 12.03.2010 in München, WTM, Münster, S. 11–18, https:// doi.org/10.17877/DE290R-7668

Moser Opitz, E., Nührenbörger, M. (2015): Diagnostik und Leistungsbeurteilung, in: Bruder, R., Hefendehl-Hebeker, L., Schmidt-Thieme, B., Weigand, H.-G. (Hrsg.): Handbuch der Mathematikdidaktik, Springer, Berlin, Heidelberg, S. 491–512, https://doi.org/10.1007/978-3-642-35119-8_18

Mühlig, S., Petermann, F. (2006): Grundprinzipien multimethodaler Diagnostik, in: Petermann, F., Eid, M. (Hrsg.): Handbuch der psychologischen Diagnostik, Hogrefe, Göttingen u. a., S. 99–108

Neber, H. (2004a): Lehrernominierungen für ein Enrichment-Programm als Beispiel für die Talentsuche in der gymnasialen Oberstufe, Psychologie in Erziehung und Unterricht, 51, S. 24–39

Neber, H. (2004b): Teacher identification of students for gifted programs: nominations to a summer school for highly-gifted students, Psychology Science, 46 (3), S. 348–362

Niederer, K., Irwin, R. J., Irwin, K. C., Reilly, I. L. (2003): Identification of mathematically gifted children in New Zealand, High Ability Studies, 14 (1), S. 71–84, https://doi.org/10.1080/13598130304088

Nolte, M. (2004): Die Talentsuche im Grundschulprojekt, in: Nolte, M. (Hrsg.): Der Mathe-Treff für Mathe-Fans: Fragen zur Talentsuche im Rahmen eines Forschungs- und Förderprojekts zu besonderen mathematischen Begabungen im Grundschulalter, Franzbecker, Hildesheim, Berlin, S. 69–74

Nolte, M. (2013): Fragen zur Diagnostik besonderer mathematischer Begabung, in: Fritzlar, T., Käpnick, F. (Hrsg.): Mathematische Begabungen: Denkansätze zu einem komplexen Themenfeld aus verschiedenen Perspektiven, WTM, Münster, S. 181–189

Nolte, M. (2018): Twice-exceptional students: Students with special needs and a high mathematical potential, in: Singer, F. M. (Hrsg.): Mathematical creativity and mathematical giftedness: Enhancing creative capacities in mathematically promising students, Springer, Cham, S. 199–225, https://doi.org/10.1007/978-3-319-73156-8_8

Orth, B. (1999): Meßtheoretische Grundlagen der Diagnostik, in: Jäger, R. S., Petermann, F. (Hrsg.): Psychologische Diagnostik: Ein Lehrbuch, Beltz, Weinheim, S. 286–295

Paradies, L., Linser, H. J., Greving, J. (2007): Diagnostizieren, Fordern und Fördern, Cornelsen, Berlin

Paulson, F. L., Paulson, P. R., Meyer, C. A. (1991): What makes a portfolio a portfolio? Educational Leadership, 48 (5), S. 60–63

Pawlik, K. (1976): Modell- und Praxisdimensionen psychologischer Diagnostik, in: Pawlik, K. (Hrsg.): Diagnose der Diagnostik: Beiträge zur Diskussion der psychologischen Diagnostik in der Verhaltensmodifikation, Klett, Stuttgart, S. 13–43

Pegnato, C. W., Birch, J. W. (1959): Locating gifted children in junior high schools, A comparison of methods, Exceptional Children, 25 (7), S. 300–304, https://doi.org/10.1177/001440295902500702

Perleth, C. (2010): Checklisten in der Hochbegabungsdiagnostik, in: Preckel, F., Schneider, W., Holling, H. (Hrsg.): Diagnostik von Hochbegabung, Hogrefe, Göttingen, S. 65–87.

Perleth, C., Heller, K. A. (2017): Die Münchner Hochbegabungstestbatterie (MHBT) – ein Tool für die Hochbegabungsdiagnostik, in: Trautwein, U., Hasselhorn, M. (Hrsg.): Begabungen und Talente, Hogrefe, Göttingen, S. 83–101

Peter-Koop, A., Fischer, C., Begić, A. (2002): Finden und Fördern mathematisch besonders begabter Grundschulkinder, in: Peter-Koop, A., Sorger, P. (Hrsg.): Mathematisch besonders begabte Grundschulkinder als schulische Herausforderung, Mildenberger, Offenburg, S. 7–30

Petermann, F., Petermann, U. (2007): Hamburg-Wechsler-Intelligenztest für Kinder – IV [Datenbankeintrag], abgerufen aus PSYNDEX (Dokumentennummer: 9005779)

Preckel, F. (2008): Erkennen und Fördern intellektuell hochbegabter Schülerinnen und Schüler, in: Petermann, F., Schneider, W. (Hrsg.): Angewandte Entwicklungspsychologie, Hogrefe, Göttingen u. a., S. 449–495

Preckel, F., Vock, M. (2013): Hochbegabung, Ein Lehrbuch zu Grundlagen, Diagnostik und Fördermöglichkeiten, Hogrefe, Göttingen

Raven, J. C., Raven, J., Court, J. H. (1998): Advanced Progressive Matrices [Datenbankeintrag], abgerufen aus PSYNDEX (Dokumentennummer: 9000005)

Renzulli, J. S., Smith, L. H., White, A. J., Callahan, C. M., Hartman, R. K., Westberg, K. L., Gavin, M. K., Reis, S. M., Siegle, D., Reed, R. E. S. (2010): Scales for Rating the Behavioral Characteristics of Superior Students (Renzulli Scales), Technical and administration manual, Prufrock Press, Waco, http://www.prufrock.com/assets/clientpages/pdfs/Renzulli_Scales_Sample_Copyright_Prufrock_Press_2013.pdf

Rettler, H. (1999): Verschränkung von Methode und Theorie, in: Jäger, R. S., Petermann, F. (Hrsg.): Psychologische Diagnostik: Ein Lehrbuch, Beltz, Weinheim, S. 277–286

Rost, J. (2004): Lehrbuch Testtheorie – Testkonstruktion, Huber, Bern

Rott, B., Schindler, M. (2017): Mathematische Begabung in den Sekundarstufen erkennen und angemessen aufgreifen, Ein Konzept für Fortbildungen von Lehrpersonen, in: Leuders, J., Leuders, T., Prediger, S., Ruwisch, S. (Hrsg.): Mit Heterogenität im Mathematikunterricht umgehen lernen, Springer Fachmedien Wiesbaden, Wiesbaden, S. 235–245, https://doi.org/10.1007/978-3-658-16903-9_20

Sälzer, C., Reiss, K. (2016): PISA 2015 – die aktuelle Studie, in: Reiss, K., Sälzer, C., Schiepe-Tiska, A., Klieme, E., Köller, O. (Hrsg.): PISA 2015: Eine Studie zwischen Kontinuität und Innovation, Waxmann, Münster, S. 13–44

Scherer, P., Moser Opitz, E. (2010): Fördern im Mathematikunterricht der Primarstufe, Spektrum, Heidelberg, https://doi.org/10.1007/978-3-8274-2693-2

Schindler, M., Lilienthal, A. J. (2017): Eye-tracking as a tool for investigating mathematical creativity from a process-view, in: Pitta-Pantazi, D. (Hrsg.): Proceedings of the 10th Mathematical Creativity and Giftedness International Conference, The International Group for Mathematical Creativity and Giftedness, Department of Education, University of Cyprus, Nikosia, S. 45–50, http://www.cyprusconferences.org/mcg10/files/Proceedings_MCG10_FinalPublication.pdf

Schmidt, S., Ennemoser, M., Krajewski, K. (2013): Deutscher Mathematiktest für neunte Klassen [Datenbankeintrag], abgerufen aus PSYNDEX (Dokumentennummer: 9006574)

Schmidt-Atzert, L., Amelang, M. (2012): Psychologische Diagnostik, Springer, Berlin, Heidelberg, https://doi.org/10.1007/978-3-642-17001-0

Singer, F. M., Voica, C., Pelczer, I. (2017): Cognitive styles in posing geometry problems, Implications for assessment of mathematical creativity, ZDM, 49 (1), S. 37–52, https://doi.org/10.1007/s11858-016-0820-x

Sjuts, B. (2017): Mathematisch begabte Fünft- und Sechstklässler, Theoretische Grundlegung und empirische Untersuchungen, WTM, Münster

Sowell, E. J., Zeigler, A. J., Bergwall, L., Cartwright, R. M. (1990): Identification and description of mathematically gifted students: A review of empirical research, Gifted Child Quarterly, 34 (4), S. 147–154, https://doi.org/10.1177/001698629003400404

Stumpf, E., Trottler, S. (2014): Auswahlverfahren der gymnasialen Begabtenklassen, in: Schneider, W., Preckel, F., Stumpf, E. (Hrsg.): Hochbegabtenförderung in der Sekundarstufe: Ergebnisse der PULSS-Studie zur Untersuchung der gymnasialen Begabtenklassen in Bayern und Baden-Württemberg, Karg-Stiftung, Frankfurt a. M., S. 34–40

Ulbricht, H. (2011): Identifikation – Erkennen von Begabungen im Unterricht, http://www.isb.bayern.de/download/9591/2_besondere_begabungen_checklisten.doc

Urban, K. K. (1990): Besonders begabte Kinder im Vorschulalter, Grundlagen und Ergebnisse pädagogisch-psychologischer Arbeit, HVA Edition Schindele, Heidelberg

van Ophuysen, S., Lintorf, K. (2013): Pädagogische Diagnostik im Schulalltag, in: Beutel, S.-I., Bos, W., Porsch, R. (Hrsg.): Lernen in Vielfalt: Chance und Herausforderung für Schul- und Unterrichtsentwicklung, Waxmann, Münster, S. 55–76

Verguts, T., Boeck, P. de (2002): The induction of solution rules in Raven's Progressive Matrices Test, European Journal of Cognitive Psychology, 14 (4), S. 521–547, https://doi.org/10.1080/09541440143000230

Voica, C., Singer, F. M. (2013): Problem modification as a tool for detecting cognitive flexibility in school children, ZDM, 45 (2), S. 267–279, https://doi.org/10.1007/s11858-013-0492-8

Weiß, R. H. (1987): Grundintelligenztest Skala 2 [Datenbankeintrag], abgerufen aus PSYNDEX (Dokumentennummer: 9000091)

Wember, F. B. (1998): Zweimal Dialektik: Diagnose und Intervention, Wissen und Intuition, Sonderpädagogik, 28 (2), S. 106–120

Wilhelm, O., Kunina-Habenicht, O. (2015): Pädagogisch-psychologische Diagnostik, in: Wild, E., Möller, J. (Hrsg.): Pädagogische Psychologie, Springer, Berlin, Heidelberg, S. 305–328, https://doi.org/10.1007/978-3-642-41291-2_13

Wininger, S. R., Adkins, O., Inman, T. F., Roberts, J. (2014): Development of a student interest in mathematics scale for gifted and talented programming identification, Journal of Advanced Academics, 25 (4), S. 403–421, https://doi.org/10.1177/1932202X14549354

Zehnder, M. (in Vorbereitung): Mathematische Begabung in den Jahrgangsstufen 9 und 10, Ein theoretischer und empirischer Beitrag zur Modellierung und Diagnostik

Ziegler, A., Stöger, H. (2004): Identification based on ENTER within the Conceptual Frame of the Actiotope Model of Giftedness, Psychology Science, 46 (3), S. 324–341

ZPID – Leibniz-Zentrum für Psychologische Information und Dokumentation (Hrsg., 2018): Verzeichnis Testverfahren, Verzeichnis geordnet nach Inhaltsbereichen, ZPID, Trier, https://www.psyndex.de/pub/tests/verz_teil1.pdf

Förderung mathematischer Begabung

In diesem Kapitel werden Wege dargestellt, wie mathematisch besonders begabte Schüler durch die Schule spezifisch gefördert werden können. Dabei steht vor allem der reguläre Mathematikunterricht gemäß Stundenplan im Fokus. Hier verbringen die Kinder und Jugendlichen einen wesentlichen Teil ihrer Lebenszeit, und diese Zeit gilt es, insbesondere auch für die Förderung ihrer Begabungen bewusst und explizit zu nutzen. Begabtenförderung im regulären Unterricht kann etwa bedeuten, dass mathematisch besonders begabte Schüler in den Lehrplanstoff tiefer eindringen oder diesen inhaltlich erweitern. Wie regulärer Mathematikunterricht entsprechend differenziert gestaltet werden kann, wird im Folgenden an einem breiten Spektrum an Themen gezeigt. Beispielsweise können besonders begabte Schüler Begriffe in präziserer oder allgemeinerer Form bilden, als es für den Großteil der Klasse vorgesehen ist (z. B. Funktion, Grenzwert, Integral, Vektorraum, Skalarprodukt). Wenn Begründungen und Beweise im Klassenunterricht in anschaulicher, didaktisch vereinfachter Form geführt wurden, können besonders Begabte Impulse erhalten, um die Überlegungen zu präzisieren, zu vervollständigen oder zu verallgemeinern. In Übungsphasen können Schüler auf verschiedenen Niveaus lernen bzw. am gleichen Thema Aspekte unterschiedlicher Komplexität bearbeiten.

Möglichkeiten schulischer Förderung sind aber nicht nur auf den regulären Unterricht beschränkt. Über diesen hinaus sollten besonders begabte Schüler von ihrer Mathematiklehrkraft bzw. in der Schule vielfältige mathematikspezifische Förderung erhalten. Die Schüler können beispielsweise selbstständig Inhalte erarbeiten, die über den Lehrplan hinausgehen (z. B. komplexe Zahlen, Fraktale, Zahlentheorie). Indem sie zu mathematischen Verfahren Algorithmen entwickeln und diese auf einem Rechner umsetzen, können sie u. a. ihre Fähigkeiten zu algorithmischem Denken vertiefen und Aspekte numerischer Mathematik kennenlernen (z. B. numerisches Lösen von Gleichungen, Berechnung der Kreiszahl π, numerische Integration, Länge von

V. Ulm und M. Zehnder, *Mathematische Begabung in der Sekundarstufe,* Mathematik Primarstufe und Sekundarstufe I + II, https://doi.org/10.1007/978-3-662-61134-0_3

Funktionsgraphen). Im Rahmen mathematischer Forschungsprojekte lassen sich etwa komplexe Modellierungsprobleme bearbeiten, dadurch werden grundlegende Prozesse mathematischen Forschens erlebbar. Für Lehrkräfte besteht hierbei die Herausforderung, Schülern entsprechende Impulse zu geben, ihnen bei Bedarf als Ansprechpartner zur Verfügung zu stehen und das Arbeiten der Schüler mit organisatorischen Rahmenbedingungen der Schule zu verbinden. Wie derartige Differenzierung zur Begabtenförderung im Schulalltag gelingen kann (z. B. mit einem Drehtürmodell), wird im Folgenden besprochen.

Auf der Seite www.mathematische-begabung.de sind alle in diesem Kapitel vorgestellten Aufgaben für Schüler als Word- und als PDF-Dokumente verfügbar, um die Nutzung in der Schulpraxis zu erleichtern.

3.1   Grundlagen zu Lernen und Differenzierung

Da in diesem Kapitel Lernangebote für Schüler im Fokus stehen, werden zunächst Grundlagen des Lehrens und Lernens zusammengestellt. Die Vorstellungen zu menschlichen Lernprozessen dienen dann als Basis, um didaktische Konzepte der Begabtenförderung zu begründen. Wir legen eine sog. gemäßigt konstruktivistische Lernauffassung zugrunde, die schulisches Lernen als individuellen Konstruktionsprozess sieht, der in einen situativen Kontext eingebettet ist und in der Schule insbesondere mit Anleitung, Begleitung, Unterstützung und Rückmeldung durch Lehrkräfte erfolgt.

3.1.1   Lernen und Lernumgebungen

In Abschn. 1.1.5 hatten wir mit Bezug auf das Fach Mathematik Lernen als die Entwicklung von mathematischen Fähigkeiten konzeptualisiert (wobei mathematisches Wissen eingeschlossen ist). Der Lernbegriff wird im Folgenden weiter geschärft, um daraus Folgerungen für die Gestaltung von Lernumgebungen ziehen zu können. Wir kombinieren dabei insbesondere Ergebnisse der Pädagogischen Psychologie und biologische Sichtweisen der Neurowissenschaften.

3.1.1.1 Aspekte des Lernens

Lernen – ein neuronaler Prozess

Das Organ des Lernens ist das Gehirn. Bereits in Abschn. 1.1.1 wurde das Gehirn aus biologischer Perspektive als neuronales Netz von größenordnungsmäßig etwa 100 Mrd. Nervenzellen, den Neuronen, beschrieben. Diese sind vielfach miteinander vernetzt, jedes Neuron kann an bis zu etwa 10.000 andere Neuronen elektrische Impulse senden. Dies erfolgt dann, wenn ein Neuron selbst entsprechende elektrische Signale von anderen Neuronen oder von Rezeptoren aus dem Körper erhalten hat. Was passiert nun beim Lernen? Die Art und Weise, wie Neuronen vernetzt sind, ändert sich. Es werden neue Verbindungen zwischen Neuronen aufgebaut, bestehende Verbindungen werden verstärkt oder auch abgebaut. Dadurch ändert sich, wie stark Neuronen andere Neuronen durch Aussenden elektrischer Impulse anregen können. Lernen ist damit die Änderung von Verbindungsstärken (Synapsengewichten) zwischen Neuronen. Das neuronale Netz im Gehirn wird modifiziert. Als Konsequenz ist jegliches mathematische Wissen eines Menschen in dessen neuronalem Netz durch die Art und Weise gespeichert, wie Neuronen miteinander verbunden sind – welche Verbindungen es gibt und wie stark diese sind.

Lernen – ein konstruktiver Prozess

Aus der Perspektive der Pädagogischen Psychologie drücken Reinmann-Rothmeier und Mandl (1998) den konstruktiven Aspekt des Lernens wie folgt aus:

> „Wissen ist kein objektiver, transportierbarer Gegenstand, sondern das Ergebnis von Konstruktionsprozessen einzelner Individuen." (S. 457)

> „Lernende konstruieren ihr Wissen, indem sie wahrnehmungsbedingte Erfahrungen in Abhängigkeit von ihrem Vorwissen und bestehenden Überzeugungen interpretieren" (S. 467).

Wissen kann also nicht wie ein Gegenstand von einer Lehrkraft eins zu eins an Schüler weitergereicht werden, sondern jeder Lernende muss sein Wissen und sein Verständnis selbst konstruieren und dadurch Fähigkeiten selbst erwerben. Diese konstruktivistische Sichtweise steht in Einklang mit der biologischen Perspektive auf das Lernen: Lernen ist die Veränderung von Verbindungen zwischen Neuronen, das neuronale Netz im Kopf wird beim Lernen umkonstruiert. Hieraus ergibt sich eine Reihe von Konsequenzen:

Lernen – ein individueller Prozess

„Learning takes place inside the learner and only inside the learner. Learning requires changes in the brain of the learner." (Simon 2001, S. 210) Die Individualität jeglichen Lernens ergibt sich unmittelbar daraus, dass jeder Mensch ein individuelles neuronales Netz im Gehirn besitzt, in dem u. a. sämtliche persönlichen Erfahrungen, Erinnerungen, Kenntnisse und Fähigkeiten repräsentiert sind. Dadurch erfolgen Lernprozesse von Mensch zu Mensch sehr unterschiedlich. Verschiedene Lernende nehmen eine äußerlich gleiche Lernsituation auf unterschiedliche Weise wahr, sie entnehmen der Situation verschiedenen persönlichen Input, interpretieren und verarbeiten diesen in unterschiedlicher Art und modifizieren dadurch ihre eigene neuronale Struktur in individueller Weise.

Lernen – ein aktiver Prozess

Lernen beruht aus neurobiologischer Sicht auf Modifikationsprozessen im neuronalen Netz des Lernenden. Damit derartige Lernvorgänge ablaufen, ist eine aktive

Auseinandersetzung des Lernenden mit den Lerngegenständen erforderlich. Die Lernprozesse erfolgen umso wirkungsvoller, je intensiver sich der Einzelne mit den zu lernenden Inhalten gedanklich beschäftigt, je mehr er mit ihnen im Geist hantiert, je sorgfältiger er sie von verschiedenen Seiten betrachtet und je deutlicher er sie auf sein persönliches Vorwissen bezieht.

Man könnte dazu einwenden, dass Lernen auch stattfindet, wenn wir gerade nicht an den Lerninhalt denken oder – zumindest äußerlich – völlig passiv sind, z. B. im Schlaf. Dies ist allerdings kein Widerspruch zum Aspekt der Aktivität beim Lernen. Nach äußerlich beobachtbaren Lerntätigkeiten laufen im Gehirn weitere Verarbeitungs- und Verfestigungsprozesse des Aufgenommenen ab. Einerseits ist das Gehirn während solcher „Post-Processing-Phasen" ausgesprochen aktiv – auch im Schlaf. Andererseits ist eine solche Nachbereitung überhaupt nur möglich, wenn entsprechender vorhergehender Input erfolgt ist, also sich der Lernende mit den jeweils relevanten Inhalten aktiv auseinandergesetzt hat.

Lernen – ein selbstregulierter Prozess

Lernen erfordert – zumindest zu einem gewissen Grad – eine bewusst regulierende Aktivität des Individuums (vgl. Ebenen der Selbstregulation in Abschn. 1.1.5). Beispielsweise muss sich ein Schüler für fachbezogenes Lernen selbst dazu entscheiden, sich mit einer Lernsituation auseinanderzusetzen, sowie Lernprozesse initiieren, gestalten, reflektieren, bewerten und ggf. modifizieren. Verständnisvolles Lernen – z. B. von Mathematik – kann nicht von außen erzwungen werden. Allerdings hat im Unterricht natürlich auch die Lehrkraft wesentliche Steuer- und Regulationsfunktionen, Lehrpläne legen Ziele und Inhalte fest, Stundenpläne bestimmen Zeiten und Abläufe. Kann man nun einerseits von selbstreguliertem Lernen in der Schule sprechen, wenn doch andererseits vieles fremdbestimmt ist? Die Frage nach Selbstregulation des Lernens ist keine Frage, die pauschal mit „Ja" oder „Nein" beantwortet werden kann. Nach Reinmann-Rothmeier (2003, S. 11) lässt sich dieses Spannungsfeld auflösen, indem man Lernprozesse auf einem Kontinuum zwischen reiner Selbst- und reiner Fremdregulation verortet (vgl. Abb. 3.1). Damit kann bei Lernprozessen von verschiedenen Ausprägungen der Selbstregulation gesprochen werden, evtl. differenziert nach Graden der Selbstregulation im Bereich der Zielsetzung, Planung, Durchführung, Reflexion, Bewertung und Adaption der Lernprozesse. Für schulisches Lernen ist diese Sichtweise durchaus ertragreich, da sie einen Weg hin zu mehr Selbstregulation weist. Schüler können ihr Lernen zu einem gewissen Grad selbstreguliert gestalten, um dadurch ihre Fähigkeiten zur Selbstregulation weiterzuentwickeln.

Abb. 3.1 Kontinuum der Regulation von Lernprozessen

Lernen – ein situativer Prozess

Lernen ist stets in situative Kontexte eingebettet. Der Lernende befindet sich in einer Lernsituation und setzt sich mit dieser auseinander. Der Kontext kann dem Lernen Bedeutung und Sinn verleihen sowie zur Anwendbarkeit des Gelernten beitragen. Andererseits kann die Kontextgebundenheit des Gelernten auch einen Transfer auf andere Situationen begrenzen. „Die individuellen Wissensbestände tragen gleichsam den Index ihres Erwerbszusammenhangs, der den Bereich ihrer Aktivierbarkeit, Wiederverwendbarkeit und Weiterentwicklung anzeigt und gleichzeitig jeden spontanen Transfer erschwert." (BLK 1997, S. 20).

Neben der inhaltlichen Bedeutung des Kontexts für das Lernen hat die Lernsituation auch erheblichen Einfluss auf die Motivation und Emotionen beim Lernen, die wiederum das Lernen fördern oder hemmen können (Abschn. 1.1.5). Ein sinnstiftender Kontext, eine vertrauensvolle und angenehme Atmosphäre sowie ein situatives Umfeld, in dem sich der Lernende als wirksam, selbstbestimmt und sozial eingebunden erlebt (vgl. Deci und Ryan 1993), können motivierend wirken und positive Emotionen schaffen. Umgekehrt kann eine Angst erzeugende Situation Lernen hemmen, da Angst zu einem eingeengten Denkstil beiträgt, der darauf ausgerichtet ist, möglichst rasch der Angstsituation zu entkommen. Für schulische Ziele ist derartiges Lernen wenig ertragreich, denn kreatives, flexibles Denken wird gehemmt, die Verarbeitung von Neuem unter vielfältigen Perspektiven und die Vernetzung mit bereits Bekanntem werden unterdrückt.

Lernen – ein sozialer Prozess

Auch wenn Lernen ein individueller Vorgang ist, so ist es gleichzeitig ein sozialer Prozess. Wir unterscheiden dabei mit Reinmann-Rothmeier und Mandl (1998, S. 470 ff.; 2006, S. 648) zwei Ebenen:

- *Makroebene:* Zum einen steht jegliches Lernen unter dem Einfluss vielfältiger soziokultureller Faktoren. Es wird durch allgemeine soziale Normen und die in einem sozialen Setting von allen geteilten Wissensbestände beeinflusst. Im Schulwesen konkretisiert sich dies zu Gesetzgebung und Verordnungen, zur Organisationsform von Schule, zu in Lehrplänen festgeschriebenen Bildungszielen und Lerninhalten, aber auch zu sozialen Normen des Miteinanders im Schulleben, zu allgemeinen Vorstellungen von Unterricht etc. Derartige Faktoren bestimmen Prozesse wie Inhalte des Lernens in der Schule. Ein Ziel des Bildungssystems auf dieser Makroebene ist die Enkulturation der Schüler. Sie sollen in die Gesellschaft und deren Kultur „hineinwachsen" – insbesondere auch um diese weiterzutragen und weiterzuentwickeln.
- *Mikroebene:* Zum anderen findet Lernen in vielen Fällen in sozialer Interaktion statt. Auf das Lernen in der Schule haben etwa die Mitschüler im Klassenverband und die Lehrkräfte maßgeblichen Einfluss. Dabei ist jeder Einzelne auch gestaltendes Mitglied dieser Lerngemeinschaft. Durch Kooperation und Kommunikation kann fachliches Lernen gefördert, aber auch gehemmt werden. Des Weiteren ist Lernen in einer Gruppe auch immer mit der Entwicklung sozialer Kompetenzen verbunden bzw.

zielt sogar explizit auf diese ab. Indem die Gruppenmitglieder an Themen kooperativ arbeiten, sich wechselseitig unterstützen, mit diskrepanten Ansichten umgehen und ggf. Kompromisse schließen, erweitern sie nicht nur ihre fachlichen, sondern auch ihre sozialen Kompetenzen (vgl. Abschn. 1.1.5). Schließlich ist der soziale Aspekt des Lernens auf der Mikroebene nicht darauf beschränkt, mit anderen Menschen in direkter Kommunikation zu stehen. Auch ein Lernen mit Medien (z. B. Printmedien oder digitalen Medien) ist sozial geprägt, da die Medien als interpersonale Binde- glieder zwischen Menschen aufgefasst werden können und sie durch soziokulturelle Strukturen auf der Makroebene entscheidend beeinflusst sind.

Lernen erfolgt über Beispiele

Eine charakteristische Fähigkeit des menschlichen Gehirns ist es, dass es aus Beispielen Allgemeines extrahieren und lernen kann. Wir illustrieren dies an drei Beispielen:

- Bereits im Kindesalter erwirbt man allgemeines Wissen zu Alltagsbegriffen wie etwa Apfel, Tisch, Fenster, Auto, Hund etc. Ein Kind kommt mit vielen konkreten Objekten – wie etwa Äpfeln – in Kontakt und entwickelt daraus allgemeines Wissen über die Klasse der Objekte. Man erinnert sich nicht mehr an Details einzelner Äpfel, weiß aber, was man mit Äpfeln machen kann, und erkennt auch Äpfel als solche, die man vorher noch nie gesehen hat. Durch die Verallgemeinerung von konkreten Erfahrungen erzeugt unser Gehirn allgemeines Wissen (vgl. Spitzer 2006, S. 75 ff.).
- Dies trifft beispielsweise auch für abstraktes Wissen aus dem Bereich der Grammatik zu. Kinder lernen, Sätze in ihrer Muttersprache zu konstruieren, nicht, indem sie explizit Grammatikregeln lernen. Sie hören der Sprache ihrer Umwelt zu, bilden selbst eigene Sätze und lernen so über Beispiele Grammatik, ohne dass ihnen die Regeln dazu bewusst sind.
- Was für etwas so Abstraktes wie Grammatik gilt, hat auch Bedeutung für Mathematik. Es gibt in der Schulmathematik viele Regeln – wie etwa die Regel zur Division von Brüchen: Durch einen Bruch wird dividiert, indem man mit dem Kehrbruch multi- pliziert. Natürlich sollten Schüler diese Regel auch explizit formuliert kennenlernen. Wirkliches Verständnis für eine solche Regel entsteht aber vor allem über Beispiele – etwa indem man 2 Liter Wasser auf $\frac{1}{4}$-Liter-Gläser aufteilt und feststellt, dass man 8 Gläser füllen kann. Mit der Grundvorstellung des Aufteilens für das Dividieren schafft dies Verständnis für die Division $2 : \frac{1}{4} = 8$. Die allgemeine Regel beschreibt dann, was über Beispiele gelernt wurde bzw. wird.

In Abschn. 1.1.1 wurde Mathematik als Wissenschaft von Mustern („science of patterns") dargestellt, wobei unter einem „mathematischen Muster" eine Gesetzmäßigkeit, Regelmäßigkeit oder allgemeine Beziehung verstanden wird. Dies steht keinesfalls im Widerspruch, sondern sogar in engem Bezug zum Lernen über Bei- spiele. Durch Beispiele werden allgemeine Muster greifbar, mit Beispielen entstehen

Einsicht und Verständnis für zugrunde liegende Muster, durch die Verallgemeinerung von Beispielen werden allgemeine Muster gelernt.

3.1.1.2 Modell der Lernumgebungen

Die dargestellten Aspekte des Lernens bilden eine Basis für eine sog. gemäßigt konstruktivistische Auffassung zu schulischen Lehr-Lern-Prozessen (vgl. z. B. Dubs 1995, S. 894), bei der das Lernen eines Schülers als individueller aktiver Konstruktionsprozess gesehen wird, der unter Anleitung und Begleitung durch eine Lehrkraft erfolgt. Dabei findet ein Wechselspiel von Instruktion und Konstruktion statt. Der einzelne Schüler befindet sich zeitweise in einer eher rezeptiven Position der Aufnahme von Informationen im Zuge vielschichtiger Kommunikationsprozesse im Unterricht sowie zeitweise in einer eher aktiven Position des eigenständigen, selbstregulierten, aber auch kooperativen Arbeitens an Unterrichtsinhalten. Dementsprechend ändert sich auch die Rolle der Lehrkraft in verschiedenen Unterrichtsphasen. Zu ihren Aufgaben gehören zum einen das Erklären und Darbieten von Lerninhalten und das Anleiten der Schüler sowie zum anderen das Begleiten, Beraten und Unterstützen der Lernenden sowie das Moderieren von Gesprächen. Reinmann-Rothmeier und Mandl (2006, S. 639) beschreiben diese aufs Engste miteinander verknüpften Prozesse des Lehrens und Lernens wie folgt:

> „Konstruktion und Instruktion lassen sich nicht nach einem Alles-oder-nichts-Prinzip realisieren. Lernen erfordert zum einen immer Motivation, Interesse und Eigenaktivität seitens der Lernenden, und der Unterricht hat die Aufgabe, ihre Konstruktionsleistungen anzuregen und zu ermöglichen. Lernen erfordert zum anderen aber auch Orientierung, Anleitung und Hilfe. Ziel muss es folglich sein, eine Balance zwischen expliziter Instruktion durch den Lehrenden und konstruktiver Aktivität des Lernenden zu finden".

In Kap. 1 wurde bereits die Bedeutung von Modellen erwähnt: Mit Modellen werden komplexe Sachverhalte in vereinfachter Form dargestellt, wobei gewisse strukturelle Eigenschaften des Sachverhalts erhalten bleiben, um diese dadurch verständlich und für weitere gedankliche Bearbeitungen zugänglich zu machen. Ein solch komplexer Sachverhalt ist etwa das Lehren und Lernen in der Schule. Auf Grundlage der obigen Aspekte des Lernens und der gemäßigt konstruktivistischen Perspektive erscheint das in Abb. 3.2 skizzierte Modell der Lernumgebungen tragfähig, um die komplexen Lehr-Lern-Prozesse in schulischen Kontexten modellhaft zu beschreiben.

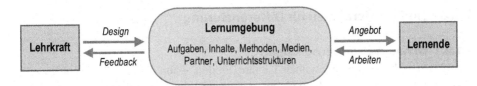

Abb. 3.2 Modell der Lernumgebungen

In diesem Modell stellt die *Lernumgebung* ein Bindeglied zwischen der Lehrkraft und den Lernenden dar. Es gehört zu den professionellen Tätigkeiten der Lehrkraft, die Lernumgebung für ihre Schüler zu entwerfen und als Lernangebot zu schaffen. Diese arbeiten in und mit der Lernumgebung und werden dabei durch die Lehrkraft begleitet und ggf. unterstützt. Hierdurch erhält die Lehrkraft Feedback über die Lernenden, aber auch über die Wirkung der Lernumgebung.

Der Begriff der Lernumgebung umfasst dabei mehrere Komponenten: Die Lehrkraft stellt *Aufgaben* für die Lernenden zusammen, die zu einem Beschäftigen mit fachlichen *Inhalten* herausfordern. Im Klassenkontext verbindet dies die Lehrkraft mit *Unterrichtsmethoden* und stellt ggf. *Medien* zur Verfügung. Dabei sind sowohl die Lehrkraft als auch Mitschüler *Partner* im Lernprozess jedes Einzelnen. In der Schule ist dies eingebettet in *Unterrichtsstrukturen;* dies sind längerfristig etablierte Organisationsformen von Unterricht, die das Miteinander regeln und dadurch einen ordnenden Rahmen, aber auch Freiraum für das Lehren und Lernen schaffen.

Diese Komponenten können in einer Lernumgebung mehr oder weniger explizit herausgestellt werden. Beispielsweise kann die Lehrkraft mit Aufgaben wie „Diskutiere deine Ideen mit deinem Nachbarn." oder „Präsentiert eure Ergebnisse im Klassenplenum." die intendierte Unterrichtsmethode und die Rolle der Lernpartner in der Lernumgebung explizit verankern und damit für die Schüler klar akzentuieren.

Das Modell in Abb. 3.2 erweitert didaktische Konzepte wie etwa das der „substanziellen Lernumgebungen" von Wittmann (1995, S. 365 ff.; 2001, S. 4 f.) oder der „starken Lernumgebungen" von Dubs (1995, S. 893).

Natürlich vereinfacht das Modell die Realität – wie jedes Modell. Es zeigt aber einerseits, dass die Lehrkraft das Lernen von Schülern nicht erzwingen oder direkt steuern kann. Dadurch werden Grenzen der Wirkmöglichkeiten von Lehrkräften deutlich. Lehrkräfte sind somit nicht alleinverantwortlich für Erfolge oder auch Misserfolge im Unterricht. Andererseits – positiv betrachtet – stellt das Modell heraus, dass es zur professionellen Expertise von Lehrkräften gehört, Lernumgebungen für ihre Schüler zu entwerfen, die Lernenden beim Arbeiten zu begleiten und die dadurch gewonnenen Rückmeldungen für Diagnostik, weitere Fördermaßnahmen sowie zur Bewertung von Schülerleistungen zu nutzen.

Dieses Modell der Lernumgebungen dient im Weiteren als theoriebezogener Rahmen, wenn konkrete Möglichkeiten der Förderung mathematisch besonders begabter Schüler diskutiert werden.

3.1.2 Ein Theorierahmen für Differenzierung

3.1.2.1 Diversität von Lerngruppen

Charakteristisch für die Menschheit ist ihre Vielfalt – ihre Diversität. Jeder Einzelne kann sich als einzigartiges Individuum mit spezifischen, persönlichen Eigenschaften auffassen. Dabei unterscheiden sich Menschen in mannigfacher Hinsicht in Bezug auf *Diversitätsaspekte* wie z. B.

- Begabungen, Fähigkeiten,
- Interessen, Motive, Emotionalität, Selbstkonzept,
- Lerntempo, Arbeitshaltungen, Selbstregulationsvermögen,
- kulturelle und soziale Hintergründe,
- Geschlecht,
- Alter, Körpergröße, Haarfarbe,
- …

Als Folge weist jede Gruppe von Menschen – insbesondere jede Lerngruppe – in natürlicher Weise eine gewisse Diversität auf. Ein Hinweis zum Sprachgebrauch: Der Begriff „Diversität" wird im Weiteren verwendet, um die Vielfalt jeder Menschengruppe – also beispielsweise der Schüler im Schulsystem bzw. auch in einer Klasse – auszudrücken. Er wird dabei dem Begriff der „Heterogenität" vorgezogen, obwohl der Heterogenitätsbegriff in schulischen Kontexten weiter verbreitet ist und beide Begriffe im Kern Ähnliches ausdrücken. Allerdings ist „Diversität" im Sinne von „Vielfalt" eher positiv konnotiert. Der Begriff lädt dazu ein, Vielfalt wertzuschätzen und mit ihr bewusst gestaltend umzugehen. Hingegen ist „Heterogenität" im Sinne von „Verschiedenheit" in pädagogischen Zusammenhängen teils negativ besetzt. Heterogenität wird tendenziell eher als Problem gesehen, als pädagogische Herausforderung, mit der notgedrungen umzugehen ist.

3.1.2.2 Differenzierung

Ein gewisses Spannungsfeld entsteht dadurch, dass das Schulsystem für *alle* Kinder und Jugendlichen einer gewissen Altersspanne einen gesellschaftlichen Bildungs- und Erziehungsauftrag besitzt. Wie kann dazu schulisches Lernen angesichts der Diversität der Schüler gestaltet werden? Eine Antwort bietet der Begriff der Differenzierung. Damit werden alle Maßnahmen zusammengefasst, die einen oder mehrere Diversitätsaspekte von Lernenden bei der Gestaltung von Lehr-Lern-Prozessen berücksichtigen.

Konzepte zur Differenzierung in der Schule und im Unterricht gibt es zahlreiche. Leuders und Prediger (2016, S. 21 ff.; 2017, S. 3 ff.) betonen die Notwendigkeit eines theoriebezogenen Rahmens mit Kategorien, um die vielfältigen Differenzierungsansätze einzuordnen. Ein derartiger fachdidaktischer Theorierahmen kann beispielsweise helfen, differenzierenden Unterricht systematisch zu planen, zu gestalten, zu analysieren und zu reflektieren. Dies ist insbesondere auch für Differenzierung zur Begabungsförderung von Bedeutung. In Anlehnung an die beiden Autoren werden im Folgenden vier Kategorien

für Differenzierungsansätze dargestellt; sie sind gleichzeitig Entscheidungsfelder für die
Planung, Gestaltung und Bewertung von differenzierendem Unterricht:

- Differenzierungs*ziele:* Welche Ziele werden durch die Differenzierung verfolgt?
- Differenzierungs*aspekte:* In welchen Aspekten unterscheiden sich die Lernangebote
  für verschiedene Schüler?
- Differenzierungs*organisation:* Wie wird die Differenzierung schul- und unterrichtsorganisatorisch realisiert?
- Differenzierungs*formate:* Wie wird innerhalb einer Lerngruppe bewerkstelligt, dass
  sich Schüler mit Unterschiedlichem beschäftigen?

Hierbei wird der Theorierahmen von Leuders und Prediger (2016, 2017) geringfügig modifiziert, indem etwa von „Differenzierungsorganisation" anstelle von
„Differenzierungsebenen" gesprochen wird. Dadurch kann die Unterscheidung zwischen
innerer und äußerer Differenzierung gut aufgenommen werden, welche insbesondere für
Begabtenförderung von besonderer Relevanz ist.

3.1.2.3 Differenzierungsziele

Mit welchen spezifischen Zielen wird in der Schule eigentlich differenziert? Das allgemeine Ziel von Differenzierung ist, dass sich jeder Schüler entsprechend seinem
individuellen Potenzial möglichst optimal entwickelt. Vor dem Hintergrund der
Pädagogik der Person (Abschn. 1.2.8) bedeutet dieses Ziel, dass sich jeder Schüler als
Person entfaltet und seine Persönlichkeit umfassend entwickelt. Hierfür muss die Schule
sowohl Freiräume als auch Unterstützung geben. Angesichts der Individualität jedes
Schülers und der daraus resultierenden Diversität jeder Lerngemeinschaft ergibt sich die
Notwendigkeit von Differenzierung in der Schule.

   Darüber hinaus lassen sich Zielvorstellungen zur Differenzierung nicht nur für den
Einzelnen formulieren, sondern auch auf Entwicklungen in einer Gruppe als Ganzes –
wie etwa einer Schulklasse – beziehen:

- *Unterschiede ausgleichen:* Differenzierungsmaßnahmen können darauf abzielen,
  Unterschiede zwischen Lernenden auszugleichen. Dies ist insbesondere dann
  relevant, wenn es darum geht, leistungsschwächeren Schülern spezifische Förderung
  zukommen zu lassen, um Lernrückstände zu beheben. Beispiele sind etwa gezielte
  Fördermaßnahmen für Schüler mit erheblichen mathematischen oder sprachlichen
  Schwächen. Die differenzierte Förderung zielt dann darauf ab, dass diese Schüler
  gewisse Mindestkompetenzen erreichen.
- *Vielfalt für alle nutzen:* Innerhalb einer Lerngruppe kann durch Differenzierung
  eine Thematik unter vielfältigen Gesichtspunkten bearbeitet werden, sodass das
  Ergebnis der Lerngruppe als Ganzes perspektivenreicher ist als das Ergebnis jedes
  Einzelnen. Die Diversität der Lerngruppe wird dabei als Mehrwert erlebt und
  genutzt. Im Mathematikunterricht ist dies beispielsweise der Fall, wenn eine offene
  Aufgabenstellung von allen Schülern auf individuellen Wegen bearbeitet wird

und dadurch ein gewisses Spektrum an Zugangsweisen, Bearbeitungswegen, Darstellungen und Ergebnissen entsteht. In einer Phase des Austausches in der Klasse können die unterschiedlichen Überlegungen und Resultate der Schüler zusammengetragen und aufeinander bezogen werden, sodass die jeweilige Thematik multiperspektivisch und facettenreich erschlossen wird. Die Diversität der Lernenden wird dadurch für fachliches Lernen aller Schüler genutzt.

- *Vielfalt fördern:* Die Vielfalt innerhalb einer Gemeinschaft wird als etwas Natürliches und Positives wertgeschätzt und bewusst gefördert. Durch Differenzierung wird versucht, Schülern entsprechend ihrem individuellen Potenzial möglichst optimale Entwicklungsmöglichkeiten zu geben. Dadurch werden aufgrund der unterschiedlichen Lernvoraussetzungen und Lernmöglichkeiten der Schüler die Unterschiede innerhalb der Gruppe eher größer als kleiner. Wenn alle Schüler entsprechend ihren jeweiligen Begabungen und Fähigkeiten lernen dürfen, lernen im Allgemeinen leistungsstärkere Schüler auf höherem Niveau, schneller und mehr als leistungsschwächere Schüler. Durch gelungene Differenzierung dieser Art nimmt die Diversität der Lernenden also zu. Alle Maßnahmen der Begabtenförderung, die sich speziell an besonders begabte Schüler richten, ordnen sich hier ein.

3.1.2.4 Differenzierungsaspekte

Oben wurden Diversitätsaspekte von Lernenden (z. B. Fähigkeiten, Interessen, Lerntempo, …) herausgestellt; sie beziehen sich darauf, in welchen Eigenschaften sich Lernende unterscheiden. Im Schulwesen hierauf einzugehen, bedeutet, dass nicht alle das Gleiche im Gleichschritt lernen sollen, sondern dass Lernumgebungen für verschiedene Schüler unterschiedlich gestaltet werden. Der Begriff der Differenzierungsaspekte bezieht sich auf Eigenschaften, in denen sich Lernumgebungen für verschiedene Schüler unterscheiden. Leuders und Prediger (2016, S. 26) nennen als zentrale Differenzierungsaspekte für den Mathematikunterricht:

- Lernziele
- Lerninhalte
- Anspruchsniveau
- Zugangsweisen
- Lerntempo
- sprachliche Anforderungen
- …

Differenzierender Unterricht zeichnet sich dadurch aus, dass er Differenzierungsaspekte bei der Gestaltung von Lernumgebungen berücksichtigt. Für Begabungsförderung im Fach Mathematik können alle in dieser Aufzählung genannten Aspekte von Relevanz sein. So können beispielsweise für mathematisch besonders begabte Schüler zusätzliche Lernziele bestehen, im Sinne von Enrichment können sie Lerninhalte in breiterem Umfang und größerer Tiefe bearbeiten. Dies kann mit einem höheren Anspruchsniveau – auch in Bezug auf Sprache – oder abstrakteren Zugangsweisen verbunden sein. Im Sinne von Akzeleration kann das Lerntempo erhöht werden. Vielfältige Beispiele hierzu finden sich in den weiteren Abschnitten dieses Kapitels.

3.1.2.5 Differenzierungsorganisation

Maßnahmen der Differenzierung lassen sich dadurch unterscheiden, wie die Differenzierung schul- und unterrichtsorganisatorisch umgesetzt wird.

- *Äußere Differenzierung* ist dadurch charakterisiert, dass Schüler nach gewissen Kriterien in schulorganisatorisch getrennte Lerngruppen eingeteilt werden. Hierunter fällt beispielsweise die Differenzierung nach dem Geschlecht im Sportunterricht oder die Differenzierung nach dem Alter durch die verschiedenen Jahrgangsstufen. Äußere Differenzierung resultiert aus dem Bestreben, durch schulorganisatorische Maßnahmen die Diversität innerhalb von Lerngruppen (wie etwa Klassen oder Kursen) zumindest zu einem gewissen Grad zu begrenzen.

  In Bezug auf Differenzierung nach Begabung werden verschiedene Formen äußerer Differenzierung praktiziert:

  - *Umfassende äußere Differenzierung:* Diese Art der Differenzierung betrifft den gesamten Unterricht von Schülern. Hierunter fällt etwa die Aufteilung von Schülern auf verschiedene Schularten (z. B. Realschule, Gymnasium) in einem differenzierten Schulsystem. Derartige äußere Differenzierung liegt auch vor, wenn Schüler Schulen oder Schulzweige besuchen, die ausschließlich für besonders Begabte vorgesehen sind (z. B. Begabtengymnasien oder Begabtenzüge an Gymnasien).
  - *Partielle äußere Differenzierung:* Hier erfolgt äußere Differenzierung nur zeitweise während oder neben der regulären Unterrichtszeit. Entsprechende Maßnahmen zur Begabtenförderung finden etwa in einzelnen Unterrichtsstunden des wöchentlichen Stundenplans statt (z. B. Wahlunterricht, Arbeitsgemeinschaften, Schülerstudium), an einzelnen Tagen (z. B. regionale Projekttage) oder als zusammenhängende Blockveranstaltung (z. B. Ferienseminare).

- *Innere Differenzierung (= Binnendifferenzierung)* ist das Gegenstück zu äußerer Differenzierung. Hier wird innerhalb einer schulorganisatorischen Lerngruppe – wie etwa einer Klasse – differenziert. Die Schüler werden als zusammengehörige Gruppe aufgefasst, ihr Lernen wird jedoch in Bezug auf einen oder mehrere Differenzierungsaspekte unterschiedlich gestaltet. Dazu kann die Lehrkraft an allen in Abb. 3.2 genannten Komponenten einer Lernumgebung (d. h. Aufgaben, Methodik, Inhalt, Medien, Partner, Unterrichtsstrukturen) ansetzen und durch deren Gestaltung Differenzierungsaspekte umsetzen. Beispielsweise kann anhand von Aufgaben das Lernen der Schüler in Bezug auf Lernziele, Anspruchsniveau oder Zugangsweisen unterschiedlich angestoßen werden. Methodische Konzepte, die Phasen des selbstregulierten, eigenverantwortlichen und kooperativen Lernens integrieren, helfen, Differenzierung im Klassenverband zu organisieren. In Abschn. 3.2 wird dies in Bezug auf Begabtenförderung weiter konkretisiert.

3.1.2.6 Differenzierungsformate

Wesentlich für gelingende Differenzierung ist, dass die Lernangebote zu den jeweiligen Lernvoraussetzungen und -bedürfnissen der Schüler passen (vgl. Leuders und Prediger 2016, S. 10). Das Differenzierungsformat betrifft die Frage, wie diese Passung innerhalb einer Lerngruppe hergestellt wird, wie also angestoßen wird, dass sich in einer Gruppe verschiedene Schüler mit Unterschiedlichem beschäftigen. Dabei lassen sich die Pole „geschlossen" und „offen" unterscheiden: In einem geschlossenen Differenzierungsformat bestimmt die Lehrkraft, was jeder einzelne Schüler genau tun soll. Je offener das Differenzierungsformat gewählt wird, umso mehr Freiheit hat jeder Schüler bei der inhaltlichen Gestaltung seines Arbeitens. Wir illustrieren dieses Spektrum an drei Beispielen:

- *Differenzierte Zuweisung durch die Lehrkraft:* Ein geschlossenes Differenzierungsformat liegt vor, wenn eine Lehrkraft für eine Klasse unterschiedliche Aufgabenstellungen ohne Wahlfreiheiten vorbereitet und sie jedem Schüler jeweils die „passende" Aufgabe je nach individuellem Stand zuweist. Die Schwierigkeiten dieses Differenzierungsformats sind offensichtlich: Einerseits bedeutet es für die Lehrkraft erhöhten Vorbereitungsaufwand, für die gleiche Unterrichtsphase verschiedene Aufgaben für verschiedene Schüler zusammenzustellen. Andererseits ist es illusorisch anzunehmen, dass die Lehrkraft die Potenziale jedes Schülers zur jeweiligen Thematik genau kennt und sie seinen Lernweg passgenau vorplanen kann.
- *Aufgabenwahl durch Schüler:* Die zuletzt beschriebene Problematik wird zumindest teilweise gemildert, wenn die Schüler selbst auswählen dürfen, welche Aufgabenstellungen sie bearbeiten. Organisatorisch lässt sich diese Öffnung des Differenzierungsformats beispielsweise durch Aufgabensequenzen mit gestufter Schwierigkeit oder im Rahmen eines Lernzirkels mit Stationen unterschiedlichen Anspruchsniveaus umsetzen. Die Schüler können dann Wahlfreiheit erhalten, womit sie sich beschäftigen.
- *Natürliche Differenzierung durch offene Aufgaben:* Ein offenes Differenzierungsformat kann etwa dadurch realisiert werden, dass die Schüler alle die gleiche Aufgabe zu einer Thematik erhalten, diese allerdings inhaltlich so offen gestaltet ist, dass die Schüler die Thematik in verschiedenen Richtungen und auf verschiedenen Niveaus bearbeiten können. Die Lehrkraft legt mit der Aufgabe lediglich den Rahmen für das Arbeiten fest, die Differenzierung entwickelt sich aufgrund der inhaltlichen Offenheit der Aufgabenstellung in natürlicher Weise beim Arbeiten der Schüler. Deshalb wird diese Form der inneren Differenzierung auch als *natürliche Differenzierung* oder *Selbstdifferenzierung* bezeichnet. Besonders begabte Schüler können die jeweilige Thematik umfassender und/oder auf höherem Niveau bearbeiten. In Abschn. 3.2.4 wird dieses Differenzierungskonzept weiter vertieft.

Leuders und Prediger (2016, S. 28) heben zum Potenzial und zu Grenzen offener Differenzierungsformate Folgendes hervor:

> „Offene Differenzierungsformate ermöglichen die Berücksichtigung eines breiteren Spektrums an Differenzierungsaspekten und sind deshalb aus fachdidaktischer Sicht hoch relevant, weil sie neben dem Anspruchsniveau auch gleichzeitig Zugangsweisen und Arbeitsweisen öffnen können, sodass eine größere mathematische Reichhaltigkeit entsteht. […] Schwierigkeiten können entstehen, wenn Selbstdifferenzierung zur Beliebigkeit ausartet oder es nicht gelingt, dass Lernende tatsächlich auf ihrem Niveau arbeiten."

Als Fazit stellen beide Autoren fest, „dass es sinnvoll ist, die Differenzierungsformate je nach Unterrichtsphase flexibel zu variieren und zu kombinieren" (ebd., S. 28).

3.1.3   Akzeleration und Enrichment

Eine sehr grundlegende Einteilung von Fördermaßnahmen für besonders begabte Schüler unterscheidet zwischen „Akzeleration" und „Enrichment". Diese Unterscheidung bezieht sich darauf, ob der Lerninhalt einer Fördermaßnahme im jeweiligen Ausbildungsgang regulär vorgesehen ist oder nicht.

3.1.3.1 Akzeleration: früheres oder schnelleres Lernen

Akzeleration bezeichnet „beschleunigtes Lernen"; Schüler lernen in ihrem Ausbildungsgang regulär vorgesehene Inhalte früher oder schneller. Beispiele für akzelerierende Maßnahmen der Begabtenförderung sind:

- *Frühe Einschulung:* Noch nicht schulpflichtige Kinder können – etwa im Alter von fünf Jahren – bereits in die Grundschule aufgenommen werden, wenn dies ihrem individuellen Entwicklungsstand angemessen erscheint.
- *Schnelles Durchlaufen jahrgangsgemischter Klassen:* Mehrere Jahrgangsstufen werden als Einheit aufgefasst, Schüler können in jahrgangsgemischten Klassen eine individuell unterschiedliche Zahl an Jahren lernen. Typischerweise werden etwa die Jahrgangsstufen 1 und 2 oder auch 3 und 4 als „flexible Grundschulphase" konzipiert. Sie wird jeweils je nach Entwicklungsstand und -geschwindigkeit der Schüler in ein bis drei Jahren durchlaufen.
- *Überspringen von Jahrgangsstufen:* Beim Überspringen lassen Schüler ein oder mehrere Schuljahre aus. Sie wechseln entweder am Ende oder auch während eines Schuljahres in eine entsprechend höhere Jahrgangsstufe.
- *Teilspringen in Fächern:* Schüler nehmen nur in einzelnen Fächern oder in einzelnen Unterrichtsstunden an Unterricht höherer Jahrgangsstufen teil, sind aber sonst in ihrer regulären Klasse. Dies wird insbesondere praktiziert, wenn Schüler nur in einzelnen Fächern eine außergewöhnliche Begabung zeigen.

- *Curriculum Compacting:* Der Stoff des Lehrplans wird von besonders begabten Schülern in zeitlich komprimierter Weise erarbeitet. Im Rahmen von Regelklassen kann dies etwa so gestaltet werden, dass Schüler an manchen Unterrichtsstunden in einem Fach nicht teilnehmen, weil sie die zugehörigen Lernziele bereits erreicht haben. Die dadurch gewonnene Zeit kann dann beispielsweise für Enrichment genutzt werden (vgl. das „Drehtürmodell" in Abschn. 3.3.1). Werden Sonderklassen speziell für besonders begabte Schüler eingerichtet, so kann durch Curriculum Compacting über mehrere Schuljahre hinweg auch die gesamte Schulzeit verkürzt werden, indem etwa die Sekundarstufe ein Jahr schneller durchlaufen wird („D-Zug-Klassen", „Schnellläuferklassen").

- *Schülerstudium:* Bei einem Schülerstudium nehmen Schüler an regulären Lehrveranstaltungen eines gewählten Studiengangs an einer Universität bzw. Hochschule teil. Die Schüler erwerben dadurch inhaltliche Kompetenzen in einem Wissenschaftsbereich; ein Schülerstudium kann aber auch sehr positiv auf die Entwicklung allgemeiner Persönlichkeitseigenschaften wie Fähigkeiten zu selbstreguliertem Lernen, das Selbstkonzept und lernrelevante Motive wirken. Für den Besuch von Lehrveranstaltungen werden die Schüler von der Schule befreit, dadurch versäumter Unterrichtsstoff ist selbstständig zu erarbeiten. Die Schüler können an Prüfungen des gewählten Studiengangs teilnehmen. Wenn sie nach Abschluss ihrer Schulzeit ein einschlägiges Studium aufnehmen, können sie bereits im Schülerstudium nachgewiesene Leistungen anrechnen lassen. Insofern bietet dieses Angebot Möglichkeiten der Akzeleration.

Derartige Maßnahmen versuchen der Tatsache gerecht zu werden, dass sich Kinder und Jugendliche unterschiedlich schnell entwickeln und sie unterschiedlich schnell lernen können. Preckel und Vock (2013, S. 153) beschreiben die grundlegende Intention von Akzeleration, indem sie die Anpassung schulischer Lernangebote an den individuellen Entwicklungsstand Lernender betonen:

> „Ein häufiges Missverständnis besteht in der Annahme, Akzelerationsmaßnahmen dienten einer quasi künstlichen Beschleunigung der natürlichen Entwicklung. Dies ist jedoch nicht gemeint. Vielmehr werden Akzelerationsmaßnahmen genutzt, um den Lehrplan flexibel an den aktuellen Kompetenzstand der Schülerin bzw. des Schülers anzupassen. Lerninhalte sollen damit nicht rein schematisch aufgrund des Lebensalters gewählt werden, sondern die Schülerin bzw. der Schüler auf einem Niveau unterrichtet werden, das ihren bzw. seinen Fähigkeiten entspricht […]. Darüber hinaus kann es bei der Akzeleration aber auch darum gehen, eine hochbegabte Schülerin oder einen hochbegabten Schüler in eine Lerngruppe Älterer aufzunehmen, so dass sie oder er mit Gleichbefähigten zusammen lernen kann."

3.1.3.2 Enrichment: mehr Tiefe oder mehr Breite beim Lernen

Enrichment ist das komplementäre Gegenstück zu Akzeleration. Enrichment bedeutet die Anreicherung der regulären Lernangebote gemäß Lehrplan um Weiteres. Die Schüler können also mehr lernen, als im Lehrplan vorgesehen ist. Dieses Mehr kann sich sowohl auf mehr Tiefe als auch auf mehr Breite beziehen. Entsprechend kann man zwischen *vertikalem* und *horizontalem* Enrichment differenzieren. Bei vertikalem Enrichment werden Themen des Lehrplans in vertiefter Weise bearbeitet, bei horizontalem Enrichment werden Themen behandelt, die im Lehrplan nicht enthalten sind.

Einerseits kann Enrichment organisatorisch *neben dem regulären Unterricht* erfolgen. Dabei sind unterschiedlichen Formen gängig, wie etwa:

- *Schüler organisieren ihr Arbeiten selbst:* z. B. Teilnahme an Wettbewerben durch häusliches Arbeiten, individuelle Projektarbeit in der Schule neben dem Unterricht,
- *regelmäßiger Zusatzunterricht:* z. B. Wahlunterricht oder Arbeitsgemeinschaften an einer Schule, Schülerzirkel oder Schülerstudium an einer Universität, Instrumental-unterricht, Sportgruppen,
- *Veranstaltungen an einzelnen Tagen:* z. B. regionale Projekttage für besonders Begabte, Schnuppertage an Universitäten,
- *zusammenhängende Blockveranstaltungen:* z. B. Ferienseminare, Forschercamps, Sprachkurse in den Schulferien.

Andererseits besteht aber auch *im regulären Unterricht* oder *in Verknüpfung mit dem regulären Unterricht* viel Potenzial für Begabtenförderung durch Enrichment. Durch Maßnahmen der inneren Differenzierung kann vertikales und horizontales Enrichment realisiert werden. Besonders begabte Schüler können eine (Lehrplan-)Thematik vertiefter und facettenreicher als der Durchschnitt bearbeiten. Sie können Zusatzangebote erhalten, um – in der Schule oder in häuslicher Arbeit – Inhalte zu erschließen, die über den Lehr-plan hinausgehen. Dies wird in diesem Kapitel im Folgenden weiter konkretisiert und auf den Mathematikunterricht bezogen.

Die Zuordnung von Maßnahmen der Begabtenförderung zu den beiden Kategorien „Akzeleration" und „Enrichment" ist teils eindeutig möglich, teils aber auch nicht. So ist beispielsweise ein Schülerstudium einerseits eine akzelerierende Maßnahme, wenn die in der Schule zur Verfügung stehende Lernzeit dadurch verkürzt wird oder erworbene Leistungsnachweise in einem späteren einschlägigen Studium angerechnet werden. Andererseits bietet ein Schülerstudium auch umfangreiches vertikales oder horizontales Enrichment, wenn Schulfächer vertieft werden oder in ganz neue Wissenschaftsbereiche eingedrungen wird.

3.1.3.3 Akzeleration und Enrichment unter der Perspektive der Differenzierung

Sowohl Maßnahmen der Akzeleration als auch des Enrichments setzen per se Differenzierung von Lernangeboten um. Ordnen wir dies in den Theorierahmen für Differenzierung aus Abschn. 3.1.2 ein.

- Als Differenzierungs*ziel* steht bei Akzeleration und Enrichment im Vordergrund, Vielfalt zu fördern (im Gegensatz zum Ausgleichen von Unterschieden). Besonders begabte Schüler sollen sich entsprechend ihrem individuellen Potenzial möglichst optimal entwickeln dürfen. Dazu erhalten sie spezifische Lerngelegenheiten, die – wenn sie erfolgreich wirken – dazu führen, dass diese Schüler schneller oder mehr lernen als der Durchschnitt.

- Bei der Gestaltung von Lernangeboten zur Begabtenförderung sind alle in Abschn. 3.1.2 genannten Differenzierungs*aspekte* von Relevanz. Bei akzelerierenden Maßnahmen steht die Erhöhung des Lerntempos im Vordergrund. Enrichment-Angebote können etwa in Bezug auf Lernziele, Lerninhalte, Anspruchsniveaus oder Zugangsweisen differenziert konzipiert sein.

- Bei der *Organisation* von Differenzierung zur Begabtenförderung können innere und äußere Differenzierung sinnvoll sein. Akzeleration kann durch innere Differenzierung erfolgen (z. B. in jahrgangsgemischten Klassen oder durch Curriculum Compacting), aber auch durch äußere Differenzierung (z. B. in „D-Zug-Klassen" oder beim Schülerstudium). Ebenso lassen sich vertikales und horizontales Enrichment – wie oben dargestellt – durch innere Differenzierung im regulären Unterricht wie auch durch äußere Differenzierung neben dem regulären Unterricht praktizieren.

- In Bezug auf das Differenzierungs*format* kann für Enrichment und Akzeleration ein geschlossenes Format sinnvoll sein, wenn eine Lehrkraft einzelnen Schülern gezielt Materialien gibt, damit diese Schüler beispielsweise ein neues mathematisches Themengebiet erschließen oder an einem Mathematikwettbewerb teilnehmen. Hingegen ist ein offenes Differenzierungsformat zweckmäßig, wenn Schüler etwa im Rahmen einer Projektarbeit zu eigenständigem mathematischem Forschen angeregt werden sollen.

3.2   Förderung im regulären Mathematikunterricht

Der reguläre Mathematikunterricht gemäß Stundenplan ist der zentrale Ort zur mathematischen Förderung aller Schüler. Hier verbringt jeder Schüler in der Regel von der ersten bis zur letzten Jahrgangsstufe jede Woche ca. drei bis vier Unterrichtsstunden. Diese viele Zeit gilt es zu nutzen – insbesondere auch für die Förderung mathematisch besonders begabter Schüler. Angebote des außerunterrichtlichen Enrichments wie etwa Wettbewerbe, Wahlkurse, Projekttage oder Ferienseminare (vgl. Abschn. 3.1.3) haben rein auf die Zeit bezogen im Vergleich zum regulären Mathematikunterricht ein eher geringes Gewicht.

Dementsprechend will dieser Abschnitt das Bewusstsein schärfen, dass Begabtenförderung integrale Aufgabe des regulären Mathematikunterrichts ist. Dazu wird an einem breiten Spektrum von Beispielen dargestellt, wie Mathematikunterricht durch differenzierende Lernangebote das mathematische Denken besonders begabter Schüler spezifisch fördern kann. Gegliedert ist dies nach *prozessbezogenen, mathematischen Denkaktivitäten* der Schüler – der vertikalen Dimension im Modell für mathematisches Denken aus Abb. 1.1. Am Ende dieses Unterkapitels findet in Abschn. 3.2.8 eine

Einordnung aller dargestellten Fördermaßnahmen in den Theorierahmen für Differenzierung aus Abschn. 3.1.2 statt.

3.2.1 Präzisiertes Begriffsbilden

Eine klare Begriffsbildung ist Grundlage für klares Denken und schlüssiges Argumentieren. Gerade die Mathematik als Fach und Wissenschaft zeichnet sich dadurch aus, dass Begriffe präzise definiert werden, damit beim Arbeiten mit Begriffen wirklich nur die Eigenschaften verwendet werden, die einem Begriff per Definition zugewiesen sind oder hieraus gefolgert werden können.

Andererseits ist Begriffsbildung in der Schule auch immer ein komplexer Lernprozess. Es geht – wie in Abschn. 1.1.1 beschrieben – darum, dass Lernende Vorstellungen über Merkmale eines Begriffs und deren Beziehungen entwickeln, sie einen Überblick über die Gesamtheit aller Objekte bzw. Sachverhalte erhalten, die unter einem Begriff zusammengefasst werden, sie Beziehungen des Begriffs zu anderen Begriffen erkennen und sie den Begriff anwenden und mit ihm umgehen können. Eine präzise Definition des Begriffs steht im Unterricht in der Regel nicht am Anfang, sondern ist allenfalls Kondensat von Erkenntnissen, die beim Umgang mit dem Begriff gewonnen wurden. Hierbei spielen nicht nur fachliche, sondern insbesondere auch fachdidaktische und pädagogische Überlegungen eine Rolle. So werden in der Schule manche Begriffe ohne präzise Definition verwendet, wie etwa Punkt, Ebene, Variable, Term, reelle Zahl. Die Begriffsbildung erfolgt in der Regel induktiv über Beispiele und sprachliche Umschreibungen; dennoch können Schüler mit diesen Begriffen substanziell mathematisch arbeiten.

Manche Begriffe werden über mehrere Schuljahre hinweg entwickelt und zunehmend präzisiert. Ein Beispiel ist der Funktionsbegriff (vgl. Greefrath et al. 2016, S. 43 ff.). In der Grundschule und den unteren Jahrgangsstufen der Sekundarstufe sammeln Schüler vielfältige Erfahrungen mit funktionalen Abhängigkeiten. Sie stellen funktionale Zusammenhänge z. B. graphisch, tabellarisch, verbal oder mit Termen dar, ohne dass der Begriff der Funktion definiert wird. Bei mathematischem Arbeiten mit Phänomenen entwickeln sie Fähigkeiten zu funktionalem Denken (vgl. Abschn. 1.1.1), es entstehen bedeutungshaltige Vorstellungen zu funktionalen Zusammenhängen. Erst in den Jahrgangsstufen 8 bis 10 werden prototypische Beispiele so weit abstrahiert, dass dadurch eine allgemeine Definition des Funktionsbegriffs herausgearbeitet wird – wie etwa:

- Wenn zwei Größen so zusammenhängen, dass jedem Wert der ersten Größe genau ein Wert der zweiten Größe zugeordnet wird, dann nennt man diese Zuordnung *Funktion*.
- Seien A und B Mengen. Eine Zuordnung, die jedem Element der Menge A genau ein Element der Menge B zuordnet, nennt man *Funktion*.
- Seien A und B Mengen. Eine Teilmenge f des kartesischen Produkts $A \times B$ heißt *Funktion*, wenn für jedes $x \in A$ genau ein $y \in B$ existiert mit $(x, y) \in f$.

Welchen didaktischen Nutzen haben derartige Definitionen? Sie heben die gemeinsame Struktur verschiedenster Phänomene und Beispiele zu funktionalen Zusammenhängen hervor. Das jeweils zugrunde liegende mathematische Muster (vgl. Abschn. 1.1.1) wird abstrahiert beschrieben und dadurch herausgeschält. Dies entspricht einer typisch mathematischen Denkweise und schafft Klarheit, Übersicht und Vernetzung. Um in Zweifelsfällen entscheiden zu können, ob eine Funktion vorliegt oder nicht, ist eine Definition erforderlich. Dies ist insbesondere nötig, wenn man auf Funktionen trifft, die von bisher vertrauten Funktionstypen abweichen (z. B. Funktionen mit Definitionslücken, Funktionen mit Sprungstellen, stückweise definierte Funktionen). Eine Definition schafft die Basis für argumentatives Umgehen mit einem Begriff.

Die Beispiele zeigen, dass Begriffsbildung auf verschiedenen Niveaus der Präzision und der Abstraktion erfolgen kann. Dadurch besteht hier substanzielles Potenzial für Differenzierung im Mathematikunterricht – insbesondere im Hinblick auf Begabtenförderung. Besonders begabte Schüler können bzw. sollten Lerngelegenheiten erhalten, mathematische Begriffe auf einem Niveau zu bilden, das ihnen einen präzisen und vertieften Umgang mit den Begriffen ermöglicht, ihr mathematisches Denken entsprechend schult und gleichzeitig eine Grundlage für erfolgreiches Weiterlernen in einem Hochschulstudium im mathematisch-naturwissenschaftlich-technischen Bereich legt. Wir illustrieren dies im Folgenden an Beispielen aus der Analysis.

3.2.1.1 Begriffsbildung: Grenzwerte von Funktionen

Die Bildungsstandards der Kultusministerkonferenz für die Allgemeine Hochschulreife sehen vor, dass die Schüler den Begriff des Grenzwerts für Funktionen in anschaulicher Weise bilden. Sie sollen „Grenzwerte auf der Grundlage eines propädeutischen Grenzwertbegriffs insbesondere bei der Bestimmung von Ableitung und Integral nutzen" (KMK 2015, S. 18). Hier wird also der Begriff des Grenzwerts von Funktionen weniger als eigenständige Thematik gesehen, sondern eher als notwendiges Werkzeug, um damit Ableitungen und Integrale zu bestimmen.

Die Umsetzung der Bildungsstandards im Unterricht kann unterschiedlich erfolgen. Beispielsweise wird für Funktionen wie $f(x) = \frac{x^2-9}{x-3}, x \in \mathbb{R}\setminus\{3\}$, das Verhalten in der Umgebung der Definitionslücke 3 numerisch untersucht, es werden der Graph (eine Gerade mit „Loch") sowie der Funktionsterm in gekürzter Form $f(x) = x + 3$ betrachtet. Hierdurch entsteht Einsicht, dass sich die Funktionswerte $f(x)$ dem Wert 6 nähern, wenn sich x dem Wert 3 nähert. Dies wird in symbolischer Form durch $\lim_{x \to 3} f(x) = 6$ notiert. Verständnis für Grenzwerte und die Grenzwertschreibweise entsteht dabei durch Beispiele (vgl. Abschn. 3.1.1). Auf eine präzise Definition des Grenzwertbegriffs wird verzichtet. Allenfalls wird die Bedeutung der Schreibweise $\lim_{x \to a} f(x) = c$ sprachlich umschrieben, etwa in der Art: „Wenn sich x dem Wert a immer mehr nähert, dann nähert sich $f(x)$ dem Wert c immer mehr." So intuitiv eine solche sprachliche Formulierung erscheinen mag, sie lässt doch Interpretationsspielräume, die zu Fehlvorstellungen führen können. Ist etwa der Fall eingeschlossen, dass $f(x)$ konstant gleich c ist?

Bei der Umsetzung der Bildungsstandards ist zu bedenken, dass es sich hierbei um sog. *Regelstandards* handelt. Dies bedeutet, dass beschrieben wird, „welches Kompetenzniveau Schülerinnen und Schüler im Durchschnitt in einem Fach erreichen sollen" (KMK 2015, S. 5). Die Bildungsstandards für die Allgemeine Hochschulreife geben an, „über welche Kompetenzen Schülerinnen und Schüler in der Regel verfügen sollten, wenn sie die Schule mit der Allgemeinen Hochschulreife abschließen" (ebd., S. 7).

Diese Sichtweise schließt ein, dass besonders begabte Schüler auch ein höheres Kompetenzniveau entwickeln können und sollen, als es die Bildungsstandards beschreiben. Dementsprechend bietet es sich an, zur Thematik der Grenzwerte differenzierte Lernangebote zu gestalten, damit besonders begabte Schüler den Grenzwertbegriff in präziserer Weise bilden, um dadurch ihre Fähigkeiten für mathematisches Denken entsprechend ihrem Potenzial zu entwickeln. Wenn in der gesamten Klasse bereits ein anschaulich-propädeutischer Grenzwertbegriff erarbeitet wurde und die Schüler entsprechende Vorstellungen zu Grenzwerten entwickelt haben, kann zur präzisierten und vertieften Begriffsbildung besonders begabten Schülern etwa ein Arbeitsblatt mit folgendem Inhalt an die Hand gegeben werden.

Grenzwerte präzisiert

Mit Grenzwerten wird beschrieben, wie sich Funktionen in der Nähe einzelner Stellen verhalten – beispielsweise ob sich die Funktionswerte einem bestimmten Wert immer mehr annähern oder nicht. Die etwas vagen Formulierungen „verhalten" und „annähern" werden mit der folgenden Definition präzisiert.

Definition
Eine Funktion $f:D \rightarrow \mathbb{R}$ mit $D \subset \mathbb{R}$ sei im Bereich unmittelbar links und/oder rechts von einer Stelle $a \in \mathbb{R}$ definiert. Diese Stelle kann also zum Definitionsbereich gehören, muss es aber nicht.

Die Funktion *konvergiert* für $x \rightarrow a$ gegen den Wert $c \in \mathbb{R}$, falls Folgendes erfüllt ist:

Zu jeder Zahl $\varepsilon > 0$ gibt es eine Zahl $\delta > 0$, sodass gilt: Für alle $x \in D$ mit $0 < |x - a| < \delta$ ist $|f(x) - c| < \varepsilon$.

In diesem Fall nennt man c den *Grenzwert* von $f(x)$ für $x \rightarrow a$ und bezeichnet diesen mit $\lim_{x \rightarrow a} f(x)$.

Interpretation
Interpretieren Sie die Definition des Grenzwerts anhand folgender Abbildung:

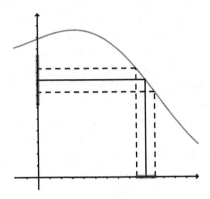

Beispiele

Begründen Sie anhand der Definition, ob die folgenden Funktionen an den angegebenen Stellen konvergieren, und bestimmen Sie ggf. den Grenzwert:

a) die konstante Funktion $f(x) = 2, x \in \mathbb{R}$, an jeder Stelle $a \in \mathbb{R}$.

b) die Funktion $f(x) = x^2 - 4, x \in \mathbb{R}$, an jeder Stelle $a \in \mathbb{R}$.

c) die Funktion $f(x) = \frac{x^2-4}{x-2}, x \in \mathbb{R}\backslash\{2\}$, an der Stelle 2.

d) die Funktion $f(x) = \frac{1}{x-2}, x \in \mathbb{R}\backslash\{2\}$, an der Stelle 2.

e) die Funktion $f(x) = x + \frac{|x|}{x}, x \in \mathbb{R}\backslash\{0\}$, an der Stelle 0.

f) die Funktion $f(x) = \sin\left(\frac{1}{x}\right), x \in \mathbb{R}\backslash\{0\}$, an der Stelle 0.

g) die Funktion $f(x) = x \cdot \sin\left(\frac{1}{x}\right), x \in \mathbb{R}\backslash\{0\}$, an der Stelle 0.

Grenzwertsätze

Es seien f und g Funktionen, die an einer Stelle $a \in \mathbb{R}$ konvergieren. Begründen Sie, dass dann auch die Summen-, Differenz-, Produkt- und Quotientenfunktion an dieser Stelle konvergiert und dass gilt:

$$\lim\nolimits_{x \to a}(f(x) + g(x)) = \lim\nolimits_{x \to a}f(x) + \lim\nolimits_{x \to a}g(x)$$

$$\lim\nolimits_{x \to a}(f(x) - g(x)) = \lim\nolimits_{x \to a}f(x) - \lim\nolimits_{x \to a}g(x)$$

$$\lim\nolimits_{x \to a}(f(x) \cdot g(x)) = \lim\nolimits_{x \to a}f(x) \cdot \lim\nolimits_{x \to a}g(x)$$

$$\lim\nolimits_{x \to a}(f(x):g(x)) = \lim\nolimits_{x \to a}f(x):\lim\nolimits_{x \to a}g(x),$$

falls g in einer Umgebung von a nirgends null ist und auch $\lim\nolimits_{x \to a}g(x)$ nicht null ist.

Wenden Sie die Grenzwertsätze auf selbst gewählte Beispiele an.

Eine wesentliche Herausforderung besteht darin, Verständnis für die auf symbolischer Ebene formulierte Definition des Grenzwerts zu entwickeln. Als Hilfe wird eine Abbildung angeboten; mit ihr können bildliche Vorstellungen zur Grenzwertdefinition und Verknüpfungen zwischen beiden Repräsentationsebenen erzeugt werden. In Abschn. 3.1.1 wurde die Bedeutung von Beispielen für das Lernen allgemeiner Sachverhalte betont. Dementsprechend sollen die Schüler die Definition auf eine Reihe von Beispielen anwenden. Dabei stoßen sie auf Phänomene wie Stetigkeit, stetig hebbare Definitionslücken, Polstellen, Sprungstellen und Divergenz. Hierdurch schärfen sie Vorstellungen, was es bedeuten kann, dass eine Funktion konvergiert oder nicht konvergiert. Schließlich geben die Grenzwertsätze Anlass zur Theoriebildung. Sie lassen sich auf Basis der Definition für Grenzwerte beweisen und können angewendet werden, um Grenzwerte verknüpfter Funktionen anhand von Grenzwerten einfacherer Funktionen zu bestimmen. Das mathematische Denken der Schüler wird mit dieser Thematik in vielen Facetten gemäß Abschn. 1.1.1 gefordert und gefördert. Inhaltlich sind numerisches, algebraisches, geometrisches und funktionales Denken erforderlich. In Bezug auf prozessbezogenes Denken sind begriffsbildendes, problemlösendes, schlussfolgerndes, formales und theoriebildendes Denken nötig. Im Bereich der mathematikbezogenen Informationsbearbeitung werden alle Facetten des Denkens gemäß Abb. 1.1 angesprochen.

3.2.1.2 Begriffsbildung: Stetigkeit

Der Begriff der Stetigkeit von Funktionen wird in den Bildungsstandards der Kultusministerkonferenz für die Allgemeine Hochschulreife (KMK 2015) nur sehr am Rande erwähnt. Entsprechend wird diesem Begriff in Lehrplänen, Schulbüchern und im Mathematikunterricht keine oder nur eine sehr untergeordnete Bedeutung beigemessen. Dies steht in gewisser Diskrepanz zur Bedeutung von Stetigkeit in der Mathematik. Einige Beispiele:

- Bei der Untersuchung funktionaler Zusammenhänge ist Stetigkeit ein interessanter Aspekt. An Unstetigkeitsstellen ändert sich eine Größe sprunghaft (z. B. das Porto eines Briefes in Abhängigkeit vom Gewicht).
- Stetigkeit garantiert Integrierbarkeit, d. h., eine in einem abgeschlossenen Intervall stetige Funktion ist in diesem auch integrierbar. Dabei ist das Kriterium der Stetigkeit wesentlich leichter nachprüfbar als das Kriterium der Integrierbarkeit.
- Stetigkeit ist eine entscheidende Voraussetzung für den Hauptsatz der Differenzial- und Integralrechnung (vgl. Abschn. 3.2.3). Dass die Ableitung einer Integralfunktion existiert und gleich der Integrandenfunktion ist, gilt im Allgemeinen nur, wenn die Integrandenfunktion im Integrationsintervall stetig ist.

Angesichts dieser Situation bietet sich Stetigkeit geradezu für Differenzierung durch Enrichment im regulären Mathematikunterricht an.

Stetigkeit von Funktionen

Das Porto für einen Brief hängt von seinem Gewicht (und auch von seinen Maßen) ab. Informieren Sie sich hierüber und stellen Sie die Abhängigkeit des Portos vom Gewicht mit einem Funktionsgraphen dar.

In großen Bereichen hat eine kleine Änderung des Briefgewichts keine Auswirkung auf das Porto. An manchen Stellen bewirkt eine kleine Änderung des Gewichts jedoch eine sprunghafte Änderung des Portos. Dieses Phänomen wird mit dem Begriff der „Stetigkeit" mathematisch gefasst.

Definition

Eine Funktion $f{:}D \to \mathbb{R}$ mit $D \subset \mathbb{R}$ nennt man an einer Stelle a ihres Definitionsbereichs *stetig*, wenn es zu jeder Zahl $\varepsilon > 0$ eine Zahl $\delta > 0$ gibt, sodass gilt: Für alle $x \in D$ mit $|x - a| < \delta$ ist $|f(x) - f(a)| < \varepsilon$.

Interpretation

Interpretieren Sie die Definition der Stetigkeit an einer Stelle anhand folgender Abbildung:

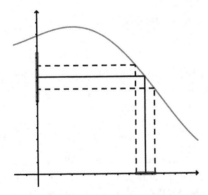

Kriterium

Eine Funktion $f{:}D \to \mathbb{R}$ sei an einer Stelle a sowie im Bereich unmittelbar links und/oder rechts von dieser Stelle definiert. Die Funktion ist genau dann stetig bei a, wenn $\lim_{x \to a} f(x) = f(a)$.

Begründen Sie dieses Kriterium anhand der Definition. Interpretieren Sie dieses Kriterium anschaulich und graphisch.

Beispiele

1. Geben Sie Beispiele von Funktionen an, die an jeder Stelle ihres Definitionsbereichs stetig sind.

2. Geben Sie Beispiele von Funktionen an, die an einer oder mehreren Stellen ihres Definitionsbereichs nicht stetig sind.

3. Begründen Sie, an welchen Stellen die folgenden Funktionen stetig sind:

a)

$$f(x) = \begin{cases} x+1 & \text{für } x < 0 \\ x^2 & \text{für } x \geq 0 \end{cases}$$

b)

$$f(x) = \begin{cases} \sin\left(\frac{1}{x}\right) & \text{für } x \neq 0 \\ 0 & \text{für } x = 0 \end{cases}$$

c)

$$f(x) = \begin{cases} x \cdot \sin\left(\frac{1}{x}\right) & \text{für } x \neq 0 \\ 0 & \text{für } x = 0 \end{cases}$$

Stetigkeit anschaulich

Beschreiben Sie anschaulich mit Worten und Zeichnungen, was man sich darunter vorstellen kann, dass eine Funktion

- an einer Stelle stetig ist,
- an einer Stelle nicht stetig ist,
- an allen Stellen eines Intervalls stetig ist.

Stetigkeitssätze

Es seien f und g Funktionen, die an einer Stelle $a \in \mathbb{R}$ stetig sind. Begründen Sie, dass dann auch die Funktionen $f + g$, $f - g$, $f \cdot g$ und $\frac{f}{g}$ an der Stelle a stetig sind (wobei bei $\frac{f}{g}$ zusätzlich $g(a) \neq 0$ vorauszusetzen ist).

Folgerungen

Wenden Sie die Stetigkeitssätze auf selbst gewählte Beispiele an.

Begründen Sie anhand der Stetigkeitssätze, dass jede Polynomfunktion und jede rationale Funktion an jeder Stelle ihres Definitionsbereichs stetig ist.

Mit den einleitenden Arbeitsaufträgen werden die Schüler anhand des funktionalen Zusammenhangs zwischen dem Gewicht eines Briefes und dem zugehörigen Porto auf das Phänomen der Stetigkeit bzw. Unstetigkeit aufmerksam gemacht. Die anschließende präzise Definition besitzt ein durchaus hohes Abstraktions- und damit Anforderungsniveau. Deshalb sollen die Schüler die symbolische Darstellung der Definition mit der skizzierten Abbildung gedanklich verbinden. Sie sollen dadurch bildliche Vorstellungen dazu entwickeln, dass zu jeder ε-Umgebung von $f(x)$ eine δ-Umgebung von x existiert, die vollständig in die ε-Umgebung abgebildet wird.

Griffiger als die ε-δ-Definition ist das Kriterium $\lim_{x \to a} f(x) = f(a)$ für Stetigkeit an einer Stelle a. Für $x \to a$ konvergiert $f(x)$ gegen $f(a)$. Dies wird hier als Kriterium und nicht als Definition gewählt, da die angegebene ε-δ-Definition auch den Fall einschließt, dass die Definitionsmenge der Funktion isolierte Punkte enthält. (An isolierten Punkten der Definitionsmenge ist f immer stetig.)

Insbesondere durch die Anwendung der Charakterisierungen von Stetigkeit auf selbst gewählte und die gegebenen Beispiele sollten die Schüler etwa folgende Vorstellungen entwickeln (vgl. z. B. Greefrath et al. 2016, S. 141):

- Wenn eine Funktion f an einer Stelle a stetig ist, dann
  - haben an dieser Stelle kleine Änderungen der unabhängigen Variablen x nur kleine Änderungen der Funktionswerte $f(x)$ zur Folge („Vorhersagbarkeit"),
  - ist $f(x)$ näherungsweise gleich $f(a)$, falls man x nur nahe genug bei a wählt („Annäherbarkeit"),
  - hat der Graph von f an dieser Stelle keinen „Sprung" („Sprungfreiheit").
- Wenn umgekehrt eine Funktion f an einer Stelle a nicht stetig ist, dann
  - können an dieser Stelle kleine Änderungen der Variablen x zu großen Änderungen der Funktionswerte $f(x)$ führen,
  - kann sich $f(x)$ stark von $f(a)$ unterscheiden, auch wenn man x sehr nahe bei a wählt,
  - kann der Graph einen „Sprung" haben oder auch „stark oszillieren" (vgl. die Funktion mit $f(x) = \sin\left(\frac{1}{x}\right)$, $f(0) = 0$, im obigen Beispiel).
- Wenn eine Funktion an allen Stellen eines Intervalls stetig ist, dann lässt sich der Graph in diesem Bereich in einem Zug ohne Absetzen durchzeichnen. (Diese Vorstellung ist in den meisten in der Schule auftretenden Fällen tragfähig, allerdings nicht ganz korrekt. Beispielsweise ist die oben angegebene Funktion $f(x) = x \cdot \sin\left(\frac{1}{x}\right)$, $f(0) = 0$, im Intervall $[0; 1]$ stetig, der Graph hat allerdings in diesem Intervall eine unendliche Bogenlänge (vgl. Greefrath et al. 2016, S. 141)).

Schließlich wird die Thematik der Stetigkeit mit den Stetigkeitssätzen weitergeführt und vertieft. Sie lassen sich sowohl anhand der ε-δ-Definition für Stetigkeit als auch mit dem Grenzwertkriterium für Stetigkeit begründen. Letzteres ist vergleichsweise leicht, wenn die Schüler bereits die Grenzwertsätze für Summen, Differenzen, Produkte und Quotienten von Funktionen kennen. Als Folgerung aus den Stetigkeitssätzen ergibt sich etwa, dass jede Polynomfunktion bzw. allgemeiner jede rationale Funktion in ihrem gesamten Definitionsbereich stetig ist. Insgesamt fördern derartige Überlegungen schlussfolgerndes und theoriebildendes Denken der Schüler.

3.2.1.3 Begriffsbildung: Bestimmtes Integral

Die Frage „Wie groß ist der Inhalt einer Fläche?" stellt einen „roten Faden" im Mathematikunterricht der Sekundarstufe dar. Angefangen bei Flächeninhalten von Rechtecken lernen die Schüler Möglichkeiten der Bestimmung der Flächeninhalte von Dreiecken, Vierecken und Kreisen sowie der Oberflächeninhalte von Prismen, Pyramiden, Zylindern, Kegeln und Kugeln kennen. Bei Kreisflächen und Kugelober-flächen sind dabei Ideen der Approximation und des Grenzwerts nötig. Den Abschluss

Abb. 3.3 Unter- und Obersummen

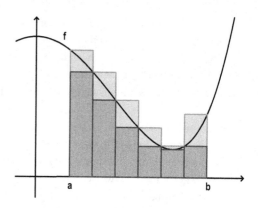

dieses Themenstranges „Messen von Flächen" bildet die Integralrechnung in der Sekundarstufe II.

Ein gängiger Zugang zur Integralrechnung nimmt als Ausgangspunkt die Frage nach dem Inhalt einer Fläche, die vom Graphen einer Funktion f, der x-Achse und zwei Geraden mit den Gleichungen $x = a$ und $x = b$ begrenzt wird (vgl. Abb. 3.3). Dabei wird die Funktion zunächst als positiv im betrachteten Intervall vorausgesetzt.

Den Schlüssel zu dieser Frage bilden die Flächenformel für Rechtecke und die Idee, die untersuchte Fläche durch „schmale" Rechtecke zu approximieren. Dazu wird das Intervall $[a; b]$ in kleinere Abschnitte zerlegt. Für jedes Teilintervall wird das größte Rechteck betrachtet, das „auf der x-Achse steht und gerade noch unter den Funktionsgraphen passt". Die Summe der Flächeninhalte aller dieser Rechtecke heißt *Untersumme* zur gewählten Zerlegung des Intervalls (vgl. Abb. 3.3). Ebenso wird für jedes Teilintervall das kleinste Rechteck betrachtet, das „auf der x-Achse steht und dessen obere Seite gerade noch über bzw. auf dem Funktionsgraphen liegt". Die Summe der Flächeninhalte aller dieser Rechtecke heißt *Obersumme*. Zum Integralbegriff können damit etwa folgende alternative Überlegungen führen:

- Zum einen kann man nur Zerlegungen betrachten, bei denen alle Teilintervalle die gleiche Breite besitzen (sog. äquidistante Zerlegungen). Dazu wird das Intervall $[a; b]$ für jedes $n \in \mathbb{N}$ in n gleich breite Teilintervalle zerlegt. Zu jeder solchen Zerlegung gibt es eine von n abhängige Untersumme U_n und eine Obersumme O_n. Die Funktion f heißt *integrierbar* über $[a; b]$, wenn $\lim_{n \to \infty} U_n = \lim_{n \to \infty} O_n$. In diesem Fall heißt dieser Grenzwert *bestimmtes Integral* von f über $[a; b]$ und wird mit $\int_a^b f(x)dx$ bezeichnet.

- Zum anderen können alternativ auch beliebige Zerlegungen des Intervalls $[a; b]$ zugelassen werden, d. h. solche, bei denen die Teilintervalle unterschiedliche Breite besitzen können. Zu jeder solchen Zerlegung Z gibt es eine von Z abhängige Untersumme U_Z und eine Obersumme O_Z. Die Funktion f heißt *integrierbar* über $[a; b]$, wenn das Supremum aller Untersummen gleich dem Infimum aller Obersummen ist. In diesem Fall heißt dieser Wert *bestimmtes Integral* von f über $[a; b]$ und wird mit $\int_a^b f(x)dx$ bezeichnet. Dies wird im unten stehenden Beispiel detaillierter ausgeführt.

Beide Definitionsvarianten – mit nur äquidistanten oder mit beliebigen Zerlegungen – führen zum gleichen Begriff der Integrierbarkeit und des Integrals (vgl. z. B. Deiser 2018, S. 25). Das bestimmte Integral wird für im Integrationsintervall positive Funktionen als Inhaltsmaß für die oben beschriebene Fläche zwischen dem Funktionsgraphen und der x-Achse interpretiert.

Bei einem derartigen Vorgehen stellen sich mehrere fachliche und fachdidaktische Fragen:

- *Voraussetzungen an die Funktion:* Welche Voraussetzungen werden an die Funktion gestellt? Für beide angegebenen Definitionsvarianten des Integrals genügt es, dass die Funktion auf dem Intervall $[a; b]$ beschränkt ist. Allerdings besteht dann die Schwierigkeit, die Höhe der Rechtecke begrifflich präzise zu fassen (siehe nächster Absatz). Setzt man dagegen Stetigkeit der Funktion auf dem Intervall $[a; b]$ voraus, so ist die Höhe der Rechtecke das Minimum bzw. Maximum der Funktionswerte auf dem jeweiligen Teilintervall. Wenn man das Integral allerdings nur für stetige Funktionen definiert, hat es wenig Sinn, den Begriff der Integrierbarkeit einzuführen, weil jede stetige Funktion integrierbar ist. Nicht integrierbare Funktionen gibt es dann nicht.
- *Begriffe „Infimum" und „Supremum":* Soll die intuitive Formulierung zu Rechtecken, die „gerade noch unter den Funktionsgraphen passen" bzw. deren obere Seite „gerade noch über bzw. auf dem Funktionsgraphen liegt", präziser gefasst werden, um damit die Höhe dieser Rechtecke greifbarer zu machen? Wenn man auch nicht stetige (aber beschränkte) Funktionen in der Definition zulässt, ist die Höhe der Rechtecke gleich dem Infimum bzw. dem Supremum der Funktionswerte auf dem jeweiligen Teilintervall. Dies bedeutet einen gewissen begrifflichen Aufwand, da die Schüler die Begriffe des Infimums und des Supremums in der Regel noch nicht kennen. Beschränkt man sich dagegen auf stetige Funktionen bei der Definition des Integrals, kann man von Minimum und Maximum anstelle von Infimum und Supremum sprechen, allerdings ist solch eine Beschränkung fachlich gesehen fragwürdig (siehe vorhergehender Absatz).
- *Art der betrachteten Zerlegungen:* Beschränkt man sich auf äquidistante Zerlegungen des Intervalls $[a; b]$ oder lässt man beliebige Zerlegungen zu (d. h. solche, bei denen die Teilintervalle unterschiedliche Breite besitzen können)? Der Vorteil der ersten Variante ist, dass die Begriffe der Integrierbarkeit und des Integrals – wie oben skizziert – mit Grenzwerten von Folgen von Unter- bzw. Obersummen gebildet werden können. Aus mathematischer Sicht gibt es allerdings keinen Grund, sich auf äquidistante Zerlegungen zu beschränken. In der üblichen fachwissenschaftlichen Definition des Riemann-Integrals werden beliebige Zerlegungen zugelassen. Allerdings entsteht dadurch die Schwierigkeit, dass man „viel mehr" Zerlegungen und Unter- bzw. Obersummen erhält. Man kann deshalb nicht wie bei äquidistanten Zerlegungen einfach mit Grenzwerten arbeiten, sondern muss das Supremum der Untersummen und das Infimum der Obersummen betrachten (siehe nachfolgendes Beispiel).

Diese Analysen zeigen die fachliche Reichhaltigkeit des Integralbegriffs. Hierdurch besteht substanzielles Potenzial zur Differenzierung innerhalb einer Klasse. Es bietet sich etwa an, den Integralbegriff mit der gesamten Klasse in didaktisch reduzierter Form zu erarbeiten und darüber hinaus besonders begabten Schülern Lerngelegenheiten zu geben, um diesen Begriff in präziserer und fachlich reichhaltigerer Form zu bilden. Im Hinblick auf die oben aufgeworfenen Fragen könnten beispielsweise im Mathematikunterricht mit der gesamten Klasse

- für die Funktion f Beschränktheit im Integrationsintervall vorausgesetzt werden (aber nicht notwendigerweise Stetigkeit),
- nur äquidistante Zerlegungen betrachtet werden,
- die Höhen der Rechtecke in den Unter- und Obersummen – wie oben dargestellt – verbal beschrieben werden (also ohne Infimum und Supremum),
- Integrierbarkeit als Gleichheit der Grenzwerte der Unter- und Obersummen definiert werden und
- im Fall der Gleichheit dieser Grenzwerte das Integral als dieser Wert definiert werden.

Aufbauend hierauf könnten besonders begabte Schüler zur Präzisierung und Vertiefung der Begriffsbildung etwa folgende Materialien an die Hand bekommen:

Bestimmtes Integral

Im Mathematikunterricht haben Sie den Begriff des bestimmten Integrals erarbeitet. Im Folgenden können Sie eine präzise Definition des Integralbegriffs kennenlernen. Sie geht auf Bernhard Riemann (1826–1866) und Weiterentwicklungen durch Jean Gaston Darboux (1842–1917) zurück. Dementsprechend wird dieser Integralbegriff auch „Riemann-Integral" oder „Riemann-Darboux-Integral" genannt.

Definition
Sei M eine Menge reeller Zahlen.

- Eine Zahl $U \in \mathbb{R}$ heißt *untere Schranke* von M, wenn für alle $m \in M$ gilt: $U \leq m$.
- Eine Zahl heißt *Infimum* von M und wird mit inf M bezeichnet, wenn sie die größte untere Schranke von M ist.
- Eine Zahl $O \in \mathbb{R}$ heißt *obere Schranke* von M, wenn für alle $m \in M$ gilt: $m \leq O$.
- Eine Zahl heißt *Supremum* von M und wird mit sup M bezeichnet, wenn sie die kleinste obere Schranke von M ist.

Überlegen Sie sich vielfältige Beispiele zu diesen Begriffen.

Definition

Wir betrachten eine Funktion f, die auf einem Intervall $[a; b]$ definiert und beschränkt ist. (Die Beschränktheit bedeutet, dass es für die Funktionswerte auf dem Intervall eine obere und eine untere Schranke gibt.)

Unter einer *Zerlegung* $Z = \{t_0, t_1, t_2, \ldots, t_n\}$ des Intervalls $[a; b]$ in $n \in \mathbb{N}$ Teile versteht man eine Menge von Zahlen aus diesem Intervall mit $a = t_0 < t_1 < t_2 < \ldots < t_n = b$. Sie sind die Grenzen von Teilintervallen $[t_0; t_1]$, $[t_1; t_2]$, $\ldots, [t_{n-1}; t_n]$, die zusammen das Intervall $[a; b]$ ergeben.

Für jedes Teilintervall $[t_{i-1}; t_i]$ existieren wegen der Beschränktheit von f das Infimum m_i und das Supremum M_i der Funktionswerte auf diesem Teilintervall, wobei $i \in \{1; 2; \ldots; n\}$.

Damit heißen

$$U_Z = m_1 \cdot (t_1 - t_0) + m_2 \cdot (t_2 - t_1) + \cdots + m_n \cdot (t_n - t_{n-1})$$

Untersumme und

$$O_Z = M_1 \cdot (t_1 - t_0) + M_2 \cdot (t_2 - t_1) + \cdots + M_n \cdot (t_n - t_{n-1})$$

Obersumme von f zur Zerlegung Z.

Die Funktion f nennt man *integrierbar* über dem Intervall $[a; b]$, wenn das Supremum aller über dem Intervall bildbaren Untersummen gleich dem Infimum aller über dem Intervall bildbaren Obersummen ist (für beliebige Zerlegungen), d. h. wenn

$$\sup \{U_Z \mid Z \text{ ist Zerlegung von } [a; b]\} = \inf \{O_Z \mid Z \text{ ist Zerlegung von } [a; b]\}.$$

Dieser Wert heißt dann *bestimmtes Integral von f über* $[a; b]$ und wird mit

$$\int_a^b f(x)dx$$

bezeichnet.

Vergleich

Vergleichen Sie die obige Definition bestimmter Integrale mit der bisherigen Definition aus dem Mathematikunterricht. Welche Gemeinsamkeiten und welche Unterschiede stellen Sie fest?

Beispiele

Untersuchen Sie anhand der obigen Definition, ob die folgenden Funktionen über dem Intervall $[0; 1]$ integrierbar sind, und bestimmen Sie ggf. den Wert des Integrals über diesem Intervall:

a) $f(x) = c$ für ein festes $c \in \mathbb{R}$

b) $f(x) = x$

c) $f(x) = \begin{cases} x & \text{für } x \leq \frac{1}{2} \\ 1 & \text{für } x > \frac{1}{2} \end{cases}$

d) $f(x) = \begin{cases} 0 & \text{für } x \in \mathbb{R} \backslash \mathbb{Q} \\ 1 & \text{für } x \in \mathbb{Q} \end{cases}$

Als begriffliche Grundlagen machen sich die Schüler zunächst mit unteren und oberen Schranken sowie Infima und Suprema vertraut. Darauf aufbauend sind sie gefordert, die durchaus anspruchsvolle Definition des bestimmten Integrals nach Riemann und Darboux nachzuvollziehen und zu verstehen. Wichtig ist dabei die gedankliche Vernetzung zum vorher im Mathematikunterricht erarbeiteten Integralbegriff. Dazu dient u. a. das Herausstellen von Gemeinsamkeiten und Unterschieden. Strukturelle Gemeinsamkeiten sind etwa, dass von Funktionsgraphen begrenzte Flächen durch Rechteckflächen approximiert werden. Entsprechend werden Flächeninhalte durch Summen der Flächeninhalte von Rechtecken (Unter- und Obersummen) angenähert. Die Höhe dieser Rechtecke wird nun allerdings mithilfe von Infima und Suprema präziser beschrieben. Zudem werden beliebige Zerlegungen des Integrationsintervalls zugelassen (und nicht nur äquidistante). Dadurch wird das Integral nicht als Grenzwert von Unter- bzw. Obersummen, sondern als Supremum von Untersummen bzw. Infimum von Obersummen definiert. Schließlich soll diese Definition auf Beispiele angewendet werden. Es zeigt sich, dass Funktionen mit Sprungstellen integrierbar sein können. Es gibt aber auch nicht integrierbare Funktionen, wie das letzte Beispiel der Dirichlet-Funktion zeigt.

3.2.1.4 Einbettung in den Mathematikunterricht

Die drei dargestellten Beispiele – zu Grenzwerten, Stetigkeit und Integralen – stehen jeweils in sehr engem inhaltlichem Bezug zum Standardstoff des Mathematikunterrichts. So kann es etwa didaktisch sinnvoll sein, in der gesamten Klasse den Grenzwertbegriff in intuitiv-propädeutischer Form einzuführen, zu Stetigkeit nur anschauliche Vorstellungen zu entwickeln (wie „Man kann den Graphen durchzeichnen.", „Der Graph hat keine Sprünge.") und Integrale nur mit äquidistanten Zerlegungen des Integrationsintervalls ohne Suprema und Infima zu definieren. Darauf aufbauend können bzw. sollten besonders begabte Schüler Lerngelegenheiten erhalten, um diese Begriffe in einer präziseren Weise zu bilden. Wie kann dies in den Mathematikunterricht praktisch eingebettet werden?

Wenn die Begriffe in der Klasse jeweils in der beschriebenen anschaulichen, didaktisch reduzierten Form eingeführt sind, könnte die Lehrkraft besonders begabten Schülern Zusatzmaterialien wie in den obigen drei Beispielen dargestellt an die Hand geben – beispielsweise in Form eines Arbeitsblatts, anhand von Kopien aus einem Lehrbuch oder mit Links auf Informationen im Internet. Gerade zu Grundbegriffen der Mathematik existieren sehr viele Internetquellen (z. B. Erklärvideos, erklärende Hypertexte, Skripte, Aufgabensammlungen).

Die Schüler können sich mit diesen Zusatzmaterialien z. B. im Mathematikunterricht in Übungs- oder Freiarbeitsphasen befassen, sie können dazu Vertretungs- oder Freistunden während der Schulzeit nutzen oder damit zu Hause arbeiten. Hierbei sind insbesondere auch kooperative Lernformen zweckmäßig. Wenn eine Gruppe von besonders begabten Schülern mit den Zusatzmaterialien arbeitet, können sie sich gegenseitig unterstützen. Der Austausch in der Gruppe hilft, die Thematik zu durchdringen, Verständnisprobleme zu überwinden und eigene Gedanken zu klären. Bei alledem sollte grundsätzlich auch die Lehrkraft als Ansprechpartner zur Verfügung stehen, allerdings eher um „Hilfe zur Selbsthilfe" und Rückmeldungen zu geben sowie mit dem Ziel, die Selbstständigkeit der Schüler zu fördern.

Des Weiteren ist es für die Motivation der Schüler ausgesprochen förderlich, wenn ihr Arbeiten vonseiten der Lehrkraft bzw. Schule wertgeschätzt und gewürdigt wird. Dies kann beispielsweise dadurch erfolgen, dass sie in der Klasse ein Kurzreferat über ihr bearbeitetes Thema gestalten, dass sie ein Plakat für das Klassenzimmer oder die Aula der Schule erstellen oder dass sie ihre Bearbeitungen in einem persönlichen „Portfolio" sammeln, das von der Lehrkraft bewertet wird und reguläre Leistungserhebungen ergänzt oder ersetzt.

3.2.2 Verallgemeinertes Begriffsbilden

Im vorhergehenden Abschn. 3.2.1 stand die Präzisierung von Begriffen aus dem Mathematikunterricht im Fokus, ohne dass dabei der Begriffsumfang erweitert wurde. Enrichment im Zusammenhang mit Begriffsbildung kann auch bedeuten, dass besonders begabte Schüler Begriffe aus dem Mathematikunterricht in verallgemeinerter Form kennenlernen und sie dadurch den Begriffsumfang erweitern. Wir illustrieren dies an zwei Beispielen aus der Analytischen Geometrie: dem Vektorbegriff und dem Begriff des Skalarprodukts.

3.2.2.1 Begriffsbildung: Vektor und Vektorraum

Die Begriffe des Vektors und des Vektorraums gehören zu den zentralen Strukturbegriffen der Mathematik. Vektoren treten in verschiedensten Ausprägungen auf: Der dreidimensionale Anschauungsraum mit einem Koordinatensystem, die Menge aller Verschiebungen in einer Ebene, die Menge der komplexen Zahlen, die Menge aller reellen Polynome oder die Menge aller auf einem Intervall differenzierbaren Funktionen – all diese Mengen haben gemeinsame strukturelle Eigenschaften: Sie sind reelle Vektorräume, ihre Elemente sind Vektoren.

Vektoren begegnen Schülern in unterschiedlichen Erscheinungsformen, Situationen und Sachzusammenhängen. Wir geben hierüber zunächst einen Überblick und zeigen dann, wie dadurch in natürlicher Weise Potenzial für die Förderung mathematisch besonders begabter Schüler entsteht.

Geometrischer Vektorbegriff mit Pfeilmengen

Ein gängiger Weg zu Vektoren geht von Pfeilen in der Ebene oder im Raum aus. Dabei ist allerdings deutlich zwischen Pfeilen und Vektoren zu unterscheiden, um die Fehlvorstellung „Vektor = Pfeil" zu vermeiden. Zwei Punkte A und B legen genau einen Pfeil $\overrightarrow{AB}$ vom Fußpunkt A zur Spitze B fest. In der Menge aller Pfeile kann man keine Addition sinnvoll definieren, denn was sollte die Summe $\overrightarrow{AB} + \overrightarrow{CD}$ zweier Pfeile sein, wenn die Punkte A, B, C, D allesamt verschieden sind? Deshalb führt man für Pfeile die Relation „parallelgleich" ein. Zwei Pfeile werden „parallelgleich" genannt, wenn sie parallel sind, gleich lang sind und in die gleiche Richtung zeigen. Alle parallelgleichen Pfeile werden zu einer Menge zusammengefasst und solch eine Pfeilmenge wird als Vektor bezeichnet. Mit etwas mehr Formalismus ausgedrückt bedeutet dies: Auf der Menge aller Pfeile ist die Relation „parallelgleich" eine Äquivalenzrelation. Dadurch wird die Menge aller Pfeile in Äquivalenzklassen gegliedert. Jede solche Äquivalenzklasse wird als Vektor bezeichnet. Ein Pfeil ist damit Repräsentant des zugehörigen Vektors.

In der Menge dieser geometrischen Vektoren lässt sich etwa eine Addition in der üblichen Weise definieren. Für zwei Vektoren $\vec{u}$ und $\vec{v}$ wählt man Repräsentanten $\overrightarrow{AB} \in \vec{u}$ und $\overrightarrow{CD} \in \vec{v}$ so, dass $B = C$ ist, d. h. der zweite Pfeil mit seinem Fuß an der Spitze des ersten Pfeils hängt. Dann ist $\overrightarrow{AD}$ ein Repräsentant der Summe $\vec{u} + \vec{v}$. Bei einer solchen Definition, die auf Repräsentanten zurückgreift, ist natürlich nachzuprüfen, dass die Definition der Summe nicht von der durchaus willkürlichen Wahl der Repräsentanten abhängt (Wohldefiniertheit). Die so definierte Addition von Vektoren hat Eigenschaften, die man bereits von der Addition von Zahlen kennt: Sie ist kommutativ, assoziativ, es gibt ein neutrales Element (den Nullvektor) und zu jedem Element gibt es ein inverses Element (den Gegenvektor). Kurz: Die Menge aller dieser geometrischen Vektoren ist mit der Addition eine kommutative Gruppe.

Dieser geometrische Vektorbegriff mit Pfeilmengen ist eine Grundlage der Analytischen Geometrie. Mit ihm lassen sich geometrische Situationen beschreiben und geometrische Probleme bearbeiten.

Geometrischer Vektorbegriff mit Verschiebungen

Verschiebungen begegnen den Schülern z. B. im Rahmen von Kongruenzabbildungen in der Ebene. Eine Verschiebung kann man mithilfe eines Pfeils $\overrightarrow{AB}$ vollständig charakterisieren: Zu jedem Punkt P ist der Bildpunkt P' dadurch eindeutig festgelegt, dass die Pfeile $\overrightarrow{AB}$ und $\overrightarrow{PP'}$ parallelgleich sind. Jede Verschiebung wird als Vektor bezeichnet. Auf diese Weise gelangt man zu einem geometrischen Vektorbegriff, ohne dass man dazu Pfeilmengen betrachten muss. Als Summe zweier solcher Vektoren wird die Hintereinanderausführung der beiden Verschiebungen definiert. Die Menge aller Verschiebungen ist damit eine kommutative Gruppe.

Arithmetischer Vektorbegriff

Der arithmetische Zugang führt Vektoren als Zahlenpaare (a_1, a_2), als Zahlentripel (a_1, a_2, a_3) oder allgemeiner als n-Tupel $(a_1, a_2, \ldots, a_n)$ reeller Zahlen ein (vgl. z. B.

Malle 2005a, b). Hierfür gibt es verschiedene Interpretationsmöglichkeiten, die solchen arithmetischen Konstrukten konkrete inhaltliche Bedeutung geben. Beispielsweise können Zahlenpaare bzw. Zahlentripel als Koordinaten von Punkten in einer Ebene oder im Raum geometrisch gedeutet werden (vgl. Abb. 3.4). Jeder Punkt entspricht genau einem Zahlenpaar bzw. Zahlentripel und umgekehrt. Ebenso lassen sich Zahlenpaare bzw. -tripel mit Pfeilen in der Ebene bzw. im Raum interpretieren. Für zwei Punkte A und B der Ebene mit den Koordinaten (a_1, a_2) und (b_1, b_2) wird dem Pfeil $\overrightarrow{AB}$ das Zahlenpaar $(b_1 - a_1, b_2 - a_2)$ der Koordinatendifferenzen zugeordnet (vgl. Abb. 3.4). Dadurch gehört zu jedem Pfeil genau ein Zahlenpaar. Umgekehrt gehören jedoch zu jedem Zahlenpaar unendlich viele parallelgleiche Pfeile.

Für beliebige $n \in \mathbb{N}$ lassen sich n-Tupel in Sachzusammenhängen als geordnete Listen von Zahlen interpretieren. Wenn beispielsweise in einem Warenlager 20 verschiedene Waren gelagert werden und die Zahlen $a_1, a_2, \ldots, a_{20}$ jeweils angeben, wie viele Exemplare von der jeweiligen Ware vorhanden sind, dann wird mit dem Vektor $(a_1, a_2, \ldots, a_{20})$ der Gesamtbestand im Lager beschrieben. Eine solche inhaltliche Deutung von Vektoren etwa als Stückzahllisten hat den Vorteil, dass der Vektorbegriff nicht auf geometrische Situationen beschränkt ist und etwas von seiner Weite erfahrbar wird.

Die Addition arithmetischer Vektoren wird komponentenweise definiert, also etwa $(a_1, a_2) + (b_1, b_2) = (a_1 + b_1, a_2 + b_2)$. Dies lässt sich in den obigen Situationen etwa als Aneinanderhängen von Pfeilen oder als Zusammenfügen von Lagerbeständen interpretieren. Rechengesetze für Vektoren als n-Tupel folgen unmittelbar komponentenweise aus entsprechenden Rechengesetzen für reelle Zahlen. Dadurch ist die Menge der n-Tupel reeller Zahlen mit der Addition als Verknüpfung eine kommutative Gruppe.

Fazit: Nach diesem Konzept sind Vektoren n-Tupel, die geometrisch als Punkte oder Pfeile gedeutet werden oder eine Bedeutung in Sachzusammenhängen erhalten.

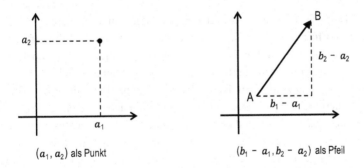

(a_1, a_2) als Punkt   (b_1 - a_1, b_2 - a_2) als Pfeil

Abb. 3.4 Interpretationen von Zahlenpaaren

Physikalischer Vektorbegriff

In der Physik begegnet der Vektorbegriff Schülern bei der Beschreibung „gerichteter Größen" wie etwa Kräften, Geschwindigkeiten, Beschleunigungen, Impulsen oder elektrischen bzw. magnetischen Feldstärken. Solche Größen sind neben ihrem Betrag auch durch eine Richtung gekennzeichnet – im Gegensatz zu richtungslosen „skalaren Größen" wie etwa Masse, Zeit, Temperatur, Druck, Dichte oder Energie. Gerichtete Größen werden in der Physik mit Pfeilen dargestellt, um durch die Länge und die Richtung des Pfeils den Betrag und die Richtung der Größe auszudrücken. Dies ist eine leistungsfähige Darstellung, wenn es etwa darum geht, solche vektoriellen Größen zu addieren oder in Komponenten zu zerlegen. Hierbei besteht ein gewisses Spannungsverhältnis zwischen dem Vektorbegriff in der Physik und in der Mathematik. Der geometrische Vektorbegriff einer Menge unendlich vieler parallelgleicher Pfeile im in alle Richtungen unendlich ausgedehnten Raum hat in physikalischen Kontexten keine direkte Entsprechung. In der Physik haben Kräfte einen Angriffspunkt, an dem sie wirken, Geschwindigkeits- und Beschleunigungsvektoren beziehen sich oftmals auf den Schwerpunkt eines bewegten Körpers, Felder sind räumlich beschränkt oder inhomogen. Hingegen passt der arithmetische Vektorbegriff der Zahlenpaare bzw. Zahlentripel, die als Pfeile interpretiert werden, ohne Einschränkungen zu vektoriellen Größen in der Physik. Solche vektoriellen Größen lassen sich in einem Koordinatensystem in Komponenten aufgliedern, dadurch mit Zahlenpaaren bzw. -tripeln beschreiben und mit Pfeilen geometrisch darstellen.

Algebraischer Vektorbegriff

Die algebraische Sichtweise betrachtet Mengen als Ganzes mit den Eigenschaften der Verknüpfungen ihrer Elemente. Im Fokus stehen dabei nicht einzelne Elemente, sondern die algebraische Struktur der Menge. Auf diese Weise entstehen algebraische Strukturbegriffe wie Gruppe, Ring, Körper oder Vektorraum. Ein Vektorraum wird definiert als eine Menge zusammen mit zwei Verknüpfungen, die gewisse Eigenschaften haben (vgl. Beispiel unten). Elemente des Vektorraums nennt man Vektoren. Mit einer solch abstrahierten und formalisierten Begriffsbildung entsteht ein Vektorbegriff, der alle vorher entwickelten Begriffsbildungen (Pfeilmenge, Verschiebung, n-Tupel) vereinheitlichend umfasst und deren strukturelle Gemeinsamkeiten herausschält.

Der algebraische Vektorbegriff ist in der Regel kein Pflichtinhalt im Mathematikunterricht. Andererseits ist dieser Vektorbegriff Standard im ersten Semester eines Mathematikstudiums und verwandter Studiengänge. Für mathematisch begabte Schüler bietet es sich also regelrecht an, mit dieser Thematik eine Brücke zwischen Schul- und Hochschulmathematik zu schlagen. Sie können bzw. sollten Lerngelegenheiten erhalten, um ihre Begriffsbildungen zu Vektoren auf den algebraischen Vektorbegriff zu verallgemeinern. Dadurch können sie ihre Vorstellungen zu Vektoren durch eine übergeordnete, strukturbetonte Sichtweise substanziell erweitern und bekannte Objekte wie etwa Funktionen auch als Vektoren auffassen. Zudem gewinnen sie Einblicke in mathematische Theoriebildung. Die Definition eines Vektorraums ist eine abstrahierte

Beschreibung von Eigenschaften bekannter Vektorraummodelle (z. B. der Menge aller Verschiebungen oder n-Tupel). Dabei sollten die in eine Definition aufgenommenen Eigenschaften unabhängig voneinander sein; alle weiteren Eigenschaften von Vektorräumen müssen sich aus der Definition ableiten lassen. Mit dieser Thematik können also insbesondere prozessbezogene Fähigkeiten zu begriffsbildendem, theoriebildendem, schlussfolgerndem und formalem Denken (Abschn. 1.1.1) gefördert werden.

Damit Schüler einer axiomatischen Definition von Vektorräumen inhaltliche Bedeutung geben können, ist es notwendig, dass sie *vorher* Verständnis für konkrete Vektoren entwickelt haben (z. B. für Verschiebungen, n-Tupel oder Pfeilmengen). Insbesondere sollten sie erfahren haben, dass man solche konkreten Vektoren etwa addieren oder mit einer reellen Zahl multiplizieren kann und dass diese Verknüpfungen verschiedene Eigenschaften besitzen (z. B. die Addition kommutativ und assoziativ ist). Solche Erfahrungen können dann mit der axiomatischen Beschreibung von Vektorräumen vernetzt werden. Die axiomatische Definition gewinnt dadurch den Charakter einer abstrahierten Beschreibung von Strukturen, die man bereits in konkreten Beispielen kennt. Henn und Filler (2015) drücken dies wie folgt aus:

„Im Mathematikunterricht ist es notwendig, sich sehr leistungsfähigen Begriffen, die durch einen hohen Abstraktionsgrad gekennzeichnet sind, durch Beispiele und spezielle Fälle zu nähern, in diesen das Gemeinsame zu erkennen und sich somit schrittweise zu verallgemeinerten Begriffsbildungen ‚emporzuarbeiten‘." (S. 87)

„Tragfähige Vorstellungen von einem vielfältige Modelle ‚vereinigenden‘ Strukturbegriff können nur aus der Betrachtung mehrerer verschiedener Repräsentationen und der Erkenntnis struktureller Gemeinsamkeiten erwachsen." (S. 89)

Um den algebraischen Vektorbegriff zu bilden, können mathematisch begabte Schüler etwa folgende Arbeitsimpulse erhalten:

Vektoren und Vektorräume

Im Folgenden können Sie Ihre bisherigen Vorstellungen zu Vektoren schärfen und erweitern.

Rückblick

a) In welchen Zusammenhängen sind Ihnen bislang Vektoren begegnet?
b) Erklären Sie möglichst genau, was Sie unter einem Vektor verstehen.
c) Erklären Sie, was Sie unter der Addition zweier Vektoren und unter der Multiplikation eines Vektors mit einer Zahl verstehen.
d) Welche Rechengesetze kennen Sie für das Rechnen mit Vektoren? Können Sie diese begründen?

Typisch für die Entwicklung von Begriffen in der Mathematik ist, dass Beobachtungen, die man an konkreten Beispielen gemacht hat, abstrahiert beschrieben werden und dadurch ein allgemeiner Begriff gebildet wird. Dies gilt auch für den Begriff des Vektors. Die folgende Definition beschreibt, welche Eigenschaften eine Menge haben muss, damit man sie Vektorraum und ihre Elemente Vektoren nennt.

Definition

Eine Menge V zusammen mit einer Verknüpfung $+ : V \times V \to V$, die jeweils zwei Elementen $v, w \in V$ ein Element $v + w \in V$ zuordnet, sowie mit einer Verknüpfung $\cdot : \mathbb{R} \times V \to V$, die jeweils einer reellen Zahl $r \in \mathbb{R}$ und einem Element $v \in V$ ein Element $r \cdot v \in V$ zuordnet, heißt *Vektorraum über* $\mathbb{R}$ und ihre Elemente heißen *Vektoren*, wenn Folgendes erfüllt ist:

Eigenschaften der Addition von Vektoren:

- Für alle $v, w \in V$ gilt: $v + w = w + v$ *(Kommutativität)*
- Für alle $u, v, w \in V$ gilt: $(u + v) + w = u + (v + w)$ *(Assoziativität)*
- Es gibt ein Element $0 \in V$, sodass für alle $v \in V$ gilt: $v + 0 = v$ *(neutrales Element, Nullvektor)*
- Zu jedem $v \in V$ gibt es ein Element $-v \in V$, sodass gilt: $v + (-v) = 0$ *(inverses Element, Gegenvektor)*

Eigenschaften der Multiplikation von Vektoren mit Zahlen:

- Für alle $v \in V$ gilt: $1 \cdot v = v$
- Für alle $r, s \in \mathbb{R}$ und $v \in V$ gilt: $(r \cdot s) \cdot v = r \cdot (s \cdot v)$
- Für alle $r, s \in \mathbb{R}$ und $v \in V$ gilt: $(r + s) \cdot v = r \cdot v + s \cdot v$
- Für alle $r \in \mathbb{R}$ und $v, w \in V$ gilt: $r \cdot (v + w) = r \cdot v + r \cdot w$

Bezüge zu Bekanntem

Stellen Sie Querverbindungen zwischen dieser Definition und Ihren Überlegungen zu Vektoren anhand der einleitenden obigen Arbeitsaufträge her.

Beispiele

Überprüfen Sie, ob die folgenden Mengen Vektorräume über $\mathbb{R}$ sind:

a) die Menge $\mathbb{R}$ der reellen Zahlen mit der üblichen Addition und Multiplikation,
b) die Menge $\mathbb{R}^3$ der Tripel reeller Zahlen mit der Addition und Multiplikation:

$$\begin{pmatrix} v_1 \\ v_2 \\ v_3 \end{pmatrix} + \begin{pmatrix} w_1 \\ w_2 \\ w_3 \end{pmatrix} = \begin{pmatrix} v_1 + w_1 \\ v_2 + w_2 \\ v_3 + w_3 \end{pmatrix}, \quad r \cdot \begin{pmatrix} v_1 \\ v_2 \\ v_3 \end{pmatrix} = \begin{pmatrix} r \cdot v_1 \\ r \cdot v_2 \\ r \cdot v_3 \end{pmatrix}$$

c) die folgenden Teilmengen des Raums $\mathbb{R}^3$ mit den in b) definierten Verknüpfungen
(Stellen Sie die Mengen jeweils auch graphisch dar.):

$$\left\{ \begin{pmatrix} v_1 \\ v_2 \\ v_3 \end{pmatrix} \in \mathbb{R}^3 \,\middle|\, v_1 = v_2 = 0 \right\}$$

$$\left\{ \begin{pmatrix} v_1 \\ v_2 \\ v_3 \end{pmatrix} \in \mathbb{R}^3 \,\middle|\, v_1 = v_2 \text{ und } v_3 = 0 \right\}$$

$$\left\{ \begin{pmatrix} v_1 \\ v_2 \\ v_3 \end{pmatrix} \in \mathbb{R}^3 \,\middle|\, v_1 = 0 \right\}$$

$$\left\{ \begin{pmatrix} v_1 \\ v_2 \\ v_3 \end{pmatrix} \in \mathbb{R}^3 \,\middle|\, v_1 + v_2 + v_3 = 0 \right\}$$

$$\left\{ \begin{pmatrix} v_1 \\ v_2 \\ v_3 \end{pmatrix} \in \mathbb{R}^3 \,\middle|\, v_1 + v_2 + v_3 = 1 \right\}$$

d) die Menge $\mathbb{Q}$ der rationalen Zahlen mit der üblichen Addition und Multiplikation,

e) die Menge der auf $\mathbb{R}$ definierten quadratischen Funktionen $f(x) = ax^2 + bx + c$
mit $a, b, c \in \mathbb{R}$ mit der üblichen Addition von Funktionen und der Multiplikation
von Funktionen mit Zahlen,

f) die Menge der auf $\mathbb{R}$ definierten Polynomfunktionen mit reellen Koeffizienten,

g) die Menge der auf einem Intervall definierten reellen Funktionen,

h) die Menge der auf einem Intervall stetigen reellen Funktionen,

i) die Menge der auf einem Intervall differenzierbaren reellen Funktionen,

j) die Menge der geometrischen Verschiebungen als Abbildungen in einer Ebene.

Weitere Eigenschaften von Vektorräumen

Aus der Definition von Vektorräumen lassen sich weitere Eigenschaften ableiten, die
damit für alle Vektorräume gelten. Folgern Sie aus der Definition:

a) Für alle $v \in V$ gilt: $0 \cdot v = 0$ (Beachten Sie, dass das Zeichen 0 hier einmal für eine
Zahl und einmal für einen Vektor steht.)

b) Für alle $r \in \mathbb{R}$ gilt: $r \cdot 0 = 0$

c) Es gibt genau ein neutrales Element in V. In anderen Worten: Sind 0 und 0^*
neutrale Elemente, dann ist $0 = 0^*$.

Anhand der einleitenden Arbeitsaufträge sollen sich die Schüler ihre bisherigen Vorstellungen zu Vektoren möglichst explizit bewusst machen, damit sie diese dann mit der axiomatischen Definition von Vektorräumen verknüpfen können. Sie sollen erkennen, dass die neue Begriffsbildung ihre bisherigen Vorstellungen zu Vektoren schärft und gleichzeitig erweitert. Für verschiedene Mengen soll überprüft werden, ob es sich jeweils um einen Vektorraum handelt. Dies fördert zum einen weiteres Verständnis für die axiomatische Definition, zum anderen zeigt sich daran die Weite des Vektorraumbegriffs. Bekannte Mengen wie etwa die Menge der reellen Zahlen, der reellen Polynome oder der auf einem Intervall definierten reellen Funktionen erscheinen unter der neuen Perspektive als Vektorräume. Die letzten Aufträge fördern das präzise schlussfolgernde Denken. Die Schüler sind gefordert, aus der Definition von Vektorräumen weitere Eigenschaften abzuleiten.

3.2.2.2 Begriffsbildung: Skalarprodukt

In der Analytischen Geometrie der Oberstufe ist das Standard-Skalarprodukt ein praktisches Werkzeug, um Längen und Winkel in der zweidimensionalen Ebene oder im dreidimensionalen Raum zu berechnen. Die Schüler haben die geometrischen Begriffe der Streckenlänge und des Winkels bereits in der Grundschule und der Sekundarstufe I gebildet. Sie können Längen und Winkel mit einem Lineal bzw. Geodreieck messen sowie etwa mit dem Satz des Pythagoras und Werkzeugen der Trigonometrie berechnen. Das Skalarprodukt hilft, Längen und Winkel in geometrischen Situationen zu bestimmen, wenn diese durch Vektoren, Punkte und deren Koordinaten im $\mathbb{R}^2$ bzw. $\mathbb{R}^3$ charakterisiert sind. Dazu wird das Skalarprodukt $v * w$ zweier Vektoren $v, w \in \mathbb{R}^3$ etwa durch eine der beiden Gleichungen

$$v * w = v_1 w_1 + v_2 w_2 + v_3 w_3$$
$$v * w = |v| \cdot |w| \cdot \cos(\alpha)$$

definiert, die andere Gleichung wird durch elementargeometrische Überlegungen gefolgert. Rechenregeln für dieses Standard-Skalarprodukt lassen sich aus diesen Gleichungen ableiten.

In der universitären Mathematik der Vektorräume ist die Perspektive dagegen ganz anders: Hier werden Skalarprodukte über geforderte Eigenschaften axiomatisch definiert (siehe nachfolgendes Beispiel). Für reelle Vektorräume mit Skalarprodukt (sog. Euklidische Vektorräume) werden die Länge eines Vektors v sowie der Winkel α zwischen zwei Vektoren v und w *definiert* durch $|v| = \sqrt{v * v}$ und $\cos(\alpha) = \frac{v*w}{|v| \cdot |w|}$.

Wendet man diese Definitionen auf den $\mathbb{R}^2$ bzw. $\mathbb{R}^3$ mit dem Standard-Skalarprodukt an, erhält man genau den aus der Grundschule bzw. der Sekundarstufe I bekannten Längen- und Winkelbegriff. Die axiomatische Definition des Skalarprodukts ist allerdings viel allgemeiner. Beispielsweise lassen sich Skalarprodukte für Vektorräume definieren, deren Elemente Funktionen sind. Dadurch hat etwa der Begriff der Orthogonalität von Funktionen einen Sinn (siehe nachfolgendes Beispiel).

Zur Förderung mathematisch begabter Schüler bietet es sich an, ihnen auch die axiomatische Perspektive auf Skalarprodukte zu ermöglichen. Dadurch können sie ihre Begriffsbildung zu Skalarprodukten erheblich erweitern. Das nachfolgende Beispiel zeigt dazu mögliche Arbeitsaufträge.

Skalarprodukte

Im Folgenden können Sie Ihre bisherigen Vorstellungen zu Skalarprodukten schärfen und erweitern.

Rückblick

a) In welchen Zusammenhängen sind Ihnen bislang Skalarprodukte begegnet?
b) Erklären Sie möglichst genau, was Sie unter einem Skalarprodukt verstehen.
c) Wozu können Sie Skalarprodukte nutzen?
d) Welche Rechengesetze kennen Sie für Skalarprodukte? Können Sie diese begründen?

Mit einem Skalarprodukt wird jeweils zwei Vektoren eine reelle Zahl zugeordnet. Über Eigenschaften dieser Zuordnung können Skalarprodukte in beliebigen Vektorräumen über $\mathbb{R}$ definiert werden.

Definition
Es sei V ein Vektorraum mit einer Addition $+ : V \times V \to V$ von Vektoren und einer Multiplikation $\cdot : \mathbb{R} \times V \to V$ reeller Zahlen mit Vektoren.

Eine Abbildung $* : V \times V \to \mathbb{R}$, die jeweils zwei Vektoren $v, w \in V$ eine reelle Zahl $v * w \in \mathbb{R}$ zuordnet, heißt *Skalarprodukt,* wenn folgende Eigenschaften erfüllt sind:

- Für alle $v \in V \backslash \{0\}$ gilt: $v * v > 0$ *(positive Definitheit)*
- Für alle $v, w \in V$ gilt: $v * w = w * v$ *(Symmetrie)*
- Für alle $u, v, w \in V$ gilt: $(u + v) * w = (u * w) + (v * w)$ *(Additivität)*
- Für alle $v, w \in V$ und $r \in \mathbb{R}$ gilt: $(r \cdot v) * w = r \cdot (v * w)$ *(Homogenität)*

Beispiel: Standard-Skalarprodukt im $\mathbb{R}^3$
Aus dem Mathematikunterricht ist Ihnen das sog. Standard-Skalarprodukt für den Raum $\mathbb{R}^3$ bekannt. Für Vektoren $v = \begin{pmatrix} v_1 \\ v_2 \\ v_3 \end{pmatrix}$ und $w = \begin{pmatrix} w_1 \\ w_2 \\ w_3 \end{pmatrix}$ ist dieses Skalarprodukt $v * w = v_1 w_1 + v_2 w_2 + v_3 w_3$.

Weisen Sie nach, dass die dadurch definierte Abbildung $* : \mathbb{R}^3 \times \mathbb{R}^3 \to \mathbb{R}$ alle Eigenschaften aus der obigen Definition für Skalarprodukte besitzt.

Beispiel: Standard-Skalarprodukt im $\mathbb{R}^n$

Das vorherige Beispiel lässt sich von $\mathbb{R}^3$ auf $\mathbb{R}^n$ mit beliebigem $n \in \mathbb{N}$ verallgemeinern. Weisen Sie nach, dass durch

$$v * w = v_1 w_1 + v_2 w_2 + \ldots + v_n w_n$$

ein Skalarprodukt auf dem Vektorraum $\mathbb{R}^n$ definiert ist.

Beispiel: Skalarprodukt von Funktionen

Betrachtet wird der Vektorraum aller auf dem Intervall $[0; 1]$ stetigen Funktionen. Für zwei solche Funktionen f und g definieren wir:

$$f * g = \int_0^1 f(x)g(x)dx$$

Zeigen Sie, dass hierdurch ein Skalarprodukt definiert ist.

Geben Sie zwei Funktionen f und g an, die nicht konstant null sind und für die gilt: $f * g = 0$

Weitere Eigenschaften von Skalarprodukten

Aus der Definition von Skalarprodukten lassen sich weitere Eigenschaften ableiten, die damit für alle Skalarprodukte gelten. Folgern Sie aus der Definition:

a) Für den Nullvektor gilt: $0 * 0 = 0$
b) Für alle $v \in V$ gilt: $0 * v = v * 0 = 0$
c) Für alle $u, v, w \in V$ gilt: $u * (v + w) = (u * v) + (u * w)$
d) Für alle $v, w \in V$ und $r \in \mathbb{R}$ gilt: $v * (r \cdot w) = r \cdot (v * w)$

Längen und Winkel

In einem Vektorraum V mit einem Skalarprodukt können Längen und Winkel definiert werden.

a) Für einen Vektor $v \in V$ heißt die Zahl $|v| = \sqrt{v * v}$ *Länge* oder *Betrag* von v.
b) Für zwei Vektoren $v, w \in V \backslash \{0\}$ ist der *Winkel* $\alpha \in [0°; 180°]$ zwischen v und w festgelegt durch:

$$\cos(\alpha) = \frac{v * w}{|v| \cdot |w|}$$

c) Zwei Vektoren $v, w \in V$ nennt man *orthogonal* oder *senkrecht zueinander*, wenn $v * w = 0$.

Beispiel: $\mathbb{R}^3$

Wenden Sie die vorige Definition auf den Raum $\mathbb{R}^3$ mit dem Standard-Skalarprodukt an. Verdeutlichen Sie sich, dass diese Definition im Einklang mit den Begriffen der Länge, des Winkels und der Orthogonalität steht, die Sie seit vielen Jahren kennen.

Beispiel: $\mathbb{R}^5$

Berechnen Sie Längen und Winkel zu selbst gewählten Vektoren im Raum $\mathbb{R}^5$ mit dem Standard-Skalarprodukt.

Finden Sie möglichst viele Vektoren im Raum $\mathbb{R}^5$, die allesamt paarweise zueinander orthogonal sind.

Zunächst sollen sich die Schüler ihr bisheriges Wissen und ihre Vorstellungen zu Skalarprodukten bewusst machen. In der Regel wird sich dies auf das Standard-Skalarprodukt im $\mathbb{R}^2$ bzw. $\mathbb{R}^3$ beziehen. Die axiomatische Definition knüpft hieran an und definiert ein Skalarprodukt über seine Eigenschaften. Mit den daran anschließenden Beispielen soll deutlich werden, dass die neue Definition von Skalarprodukten den bisher bekannten Begriff des Standard-Skalarprodukts umfasst, aber auch wesentlich erweitert. Insbesondere lernen die Schüler ein Skalarprodukt auf einem Vektorraum von Funktionen kennen. In beliebigen Vektorräumen mit Skalarprodukt werden Längen von Vektoren, Winkel zwischen Vektoren und Orthogonalität definiert. Die Schüler sollen erkennen, dass dies im Einklang mit den bekannten Begriffsbildungen der Geometrie im Anschauungsraum steht, diese aber auch erheblich verallgemeinert werden.

3.2.2.3 Einbettung in den Mathematikunterricht

Für die Einbettung von Enrichment durch verallgemeinerte Begriffsbildung in den Mathematikunterricht gilt im Wesentlichen das Gleiche wie in Abschn. 3.2.1 für präzisierte Begriffsbildung dargestellt. Die Beispiele – zu Vektorräumen und Skalarprodukten – bauen jeweils auf Begriffsbildungsprozessen aus dem regulären Mathematikunterricht auf. Besonders begabte Schüler können die Begriffe in einer allgemeineren Weise kennen lernen, um dadurch ihre Fähigkeiten zu mathematischem Denken zu vertiefen. Dazu kann ihnen die Lehrkraft etwa Zusatzmaterialien wie in den beiden obigen Beispielen an die Hand geben oder auf Lehrbücher bzw. einschlägige Quellen im Internet verweisen. Die Schüler befassen sich damit alleine oder mit Partnern im oder neben dem Mathematikunterricht, die Lehrkraft steht bei Bedarf beratend zur Seite. Wertschätzung und Würdigung kann ein solches Arbeiten etwa dadurch erhalten, dass die Schüler ihre Ergebnisse in der Klasse oder der Schule präsentieren oder sie bei systematischem Enrichment ihre Bearbeitungen in einem persönlichen „Portfolio" sammeln, das in die Leistungsbeurteilung eingeht.

3.2.3   Präzisiertes Begründen und Beweisen

Charakteristisch für Mathematik ist die Frage nach dem „Warum" von Zusammen-hängen. Beweise zielen nicht nur darauf ab, sicherzustellen, dass eine Aussage wahr ist. Sie dienen auch dazu, dass man sich selbst und anderen verständlich macht, warum etwas wahr ist, d. h. wie eine Aussage zu anderen Aussagen in Beziehung steht und etwa aus diesen folgt. Beweise stellen damit Zusammenhänge her und konstituieren mathematisches Wissen.

Die in der Mathematik gängigen Begriffe „Begründen" und „Beweisen" werden teils synonym verwendet, teils werden sie – insbesondere in mathematikdidaktischen Kontexten – voneinander unterschieden. Hierbei wird „Begründen" als weiter gefasster Begriff gesehen, der etwa anschauliche und beispielgebundene Überlegungen enthalten kann. Meyer und Prediger (2009, S. 3) beschreiben dies wie folgt:

> „Da der Begriff *Beweisen* häufig eng mit axiomatisch-deduktiver Erkenntnissicherung, mit formalem Charakter und mit Strenge der Schlussfolgerung verbunden ist, wird er oft ergänzt durch den breiteren Begriff *Begründen,* wenn auch andere Begründungsformen wie das inhaltlich-anschauliche Begründen mitgedacht sind. Die Abgrenzung zwischen Beweisen und Begründen verstehen wir dabei als graduell und nicht dichotom."

Das Begründen und Beweisen im Mathematikunterricht bietet viel Potenzial zur Binnen-differenzierung und zur Begabtenförderung. Alle Schüler sollten im Mathematikunter-richt ihre Fähigkeiten zu schlussfolgerndem Denken weiterentwickeln, allerdings kann dies auf verschiedenen Komplexitäts-, Abstraktions- und Präzisionsniveaus erfolgen. Wir illustrieren dies zunächst an vier Beispielen zu Standardinhalten des Mathematikunter-richts und stellen anschließend das Allgemeine an diesen Beispielen heraus.

3.2.3.1 Fläche von Parallelogrammen

Die Erarbeitung von Flächenformen wie etwa Rechteck, Parallelogramm, Trapez, Drei-eck oder Kreis in der Sekundarstufe I ist auch mit der Frage nach dem Flächeninhalt der jeweiligen Figur verbunden. Für Rechtecke kann man die Flächenformel „Flächen-inhalt = Länge · Breite" durch Auslegen mit Einheitsquadraten gewinnen, bei anderen Vierecken und vielen anderen Formen ist dies hingegen nicht möglich. Hier helfen Strategien wie das Zerlegen und Ergänzen unbekannter Flächenformen, um diese auf Bekanntes zurückzuführen.

Stellen wir uns etwa die Situation vor, die Schüler kennen von den Flächenformeln bislang nur die Formel für Rechtecke. Ziel ist es, die Flächenformel für Parallelogramme zu erarbeiten. Dazu zeichnen die Schüler Parallelogramme in ihr Heft und erhalten den Auftrag, jeweils den Flächeninhalt zu bestimmen. Eine naheliegende Strategie ist, wie in Abb. 3.5 links dargestellt, ein Parallelogramm in ein flächengleiches Rechteck zu ver-wandeln, indem man ein Dreieck abschneidet und es an der gegenüberliegenden Seite ansetzt. Auf diese Weise entsteht unmittelbar Einsicht in die Flächenformel „Flächen-inhalt = Grundseite · Höhe". So bestechend klar diese Begründung der Flächenformel

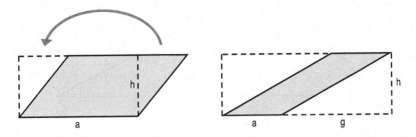

Abb. 3.5 Wege zur Flächenformel für Parallelogramme

ist, sie ist doch nur für bestimmte Parallelogramme gültig. Das Abschneiden eines geeigneten Dreiecks ist nur möglich, wenn es zur gewählten Grundseite eine Höhe gibt, die vollständig innerhalb des Parallelogramms liegt. Wenn das Parallelogramm „sehr schief" ist, d. h. wenn zur gewählten Grundseite keine Höhe im Parallelogramm liegt (vgl. Abb. 3.5 rechts), dann funktioniert diese Flächenverwandlung so nicht. Die Schüler sollten auf diese Einschränkung bei der gewählten Begründung der Parallelogramm-Formel zumindest aufmerksam gemacht werden – verbunden mit dem Hinweis, dass die Formel aber dennoch für jedes Parallelogramm gilt.

An dieser Stelle bietet sich Binnendifferenzierung beim Begründen und Beweisen an. Aus pädagogisch-didaktischen Überlegungen heraus mag es gerechtfertigt erscheinen, den Beweis der Flächenformel mit der gesamten Klasse, wie in Abb. 3.5 links dargestellt, nur für spezielle Parallelogramme zu führen. Daran anknüpfend kann man allen Schülern den freiwillig zu bearbeitenden Auftrag geben, eine Begründung für die Flächenformel zu suchen, wenn zur gewählten Grundseite keine Höhe innerhalb des Parallelogramms liegt. Besonders begabte Schüler können diesen Impuls aufnehmen, weiterdenken und sich etwa Beweisalternativen überlegen, die für alle Parallelogramme gültig sind.

Beispielsweise kann das Parallelogramm – wie in Abb. 3.5 rechts skizziert – mit zwei Dreiecken zu einem großen Rechteck ergänzt werden. Diese beiden Dreiecke lassen sich wiederum zu einem kleineren Rechteck zusammenschieben. Der Flächeninhalt des Parallelogramms ist damit die Differenz der Inhalte der beiden Rechtecke, d. h., mit den Bezeichnungen aus Abb. 3.5 ist $A = (a + g) \cdot h - g \cdot h = a \cdot h$.

3.2.3.2 Sinussatz

Die Trigonometrie eröffnet in der Sekundarstufe I neue Möglichkeiten zur Berechnung von Längen und Winkeln in geometrischen Konfigurationen. Grundlegend ist dabei die Einsicht, dass rechtwinklige Dreiecke, die in einem Innenwinkel $\alpha \neq 90°$ übereinstimmen, ähnlich sind und somit gleiche Seitenverhältnisse aufweisen. Damit hängen die Werte $\sin \alpha = \frac{Gegenkathete}{Hypotenuse}$ und $\cos \alpha = \frac{Ankathete}{Hypotenuse}$ nur vom Winkel α, nicht aber von der Größe des rechtwinkligen Dreiecks ab. Dies ist der Schlüssel zu verschiedensten Anwendung der Trigonometrie (z. B. in der Landvermessung, der Architektur oder der Navigation).

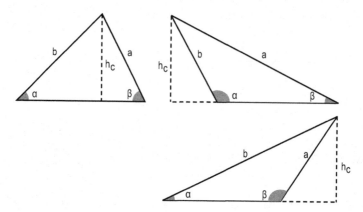

Abb. 3.6 Sinussatz

Allerdings treten in Anwendungssituationen oft Dreiecke auf, die nicht rechtwinklig
sind. In solchen Fällen stellen der Sinus- und der Kosinussatz praktische Werkzeuge
dar, um Seitenlängen und Winkel in allgemeinen Dreiecken zu berechnen. Beide Sätze
können dadurch gewonnen werden, dass man zu einem allgemeinen Dreieck eine Höhe
einzeichnet, sodass zwei rechtwinklige Dreiecke entstehen. Auf diese werden die obigen
Beziehungen für Sinus und Kosinus in rechtwinkligen Dreiecken angewandt.

Für den Sinussatz enthält das nachfolgende Beispiel Aufträge, mit denen alle Schüler
einer Klasse diesen Satz sowie gleichzeitig eine zugehörige Begründung erarbeiten
können. Die Überlegungen stützen sich dabei auf geometrische Skizzen (vgl. Abb. 3.6).
Um den Sinussatz in voller Allgemeinheit zu beweisen, ist es notwendig, verschiedene
Fälle zu betrachten. Dadurch bestehen bei dieser Thematik Möglichkeiten der Binnendifferenzierung. Man kann im Mathematikunterricht etwa mit der gesamten Klasse einen
Fall exemplarisch behandeln (z. B. den in Abb. 3.6 links dargestellten Fall). Besonders
begabte Schüler können darauf aufbauend überlegen, welche weiteren Fälle noch
existieren. Sie können ihr Bewusstsein schärfen, dass für einen vollständigen Beweis alle
möglichen Fälle betrachtet werden müssen. Durch Modifikation der Überlegungen zum
ersten Fall können sie alle weiteren Fälle erschließen und dadurch den Sinussatz vollständig und lückenlos beweisen.

Sinussatz

Sinus und Kosinus sind praktische Werkzeuge, um Berechnungsprobleme zu
bearbeiten, die mit Dreiecken beschrieben werden können (z. B. in der Landvermessung). Bislang hast du Sinus und Kosinus an rechtwinkligen Dreiecken und am
Einheitskreis kennengelernt. Im Folgenden kannst du einen Zusammenhang zwischen
Winkeln und Seitenlängen in beliebigen Dreiecken entdecken. Dieser sog. Sinussatz
erleichtert die Bearbeitung mancher Berechnungsprobleme.

Erarbeitung des Sinussatzes

a) Zeichne ein beliebiges Dreieck ABC und zeichne die Höhe h_c ein.

b) Drücke $\sin\alpha$ und $\sin\beta$ mithilfe der gezeichneten Strecken aus.

c) Drücke $\frac{\sin\alpha}{\sin\beta}$ nur mithilfe der Dreiecksseiten aus. Als Ergebnis erhältst du den Sinussatz.

d) Formuliere den Sinussatz auch für $\frac{\sin\beta}{\sin\gamma}$ und $\frac{\sin\gamma}{\sin\alpha}$ sowie mit Worten.

Beispiele

Gib dir für ein Dreieck eine Seitenlänge und zwei Innenwinkel vor und berechne jeweils alle anderen Seitenlängen und Innenwinkel. Zeichne das Dreieck. Überlege dir mehrere solcher Beispiele.

Zum Weiterdenken

Hast du bei deinen Überlegungen zur Begründung des Sinussatzes alle möglichen Dreiecksformen und alle möglichen Winkelgrößen berücksichtigt? Ergänze ggf. deine bisherigen Überlegungen um noch nicht berücksichtigte Fälle.

In Teilaufgabe a) kann das Dreieck ABC etwa wie in Abb. 3.6 links dargestellt gezeichnet werden, sodass die Höhe h_c innerhalb des Dreiecks liegt bzw. – äquivalent dazu – die Winkel α und β beide kleiner als 90° sind. In diesem Fall teilt die Höhe das Dreieck in zwei rechtwinklige Dreiecke. Die Werte $\sin\alpha$ und $\sin\beta$ lassen sich unmittelbar als Längenverhältnis der jeweiligen Gegenkathete und der Hypotenuse ausdrücken: $\sin\alpha = \frac{h_c}{b}$ und $\sin\beta = \frac{h_c}{a}$.

Die Division beider Ausdrücke ergibt den Sinussatz: $\frac{\sin\alpha}{\sin\beta} = \frac{a}{b}$

In Worten: Die Längen zweier Dreiecksseiten verhalten sich wie die Sinuswerte der jeweils gegenüberliegenden Winkel.

Diese Herleitung und Begründung des Sinussatzes kann aus pädagogisch-didaktischen Überlegungen als ausreichend für die gesamte Klasse angesehen werden. Mathematisch begabte Schüler könnten bzw. sollten allerdings noch weiterdenken. Im Sinne der Förderung präzisen schlussfolgernden Denkens sollten sie sich bewusst machen, dass bei der Beweisführung eine spezielle Eigenschaft des Dreiecks verwendet wurde: Die betrachtete Höhe h_c liegt innerhalb des Dreiecks (d. h., die Winkel α und β sind beide kleiner als 90°). Die Schüler sollten einsehen, dass für Fälle, in denen diese Bedingung nicht erfüllt ist, der Sinussatz noch nicht bewiesen ist.

Betrachten wir deshalb den Fall, dass die Höhe h_c außerhalb des Dreiecks liegt (d. h. $\alpha > 90°$ oder $\beta > 90°$, vgl. Abb. 3.6 rechts). In diesem Fall kann die bisherige Begründung des Sinussatzes modifiziert werden. Ist beispielsweise $\alpha > 90°$, so ist der Nebenwinkel $\alpha' := 180° - \alpha$ Innenwinkel eines rechtwinkligen Dreiecks mit der Hypotenuse b und der Gegenkathete h_c, also $\sin\alpha' = \frac{h_c}{b}$. Der Bezug zu $\sin\alpha$ ergibt sich über $\alpha' = 180° - \alpha$, denn damit ist $\sin\alpha = \sin\alpha' = \frac{h_c}{b}$. Mit den weiteren Überlegungen aus dem ersten Fall gilt der Sinussatz somit auch hier. Ganz analog kann man $\beta > 90°$ behandeln.

Schließlich ist noch der Fall, dass die Höhe h_c gleich einer Dreiecksseite ist (d. h. $\alpha = 90°$ oder $\beta = 90°$), eine kurze Überlegung wert. Hier ist das Dreieck jeweils rechtwinklig. Der Sinussatz wird zur bekannten Beziehung für $\frac{Gegenkathete}{Hypotenuse}$ im rechtwinkligen Dreieck.

In der Zusammenschau aller möglichen Fälle zeigt sich insgesamt, dass der Sinussatz $\frac{\sin\alpha}{\sin\beta} = \frac{a}{b}$ in jedem Dreieck ohne Einschränkung gilt.

3.2.3.3 Ableitung der Sinusfunktion

Im Rahmen der Trigonometrie in der Sekundarstufe I lernen die Schüler die Sinus- und die Kosinusfunktion kennen. Dies dient beispielsweise der Beschreibung periodischer Prozesse (z. B. von Schwingungen). Beim Aufbau der Differenzialrechnung liegt es nahe, auch diese Funktionen in Bezug auf Differenzierbarkeit und ihre Ableitung zu untersuchen. Dabei kann die Erarbeitung der Ableitungsfunktion etwa graphisch oder durch Berechnen des Differenzialquotienten erfolgen. Beide Wege unterscheiden sich erheblich im Hinblick auf ihr fachliches Anspruchsniveau, aber auch in Bezug auf die Stichhaltigkeit der Begründung und damit die „Verlässlichkeit" des Ergebnisses. Bei dieser Thematik bietet sich innere Differenzierung an.

Mit unten stehendem Beispiel gewinnen alle Schüler einer Klasse anhand der ersten Arbeitsaufträge einen direkten und einprägsamen Zugang zur Ableitung der Sinusfunktion. Sie zeichnen den Funktionsgraphen und lesen für Tangenten an einzelnen Punkten die zugehörige Steigung ab. So erhalten sie einen Überblick über den Verlauf der Ableitungsfunktion.

Dieses graphische Differenzieren kann auf Papier erfolgen, es bietet sich dabei aber auch an, Software für dynamische Geometrie zu nutzen (vgl. Abb. 3.7). Die Schüler erzeugen am Bildschirm den Graphen der Sinusfunktion, setzen einen Punkt („Gleiter") auf den Graphen, erstellen in diesem Punkt die Tangente an den Graphen und lassen

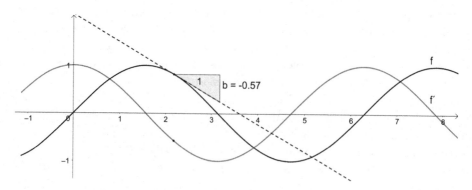

Abb. 3.7 Graphisches Ableiten der Sinusfunktion

die zugehörige Steigung anzeigen. Bewegt man den Gleiter auf dem Graphen, passen sich die Tangente, das Steigungsdreieck und der dargestellte Wert der Steigung an. So erkunden die Schüler geometrisch und numerisch den Verlauf der Ableitungsfunktion. Erzeugt man zusätzlich noch einen Punkt, der die gleiche x-Koordinate wie der Gleiter hat und als y-Koordinate den Wert der Tangentensteigung besitzt, so zeichnet dieser Punkt beim Bewegen des Gleiters als Spur punktweise den Graphen der Ableitungsfunktion (vgl. Greefrath et al. 2016, S. 185).

Durch graphisches Differenzieren gelangen die Schüler experimentell zur Vermutung, dass es sich bei der Ableitungsfunktion um die Kosinusfunktion handeln könnte. Zumindest mathematisch begabte Schüler sollten einsehen, dass das graphische Differenzieren zwar eine Vermutung, aber noch kein verlässliches Resultat liefert. Ein solches erhält man, wenn man auf die Definition der Ableitung zurückgreift und diese auf die Sinusfunktion anwendet. Hierbei besteht allerdings die Schwierigkeit, dass der Differenzialquotient für die Sinusfunktion nicht unmittelbar zu erschließen ist. Für die Berechnung sind etwa trigonometrische Formeln, algebraische Umformungen, geometrische Überlegungen und weitere Grenzwertbetrachtungen zielführend. Das unten stehende Beispiel enthält entsprechende Arbeitsaufträge, mit denen insbesondere mathematisch begabte Schüler diese Thematik in wesentlichen Teilen eigenständig erkunden können.

Die Ableitung der Sinusfunktion

Die Sinusfunktion ist Ihnen bereits in früheren Jahrgangsstufen begegnet. Im Folgenden können Sie diese Funktion im Hinblick auf Steigungen des Graphen untersuchen und ihre Ableitungsfunktion bestimmen.

Graphisches Ableiten

Auf graphischem Weg können Sie einen Überblick über die Ableitung der Sinusfunktion gewinnen. Dazu können Sie Zeichnungen etwa auf Papier oder auch mit Software für dynamische Mathematik auf einem Bildschirm erstellen.

a) Zeichnen Sie den Graphen der Sinusfunktion $f(x) = \sin x$ für $x \in \mathbb{R}$.

b) Betrachten Sie an verschiedenen Stellen des Graphen der Sinusfunktion jeweils die Tangente und ermitteln Sie deren Steigung (insbesondere an den Nullstellen und den Extrema). Erkunden Sie dadurch den Verlauf der Ableitungsfunktion und skizzieren Sie ihren Graphen.

c) Welcher Funktionsterm passt aufgrund Ihrer Ergebnisse zur Ableitungsfunktion?

Zum Weiterdenken

Das graphische Ableiten liefert eine Vermutung über die Ableitung der Sinusfunktion. Allerdings ist das graphisch gewonnene Resultat noch nicht wirklich verlässlich.

Ein präzise begründetes Ergebnis erhält man, wenn man auf die Definition der Ableitung zurückgreift und diese auf die Sinusfunktion anwendet.

Vorüberlegung: Die Funktion $g(x) = \frac{\sin x}{x}$

a) Untersuchen Sie die Funktion $g(x) = \frac{\sin x}{x}$ mit $x \in \mathbb{R} \backslash \{0\}$ in möglichst vielfältiger Hinsicht. Untersuchen Sie dabei insbesondere, wie sich diese Funktion in der Umgebung von 0 verhält.

b) Begründen Sie – z. B. durch Überlegungen am Einheitskreis –, dass für Winkel im Bogenmaß $x \in \left] 0; \frac{\pi}{2} \right[$ gilt:

$$\sin x < x < \tan x$$

Folgern Sie daraus:

$$\cos x < \frac{\sin x}{x} < 1$$

Betrachten Sie den Grenzprozess $x \to 0$ und stellen Sie Bezüge zu Ihren Überlegungen aus a) her.

Die Ableitung der Sinusfunktion – präzise begründet

Eine Funktion f wird *differenzierbar* an einer Stelle x genannt, wenn der Grenzwert $f'(x) := \lim_{t \to x} \frac{f(x) - f(t)}{x - t}$ existiert. In diesem Fall heißt $f'(x)$ *Ableitung* von f an der Stelle x.

Bestimmen Sie mit dieser Definition die Ableitung der Sinusfunktion $f(x) = \sin x$ für $x \in \mathbb{R}$.

Ein Tipp: Für die Umformung des Differenzenquotienten ist die allgemeine trigonometrische Formel

$$\sin \alpha - \sin \beta = 2 \sin \frac{\alpha - \beta}{2} \cdot \cos \frac{\alpha + \beta}{2}$$

nützlich.

Die Definition der Ableitung anhand des Differenzialquotienten bedeutet für die Sinusfunktion:

$$f'(x) = \lim_{t \to x} \frac{f(x) - f(t)}{x - t} = \lim_{t \to x} \frac{\sin x - \sin t}{x - t}$$

(Alternativ ist natürlich auch eine Darstellung mit einem Grenzprozess $h \to 0$ möglich.) Der Wert dieses Grenzwerts lässt sich nicht unmittelbar ablesen. Deshalb wird der Zähler des Differenzenquotienten mit der im Beispiel angegebenen trigonometrischen Formel in ein Produkt umgeformt. Damit erhält man:

$$f'(x) = \lim_{t \to x} \frac{2 \sin \left(\frac{x-t}{2} \right) \cos \left(\frac{x+t}{2} \right)}{x-t} = \lim_{t \to x} \frac{\sin \left(\frac{x-t}{2} \right)}{\frac{x-t}{2}} \cdot \cos \left(\frac{x+t}{2} \right) = \cos x$$

Im letzten Schritt wurden die Stetigkeit der Kosinusfunktion und der Grenzwert $\lim_{x \to 0} \frac{\sin x}{x} = 1$ verwendet. Dieser Grenzwert ist von den Schülern gesondert zu erarbeiten. Dazu erhalten sie vorab den Auftrag, die Funktion $g(x) = \frac{\sin x}{x}$ mit $x \in \mathbb{R} \backslash \{0\}$ in möglichst vielfältiger Hinsicht zu untersuchen. Es bietet sich beispielsweise an, den Graphen zu zeichnen und eine Wertetabelle für die Umgebung der Definitionslücke 0 zu erstellen. Dadurch gewinnen die Schüler die Vermutung, dass die Funktionswerte gegen 1 konvergieren, wenn x gegen 0 konvergiert. Nachweisen lässt sich diese Vermutung mit geometrischen und algebraischen Überlegungen. Durch Flächen- oder Längenvergleiche am Einheitskreis erhält man für $0 < x < \frac{\pi}{2}$ die Ungleichung $\sin x < x < \tan x$. Dividiert man dies durch $\sin x$ und bildet die Kehrbrüche, ergibt sich $\cos x < \frac{\sin x}{x} < 1$. Letzteres gilt ebenso für negative x, d. h. für $-\frac{\pi}{2} < x < 0$. Für $x \to 0$ konvergiert $\cos x$ gegen 1 und damit konvergiert auch $\frac{\sin x}{x}$ gegen 1 (vgl. Greefrath et al. 2016, S. 186 f.).

Wir sehen, dass die Berechnung des Differenzialquotienten für die Sinusfunktion durchaus einen gewissen Aufwand bedeutet. Die meisten Schüler würden die einzelnen Rechenschritte allenfalls nachvollziehen, aber nicht selbst entwickeln können. Damit stellt sich die didaktische Frage: Lohnt sich dieser Aufwand im Mathematikunterricht oder genügt eine Erarbeitung über graphisches Differenzieren – ggf. mit Einsatz digitaler Werkzeuge?

Eine Antwort wäre, dass die Lernziele ja nicht für alle Schüler einer Klasse gleich sein müssen. Über graphisches Differenzieren können alle Schüler relativ rasch experimentell zum zentralen Ergebnis kommen, dass die Ableitung der Sinusfunktion gleich der Kosinusfunktion ist. Sie können dieses Resultat anhand der Arbeitsaufträge im obigen Beispiel weitgehend selbstständig entdecken. Dabei frischen sie Grundwissen über die Sinusfunktion auf (Verlauf des Graphen, Nullstellen, Lage der Extrema, Periodizität), sie vertiefen die Grundvorstellung der Ableitung als Tangentensteigung und gehen den Schritt von Ableitungen an einzelnen Stellen hin zur Ableitungsfunktion.

Mathematisch begabten Schülern sollten die Lerngelegenheiten, die die Berechnung des Differenzialquotienten bieten, allerdings nicht vorenthalten werden. Sie können dafür sensibilisiert werden, dass graphisches Differenzieren zwar eine Vermutung, aber kein verlässliches Ergebnis liefert. Ein solches erhält man durch Anwenden der Definition der Ableitung. So erleben die Schüler mathematische Theorieentwicklung als schlüssiges Folgern von Sätzen aus Definitionen. Sie entwickeln ihre Fähigkeiten des präzisen schlussfolgernden Denkens weiter und vernetzen dabei gleichzeitig vielfältige Inhalte der Schulmathematik.

3.2.3.4 Hauptsatz der Differenzial- und Integralrechnung

Die Analysis umfasst zwei große Themenstränge: die Differenzial- und die Integralrechnung. In der Differenzialrechnung werden lokale Änderungen von Funktionen betrachtet und dazu der Ableitungsbegriff entwickelt. In der Integralrechnung wird eine globale Sicht auf Funktionen eingenommen und es werden z. B. Flächenbilanzen oder die Kumulierung von Änderungen mit Integralen beschrieben. Beide Theoriegebäude stehen beim Aufbau der Schulmathematik in der Oberstufe zunächst nebeneinander. In einer Jahrgangsstufe werden Ableitungen eingeführt und in der Regel in einer anderen Jahrgangsstufe Integrale. Die Verbindung zwischen diesen beiden Themensträngen stellt der Hauptsatz der Differenzial- und Integralrechnung (HDI) her:

▶ **HDI**

Seien $f : I \to \mathbb{R}$ eine auf einem offenen Intervall I stetige Funktion und $a \in I$. Dann ist die Integralfunktion

$$F(x) := \int_a^x f(t)dt, \; x \in I,$$

auf I differenzierbar und es gilt $F' = f$.

Der Beweis dieses Satzes kann in unterschiedlichen Graden der Formalisierung bzw. Präzision erfolgen. Dadurch besteht hier Potenzial für Binnendifferenzierung beim Begründen und Beweisen. Die Lehrkraft könnte zunächst mit der gesamten Klasse eine anschauliche Begründung dieses Satzes entwickeln, die bei Integralen auf die Flächeninhaltsvorstellung und bei Ableitungen auf die Vorstellung der Änderungsrate zurückgreift:

Gemäß der Definition der Ableitung ist für $x \in I$ die Ableitung $F'(x) = \lim_{h \to 0} \frac{F(x+h) - F(x)}{h}$.

Wir betrachten zunächst den Fall, dass der Graph von f oberhalb der x-Achse verläuft und $h > 0$ ist mit $x + h \in I$. Die Differenz $F(x + h) - F(x)$ entspricht dem Inhalt des in Abb. 3.8 dunkel markierten Flächenstreifens. Er hat die Breite h und näherungsweise die Höhe $f(x)$. Es ist also $F(x + h) - F(x) \approx f(x) \cdot h$ bzw. $\frac{F(x+h) - F(x)}{h} \approx f(x)$. Der Unterschied wird beliebig klein, wenn man den Streifen nur schmal genug wählt. Für $h \to 0$ konvergiert also $\frac{F(x+h) - F(x)}{h}$ gegen $f(x)$.

Ein Lernziel im Mathematikunterricht kann bzw. sollte sein, mit diesem Beweis Grundvorstellungen zum Ableitungs- und zum Integralbegriff (vgl. Greefrath et al. 2016, S. 147 ff., 238 ff.) zu vernetzen: Die Integralfunktion gibt hier einen Flächeninhalt in

Abb. 3.8 Beweis zum Hauptsatz der Differenzial- und Integralrechnung

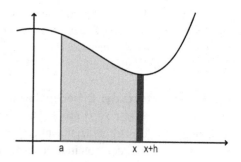

Abhängigkeit von der oberen Integrationsgrenze an. Die Ableitung der Integralfunktion ist die zugehörige Änderungsrate dieses Flächeninhalts. Sie ist gleich der Integrandenfunktion.

Aus pädagogisch-didaktischen Überlegungen mag es als ausreichend erscheinen, den Hauptsatz mit der gesamten Klasse in der bislang dargestellten Form zu begründen. Mathematisch begabte Schüler sollten allerdings im Sinne von Binnendifferenzierung Impulse erhalten, um weiterzudenken. So ist eine Voraussetzung des Hauptsatzes, dass die Funktion f stetig ist. Die Schüler könnten darüber nachdenken, wofür diese Voraussetzung eigentlich gebraucht wird und ob sie wirklich notwendig ist. Dazu kann die Lehrkraft etwa folgende Denkanstöße geben:

- An welcher Stelle des Beweises wurde die Voraussetzung verwendet, dass die Funktion f stetig ist?
- Überlegen Sie sich ein Beispiel einer integrierbaren, nicht stetigen Funktion f, für die die Aussage des Hauptsatzes für die Integralfunktion F nicht gilt.

Des Weiteren sollte problematisiert werden, dass beim obigen Beweis des Hauptsatzes Zusatzannahmen getroffen wurden, die der Satz selbst gar nicht enthält. Es wurde angenommen, dass der Graph von f oberhalb der x-Achse verläuft und $h > 0$ ist, damit man den Flächeninhalt des betrachteten Streifens leicht ausdrücken kann. In der Zeichnung wurde $x > a$ gewählt. Die Schüler sollten sich bewusst machen, dass dies die Tragfähigkeit der entwickelten Begründung zunächst deutlich einschränkt. Dazu könnten sie etwa folgende Aufträge erhalten:

- Gelten die Überlegungen auch für $x \leq a$?
- Wie ist der Beweis für den Fall $h < 0$ zu führen?
- Wie ist der Beweis zu führen, wenn der Graph von f unterhalb der x-Achse verläuft?

Für diese Fälle brauchen die ursprünglichen Beweisüberlegungen nur sehr gering modifiziert zu werden. Die Näherung $F(x + h) - F(x) \approx f(x) \cdot h$ gilt auch in diesen Fällen. Allerdings können dabei einige der Terme negative Werte haben.

Schließlich bleibt noch der Fall, dass f im Intervall I das Vorzeichen wechselt. Teils können die bisherigen Überlegungen auch auf diesen Fall übertragen werden. Wenn etwa f an der Stelle x nicht null ist, kann man – aufgrund der Stetigkeit – den Wert h betragsmäßig so klein wählen, dass im Intervall zwischen x und $x + h$ der Graph vollständig oberhalb oder unterhalb der x-Achse verläuft. Dann lassen sich die bisherigen Überlegungen zu Flächenstreifen auch in diesem Fall anwenden. Allerdings sind auch „exotische" Situationen möglich, etwa wenn x ein Häufungspunkt von Nullstellen mit Vorzeichenwechsel ist.

Um den Hauptsatz in voller Allgemeinheit zu beweisen, ist auf anschauliche Überlegungen, die nur in Spezialfällen gelten, zu verzichten. Einen solchen Beweis zeigt das nachfolgende Beispiel. Die Lehrkraft könnte besonders begabten Schülern einen derart allgemeinen Beweis – etwa anhand des Schulbuchs – vorgeben und sie einladen, den Beweis möglichst eigenständig durchzuarbeiten, nachzuvollziehen und zu verstehen. Dies ist bei der vorliegenden Thematik eine durchaus anspruchsvolle Herausforderung.

Hauptsatz der Differenzial- und Integralrechnung

Seien $f : I \to \mathbb{R}$ eine auf einem offenen Intervall I stetige Funktion und $a \in I$. Dann ist die Integralfunktion

$$F(x) := \int_a^x f(t)\,dt, \quad x \in I,$$

auf I differenzierbar und es gilt $F' = f$.

Beweis

Die Ableitung von F an einer Stelle $x \in I$ ist gemäß Definition $F'(x) = \lim_{h \to 0} \frac{F(x+h) - F(x)}{h}$.

Wir betrachten zunächst $h > 0$ mit $x + h \in I$. Der Zähler des Differenzenquotienten ist:

$$F(x + h) - F(x) = \int_a^{x+h} f(t)\,dt - \int_a^x f(t)\,dt = \int_x^{x+h} f(t)\,dt$$

Da f stetig ist, nimmt f das Minimum m und das Maximum M der Funktionswerte zum Intervall $[x, x + h]$ an. Für dieses Intervall ist $m \cdot h$ eine Untersumme und $M \cdot h$ eine Obersumme von f. Damit gilt:

$$m \cdot h \leq \int_x^{x+h} f(t)\,dt \leq M \cdot h$$

Nach Division durch h erhält man:

$$m \leq \frac{F(x + h) - F(x)}{h} \leq M$$

Beim Grenzprozess $h \to 0$ konvergieren wegen der Stetigkeit von f sowohl das Minimum m als auch das Maximum M gegen $f(x)$. Damit konvergiert auch $\frac{F(x+h) - F(x)}{h}$ gegen $f(x)$.

Diese Überlegungen lassen sich in entsprechender Weise auf den Fall $h < 0$ übertragen. Führen Sie dies durch!

Wenn die Schüler einen solchen vorgegebenen Beweis nachvollziehen, kann dies zu substanziellen Lerneffekten führen. Neben der Entwicklung inhaltsbezogener Kompetenzen fördert dies das Verstehen mathematischer Fachsprache und präzises schlussfolgerndes Denken. Im vorliegenden Beispiel können die Schüler ihr Verständnis für den Gedankengang noch vertiefen, indem sie diesen auf den Fall $h < 0$ übertragen.

Hierfür sind zwar keine substanziell neuen Beweisideen nötig, es ist allerdings eine gewisse Sorgfalt beim Umgang mit Vorzeichen und Integrationsrichtungen erforderlich.

3.2.3.5 Einbettung in den Mathematikunterricht

Bei den vier dargestellten Unterrichtsbeispielen (Parallelogrammfläche, Sinussatz, Ableitung der Sinusfunktion, HDI) wurde jeweils bereits skizziert, wie Differenzierung im Mathematikunterricht beim Begründen und Beweisen praktisch realisiert werden kann. Die Beispiele sind prototypisch für folgende Situation: Mit der gesamten Klasse werden Grundzüge eines Beweises entwickelt. Ein wesentliches Ziel ist dabei, die Fähigkeiten aller Schüler zu schlussfolgerndem Denken zu fördern. Allerdings findet im Vergleich zu einem präzisen, vollständigen Beweis aus pädagogisch-didaktischen Gründen eine Reduktion der Präzision oder des Umfangs statt. Dies heißt etwa, es werden auch anschaulich gewonnene Argumente genutzt, es werden im Beweis plausible (Teil-)Aussagen ohne weitere Begründung verwendet oder es werden nur einige von allen denkbaren Fällen behandelt. Hierdurch entstehen im Mathematikunterricht in natürlicher Weise Gelegenheiten zur Binnendifferenzierung. Mathematisch begabte Schüler können bzw. sollten sich bewusst machen, an welchen Stellen im Beweis aus dem Klassenunterricht Präzisierungen oder Ergänzungen nötig wären. Dies erfordert vonseiten der Lehrkraft keinen großen Aufwand. Sie könnte begabte Schüler etwa mit Impulsen folgender Art anregen, den Gedankengang eines Beweises aus dem Unterricht zu vertiefen: „Sieh mal, an dieser Stelle waren wir im Unterricht etwas ungenau. Man müsste auch noch begründen, warum …; man müsste auch noch den Fall berücksichtigen, dass …! Denk doch hierüber nach und berichte in der nächsten Stunde von deinen Überlegungen!" Möglicherweise entdecken Schüler sogar selbst solche „Lücken" im Beweis aus dem Klassenunterricht und äußern dies mit entsprechenden Nachfragen. Bei Bedarf kann die Lehrkraft die Schüler auf ergänzende Materialien (z. B. im Schulbuch oder im Internet) hinweisen oder ihnen solche an die Hand geben. Differenzierung zur Begabtenförderung ergibt sich in solchen Situationen also unmittelbar aus dem regulären Unterricht. Voraussetzung hierfür ist vor allem eine gewisse Sensibilität der Lehrkraft für das Differenzierungspotenzial beim Beweisen und die Überzeugung, dass es sich lohnt, die mathematischen Fähigkeiten begabter Schüler zu schlussfolgerndem Denken in spezifischer Weise zu fördern.

3.2.4 Mathematisches Experimentieren

In Abschn. 1.1.1 wurde mathematisches Experimentieren als typisch mathematische Arbeitsweise dargestellt. Man steht dabei vor einer mathematikhaltigen Situation, die persönlich als komplex und unerschlossen erlebt wird. Um einen Zugang zu gewinnen, werden Beispiele generiert und untersucht, Beobachtungen gesammelt und strukturiert, Vermutungen über tiefer liegende mathematische Zusammenhänge aufgestellt und zugehörige Begründungen gesucht. Mathematisches Experimentieren ist damit ein Weg

zur Gewinnung von Erkenntnissen und Einsicht. Um im Mathematikunterricht Lernumgebungen (vgl. Abschn. 3.1.1) für experimentierendes Denken zu schaffen, bedarf es
Aufgabenstellungen, die eine mathematische Situation umreißen, Fragestellungen aufwerfen und zum Experimentieren einladen. In methodischer Hinsicht sollten Schüler
dabei Freiräume für eigenständiges Erkunden der Thematik, für kooperatives Forschen
sowie für ein Präsentieren und Diskutieren von Ideen und Ergebnissen erhalten. Dies ist
natürlich nicht nur für Begabtenförderung relevant, sondern sollte regelmäßig Bestandteil des regulären Mathematikunterrichts für alle Schüler sein. Hierbei besteht allerdings
auch deutliches Potenzial zur Differenzierung, weil Experimentieren immer mit einer
gewissen Offenheit verbunden ist. Um dies zu konkretisieren, werden wir im Folgenden
drei Beispiele für entsprechende Aufgaben aus den Bereichen Stochastik, Geometrie
und Algebra/Analysis vorstellen. Anschließend werden methodische Fragen der Einbindung in den Mathematikunterricht – insbesondere im Hinblick auf Differenzierung –
besprochen.

3.2.4.1 Kombinatorisch forschen: Das MISSISSIPPI-Problem

In der Grundschule und den unteren Jahrgangsstufen der Sekundarstufe befassen sich
Schüler etwa mit kombinatorischen Problemen folgender Art:

- Du hast in deinem Kleiderschrank fünf Pullover und drei Hosen. Auf wie viele Arten
  kannst du dich damit anziehen?
- Wie viele Drei-Gänge-Menüs kann man aus einer Speisekarte mit vier Vorspeisen,
  sieben Hauptgerichten und fünf Nachspeisen zusammenstellen?
- Du hast einen blauen, einen roten und einen gelben Würfel. Wie viele verschiedene
  Türme aus drei Würfeln kannst du damit bauen?
- Auf wie viele Arten können sich vier Schüler für ein Foto nebeneinanderstellen?

Alle Schüler einer Klasse sollten insbesondere Einsicht dafür entwickeln, dass derartigen
Situationen jeweils eine *Multiplikation* zugrunde liegt. Führen wir uns den zugehörigen
universellen Gedankengang am obigen Beispiel „Drei-Gänge-Menü" vor Augen:

- Für die Vorspeise gibt es 4 Möglichkeiten.
- Für *jede* dieser 4 Möglichkeiten gibt es für das Hauptgericht 7 Möglichkeiten.
  Vorspeise und Hauptgericht lassen sich also auf $4 \cdot 7 = 28$ verschiedene Arten
  zusammenstellen.
- Für *jede* dieser 28 Möglichkeiten gibt es für die Nachspeise 5 Möglichkeiten. Ins-
  gesamt sind also $4 \cdot 7 \cdot 5 = 140$ verschiedene Drei-Gänge-Menüs möglich.

Auch bei den anderen obigen Aufgaben führt ein entsprechender Gedankengang zum
Ziel. Durch das Bearbeiten mehrerer derartiger Probleme sollten die Schüler erkennen,
dass die Situationen jeweils das gleiche mathematische Muster aufweisen:

▶ **Zählprinzip**

Es ist nach einer Anzahl von Möglichkeiten für die Besetzung von Positionen gefragt.

- Dabei stehen die Positionen in einer festen Reihenfolge.
- Für die Besetzung jeder einzelnen Position gibt es eine feste Zahl an Möglichkeiten.

Die gesuchte Gesamtzahl ist das Produkt der Zahlen der Möglichkeiten bei den einzelnen Positionen.

Dieses sog. Zählprinzip bietet einen Weg, zunächst unübersichtlich erscheinende Anzahlen systematisch zu ermitteln. Wenn man das Zählprinzip im Mathematikunterricht – vor allem an Beispielen – erarbeitet, besteht die Gefahr der Übergeneralisierung. Die Schüler wenden dieses Prinzip dann auf alle kombinatorischen Situationen an, auch wenn die erforderlichen Voraussetzungen gar nicht erfüllt sind. Um solche Übergeneralisierungen zu vermeiden und das Denken der Schüler flexibel zu gestalten, sollten auch kombinatorische Probleme bearbeitet werden, bei denen die Voraussetzungen des Zählprinzips nicht gegeben sind. Dies bietet insbesondere begabten Schülern ein weites Feld für mathematisches Experimentieren. Die Schüler sind gefordert, in kombinatorischen Situationen Beispiele zu untersuchen, ihre Beobachtungen zu strukturieren, Vermutungen aufzustellen, diese in möglichst allgemeiner Weise zu begründen und auf diese Weise die den Beispielen zugrunde liegenden mathematischen Muster zu erschließen.

Bei der folgenden Thematik stehen – wie beim Zählprinzip – die zu besetzenden Positionen in einer festen Reihenfolge. Allerdings kann die Anzahl der Besetzungsmöglichkeiten einer bestimmten Position von den Besetzungen der anderen Positionen abhängen.

Kombinatorisch forschen

Würfeltürme

Du hast vier farbige Würfel gleicher Größe und legst sie zu einem vierstöckigen Turm aufeinander. Wie viele mögliche Farbkombinationen gibt es für den Turm, wenn

a) alle Würfel unterschiedliche Farben haben?
b) zwei Würfel rot, ein Würfel blau und ein Würfel grün sind?
c) zwei Würfel rot und zwei Würfel blau sind?
d) drei Würfel rot und ein Würfel blau sind?

Du hast fünf farbige Würfel gleicher Größe und legst sie zu einem fünfstöckigen Turm aufeinander. Wie viele mögliche Farbkombinationen gibt es für den Turm, wenn

a) alle Würfel unterschiedliche Farben haben?

b) zwei Würfel rot, ein Würfel blau, ein Würfel grün und ein Würfel gelb sind?

c) zwei Würfel rot, zwei Würfel blau und ein Würfel grün sind?

d) drei Würfel rot, ein Würfel blau und ein Würfel grün sind?

e) drei Würfel rot und zwei Würfel blau sind?

f) vier Würfel rot und ein Würfel blau sind?

Überlege dir weitere solcher Beispiele und erkunde sie.

Buchstaben vertauschen

Wenn man die Buchstaben eines Wortes vertauscht, entstehen daraus neue „Wörter" – wobei diese oft keinen sinnvollen Inhalt haben. Beispielsweise kann man mit den vier Buchstaben des Wortes PAPA folgende „Wörter" bilden: PAPA, PAAP, PPAA, APAP, APPA, AAPP.

Wie viele „Wörter" kannst du mit den Buchstaben folgender Wörter bilden?

EIS, EDE, MOND, MOON, ANNA, ASIEN, LAURA, ULURU,
EUROPA, AFRIKA, AMERIKA, AUSTRALIEN, PEPPERONI, MISSISSIPPI

Überlege dir weitere Beispiele.

Regelmäßigkeiten beschreiben

Welche Gemeinsamkeiten und Regelmäßigkeiten liegen allen betrachteten Beispielen zugrunde? Beschreibe allgemein, wie man jeweils die Anzahl aller Möglichkeiten berechnen kann.

Selbstständig weiterforschen

Erfinde Aufgaben der Art „Wie viele Möglichkeiten gibt es ...?" und bearbeite sie.

Betrachten wir die erste Aufgabe mit den vierstöckigen Türmen genauer. Bei Teilaufgabe a) mit vier Würfeln unterschiedlicher Farbe können die Schüler das ihnen bekannte Zählprinzip oder ihr Wissen über Permutationen anwenden und kommen damit zum Ergebnis $4! = 4 \cdot 3 \cdot 2 \cdot 1 = 24$. Die Teilaufgaben b) bis d) besitzen hingegen eine andere Struktur. Um diese zu erschließen, bietet sich ein experimentierender Zugang an. Die Schüler können etwa entsprechendes Material erhalten und Türme bauen. So finden sie schnell mehrere mögliche Türme. Um zu dokumentieren, was sie bereits gebaut haben, eignen sich Zeichnungen auf Papier. Die Thematik wird dadurch auf enaktiver und ikonischer Ebene erkundet. Bei unsystematischem Probieren steht man irgendwann vor den Fragen: Gibt es noch weitere Möglichkeiten? Wie kann man sicher sein, alle Möglichkeiten gefunden und keine doppelt gezählt zu haben? Hier führt systematisches Probieren weiter. Wenn die gefundenen Möglichkeiten in systematische Weise – z. B. zeichnerisch – dargestellt werden, werden alle Möglichkeiten je einmal erfasst. Auf diese Weise gelangen Schüler bei Teilaufgabe b) zu 12 Türmen, bei c) zu 6 Türmen und bei d) zu 4 Türmen.

Bei der Aufgabenvariation mit fünfstöckigen Türmen werden die Anzahlen so groß, dass das Arbeiten auf enaktiver und ikonischer Ebene an Grenzen stößt bzw. nicht mehr sinnvoll ist. Die Schüler stehen also vor der Notwendigkeit, die Struktur der Situation genauer in den Blick zu nehmen und mit dieser zu argumentieren. Ein Schlüsselgedanke besteht etwa darin, die Probleme auf das bekannte Zählprinzip zurückzuführen, indem man gleichfarbige Würfel zunächst doch unterscheidet und diese Unterscheidung in einem zweiten Schritt wieder aufgibt. Betrachten wir exemplarisch Teilaufgabe d), bei der drei Würfel rot, ein Würfel blau und ein Würfel grün sind. Wenn wir die drei roten Würfel unterscheiden – z. B. mit „rot 1", „rot 2" und „rot 3" –, dann können wir das Zählprinzip anwenden und finden $5! = 120$ Möglichkeiten. Hierbei unterscheiden sich aber viele Varianten nur dadurch, dass die drei roten Würfel die gleichen drei Stellen besetzen, dabei aber permutiert sind. Nach dem Zählprinzip gibt es $3! = 6$ solche Permutationen. Wenn wir die Unterscheidung der drei roten Würfel wieder aufgeben, sind von den 120 zunächst gefundenen Möglichkeiten jeweils sechs Stück identisch. Folglich gibt es $\frac{5!}{3!} = \frac{120}{6} = 20$ verschiedene Türme bei Teilaufgabe d. Diese Strategie lässt sich entsprechend auf alle anderen Teilaufgaben anwenden.

Auch bei der Aufgabe zum Bilden von „Wörtern" bietet es sich an, zunächst Beispiele zu betrachten und hier die Zusammenhänge zu erkunden. Wie bei der Aufgabe zu den Türmen kann man bei kürzeren Wörtern alle Möglichkeiten durch systematisches Probieren finden. Auf den ersten Blick sieht diese Aufgabe ganz anders aus als die zu den Türmen. Wenn sich die Schüler mit einigen Beispielen beschäftigt haben, sollten sie allerdings erkennen, dass es für die Frage nach der Anzahl der Möglichkeiten völlig unerheblich ist, ob man Würfel in vertikaler Richtung oder Buchstaben in horizontaler Richtung anordnet. Beide Problemfelder besitzen genau die gleiche Struktur. Damit lassen sich die bei der Turm-Aufgabe erkannten Muster auf die Aufgabe mit den „Wörtern" unmittelbar übertragen.

Betrachten wir als Beispiel das Wort „MISSISSIPPI". Wenn man alle elf Buchstaben unterscheidet, gibt es 11! Permutationen. Wenn man die Unterscheidung der vier „S", der vier „I" und der zwei „P" wieder aufhebt, sind von den 11! zunächst gefundenen Möglichkeiten jeweils $4! \cdot 4! \cdot 2!$ Stück identisch. Damit reduziert sich die Anzahl der verschiedenen „Wörter" auf $\frac{11!}{4! \cdot 4! \cdot 2!} = 34650$.

Abschließend sind die Schüler aufgefordert, die gefundenen Muster möglichst allgemein zu beschreiben. Je nach Jahrgangsstufe werden sie dabei beispielgebunden arbeiten. Es ist durchaus möglich, an einem konkreten Beispiel wie „MISSISSIPPI" allgemein zu denken und etwa konkrete Zahlen nur als Stellvertreter für beliebige Zahlen zu sehen.

Das allen obigen Beispielen zugrunde liegende Muster ist unter den Bezeichnungen „MISSISSIPPI-Prinzip" oder „Anzahl von Permutationen mit Wiederholungen" verbreitet. Es lautet in formalisierter Fassung:

▶ **MISSISSIPPI-Prinzip**

Gegeben sind n Objekte, die sich in k Gruppen zu $n_1, n_2, ..., n_k$ Objekten gliedern (also $n = n_1 + n_2 + \cdots + n_k$). Die Objekte innerhalb einer Gruppe sind alle gleich, Objekte verschiedener Gruppen sind verschieden. Diese n Objekte kann man auf

$$\frac{n!}{n_1! \cdot n_2! \cdot \ldots \cdot n_k!}$$

Arten der Reihe nach anordnen.

Mit dem letzten Auftrag in obigem Beispiel erhalten die Schüler den offenen Impuls, sich selbst kombinatorische Probleme zu überlegen und an diesen weiterzuforschen. Durch diese Offenheit besteht hier erhebliches Differenzierungspotenzial.

3.2.4.2 Umkreise von Vierecken

Im Geometrieunterricht der Sekundarstufe I lernen die Schüler in der Regel den Satz kennen, dass jedes Dreieck einen Umkreis besitzt. Dies ist äquivalent dazu, dass sich die Mittelsenkrechten eines jeden Dreiecks in einem Punkt schneiden. Der Schnittpunkt der Mittelsenkrechten ist gleich dem Umkreismittelpunkt. Eine naheliegende Frage ist, ob Entsprechendes auch für Vierecke gilt. Das folgende Beispiel enthält Impulse, um diese Thematik zu erforschen. Sie können – z. B. im Anschluss an eine Unterrichtseinheit über Umkreise von Dreiecken – entweder der ganzen Klasse oder auch nur mathematisch begabten Schülern gegeben werden.

Vierecke und Kreise

Du hast bereits kennengelernt, dass es zu jedem Dreieck einen Umkreis gibt. Im Folgenden kannst du erforschen, inwieweit dies auch für Vierecke gilt.

a) Gibt es überhaupt Vierecke mit einem Umkreis (d. h. einem Kreis, auf dem alle Ecken liegen)? Suche ggf. möglichst vielfältige Beispiele.

b) Gibt es Vierecke, die keinen Umkreis besitzen? Suche auch hier ggf. möglichst vielfältige Beispiele.

c) Erfinde einen Namen für Vierecke, die einen Umkreis besitzen.

d) Formuliere mathematische Sätze über Vierecke mit Umkreis und begründe sie. (Beispiele: „Ein Quadrat …"; „Ein Parallelogramm …, wenn …")

e) Eine weitere Perspektive auf die Thematik: Du hast kennengelernt, dass sich die Mittelsenkrechten eines Dreiecks in einem Punkt schneiden. Gilt Entsprechendes auch für Vierecke? Experimentiere z. B. mit Software für dynamische Geometrie. Kannst du einen Bezug zu Vierecken mit Umkreis herstellen?

f) Untersuche die Größe der Innenwinkel in Vierecken mit und ohne Umkreis. Auch hierfür ist Software für dynamische Geometrie nützlich. Welche Beobachtungen kannst du machen? Stelle Vermutungen auf und versuche sie zu begründen.

Die erste Frage, ob es überhaupt Vierecke mit Umkreis gibt, führt ohne große Hürden direkt zum Kern der Thematik. Es liegt nahe, zunächst vertraute Flächenformen wie Quadrate und Rechtecke zu betrachten. Dies zeigt, dass es sehr wohl Vierecke mit Umkreis gibt. Wenn man zu allgemeineren Vierecksformen wie Parallelogrammen und Trapezen weitergeht, findet man aber auch Vierecke, die keinen Umkreis besitzen. Dies lädt zum Experimentieren ein: Wie kann man ein Viereck mit Umkreis verändern, sodass das entstehende Viereck immer noch einen Umkreis hat? Was muss man bei einem Viereck ohne Umkreis tun, damit das entstehende Viereck einen Umkreis hat?

Neue Perspektiven bietet ein Wechsel der Denkrichtung: Statt zu einem gegebenen Viereck den Umkreis zu suchen, kann man auch von einem Kreis ausgehen und vier Punkte auf der Kreislinie zu einem Viereck verbinden. Dies zeigt, welch vielfältige Formen Vierecke mit Umkreis besitzen können.

Um über Vierecke mit Umkreis prägnant kommunizieren zu können, bietet es sich an, für solche Vierecke einen eigenen Namen zu erfinden. Die Schüler können dabei durchaus ihre Fantasie spielen lassen. In der Mathematik werden diese Vierecke „Sehnenvierecke" genannt, weil die Viereckseiten Sehnen eines Kreises sind. Es bietet sich an, den neuen Begriff in das bestehende Netz bekannter Begriffe zu Vierecken einzuordnen und entsprechende Aussagen zu begründen, z. B.: „Jedes Rechteck ist ein Sehnenviereck." Oder: „Ein Trapez ist genau dann ein Sehnenviereck, wenn es achsensymmetrisch zur Mittelsenkrechten einer Seite ist." Hierbei finden typische Prozesse begriffsbildenden, theoriebildenden und schlussfolgernden Denkens (vgl. Abschn. 1.1.1) statt.

Ein weiteres Feld zum Experimentieren tut sich auf, wenn man an Schnitte von Mittelsenkrechten denkt. In Dreiecken schneiden sich diese in einem Punkt, dem Umkreismittelpunkt. Wie ist es eigentlich bei Vierecken? Um dies zu untersuchen, bietet sich dynamische Geometrie an. Die Schüler können etwa ein beliebiges Viereck zeichnen und die Mittelsenkrechten der vier Seiten erzeugen. Durch Verändern der Figur stellen sie fest, dass sich die Mittelsenkrechten eines Vierecks im Allgemeinen nicht in einem Punkt schneiden. Wenn sich die vier Mittelsenkrechten allerdings doch in einem Punkt schneiden, dann ist dieser Schnittpunkt von allen Ecken des Vierecks gleich weit entfernt. Er ist dann Mittelpunkt des Umkreises. Wenn es umgekehrt zu einem Viereck einen Umkreis gibt, dann ist dessen Mittelpunkt von den vier Ecken gleich weit entfernt. Er liegt dann auf allen Mittelsenkrechten und ist damit deren gemeinsamer Schnittpunkt. Insgesamt zeigt sich, dass ein Viereck genau dann einen Umkreis besitzt, wenn sich die Mittelsenkrechten der vier Seiten in einem Punkt schneiden.

Schließlich können Sehnenvierecke auch über ihre Innenwinkel charakterisiert werden. Es bietet sich an, dass die Schüler zur Erkundung dieses Zusammenhangs mit dynamischer Geometrie experimentieren. Sie zeichnen ein Viereck und lassen die Größe der Innenwinkel anzeigen. Wenn das Viereck einen Umkreis besitzt, dann ist die Summe gegenüberliegender Innenwinkel 180°. Die Umkehrung gilt ebenso. Solche experimentell gewonnenen Vermutungen geometrisch zu beweisen, eröffnet weitere Forschungsfelder für mathematisch begabte Schüler (z. B. zum Umfangswinkelsatz und zu Fasskreisbogen).

3.2.4.3 Die Potenz 0^0

Der Potenzbegriff ist Schülern etwa ab der 5. Jahrgangsstufe bekannt. Hier werden Potenzen mit natürlichen Exponenten und beliebiger Basis als abkürzende Schreibweise für Produkte mit $n \in \mathbb{N}$ gleichen Faktoren $a^n := a \cdot a \cdot \ldots \cdot a$ eingeführt. In höheren Jahrgangsstufen der Sekundarstufe erfolgt die Erweiterung auf negative ganzzahlige Exponenten über Kehrwerte $a^{-n} := \frac{1}{a^n}$, wobei $a \neq 0$ zu fordern ist, damit im Nenner nicht null steht. In diesem Rahmen wird auch $a^0 := 1$ für $a \neq 0$ definiert. In Zusammenhang mit dem Wurzelbegriff werden Potenzen mit gebrochenen Exponenten definiert: $a^{\frac{m}{n}} := \sqrt[n]{a^m}$ für $m, n \in \mathbb{N}$, $a \geq 0$. Die Erweiterung auf gebrochene negative Exponenten erfolgt auch hier über Kehrwerte.

Um beispielsweise Exponentialfunktionen wie $f(x) = 2^x$ auf $\mathbb{R}$ betrachten zu können, sind auch Potenzen a^r mit reellen Exponenten $r \in \mathbb{R}$ und Basen $a \in \mathbb{R}^+$ zu definieren. Dies kann etwa durch Grenzwertbetrachtungen auf Potenzen mit rationalen Exponenten zurückgeführt werden. Ist $(q_n)_{n \in \mathbb{N}}$ eine Folge rationaler Zahlen, die gegen $r \in \mathbb{R}$ konvergiert, so wird unter a^r der Grenzwert der Folge $(a^{q_n})_{n \in \mathbb{N}}$ verstanden. Diese Begriffsdefinition ist also so gestaltet, dass die Exponentialfunktionen stetig sind.

Angesichts all dieser Definitionen stellt sich auch die Frage, was eigentlich 0^0 ist. Insbesondere mathematisch begabte Schüler könnten auf diese Frage stoßen bzw. von der Lehrkraft darauf aufmerksam gemacht werden. Ideen zur Frage nach dem Wert von 0^0 liefern Stetigkeitsüberlegungen, wobei hier zwei naheliegende Sichtweisen konkurrieren: Einerseits kann man die Basis 0 fest wählen und den Exponenten sich der 0 annähern lassen. Es ist $0^3 = 0$, $0^2 = 0$, $0^1 = 0$ bzw. für jedes $r \in \mathbb{R}^+$ ist $0^r = 0$. Damit wäre $0^0 = 0$ naheliegend. Andererseits kann man den Exponenten 0 fest wählen und die Basis sich der 0 annähern lassen. Es ist $3^0 = 1$, $2^0 = 1$, $1^0 = 1$ bzw. für jedes $a \in \mathbb{R} \backslash \{0\}$ ist $a^0 = 1$. Damit wäre $0^0 = 1$ naheliegend.

Dieses Spannungsfeld lädt dazu ein, die Thematik weiter zu erforschen. Der Zugang kann dabei experimenteller Art sein, indem die Schüler erkunden, wie sich der Wert x^y verhält, wenn x und y gegen 0 gehen. Dabei können durchaus überraschende Phänomene auftreten. Diese Phänomene sind zunächst etwas „verborgen". Sie treten beim Experimentieren allmählich zu Tage, wenn man verschiedene Zahlenfolgen als Beispiele betrachtet.

Die Potenz 0^0

Im Folgenden kannst du erkunden, was man unter der Potenz 0^0 verstehen kann.

a) Welche Argumente fallen dir ein, um einen Wert für 0^0 zu erklären?

b) Um diese Thematik weiter zu erforschen, kannst du untersuchen, wie sich der Wert x^y verhält, wenn sich x und y immer mehr dem Wert 0 nähern.
   Überlege dir dazu verschiedene Folgen von Zahlen x_1, x_2, x_3, x_4, ... und y_1, y_2, y_3, y_4, ..., die gegen 0 konvergieren. Untersuche jeweils, wie sich die Folge der

Potenzen $x_1^{y_1}, x_2^{y_2}, x_3^{y_3}, x_4^{y_4}, \ldots$ verhält. Für die Rechenarbeit kann auch ein Computer nützlich sein.

c) Welche Grenzwerte findest du für die Folge der Potenzen? Stelle deine Überlegungen und Ergebnisse übersichtlich dar.

d) Recherchiere zur Thematik „Null hoch Null" auch im Internet.

e) Erstelle eine zusammenfassende Darstellung all deiner Ergebnisse.

Mit dem ersten Auftrag a) sollen die Schüler Argumente entwickeln, wie man einen Wert für 0^0 erklären könnte. Dabei ist zu erwarten, dass sie auf das oben bereits erwähnte Spannungsfeld zwischen den Werten 0 und 1 stoßen, indem sie an Bekanntes anknüpfen und dieses folgerichtig fortsetzen. Einerseits ist $0^3 = 0^2 = 0^1 = 0$, andererseits ist $3^0 = 2^0 = 1^0 = 1$. Welcher Wert ist nun sinnvoller für 0^0, der Wert 0 oder der Wert 1 oder vielleicht ein ganz anderer Wert oder gar kein Wert?

Auftrag b) lädt dazu ein, diese Thematik experimentell zu erforschen. Die Schüler sollen sich Zahlenfolgen (x_n) und (y_n) ausdenken, die jeweils gegen 0 konvergieren, und dazu die Folge der Potenzen $\left(x_n^{y_n}\right)$ berechnen. Für die Rechenarbeit bietet es sich an, einen Computer, z. B. mit Tabellenkalkulation, zu nutzen. Bei den Folgen (x_n) und (y_n) können die Schüler Vielfältiges ausprobieren, beispielsweise:

$$\left(\frac{1}{n}\right), \left(\frac{1}{n^2}\right), \left(\frac{1}{n^3}\right), \ldots \text{ oder } \left(\frac{1}{2^n}\right), \left(\frac{1}{3^n}\right), \left(\frac{1}{4^n}\right), \ldots \text{ oder } \left(\frac{1}{n^n}\right) \text{ oder } \left(\frac{1}{\sqrt{n}}\right) \text{ oder } \left(\frac{1}{\ln(n)}\right) \text{ oder} \ldots$$

Dabei treten ganz überraschende Phänomene auf: Je nach Wahl der Folgen (x_n) und (y_n) konvergiert die Folge $\left(x_n^{y_n}\right)$ der Potenzen gegen 0, gegen 1 oder auch gegen andere Grenzwerte! Es ist auch möglich, dass sie divergiert.

Wählt man beispielsweise $x_n = \frac{1}{2^n}$ und $y_n = \frac{1}{n}$, so ist $x_n^{y_n} = \left(\frac{1}{2}\right)^{n \cdot \frac{1}{n}} = \frac{1}{2}$. Die Folge ist also konstant $\frac{1}{2}$.

Lässt sich dies variieren, sodass auch noch andere Grenzwerte entstehen? Ersetzen wir die Zahl $\frac{1}{2}$ durch beliebiges $a \in [0; 1[$. Für $x_n = a^n$ und $y_n = \frac{1}{n}$ ist $x_n^{y_n} = a^{n \cdot \frac{1}{n}} = a$. Die Folge ist also konstant a. Damit kann jede Zahl im Intervall $[0; 1[$ Grenzwert einer solchen Folge von Potenzen $x_n^{y_n}$ sein. Das Experimentieren hat also zur Einsicht geführt, dass es „den einen" Grenzwert 0^0 nicht gibt.

Sind darüber hinaus auch noch weitere Grenzwerte möglich? Finden wir etwa für beliebiges $c \in \mathbb{R}^+$ Folgen (x_n) und (y_n), sodass die Folge $\left(x_n^{y_n}\right)$ der Potenzen gegen c konvergiert?

Wir probieren für (x_n) als einfaches Beispiel $x_n = \frac{1}{n}$ aus und setzen die Gleichung $x_n^{y_n} = c$ an. Dies können wir für $n > 1$ nach y_n auflösen:

$$y_n \cdot \ln x_n = \ln c \quad \text{bzw.} \quad y_n = -\frac{\ln c}{\ln n}.$$

Damit haben wir eine gegen 0 konvergierende Folge (y_n), für die die Folge $\left(x_n^{y_n}\right)$ der Potenzen konstant c ist.

Als Fazit können wir feststellen: Jede positive reelle Zahl kann Grenzwert einer Folge $\left(x_n^{y_n}\right)$ sein, wobei (x_n) und (y_n) beide gegen 0 konvergieren. Diese Erkenntnis entstand hier in einem Prozess des mathematischen Experimentierens, in dem Beispiele betrachtet, variiert und verallgemeinert wurden. Natürlich sind die hier skizzierten Berechnungen nur exemplarisch zu sehen. Schüler könnten in diesem offen umrissenen Forschungsfeld auch andere Folgen betrachten und Ergebnisse eher auf numerischem als auf algebraisch-analytischem Weg gewinnen.

Ein Ausblick: Die Frage, wie 0^0 sinnvoll definiert werden kann, ist nicht durch Grenzwertargumente bzw. Stetigkeitsüberlegungen zur Funktion $f(x, y) = x^y$ zu beantworten. Dennoch ist in der Mathematik die Konvention verbreitet, $0^0 := 1$ zu definieren. Dies ist insbesondere aus algebraischer Sicht sinnvoll, weil dadurch etwa in Formeln wie dem binomischen Satz

$$(x + y)^n = \sum_{k=0}^{n} \binom{n}{k} x^k y^{n-k}$$

oder der Summenformel für geometrische Reihen

$$\sum_{k=0}^{n} a^k = \frac{1 - a^{n+1}}{1 - a}$$

keine Sonderbehandlungen von Fällen wie $x = 0$, $y = 0$ oder $a = 0$ nötig sind. Die Funktion $f(x, y) = x^y$ lässt sich allerdings gemäß den obigen Überlegungen nicht stetig an der Stelle $(0; 0)$ fortsetzen, wie auch immer man 0^0 definiert.

3.2.4.4 Einbettung in den Mathematikunterricht

Begabtenförderung durch mathematisches Experimentieren kann in unterschiedlicher Weise in den Mathematikunterricht eingebettet werden: Es kann lohnenswert sein, dass die gesamte Klasse eine Thematik experimentell erforscht und dies so offen angelegt wird, dass die Schüler auf verschiedenen Niveaus arbeiten. Es bietet sich aber auch an, anknüpfend an Inhalte des regulären Mathematikunterrichts nur einzelnen Schülern Impulse zu weitergehendem Experimentieren und Forschen zu geben. Die obigen Beispiele „Kombinatorisch forschen" und „Vierecke und Kreise" eignen sich für beide Varianten, beim Beispiel „Die Potenz 0^0" liegt eher die zweite Variante nahe.

Wenn im Unterricht mit der gesamten Klasse mathematisch experimentiert werden soll, dann ist die Lernumgebung (vgl. Abschn. 3.1.1) entsprechend zu gestalten. Insbesondere können über die Aufgabenstellungen und die Unterrichtsmethodik Impulse und Freiräume für experimentierendes Denken gegeben werden. Ein mögliches Konzept, die hierbei erforderliche Binnendifferenzierung in einer Klasse zu realisieren, ist die bereits in Abschn. 3.1.2 angesprochene *natürliche Differenzierung* (vgl. z. B. Hirt und Wälti 2008; Krauthausen und Scherer 2014). Da dieses Konzept für den generellen Umgang mit der Diversität von Lernenden im regulären Unterricht von hoher unterrichtspraktischer Relevanz ist und es dabei insbesondere auch Möglichkeiten zur Förderung besonders begabter Schüler bietet, wird es im Folgenden detaillierter vorgestellt.

3.2.4.5 Natürliche Differenzierung

Beim Konzept der natürlichen Differenzierung erhalten *alle* Schüler einer Klasse die *gleichen* Aufgabenstellungen. Diese sind allerdings so gestaltet, dass sie eine differenzierte Beschäftigung mit Mathematik geradezu herausfordern. Die Lernenden können verschiedene Aspekte eines Themenfeldes erkunden, unterschiedliche Wege gehen und auf verschiedenen Niveaus arbeiten. Auf diese Weise kann jeder Schüler auf seinem individuellen Niveau lernen und seine Potenziale entsprechend entfalten. Die Differenzierung wird also nicht von der Lehrkraft vorgegeben, sondern entwickelt sich vielmehr in natürlicher Weise beim mathematischen Arbeiten der Schüler.

Aufgaben für natürliche Differenzierung

Das Herzstück natürlicher Differenzierung sind Aufgabenstellungen für die Lernenden. Sie schaffen fachbezogene Situationen und geben Impulse für differenziertes mathematisches Denken und Lernen. Dazu sind Aufgaben mit folgenden Charakteristika sinnvoll:

- *Offenheit:* Aufgaben für natürliche Differenzierung sollten offen sein – zumindest zu einem gewissen Grad –, d. h., sie sollten eine mathematikhaltige Situation umreißen, die zu vielfältigen Bearbeitungsmöglichkeiten einlädt.
- *Zugänglichkeit:* Für den Einsatz im regulären Mathematikunterricht sollten die Aufgaben für alle Schüler leicht zugänglich sein, d. h. keine hohen Einstiegs-hürden besitzen, sodass alle Lernenden – insbesondere auch leistungsschwächere – substanziell Mathematik betreiben können und dabei Erfolgserlebnisse haben.
- *Reichhaltigkeit:* Die Aufgaben sollten mathematisch reichhaltig sein, d. h., sie sollten sich auf mathematische Inhalte einer gewissen Komplexität beziehen, sodass es für die Lernenden lohnenswert ist, sich mit den Aufgaben über einen gewissen Zeitraum zu befassen.
- *Tiefe:* Die Aufgaben sollten fachliche Tiefe aufweisen, sodass auch Leistungsstärkere wesentliche Herausforderungen finden und sie ihre mathematischen Fähigkeiten auf ihrem Niveau weiterentwickeln können.

Zahlreiche Aufgaben in diesem Kapitel weisen all diese Eigenschaften auf und eignen sich damit für natürliche Differenzierung im Mathematikunterricht (z. B. die Aufgaben mit den Titeln: Kombinatorisch forschen, Vierecke und Kreise, Terme strukturieren, Funktionen erforschen, Kegel erforschen, Gummibärchen, Tageslänge, Abkühlen, Bevölkerungsentwicklung, Parallelogramme, Optimale Preisgestaltung, Ampelschaltung optimieren, Fahrradverleih planen, Plastikabfall).

Unterrichtsmethodik für natürliche Differenzierung

Aufgaben für natürliche Differenzierung entfalten ihr Potenzial vor allem in Verbindung mit Unterrichtsmethoden, die eigenständiges und kooperatives Arbeiten der Schüler fördern und dies mit Präsentationen, Diskussionen und Unterrichtsgesprächen im Klassenverband vernetzen. Als methodisches Konzept für natürliche Differenzierung ist damit eine Verbindung folgender Unterrichtsphasen sinnvoll:

- *Individuelles Arbeiten:* Jeder einzelne Schüler macht sich eigenständig mit einem mathematischen Phänomen oder einer Problemstellung vertraut, stellt Bezüge zum persönlichen Vorwissen her und erkundet die Thematik auf individuellen Lernwegen.
- *Partner- und Kleingruppenarbeit:* Jeder Schüler tauscht sich mit einem Partner oder in einer Kleingruppe aus, erklärt die eigenen Ideen, vollzieht die Gedanken des bzw. der anderen nach und dringt so tiefer in die Thematik ein. Kooperativ wird weiter an der Erforschung und Erschließung des Themenfeldes gearbeitet.
- *Präsentation und Diskussion:* Die Schülerarbeitsgruppen stellen ihre Überlegungen und Ergebnisse im Klassenplenum vor. Durch die gemeinsame Diskussion dieser Beiträge wird die Thematik perspektivenreich durchdrungen.
- *Ergebnissicherung:* Unter der fachkundigen Leitung durch die Lehrkraft werden die Resultate der Schülerarbeitsgruppen zu einem Gesamtergebnis der Klasse zusammengeführt.

Dieses methodische Konzept ist eine idealisierende Modellierung realer Unterrichtsverläufe. In der Schulpraxis werden sich Phasen überlappen oder es werden Zyklen durchlaufen. Allerdings hilft ein derartiges Konzept, Aufgabenstellungen für Schüler so zu formulieren und den Unterrichtsverlauf so zu strukturieren, dass eigenständiges und kooperatives Arbeiten mit Mathematik durch die Unterrichtsmethode unterstützt wird.

Aspekte der Unterrichtsvorbereitung und Unterrichtsgestaltung

Natürliche Differenzierung besitzt auch für Lehrkräfte substanzielle Vorzüge im Hinblick auf die Vorbereitung und Gestaltung von Unterricht. Die Lehrkraft braucht für differenzierenden Unterricht nicht im Vorfeld verschiedene Aufgaben für verschiedene Schüler zusammenzustellen, sondern kann mit einer Aufgabe für die gesamte Klasse arbeiten. Für die Lehrkraft ist es bei der Unterrichtsvorbereitung sowieso nicht möglich, genau vorherzusehen, zu welchen Leistungen jeder einzelne Schüler fähig ist. Während des Unterrichts hat die Lehrkraft in Phasen der Einzel-, Partner- und Kleingruppenarbeit Zeit, sich Einzelnen zuzuwenden – beispielsweise um individuelle Schwierigkeiten bzw. Fähigkeiten zu diagnostizieren, nötige Hilfen anzubieten oder Impulse zum Weiterdenken zu geben. Für Phasen des gemeinsamen Austausches in der Klasse ist es ein wesentlicher Vorteil, dass sich alle Schüler mit der gleichen offenen Aufgabe beschäftigt haben. Weil einerseits alle Schüler mit der gleichen Thematik befasst sind, verstehen sie sich gegenseitig leichter und können jeweils die Ergebnisse anderer auf ihre eigenen Überlegungen beziehen. Weil andererseits die Offenheit zu verschiedenen Ideen geführt hat, kann der gemeinsame Austausch über Mathematik, ein Präsentieren, Diskutieren und Aufeinanderbeziehen der Resultate in der Klasse als sinnvoll und wertvoll erlebt werden.

3.2.5 Formales Denken mit differenzierter Komplexität

Formales Denken wurde in Abschn. 1.1.1 als eine Facette prozessbezogenen mathematischen Denkens herausgestellt. Es ist ein Charakteristikum und eine Stärke der Mathematik, dass mathematische Objekte unabhängig von inhaltlichen Interpretationen existieren und mit ihnen formal und regelhaft operiert werden kann, ohne dass dazu inhaltliche Deutungen der Objekte zwingend erforderlich sind. Schüler entwickeln ihre Fähigkeiten zum formalen Denken in allen Jahrgangsstufen, z. B. wenn sie mit Zahlen (natürlichen Zahlen, Brüchen, negativen Zahlen, Wurzeln, ...) und Variablen rein regelgeleitet rechnen, wenn sie Terme umformen, Gleichungen bzw. Gleichungssysteme lösen oder Funktionen anhand des zugehörigen Kalküls differenzieren und integrieren. Formales Denken kann in unterschiedlicher Komplexität erfolgen. Damit bestehen hier einfach umzusetzende Möglichkeiten der Differenzierung. Mathematisch begabte Schüler können über alle Jahrgangsstufen hinweg Aufgaben zu formalem Denken in erhöhter Komplexität erhalten, um ihr Potenzial für entsprechendes Denken möglichst weitreichend zu entwickeln.

3.2.5.1 Formale algebraische Operationen erhöhter Komplexität

Müssen Schüler Terme vereinfachen und Gleichungen lösen können, die sich aufgeschrieben etwa über eine ganze Zeile erstrecken? Die Frage, in welcher Komplexität Schüler algebraische Operationen selbst ausführen können sollten, lässt sich durchaus kontrovers diskutieren.

Einerseits genügt es etwa für die Entwicklung von Vorstellungen zu Brüchen, negativen Zahlen, Wurzeln, Termen, Gleichungen, Gleichungssystemen, Ableitungen und Integralen, Beispiele zu bearbeiten, die eine eher geringe algebraische Komplexität besitzen. An strukturell eher einfachen Beispielen kann sich grundlegendes inhaltliches Verständnis für diese mathematischen Objekte und den Umgang mit ihnen entwickeln (vgl. Abschn. 3.1.1). Wenn darauf aufbauend mathematische Objekte höherer Komplexität zu bearbeiten sind, kann beispielsweise auf digitale Medien wie einen Taschenrechner oder ein Computeralgebrasystem (CAS) zurückgegriffen werden. Das mathematische Denken wird dadurch von „Routine-Rechenarbeit", die zu inhaltlichem Verständnis wenig beiträgt, entlastet. Auf Basis derartiger Überlegungen kann didaktisch tragfähig begründet werden, warum Schüler im regulären Mathematikunterricht formale algebraische Operationen nur in eher grundlegender Form mit geringer Komplexität selbst auszuführen lernen sollten.

Andererseits kann hierzu Folgendes eingewendet werden: Ist es gerechtfertigt, mathematisch begabten Schülern Lerngelegenheiten zur Bewältigung von Komplexität im Bereich formalen algebraischen Denkens vorzuenthalten – nur weil dies kein Lernziel für die gesamte Klasse ist? Die Antwort hierfür ist ebenso einfach wie universell und lautet: Differenzierung. Dies wird im Folgenden an drei Beispielen aus den Bereichen der Terme, Gleichungen und Ableitungen illustriert. Sie stehen repräsentativ für zahlreiche Möglichkeiten, in allen Jahrgangsstufen die Herausforderungen an die Schüler in Bezug auf formales Denken differenziert zu gestalten.

Gliedern von Termen

In den unteren Jahrgangsstufen der Sekundarstufe sollen die Schüler Terme gliedern, um einen „Blick" für ihre Struktur zu entwickeln. Ein konkretes Beispiel: Die Schüler erhalten etwa den Term „$10 - (4 + 8){:}3$" verbunden mit dem Auftrag, die Termstruktur in einem Rechenbaum darzustellen und sie sprachlich zu beschreiben. Als Ergebnisse könnten eine graphische Darstellung wie in Abb. 3.9 entstehen und eine verbale Beschreibung der Art: „Der Term ist eine Differenz. Der Minuend lautet 10, der Subtrahend ist ein Quotient. Der Dividend ist eine Summe mit dem ersten Summanden 4 und dem zweiten Summanden 8. Der Divisor lautet 3."

Mit derartigen Aufgaben entwickeln Schüler Verständnis für die Struktur von Termen. Dies ist Voraussetzung für jegliches Operieren mit Termen, sei es etwa das Berechnen von Termwerten, das Vereinfachen von Termen mit Variablen, das Umformen von Gleichungen oder das Anwenden von Ableitungsregeln auf Funktionsterme.

Die Lernziele innerhalb einer Klasse können dabei durchaus differenziert gestaltet werden. Während alle Schüler etwa Terme mit bis zu drei enthaltenen Rechenoperationen analysieren können sollten, gibt es für mathematisch begabte Schüler hier keine Obergrenze. Mit folgendem offenem Arbeitsauftrag – der der gesamten Klasse oder auch nur einer Teilgruppe gestellt wird – können sie an die Grenzen des individuell zu Bewältigenden gehen.

Abb. 3.9 Rechenbaum zur
Struktur von Termen

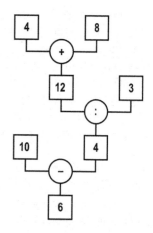

Terme strukturieren

Überlege dir selbst verschiedene Terme, stelle jeweils ihre Struktur in einem Rechenbaum dar und beschreibe sie sprachlich.

Die in dieser Aufgabe geschaffene Freiheit für das Erfinden eigener Terme kann gerade bei begabten Schülern Motivation wecken, Terme mit zahlreichen Rechenoperationen und mehrfachen Klammerebenen zu bearbeiten. Dies fördert Fähigkeiten zur Bewältigung von Komplexität im formalen Denken.

Lösen von Gleichungen

Äquivalenzumformungen für Gleichungen sind ein ausgesprochen mächtiges Werkzeug. Mit einer recht geringen Zahl an Umformungstypen (z. B. Addieren, Subtrahieren, Multiplizieren, Dividieren auf beiden Seiten) können Schüler eine Vielfalt an Gleichungen vereinfachen und lösen. Hierbei stellt sich die didaktische Frage, welchen Komplexitätsgrad die im Mathematikunterricht bearbeiteten Gleichungen maximal haben sollten. Sollten beispielsweise Siebtklässler Gleichungen zum Lösen erhalten wie

$$4[(7x - 9) - 3(5 - 2x)] + 5(13 + 8x) = -11x - 6[(13 - 4x) \cdot 3 - (5x + 12)]$$

(aus dem Schulbuch für die 7. Jahrgangsstufe von Schmid (1997, S. 79))? Sollten sich Achtklässler mit Gleichungen befassen wie

$$\frac{3}{3x^2 - 27} - \frac{5x + 2}{90 - 30x} = \frac{1}{3} - \frac{x + 4}{6x + 18}$$

(aus dem Schulbuch für die 8. Jahrgangsstufe von Titze et al. (1980, S. 102))? Dies ist nicht pauschal mit „Ja" oder „Nein" zu beantworten, sondern differenzierter zu sehen. Einerseits kann es kaum Lernziel für alle Schüler einer Klasse sein, Gleichungen derartiger Komplexität lösen zu können. Andererseits sollte mathematisch begabten Schülern, die das Potenzial haben, derartige Gleichungen zu lösen – und hierbei vielleicht sogar Freude empfinden –, entsprechende Förderung nicht vorenthalten werden. Sie können hieran ihre Fähigkeiten zu formalem Denken in erhöhter Komplexität weiterentwickeln. Solche Fähigkeiten können beispielsweise in einem Hochschulstudium eines MINT-Faches von wesentlichem Nutzen sein.

Ableiten von Funktionen

Im Zuge der Differenzialrechnung lernen Schüler zum einen die Ableitungen elementarer Funktionen wie der Potenzfunktionen, der Exponentialfunktionen oder der trigonometrischen Funktionen kennen. Zum anderen erarbeiten sie Regeln zur Ableitung der Verknüpfung von Funktionen wie die Faktor-, Summen-, Produkt-, Quotienten- und Kettenregel. All diese Regeln zusammen bilden einen sehr mächtigen Kalkül, mit dem

Funktionen differenziert werden können, die aus elementaren Funktionen durch Verviel-
fachen, Addieren, Subtrahieren, Multiplizieren, Dividieren oder Verketten hervorgehen.
Dabei stellt sich die didaktische Frage nach dem Komplexitätsgrad der im Mathematikunterricht zu bearbeitenden Funktionsterme. Sollten Oberstufenschüler etwa in der Lage
sein, die erste Ableitung einer Funktion wie

$$f(x) = \ln \sqrt{\frac{1 + e^x}{1 - e^x}}$$

(aus dem Schulbuch für die gymnasiale Oberstufe von Bigalke und Köhler (2007,
S. 322)) per Hand zu berechnen, wenn Computeralgebrasysteme das Ergebnis quasi
auf Knopfdruck liefern können? Auch hier liegt die Antwort in einer differenzierten
Sichtweise. Für die Mehrzahl der Schüler mag das Lernziel niedriger gesteckt sein.
Mathematisch begabte Schüler sollten jedoch durchaus Lerngelegenheiten erhalten,
um Funktionen wie die oben genannte selbst ableiten zu können. Dabei können sie auf
in früheren Jahrgangsstufen entwickelte Fähigkeiten zum Umgehen mit Termen hoher
Komplexität aufbauen und diese vertiefen. Derartige Funktionsterme sind beispielsweise
von Praxisrelevanz, wenn reale Prozesse modelliert werden und einfache elementare
Funktionen als Modelle zu grob sind.

Ein weiteres Beispiel: In einer Unterrichtseinheit soll eine Klasse Techniken der
Kurvendiskussion an „Standardfunktionstypen" wie beispielsweise Polynomfunktionen
und rationalen Funktionen üben. Begabte Schüler, die diese Techniken bei diesen
Funktionstypen bereits beherrschen, benötigen diese Übungseinheit im Grunde nicht
mehr. Sie können ihre Kompetenzen im Bereich der Kurvendiskussion an anspruchs-
volleren Beispielen vertiefen. Im Sinne von Binnendifferenzierung könnten sie während
der Unterrichtseinheit beispielsweise folgende Aufgabe erhalten:

Funktionen erforschen

Erforsche die Funktionen $f(x) = x^x$ und $g(x) = \sqrt[x]{x}$ mit $x \in \mathbb{R}^+$.

Die den Schülern bekannten Ableitungsregeln führen hier nicht unmittelbar weiter, da
die Funktionen von eher ungewohntem Typ sind. Den Schlüssel für eine Kurvendiskussion liefert eine Umformung mit der natürlichen Exponentialfunktion:

$$f(x) = x^x = \left(e^{\ln x}\right)^x = e^{x \cdot \ln x} \text{ und } g(x) = \sqrt[x]{x} = \left(e^{\ln x}\right)^{\frac{1}{x}} = e^{\frac{1}{x} \cdot \ln x}$$

Damit lassen sich mithilfe der Ableitungsregeln etwa Extrema der Funktionen
bestimmen. So hat f ein Minimum bei $\frac{1}{e}$ und g ein Maximum bei e. Für die Untersuchung
des Verhaltens der Funktionen für $x \to 0$ bzw. $x \to \infty$ könnten die Schüler den Tipp
erhalten, zur Regel von l'Hospital zu recherchieren.

3.2.5.2 Formales Denken in inhaltlichen Kontexten: Kegel und ihr Mantel

Die Beispiele aus dem vorhergehenden Abschnitt zielten jeweils auf fokussierte, mehr oder weniger isolierte Förderung formalen Denkens ab, ohne dass dies etwa in sinnstiftende Kontexte eingebunden ist. Im Gegensatz dazu hat das folgende Beispiel eine sehr konkrete geometrische Situation als Ausgangspunkt. Es geht um die Thematik, welche Form man aus Papier ausschneiden muss, um einen Kegel zu basteln, und wie die Maße des Kegels von den Maßen der ausgeschnittenen Form bestimmt werden. Alle Schüler einer Klasse können dazu etwa einen handelnden Zugang finden und grundlegende Zusammenhänge zwischen Kegeln und ihrer ausgebreiteten Mantelfläche erkunden. Dies schult räumliches Denken, aber auch funktionales Denken, wenn geometrische Größen als veränderlich gesehen und funktionale Abhängigkeiten zwischen Größen betrachtet werden (vgl. Abschn. 1.1.1).

Diese Thematik ist mathematisch ausgesprochen reichhaltig und besitzt substanzielles Potenzial zur inneren Differenzierung. Mathematisch begabte Schüler finden Herausforderungen, wenn sie funktionale Zusammenhänge in dieser geometrischen Situation mit Termen beschreiben und sie zugehörige Funktionen mit Werkzeugen der Sekundarstufe I oder auch mit der Analysis der Oberstufe untersuchen. Die Herausforderungen bestehen dabei einerseits in der Vernetzung verschiedener mathematischer Themenbereiche, andererseits aber auch in der Komplexität des formalen Denkens bei durchaus umfangreichen algebraischen Operationen.

Kegel erforschen

Bastle aus Papier gerade Kegel. Welche Form musst du dazu aus Papier ausschneiden?

Untersuche, wie die Maße des Kegels (z. B. Höhe, Oberfläche, Volumen) von den Maßen der ausgeschnittenen Form abhängen!

Der Einstieg in die Thematik kann mit der gesamten Klasse auf handelnde Weise erfolgen: Die Schüler sollen gerade Kreiskegel aus Papier basteln. Ideen hierfür erhält man durch ein Umkehren des Gedankengangs: Wie sieht der Mantel eines solchen Kegels aus, wenn man ihn entlang einer Mantellinie aufschneidet und in einer Ebene ausbreitet? Es entsteht die Vermutung, dass es sich um einen Kreissektor handeln könnte. Die Frage, warum es tatsächlich ein Kreissektor ist, fordert zum Begründen heraus. (Beim geraden Kegel ist die Spitze von jedem Punkt des Grundkreises gleich weit entfernt.) Mit dieser Erkenntnis können die Schüler verschiedenste Kegel basteln. Sie zeichnen Kreise auf Papier, schneiden Kreissektoren aus und kleben diese (z. B. mit Klebefilm) zu Kegeln zusammen. Dabei wird das Phänomen sichtbar, dass manche Kegel eher breit und flach ausfallen, andere sind eher spitz und hoch. Dies führt zur zentralen Frage dieser Aufgabe: Wie hängen die Maße des Kegels von den Maßen des ausgeschnittenen Sektors ab? Diese Frage kann je nach Jahrgangsstufe und

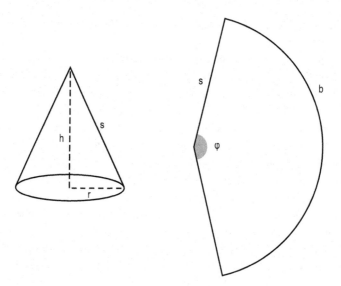

Abb. 3.10 Kegel und Kegelmantel

mathematischer Begabung der Schüler auf unterschiedliche Arten und auf verschiedenen Niveaus bearbeitet werden.

Ein zentrales Lernziel für alle Schüler in der Klasse kann es sein, im Sinne räumlichen Denkens Vorstellungen zu entwickeln, welche Größen am dreidimensionalen Kegel welchen Größen am zweidimensionalen Kreissektor entsprechen. Die Länge der Mantellinie s des Kegels ist gleich dem Radius des Kreissektors (vgl. Abb. 3.10). Der Umfang $2\pi r$ des Grundkreises des Kegels ist gleich der Bogenlänge b des Kreissektors. Der Mittelpunktswinkel $\varphi = \frac{b}{s} = \frac{2\pi r}{s}$ bestimmt maßgeblich die Form des Kegels. Wenn etwa bei konstantem Sektorradius s der Winkel φ die Werte von 0 bis 2π durchläuft, dann nimmt beim zugehörigen Kegel der Grundkreisradius streng monoton von 0 bis s zu, die Höhe nimmt streng monoton von s bis 0 ab und der Mantelflächeninhalt wächst streng monoton von 0 bis $s^2\pi$. (Die Intervallenden sind dabei jeweils Grenzfälle.) Die Schüler könnten zu solchen funktionalen Zusammenhängen z. B. zunächst qualitative Aussagen der Form „Je …, desto …" formulieren. Mathematisch begabte Schüler können Herausforderungen darin finden, derartige Abhängigkeiten mit Termen zu beschreiben, z. B.:

Grundkreisradius $r = \frac{\varphi}{2\pi} \cdot s$, Kegelhöhe $h = \sqrt{s^2 - r^2} = \sqrt{1 - \left(\frac{\varphi}{2\pi}\right)^2} \cdot s$, Kegelmantel $M = \frac{\varphi}{2\pi} \cdot s^2\pi = rs\pi$

Die Abhängigkeit des Kegelvolumens V vom Mittelpunktswinkel φ bei konstantem Sektorradius s eröffnet ein reichhaltiges Forschungsfeld. Beispielsweise könnten sich alle Schüler einer Klasse dieser Thematik experimentell nähern. Sie könnten beim Basteln von Kegeln den Mittelpunktswinkel φ systematisch variieren und bei den zugehörigen Kegeln das Volumen messen, etwa indem sie diese mit Sand füllen und den Sand anschließend in einen Messbecher umschütten. Falls die Volumenformel für Kegel bekannt ist, können sie alternativ bei den gebastelten Kegeln den Durchmesser des Grundkreises und die Höhe messen und daraus das Volumen berechnen. Die gewonnenen Werte für das Volumen in Abhängigkeit vom Mittelpunktswinkel φ können etwa tabellarisch oder graphisch dargestellt werden. Hierdurch lässt sich ein Einblick in diese funktionale Abhängigkeit gewinnen.

Besonders begabte Schüler können die Thematik noch tiefgreifender durchdringen, indem sie die Zusammenhänge mit Termen beschreiben und untersuchen. Mit den Abkürzungen $x := \frac{\varphi}{2\pi}$ und $c := \frac{\pi}{3} \cdot s^3$ ist das Volumen des Kegels:

$$V = \frac{1}{3} \cdot r^2 \pi \cdot h = \frac{1}{3} \cdot \left(\frac{\varphi}{2\pi}\right)^2 s^2 \pi \cdot \sqrt{1 - \left(\frac{\varphi}{2\pi}\right)^2} \cdot s = c \cdot x^2 \sqrt{1 - x^2}$$

Die Schüler können den Graphen dieser Funktion $V(x) = c \cdot x^2 \sqrt{1 - x^2}$ zunächst z. B. mit digitalen Medien untersuchen, um einen Überblick über seinen Verlauf zu gewinnen (vgl. Abb. 3.11). Näherungsweise lässt sich dadurch die Lage des Maximums bestimmen. Eine präzise und umfassende Diskussion dieser Funktion erfordert zwar nur Standardverfahren der Oberstufenanalysis, allerdings bestehen aufgrund der Komplexität der Terme durchaus erhöhte Anforderungen an formales Denken. Die Ableitungsfunktion

$$V'(x) = c \cdot \frac{3x \cdot \left(\frac{2}{3} - x^2\right)}{\sqrt{1 - x^2}}$$

besitzt eine Nullstelle mit Vorzeichenwechsel bei $x = \sqrt{\frac{2}{3}}$. Für den Mittelpunktswinkel $\varphi = \sqrt{\frac{2}{3}} \cdot 2\pi \approx 294°$ hat der zugehörige Kegel maximales Volumen. Der Radius des Grundkreises ist dabei das $\sqrt{2}$-Fache der Höhe.

3.2.5.3 Einbettung in den Mathematikunterricht

Für die differenzierte Förderung von Fähigkeiten zu formalem Denken sind im Mathematikunterricht vor allem Übungsphasen von Bedeutung. Sie bieten einen

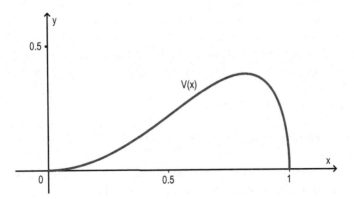

Abb. 3.11 Kegelvolumen

Rahmen, in dem Schüler mit mathematischen Objekten und Regeln möglichst eigenständig gedanklich umgehen. Um Übungsphasen für formales Denken im Mathematikunterricht differenziert zu gestalten, gibt es vielfältige Möglichkeiten (vgl. „Differenzierungsformate" in Abschn. 3.1.2). Wir diskutieren im Folgenden drei Varianten.

Die Lehrkraft bietet Aufgaben unterschiedlicher formaler Komplexität an

Eine klassische Art differenzierten Übens ist, dass die Lehrkraft Aufgaben unterschiedlicher formaler Komplexität zusammenstellt und die Schüler hiervon die Aufgaben bearbeiten sollen, die ihrem individuellen Fähigkeitsniveau entsprechen. Dies können beispielsweise Aufgaben aus dem Schulbuch, auf einem Arbeitsblatt oder in einem Lernzirkel sein. Thematisch ist hierbei nahezu jeder Lehrplaninhalt denkbar. Die Auswahl, welche Aufgaben ein einzelner Schüler bearbeitet, kann entweder die Lehrkraft oder auch der Schüler selbst treffen. Dabei stellt sich die didaktische Frage, ob die Lehrkraft angeben sollte, welche Aufgaben von ihr als eher leicht oder eher schwierig eingeschätzt werden. Einerseits bietet eine solche Kennzeichnung der Aufgaben den Schülern eine gewisse Orientierung, wenn sie Aufgaben selbst wählen sollen. Für manche Schüler mag ein herausgehobenes Anspruchsniveau herausfordernd und motivierend wirken und – bei erfolgreichem Bearbeiten – entsprechend positive Bestärkung geben. Andererseits kann ein besonderes Schwierigkeitsniveau auf manche Schüler auch eher abschreckend wirken. Hier müsste die Lehrkraft bei Bedarf ermutigende Worte zusprechen.

Die Lehrkraft bietet Aufgaben an, die in unterschiedlicher formaler Komplexität bearbeitet werden können

Betrachten wir als Beispiel die obige Aufgabe „Kegel basteln". Sie ist so gestaltet, dass alle Schüler einer Klasse an der gleichen Aufgabe arbeiten, dies allerdings auf unterschiedlichen Niveaus formalen Denkens erfolgen kann. Um etwa die Abhängigkeit des Kegelvolumens vom Mittelpunktswinkel des ausgebreiteten Kegelmantels zu untersuchen, können Schüler mit eher geringeren Fähigkeiten zu formalem Denken Kegel basteln, deren Volumen durch Messen bestimmen, die Messwerte graphisch darstellen und sie damit analysieren. Schüler mit höheren Fähigkeiten zu formalem Denken können die vielfältigen Zusammenhänge zwischen Größen mit Termen beschreiben und zugehörige Funktionen mit Werkzeugen der Analysis untersuchen. Es bietet sich bei dieser Aufgabe an, den Mathematikunterricht nach dem Prinzip der natürlichen Differenzierung (Abschn. 3.2.4) zu gestalten. Die Differenzierung innerhalb einer Klasse entwickelt sich also erst beim inhaltlichen Arbeiten der Schüler.

Die Schüler stellen sich selbst Aufgaben unterschiedlicher formaler Komplexität

Stellen wir uns folgende Unterrichtssituation vor: In einer Übungsstunde sollen Grundrechenarten mit Brüchen geübt werden. Die gesamte Klasse bearbeitet mit der Lehrkraft einige Übungsaufgaben zum Bruchrechnen aus dem Schulbuch. Nach einer Weile sagt die Lehrkraft mit Blick auf die bislang gerechneten Aufgaben: „Ihr seht an diesen Beispielen, was ihr üben sollt. Nun erfindet selbst Rechenaufgaben mit Brüchen und bearbeitet sie."

Mit diesem Impuls eröffnet die Lehrkraft ein Feld für freies Erfinden von Aufgaben und Üben. Erfahrungsgemäß orientieren sich die Schüler zunächst an den bisher gerechneten Aufgaben aus dem Schulbuch. Gerade mathematisch begabte Schüler können aber deutlich weiter gehen, die bisherigen Aufgaben fantasiereich variieren und bis an die Grenzen der für sie noch bewältigbaren formalen Komplexität gehen. In einer solchen Phase stellt sich für eine Lehrkraft die Frage, wie die Ergebnisse kontrolliert werden können, wenn doch jeder Schüler etwas anderes rechnet. Eine praktikable Möglichkeit ist etwa, dass jeder Schüler seine Aufgabe auf die Vorderseite eines Blattes schreibt und die Lösung auf der Rückseite notiert. Nach einer Weile können die erstellten Aufgaben in der Klasse ausgetauscht und von anderen Schülern bearbeitet werden. Diese können anhand der Lösungen ihre Bearbeitungen kontrollieren oder auch Fehler in der ursprünglichen Lösung aufdecken und gemeinsam mit dem Aufgabensteller korrigieren. Bei all diesen Prozessen ist die Lehrkraft natürlich nicht überflüssig. Sie wirkt organisierend, koordinierend, unterstützend und greift bei Bedarf auch korrigierend ein.

Ein solch freies Üben mit selbst erfundenen Aufgaben ist bei praktisch jedem Thema denkbar. Einige Beispiele mit Fokus auf die Förderung formalen Denkens sind:

- Erfinde Rechenaufgaben mit negativen Zahlen und bearbeite sie.
- Erstelle Terme mit Klammern und berechne ihren Wert.
- Erstelle Terme mit dem Wert 1.
- Überlege dir selbst Gleichungen und löse sie.
- Stelle Gleichungen mit Variablen in Exponenten auf und löse sie.
- Entwickle Textaufgaben, die man mit Gleichungssystemen bearbeiten kann, und löse sie.
- Überlege dir Funktionen und untersuche sie auf Extrema.

3.2.6 Modellieren mit differenzierter oder erhöhter Komplexität

In Abschn. 1.1.1 wurde Modellieren als typische Denk- und Arbeitsweise der Mathematik dargestellt. Eine problemhaltige Situation in der „realen Welt" wird mit einem Realmodell beschrieben. Zu diesem wird in einem Mathematisierungsprozess ein mathematisches Modell erstellt. Es stellt die Grundlage für mathematische Bearbeitungen dar. Die gewonnenen mathematischen Resultate werden in der realen Welt interpretiert und führen damit zu einer Lösung des Ausgangsproblems. Schließlich wird der gesamte Prozess kritisch reflektiert und ggf. mit Modifikationen erneut durchlaufen.

Modellieren bietet vielfältige Möglichkeiten zur Differenzierung im Mathematikunterricht, z. B.:

- Die Schüler können an unterschiedlichen Modellierungsproblemen arbeiten.
- Sie können zum gleichen Modellierungsproblem unterschiedliche Modelle aufstellen.
- Mit einem Modell kann auf unterschiedlichen Niveaus mathematisch gearbeitet werden.
- Das Interpretieren und Validieren von Resultaten kann auf verschiedenen Reflexionsniveaus erfolgen.

Die nachfolgenden Beispiele illustrieren diese Differenzierungsmöglichkeiten.

3.2.6.1 Fermi-Aufgaben

Dem italienisch-amerikanischen Physiker und Nobelpreisträger Enrico Fermi (1901–1954) wird nachgesagt, dass er seine Studierenden mit einer speziellen Art von Fragen angeleitet hat, ungewohnte Probleme anzupacken. Nach ihm sind die sog. „Fermi-Aufgaben" benannt. Sie werfen mit wenigen Worten eine Problemsituation in einem realen Kontext auf, die zunächst schwer lösbar erscheint, weil wesentliche Informationen fehlen. Diese müssen etwa durch Annahmen, Abschätzungen oder Recherchen erst gewonnen werden, oft sind zudem mathematische Modellierungen nötig. Aufgrund dieser Offenheit der Problemstellung sind sehr unterschiedliche Bearbeitungswege und Ergebnisse möglich. Kriterien für die „Richtigkeit" einer Lösung bestehen etwa darin, dass die getroffenen Annahmen plausibel, die Argumentationen schlüssig und die Berechnungen korrekt sind.

Fermi-Aufgaben für die gesamte Klasse

Fermi-Aufgaben eignen sich für differenzierenden Mathematikunterricht mit einer gesamten Klasse. Betrachten wir ein Beispiel:

Gummibärchen

Wie viele Gummibärchen passen in eine Kaffeetasse, in einen Schulrucksack, ins Klassenzimmer, in einen Bus, in die Schulturnhalle, ins Schulgebäude …?

Mit dieser Aufgabe wird mathematisches Denken der Schüler (vgl. Abschn. 1.1.1) in vielerlei Hinsicht gefordert und gefördert. Inhaltlich ist mit geometrischen Formen und geometrischen Größen zu arbeiten, dabei ist numerisches Rechnen mit vergleichsweise großen Zahlen und ein Umrechnen von Größeneinheiten nötig. Bevor allerdings überhaupt mit dem Rechnen begonnen werden kann, müssen die betreffenden Objekte in der Alltagswelt erst unter mathematischen Gesichtspunkten wahrgenommen werden. Es sind mathematische Modelle zu erstellen („Ist ein Gummibärchen ein Quader?", „Welche Form hat ein Schulrucksack?", „Wie lässt sich das Klassenzimmer bzw. das Schulgebäude mathematisch beschreiben?" etc.) und zugehörige Größen sind durch Messen oder Abschätzen zu ermitteln. Modellierendes und problemlösendes Denken sind hierbei eng vernetzt. Die Überlegungen und Ergebnisse sind schriftlich darzustellen und ggf. im Klassenverband zu präsentieren und zu diskutieren.

Durch ihre Offenheit besitzt diese Aufgabe in mehrfacher Hinsicht Potenzial für Binnendifferenzierung und damit für Begabtenförderung im regulären Unterricht. Während ein Teil der Klasse die Aufgabe für direkt handhabbare Gegenstände – wie eine Kaffeetasse oder einen Schulrucksack – bearbeitet, können besonders begabte Schüler größere und kompliziertere Objekte – wie etwa einen Bus, die Schulturnhalle oder das Schulgebäude – in Betracht ziehen. Dadurch kann das mathematische Modell eine erhöhte Komplexität annehmen (z. B. weil das Schulhaus aus mehreren Gebäudeteilen besteht), es besteht ein größerer Aufwand, erforderliche Größen zu beschaffen (z. B. Gebäudehöhen), und das Rechnen ist aufgrund der Größenordnungen der Zahlen aufwendiger. Des Weiteren können besonders begabte Schüler den Modellierungskreislauf mehrfach durchlaufen, indem sie etwa ein Realobjekt (z. B. ein Gummibärchen oder die Turnhalle) mit verschiedenen mathematischen Modellen beschreiben oder indem sie bei einem Modell verschiedene Annahmen zu Größen treffen (z. B. zu den geometrischen Maßen). Dabei bietet es sich auch an, zu analysieren, wie sich verschiedene Annahmen zum Modell oder zu Größen auf Rechenwege und Endergebnisse auswirken. Hierbei treten funktionale Abhängigkeiten zu Tage. Der Vergleich verschiedener Annahmen und ihrer Wirkungen gibt Anlass für Bewertungen (z. B.: „Ist ein kompliziertes Modell besser als ein einfaches Modell?"). Besonders begabte Schüler machen hierbei also nicht nur quantitativ mehr Mathematik als die anderen, sie beschäftigen sich mit der Fermi-Aufgabe auch auf qualitativ höherem Niveau und durchdringen die Modellierungsaufgabe facettenreicher.

Weitere Beispiele für Fermi-Aufgaben, die sich für differenziertes Modellieren im Mathematikunterricht im Klassenverband anbieten, sind etwa:

- Wie viele Wassertropfen sind in einer Trinkflasche, in einem Schwimmbecken, im Bodensee, in allen Meeren der Erde …?
- Wie viele Buchstaben stehen in einem Buch, in einer Zeitung, in allen Büchern der Schulbücherei, in allen Büchern der Stadtbibliothek …?
- Wie viel Geschenkpapier wird pro Jahr in Deutschland verbraucht? Wie kann man sich das Ergebnis möglichst gut vorstellen?

Bei der letzten Teilfrage, wie man sich das Ergebnis gut vorstellen kann, ist die für Fermi-Fragen typische Denkrichtung umzukehren: Es wird nicht eine Zahl zu einer Sachsituation gesucht, sondern eine Sachsituation zu einer (großen) Zahl.

Fermi-Aufgaben für Enrichment

Fermi-Aufgaben eignen sich nicht nur für Mathematikunterricht mit der gesamten Klasse, sie können auch einzelnen mathematisch begabten Schülern im Sinne von Enrichment gegeben werden. Dies kann sowohl während des Mathematikunterrichts als auch neben dem Unterricht erfolgen. Stellen wir uns etwa vor, eine Lehrkraft plant eine Übungsphase mit ihrer Klasse, um eher technische Fertigkeiten zu üben. Wenn ein Teil der Schüler diese Fertigkeiten bereits besitzt, wäre es uneffektiv und eine Verschwendung von Lerngelegenheiten, falls diese Schüler einfach nur nochmals üben sollten, was sie bereits sehr gut können. Dies kann aufseiten der Schüler auch zu einem Verlust an Motivation und Interesse für Mathematik führen. Eine sehr einfach zu realisierende Alternative ist es, mathematisch begabten Schülern während einer solchen Übungsphase eine Fermi-Aufgabe zu geben, mit der sie sich beschäftigen können, während der Rest der Klasse den aktuellen Stoff weiter übt. Für die Lehrkraft ist dies mit wenig zusätzlichem Aufwand verbunden. Die Fermi-Aufgabe kann den Schülern etwa einfach mündlich gestellt werden, z. B.:

- Wie oft hat dein Herz in deinem Leben schon geschlagen?
- Wie viel Autoreifen-Gummi wird pro Jahr in Deutschland abgefahren? (Ein nennenswerter Teil hiervon landet letztlich in den Meeren.)
- Welchen Wert hat das Eis in einer Eisdiele?
- Welche Masse hat die Luft im Klassenzimmer?
- Wie viele Noten werden an unserer Schule (oder in allen Schulen unserer Stadt, in Deutschland …) pro Jahr erteilt?
- Wie viele Bälle passen auf einen Fußballplatz?
- Wie viel Trinkwasser wird bei dir zu Hause pro Jahr verbraucht? Wie viel wird in Deutschland verbraucht?

Das zugehörige Arbeiten der Schüler kann wertgeschätzt werden, indem sie ihre Überlegungen und Ergebnisse etwa in der Klasse präsentieren.

3.2.6.2 Modellieren mit Methan-Molekülen

Im Chemieunterricht lernen die Schüler die Struktur des Methan-Moleküls CH_4 kennen. Dabei lernen sie, dass der Bindungswinkel ca. 109,5° beträgt. Oft wird dabei kein fächerverbindender Bezug zum Mathematikunterricht hergestellt. Insbesondere für mathematisch begabte Schüler kann es eine reizvolle Aufgabe sein, diesen Bindungswinkel nicht nur als Lerninhalt des Chemieunterrichts hinzunehmen, sondern ihn mit Mitteln der Mathematik zu berechnen. Als Ergebnis entsteht, dass der Bindungswinkel φ durch $\cos \varphi = -\frac{1}{3}$ bestimmt ist.

Methan-Molekül

Berechne den Bindungswinkel im Methan-Molekül.

In Abb. 3.12 ist ein chemisches Modell eines Methan-Moleküls CH_4 abgebildet. Die Wasserstoffatome sind als helle Kugeln, das Kohlenstoffatom als dunkle Kugel dargestellt. Jedes Wasserstoffatom ist mit dem Kohlenstoffatom verbunden. Mit Begriffen

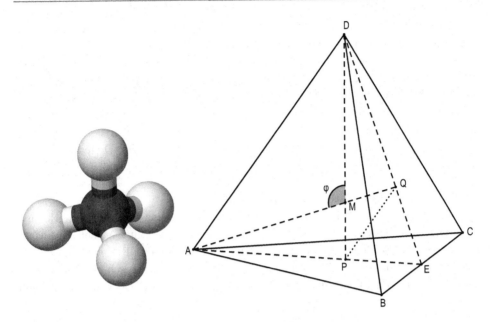

Abb. 3.12 Methanmolekül: chemisches Modell (Bild aus Wikimedia Commons (2015)) und Tetraeder als Modell

der Mathematik befinden sich die vier Wasserstoffatome in den Ecken eines Tetraeders und das Kohlenstoffatom im Mittelpunkt dieses Tetraeders.

Abb. 3.12 zeigt auch ein mathematisches Modell dieser Situation. Im Prozess des Mathematisierens wurden die chemischen Bezüge stark abstrahiert, es kommt nur auf die gegenseitige Lage der Atome an. Die Eckpunkte A, B, C, D des Tetraeders stehen für die Positionen der Wasserstoffatome, der Mittelpunkt M des Tetraeders für den Ort des Kohlenstoffatoms. Der Bindungswinkel φ wird von den Verbindungsstrecken zwischen dem Tetraedermittelpunkt und den Eckpunkten eingeschlossen, beispielsweise also von [MA] und [MD]. Dieser Winkel lässt sich mit elementaren geometrischen Mitteln der Sekundarstufe I berechnen. Die Herausforderungen liegen dabei zum einen im Prozess des Mathematisierens, zum anderen aber auch im Bereich des Arbeitens mit dem mathematischen Modell.

Wir nehmen an, die Schüler kennen den Satz, dass sich die Seitenhalbierenden eines Dreiecks in einem Punkt – dem Schwerpunkt – schneiden und dass dieser die Seitenhalbierenden im Verhältnis 1:2 teilt. (Diese Aussage ist etwa mit dem Strahlensatz bzw. ähnlichen Dreiecken leicht zu beweisen.)

Jede Seitenfläche des Tetraeders ist ein gleichseitiges Dreieck. In Abb. 3.12 sei E der Mittelpunkt der Strecke [BC] und P bzw. Q sei der Schwerpunkt der jeweiligen Seitenfläche.

Da $\overline{EQ}{:}\overline{ED} = 1{:}3 = \overline{EP}{:}\overline{EA}$, sind nach dem Strahlensatz mit Zentrum E und seiner Umkehrung die Geraden PQ und AD parallel mit $\overline{PQ}{:}\overline{AD} = 1{:}3$.

Nach dem Strahlensatz mit Zentrum M folgt $\overline{MQ}{:}\overline{MA} = 1{:}3$. Da $\overline{MQ} = \overline{MP}$, ist also $\overline{MP}{:}\overline{MA} = 1{:}3$. Letzteres ist das Verhältnis von Ankathete und Hypotenuse im rechtwinkligen Dreieck APM, also der Kosinus des Winkels $180° - \varphi$. Damit ist $\cos\varphi = -\frac{1}{3}$.

Alternativ können etwa die Streckenlängen $\overline{DE}$, $\overline{DQ}$, $\overline{DP}$ und $\overline{DM}$ in Abhängigkeit von der Kantenlänge des Tetraeders mithilfe des Satzes des Pythagoras berechnet werden. Auch dies führt etwa über das Dreieck APM oder das Dreieck AMD zu $\cos\varphi = -\frac{1}{3}$.

3.2.6.3 Modellieren zeitlicher Änderungen

Im Modellierungskreislauf gemäß Abschn. 1.1.1 kann eine substanzielle Herausforderung darin bestehen, überhaupt ein passendes mathematisches Modell zu finden. Dieser Prozess des Mathematisierens steht bei den folgenden drei Beispielen im Fokus. Es geht jeweils darum, zeitlich veränderliche Prozesse mathematisch zu beschreiben, insbesondere mit Funktionen und deren Darstellungen durch Wertetabellen, Graphen und Terme.

Tageslänge

Recherchiere, wie die Tageslänge – d. h. die Zeit von Sonnenaufgang bis Sonnenuntergang – an deinem Wohnort (oder auch anderen Orten auf der Erde) vom jeweiligen Tag abhängt. Stelle die Daten und Zusammenhänge mit Mitteln der Mathematik dar. Beschreibe die Tageslänge im Verlauf eines Jahres auch mit Funktionstermen.

Formuliere Fragen zu dieser Thematik und versuche sie anhand deiner bisherigen Ergebnisse zu beantworten.

Numerische Daten zur Tageslänge sind durch Internetrecherche relativ einfach zu finden. Die Schüler sind zunächst gefordert, aus der Fülle der im Internet angebotenen Informationen passende Daten auszuwählen. Als Ergebnis kann etwa eine Tabelle gewonnen werden, die für einen fest gewählten Ort die Tageslänge im Verlauf eines Jahres angibt. Mit einem Tabellenkalkulationsprogramm kann dazu ein Funktionsgraph erzeugt werden. Er zeigt die Schwankung der Tageslänge im Zeitverlauf. In Abb. 3.13 ist dies für den Ort Berlin und ein Kalenderjahr dargestellt. Näherungsweise kann dieser funktionale Zusammenhang mit einer Sinusfunktion beschrieben werden. Die Schüler sind dabei gefordert, die Parameter in der allgemeinen Sinusfunktion $f(x) = a \cdot \sin(b(x + c)) + d$ passend zu bestimmen.

Der Verlauf der Kurve hängt von der geographischen Breite des betrachteten Ortes ab. Wenn man in Richtung Äquator geht, verringert sich der Unterschied zwischen maximaler und minimaler Tageslänge. Wenn man sich dagegen den Polen nähert, nimmt dieser Unterschied zu. In den Polargebieten tritt das Phänomen der Polartage und der

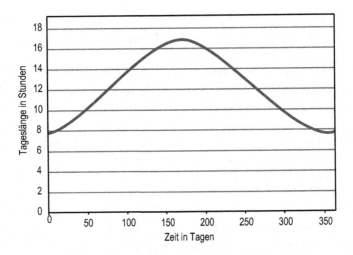

Abb. 3.13 Tageslänge in Berlin im Verlauf eines Jahres

Polarnächte auf – es gibt also Zeiträume, an denen die Sonne überhaupt nicht unter-
bzw. aufgeht. Die Tageslänge beträgt dann 24 h bzw. 0 h. Für solche Orte ist die Sinusfunktion ein recht grobes Modell für die Abhängigkeit der Tageslänge von der Zeit.

Abkühlen

Untersuche, wie sich die Temperatur von heißem Wasser beim Abkühlen verändert.
Variiere die Ausgangstemperatur und das Gefäß, in dem sich das Wasser befindet.
Stelle die Daten und Zusammenhänge mit Mitteln der Mathematik dar. Beschreibe
das Abkühlen auch mit Funktionstermen.

Formuliere Fragen zu den Abkühlprozessen und versuche sie anhand deiner bisherigen Ergebnisse zu beantworten.

Die Schüler können experimentell einen Zugang zur Thematik gewinnen, indem sie
die Temperatur von Wasser in einem Gefäß während des Abkühlens messen. Es bietet
sich an, die Messdaten zur Abhängigkeit der Temperatur von der Zeit mit einer Tabelle
und einem Graphen darzustellen. Dies führt zur Frage, ob ein Funktionsterm gefunden
werden kann, der den Abkühlvorgang beschreibt.

Anhaltspunkte, welche Funktionstypen hier passen könnten, geben folgende
Beobachtungen:

- Die Temperatur T nimmt ausgehend von einem Anfangswert $T(0)$ streng monoton ab.
- Das Abkühlen erfolgt zunächst schnell und im Lauf der Zeit immer langsamer.
- Die Temperatur T nähert sich im Lauf der Zeit immer mehr der Raumtemperatur R an.

Einen solchen Verlauf kennen die Schüler beispielsweise von gebrochen-rationalen Funktionen. Sie könnten etwa versuchen, eine Hyperbel an die Messdaten anzupassen, also eine möglichst passende Funktion der Form $T(t) = \frac{a}{t+b} + c$ zu finden. Allerdings ist anzunehmen, dass keine solche Funktion gut zu allen Messwerten passt. Verbesserungen des Modells könnten erreicht werden, indem man Hyperbeln höheren Grades betrachtet, also Funktionen der Form $T(t) = \frac{a}{(t+b)^n} + c$.

Eine weitere Funktionenklasse, die zu den oben genannten Beobachtungen passt, ist die der fallenden Exponentialfunktionen $T(t) = a \cdot b^t + c$. Auf Isaac Newton (1643–1727) geht die Modellierungsannahme zu Abkühlprozessen zurück, dass die Zeitdauer, in der sich der Unterschied $T - R$ zwischen der Temperatur T und der gleich bleibenden Raumtemperatur R halbiert, unabhängig von der Temperatur T zu Beginn dieses Zeitraums ist. Wir bezeichnen diese Zeitdauer als Halbwertszeit t_H. Nach einer Halbwertszeit nimmt also der Unterschied $T - R$ auf die Hälfte ab. Diese Modellierungsannahme ist äquivalent zur Annahme einer Exponentialfunktion $T(t)$ mit

$$T(t) - R = (T(0) - R) \cdot \left(\frac{1}{2}\right)^{\frac{t}{t_H}}.$$

Den Parameter t_H können die Schüler dabei aus ihren Messdaten bestimmen. Er hängt insbesondere davon ab, wie gut das Gefäß mit dem Wasser isoliert ist. In der Realität werden die Schüler allerdings wohl auch keine Exponentialfunktion finden, die exakt zu ihren Messdaten passt. Im Sinne eines Validierens des Modells können sie überlegen, woran dies liegt. Einerseits sind Messfehler unvermeidlich; andererseits kühlt die ursprüngliche Wassermenge nicht nur ab, sondern ein Teil des Wassers verdunstet – und zwar umso mehr, je höher die Temperatur ist. Dieser Effekt ist in der Newton'schen Modellierungsannahme nicht berücksichtigt. Beim Validieren können also verschiedene Modelle – ganzrationale Funktionen und Exponentialfunktionen – verglichen und in Bezug auf ihre Güte bewertet werden.

Bevölkerungsentwicklung

Informiere dich über die Entwicklung der Bevölkerungszahlen in Deutschland, Europa, anderen Ländern und Kontinenten, der Welt, … in den vergangenen Jahrzehnten oder Jahrhunderten. Stelle die Daten und Zusammenhänge mit Mitteln der Mathematik dar. Kannst du daraus Prognosen für die Zukunft aufstellen?

Daten zur Bevölkerungsentwicklung sind im Internet sehr leicht zugänglich. Eine Anforderung besteht zunächst darin, aus der Fülle an statistischen Daten und Darstellungen solche zu finden und auszuwählen, die interessant erscheinen. Lohnenswert ist einerseits ein Blick zurück in die Geschichte: Wie haben sich die Bevölkerungszahlen in der Vergangenheit entwickelt? Waren die Veränderungen phasenweise linear oder exponentiell? Gab es zeitweise Rückgänge der Bevölkerungszahlen? Was könnten Gründe für die Entwicklungen gewesen sein? Hier geht es also darum, reale Daten zu finden, auszuwerten, aussagekräftig darzustellen und zu interpretieren. Als mathematische Modelle dienen dabei Funktionen, die die Abhängigkeit von Bevölkerungszahlen von der Zeit angeben. Interessant ist andererseits aber auch, ob und inwieweit auf Basis der Daten und zugehöriger Modelle Prognosen für die Zukunft getroffen werden können. Je nach Wahl des Modells (z. B. lineares Wachstum, exponentielles Wachstum) ergeben sich unterschiedliche Prognosen. Im Zuge des Validierens kann überlegt werden, inwieweit die Modellannahmen sinnvoll sind und ob ggf. zusätzliche Einflüsse (z. B. zunehmende Lebenserwartung, begrenzte Ressourcen, Migration) berücksichtigt werden sollten.

3.2.6.4 Einbettung in den Mathematikunterricht

Zum einen kann mit Modellierungsaufgaben im regulären Unterricht mit allen Schülern einer Klasse gearbeitet werden. Hierfür bietet sich das Konzept der *natürlichen Differenzierung* (vgl. Abschn. 3.2.4) an. Alle Schüler erhalten dabei mit der Modellierungsaufgabe einen offenen und fachlich reichhaltigen Impuls, der mathematisches Arbeiten auf verschiedenen Niveaus zulässt bzw. geradezu herausfordert. Die Schüler entwickeln und realisieren Ideen in einem flexiblen Wechsel aus Einzel-, Partner- und Kleingruppenarbeit. Sie präsentieren und diskutieren ihre Überlegungen und Ergebnisse im Klassenplenum. Mathematisch begabte Schüler können dabei beispielsweise komplexeren Aspekten der jeweiligen Thematik nachgehen oder mit verschiedenen Modellen arbeiten und diese vergleichen und bewerten. Die Zusammenschau aller Ergebnisse kann eindrucksvoll zeigen, dass die Diversität in der Klasse zu einer multiperspektivischen und facettenreichen Durchdringung der jeweiligen Thematik führt.

Zum anderen eignen sich Modellierungsaufgaben auch zum gezielten, individuellen *Enrichment* für mathematisch begabte Schüler. Ohne allzu großen Zusatzaufwand kann die Lehrkraft nur einigen Schülern Modellierungsaufgaben als Impulse geben. Dies bietet sich insbesondere in Unterrichtsphasen an, bei denen besonders Begabte im regulären Unterricht wenig Lernzuwachs erzielen würden – weil etwa Stoffinhalte wiederholt und geübt werden, die sie bereits sicher beherrschen. Alle in diesem Abschnitt dargestellten Modellierungsaufgaben würden sich hierfür eignen. Komplexere und umfangreichere Probleme (wie die obigen Beispiele zur Modellierung zeitlicher Entwicklungen) bieten ausreichend Substanz, damit die Schüler auch neben dem Mathematikunterricht – also etwa in Freistunden oder zu Hause – daran weiterarbeiten. Auf diese Weise kann Differenzierung auch im Bereich der Hausaufgaben realisiert werden.

3.2.7 Lokales Theoriebilden

Theoriebildendes Denken wurde in Abschn. 1.1.1 als eine Facette mathematischen Denkens herausgestellt. Es kommt dabei darauf an, mathematische Aussagen zu einem

Themengebiet nicht zusammenhangslos nebeneinander zu sehen, sondern logische Beziehungen herzustellen und Aussagen zu einem schlüssigen Theoriegewebe zu vernetzen. Dabei werden etwa Definitionen und Sätze unterschieden. Definitionen sind nicht zu beweisen, Sätze hingegen schon. Ein Beweis greift auf Definitionen und bereits bewiesene Sätze zurück. Durch Beispiele können Definitionen und Sätze illustriert werden. Bei Wenn-dann-Aussagen ist zwischen Voraussetzungen und Behauptungen zu unterscheiden. Kehrt man beides um, kommt man von einer Aussage zur Umkehraussage.

In der Schule ist derartige mathematische Theoriebildung vor allem lokaler Art, d. h., die Schüler sollen zu einem begrenzten Themengebiet Begriffe bilden, Definitionen gewinnen, Zusammenhänge erkunden, Sätze erarbeiten, Beweise entwickeln sowie all diese Ergebnisse vernetzen. Dabei bieten sich in Bezug auf den Umfang der Theoriebildung und die Präzision beim Schlussfolgern viele Möglichkeiten der Differenzierung im Mathematikunterricht. Wir illustrieren dies im Folgenden an der Thematik „Parallelogramme" etwa für die Jahrgangsstufen 7 bis 9. Grundlegende Ziele für alle Schüler einer Klasse können darin bestehen, dass sie den Begriff des Parallelogramms sowie Eigenschaften bzgl. Seiten, Winkeln, Symmetrie, Diagonalen und Flächeninhalt kennen und damit umgehen können. Das Herstellen von Beziehungen zwischen diesen Eigenschaften und von Begründungen kann in unterschiedlichem Ausmaß und auf unterschiedlichen Niveaus erfolgen. Die folgenden Arbeitsaufträge geben hierzu entsprechende Impulse. Sie können einerseits mit der gesamten Klasse bearbeitet werden, wobei es sich anbietet, die Lernumgebung so zu gestalten, dass sich natürliche Differenzierung (vgl. Abschn. 3.2.4) entfalten kann. Andererseits kann es aber auch didaktisch sinnvoll sein, diese Arbeitsaufträge im Rahmen einer Unterrichtseinheit zu Parallelogrammen nur einigen Schülern an die Hand zu geben, um sie gezielt im Bereich theoriebildenden Denkens zu fördern.

Parallelogramme

Parallelogramme sind besondere Vierecke. Mit den folgenden Aufträgen kannst du Parallelogramme perspektivenreich erkunden.

Definition
Formuliere eine Definition für den Begriff „Parallelogramm". Beachte dabei, dass eine Definition nur auf so viele Eigenschaften Bezug nimmt, wie unbedingt nötig sind.

Sätze über notwendige Bedingungen
Suche Eigenschaften von Parallelogrammen. Formuliere dazu Sätze folgender Struktur und beweise sie: „Wenn ein Viereck ein Parallelogramm ist, dann …"

Sätze über hinreichende Bedingungen

Suche Eigenschaften von Vierecken, die sicherstellen, dass ein Viereck ein Parallelogramm ist. Formuliere dazu Sätze folgender Struktur und beweise sie: „Wenn ..., dann ist das Viereck ein Parallelogramm."

Sätze über äquivalente Bedingungen

Suche Eigenschaften, die alle Parallelogramme, aber sonst keine anderen Vierecke haben. Formuliere dazu Sätze folgender Struktur und beweise sie: „Ein Viereck ist genau dann ein Parallelogramm, wenn ..."

Aussagenlogik

Informiere dich über die Begriffe „notwendige Bedingung", „hinreichende Bedingung" und „äquivalente Bedingung". Stelle Bezüge zu deinen bisherigen Überlegungen zu Parallelogrammen her.

Einordnung in ein Begriffsnetz

Finde Ober- und Unterbegriffe zum Begriff „Parallelogramm" und stelle eine Übersicht zu Zusammenhängen zwischen diesen Begriffen her.

3.2.7.1 Eine Definition als Basis

Die Basis für jegliche mathematische Theorie sind Begriffe und deren Definitionen. Um Aussagen zu Begriffen treffen und beweisen zu können, müssen die Begriffe präzise definiert sein. Aus den definierenden Eigenschaften der Begriffe können dann beim Aufbau einer Theorie weitere Eigenschaften abgeleitet werden. Zudem lassen sich damit Beziehungen zwischen Begriffen begründen.

In diesem Sinne sollen die Schüler anhand der obigen Arbeitsaufträge zunächst den Begriff des Parallelogramms definieren. An diesem Beispiel soll das Charakteristische von Definitionen deutlich werden: Es geht in einer Definition nicht darum, den Begriff möglichst perspektivenreich zu beschreiben, sondern ihn anhand einer in der Regel nicht weiter reduzierbaren Menge von Eigenschaften festzulegen. Bei Parallelogrammen legt das Wort nahe, auf die Parallelität der Seiten Bezug zu nehmen und etwa folgende Definition zu formulieren:

▶ Ein Viereck, bei dem jeweils gegenüberliegende Seiten parallel sind, nennt man *Parallelogramm*.

Alternativ könnte man für die Definition auch andere Eigenschaften (z. B. zu Seitenlängen, Winkeln, Punktsymmetrie) verwenden. Dann sind Beweise, die auf die Definition zurückgreifen, entsprechend anders zu führen. Mehr hierzu weiter unten.

3.2.7.2 Eigenschaften aus der Definition ableiten: Notwendige Bedingungen

Wenn ein mathematischer Begriff definiert wurde, ist von Interesse, welche weiteren Eigenschaften den zugehörigen Objekten bzw. Sachverhalten zugeschrieben werden können. Es geht also darum, Folgerungen aus der Definition zu ziehen. Im obigen Beispiel sollen die Schüler Eigenschaften von Parallelogrammen erkennen, ausdrücken und beweisen. Für die Formulierung der Aussagen ist die Satzstruktur „Wenn ..., dann ..." vorgegeben, um die logische Beziehung zwischen Voraussetzung und Folgerung sprachlich deutlich herauszustellen. Beispiele für solche Aussagen über Eigenschaften von Parallelogrammen sind etwa:

Wenn ein Viereck ein Parallelogramm ist, dann ...

- ... sind jeweils gegenüberliegende Seiten gleich lang.
- ... sind jeweils gegenüberliegende Innenwinkel gleich groß.
- ... ist es punktsymmetrisch.
- ... ist es drehsymmetrisch.
- ... kann man es in zwei kongruente Dreiecke zerlegen.
- ... ist es ein Trapez.

Die hier aufgezählten Eigenschaften sind sog. notwendige Bedingungen für Parallelogramme, d. h. dass jedes Parallelogramm notwendigerweise diese Bedingungen erfüllt. Wenn ein Viereck eine solche Bedingung nicht erfüllt, ist es kein Parallelogramm. Beim Beweis dieser Aussagen dürfen jeweils nur Eigenschaften von Parallelogrammen verwendet werden, die gemäß Definition vorliegen oder vorher bereits bewiesen wurden. Dies wird weiter unten ausgeführt.

3.2.7.3 Hinreichende Bedingungen

Des Weiteren sollen die Schüler überlegen, welche Bedingungen sicherstellen, dass ein Viereck ein Parallelogramm ist. Auch hier wird die Satzstruktur „Wenn ..., dann ..." vorgeschlagen, um Voraussetzung und Folgerung jeweils klar hervortreten zu lassen. Beispiele für solche Aussagen sind etwa:

- Wenn bei einem Viereck jeweils gegenüberliegende Seiten gleich lang sind, ...
- Wenn bei einem Viereck jeweils nebeneinanderliegende Innenwinkel zusammen 180° betragen, ...
- Wenn ein Viereck punktsymmetrisch ist, ...
- Wenn sich bei einem Viereck die Diagonalen gegenseitig halbieren, ...
- Wenn ein Viereck drei rechte Innenwinkel hat, ...
- Wenn ein Viereck ein Quadrat ist, ...

..., dann ist das Viereck ein Parallelogramm.

Solche Bedingungen nennt man hinreichende Bedingungen; sie sind hinreichend dafür, dass ein Parallelogramm vorliegt. Dabei kann es allerdings sein, dass eine hinreichende Bedingung nicht von jedem Parallelogramm erfüllt wird, d. h. dass die Bedingung nicht notwendig ist.

3.2.7.4 Äquivalente Charakterisierungen

Ist eine Bedingung sowohl notwendig als auch hinreichend für eine Aussage, so ist sie zu dieser Aussage äquivalent. Mit einer äquivalenten Bedingung lässt sich ein Begriff also inhaltlich gleichwertig charakterisieren. Sprachlich kann man die Äquivalenz mit „genau dann, wenn" ausdrücken. Im obigen Beispiel sollen die Schüler einige äquivalente Charakterisierungen für Parallelogramme finden, formulieren und beweisen. Dabei zeigt sich, dass nicht jede vorher gefundene notwendige Bedingung auch hinreichend ist und nicht jede hinreichende Bedingung notwendig ist.

Den fachlichen Kern dieser Thematik fasst folgender Satz zusammen. Diese Sammlung äquivalenter Bedingungen stellt einen gewissen „Höhepunkt" bei der Theoriebildung zu Parallelogrammen dar, da sie den Begriff perspektivenreich charakterisiert.

▶   **Charakterisierung von Parallelogrammen**
Für jedes Viereck sind folgende Eigenschaften äquivalent:

a) Jeweils gegenüberliegende Seiten sind parallel.
b) Jeweils gegenüberliegende Seiten sind gleich lang.
c) Jeweils gegenüberliegende Innenwinkel sind gleich groß.
d) Jeweils nebeneinanderliegende Innenwinkel sind zusammen 180° groß.
e) Die Diagonalen halbieren sich gegenseitig.
f) Das Viereck ist punktsymmetrisch mit dem Schnittpunkt der Diagonalen als Zentrum.

Durch diese äquivalenten Eigenschaften sind Parallelogramme charakterisiert.

Der Beweis dieses Satzes illustriert, wie Schüler bei dieser Thematik schlussfolgerndes Denken in besonderem Maße entwickeln können. In den einzelnen Beweisabschnitten werden im Sinne des Modells in Abb. 1.5 jeweils aus den gegebenen Voraussetzungen mithilfe weiterer Begriffe und Sätze direkte Schlüsse gezogen. Wir nehmen dabei an, dass die Schüler als Lernvoraussetzungen Winkel an einfachen und doppelten Geradenkreuzungen (z. B. Scheitelwinkel, Wechselwinkel, Nachbarwinkel), die Winkelsumme in Dreiecken und Vierecken, die Kongruenzsätze für Dreiecke sowie Eigenschaften von Punktspiegelungen kennen.

Wir betrachten ein Viereck *ABCD* mit Bezeichnungen von Seiten und Winkeln wie in Abb. 3.14. Der Schnittpunkt der Diagonalen wird *M* genannt.

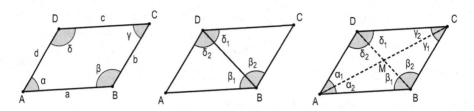

Abb. 3.14 Parallelogramm

a) $\Rightarrow$ b): Beim Viereck $ABCD$ seien jeweils gegenüberliegende Seiten parallel. Nach dem Satz über Wechselwinkel ist $\beta_1 = \delta_1$ und $\beta_2 = \delta_2$. Die Dreiecke ABD und BCD stimmen also in zwei Winkeln und der gemeinsamen Seite $[BD]$ überein. Sie sind damit nach dem Kongruenzsatz WSW kongruent. Somit gilt für die Dreiecksseiten $a = c$ und $b = d$.

b) $\Rightarrow$ c): Beim Viereck $ABCD$ seien jeweils gegenüberliegende Seiten gleich lang. Die Dreiecke ABD und BCD stimmen also in drei Seiten überein. Sie sind damit nach dem Kongruenzsatz SSS kongruent. Somit gilt für die Winkel $\alpha = \gamma$ sowie $\beta_1 = \delta_1$ und $\beta_2 = \delta_2$, also $\beta = \delta$.

c) $\Rightarrow$ d): Im Viereck $ABCD$ seien $\alpha = \gamma$ und $\beta = \delta$. Da die Summe aller vier Innenwinkel gleich $360°$ beträgt, ist die Summe nebeneinanderliegender Innenwinkel gleich $180°$.

d) $\Rightarrow$ a): Im Viereck $ABCD$ seien die Summen nebeneinanderliegender Innenwinkel jeweils $180°$. Nach der Umkehrung des Satzes über Nachbarwinkel an doppelten Geradenkreuzungen sind gegenüberliegende Vierecksseiten parallel.

Mit den bisherigen Beweisschritten ist insgesamt gezeigt, dass die Aussagen a), b), c) und d) äquivalent sind. Nun wird noch die Äquivalenz zu den beiden anderen Charakterisierungen gezeigt.

a) $\Rightarrow$ e): Beim Viereck $ABCD$ seien jeweils gegenüberliegende Seiten parallel. Nach dem Satz über Wechselwinkel ist $\alpha_2 = \gamma_2$ und $\beta_1 = \delta_1$. Gemäß oben bereits aus a) gefolgerter Aussage b) sind die Seiten a und c gleich lang. Die Dreiecke ABM und MCD stimmen also in zwei Winkeln und einer Seite überein. Sie sind damit nach dem Kongruenzsatz WSW kongruent. Somit ist $\overline{AM} = \overline{MC}$ und $\overline{BM} = \overline{MD}$.

e) $\Rightarrow$ f): Der Schnittpunkt M der Diagonalen sei jeweils ihr Mittelpunkt. Dann bildet die Punktspiegelung an M die Punkte A und C wechselseitig aufeinander ab und ebenso bildet sie B und D jeweils aufeinander ab. Damit bildet diese Punktspiegelung das Viereck $ABCD$ auf sich selbst ab.

f) $\Rightarrow$ a): Das Viereck $ABCD$ sei punktsymmetrisch mit M als Zentrum. Da die zugehörige Punktspiegelung gegenüberliegende Seiten aufeinander abbildet, sind diese jeweils parallel.

Aufgrund der Äquivalenz der sechs Eigenschaften von Vierecken könnte jede dieser Eigenschaften für eine Definition von Parallelogrammen verwendet werden.

3.2.7.5 Einordnung in Begriffsnetze

Zu Theoriebildung gehört, Begriffe zueinander in Bezug zu setzen. Bei der Thematik der Parallelogramme bietet es sich an, Beziehungen zu anderen Vierecksformen – insbesondere zu Ober- und Unterbegriffen – herzustellen. So sind Rechtecke spezielle Parallelogramme, bei denen nicht nur gegenüberliegende Innenwinkel, sondern alle Innenwinkel gleich groß sind. Entsprechend sind Rauten spezielle Parallelogramme, bei denen nicht nur gegenüberliegende Seiten, sondern alle Seiten gleich lang sind. Schließlich sind Quadrate spezielle Parallelogramme, bei denen alle Innenwinkel gleich groß und alle Seiten gleich lang sind. Einen Oberbegriff für Parallelogramme stellt das Trapez dar. Hier wird von einem Viereck nur gefordert, dass zwei Seiten parallel sind. Eine graphische Darstellung dieser Zusammenhänge von Begriffen zeigt Abb. 3.15. Dies ist ein Bestandteil des sog. „Hauses der Vierecke".

3.2.8 Einordnung in den Theorierahmen für Differenzierung

In diesem Abschnitt wurde bereits herausgestellt, dass Begabtenförderung integrale Aufgabe des regulären Mathematikunterrichts ist. Aufgrund der Individualität jedes Schülers und der daraus resultierenden Diversität jeder Lerngruppe ist – phasenweise – Differenzierung im Mathematikunterricht de facto unumgänglich. Bei den in diesem Abschnitt vorgestellten Beispielen wurde jeweils bereits skizziert, wie eine Einbettung in den Mathematikunterricht erfolgen kann und Lernumgebungen für Schüler entsprechend differenziert gestaltet werden können. Zusammenfassend ordnen wir die dargestellten didaktischen Konzepte in den Theorierahmen für Differenzierung aus Abschn. 3.1.2 ein.

Abb. 3.15 Begriffsnetz zum Parallelogramm

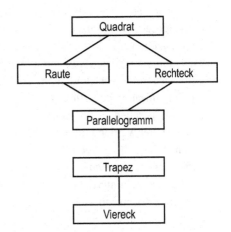

- *Differenzierungsziele:* Im Hinblick auf den Einzelnen ist das generelle Ziel von Differenzierung im Mathematikunterricht, dass Schüler ihre individuelle mathematische Begabung möglichst optimal entfalten. Jede bislang vorgestellte Aufgabe ordnet sich hier ein. In Bezug auf den Umgang mit Diversität in der gesamten Klasse können vor allem folgende zwei Zielvorstellungen für Differenzierung zur Begabtenförderung handlungsleitend sein: Einerseits kann es Ziel sein, die Vielfalt in der Klasse für alle zu nutzen. Dies ist insbesondere dann von Bedeutung, wenn die gesamte Klasse in differenzierter Weise am gleichen Thema arbeitet – z. B. nach dem Konzept der natürlichen Differenzierung (Abschn. 3.2.4). Beispielsweise bei mathematischem Experimentieren (Abschn. 3.2.4) oder bei offenen Modellierungs-aufgaben (Abschn. 3.2.6) kann die Differenzierung darauf abzielen, in der Klasse eine Thematik möglichst perspektivenreich, auf verschiedenen Wegen und Niveaus zu bearbeiten. Mathematisch begabte Schüler können hier spezifische Beiträge bei-steuern. Die Diversität in der Klasse soll dadurch von allen Schülern als Mehrwert erlebt werden. Andererseits kann es aber auch Ziel sein, die Vielfalt in der Klasse zu fördern, also zu vergrößern. Hier ordnen sich alle Maßnahmen ein, die sich nur an mathematisch begabte Schüler richten. Beispiele dazu wurden etwa zum Begriffsbilden (Abschn. 3.2.1 und Abschn. 3.2.2), zum Begründen und Beweisen (Abschn. 3.2.3) sowie zum Theoriebilden (Abschn. 3.2.7) vorgestellt. Dabei wird davon ausgegangen, dass mathematisch begabte Schüler schneller, mehr und auf höherem Niveau lernen können, als es für die Gesamtklasse vorgesehen ist. Dazu erhalten sie von der Lehrkraft entsprechende Zusatzimpulse. Diversität in einer Klasse wird dabei als etwas Natürliches und Positives wertgeschätzt und durch gezielte Begabtenförderung bewusst vergrößert.
- *Differenzierungsaspekte:* Lernumgebungen zur Begabtenförderung im Mathematik-unterricht können in Bezug auf vielfältigste Aspekte differenziert gestaltet werden. Die obigen Beispiele machen deutlich, dass für mathematisch begabte Schüler ins-besondere spezifische Lernziele sinnvoll sind und dass sich dazu die Lernangebote durch zusätzliche Lerninhalte, ein höheres Anspruchsniveau, weitere Zugangsweisen zur jeweiligen Thematik, höhere fachsprachliche Anforderungen und eine Straffung der vorgesehenen Lernzeit auszeichnen können.
- *Differenzierungsorganisation:* Da sich die in diesem Abschnitt diskutierten Maßnahmen auf den regulären Mathematikunterricht beziehen, liegt hier innere Differenzierung vor (und nicht äußere Differenzierung). Die Schulklasse wird als schulorganisatorische Einheit unter der Verantwortung der jeweiligen Mathematik-lehrkraft gesehen, auch wenn Lernangebote für verschiedene Schüler unterschied-lich gestaltet werden und die Schüler daran zeitweise zu Hause oder in verschiedenen Räumen der Schule arbeiten.
- *Differenzierungsformate:* Jedes Differenzierungsformat kann zur Begabtenförderung im Mathematikunterricht sinnvoll sein. Ein geschlossenes Differenzierungsformat liegt etwa vor, wenn eine Lehrkraft einzelnen Schülern gezielt Aufgaben bzw. Lern-materialien ohne weitere Wahlmöglichkeiten gibt. Dies können beispielsweise

Aufgaben zu formalem Denken auf höherem Niveau (Abschn. 3.2.5), komplexe Modellierungsaufgaben (Abschn. 3.2.6) oder Materialien zur Erarbeitung neuer Inhalte (Abschn. 3.2.1 und 3.2.2) sein. Je offener das Differenzierungsformat, umso mehr Freiheit und Verantwortung hat jeder einzelne Schüler bei der Gestaltung seines mathematischen Arbeitens. Dies kann von der Lehrkraft dadurch angestoßen werden, dass sie entweder nur mathematisch begabten Schülern oder auch der ganzen Klasse verschiedene Aufgaben zur Auswahl (Abschn. 3.2.5) oder offene Aufgaben (Abschn. 3.2.4 und 3.2.7) gibt.

3.3   Schulische Förderung neben dem Mathematikunterricht

In Abschn. 3.2 wurde betont, dass der reguläre Mathematikunterricht gemäß Stundenplan die natürliche Aufgabe besitzt, alle Schüler – und damit insbesondere auch die besonders begabten – möglichst optimal zu fördern. An zahlreichen Beispielen wurde illustriert, wie durch differenzierte Lernangebote, die sich jeweils auf eine oder wenige Unterrichtsstunden erstrecken, Begabtenförderung im Unterricht gelingen kann. Im Gegensatz dazu liegt im nun folgenden Abschnitt der Fokus auf schulischen Fördermaßnahmen, die vor allem neben dem regulären Unterricht erfolgen. Dies kann zum einen durchaus mit dem Mathematikunterricht verknüpft sein – z. B. dadurch, dass Schüler im regulären Unterricht Impulse erhalten, um sich über den Unterricht hinaus mit Mathematik zu beschäftigen. Sinnvoll ist dies etwa immer dann, wenn die Mathematiklehrkraft den Schülern Förderangebote geben möchte, die zu komplex, zu umfangreich oder zu anspruchsvoll sind, um sie in den regulären Unterricht zu integrieren bzw. die thematisch von diesem zu weit entfernt sind. Schulische Förderung kann zum anderen aber auch organisatorisch unabhängig vom regulären Mathematikunterricht angeboten werden, z. B. in Form von Wahlkursen oder mit Wettbewerben.

Darüber hinaus gibt es Begabtenförderung völlig unabhängig von der Schule wie z. B. von Universitäten angebotene „Korrespondenzzirkel", „Tage der Mathematik", Ferienseminare oder das Schülerstudium (vgl. Abschn. 3.1.3). Dies wird im Rahmen des vorliegenden Buches nicht vertieft, da dieses Buch den Fokus auf Begabtenförderung in der Schule legt.

3.3.1   Das Drehtürmodell zur Begabtenförderung

Eine mögliche Organisationsform für schulische Begabtenförderung neben dem regulären Unterricht ist das sog. *Drehtürmodell*. Dieser Begriff (engl. *revolving door model*) wurde vom amerikanischen Psychologen und Begabungsforscher Joseph Renzulli geprägt und verbreitet. Es handelt sich um ein vielfach praxiserprobtes Konzept, mit dem Förderangebote organisatorisch neben dem regulären Unterricht in reale schulische Rahmenbedingungen eingepasst werden.

▶ Das *Drehtürmodell* ist dadurch charakterisiert, dass Schüler während der Unterrichtszeit den regulären Unterricht zeitweise verlassen, um andere Inhalte zu erarbeiten.

Ausgangspunkt ist einerseits die Überlegung, dass besonders begabte Schüler zum Erwerb der im Lehrplan vorgesehenen Kompetenzen nicht die Anzahl an Unterrichtsstunden benötigen, die der Stundenplan vorschreibt. Sie können diese Kompetenzen schneller erwerben als ihre Mitschüler bzw. verfügen hierüber bereits. Insbesondere Übungsstunden werden eher als „Leerlauf" empfunden, der kaum Lernzuwachs bringt. Andererseits stellt sich bei Begabtenförderung die Frage, wie man zusätzliche Lernangebote für besonders begabte Schüler zeitlich in den Stundenplan der Schüler einpassen kann. Man kann Zusatzangebote wie Wahlunterricht oder Arbeitsgemeinschaften natürlich additiv zum regulären Unterricht einrichten, sodass sich die Anzahl der Unterrichtsstunden im Stundenplan erhöht. Der Nachteil hierbei ist jedoch, dass sich die Freizeit der Schüler entsprechend verringert und der eben beschriebene „Leerlauf" bestehen bleibt. Einen Lösungsansatz bietet das Drehtürmodell. Es verbindet Akzeleration mit Enrichment, da im regulären Unterricht weniger Lernzeit verbracht und die frei gewordene Zeit für weiterführendes Lernen genutzt wird. Der Begriff der Drehtür drückt dabei metaphorisch aus, dass die Schüler den regulären Unterricht(sraum) zeitweise wie durch eine „Drehtür" verlassen und später in diesen wieder zurückkehren.

Bevor wir in den nachfolgenden Abschnitten mathematische Inhalte besprechen, die sich u. a. für eine Erarbeitung im Drehtürmodell eignen, geben wir zunächst einen Überblick über die Vielfalt der Umsetzungsmöglichkeiten des Drehtürmodells in der Schulpraxis. Die Gliederung erfolgt dabei nach schulorganisatorischen Gesichtspunkten. Eine ausführliche Darstellung des Drehtürmodells mit zahlreichen Erfahrungsberichten von Lehrkräften und Schülern bietet etwa Greiten (2016).

Typ 1: Schüler besuchen regulären Unterricht nach Lehrplan in anderer Klasse bzw. Lerngruppe
Bei diesem Typ des Drehtürmodells schließen sich Schüler einer Lerngruppe an, die von der Schule regulär nach Lehrplan eingerichtet ist. Für die Schule bzw. für Lehrkräfte bedeutet dies also keinerlei zusätzlichen Aufwand an Unterricht. Es lassen sich dabei in Bezug auf das vom Schüler besuchte Fach zwei Varianten unterscheiden.

Typ 1.1: Zusätzliches Fach Die Schüler können ein weiteres Schulfach besuchen, das in ihrer Ausbildungsrichtung nicht vorgesehen ist. Diese Variante des Drehtürmodells wird beispielsweise im Bereich der Fremdsprachen genutzt. Wenn bei der Wahl der zweiten Fremdsprache etwa Französisch und Latein zur Auswahl stehen, kann ein sprachlich besonders begabter Schüler beide Sprachen lernen. Er verbringt dazu die im Stundenplan vorgesehenen Stunden für die zweite Fremdsprache zum Teil in der Französisch-Gruppe, zum Teil in der Latein-Gruppe seiner Klasse. Alternativ könnte der Schüler auch während anderer Unterrichtsstunden in den entsprechenden

Fremdsprachunterricht einer anderen Klasse gehen. Ein solches zusätzliches Sprachenlernen kann sich über mehrere Schuljahre bis hin zum Abitur erstrecken.

Typ 1.2: Bestehendes Fach in höherer Jahrgangsstufe In einem Fach ihrer Ausbildungsrichtung – wie beispielsweise Mathematik – besuchen Schüler Unterricht einer höheren Jahrgangsstufe, weil sie vom Unterricht in ihrer Jahrgangsstufe nicht ausreichend gefordert sind. Dies kann beispielsweise dazu dienen, das Überspringen einer Jahrgangsstufe vorzubereiten. Alternativ entsteht zeitlicher Freiraum, wenn die Schüler später regulär in der höheren Jahrgangsstufe sind – ein Freiraum, der dann gezielt für weiteres Enrichment genutzt werden kann.

Typ 2: Schüler arbeiten in der Schule an Themen über den Lehrplan hinaus
Im Gegensatz zu Drehtürmodellen vom Typ 1, bei denen die Schüler Lehrplaninhalte in anderen Klassen bzw. Lerngruppen erarbeiten, befassen sich die Schüler bei Drehtürmodellen vom Typ 2 in der Schule mit Themen, die über den Lehrplan hinausgehen. Dies kann weiter danach differenziert werden, wie formal die Betreuung durch eine Lehrkraft organisiert ist.

Typ 2.1: Von anderer Lehrkraft gestalteter Unterricht Zur Begabtenförderung haben zahlreiche Schulen Zusatzkurse bzw. Arbeitsgemeinschaften eingerichtet – wie beispielsweise eine „Mathematik-AG" oder einen Kurs für Mathematikwettbewerbe. Sie sind vonseiten der Schule als spezifischer Unterricht organisiert, d. h., eine Lehrkraft leitet einen solchen Kurs im Rahmen ihrer Unterrichtsverpflichtung. Es ist durchaus gängige Praxis, solchen Unterricht in Form des Drehtürmodells zu gestalten. Dazu findet dieser Unterricht etwa vormittags statt, die teilnehmenden Schüler verlassen für diese Zeit ihre regulären Klassen. In Bezug auf den Zeitrahmen besteht hohe Flexibilität: Ein solcher Kurs kann beispielsweise wöchentlich eine Unterrichtsstunde umfassen oder auch alle sechs Wochen an einem gesamten Vormittag stattfinden.

Typ 2.2: Schüler arbeiten selbstständig an Projekten Eine schulorganisatorisch sehr einfache Variante des Drehtürmodells besteht darin, dass Schüler selbstständig an einem Vorhaben arbeiten, ohne dass dazu vonseiten der Schule ein spezieller Kurs eingerichtet wird. So kann beispielsweise eine Lehrkraft einem Schüler einen Impuls geben, um eine Thematik zu erforschen. Alternativ kann die Themenwahl natürlich auch durch den Schüler selbst erfolgen. Der Schüler erhält die Möglichkeit, den regulären Unterricht in einzelnen Stunden zu verlassen, um an der Thematik zu arbeiten. Dies kann während des jeweiligen Fachunterrichts der Lehrkraft stattfinden, es können aber auch andere Unterrichtsstunden genutzt werden. Beispielsweise bietet es sich geradezu an, dass man einem Schüler für solch ein Vorhaben generell alle Vertretungsstunden erlässt. Wenn die Klasse also eine Vertretungsstunde hat, braucht der Schüler hieran nicht teilzunehmen, sondern kann sich seinem Drehtürprojekt widmen.

Auch wenn der Schüler in dieser Variante sehr eigenständig arbeitet, ist es natürlich hilfreich, wenn er zumindest eine Lehrkraft als Ansprechpartner hat. Gerade wenn ein Drehtürprojekt aus dem Fachunterricht entspringt und von einer Fachlehrkraft des Schülers initiiert wird, ist es sinnvoll, Ergebnisse der Arbeit des Schülers in den Fachunterricht einfließen zu lassen. So könnte der Schüler beispielsweise seiner Klasse kurz vorstellen, womit er sich im Rahmen des Drehtürmodells beschäftigt und welche Resultate er dabei erzielt hat. Es liegt in der pädagogischen Freiheit der Lehrkraft, ob sie solche Leistungen bewertet und in die Fachnote des Schülers einfließen lässt (und damit formale Wertschätzung ausdrücken kann) oder ob sie mit dem Drehtürprojekt einen benotungsfreien Raum schafft. In jedem Fall sollten Fragen der Leistungserwartung und Leistungsbewertung von Anfang an mit dem Schüler besprochen und ggf. Bewertungskriterien transparent dargelegt werden.

Diese skizzierte Variante des Drehtürmodells hat den Vorteil, dass sie eine Lehrkraft vergleichsweise spontan aus dem eigenen Unterricht heraus einsetzen kann. Im Gegensatz zu Typ 2.1 werden hierfür keine zusätzlichen Lehrerarbeitsstunden aus dem Stundenbudget der Schule benötigt.

Typ 3: Schüler lernen außerhalb der Schule
Schließlich kann das Drehtürmodell auch so gestaltet werden, dass Schüler während der Unterrichtszeit Angebote außerhalb der Schule wahrnehmen. Dies kann sich etwa auf wenige Tage beschränken (z. B. Projekttage außerschulischer Anbieter) oder auch regelmäßig stattfinden (z. B. bei einem Schülerstudium an einer Universität).

Weitere Aspekte zur Umsetzung
Bei der konkreten Umsetzung des Drehtürmodells in der Schulpraxis sind weitere organisatorische Fragen mit dem Schüler, den Eltern, Lehrkräften und der Schulleitung zu klären: In welchen Stunden geht der Schüler aus dem regulären Unterricht, um sich dem Lernen im Drehtürmodell zu widmen? In welchem Umfang und wie ist der „versäumte" reguläre Unterricht nachzuholen? Welcher Raum steht ggf. für ein Drehtürprojekt vom Typ 2.2 zur Verfügung (z. B. die Bibliothek)? Inwieweit kann der Schüler ohne Aufsicht durch eine Lehrkraft arbeiten? Kann die Teilnahme am Drehtürangebot jederzeit beendet werden? In der Regel lassen sich hierzu pragmatische, von pädagogischen Überlegungen geleitete Antworten finden, sodass das Drehtürmodell für Schüler, aber auch für Lehrkräfte und die Schule eine ausgesprochene Bereicherung darstellen kann.

3.3.2 Erarbeiten zusätzlicher mathematischer Gebiete

Horizontales Enrichment bedeutet, dass Schüler Inhalte erschließen, die nicht für den regulären Mathematikunterricht vorgesehen sind (vgl. Abschn. 3.1.3). Dadurch können sie ihre Fähigkeiten zu mathematischem Denken (vgl. Abschn. 1.1.1) in vielfältigen Facetten erweitern und vertiefen – wenn die Lernangebote entsprechend gestaltet sind.

Inhaltliche Beispiele findet man etwa im „Rahmenlehrplan für den Unterricht in der gymnasialen Oberstufe" des Landes Berlin von 2014 für das Fach Mathematik. Hier sind explizit folgende Themen genannt, die in Zusatzkursen neben regulären Grund- und Leistungskursen bearbeitet werden können (vgl. Senatsverwaltung für Bildung, Jugend und Wissenschaft Berlin 2014, S. 32 ff.):

- Nichteuklidische Geometrie (z. B. hyperbolische Geometrie, Vergleich von Euklidischer und hyperbolischer Geometrie)
- Logik (z. B. Aussagen- und Prädikatenlogik, Quantoren, Verknüpfung von Aussageformen)
- Zahlentheorie (z. B. Kongruenzen, Restklassen, Euklidischer Algorithmus, Fermat'scher Satz, Perioden bei rationalen Zahlen)
- Numerische Mathematik (z. B. Interpolation von Funktionen, Methode der kleinsten Quadrate, iterative Lösung linearer Gleichungssysteme, numerische Integration)
- Differenzialgleichungen (z. B. lineare Differenzialgleichungen erster und zweiter Ordnung, Anwendungen in der Physik)
- Folgen und Reihen (z. B. Konvergenzkriterien, Potenzreihen, Taylor-Reihen)
- Markow-Ketten (z. B. Zustände und Übergangswahrscheinlichkeiten, Irrfahrtmodelle, Anwendungen in der Biologie, Physik und Wirtschaftswissenschaft)
- Grundlagen der Funktionentheorie (komplexe Zahlen, Gauß'sche Zahlenebene, Stetigkeit und Differenzierbarkeit komplexer Funktionen)
- Kegelschnitte in der Analytischen Geometrie (z. B. Schnitt eines Doppelkegels, Kreis, Ellipse, Parabel, Hyperbel, Dandelin'sche Kugeln)
- Vertiefung der Analysis (z. B. Monotonie, Beschränktheit, Stetigkeit, Differenzierbarkeit, Integrierbarkeit, Mittelwertsätze)
- Begründen und Beweisen (Beweise in der Geometrie und der Analysis, vollständige Induktion, Widerspruchsbeweise)

Derartige Themen eignen sich einerseits für von einer Lehrkraft gestalteten Wahlunterricht – im Sinne des Berliner Rahmenlehrplans. Ein solcher Wahlunterricht kann im Stundenplan der Schüler zusätzlich zum regulären Unterricht zeitlich hinzukommen oder diesen teilweise ersetzen. Letzteres wäre eine Umsetzung des Drehtürmodells vom Typ 2.1 gemäß Abschn. 3.3.1. Andererseits können solche Themen aber auch von begabten Schülern weitgehend selbstständig erarbeitet werden, wenn eine Lehrkraft entsprechende Impulse gibt und passende Materialien zur Verfügung stellt bzw. auf Quellen und Materialien verweist. Die Idee ist dabei, dass Schüler im Selbststudium eigenständig neue mathematische Gebiete erschließen, ohne dass dazu Unterricht im engeren Sinne stattfinden muss. Dies kann beispielsweise in Form des Drehtürmodells vom Typ 2.2 gemäß Abschn. 3.3.1 organisiert werden oder auch zeitlich völlig unabhängig von der Schule erfolgen.

3.3.2.1 Beispiel: Komplexe Zahlen für Enrichment

Exemplarisch konkretisieren und illustrieren wir Möglichkeiten horizontalen
Enrichments an der Thematik der komplexen Zahlen. In den Lehrplänen der meisten
Bundesländer Deutschlands ist diese Thematik heutzutage nicht (mehr) enthalten,
obwohl durchaus substanzielle fachliche und didaktische Argumente dafürsprechen,
zumindest mathematisch begabten Schülern zugehörige Lerngelegenheiten nicht vorzuenthalten:

- Jeder Schüler, der sich für ein Studium im Bereich der Ingenieurwissenschaften, der
  Naturwissenschaften, der Informatik oder der Mathematik entscheidet, begegnet in
  der Regel in den ersten Studiensemestern komplexen Zahlen, weil diese im jeweiligen
  Wissenschaftsbereich natürliche Verwendung finden. An der Universität steht hierfür im Vergleich zur Schule allerdings deutlich weniger Lernzeit zur Verfügung. Die
  Einführung komplexer Zahlen, ihre Darstellung in der Gauß'schen Zahlenebene und
  die Erklärung der Grundrechenarten erfolgen komprimiert etwa in nur einer oder
  wenigen Vorlesungseinheiten. Dadurch besteht die Gefahr, dass Studierende kein
  besonders tiefgreifendes Verständnis für komplexe Zahlen entwickeln. Wenn man
  komplexe Zahlen hingegen bereits in der Schule kennenlernt, kann dies über einen
  längeren Zeitraum erfolgen und mit regelmäßigen Übungen und Hausaufgaben verbunden werden, sodass durch die intensivere Beschäftigung mit komplexen Zahlen
  tiefgründigeres Verständnis entsteht.
- Zahlenbereichserweiterungen stellen einen roten Faden der Mathematik in
  der Sekundarstufe I dar. Ausgangspunkt für die Zahlenbereichserweiterungen
  $\mathbb{N} \subset \mathbb{Z} \subset \mathbb{Q} \subset \mathbb{R}$ ist jeweils, dass in der bislang bekannten Zahlenmenge gewisse
  Rechenoperationen ausgeführt, aber nur in eingeschränkter Weise umgekehrt werden
  können. In $\mathbb{N}$ kann man beliebig addieren, aber nur eingeschränkt subtrahieren. In $\mathbb{Z}$
  kann man beliebig multiplizieren, aber nur eingeschränkt dividieren. In $\mathbb{Q}$ kann man
  beliebig quadrieren, aber nur eingeschränkt radizieren. Nach der Zahlenbereichserweiterung zu $\mathbb{R}$ können aus jeder nichtnegativen Zahl Quadratwurzeln gezogen
  werden. Es bleibt allerdings die Beschränkung, dass Quadratwurzeln aus negativen
  Zahlen nicht definiert sind. Diese Einschränkung mit der Einführung von $\mathbb{C}$ zu überwinden, wäre ein fachlich und didaktisch schlüssiger Abschluss der Zahlenbereichserweiterungen in der Schule.
- Für die Erarbeitung der Menge der komplexen Zahlen sind nur „Standardvorkennt-
  nisse" der Mathematik der Sekundarstufe I erforderlich. Die Schüler sollten mit
  reellen Zahlen, quadratischen Gleichungen und Wurzeln vertraut sein, für die Polar-
  darstellung komplexer Zahlen sind Sinus und Kosinus nötig. Damit ist diese Zahlenbereichserweiterung ab Jahrgangsstufe 9 gut möglich.

Im Folgenden wird skizziert, wie Schüler anhand von Lernmaterialien Grundlagen zu komplexen Zahlen weitgehend eigenständig erschließen können. Dies kann

beispielsweise so organisiert werden, dass die Mathematiklehrkraft derartige Zusatzmaterialien begabten Schülern in gewissen Abständen an die Hand gibt und diese sich
damit neben dem schulischen Unterricht selbst beschäftigen – also etwa in Freistunden
oder zu Hause. Die Lehrkraft ist hierbei Impulsgeber und steht bei Bedarf als Ansprechpartner zur Verfügung. Alternativ ist ein Erarbeiten komplexer Zahlen aber etwa auch
in Form des Drehtürmodells (vgl. Abschn. 3.3.1) oder im Zuge von Wahlunterricht zu
Mathematik denkbar.

Die Thematik der komplexen Zahlen ist durchaus facettenreich und reichhaltig. Im
Hinblick auf Enrichment in der Schule bieten sich beispielsweise folgende Themen-
schwerpunkte (bzw. eine Auswahl hiervon) an:

- *Zahlenbereichserweiterung:* Einführung komplexer Zahlen, Darstellung als Punkte
  und als Vektoren in der Zahlenebene, Grundrechenarten, geometrische Deutung von
  Addition und Subtraktion
- *Polarform:* Polarform komplexer Zahlen, geometrische Deutung von Multiplikation
  und Division
- *Lösen von Gleichungen:* Quadratwurzeln, quadratische Gleichungen, Kreisteilungs-
  gleichungen, polynomiale Gleichungen höheren Grades
- *Abbildungen:* Abbildungen in der komplexen Zahlenebene, insbesondere Verschiebungen, Drehungen, Streckungen, Achsenspiegelungen, Kreisspiegelungen,
  lineare und einfache nichtlineare Funktionen
- *Fraktale:* Zahlenfolgen, Mandelbrot-Menge, Julia-Mengen, Feigenbaum-Diagramme

Exemplarisch werden im Folgenden zu einigen dieser Themen Materialien für Schüler
vorgestellt. Sie wurden bereits mehrfach von Schülern der Jahrgangsstufen 9 bis 12
im Rahmen von Enrichment-Angeboten genutzt (vgl. Ulm 2020). Weitere reichhaltige
Anregungen zum Arbeiten mit komplexen Zahlen in der Schule bieten die Schulbücher
von Niederdrenk-Felgner (2004) und Dittmann (2008) sowie das Buch von Engel und
Fest (2016).

3.3.2.2 Einführung komplexer Zahlen

Die Schüler sollen sich zunächst die bisher in ihrer Schulzeit erfahrenen Zahlenbereichserweiterungen sowie die Einschränkungen beim Radizieren in $\mathbb{R}$ bewusst machen. Die
imaginäre Einheit i wird als formales Symbol eingeführt, mit dem man wie mit einer
Variablen rechnet und das die Eigenschaft $i \cdot i = -1$ besitzt. Anhand von Rechenaufgaben sollen die Schüler erste Vertrautheit im Umgang mit der imaginären Einheit i
gewinnen. Darauf aufbauend wird der Begriff der komplexen Zahlen definiert. Es zeigt
sich, dass dies ein Oberbegriff des Begriffs der reellen Zahlen ist. Weitere Rechenaufgaben zu komplexen Zahlen runden diese Einheit ab.

Rückblick auf bisherige Zahlenbereichserweiterungen

In Ihrer Schulzeit haben Sie bereits mehrmals Erweiterungen des Ihnen bekannten Zahlenbereichs erlebt: In der Grundschule und der 5. Jahrgangsstufe haben Sie schrittweise die Menge $\mathbb{N}$ der natürlichen Zahlen erschlossen. In der Menge $\mathbb{Z}$ der ganzen Zahlen kamen die negativen Zahlen hinzu. Um mit Brüchen umgehen zu können, wurde die Menge $\mathbb{Q}$ der rationalen Zahlen eingeführt. Schließlich stellten Sie fest, dass etwa $\sqrt{2}$, $\sqrt{3}$ und $\sqrt{5}$ in der Menge $\mathbb{Q}$ nicht existieren. Deshalb wurde die Menge $\mathbb{R}$ der reellen Zahlen eingeführt. Insgesamt wurden die Zahlenbereiche mehrfach erweitert:

$$\mathbb{N} \subset \mathbb{Z} \subset \mathbb{Q} \subset \mathbb{R}$$

In der Menge $\mathbb{R}$ können Sie viele Rechenoperationen ausführen: Sie können addieren, subtrahieren, multiplizieren, dividieren und aus nicht negativen Zahlen beliebige Wurzeln ziehen. Beim Wurzelziehen gibt es aber doch eine wesentliche Einschränkung: $\sqrt{a}$ ist in $\mathbb{R}$ nur definiert, wenn a positiv oder 0 ist.

Überlegen Sie sich, warum diese Einschränkung beim Wurzelziehen in $\mathbb{R}$ besteht!

Im Folgenden lernen Sie eine Erweiterung der Menge der reellen Zahlen kennen, in der auch Wurzeln aus negativen Zahlen existieren.

Die imaginäre Einheit i

Keine reelle Zahl löst die Gleichung $x^2 = -1$, da Quadrate reeller Zahlen nicht negativ sind.

Wir führen ein formales Symbol i ein, für das gelten soll:

$$i \cdot i = -1$$

Damit ist i Lösung der Gleichung $x^2 = -1$.

i heißt *imaginäre Einheit* und soll den Rechenregeln für reelle Zahlen genügen. Man kann also mit i wie mit Variablen für reelle Zahlen rechnen und zusätzlich gilt $i \cdot i = -1$.

Beispiele

$$i^2 = -1$$
$$i^3 = i \cdot i \cdot i = i^2 \cdot i = -1 \cdot i = -i$$
$$i^4 = i^2 \cdot i^2 = (-1) \cdot (-1) = 1$$
$$i^5 = i^4 \cdot i = 1 \cdot i = i$$
$$i + i + i = 3i$$
$$2 + 3i + 4 + 2i = 6 + 5i$$
$$2 \cdot (1 + 3i) = 2 + 6i$$
$$(1 + 3i)(2 + i) = 2 + i + 6i + 3i^2 = 2 + i + 6i - 3 = -1 + 7i$$

Rechenbeispiele

Formen Sie die folgenden Terme so um, dass die Darstellung so knapp wie möglich ist:

a) $i + 2i + 3i + 4i$

b) $i \cdot 2i$

c) $i \cdot 2i \cdot 3i \cdot 4i$

d) $(3i)^2$

e) $\left(\sqrt{3}i\right)^2$

f) $(1 + i)^2$

g) $(1 + 2i)(3 + 4i)$

Komplexe Zahlen

Bei den Rechenbeispielen konnten die Terme jeweils in die Form $a + bi$ mit $a, b \in \mathbb{R}$ gebracht werden (wie beispielsweise $2 + 3i$ oder $-5 + 10i$ oder $2i$ oder 24).

Ausdrücke der Form $a + bi$ mit $a, b \in \mathbb{R}$ heißen *komplexe Zahlen*. Sie bilden die Menge $\mathbb{C} = \{a + bi | a, b \in \mathbb{R}\}$.

Man rechnet mit dem Symbol i wie mit reellen Zahlen und berücksichtigt $i^2 = -1$.

Erweiterung von $\mathbb{R}$

Jede reelle Zahl ist auch eine komplexe Zahl. Dabei ist dann in der obigen Definition $b = 0$, also etwa $5 = 5 + 0i$. Damit ist die Menge $\mathbb{C}$ eine Erweiterung der Menge $\mathbb{R}$. Dies führt die bisherigen Zahlenbereichserweiterungen fort: $\mathbb{N} \subset \mathbb{Z} \subset \mathbb{Q} \subset \mathbb{R} \subset \mathbb{C}$

Weitere Rechenbeispiele

Formen Sie folgende Terme jeweils in die Standardform für komplexe Zahlen $a + bi$ mit $a, b \in \mathbb{R}$ um.

a) $(2 - 5i) + (5 + 2i)$

b) $(2 - 5i) - (5 + 2i)$

c) $(1 + i)^4$

d) $i + \dfrac{1}{i}$ Tipp: Erweitern

e) $\dfrac{1}{1 + i}$ Tipp: Erweitern mit $1 - i$

f) $\dfrac{4 + 5i}{3 - 4i}$ Tipp: Erweitern mit $3 + 4i$

g) $\dfrac{1 + i}{1 - i}$ Tipp: Erweitern

3.3.2.3 Komplexe Zahlen als Punkte in der Zahlenebene

Nach dem algebraischen Zugang zu komplexen Zahlen ist es ein sehr natürlicher nächster Schritt, ihnen mit Punkten in der Zahlenebene ein geometrisches Bild zu geben. Dies setzt unmittelbar das den Schülern sehr vertraute Konzept der Zahlengeraden fort.

Bei allen bisherigen Zahlenbereichserweiterungen in der Primar- und der Sekundarstufe wurden Zahlen jeweils mit Punkten auf der Zahlengeraden visualisiert. Für die
komplexen Zahlen ist diese Idee – nach einer Erweiterung ins Zweidimensionale – ebenfalls tragfähig.

Es bestehen hierbei strukturelle Parallelen zur Zahlenbereichserweiterung von $\mathbb{Q}$ zu
$\mathbb{R}$. In der Menge $\mathbb{Q}$ gibt es keine Zahl, deren Quadrat 2 ist. Deshalb wird mit $\sqrt{2}$ ein
formales Symbol eingeführt, das durch die gewünschte Eigenschaft, quadriert den Wert
2 zu ergeben, charakterisiert ist. Ein anschauliches Bild erhält diese „neue Zahl" beispielsweise durch den entsprechenden Punkt auf der Zahlengeraden. Bei der imaginären
Einheit i ist der Gedankengang vergleichbar: Die Zahl i wird als formales Symbol eingeführt, das durch die Eigenschaft, quadriert den Wert -1 zu ergeben, charakterisiert ist.
Durch den zugehörigen Punkt in der Zahlenebene wird die Zahl „sichtbar", sie bekommt
ein anschauliches Bild.

Komplexe Zahlen als Punkte in der Zahlenebene

Rückblick auf die Zahlengerade

Während Ihrer gesamten Schulzeit hat Sie die Zahlengerade als geometrisches Modell
für Zahlen begleitet. Hierdurch kann man sich Zahlen als Punkte auf der Zahlengeraden vorstellen. Auf der Zahlengeraden finden Sie Punkte für 2, für -4, für $\frac{1}{2}$, für
$\sqrt{2}$, für π etc.

Keine Zahl auf der Zahlengeraden hat als Quadrat etwas Negatives. Die positiven
Zahlen ergeben quadriert etwas Positives, die negativen Zahlen ergeben quadriert
etwas Positives, Null ergibt quadriert Null. Damit hat die imaginäre Einheit i auf der
Zahlengeraden keinen Platz.

Die Gauß'sche Zahlenebene

Es war eine geniale und bahnbrechende Idee des Mathematikers Carl Friedrich Gauß
(1777–1855), die Zahlengerade ins Zweidimensionale zu erweitern und der Zahl i in
der Ebene einen Platz oberhalb der Null zu geben – im gleichen Abstand zur Null,
wie ihn 1 und -1 haben:

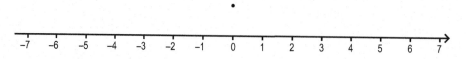

Diese Idee kann man auf alle anderen komplexen Zahlen übertragen. Wir zeichnen
eine zur Geraden der reellen Zahlen senkrechte zweite Gerade durch den Nullpunkt.
Dies ist ähnlich wie beim Koordinatensystem. Jede komplexe Zahl $a + bi$ erhält
dadurch als Bild den Punkt mit den Koordinaten $(a; b)$.

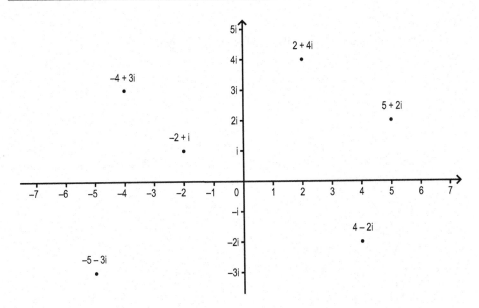

Komplexe Zahlen kann man sich also als Punkte in der Ebene vorstellen. Sie werden dadurch „sichtbar", genauso wie man sich etwa -5 und $\sqrt{2}$ als Punkte auf der Zahlengeraden vorstellen kann.

Die Ebene mit den komplexen Zahlen wird auch *Gauß'sche Zahlenebene* genannt, da diese Idee auf Gauß zurückgeht. Die Zahlengerade mit den reellen Zahlen ist in dieser Zahlenebene enthalten.

Beispiele

a) Zeichnen Sie in eine Gauß'sche Zahlenebene zehn selbst gewählte Punkte ein und geben Sie zu den Punkten jeweils die zugehörige komplexe Zahl an.

b) Geben Sie komplexe Zahlen an, die in der Zahlenebene auf einem Kreis um den Nullpunkt mit dem Radius 5 liegen.

Definition: Realteil und Imaginärteil

Bei der Darstellung einer komplexen Zahl in der Form $z = a + bi$ mit $a, b \in \mathbb{R}$ nennt man die Zahl a *Realteil* von z und die Zahl b *Imaginärteil* von z.

Der Real- und der Imaginärteil von z werden abkürzend auch mit $Re(z)$ und $Im(z)$ bezeichnet.

Beispielsweise hat die Zahl $z = 3 + 5i$ den Realteil 3 und den Imaginärteil 5, also $Re(z) = 3$ und $Im(z) = 5$.

Real- und Imaginärteil geben damit die Koordinaten des Punktes z in der Gauß'schen Zahlenebene an.

Beispiele

Geben Sie Real- und Imaginärteil der folgenden Zahlen an:

a) $-4 - 2i$
b) -3
c) $-6i$
d) i

Wo liegen in der Gauß'schen Zahlenebene jeweils alle komplexen Zahlen z mit folgender Eigenschaft?

a) Der Realteil ist 2.
b) Der Imaginärteil ist 2.
c) Der Realteil und der Imaginärteil sind gleich.
d) Der Realteil ist das Doppelte des Imaginärteils.
e) $Im(z) > 0$
f) $Re(z) \cdot Im(z) < 0$
g) $3 \leq Re(z) \leq 4$
h) $Im(z)^2 < 1$
i) $Re(z)^2 + Im(z)^2 = 1$

3.3.2.4 Komplexe Zahlen als Pfeile und Vektoren zur geometrischen Deutung der Grundrechenarten

Unmittelbar nach der Einführung komplexer Zahlen können Schüler die vier Grundrechenarten auf rein algebraischem Weg ausführen, indem sie mit dem Symbol i so rechnen, wie sie es vom Rechnen mit Variablen gewohnt sind. Um anschauliche geometrische Vorstellungen zu den Grundrechenarten zu gewinnen, ist die Darstellung komplexer Zahlen als

- Punkt in der Zahlenebene,
- Pfeil vom Nullpunkt zum zugehörigen Punkt,
- Vektor im Sinne einer Menge parallelgleicher Pfeile

hilfreich.

Die Addition und die Subtraktion komplexer Zahlen entsprechen damit der – den Schülern in der Regel bereits vertrauten – Addition und Subtraktion geometrischer Vektoren (vgl. Abschn. 3.2.2). Für geometrische Interpretationen der Multiplikation und der Division ist die sog. Polarform komplexer Zahlen nötig.

Für eine komplexe Zahl z heißt der Abstand des Punktes z vom Nullpunkt in der Gauß'schen Zahlenebene *Betrag* von z, er wird mit $|z|$ bezeichnet. Der Winkel $\varphi \in [0°; 360°[$, den die positive reelle Achse als erster Schenkel und die am Nullpunkt beginnende Halbgerade durch z als zweiter Schenkel einschließen, heißt *Argument* von z

und wird mit arg (z) bezeichnet. (Falls $z = 0$, setzt man arg $(z) = 0$.) Damit heißt die Darstellung

$$z = |z| \cdot (\cos (\varphi) + i \cdot \sin (\varphi))$$

Polarform von z. Definiert man für jeden Winkel φ die Zahl $E(\varphi) = \cos (\varphi) + i \cdot \sin (\varphi)$, so verkürzt sich die Polarform auf:

$$z = |z| \cdot E(\varphi)$$

In den Online-Ergänzungen zum vorliegenden Buch auf der Seite www.mathematische-begabung.de finden sich Arbeitsmaterialien für Schüler, anhand derer sie diese Begriffe und Zusammenhänge erschließen können. Insbesondere können sie damit die geometrische Interpretation der Multiplikation und der Division komplexer Zahlen erarbeiten:

- Die Multiplikation zweier komplexer Zahlen bedeutet die Multiplikation ihrer Beträge und die Addition ihrer Argumente.
- Die Division zweier komplexer Zahlen bedeutet die Division ihrer Beträge und die Subtraktion ihrer Argumente.

3.3.2.5 Lösen quadratischer Gleichungen

Das Bedürfnis, Gleichungen zu lösen, war in der historischen Entwicklung der Mathematik eine wesentliche Triebfeder für den Umgang mit komplexen Zahlen. Durch die Erweiterung des Körpers $\mathbb{R}$ um die Zahl i zum Körper $\mathbb{C} = \mathbb{R}(i)$ wird die Gleichung $z^2 = -1$ lösbar. Tatsächlich leistet diese Körpererweiterung aber noch viel mehr. In $\mathbb{C}$ ist jede quadratische Gleichung lösbar. Nach dem Fundamentalsatz der Algebra ist in $\mathbb{C}$ sogar jede polynomiale Gleichung lösbar.

Schüler können im Bereich der komplexen Zahlen ihre Fähigkeiten zum Lösen quadratischer Gleichungen substanziell erweitern. Die aus dem Reellen bekannte Einschränkung, dass quadratische Gleichungen nur lösbar sind, wenn die Diskriminante positiv oder null ist, kann aufgegeben werden. Dazu können Schüler die ihnen bekannten Verfahren zur Berechnung von Lösungen quadratischer Gleichungen unmittelbar von $\mathbb{R}$ auf $\mathbb{C}$ übertragen. Das folgende Beispiel illustriert dies für die quadratische Ergänzung; entsprechende Lernmaterialien zur Lösungsformel für quadratische Gleichungen finden sich bei den Online-Ergänzungen unter www.mathematische-begabung.de.

Quadratische Ergänzung für quadratische Gleichungen

Im Mathematikunterricht haben Sie Verfahren zum Lösen quadratischer Gleichungen $ax^2 + bx + c = 0$ in $\mathbb{R}$ kennengelernt. Dabei kann der Fall auftreten, dass die Diskriminante $D = b^2 - 4ac$ negativ ist und dann die Gleichung keine reelle Lösung hat.

In diesem Fall gibt es zwei komplexe Lösungen. Um diese zu finden, können Sie die Ihnen bekannten Verfahren zum Lösen quadratischer Gleichungen direkt auf $\mathbb{C}$

übertragen, denn die zugrunde liegenden Termumformungen nutzen keine speziellen Eigenschaften von $\mathbb{R}$.

Die unbekannte Variable in einer Gleichung wird im Bereich der komplexen Zahlen in der Regel mit z bezeichnet und nicht mit x. Dies ist nur eine Konvention ohne tiefere Bedeutung.

Erinnerung an Bekanntes

Lösen Sie die Gleichung $z^2 + 6z - 27 = 0$ mit dem Verfahren der quadratischen Ergänzung. Beschreiben Sie die einzelnen Verfahrensschritte mit Worten.

Übertragung ins Komplexe

Die quadratische Ergänzung zielt darauf ab, ein Polynom zweiten Grades mittels der binomischen Formeln in ein Quadrat umzuformen. Dazu ist die Hälfte des Koeffizienten vor der Variablen z zu quadrieren und auf beiden Seiten der Gleichung zu addieren. Ein Beispiel:

$$z^2 - 6z + 25 = 0$$
$$z^2 - 6z + 9 = -25 + 9$$
$$(z - 3)^2 = -16$$
$$z - 3 = 4i \text{ oder } z - 3 = -4i$$
$$z = 3 + 4i \text{ oder } z = 3 - 4i$$

Die Gleichung hat also die beiden Lösungen $3 + 4i$ und $3 - 4i$.

Machen Sie die Probe und setzen Sie die beiden gefundenen Zahlen in die ursprüngliche Gleichung ein.

Beispiele

Bestimmen Sie die Lösungen der folgenden Gleichungen durch quadratische Ergänzung und markieren Sie jeweils die Lösungen in der Gauß'schen Zahlenebene.

a) $z^2 + 8z + 20 = 0$

b) $\frac{1}{2}z^2 - 5z + 13 = 0$

c) $z^2 + 2iz + 3 = 0$

d) $z^2 - 6iz - 8 = 0$

e) $z^2 + (2 + 2i)z - 4 + 2i = 0$

f) $z^2 + (2 + 2i)z + 4 + 2i = 0$

3.3.2.6 Die Mandelbrot-Menge

Fraktale Objekte wie die Mandelbrot-Menge oder Julia-Mengen besitzen aufgrund ihrer fremdartigen Ästhetik einen besonderen Reiz. Schüler können darüber Einblicke in für sie in der Regel unbekannte und ungewohnte Aspekte der Mathematik gewinnen. Erstaunlich beim Thema der Fraktale ist, dass bereits die vergleichsweise einfache Rekursionsformel $z_{n+1} = z_n^2 + c$ zu ausgesprochen vielgestaltigen Formen und Strukturen führt. Um fraktale Phänomene in der komplexen Zahlenebene zu erforschen, brauchen Schüler also relativ wenige Vorkenntnisse zu komplexen Zahlen. Im Wesentlichen genügen die Interpretation komplexer Zahlen als Punkte in der Zahlenebene sowie Verständnis für das Addieren und Multiplizieren in $\mathbb{C}$.

Mit den folgenden Arbeitsaufträgen können Schüler die rekursiv definierte Folge $z_0 = 0$ und $z_{n+1} = z_n^2 + c$ für verschiedene Werte von $c \in \mathbb{C}$ erkunden. Ein erster Zugang erfolgt über reelle Werte. Bereits hier zeigt sich das Phänomen, dass sich die Folgenglieder in Abhängigkeit von c sehr unterschiedlich entwickeln können. Beispielsweise ist die Folge für $c = 0$ konstant, für $c = -1$ springen die Folgenglieder zwischen zwei Werten hin und her, für $c = -\frac{1}{2}$ konvergiert die Folge und für $c = \frac{1}{2}$ divergiert sie. Für alle reellen $c \in \left[-2; \frac{1}{4}\right]$ ist die Folge beschränkt, für alle anderen reellen Werte für c ist sie unbeschränkt.

Um die Folge für komplexe Werte für c zu berechnen und zu untersuchen, ist die Verwendung eines Computers nützlich. Hierfür genügt zunächst ein Tabellenkalkulationsprogramm. Die Schüler können dabei den Computer nur mit reellen Zahlen rechnen lassen, indem sie bei den Folgengliedern den Real- und den Imaginärteil jeweils getrennt berechnen und verwalten. Alternativ ist es etwa in Excel auch möglich, mit komplexen Zahlen umzugehen und diese zu addieren und zu multiplizieren.

Die Beobachtung, dass die betrachtete Folge für manche Werte von $c \in \mathbb{C}$ beschränkt ist und für andere nicht, führt direkt zur Definition der Mandelbrot-Menge. Um Darstellungen der Mandelbrot-Menge zu erhalten, können die Schüler auf ein umfangreiches Angebot an Materialien im Internet zugreifen. Hier finden sich einerseits vertiefende mathematische Informationen, andererseits gibt es Programme, mit denen die Mandelbrot-Menge bzw. Ausschnitte der komplexen Zahlenebene gezeichnet und farbenprächtig gestaltet werden können. Die Schüler betreten hier ein weites Feld für eigenständiges Forschen und Entdecken. Eventuell entwickeln Schüler mit Programmierkenntnissen sogar selbst Programme zur Darstellung von Fraktalen. In Abschn. 3.3.3 wird dies wieder aufgegriffen.

Die Mandelbrot-Menge

Im Folgenden erfahren Sie, wie etwa folgende Bilder entstehen. Es sind nur Ausschnitte der komplexen Zahlenebene, wobei die Punkte nach einem relativ einfachen Grundprinzip gefärbt wurden.

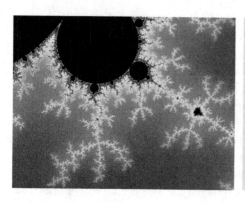 

Die Folge $z_{n+1} = z_n^2 + c$

Im Zentrum steht die rekursiv definierte Folge $z_0 = 0$ und $z_{n+1} = z_n^2 + c$ für verschiedene Werte von $c \in \mathbb{C}$.

Berechnen Sie Glieder dieser Folge zunächst für verschiedene reelle Werte von c. Es lohnt sich, dazu auch einen Computer zu nutzen (z. B. Tabellenkalkulation). Damit können Sie Hunderte und Tausende von Folgengliedern berechnen, um das Verhalten der Folge jeweils zu erkunden. Beschreiben Sie jeweils mit Worten, wie sich die Folge verhält.

a) $c = \mathbf{0}$, also $z_0 = 0$ und $z_{n+1} = z_n^2$
b) $c = \mathbf{1}$, also $z_0 = 0$ und $z_{n+1} = z_n^2 + 1$
c) $c = \mathbf{-1}$, also $z_0 = 0$ und $z_{n+1} = z_n^2 - 1$
d) $c = \mathbf{-0{,}5}$, also $z_0 = 0$ und $z_{n+1} = z_n^2 - 0{,}5$
e) $c = \mathbf{-1{,}9}$, also $z_0 = 0$ und $z_{n+1} = z_n^2 - 1{,}9$
f) $c = \mathbf{-2}$, also $z_0 = 0$ und $z_{n+1} = z_n^2 - 2$
g) $c = \mathbf{-2{,}1}$, also $z_0 = 0$ und $z_{n+1} = z_n^2 - 2{,}1$

Experimentieren Sie mit Unterstützung eines Computers mit weiteren reellen Werten von c weiter. Erkunden Sie, für welche reellen Werte von c die Folge beschränkt ist.

Betrachten Sie nun die Folge für komplexe Werte von c:

h) $c = \mathbf{i}$, also $z_0 = 0$ und $z_{n+1} = z_n^2 + i$
i) $c = \mathbf{-i}$, also $z_0 = 0$ und $z_{n+1} = z_n^2 - i$

Experimentieren Sie mit Unterstützung eines Computers mit weiteren komplexen Werten von c weiter. Untersuchen Sie das Verhalten der Folge in Abhängigkeit von c.

Beobachtungen

Man kann beim Verhalten der Folge mit $z_0 = 0$ und $z_{n+1} = z_n^2 + c$ grob zwei Fälle unterscheiden:

1) Fall: Die Folge ist *beschränkt*, d. h., die Folgenglieder liegen alle in einem Kreis um den Nullpunkt. Man kann beweisen, dass in diesem Fall bereits ein Kreis mit Radius 2 genügt.
2) Fall: Die Folge ist *nicht beschränkt*, d. h., die Beträge der Folgenglieder werden beliebig groß.

Wählen Sie selbst komplexe Werte von c und untersuchen Sie mit Unterstützung eines Computers, ob die Folge für den jeweiligen Wert von c beschränkt ist.

Definition: Mandelbrot-Menge
Die Menge aller komplexen Zahlen $c \in \mathbb{C}$, für die die Folge mit $z_0 = 0$ und $z_{n+1} = z_n^2 + c$ beschränkt ist, nennt man *Mandelbrot-Menge*.
Sie ist nach dem französisch-amerikanischen Mathematiker Benoît Mandelbrot (1924–2010) benannt.

Darstellung der Mandelbrot-Menge
Die folgende Darstellung zeigt die Mandelbrot-Menge in der Gauß'schen Zahlenebene. Aufgrund ihrer Form wird die Mandelbrot-Menge auch als „Apfelmännchen" bezeichnet.

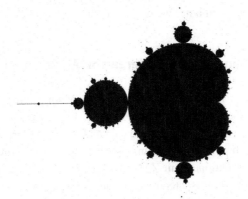

Die Mandelbrot-Menge selbst erkunden
Recherchieren Sie zur Mandelbrot-Menge im Internet. Hierzu gibt es sehr viele Seiten. Auf englischsprachige Seiten gelangen Sie mit dem englischen Begriff „Mandelbrot set".
Recherchieren Sie auch nach Webseiten oder Programmen, mit denen Sie in die Gauß'sche Zahlenebene hineinzoomen können, um den Rand und die nähere Umgebung der Mandelbrot-Menge genauer zu erkunden. Wenn man am Rand zoomt, entdeckt man stets weitere Strukturen.

Experimentieren Sie mit einem solchen Programm und erforschen Sie Strukturen der Mandelbrot-Menge und ihres Umfelds!

Farbige Umgebungen der Mandelbrot-Menge

Wenn Sie zur Mandelbrot-Menge recherchieren, werden Sie zahlreiche Darstellungen finden, in denen die Umgebung der Mandelbrot-Menge sehr farbenprächtig gezeichnet ist. Solche Färbungen der Umgebung entstehen nach folgendem Prinzip:

Wenn ein Punkt $c \in \mathbb{C}$ *nicht* zur Mandelbrot-Menge gehört, dann ist die zugehörige Folge $(z_n)_{n \in \mathbb{N}_0}$ mit $z_0 = 0$ und $z_{n+1} = z_n^2 + c$ *nicht* beschränkt. Es gibt also einen Index $n \in \mathbb{N}$, bei dem der Betrag $|z_n|$ erstmals größer als 2 ist. Alle Punkte $c \in \mathbb{C}$, für die dieser Index gleich ist, erhalten die gleiche Farbe.

Es bietet sich an, nach der Mandelbrot-Menge auch Julia-Mengen zu erkunden. Auch sie basieren auf der Rekursionsgleichung mit $z_{n+1} = z_n^2 + c$. Hierbei wird allerdings die Zahl $c \in \mathbb{C}$ fest gewählt und der Startwert $z_0 \in \mathbb{C}$ in der komplexen Zahlenebene variiert. Die Menge aller Startwerte z_0, für die die Folge beschränkt ist, nennt man *Julia-Menge zu c*. Sie ist nach dem französischen Mathematiker Gaston Julia (1893–1978) benannt. Zwischen der Mandelbrot-Menge und Julia-Mengen bestehen enge Beziehungen. Beispielsweise ist die Julia-Menge zu einem Wert c genau dann zusammenhängend, wenn c in der Mandelbrot-Menge enthalten ist. Arbeitsmaterialien für Schüler zum Erkunden von Julia-Mengen finden sich unter www.mathematische-begabung.de.

3.3.3 Entwickeln und Implementieren von Algorithmen

Algorithmen stellen sehr mächtige Werkzeuge in der Mathematik dar. Mit ihnen lassen sich schwer überschaubare, umfangreiche Probleme lösen, indem man eine Folge von vergleichsweise einfachen Schritten in festgelegter Weise ausführt. Beispiele sind etwa die schriftlichen Verfahren für die Grundrechenarten in der Grundschule, Verfahren für geometrische Konstruktionen mit Zirkel und Lineal oder Verfahren zur näherungsweisen Berechnung von interessanten reellen Zahlen wie etwa Wurzeln, Nullstellen von Funktionen, der Kreiszahl π oder der Euler'schen Zahl e. Algorithmisches Denken ist eine Facette prozessbezogenen mathematischen Denkens. Es umfasst die Entwicklung, Formalisierung, Implementation, Anwendung und Bewertung von Algorithmen (Abschn. 1.1.1).

Im Folgenden wird an Beispielen illustriert, wie Mathematikunterricht Impulse geben kann, damit besonders begabte Schüler Fähigkeiten zu algorithmischem Denken in vertiefter Weise entwickeln können. Die Schüler stehen dabei vor Herausforderungen auf mehreren Ebenen:

- Sie sind jeweils gefordert, neue mathematische Inhalte zu erarbeiten und zu durchdringen. Die folgenden Beispiele beziehen sich u. a. auf das Euklidische Verfahren zur Bestimmung des ggT, das Verfahren von Cusanus zur Berechnung der Kreiszahl π, Verfahren zur Bestimmung von Nullstellen von Funktionen, Verfahren zur numerischen Integration und die Mandelbrot-Menge.
- Ausgehend von diesen mathematischen Inhalten sind Algorithmen als endliche Folge eindeutig ausführbarer Anweisungen zu entwickeln und so zu formalisieren, dass sie auf einem Computer umgesetzt werden können.
- Um tatsächlich Lösungen eines Problems zu berechnen, sind die Algorithmen zu implementieren, d. h. mit Software umzusetzen – beispielsweise mit Tabellenkalkulation oder einer Programmiersprache. Die Schüler benötigen dazu entsprechende technische und informatische Kenntnisse, wobei jeweils das konkrete Problem auch den Impuls geben kann, sich solche anzueignen bzw. vorhandene Kenntnisse zu erweitern.

Das Arbeiten der Schüler kann dabei etwa in Form eines Drehtürmodells vom Typ 2.2 gemäß Abschn. 3.3.1 organisiert werden oder zeitlich unabhängig von der Schule erfolgen. In jedem Fall ist es günstig, wenn eine Mathematiklehrkraft bei Bedarf als Ansprechpartner zur Verfügung steht und sie den Schülern für ihre Anstrengungen Wertschätzung ausdrückt. Dazu sollten die Schüler auch die Gelegenheit erhalten, Ergebnisse ihres Arbeitens in gewissem Rahmen zu präsentieren, z. B. durch einen Vortrag in ihrer Klasse oder bei einem Elternabend, anhand eines Posters im Schulhaus, durch einen Beitrag zum Jahresbericht oder auf der Webseite der Schule.

3.3.3.1 Euklidischer Algorithmus für den ggT

Der Euklidische Algorithmus zählt zu den ältesten Algorithmen in der Geschichte der Mathematik. Er dient der Berechnung des größten gemeinsamen Teilers zweier natürlicher Zahlen (oder allgemeiner: zweier Elemente eines Euklidischen Rings), mit ihm kann die Kettenbruchdarstellung rationaler Zahlen bestimmt werden, man kann mit ihm das gemeinsame Maß kommensurabler Strecken finden und er besitzt Anwendungen bei Verschlüsselungsverfahren (vgl. z. B. Ziegenbalg et al. 2016, S. 60 ff.).

Mit den folgenden Arbeitsimpulsen können mathematisch begabte Schüler den Euklidischen Algorithmus zur Bestimmung des ggT kennenlernen und seine Funktionsweise erkunden. Die Implementation des Algorithmus auf einem Computer fördert und vertieft präzises algorithmisches Denken. Es wird dabei davon ausgegangen, dass die Schüler den Begriff des Teilers einer natürlichen Zahl bereits kennen. Der Begriff des größten gemeinsamen Teilers kann, muss aber nicht bekannt sein. Die Materialien sind so konzipiert, dass begabte Schüler damit neben dem Mathematikunterricht und unabhängig vom aktuellen Inhalt des Unterrichts arbeiten können. Die notwendigen Impulse für dieses Arbeiten könnten sie im Sinne von Enrichment etwa von ihrer Lehrkraft erhalten.

Größter gemeinsamer Teiler und Euklidischer Algorithmus

Der Mathematiker Euklid lebte etwa um 300 v. Chr. in Griechenland. Sein berühmtestes Werk sind „Die Elemente" – ein Schriftwerk, in dem er das mathematische Wissen seiner Zeit zusammengefasst und systematisiert hat. In diesem Werk wird auch ein Verfahren zur Berechnung des größten gemeinsamen Teilers zweier natürlicher Zahlen beschrieben. Dieses Verfahren wird Euklidischer Algorithmus genannt, auch wenn es bereits vor Euklid bekannt war. Du kannst es im Folgenden kennenlernen.

Größter gemeinsamer Teiler

Der *größte gemeinsame Teiler* zweier natürlicher Zahlen a und b ist die größte natürliche Zahl, die Teiler von a und von b ist. Sie wird mit $ggT(a; b)$ bezeichnet.

Bestimme $ggT(8; 6)$, $ggT(18; 6)$, $ggT(18; 7)$, $ggT(18; 27)$, $ggT(28; 17)$, $ggT(88; 66)$, $ggT(98; 126)$.

Beschreibe ein Verfahren, wie man den ggT zweier Zahlen bestimmen kann.

Ist dieses Verfahren auch für $ggT(1234567; 7654321)$ praktikabel?

Euklidischer Algorithmus mit Subtraktionen

Überlege dir, warum folgende Aussagen für natürliche Zahlen a, b und n mit $a \geq b$ zutreffen:

1. Wenn n die Zahlen a und b teilt, dann teilt n auch die Summe $a + b$ und die Differenz $a - b$.
2. Wenn n die Zahl b und die Differenz $a - b$ teilt, dann teilt n auch die Zahl a.
3. Die Zahlen a und b haben genau die gleichen gemeinsamen Teiler wie die Zahlen b und $a - b$.
4. $ggT(a; b) = ggT(b; a - b)$

Die letzte Gleichung kann man praktisch nutzen: Statt den ggT von a und b zu suchen, sucht man den ggT von b und $a - b$. Durch das Subtrahieren hat man kleinere Zahlen, deren ggT gesucht ist. Man kann diesen Schritt des Subtrahierens so oft hintereinander ausführen, bis man den ggT direkt ablesen kann. Ein Beispiel:

$$ggT(182; 130) = ggT(130; 52) = ggT(78; 52) = ggT(52; 26) = ggT(26; 26) = 26$$

Bestimme auf diese Weise den ggT selbst gewählter Zahlen.

Erstelle eine Software, die mit diesem Verfahren den ggT zweier einzugebender Zahlen berechnet. Beispielsweise könntest du Tabellenkalkulation verwenden oder mit einer Programmiersprache ein Programm erstellen.

Euklidischer Algorithmus mit Divisionen mit Rest

Der oben beschriebene Algorithmus hat den Nachteil, dass recht viele Schritte erforderlich sind, wenn große Zahlen gewählt werden. (Wie viele Schritte sind nötig, um damit $ggT(1000001; 2)$ zu berechnen?)

Eine wesentliche Verbesserung des Algorithmus wird erzielt, wenn man anstelle der Differenz $a - b$ den Rest bei der Division von a durch b betrachtet.

Beispielsweise ergibt die ganzzahlige Division von 23 durch 5 das Ergebnis 4 mit dem Rest 3, denn es ist $23 = 4 \cdot 5 + 3$.

Allgemein bezeichnen wir bei der ganzzahligen Division von a durch b den Rest mit r. Es ist also $0 \leq r < b$ und es gibt eine Zahl $q \in \mathbb{N}_0$ mit $a = q \cdot b + r$.

Überlege dir, warum folgende Aussagen zutreffen:

1. Wenn n die Zahlen a und b teilt, dann teilt n auch die Zahl $r = a - qb$.
2. Wenn n die Zahlen b und r teilt, dann teilt n auch die Zahl a.
3. Die Zahlen a und b haben genau die gleichen gemeinsamen Teiler wie die Zahlen b und r.
4. $ggT(a; b) = ggT(b; r)$

Mit der letzten Gleichung kann man anstelle des ggT von a und b den ggT von b und r suchen. Dieser Schritt kann so oft hintereinander ausführt werden, bis man den ggT direkt ablesen kann. Ein Beispiel:

$$ggT(1000000; 124) = ggT(124; 64) = ggT(64; 60) = ggT(60; 4) = 4$$

Bestimme auf diese Weise den ggT selbst gewählter Zahlen.

Erstelle eine Software, die mit diesem Verfahren den ggT zweier einzugebender Zahlen berechnet. Verwende beispielsweise Tabellenkalkulation oder eine Programmiersprache.

Weiterforschen

Recherchiere zum Euklidischen Algorithmus weiter – beispielsweise im Internet oder in der mathematischen Literatur. Erkunde beispielsweise seine Bedeutung in Zusammenhang mit Kettenbrüchen oder in der Geometrie.

Zu Beginn wird der Begriff des größten gemeinsamen Teilers eingeführt bzw. wiederholt. Die Schüler sollen mit dem Begriff an Beispielen arbeiten. Um jeweils den $ggT(a; b)$ zu finden, können sie etwa die elementare Strategie nutzen, alle Teiler von a und alle Teiler von b zu bestimmen, die gemeinsamen Teiler herauszusuchen und hiervon den größten auszuwählen. Manch ein Schüler kennt evtl. auch das Verfahren zur

Tab. 3.1 Euklidischer
Algorithmus mit Subtraktionen

	A	B	C
1		Wert für a	Wert für b
2	$=\text{MAX}(B1, C1)$	$=\text{MIN}(B1, C1)$	$=A2 - B2$
3	$=\text{MAX}(B2, C2)$	$=\text{MIN}(B2, C2)$	$=A3 - B3$
4	$=\text{MAX}(B3, C3)$	$=\text{MIN}(B3, C3)$	$=A4 - B4$
5	...	...	...

Bestimmung des ggT über die Primfaktorzerlegungen von a und b. Bei großen Zahlen stößt man mit diesen Verfahren allerdings an Grenzen des praktikabel Machbaren. Der Euklidische Algorithmus ist hier deutlich leistungsfähiger.

Zunächst steht der Euklidische Algorithmus mit Subtraktionen im Fokus. Anhand der Arbeitsaufträge können die Schüler einsehen, warum die zentrale Beziehung $ggT(a; b) = ggT(b; a - b)$ gilt. Wenn man sie mehrfach hintereinander nutzt, führt dies zur sog. „Wechselwegnahme": Die kleinere Zahl wird von der größeren „weggenommen", mit der kleineren Zahl und der Differenz wird weitergearbeitet.

Die Schüler erhalten den Impuls, die zugehörige Rechenarbeit von einem Computer erledigen zu lassen. Dies erfordert sorgfältiges und präzises algorithmisches Denken, damit der Computer die gewünschten Schritte auch tatsächlich ausführt. Die technischen Hürden sind nicht besonders hoch, wenn man beispielsweise Tabellenkalkulation nutzt, Tab. 3.1 zeigt eine mögliche Realisierung. In jeder Zeile befinden sich in den Spalten B und C die Werte, mit denen in der nächsten Zeile weitergerechnet wird. Dabei werden zu diesen beiden Werten in den Spalten A und B das Maximum und das Minimum bestimmt und dann in Spalte C die Differenz berechnet. Falls in einer Zeile diese Differenz null ist, steht in Spalte A und Spalte B der gesuchte ggT.

Mit einer Programmiersprache können Schüler auch ein Programm zur Berechnung des ggT erstellen (z. B. in JavaScript, C oder Python). Sollten sie noch keine Programmierkenntnisse besitzen, könnten sie den Impuls erhalten, sich solche Kenntnisse anzueignen. Online-Tutorials und Bücher zum Selbststudium gibt es dazu in großer Auswahl.

Die folgende Programmstruktur zeigt eine mögliche Umsetzung des Euklidischen Algorithmus. Die Variablen a und b enthalten zu Beginn die eingegebenen Zahlen. In der Schleife wird so lange die kleinere Zahl von der größeren Zahl subtrahiert, bis beide Zahlen gleich groß sind und dann nach dem letzten Durchlauf $b = 0$ ist und die Variable a den gesuchten ggT enthält.

```
Eingabe natürlicher Zahlen a und b
Wiederhole
        Wenn a > b, dann a:= a-b
                    sonst b:= b-a
bis b = 0
Ausgabe von a als ggT
```

Tab. 3.2 Euklidischer Algorithmus mit Divisionen mit Rest

	A	B	C
1		Wert für a	Wert für b
2	= B1	= C1	= REST(A2; B2)
3	= B2	= C2	= REST(A3; B3)
4	= B3	= C3	= REST(A4; B4)
5	…	…	…

Die zweite Variante des Euklidischen Algorithmus ersetzt wiederholte Subtraktionen eines Wertes durch eine einzige Division mit Rest. Dadurch reduziert sich die Anzahl der erforderlichen Schritte insbesondere bei großen Zahlen erheblich. Auch hier bietet es sich an, den Algorithmus mit einem Computer umzusetzen – beispielsweise mit Tabellenkalkulation (vgl. Tab. 3.2) oder mithilfe einer Programmiersprache. Jeweils wird für zwei Zahlen a und b der Rest r bei der ganzzahligen Division von a durch b bestimmt und dann im nächsten Schritt mit b und r entsprechend weitergerechnet.

```
Eingabe natürlicher Zahlen a und b
Wiederhole
      r:= a MOD b
      a:= b
      b:= r
bis r = 0
Ausgabe von a als ggT
```

3.3.3.2 Näherungsverfahren zur Bestimmung der Kreiszahl π

Die Frage nach dem Wert der Kreiszahl π beschäftigt Menschen bereits seit Jahrtausenden. Im Lauf der Geschichte wurden verschiedenste Verfahren entwickelt, um den Wert von π numerisch zu berechnen – z. B. mit Werkzeugen der Geometrie, der Analysis und der Stochastik. Im Folgenden werden zunächst aus diesen drei Gebieten der Mathematik exemplarisch einige Situationen skizziert, in denen π auftritt. Mathematisch begabte Schüler können dies als Grundlage für die Entwicklung von Algorithmen zur Berechnung von π verwenden und die Algorithmen mit einem Computer implementieren (z. B. mit Tabellenkalkulation oder einer Programmiersprache).

Bestimmung von π mit Methoden der Geometrie, Analysis und Stochastik

Das wohl bekannteste geometrische Näherungsverfahren ist das Verfahren von Archimedes (ca. 287–212 v. Chr.). Es wird durchaus auch im regulären Mathematikunterricht thematisiert. Die Idee ist, den Umfang eines Kreises durch den Umfang ein- oder umbeschriebener regelmäßiger n-Ecke anzunähern und die Eckenzahl schrittweise zu verdoppeln. Durch geometrische Überlegungen lässt sich eine Rekursionsformel gewinnen, die den Umfang des $2n$-Ecks auf den Umfang des n-Ecks zurückführt. Als Anfangsglied dieser Folge wird etwa der Umfang eines Quadrats oder Sechsecks gewählt, der sich direkt berechnen lässt.

Substanziell neue Zugänge zu π ergaben sich in der Geschichte der Mathematik ab dem Zeitalter des Barock, als man die Bedeutung von π in der Analysis erkannte – z. B. in Zusammenhang mit unendlichen Reihen, unendlichen Produkten oder Integralen. Auf James Gregory (1638–1675) und Gottfried Wilhelm Leibniz (1646–1716) geht die Reihe

$$\frac{\pi}{4} = 1 - \frac{1}{3} + \frac{1}{5} - \frac{1}{7} + \frac{1}{9} - \cdots$$

zurück. Sie entsteht, wenn man die Taylor-Entwicklung des Arcustangens

$$\arctan(x) = \sum_{i=0}^{\infty} (-1)^i \frac{x^{2i+1}}{2i+1}$$

an der Stelle $x = 1$ auswertet und $\frac{\pi}{4} = \arctan(1)$ berücksichtigt. Allerdings ist diese Reihe aufgrund ihrer langsamen Konvergenz für numerische Berechnungen von π schlecht geeignet. Eine deutlich raschere Konvergenz erhält man über die von John Machin (1680–1751) gefundene Darstellung:

$$\frac{\pi}{4} = 4 \cdot \arctan\left(\frac{1}{5}\right) - \arctan\left(\frac{1}{239}\right)$$

Leonhard Euler (1707–1783) publizierte eine berühmte Arbeit über Reihen der Kehrwerte von Potenzen (Euler 1740) und zeigte hierin u. a. folgende Beziehungen:

$$\frac{\pi^2}{6} = 1 + \frac{1}{2^2} + \frac{1}{3^2} + \frac{1}{4^2} + \frac{1}{5^2} + \cdots$$

$$\frac{\pi^4}{90} = 1 + \frac{1}{2^4} + \frac{1}{3^4} + \frac{1}{4^4} + \frac{1}{5^4} + \cdots$$

Folgende Darstellung von π als unendliches Produkt geht auf François Viète (1540–1603) zurück:

$$\frac{2}{\pi} = \sqrt{\frac{1}{2}} \cdot \sqrt{\frac{1}{2} + \frac{1}{2}\sqrt{\frac{1}{2}}} \cdot \sqrt{\frac{1}{2} + \frac{1}{2}\sqrt{\frac{1}{2} + \frac{1}{2}\sqrt{\frac{1}{2}}}} \cdots$$

John Wallis (1616–1703) wird die Entdeckung des folgenden Produkts zugeschrieben:

$$\frac{\pi}{2} = \frac{2 \cdot 2}{1 \cdot 3} \cdot \frac{4 \cdot 4}{3 \cdot 5} \cdot \frac{6 \cdot 6}{5 \cdot 7} \cdot \frac{8 \cdot 8}{7 \cdot 9} \cdots$$

Auch in vielfältigen Integralen tritt die Zahl π als Wert auf wie z. B.:

$$\pi = \int_{-\infty}^{\infty} \frac{1}{x^2 + 1} dx$$

$$\frac{\pi}{2} = \int_{-1}^{1} \sqrt{1 - x^2} dx$$

$$\pi = \int_{-1}^{1} \frac{1}{\sqrt{1 - x^2}} dx$$

Um hiermit Näherungswerte für π zu gewinnen, können die Integrale mittels numerischer Integration (vgl. unten) näherungsweise bestimmt werden.

Gänzlich andere Zugänge zu π bietet die Stochastik. Eine vergleichsweise einfache Thematik ist etwa unter dem Stichwort „Regentropfen auf ein Quadrat" bekannt. Auf ein Quadrat fallen zufällig und gleichmäßig verteilt Regentropfen. Mit welcher Wahrscheinlichkeit fallen sie in den Kreis, der diesem Quadrat einbeschrieben ist? Diese Wahrscheinlichkeit ist gleich dem relativen Anteil der Kreisfläche an der Quadratfläche und beträgt damit $\frac{\pi}{4}$. Führt man den Zufallsversuch mit n Tropfen durch bzw. lässt dies von einem Computer mit einem Zufallszahlengenerator simulieren und zählt man die Zahl s der Tropfen, die in den Kreis fallen, so kann nach dem empirischen Gesetz der großen Zahlen die relative Häufigkeit $\frac{s}{n}$ als Näherungswert für die Wahrscheinlichkeit $\frac{\pi}{4}$ angesehen werden.

Auf Georges-Louis Leclerc de Buffon (1707–1788) geht das sog. „Buffon'sche Nadelproblem" zurück. Eine Nadel der Länge l wird auf liniertes Papier fallen gelassen, dessen Linien den Abstand d haben, wobei $d > l$ ist. Die Nadel kommt auf dem Papier zu liegen. Die Wahrscheinlichkeit, dass die Nadel eine der Linien schneidet, lässt sich berechnen zu $P = \frac{2l}{\pi d}$. Wenn man diesen Zufallsversuch häufig ausführt bzw. von einem Computer simulieren lässt, kann man die relative Häufigkeit als Näherung für die Wahrscheinlichkeit P verwenden und damit einen Näherungswert für π gewinnen.

Das Verfahren von Cusanus

Nach diesem Überblick über verschiedene mathematische Sachverhalte, die jeweils zu Berechnungsverfahren für π führen können, wenden wir uns exemplarisch einem Rekursionsverfahren aus der Geometrie zu. Es wird Nikolaus von Kues (1401–1464), genannt Cusanus, zugeschrieben und ist in gewisser Weise komplementär zum Verfahren von Archimedes. Beim Archimedischen Verfahren wird ein Kreis mit festem Umfang betrachtet und dieser durch Vielecke mit verschiedenen Umfängen angenähert. Die Bestimmung von π geschieht anhand der Folge der Vielecksumfänge. Hingegen werden beim Verfahren von Cusanus Vielecke mit gleichem Umfang betrachtet und diese durch Kreise mit verschiedenen Umfängen angenähert. Die Bestimmung von π geschieht über die Folge der Kreisradien. Dieses Verfahren von Cusanus wird hier als Beispiel für Enrichment gewählt, weil es im regulären Mathematikunterricht in der Regel nicht behandelt wird.

Bestimmung von π mit dem Verfahren von Cusanus

Welchen Zahlenwert hat die Kreiszahl π? Diese Frage beschäftigt Menschen bereits seit Jahrtausenden. Da π eine irrationale Zahl ist, ist der zugehörige Dezimalbruch unendlich lang und nicht periodisch. Im Folgenden können Sie ein Verfahren kennenlernen, um π näherungsweise zu berechnen. Es geht auf den Theologen und Philosophen Nikolaus von Kues (1401–1464), genannt Cusanus, zurück.

Die Idee

Wir betrachten eine Folge von regelmäßigen Vielecken, die alle den gleichen Umfang 2 besitzen. Ausgangspunkt ist das Quadrat, dann wird schrittweise die Eckenzahl verdoppelt. Wir kommen damit zum regelmäßigen 8-Eck, 16-Eck, 32-Eck, …

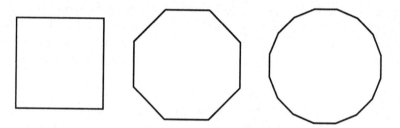

Zu jedem dieser n-Ecke wird der Radius r_n des Inkreises und der Radius s_n des Umkreises berechnet. Für die Umfänge von Inkreis, n-Eck und Umkreis gilt

$$2\pi r_n < 2 < 2\pi s_n,$$

also:

$$\frac{1}{s_n} < \pi < \frac{1}{r_n}$$

Mit zunehmender Eckenzahl nähern sich Inkreis- und Umkreisradius immer mehr einander an. Somit wird π durch die Werte $\frac{1}{s_n}$ und $\frac{1}{r_n}$ eingeschachtelt und dadurch immer genauer bestimmt.

Die Startwerte

Berechnen Sie die Werte r_4 und s_4, d. h. den Radius des Inkreises und den Radius des Umkreises eines Quadrats mit dem Umfang 2.

Die Rekursionsformeln

Die folgenden Überlegungen führen zu Formeln, mit denen man aus dem In- und dem Umkreisradius des n-Ecks die entsprechenden Radien des $2n$-Ecks berechnen kann.

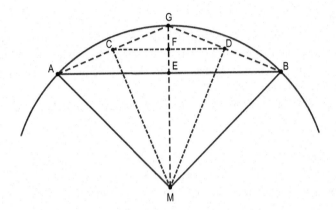

In der Skizze sind vom n-Eck eine Seite $[AB]$, ein Teil des Umkreises und sein Mittelpunkt M abgebildet. Der Punkt E ist der Mittelpunkt von $[AB]$ und der Punkt G ist der Schnittpunkt der Halbgeraden $[ME$ mit dem Umkreis. Die Punkte C und D sind die Mittelpunkte von $[AG]$ und $[GB]$.

Begründen Sie:

1. $\overline{MG} = s_n$
2. $\overline{ME} = r_n$
3. $\overline{CD} = \frac{1}{2}\overline{AB}$
4. $\sphericalangle DMC = \frac{1}{2}\sphericalangle BMA$
5. $\overline{MC} = s_{2n}$
6. $\overline{MF} = r_{2n}$

Begründen Sie damit die Rekursionsformeln des Verfahrens von Cusanus:

$$r_{2n} = \frac{r_n + s_n}{2} \text{ und } s_{2n} = \sqrt{r_{2n} \cdot s_n}$$

Mit diesen Rekursionsformeln können ausgehend vom In- und Umkreisradius des Quadrats die In- und Umkreisradien des 8-Ecks, 16-Ecks, 32-Ecks, … berechnet werden.

Umsetzung am Computer

Setzen Sie das Verfahren von Cusanus zur näherungsweisen Berechnung von π mit einem Computer um. Es eignen sich dazu beispielsweise Tabellenkalkulation oder Programmiersprachen.

Vertiefung

Mit geometrischer Anschauung ist plausibel, dass die Folge der Inkreisradien streng monoton wächst, die Folge der Umkreisradien streng monoton fällt und beide Folgen gegen den gleichen Grenzwert konvergieren. Weisen Sie dies algebraisch mithilfe der Rekursionsformeln nach.

Ein Tipp für Überlegungen zur Konvergenz: Aus den Rekursionsformeln folgt $s_{2n}^2 - r_{2n}^2 = \frac{1}{4}\left(s_n^2 - r_n^2\right)$.

Weiterforschen

Recherchieren Sie weiter zu Verfahren, mit denen die Kreiszahl π näherungsweise bestimmt werden kann. Setzen Sie diese mit einem Computer um.

Anhand der Arbeitsaufträge sollten mathematisch begabte Schüler weitestgehend selbstständig die Rekursionsformeln des Verfahrens von Cusanus herleiten können. Die zugehörigen geometrischen Überlegungen sind recht elementar. Die Formel $s_{2n} = \sqrt{r_{2n} \cdot s_n}$ ist eine Anwendung des Kathetensatzes auf das Dreieck MGC.

Die Umsetzung des Verfahrens auf einem Computer fördert algorithmisches Denken. Eine mögliche Realisierung mit Tabellenkalkulation zeigt Tab. 3.3. In Zeile 2 werden der In- und der Umkreisradius des Quadrats direkt eingegeben. In den nachfolgenden Zeilen sind die Rekursionsformeln von Cusanus implementiert. In den Spalten C und D finden sich die Kehrwerte der Um- bzw. Inkreisradien und damit Näherungswerte für π.

Auch die Implementation eines Algorithmus zum Verfahren von Cusanus mit einer Programmiersprache enthält keine allzu großen Hürden. Gerade wenn Schüler noch keine Programmiersprache beherrschen, können sie anhand solcher Beispiele Zugang zum Programmieren finden. Im folgenden Programm erhalten die Variablen r und s die Werte der In- und Umkreisradien. Zu Beginn werden sie mit den Werten für das Quadrat belegt. In der Schleife werden gemäß den Rekursionsformeln von Cusanus die entsprechenden Radien für die weiteren Vielecke berechnet. Dies erfolgt so lange, bis sich

Tab. 3.3 Verfahren von Cusanus zur Bestimmung von π

	A	B	C	D
1	r	s	1/s	1/r
2	= 1/4	= Wurzel(2)/4	= 1/B2	= 1/A2
3	= (A2+B2)/2	= Wurzel(A3*B2)	= 1/B3	= 1/A3
4	= (A3+B3)/2	= Wurzel(A4*B3)	= 1/B4	= 1/A4
5	...	...	...	...

die Näherungen $1/r$ und $1/s$ für π um weniger als eine festzulegende Genauigkeitsgrenze (z. B. 10^{-10}) unterscheiden.

```
r:= 1/4
s:= Wurzel(2)/4
Wiederhole
    r:= (r+s)/2
    s:= Wurzel(r*s)
    Ausgabe von 1/s und 1/r
bis 1/r - 1/s < Genauigkeitsgrenze
```

3.3.3.3 Numerische Verfahren zur Bestimmung von Nullstellen von Funktionen

Im Mathematikunterricht stehen Schüler vielfach vor der Aufgabe, Gleichungen algebraisch zu lösen. Beispielsweise werden lineare Gleichungen mit Äquivalenzumformungen gelöst, bei quadratischen Gleichungen werden die Lösungen mit quadratischer Ergänzung oder der Lösungsformel bestimmt, Exponentialgleichungen werden mit Logarithmen aufgelöst. Wenn die Lehrkraft das Ziel hat, den Schülern ein solches algebraisches Lösungsverfahren beizubringen, gibt sie ihnen Gleichungen, die mit dem jeweiligen Verfahren gelöst werden können. Auf diese Weise kann bei Schülern der Eindruck entstehen, dass in der Mathematik stets Verfahren existieren, um Gleichungen algebraisch nach der Unbekannten aufzulösen, sodass die exakten Lösungen als Zahlen bzw. Terme angegeben werden können. Allerdings trügt dieser Schein. Tatsächlich ist bei vielen Gleichungen ein algebraisches Auflösen nach einer Variablen nicht möglich. In solchen Fällen können allenfalls numerisch (Näherungs-) Werte von Lösungen bestimmt werden. Hier eröffnet sich für mathematisch begabte Schüler ein weites Feld für Enrichment, das auf den Inhalten des Mathematikunterrichts aufbaut, über diese aber substanziell hinausgeht.

Mit den folgenden Arbeitsaufträgen können Schüler Iterationsverfahren zur näherungsweisen Berechnung von Lösungen für Gleichungen einer Variablen kennenlernen. Es wird bewusst darauf verzichtet, ein Verfahren vorzugeben und dieses darzustellen. Die Schüler sind vielmehr gefordert, selbstständig etwa im Internet oder in der mathematischen Literatur nach numerischen Verfahren zum Lösen von Gleichungen zu recherchieren (z. B. Intervallhalbierungsverfahren, Sekantenverfahren, Newton'sches Tangentenverfahren). Hierzu sind vielfältige Materialien leicht zugänglich. Anhand der Quellen sollen die Schüler einschlägige Verfahren selbst erschließen, damit Algorithmen zum Berechnen von Lösungen entwickeln und diese auf einem Computer implementieren. Durch diese Offenheit entsteht viel Freiraum für mathematisches Forschen und Experimentieren. Die Thematik des Lösens von Gleichungen wird dabei aus der Perspektive des Bestimmens der Nullstellen von Funktionen betrachtet, denn durch diese funktionale Sichtweise gewinnen die Lösungsverfahren und die Lösungen geometrische Bedeutung. Die Frage ist dabei, welche Schnittpunkte Funktionsgraphen mit der x-Achse besitzen.

Nullstellen von Funktionen numerisch berechnen

Das Problemfeld

In Ihrer Schulzeit standen Sie bereits häufig vor der Aufgabe, die Nullstellen einer Funktion f zu bestimmen. Dies ist gleichbedeutend dazu, die Gleichung $f(x) = 0$ zu lösen bzw. die Schnittpunkte des Funktionsgraphen mit der x-Achse zu finden.

Wie gehen Sie hierbei vor, wenn f etwa die lineare Funktion $f(x) = 5x + 17$, die quadratische Funktion $f(x) = -x^2 + 5x + 17$ oder die gebrochen-rationale Funktion $f(x) = \frac{1}{x+5} + 17$ ist?

Funktioniert solch ein Vorgehen auch bei folgenden Funktionen?

$$f(x) = x - \cos x$$

$$f(x) = 2^x - x^2$$

$$f(x) = x^5 + x^2 - \frac{1}{10}$$

$$f(x) = x^x - 2$$

Es ist durchaus normal, dass man bei einer etwas komplizierteren Funktion f die Gleichung $f(x) = 0$ nicht durch algebraische Umformungen nach x auflösen kann. In diesem Fall können numerische Verfahren weiterhelfen. Mit ihnen wird das Ziel verfolgt, Näherungswerte für Nullstellen von Funktionen zu berechnen. Man beginnt mit einer ersten groben Näherung für eine Nullstelle und entwickelt daraus Schritt für Schritt immer bessere Näherungen.

Recherche nach Näherungsverfahren

Recherchieren Sie im Internet und in mathematischer Literatur zu numerischen Verfahren zum Berechnen von Nullstellen von Funktionen. Beispiele sind etwa das Intervallhalbierungsverfahren, das Sekantenverfahren, das Newton'sche Tangentenverfahren oder das Verfahren „Regula falsi".

Umsetzung am Computer

Setzen Sie Verfahren zur näherungsweisen Berechnung von Nullstellen von Funktionen mit einem Computer um. Es eignen sich dazu beispielsweise Tabellenkalkulation oder Programmiersprachen.

Bestimmen Sie damit Näherungen für die Nullstellen der obigen Funktionen. Überlegen Sie sich selbst weitere Beispiele.

Weiterforschen

Vergleichen Sie verschiedene Verfahren zur näherungsweisen Berechnung von Nullstellen von Funktionen in Bezug auf Vor- und Nachteile. Untersuchen Sie dabei auch, wie schnell sie Näherungswerte einer bestimmten Genauigkeit liefern.

Gibt es Situationen, in denen das eine oder andere Verfahren versagt, d. h. keine Näherungen für eine Nullstelle liefert?

Ein Beispiel für ein gängiges Verfahren zur numerischen Berechnung von Nullstellen einer Funktion ist das Newton'sche Tangentenverfahren. Die mathematische Grundidee dieses Verfahrens wurde bereits in Abschn. 1.1.1 zur Illustration algorithmischen Denkens dargestellt. Es basiert darauf, einen Funktionsgraphen lokal durch eine Tangente anzunähern und die Schnittstelle dieser Tangente mit der x-Achse als Näherung für die Nullstelle der Funktion zu verwenden. Dieses Verfahren liefert eine Folge von Näherungswerten $(x_n)_{n\in\mathbb{N}}$, die nach der Rekursionsformel $x_{n+1} = x_n - \frac{f(x_n)}{f'(x_n)}$ berechnet werden. Der folgende Programmcode zeigt einen zugehörigen Algorithmus. Ausgehend von einem eingegebenen Startwert werden Folgenglieder so lange berechnet, bis sich aufeinanderfolgende Glieder um weniger als eine vorgegebene Genauigkeitsgrenze (z. B. 10^{-10}) unterscheiden.

```
Eingabe des Startwerts x
Wiederhole
      x_alt:= x
      x:= x - f(x)/f'(x)
bis Betrag(x - x_alt) < Genauigkeitsgrenze
Ausgabe von x
```

Mit dem Auftrag zum Weiterforschen können die Schüler verschiedene Verfahren vergleichen und vertieft erkunden. Wenn das Newton-Verfahren zu einer konvergenten Folge führt, dann ist die Konvergenzgeschwindigkeit höher als bei den anderen oben genannten Verfahren. Es liegt dann sog. quadratische Konvergenz vor, die Anzahl der korrekt berechneten Nachkommastellen der Nullstelle verdoppelt sich in etwa von einem Iterationsschritt zum nächsten. Es kann aber auch passieren, dass eine Funktion zwar eine Nullstelle besitzt, die mit den Newton-Verfahren erzeugte Folge aber divergiert. Dabei können die Folgenglieder beispielsweise betragsmäßig beliebig groß werden oder sie springen zyklisch zwischen festen Zahlenwerten hin und her. Des Weiteren bricht das Newton-Verfahren ab, wenn das berechnete nächste Folgenglied nicht im Definitionsbereich der Funktion liegt oder wenn die erste Ableitung an dieser Stelle null ist (also die Tangente an den Graphen die x-Achse nicht schneidet).

3.3.3.4 Numerische Integration

Der Hauptsatz der Differenzial- und Integralrechnung liefert ein mächtiges Werkzeug zur Berechnung bestimmter Integrale. Es ist $\int_a^b f(x)dx = F(b) - F(a)$, wobei f eine auf einem offenen Intervall I stetige Funktion ist, F eine Stammfunktion von f auf diesem Intervall ist und $a, b \in I$ sind.

Auch wenn diese Formel im Mathematikunterricht vielfach zur Berechnung bestimmter Integrale verwendet wird, sollte nicht der Eindruck entstehen, dass damit generell bestimmte Integrale berechnet werden können. Es ist in der Regel nur für eher „einfache" Funktionen möglich, eine Stammfunktion explizit (d. h. ohne die Verwendung von Integralen) anzugeben. Wenn ein bestimmtes Integral nicht mithilfe einer Stammfunktion berechnet werden kann, können numerische Verfahren hilfreich sein. Sie basieren darauf, Funktionswerte nur an endlich vielen Stellen des Integrationsintervalls zu betrachten und daraus einen Näherungswert für das bestimmte Integral zu ermitteln. Solche Verfahren sind auch notwendig, wenn man von der zu integrierenden Funktion gar keinen Funktionsterm hat, sondern nur einzelne Funktionswerte (z. B. Messwerte) kennt.

Mit folgenden Arbeitsaufträgen können mathematisch begabte Schüler zunächst die Notwendigkeit numerischer Integration einsehen und daraufhin verschiedene Verfahren für numerisches Integrieren kennenlernen. Wie bereits im vorhergehenden Abschnitt zu Nullstellen von Funktionen wird bewusst darauf verzichtet, Verfahren vorzugeben und darzustellen. Vielmehr sind die Schüler gefordert, selbstständig im Internet oder in der Fachliteratur nach Verfahren für numerische Integration zu recherchieren. Die Grundideen der Rechteckregel, der Sehnen-Trapez-Regel, der Tangenten-Trapez-Regel, der Simpson-Regel oder der Monte-Carlo-Integration sind jeweils recht elementar und eingängig, sodass mathematisch begabte Schüler derartige Verfahren anhand von Quellen selbst erschließen können. Um damit tatsächlich Näherungswerte für bestimmte Integrale zu berechnen, sollen die Schüler numerische Integrationsverfahren auch auf einem Computer umsetzen. Diese Thematik bietet viel Freiraum für eigenständiges Beschäftigen mit Mathematik. Gleichzeitig können die Schüler im Sinne von Enrichment Erfahrungen mit numerischer Mathematik gewinnen und ihre Perspektiven auf Integralrechnung wesentlich erweitern.

Numerische Integration

Bestimmte Integrale mit Stammfunktionen berechnen

Erklären Sie den Begriff der Stammfunktion. Berechnen Sie mithilfe von Stammfunktionen die folgenden Integrale:

$$\int_0^1 \left(x^5 - x^2\right)dx, \quad \int_1^2 \frac{1}{x^2}dx, \quad \int_0^\pi (2\sin(x) + x)dx$$

Das Problemfeld

Funktioniert dieses Verfahren auch bei folgenden Integralen?

$$\int_0^1 \sqrt{x^3+1}\,dx, \quad \int_0^\pi \sqrt{\sin(x)}\,dx, \quad \int_0^1 \cos(2^x)\,dx, \quad \int_0^{2\pi} 2^{\sin(x)}\,dx, \quad \int_0^1 x^x\,dx, \quad \int_0^1 \sqrt[x]{x}\,dx$$

Es ist durchaus normal, dass man zu einer etwas komplizierteren Funktion keine Stammfunktion explizit angeben kann. Dann helfen Stammfunktionen für die Berechnung bestimmter Integrale nicht weiter. Allerdings kann man numerische Verfahren nutzen, um Näherungswerte für bestimmte Integrale zu berechnen.

Recherche nach Näherungsverfahren

Recherchieren Sie im Internet und in mathematischer Literatur nach numerischen Verfahren zum Berechnen bestimmter Integrale („numerische Integration"). Beispiele sind etwa die Rechteckregel, die Sehnen-Trapez-Regel, die Tangenten-Trapez-Regel, die Simpson-Regel oder die Monte-Carlo-Integration.

Umsetzung am Computer

Setzen Sie Verfahren zur näherungsweisen Berechnung bestimmter Integrale mit einem Computer um. Es eignen sich dazu beispielsweise Tabellenkalkulation oder Programmiersprachen.

Bestimmen Sie damit Näherungen für die oben bei „Problemfeld" angegebenen Integrale. Überlegen Sie sich selbst weitere Beispiele.

Weiterforschen

Vergleichen Sie verschiedene Verfahren zur numerischen Integration in Bezug auf Vor- und Nachteile. Untersuchen Sie dabei auch, wie genau die jeweiligen Näherungswerte für bestimmte Integrale sind.

3.3.3.5 Darstellungen der Mandelbrot-Menge

In Abschn. 3.3.2 wurde die Mandelbrot-Menge als mathematisches Objekt für Enrichment vorgestellt. Sie kann aufgrund ihrer fremdartigen Strukturen besondere Faszination erzeugen. Software, mit der die Mandelbrot-Menge bzw. Ausschnitte der komplexen Zahlenebene gezeichnet und farbenprächtig gestaltet werden können, ist im Internet frei verfügbar. Dadurch können Schüler die Vielfalt dieser fraktalen Strukturen ohne besondere technische Hürden erkunden. Schüler mit Interesse am Programmieren können aber auch selbst Algorithmen entwickeln und Programme schreiben, um am Bildschirm Darstellungen der Mandelbrot-Menge und ihres Umfeldes zu erzeugen. Die folgenden Arbeitsaufträge knüpfen an die Erarbeitung der mathematischen Inhalte aus Abschn. 3.3.2 an und setzen diese fort.

Ein Programm zur Darstellung der Mandelbrot-Menge selbst entwickeln

Die sog. Mandelbrot-Menge haben Sie bereits als mathematisches Objekt mit reichhaltigen Strukturen kennengelernt. Sie ist nach dem französisch-amerikanischen Mathematiker Benoît Mandelbrot (1924–2010) benannt. Im Internet ist Software zur Darstellung der Mandelbrot-Menge und ihrer Umgebung frei verfügbar. Wenn Sie Interesse am Programmieren besitzen, können Sie ein solches Programm aber auch selbst entwickeln.

Grundlagen zur Mandelbrot-Menge

Die Menge aller komplexen Zahlen $c \in \mathbb{C}$, für die die Folge $(z_n)_{n \in \mathbb{N}_0}$ mit $z_0 = 0$ und $z_{n+1} = z_n^2 + c$ beschränkt ist, nennt man *Mandelbrot-Menge*.

Es gilt sogar ein noch schärferes Kriterium: Falls diese Folge beschränkt ist, liegen alle Folgenglieder in einem Kreis um den Nullpunkt mit Radius 2, d. h., es ist dann $|z_n| \leq 2$ für alle $n \in \mathbb{N}_0$.

Farbige Umgebungen der Mandelbrot-Menge

Die Umgebung der Mandelbrot-Menge kann nach folgendem Prinzip farbenprächtig gestaltet werden:

Wenn ein Punkt $c \in \mathbb{C}$ *nicht* zur Mandelbrot-Menge gehört, dann ist die zugehörige Folge $(z_n)_{n \in \mathbb{N}_0}$ *nicht* beschränkt. Es gibt also einen Index $n \in \mathbb{N}$, bei dem der Betrag $|z_n|$ erstmals größer als 2 ist. Alle Punkte $c \in \mathbb{C}$, für die dieser Index gleich ist, erhalten die gleiche Farbe.

Ein Computerprogramm entwickeln

Erstellen Sie ein Computerprogramm, das die Mandelbrot-Menge und ihre Umgebung (ausschnittsweise) zeichnet. Erkunden Sie damit Strukturen der Mandelbrot-Menge, ihres Randes und ihres Umfelds.

Der letzte Arbeitsimpuls zur Entwicklung eines Computerprogramms ist vergleichsweise offen. Die Schüler sind gefordert, auf Basis ihrer mathematischen Kenntnisse zur Mandelbrot-Menge einen auf einem Computer umsetzbaren Algorithmus zu erzeugen und diesen mit einer Programmiersprache am Rechner zu implementieren. Dabei bestehen u. a. folgende Herausforderungen:

- Die Schüler müssen Bezüge zwischen den Punkten am Bildschirm und Punkten in der komplexen Zahlenebene herstellen sowie diese Bezüge mit Formeln rechnerisch erfassen.
- Für jeden Punkt des gewünschten Bildes am Bildschirm ist zu prüfen, ob die zugehörige Mandelbrot-Folge beschränkt ist, also der Punkt zur Mandelbrot-Menge gehört.

Dazu kann die Lehrkraft den Schülern bei Bedarf die folgenden beiden Tipps im Sinne gestufter Hilfestellungen geben.

Tipp 1: Grundideen eines Programms zur Darstellung der Mandelbrot-Menge

Für ein Programm zur Darstellung der Mandelbrot-Menge können Sie sich von folgenden Grundideen leiten lassen:

- Die Punkte (Pixel) am Bildschirm entsprechen Punkten der Gauß'schen Zahlenebene.
- Jeder Bildschirmpixel entspricht einem Wert $c \in \mathbb{C}$. Für diesen Wert c ist zu testen, ob er zur Mandelbrot-Menge gehört.
- Dazu werden Folgenglieder der Folge $(z_n)_{n \in \mathbb{N}_0}$ so lange berechnet, bis der Betrag eines Folgenglieds größer als 2 ist oder eine vorgegebene Maximalzahl an Folgengliedern erreicht ist.
- Wenn das letzte berechnete Folgenglied immer noch einen Betrag kleiner gleich 2 hat, wird davon ausgegangen, dass die Folge insgesamt beschränkt ist und der Wert c damit zur Mandelbrot-Menge gehört.

Der zweite Tipp enthält Kernelemente des Algorithmus bzw. des zu entwickelnden Programms. Einerseits sind rechnerische Bezüge zwischen Punkten am Bildschirm und Punkten in der komplexen Zahlenebene angegeben. Andererseits ist eine Möglichkeit dargestellt, wie für die Punkte am Bildschirm die zugehörige Mandelbrot-Folge berechnet werden kann, um sie auf Beschränktheit hin zu untersuchen.

Tipp 2: Struktur eines Programms zur Darstellung der Mandelbrot-Menge

Ein Programm zur Darstellung der Mandelbrot-Menge kann folgende Struktur besitzen:

Rechnen in der Gauß'schen Zahlenebene, Zeichnen am Bildschirm

Sie möchten einen Ausschnitt der Gauß'schen Zahlenebene darstellen. Die Realteile sind dabei aus dem Intervall $[x_{min}; x_{max}]$, die Imaginärteile sind aus dem Intervall $[y_{min}; y_{max}]$. Diese Werte kann der Benutzer des Programms etwa eingeben.

Ihr Zeichenbereich am Bildschirm hat eine gewisse Anzahl an Bildschirmpunkten (Pixel) in x-Richtung und in y-Richtung. Ein Pixel entspricht also folgender Breite in der Gauß'schen Zahlenebene:

$$dx := (x_{max} - x_{min}) : \text{Zahl der Bildschirmpunkte in } x\text{-Richtung}$$

$$dy := (y_{max} - y_{min}) : \text{Zahl der Bildschirmpunkte in } y\text{-Richtung}$$

Mit folgendem Programmcode werden in zwei Schleifen alle Bildschirmpunkte durchgezählt.

Kern des Programmcodes

Für $i := 1$ bis (Zahl der Bildschirmpunkte in x-Richtung) mache

    Für $j := 1$ bis (Zahl der Bildschirmpunkte in y-Richtung) mache

        Berechne den zum Bildschirmpunkt (i,j) gehörenden Punkt $c \in \mathbb{C}$:

$$c_x := x_{min} + i \cdot dx$$

$$c_y := y_{min} + j \cdot dy$$

        Prüfe, ob die Mandelbrot-Folge für dieses c beschränkt ist:

$$z_x := 0, z_y := 0, n := 0$$

    Wiederhole

$$w_x := z_x^2 - z_y^2 + c_x$$
$$w_y := 2z_x z_y + c_y$$
$$z_x := w_x$$
$$z_y := w_y$$
$$n := n + 1$$

        bis ($n = $ Maximalzahl) oder $z_x^2 + z_y^2 > 4$

    Bildschirmpunkt (i,j) färben:

        Wenn $z_x^2 + z_y^2 \leq 4$, dann färbe den Bildschirmpunkt (i,j) schwarz, sonst gib ihm die Farbe mit der Nummer n.

Erläuterungen

- Die komplexen Zahlen c, z und w haben die Darstellung $c = c_x + ic_y$, $z = z_x + iz_y$ und $w = w_x + iw_y$. Das Programm rechnet mit den Real- und Imaginärteilen jeweils getrennt.
- Die Variable w ist eine Hilfsvariable zur Berechnung des jeweils nächsten Folgengliedes $w = z^2 + c$. Für Real- und Imaginärteil bedeutet dies $w_x := z_x^2 - z_y^2 + c_x$ und $w_y := 2z_x z_y + c_y$.
- Die „Maximalzahl" gibt an, wie viele Folgenglieder maximal berechnet werden, bevor entschieden wird, ob man die Gesamtfolge als beschränkt ansieht.
- Wenn nach Durchlaufen der „Wiederhole bis"-Schleife der Betrag von z noch kleiner gleich 2 ist (d. h. $z_x^2 + z_y^2 \leq 4$), dann wird davon ausgegangen, dass die Mandelbrot-Folge beschränkt ist. Damit gehört dann der Wert c zur Mandelbrot-Menge und der zugehörige Bildschirmpunkt (i,j) wird schwarz gefärbt.
- Wenn nach Durchlaufen der „Wiederhole bis"-Schleife der Betrag von z größer als 2 ist (d. h. $z_x^2 + z_y^2 > 4$), dann ist die Mandelbrot-Folge nicht beschränkt. Damit

gehört dann der Wert c nicht zur Mandelbrot-Menge und der zugehörige Bildschirmpunkt (i,j) wird farbig gesetzt. Die Farbe bestimmt sich aus dem Wert von n.

- Die „Maximalzahl" wird entweder vom Benutzer eingegeben oder im Programm
  wird ein Wert festgesetzt (z. B. 1000). Je höher diese „Maximalzahl" ist, umso
  präziser kann das am Bildschirm erzeugte Bild werden, umso länger dauern aber
  auch die Berechnungen. Je stärker die Vergrößerung des Ausschnitts der Zahlenebene ist, umso höher sollte die „Maximalzahl" sein.

Falls sich die Schüler auch mit Julia-Mengen befasst haben (vgl. Abschn. 3.3.2), bietet es
sich an, das entwickelte Programm zur Darstellung der Mandelbrot-Menge geringfügig
zu modifizieren, um damit Julia-Mengen und zugehörige Ausschnitte der komplexen
Zahlenebene zeichnen zu lassen (vgl. Online-Materialien unter www.mathematische-
begabung.de).

3.3.4   Problemlösen mit Knobelaufgaben

Problemlösen ist typisch für die Beschäftigung mit Mathematik. In Abschn. 1.1.1 wurde
Problemlösen als eine Facette prozessbezogenen mathematischen Denkens dargestellt
und es wurde ein Modell für den Verlauf von Problemlöseprozessen skizziert (vgl.
Abb. 1.3).

Die Entwicklung von Problemlösefähigkeiten aller Schüler gehört zu den generellen
Zielen von Mathematikunterricht. Dazu sollte der reguläre Mathematikunterricht immer
wieder alle Schüler zu problemlösendem Denken herausfordern (vgl. z. B. Holzäpfel
et al. 2018), denn Problemlösen lernt man durch Problemlösen. Im Idealfall ist dies
durch Reflexionen der Problemlöseprozesse begleitet, z. B. durch das Bewusstmachen
von heuristischen Hilfsmitteln, Strategien und Prinzipien (vgl. Abschn. 1.1.1).

Darüber hinaus bietet Problemlösen aber auch ein ausgesprochen reichhaltiges und
weites Feld für Enrichment. Mathematisch begabte Schüler können punktuell, aber
dennoch regelmäßig und systematisch von ihrer Mathematiklehrkraft Problemstellungen
erhalten, die sie im problemlösenden Denken substanziell fordern. Die organisatorische
Einbindung in den (Schul-)Alltag der Kinder und Jugendlichen ist dabei auf vielfältige
Weise möglich:

- *Während der Unterrichtszeit in der Klasse:* Stellen wir uns eine Unterrichtsphase
  vor, in der besonders begabte Schüler die für die Klasse gesetzten Lernziele bereits
  erreicht haben – beispielsweise eine Übungseinheit, die besonders Begabte nicht mehr
  benötigen. In solch einer Phase könnten sich besonders Begabte aus dem regulären
  Unterricht „ausklinken" dürfen, um sich – im Klassenzimmer – mit für sie anspruchsvollen Problemen zu beschäftigen, die sie etwa von ihrer Mathematiklehrkraft
  erhalten.

- *Drehtürmodell:* Wenn Schüler zum Problemlösen während der Unterrichtszeit das Klassenzimmer verlassen, um sich – beispielsweise in der Bibliothek – in Ruhe in Probleme vertiefen zu können, liegt organisatorisch eine Form des Drehtürmodells vor (Typ 2.2 in Abschn. 3.3.1).

- *Außerhalb der Schulzeit:* Die Beschäftigung mit herausfordernden Problemen braucht in der Regel Zeit. Insbesondere die im Modell in Abb. 1.3 dargestellten Phasen der Analyse und Exploration des Problemfelds können ausgiebiges Erkunden und Erforschen einer Situation erfordern – durchaus mit Irrwegen und Rückschlägen –, bis eine tragfähige Idee zur Problemlösung entwickelt ist. Insofern ist Problemlösen nur bedingt mit einem 45-Minuten-Takt des Stundenplans kombinierbar. Deshalb bietet es sich an, dass Schüler herausfordernde Probleme auch außerhalb der Unterrichtszeit bearbeiten – z. B. in Freistunden oder zu Hause. Im Gegenzug können ihnen beispielsweise Hausaufgaben erlassen werden, bei denen zu erwarten ist, dass sie für diese Schüler keinen substanziellen Lernfortschritt mehr bringen. Insbesondere die Teilnahme an Mathematikwettbewerben, bei denen Aufgaben über einen längeren Zeitraum zu bearbeiten sind, erfordert in der Regel Zeit zum Problemlösen neben der Schule.

- *Enrichment-Kurse:* Schließlich ist Problemlösen auch ein ergiebiges Feld für die Gestaltung von Wahlunterricht für mathematisch besonders Begabte.

Bei alledem ist auch zu bedenken: Problemlösen schult nicht nur mathematisches Denken, es kann Schülern auch richtig Spaß machen! Gerade mathematisch begabte Schüler können Freude am mathematischen Knobeln empfinden, die wiederum positiv auf das Fach Mathematik und den regulären Mathematikunterricht mit seinen Lern- und Leistungsanforderungen ausstrahlen kann (vgl. die Bedeutung von Emotionen beim Lernen und Leisten gemäß Abschn. 1.1.5).

Wie kann man als Lehrkraft Aufgaben für Enrichment mittels Problemlösen finden? Eine sehr reichhaltige Quelle stellen Sammlungen von Aufgaben aus Mathematikwettbewerben dar. So bieten beispielsweise die Mathematik-Olympiade in Deutschland, der Landeswettbewerb Mathematik Bayern/Baden-Württemberg, die Fürther Mathematik-Olympiade, der Bundeswettbewerb Mathematik und die Internationale Mathematik-Olympiade auf ihren jeweiligen Internetseiten frei zugängliche Aufgabenarchive mit in den vergangenen Jahrzehnten im jeweiligen Wettbewerb gestellten Aufgaben an. Teilweise sind diese Wettbewerbsaufgaben inklusive Lösungen auch in Buchform erhältlich (z. B. Jainta et al. 2018; Langmann et al. 2016). Darüber hinaus gibt es ein gewisses Spektrum an Literatur, das sich dem mathematischen Problemlösen widmet und entsprechende Aufgabensammlungen bietet (z. B. Grieser 2017; Schwarz 2018; Löh et al. 2016; Grinberg 2011; Mayer 2002; Engel 1998).

Angesichts der Fülle an Aufgaben zum Problemlösen geben die folgenden Beispiele nur einen Einblick in das Potenzial, das Problemlöseaufgaben zur Begabtenförderung besitzen. Dabei werden exemplarisch drei allgemeine Prinzipien des Problemlösens herausgestellt: das Schubfachprinzip, das Invarianzprinzip und das Extremalprinzip.

Diese Beispiele sollen Mut machen, Problemlöseaufgaben systematisch für Enrichment zur Begabtenförderung zu nutzen.

3.3.4.1 Das Schubfachprinzip

Grieser (2017, S. 173) schreibt zum Schubfachprinzip: „Wenn vieles auf wenige Schubfächer verteilt wird, muss mindestens ein Schubfach viel erhalten. Das ist eine Binsenweisheit, und doch ist es die Grundlage vieler mathematischer Argumente. Mal offenkundig, mal versteckt, hat das Schubfachprinzip mitunter überraschende Konsequenzen. Es ist eines der wenigen ganz allgemeinen Prinzipien der Mathematik, ein wichtiges Hilfsmittel für Existenzbeweise. Die Kunst besteht darin zu erkennen, wo man es anwenden kann."

Um das Schubfachprinzip zu durchschauen, können sich Schüler zunächst mit einfachen Problemstellungen wie den folgenden befassen:

Dinge verteilen

Begründe folgende Aussagen:

- Wenn drei Kinder vier Geschenke bekommen, erhält ein Kind mindestens zwei Geschenke.
- Wenn drei Kinder zehn Geschenke bekommen, erhält ein Kind mindestens vier Geschenke.
- Unter 13 Schülern gibt es mindestens zwei, die im gleichen Monat Geburtstag haben.
- In einer Schule mit 800 Schülern gibt es mindestens drei, die am gleichen Tag Geburtstag haben.
- In München gibt es mindestens zwei Einwohner, die gleich viele Haare auf dem Kopf haben.
- Wie viele Einwohner muss eine Stadt haben, damit es sicher einen Tag gibt, an dem mindestens 100 Einwohner Geburtstag haben?

Wir formulieren das diesen Beispielen gemeinsame Muster und das zugehörige Argumentationsprinzip allgemein:

▷ **Schubfachprinzip**
Einfache Form
Verteilt man $n + 1$ Objekte auf n Schubfächer, so gibt es mindestens ein Schubfach mit mehr als einem Objekt.

Allgemeine Form
Verteilt man $qn + 1$ Objekte auf n Schubfächer, so gibt es mindestens ein Schubfach mit mehr als q Objekten.

Die Begründung hierfür ist einfach: Wären in jedem Schubfach höchstens q Objekte, so könnten sich in den n Schubfächern insgesamt höchstens qn Objekte befinden.

Auch wenn das Schubfachprinzip einfach erscheint, so können beim Problemlösen erhebliche Schwierigkeiten darin bestehen, in der jeweiligen Situation zu erkennen, dass das Schubfachprinzip zum Ziel führt, welche Objekte auf Schubfächer verteilt werden und wie die Schubfächer hierfür zu definieren sind. Wir illustrieren dies an sechs Beispielen, die gleichzeitig einen Einblick in die Reichweite des Schubfachprinzips geben.

Geometrische Formen als Schubfächer

Besonders anschaulich sind Anwendungen des Schubfachprinzips, wenn man sich die Schubfächer als geometrische Formen und die Objekte als Punkte in diesen geometrischen Formen vorstellen kann. Hierzu zwei Beispiele, das erste ist etwa bei Mayer (2002, S. 17) zu finden, das zweite bei Engel (1998, S. 68).

Schießscheibe

Eine Schießscheibe hat die Form eines gleichseitigen Dreiecks mit der Seitenlänge 2. Begründe: Wird sie fünfmal getroffen, so gibt es zwei Treffer, deren Abstand kleiner gleich 1 ist.

Wir unterteilen das Dreieck in vier gleichseitige Dreiecke der Seitenlänge 1 (indem wir jeweils die Seitenmitten miteinander verbinden) und betrachten diese vier kleineren Dreiecke als Schubfächer. Nach dem Schubfachprinzip müssen in einem dieser Dreiecke mindestens zwei Treffer liegen. Sie haben höchstens den Abstand 1 voneinander.

Punkte im Quadrat

In einem Quadrat mit der Seitenlänge 7 sind 51 Punkte markiert. Begründe: Es gibt unter diesen Punkten mindestens drei, die in einem Kreis mit dem Radius 1 liegen.

Im Hinblick auf das Schubfachprinzip sollen „mindestens drei", d. h. „mehr als zwei" Punkte in einem Schubfach liegen. Da $51 = 2 \cdot 25 + 1$, liegt es nahe, 25 Schubfächer zu betrachten. Wir unterteilen das Quadrat in fünf mal fünf gleich große Quadrate und wählen diese als Schubfächer. Nach dem Schubfachprinzip müssen in einem dieser 25 Quadrate mindestens drei markierte Punkte liegen. Jedes Quadrat hat die Seitenlänge $\frac{7}{5}$, also die Diagonalenlänge $\frac{7}{5}\sqrt{2} < 2$. Es liegt damit vollständig in einem Kreis mit Radius 1.

Eigenschaften definieren Schubfächer

Das Schubfachprinzip kann insbesondere in Situationen mit folgender Struktur von Nutzen sein: Betrachtet werden Objekte, bei denen eine Eigenschaft gewisse Ausprägungen annehmen kann. (Beispielsweise könnte die Farbe der Objekte Rot, Grün oder Blau sein.) Gefragt ist, ob es eine bestimmte Anzahl an Objekten gibt, die alle die gleiche Ausprägung der Eigenschaft haben. In solch einer Situation kann man die möglichen Ausprägungen der Eigenschaft als Schubfächer betrachten und die Objekte diesen Schubfächern entsprechend zuordnen. Hat man etwa mehr Objekte als Schubfächer, so haben mindestens zwei Objekte die gleiche Ausprägung der Eigenschaft. Wir illustrieren dies an zwei Beispielen, das erste findet sich etwa bei Mayer (2002, S. 20), das zweite bei Engel (1998, S. 60).

Farbige Punkte im Raum

Jeder Punkt des Raumes sei rot, grün oder blau gefärbt. Begründe: Zu jeder positiven Zahl d gibt es zwei Punkte mit gleicher Farbe, die voneinander den Abstand d haben.

Die drei Farben betrachten wir als Schubfächer. Um das Schubfachprinzip anzuwenden, brauchen wir vier Punkte im Raum, die paarweise den Abstand d voneinander haben. Dazu können wir die Eckpunkte eines beliebigen regelmäßigen Tetraeders mit der Kantenlänge d nehmen. Jeder Eckpunkt hat eine bestimmte Farbe. Ordnet man die vier Eckpunkte den drei Schubfächern zu, gibt es zwei Eckpunkte im gleichen Schubfach.

Freunde in einer Gruppe

Begründe: In einer Gruppe von mindestens zwei Personen gibt es immer zwei Personen, die die gleiche Anzahl an Freunden innerhalb der Gruppe haben.

Wir bezeichnen die Anzahl der Personen in der Gruppe mit n. Jede Person kann also $0, 1, 2, \ldots, n-1$ Freunde innerhalb der Gruppe haben. Wir betrachten diese möglichen Anzahlen der Freunde als Schubfächer und ordnen die Personen den entsprechenden Schubfächern zu. Dabei besteht auf den ersten Blick das Problem, dass es n Schubfächer für n Personen gibt. Allerdings können die Schubfächer 0 und $n-1$ nicht beide gleichzeitig belegt sein. Wenn es nämlich eine Person ohne Freunde gibt, dann hat keine Person $n-1$ Freunde. Wenn umgekehrt eine Person $n-1$ Freunde hat, dann gibt es keine Person ohne Freunde. Somit verteilen sich die n Personen auf $n-1$ Schubfächer. Nach dem Schubfachprinzip gibt es also zwei Personen im gleichen Schubfach.

Reste als Schubfächer

Für Anwendungen des Schubfachprinzips können Objekte entsprechend der Ausprägung einer Eigenschaft Schubfächern zugewiesen werden. Eine Spezialisierung dieses Vorgehens liegt vor, wenn man natürliche Zahlen als Objekte wählt und als Eigenschaft ihren Rest bei der Division durch eine Zahl $n \in \mathbb{N}$ betrachtet. Da bei Division durch n die Reste $0, 1, 2, \ldots, n-1$ entstehen können, gibt es n Schubfächer, denen natürliche Zahlen entsprechend zugewiesen werden können. Mit diesem Prinzip lassen sich zahlentheoretische Aussagen begründen. Die folgenden beiden Beispiele sind etwa bei Engel (1998, S. 60 ff.) zu finden.

Teilbare Summe

Es seien $a_1, a_2, \ldots, a_n$ nicht notwendig verschiedene natürliche Zahlen ($n \in \mathbb{N}$). Begründe: Von diesen Zahlen gibt es eine Auswahl, deren Summe durch n teilbar ist.

Wir betrachten die Summen $s_1 = a_1$, $s_2 = a_1 + a_2$, $s_3 = a_1 + a_2 + a_3$, ..., $s_n = a_1 + a_2 + \ldots + a_n$. Wenn eine dieser Summen durch n teilbar ist, ist die Behauptung erfüllt. Ansonsten haben alle diese Summen bei Division durch n einen Rest zwischen 1 und $n-1$. Nach dem Schubfachprinzip gibt es zwei Summen, die bei Division durch n den gleichen Rest haben. Wir nennen sie s_k und s_l mit $k < l$. Damit ist die Differenz $s_l - s_k = a_{k+1} + \ldots + a_l$ teilbar durch n.

Dreierpotenzen

Es sei n eine beliebige natürliche Zahl. Begründe: Unter den Potenzen $3, 3^2, 3^3, 3^4, \ldots$ gibt es eine Zahl, deren Dezimaldarstellung mit den n Ziffern $00\ldots001$ endet.

Eine natürliche Zahl größer als 1 endet genau dann mit den n Ziffern $00\ldots001$, wenn sie bei der Division durch 10^n den Rest 1 hat. Deshalb liegt es nahe, die Reste bei der Division durch 10^n als Schubfächer zu betrachten und Dreierpotenzen entsprechend ihren Resten bei Division durch 10^n auf die Schubfächer $1, 2, 3, \ldots, 10^n - 1$ zu verteilen. (Der Rest 0 tritt dabei nicht auf, da eine Dreierpotenz keine 2 und keine 5 als Primfaktor hat.)

Betrachten wir die 10^n Zahlen $3, 3^2, 3^3, 3^4, \ldots, 3^{10^n}$, so haben nach dem Schubfachprinzip mindestens zwei dieser Zahlen den gleichen Rest bei der Division durch 10^n. Wir bezeichnen sie mit 3^k und 3^l mit $k < l$. Die Differenz $3^l - 3^k = 3^k \left(3^{l-k} - 1\right)$ ist also durch 10^n teilbar. Da 3^k und 10^n keine gemeinsamen Primfaktoren haben, ist $3^{l-k} - 1$ durch 10^n teilbar. Damit hat 3^{l-k} bei Division durch 10^n den Rest 1.

Anmerkung: Der Beweis zeigt, dass die Aussage auch gültig ist, wenn man die Zahl 3 durch eine beliebige andere natürliche Zahl ersetzt, die nicht durch 2 und nicht durch 5 teilbar ist.

3.3.4.2 Das Invarianzprinzip

Wenn sich eine Situation ändert, kann es nützlich sein, darauf zu achten, was gleich bleibt. Dies kann helfen, Strukturen in der Situation zu erkennen, um damit Probleme zu lösen. Dieses Prinzip lässt sich allgemein wie folgt formulieren:

▶ **Invarianzprinzip**

Wenn sich etwas ändert, achtet man darauf, was gleich bleibt.

Insbesondere in Situationen mit folgender Struktur kann sich das Invarianzprinzip als hilfreich erweisen:

Ein Zustand wird schrittweise verändert. Bei jedem Schritt bleibt die Ausprägung einer gewissen Eigenschaft des Zustands gleich. Diese Eigenschaft bezeichnet man als Invariante. Damit können im Veränderungsprozess nur solche Zustände erreicht werden, bei denen die Invariante die gleiche Ausprägung wie am Anfang besitzt. Knapp formuliert: Wenn etwas bei jedem Änderungsschritt gleich bleibt, muss es stets so sein wie am Anfang.

Damit kann man ggf. beweisen, dass ein bestimmter Zielzustand nie erreicht werden kann (weil die Invariante im Zielzustand eine andere Ausprägung hätte als am Anfang des Prozesses). Will man dagegen begründen, dass ein bestimmter Zustand tatsächlich erreichbar ist, so genügt hierfür die Angabe von Schritten, die zu diesem Zustand führen.

Das Invarianzprinzip ist nicht nur in der Mathematik ausgesprochen leistungsstark. Bei physikalischen Vorgängen sind etwa die Erhaltung der Gesamtenergie oder des Gesamtimpulses fundamentale Prinzipien, ebenso wie bei chemischen Reaktionen das Prinzip der Massenerhaltung.

Terme führen zu Invarianten

Die folgenden Beispiele illustrieren das Invarianzprinzip beim Problemlösen. Sie stehen etwa bei Engel (1998, S. 2, 10). Die Schwierigkeit besteht jeweils darin, eine Invariante zu erkennen. Sie resultiert in den Beispielen jeweils aus einem Term, der eine Eigenschaft der jeweiligen Situation (z. B. eine Summe von Zahlen) charakterisiert.

Zahlen an der Tafel

Sei n eine ungerade Zahl. An einer Tafel stehen die natürlichen Zahlen von 1 bis $2n$. Es werden zwei Zahlen ausgewählt, gelöscht und der Betrag ihrer Differenz wird stattdessen an die Tafel geschrieben. Dies wird so lange wiederholt, bis nur noch eine Zahl übrig ist. Begründe, dass diese letzte Zahl ungerade ist.

Zu Beginn ist die Summe aller Zahlen an der Tafel $1 + 2 + \ldots + 2n = n(2n + 1)$. Diese Summe ist ungerade. In jedem Schritt werden zwei Zahlen a und b gelöscht (ohne Einschränkung sei $a < b$) und die Differenz $b - a$ wird angeschrieben. Dadurch ändert sich die Summe aller an der Tafel stehenden Zahlen um $-a - b + (b - a) = -2a$. Die Änderung der Summe ist also eine gerade Zahl. Dadurch ist nach jedem Schritt die Summe ungerade, also insbesondere auch nach dem letzten Schritt.

Anmerkung: Die Invariante in diesem Prozess ist die *Parität der Summe* aller Zahlen an der Tafel. Die Summe der Zahlen ändert sich, aber die Parität der Summe bleibt gleich. Dabei wird mit dem Begriff der Parität für eine ganze Zahl die Eigenschaft bezeichnet, die die Ausprägung „gerade" oder „ungerade" annimmt.

Zahlen am Sechseck

Die Zahlen 1, 2, 3, 4, 5, 6 werden in dieser Reihenfolge an die Ecken eines regelmäßigen Sechsecks geschrieben, sodass an jeder Ecke eine Zahl steht. Die Zahlen werden schrittweise verändert. In einem Schritt werden zwei benachbarte Zahlen um 1 erhöht oder um 1 erniedrigt. Ist es möglich, dass nach endlich vielen Schritten alle sechs Zahlen gleich sind?

Wir bezeichnen die Zahlen in ihrer Reihenfolge entlang des Sechsecks mit $a_1, a_2, \ldots, a_6$. Zu Beginn sei $a_1 = 1$, $a_2 = 2$, ..., $a_6 = 6$. Wenn nur zwei benachbarte Zahlen wie beschrieben verändert werden, bleibt der Wert des Terms $A = a_1 - a_2 + a_3 - a_4 + a_5 - a_6$ unverändert. Dieser Term stellt also eine Invariante im beschriebenen Prozess dar. Zu Beginn des Prozesses hat A den Wert -3. Wären alle sechs Zahlen gleich, so wäre $A = 0$. Dies kann damit nicht erreicht werden.

Steine am *n*-Eck

Auf jeder Ecke eines regelmäßigen n-Ecks liegt zunächst ein Spielstein. Die Spielsteine werden schrittweise verschoben. Ein Schritt besteht daraus, dass ein Stein im Uhrzeigersinn zur nächsten Ecke und ein anderer Stein gegen den Uhrzeigersinn zur nächsten Ecke geschoben werden. Ist es möglich, dass nach endlich vielen Schritten alle Steine auf einer Ecke liegen?

Ist n ungerade, so ist es sehr leicht möglich, alle Steine auf eine Ecke zu bringen. Man wählt eine beliebige Ecke als Ziel und fasst zu Beginn die Steine auf den anderen Ecken zu zwei gleich großen Gruppen zusammen, je nachdem, ob der kürzeste Weg zum Ziel im oder gegen den Uhrzeigersinn verläuft. In jedem Schritt wird aus jeder Gruppe ein beliebiger Stein gewählt und auf kürzestem Weg zum Ziel hin verschoben.

Ist n gerade, so ist keine Lösung möglich. Dies kann man mit dem Invarianzprinzip einsehen. Wir nummerieren die Ecken im Uhrzeigersinn mit 1, 2, ..., n und bezeichnen mit $a_1, a_2, \ldots, a_n$ die Anzahl der Steine auf der jeweiligen Ecke. Zudem betrachten wir die Summe $S = 1 \cdot a_1 + 2 \cdot a_2 + \ldots + n \cdot a_n$. Im Zielzustand lägen alle Steine auf einer Ecke mit einer Nummer $k \in \{1, 2, \ldots, n\}$, somit wäre $S = k \cdot n$ ein Vielfaches von n. Im Anfangszustand ist $S = 1 + 2 + \ldots + n = n(n+1)/2$. Da n gerade ist, ist $(n+1)/2$ nicht ganzzahlig und damit ist die Summe S zu Beginn *kein* Vielfaches von n. Eine Steinbewegung im Uhrzeigersinn ändert S um $+1$ oder $-n + 1$. Eine Steinbewegung gegen den Uhrzeigersinn ändert S um -1 oder um $n - 1$. Führt man einen Schritt des Prozesses mit zwei solchen Steinbewegungen aus, so ändert sich der Wert von S also entweder um $-n$ oder 0 oder n. Nach jedem Schritt ist S also kein Vielfaches von n. Damit kann der Zielzustand nie erreicht werden. Die Invariante in diesem Prozess ist der Rest bei der Division von S durch n.

Geometrische Muster führen zu Invarianten

Bei den folgenden beiden Beispielen liegt der Schlüssel jeweils darin, in einer geometrischen Situation ein geometrisches Muster und dazu eine Invariante zu erkennen. Das erste Beispiel findet sich etwa bei Mayer (2002, S. 100 ff.), das zweite bei Engel (1998, S. 12).

Quadrat und Würfel ausfüllen

Kann man ein 10×10-Quadrat vollständig und überlappungsfrei mit 4×1-Rechtecken auslegen?

Kann man einen $10 \times 10 \times 10$-Würfel vollständig mit $4 \times 1 \times 1$-Quadern ausfüllen?

Es genügt nicht, nur über den Flächeninhalt oder das Volumen zu argumentieren, denn 25 der 4×1-Rechtecke haben den gleichen Flächeninhalt wie das große Quadrat. Entsprechend haben 250 der gegebenen Quader das gleiche Volumen wie der große Würfel. Vielmehr ist es notwendig, jeweils die geometrische Struktur der Situation genauer zu betrachten.

Wir strukturieren das 10×10-Quadrat in zehn mal zehn kongruente Teilquadrate und geben diesen – wie mit einem kartesischen Koordinatensystem – die Koordinaten $(1,1)$, $(1,2)$, $(1,3)$, ..., $(10,10)$. Die Teilquadrate, bei denen beide Koordinaten gerade sind, färben wir schwarz, alle anderen weiß. Es gibt also fünf Reihen (sowie Spalten), in denen alle Quadrate weiß sind, und fünf Reihen (sowie Spalten), in denen die Quadrate abwechselnd weiß und schwarz sind. Damit sind insgesamt 25 Quadrate schwarz. Legt man ein 4×1-Rechteck auf das Feld, um eine Abdeckung wie beschrieben zu erzeugen, so bedeckt dieses 4×1-Rechteck vier Quadrate in einer Reihe oder einer Spalte. Damit bedeckt es entweder kein schwarzes Quadrat oder zwei schwarze Quadrate. Die Zahl der nicht bedeckten schwarzen Quadrate bleibt bei diesem Prozess also immer ungerade und kann damit nicht null werden.

Die Argumentation im Dreidimensionalen erfolgt analog zum Zweidimensionalen. Wir strukturieren den $10 \times 10 \times 10$-Würfel in zehn mal zehn mal zehn kongruente Würfelchen und geben diesen die Koordinaten $(1,1,1)$, $(1,1,2)$, $(1,1,3)$, ..., $(10,10,10)$. Die Würfelchen, bei denen alle drei Koordinaten gerade sind, färben wir schwarz, alle anderen weiß. Der große Würfel besteht also aus fünf Platten, in denen alle Würfelchen weiß sind, und fünf Platten, die ein Farbmuster wie das 10×10-Quadrat im zweidimensionalen Fall aufweisen. Damit sind insgesamt 125 Würfelchen schwarz. Legt man einen $4 \times 1 \times 1$-Quader in den großen Würfel, um diesen wie beschrieben auszufüllen, so füllt der $4 \times 1 \times 1$-Quader vier Würfelchen vollständig aus. Hiervon ist entweder keines schwarz oder es sind zwei schwarz. Die Zahl der nicht gefüllten schwarzen Würfelchen bleibt bei diesem Prozess also immer ungerade und kann damit nicht null werden.

Die Invariante in diesem Prozess des Auslegens des großen Quadrats bzw. des großen Würfels ist die Parität der Anzahl der noch nicht bedeckten bzw. gefüllten schwarzen Teilquadrate bzw. Würfelchen.

Punkte spiegeln

Eine Menge besteht zunächst aus sieben Eckpunkten eines Würfels. Sie wird schritt-weise erweitert. In einem Schritt wird ein Punkt der Menge an einem anderen Punkt der Menge gespiegelt und der Bildpunkt zur Menge hinzugenommen. Ist es möglich, dass nach endlich vielen Schritten der achte Eckpunkt des Würfels zur Menge hinzu-kommt?

Wir betrachten zum Würfel ein Koordinatensystem im Raum, sodass die anfangs gegebenen Würfelecken die Koordinaten $(0,0,0)$, $(1,0,0)$, $(0,1,0)$, $(1,1,0)$, $(0,0,1)$, $(1,0,1)$, $(0,1,1)$ besitzen. Wenn man einen Punkt $P(x,y,z)$ an einem anderen Punkt $S(a,b,c)$ spiegelt, hat der Bildpunkt den Ortsvektor $\overrightarrow{OP'} = \overrightarrow{OS} + \overrightarrow{PS} = 2\overrightarrow{OS} - \overrightarrow{OP}$, also die Koordinaten $P'(2a - x, 2b - y, 2c - z)$. Bei jeweils ganzzahligen Koordinaten bleibt beim Punktspiegeln damit die Parität jeder einzelnen Koordinate erhalten. Aus den sieben anfangs gegebenen Punkten kann im beschriebenen Prozess also kein Punkt erzeugt werden, bei dem alle drei Koordinaten ungerade sind. Die Invariante in diesem Prozess ist die Menge der vorkommenden Paritätsmuster der Koordinaten $\{$(gerade, gerade, gerade), (ungerade, gerade, gerade), $\dots\}$.

Anmerkung: Der Einstieg in diese Thematik wird erleichtert, wenn man sie zunächst in der Ebene betrachtet. In diesem Fall wird von drei Eckpunkten eines Quadrats aus-gegangen. Die weiteren Überlegungen verlaufen analog.

3.3.4.3 Das Extremalprinzip

Das Extremalprinzip basiert darauf, dass Extreme besondere Eigenschaften haben. Bei der Untersuchung einer Situation kann es sich deshalb lohnen, zunächst Extreme zu betrachten. In allgemeiner Form lässt sich dieses Prinzip folgendermaßen formulieren:

▶ **Extremalprinzip**

Will man eine Aussage über eine Menge von Objekten beweisen, so betrachtet man ein Objekt, das eine Größe maximiert oder minimiert.

Wir konkretisieren und illustrieren dies an vier Beispielen.

Ein extremales Objekt als Lösung identifizieren

Das Extremalprinzip kann dazu dienen, direkt ein Objekt als Lösung eines Problems zu finden, indem man ein extremales Objekt betrachtet und dieses als Lösung identifiziert. Solche Argumentationen können beispielsweise folgende Struktur besitzen:

Man möchte beweisen, dass es in einer nichtleeren Menge M ein Element mit einer bestimmten Eigenschaft gibt. Dazu ordnet man jedem Element der Menge eine Zahl zu und betrachtet ein Element, für das diese Zahl maximal oder minimal ist. Mit dieser zusätzlichen Information wird bewiesen, dass dieses Element die gewünschte Eigen-schaft hat.

Etwas formalisiert bedeutet dies, dass auf der Menge M eine Funktion $f:M \to \mathbb{R}$ definiert wird und ein Element $m \in M$ betrachtet wird, für das $f(m)$ maximal oder minimal ist. Die Existenz eines solchen Elements $m \in M$ ist beispielsweise gesichert, wenn die Menge M endlich ist oder auch nur die Wertemenge $f(M)$ endlich ist. Falls $f(M)$ nur natürliche Zahlen enthält, gibt es ein Element in M, für das f ein Minimum annimmt.

Die folgenden beiden Beispiele besitzen genau diese Struktur. Sie sind etwa bei Engel (1998, S. 41 f., 46) zu finden.

Freunde verteilen

In einer Personengruppe ist jede Person mit höchstens drei anderen Personen befreundet. Begründe: Man kann die Personen so auf zwei Teilgruppen verteilen, dass jede Person höchstens einen Freund in ihrer Teilgruppe hat.

Wir betrachten alle möglichen Aufteilungen der Personengruppe in zwei Teilgruppen. Für jede solche Aufteilung zählen wir, wie viele Freundschaften zwischen zwei Personen es innerhalb der beiden Teilgruppen insgesamt gibt. Damit ist jeder Aufteilung eine natürliche Zahl zugeordnet. Gemäß dem Extremalprinzip betrachten wir eine Aufteilung, bei der diese Zahl der Freundschaften minimal ist, und begründen, dass diese Aufteilung die gewünschte Eigenschaft hat. Hätte eine Person zwei Freunde in ihrer Teilgruppe, dann hätte sie höchstens einen Freund in der anderen Teilgruppe. Würde diese Person in die andere Teilgruppe wechseln, so würde sich die Gesamtzahl der Freundschaften innerhalb der Teilgruppen verringern. Dies steht im Widerspruch zur Extremalität der betrachteten Aufteilung.

Häuser mit Brunnen verbinden

In einer Ebene ist eine gerade Anzahl an Punkten gegeben, von denen keine drei auf einer Geraden liegen. Die Hälfte der Punkte steht für Häuser, die andere Hälfte für Brunnen. Jedes Haus soll durch einen geradlinigen Weg mit genau einem Brunnen verbunden werden, sodass jeder Brunnen mit einem Haus verbunden ist. Begründe, dass dies möglich ist, ohne dass sich Wege kreuzen.

Wir betrachten alle möglichen bijektiven Zuordnungen zwischen Häusern und Brunnen. Für jede solche Zuordnung entsteht ein Wegesystem, zu dem wir die Summe aller Weglängen betrachten. Damit ist jeder Zuordnung zwischen Häusern und Brunnen eine reelle Zahl zugewiesen. Gemäß dem Extremalprinzip wählen wir eine Zuordnung, bei der diese Summe aller Weglängen minimal ist, und begründen, dass sich hierbei keine Wege kreuzen. Angenommen, man hat im minimalen Wegesystem zwei sich kreuzende Wege H_1B_1 und H_2B_2 von einem Haus H_1 zu einem Brunnen B_1 und von einem Haus H_2 zu einem Brunnen B_2. Wenn man diese beiden Wege durch die Wege H_1B_2 und H_2B_1 ersetzt, verringert sich nach der Dreiecksungleichung die Summe aller Weglängen. Dies steht im Widerspruch zur Minimalität des betrachteten Wegesystems.

Mit einem extremalen Objekt eine Lösung entwickeln

Im Gegensatz zu den vorherigen beiden Beispielen ist im Folgenden das extremale Element nicht direkt die gesuchte Lösung, allerdings ein entscheidender Schlüssel zur Entwicklung einer Lösung. Wieder wird jedem Element einer nichtleeren Menge eine Zahl zugeordnet und es wird ein Element dieser Menge betrachtet, für das diese Zahl maximal oder minimal ist. Mithilfe dieses extremalen Elements wird eine Lösung des Problems konstruiert. Die folgenden beiden Beispiele finden sich etwa bei Engel (1998, S. 48 f.).

Mittelpunkte markieren

In einer Ebene sind n verschiedene Punkte gegeben mit $n \geq 2$. Jeweils zwei Punkte werden mit einer Strecke verbunden und deren Mittelpunkt wird markiert. Begründe, dass es dadurch mindestens $2n - 3$ verschiedene markierte Punkte gibt.

Jeweils zwei der gegebenen n Punkte wird ihr Abstand zugeordnet. Gemäß dem Extremalprinzip betrachten wir zwei Punkte A und B, für die dieser Abstand maximal ist. Die anderen $n - 2$ gegebenen Punkte bezeichnen wir mit $P_1, P_2, \ldots, P_{n-2}$. Die Mittelpunkte der Strecken $[AP_i]$ mit $1 \leq i \leq n - 2$ sind paarweise verschieden und liegen in oder auf einem Kreis um A mit Radius $\overline{AB}/2$. Ebenso sind die Mittelpunkte der Strecken $[BP_i]$ paarweise verschieden und liegen in oder auf einem Kreis um B mit Radius $\overline{AB}/2$. Beide Kreise haben nur den Mittelpunkt der Strecke $[AB]$ gemeinsam. Insgesamt haben wir damit $2(n - 2) + 1 = 2n - 3$ paarweise verschiedene Streckenmittelpunkte gefunden.

Polyeder

Jedes konvexe Polyeder hat mindestens zwei Seitenflächen mit gleicher Kantenzahl.

Jeder Seitenfläche des Polyeders wird die Zahl ihrer Kanten zugeordnet. Gemäß dem Extremalprinzip betrachten wir eine Seitenfläche mit maximaler Kantenzahl k. An diese Seitenfläche grenzen k weitere Seitenflächen des Polyeders an. Sie haben mindestens drei und höchsten k Kanten. Für ihre Kantenzahl gibt es also $k - 2$ Möglichkeiten. Nach dem Schubfachprinzip gibt es unter diesen Seiten mindestens zwei Seiten mit gleicher Kantenzahl.

In diesem Beispiel wurden das Extremal- und das Schubfachprinzip angewandt. Erst durch das Extremalprinzip konnten sinnvoll Schubfächer und hierauf zu verteilende Objekte gewonnen werden.

3.3.5　Mathematische Forschungsprojekte

Enrichment neben dem Mathematikunterricht kann sich durch große Freiheit für Schüler auszeichnen. Die Freiheit bezieht sich sowohl auf die Inhalte, mit denen sich Schüler beschäftigen, als auch auf die Organisationsform des Arbeitens. So können Schüler beispielsweise vonseiten der Lehrkraft offene Impulse erhalten, um Forschungsfragen nachzugehen, oder Schüler wählen sich je nach eigenen Interessen selbst Forschungsfelder. Der Lehrkraft kommen dabei lediglich die Aufgaben zu, dieses Arbeiten der Schüler – bei Bedarf – zu initiieren, als Kommunikationspartner zur Verfügung zu stehen und Vernetzungen zur Organisation „Schule" herzustellen. Letzteres kann darin bestehen, dass Schüler im Schulalltag zeitliche Freiräume für das Forschen erhalten (z. B. über ein Drehtürmodell, vgl. Abschn. 3.3.1), dass Schüler Ergebnisse ihrer Arbeit im schulischen Rahmen präsentieren dürfen oder dass diese Ergebnisse im Zuge von Leistungsbewertungen honoriert werden. Durch derartige Maßnahmen kann die Schule begabten Schülern unterstützende Wertschätzung entgegenbringen und gleichzeitig in der Schule eine begabungsfördernde Kultur pflegen (vgl. Kap. 4). Zudem kann die Schule Kontakte zu außerschulischen Förderangeboten vermitteln – beispielsweise zu Wettbewerben wie „Jugend forscht" oder Schülerforschungszentren an Universitäten, um das zum Forschen anregende Umfeld für die Schüler zu erweitern.

Wir werden im Folgenden das pädagogisch-didaktische Konzept des forschenden Lernens erläutern und anschließend illustrierende Beispiele für entsprechendes Enrichment vorstellen.

3.3.5.1　Forschendes Lernen

Der Begriff des forschenden Lernens lässt sich folgendermaßen definieren:

▶ *Forschendes Lernen* bedeutet, Lernprozesse so zu gestalten, wie es für Forschen im jeweiligen Wissenschaftsbereich typisch ist.

Mit dieser Begriffsbildung kann der in der Wissenschaft etablierte Begriff des Forschens auf pädagogische Kontexte wie etwa die Schule übertragen und dort genutzt werden. Dies führt Messner (2009) weiter aus:

„Der aus pädagogischer Sicht leitende Gedanke besteht darin, dass es sich beim Forschen um eine auch außerhalb der Wissenschaft vorfindbare und notwendige universelle menschliche Grundfähigkeit handelt. Forschen zeigt sich in einer bestimmten Haltung. Neugier gehört dazu. Wissenwollen, die Bereitschaft, den Dingen auf den Grund zu gehen." (S. 22)

„Als forschendes Lernen können schulische Arbeitsformen dann bezeichnet werden, wenn sie dem Suchen und Finden von Erkenntnissen dienen, die für die Lernenden neu sind, und in Haltung und Methode analog den Einstellungen und dem systematischen Vorgehen erfolgen, wie es für wissenschaftliches Arbeiten charakteristisch ist." (S. 23)

Der Ansatz des forschenden Lernens kann damit den Mathematikunterricht von der Grundschule bis zur gymnasialen Oberstufe befruchten. Er betont die Selbstständigkeit und Eigenaktivität der Lernenden sowie die Authentizität der Begegnungen mit Mathematik. Doch was bedeutet eigentlich „mathematisches Forschen"? Wie lässt sich dies weiter konkretisieren – auch um es gezielt bei Schülern anzuregen? In Abb. 3.16 ist ein Prozessmodell für Forschen und forschendes Lernen im Fach Mathematik nach Ludwig et al. (2017, S. 3 f.) und Ulm (2009, S. 91 f.) dargestellt. Es gliedert mathematische Forschungsprozesse in Phasen. Dabei stellt es – wie jedes Modell – Situationen und Abläufe idealisiert dar, macht diese durch die strukturierende Beschreibung aber gedanklich greifbar und kann helfen, entsprechende Forschungsprozesse bewusst zu gestalten.

- *Konfrontation mit Phänomenen:* Den Einstieg in mathematisches Forschen bilden mathematikhaltige Phänomene. Man stößt auf eine Situation, die persönlich als komplex und strukturell unerschlossen erlebt wird.
- *Erkunden des Themenfeldes:* Der Forschende beschäftigt sich mit den Phänomenen und erkundet das Themenfeld. Dies geschieht etwa durch die Betrachtung von Beispielen, Spezialisierungen oder einzelnen Aspekten der Phänomene. Dabei entstehen Fragen, Ideen, Einsichten. Sie werden mit bereits individuell vorhandenem Wissen in Bezug gesetzt. Zudem können bestehende Ergebnisse zur Thematik recherchiert werden, z. B. in der Fachliteratur oder in Internetquellen. Bei diesem Erkunden sind Fehler, Irrwege und Rückschritte ganz normal. Sie helfen, in das Themenfeld weiter einzudringen, Fragen und Ideen ggf. zu modifizieren und zu schärfen.

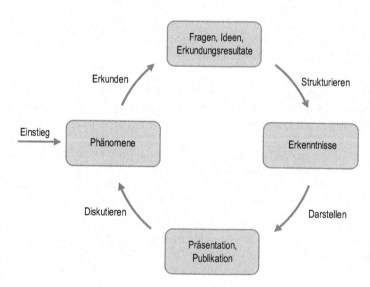

Abb. 3.16 Modell für forschendes Lernen

- *Strukturieren von Erkenntnissen:* Die zunächst ungeordnet entstandenen Resultate der Erkundungsphase werden strukturiert und mit bestehendem Wissen vernetzt. Im Idealfall entstehen neue Einsichten in mathematische Muster und Zusammenhänge, die den Phänomenen zugrunde liegen, als persönliche Ergebnisse des Forschungsprozesses.

- *Darstellen von Ergebnissen:* Die Resultate der Forschungsarbeit werden schriftlich fixiert und/oder mündlich präsentiert. Gegebenenfalls werden Bezüge zu den Recherchequellen hergestellt. Das Ziel, Ergebnisse so darzustellen, dass sie andere Personen verstehen, hilft, Gedankengänge lückenlos und präzise zu formulieren sowie zugrunde liegende Muster und Vernetzungen zu bekanntem Wissen klar herauszuschälen.

- *Diskutieren:* Der Austausch mit anderen – z. B. in einer Klasse oder der Scientific Community – gibt Rückmeldungen zum Forschungsprozess. Ergebnisse erfahren Wertschätzung oder ggf. Korrekturen, dadurch findet auch eine Qualitätskontrolle statt. Die Akzeptanz der Ergebnisse führt zu einer Erweiterung des mathematischen Wissens der Gemeinschaft. Im Hinblick auf die Ausgangssituation kann dies den Forschungsprozess abschließen oder Anstöße für weiterführende Forschungsfragen geben.

Die obige Begriffsbeschreibung zu forschendem Lernen von Messner betont, dass die bearbeitete Thematik *für den Lernenden* neu und unbekannt sein muss. Dies schließt nicht aus, dass sie bereits an anderer Stelle vollständig erschlossen ist. So kann beispielsweise ein Schüler forschend lernen, was im mathematischen Wissen der Menschheit bereits seit Jahrtausenden bekannt ist. Der Schüler kann dennoch sein individuelles Lernen als Forschungsprozess gestalten und erleben. Dadurch ist forschendes Lernen ein praxisrelevantes pädagogisch-didaktisches Konzept für alle Jahrgangsstufen – sowohl für den regulären Mathematikunterricht als auch für Enrichment zur Begabtenförderung.

Wenn Schüler neben dem Unterricht selbstständig eine Thematik forschend erschließen, bietet es sich an, Ergebnisse im schulischen bzw. öffentlichen Leben sichtbar zu machen. Dazu können die Schüler beispielsweise eigene Ergebnisse in ihrer Klasse, bei einem Elternabend oder an einem Tag der offenen Tür präsentieren. Sie können eine Plakatwand bzw. Ausstellung im Schulgebäude oder in einem anderen öffentlichen Gebäude der Region gestalten oder einen Beitrag für den Jahresbericht, die Schulhomepage oder eine Lokalzeitung verfassen.

Solche Präsentationen von Ergebnissen mathematischen Forschens können positive Effekte auf mehreren Ebenen bewirken: Bereits beim Forschen kann der Gedanke an eine Veröffentlichung von Anfang an motivierend wirken und den Schülern helfen, Durststrecken und Rückschläge im Forschungsprozess zu überwinden. Wenn die Schüler im Zuge von Präsentationen Anerkennung und Wertschätzung erfahren, fördert dies das eigene Selbstkonzept und Motivation für weitere Begabungsentfaltung. Darüber hinaus kann durch öffentlichkeitswirksame Darstellungen das Bild von Mathematik und Begabtenförderung in der Schule und der Gesellschaft positiv geprägt werden.

3.3.5.2 Dezimalbruchentwicklungen erforschen

Brüche und Dezimalbrüche begegnen Schülern bereits in der Grundschule, die systematische Erarbeitung rationaler Zahlen erfolgt in der Regel in den unteren Jahrgangsstufen der Sekundarstufe. Dabei sollen die Schüler unter anderem Verständnis dafür entwickeln, dass ein Bruch wie $\frac{3}{4}$ und der zugehörige Dezimalbruch 0,75 nur verschiedene Darstellungen der gleichen Zahl sind. In diesem Zusammenhang treten vielfältige Fragenkomplexe auf: Wie kann man zu einem Bruch den zugehörigen Dezimalbruch finden? Welche Arten von Dezimalbrüchen können dabei entstehen? Wovon hängt es ab, ob ein endlicher oder ein periodischer Dezimalbruch entsteht? Warum beginnt die Periode manchmal gleich nach dem Komma, manchmal erst später? Kann die Periode beliebig lang sein? Können beliebig viele Stellen zwischen dem Komma und dem Beginn der Periode stehen? Warum treten keine unendlichen, nicht-periodischen Dezimaldarstellungen auf? Wie findet man zu einem Dezimalbruch den zugehörigen Bruch?

Zum Teil werden diese Fragenkomplexe im regulären Mathematikunterricht bearbeitet. Die Schüler übertragen etwa das Verfahren zur schriftlichen Division auf Brüche, um Dezimalbrüche zu berechnen. Dabei stoßen sie auf die mit obigen Fragen umrissenen Phänomene, allerdings findet in der Regel keine systematische Erkundung des „Warum" statt. Hierdurch ergibt sich ein reichhaltiges Forschungsfeld für begabte Schüler über den regulären Mathematikunterricht hinaus von den unteren Jahrgangsstufen der Sekundarstufe bis hin zum Abitur. Die mathematischen Objekte – Brüche und Dezimalbrüche – sind den Schülern gut vertraut, den zugehörigen Phänomenen sind sie auch schon begegnet. Aber die Gründe für die Phänomene, die tieferen Zusammenhänge, haben die Schüler in der Regel noch nicht erschlossen.

Mögliche Impulse für entsprechendes Forschen bietet das folgende Beispiel. Es ist in drei Etappen strukturiert: Zum Einstieg sollen die Schüler weitgehend Bekanntes zu den Darstellungsarten rationaler Zahlen und der Umwandlung dieser Darstellungsarten ineinander rekapitulieren und geordnet aufschreiben. Daran schließt sich der erste Forschungskomplex an. Er widmet sich der Frage, ob man an einem Bruch erkennen kann, von welcher Art der zugehörige Dezimalbruch ist (endlich, rein-periodisch, gemischt-periodisch). Darauf baut der zweite Forschungskomplex auf. Hier werden die Fragen aufgeworfen, wie lang die Ziffernfolge bei einem endlichen Dezimalbruch und wie lang die Periode bzw. Vorperiode bei einem periodischen Dezimalbruch sind. Dies führt in durchaus anspruchsvolle Bereiche der Zahlentheorie.

| Dezimalbrüche unter die Lupe nehmen |

Rationale Zahlen kann man als Bruch oder als Dezimalbruch darstellen, z. B. $\frac{3}{6} = 0,5$; $\frac{4}{6} = 0,\overline{6}$; $\frac{5}{6} = 0,8\overline{3}$.

Umwandeln von Zahldarstellungen

Erstelle einen mathematischen Text, in dem du die folgenden Fragen klärst:

- Wie findet man zu einem Bruch $\frac{m}{n}$ den zugehörigen Dezimalbruch?
- Wie findet man zu einem Dezimalbruch den zugehörigen Bruch?

Hierbei können etwa folgende Begriffe nützlich sein:

Begriffe

- Einen Dezimalbruch nennt man *endlich,* wenn die Dezimalbruchentwicklung nach einer endlichen Anzahl an Stellen endet, wie z. B. bei 0,1234.
- Einen Dezimalbruch nennt man *periodisch,* wenn die Dezimalbruchentwicklung unendlich lang ist und sich ab einer bestimmten Nachkommastelle eine endliche Folge von Ziffern immer wiederholt. Man bezeichnet die sich wiederholende Folge von Ziffern als *Periode* und wählt diese so, dass die Periode so kurz wie möglich ist und so bald wie möglich nach dem Komma beginnt.
- Einen periodischen Dezimalbruch nennt man *rein-periodisch,* wenn die Periode gleich nach dem Komma beginnt, wie z. B. bei $0,\overline{1234} = 0,123412341234\ldots$
- Einen periodischen Dezimalbruch nennt man *gemischt-periodisch,* wenn zwischen dem Komma und dem Beginn der Periode weitere Ziffern stehen, wie z. B. bei $0,12\overline{34} = 0,1234343434\ldots$ Die Folge der Ziffern zwischen Komma und Periodenbeginn wird *Vorperiode* genannt.

Forschungskomplex 1: Arten von Dezimalbrüchen

Kann man am Zähler oder Nenner eines Bruches $\frac{m}{n}$ erkennen, von welcher Art der zugehörige Dezimalbruch (endlich, rein-periodisch, gemischt-periodisch) ist?

Erforsche dieses mathematische Themenfeld! Du kannst dein Forschen etwa in folgende Etappen gliedern:

- *Erkunden des Themenfeldes:* Bestimme zu einigen Brüchen die zugehörigen Dezimalbrüche. Verändere bei den Brüchen Zähler und Nenner und beobachte, welche Auswirkungen dies auf den jeweils zugehörigen Dezimalbruch hat. Welche Zusammenhänge gibt es? Recherchiere zu dieser Thematik auch im Internet oder in der Fachliteratur.
- *Strukturieren von Erkenntnissen:* Sortiere deine bisherigen Resultate. Kannst du Gemeinsamkeiten bei einigen Beispielen erkennen? Welche Unterschiede gibt es? Woran könnte dies liegen? Kannst du Zusammenhänge begründen?
- *Darstellen von Ergebnissen:* Stelle deine Ergebnisse schriftlich dar. Stelle ggf. Bezüge zu den Recherchequellen her.
- *Diskutieren:* Tausche dich über deine Ergebnisse mit anderen aus – z. B. mit Mitschülern oder Lehrkräften.

Forschungskomplex 2: Länge von Ziffernfolgen

Zu einem Bruch $\frac{m}{n}$ wird der zugehörige Dezimalbruch bestimmt. Kann man anhand des Zählers oder Nenners dieses Bruches Aussagen zu folgenden Fragen treffen?

- Falls der Dezimalbruch endlich ist, wie viele Nachkommastellen hat er dann?
- Falls der Dezimalbruch rein-periodisch ist, wie lang ist dann die Periode?
- Falls der Dezimalbruch gemischt-periodisch ist, wie lang sind dann die Vorperiode und die Periode?

Erforsche dieses mathematische Themenfeld! Du kannst dein Forschen etwa in die oben beschriebenen Etappen *Erkunden, Strukturieren, Darstellen* und *Diskutieren* gliedern.

Der einleitende Arbeitsauftrag zum Umwandeln von Zahldarstellungen dient einerseits dazu, dass sich die Schüler bekanntes Wissen aus dem Mathematikunterricht bewusst machen, um darauf beim Forschen aufbauen zu können. Andererseits beinhaltet er aber auch die durchaus anspruchsvolle Herausforderung, ein mathematisches Themenfeld strukturiert in schriftlicher Form darzustellen. Zum Umwandeln eines Bruches in einen Dezimalbruch sollten die Schüler idealerweise etwa folgende Aspekte ansprechen:

Brüche wie $\frac{3}{20}$ oder $\frac{7}{125}$ lassen sich so erweitern, dass im Nenner eine Zehnerpotenz steht. Der zugehörige Dezimalbruch kann dann anhand des Zählers unmittelbar angegeben werden, wie z. B. bei $\frac{7}{125} = \frac{56}{1000} = 0,056$. Doch solch ein Erweitern ist nicht immer möglich. Da Zehnerpotenzen $10^s = 2^s \cdot 5^s$ nur die Primfaktoren 2 und 5 besitzen, kann ein Bruch genau dann auf eine Zehnerpotenz im Nenner erweitert werden, wenn der Nenner nur 2 oder 5 als Primfaktoren hat. Diese Strategie ist auch noch zielführend, wenn andere Primfaktoren des Nenners durch Kürzen vollständig beseitigt werden können, wie z. B. bei $\frac{63}{28} = \frac{7 \cdot 9}{7 \cdot 4} = \frac{9}{4} = \frac{225}{100} = 2,25$. Doch wie kann man vorgehen, wenn der Bruch auch nach Kürzen nicht auf eine Zehnerpotenz erweitert werden kann?

In jedem Fall findet man den zugehörigen Dezimalbruch durch schriftliches Dividieren. Dazu wird das aus der Grundschule bekannte Verfahren zur schriftlichen Division auf Brüche übertragen, indem auch mit Nachkommastellen gerechnet wird (vgl. Abb. 3.17). Dabei zeigt sich, dass in manchen Fällen der Rest 0 auftritt und der Dezimalbruch endlich ist. In allen anderen Fällen tritt in der Folge der Reste und damit in der Folge der Nachkommastellen des Dezimalbruchs eine sich wiederholende Periode auf. Der Dezimalbruch ist dann rein-periodisch oder gemischt-periodisch.

Damit stoßen die Schüler auf zentrale Thematiken der beiden Forschungskomplexe: Welche Brüche besitzen eine endliche, welche eine rein-periodische und welche eine gemischt-periodische Dezimaldarstellung? Kann man dies auf Eigenschaften des Zählers oder des Nenners zurückführen? Kann man anhand des Bruches Aussagen über die Anzahl der Nachkommastellen bzw. die Längen der Periode und der Vorperiode des zugehörigen Dezimalbruchs treffen? In der Regel wird diese Thematik den Schülern noch wenig bekannt sein, sodass hier ein echtes Forschungsfeld vorliegt. Die Schüler können dabei die im Modell in Abb. 3.16 dargestellten Phasen mathematischen Forschens authentisch erleben.

Abb. 3.17 Algorithmus zum
schriftlichen Dividieren

$$
\begin{array}{l}
5:44 \;=\; 0,11\overline{36}\\[2pt]
\underline{0}\\
50\\
\underline{44}\\
\quad 60\\
\quad \underline{44}\\
\quad 160\\
\quad \underline{132}\\
\qquad 280\\
\qquad \underline{264}\\
\qquad 16
\end{array}
$$

Die folgenden beiden Sätze geben einen fachlichen Überblick über die Thematik. Sie sind – ebenso wie die zugehörigen Beweise – auf einem Abstraktionsniveau formuliert, wie man es von Schülern im Allgemeinen nicht erwarten kann, denn sie richten sich in ihren Formulierungen primär an Lehrkräfte. Diese sollten einen gewissen Überblick über das Themenfeld besitzen, um das Arbeiten der Schüler ggf. würdigen und bei Bedarf Denkanstöße geben zu können.

▶ **Satz 1: Rationale Zahlen als Dezimalbrüche**
Sei $\frac{m}{n}$ ein gekürzter Bruch mit $m, n \in \mathbb{N}$ und $n > 1$. Für den zugehörigen Dezimalbruch trifft genau einer der folgenden Fälle zu:

a) Der Dezimalbruch ist endlich.
b) Der Dezimalbruch ist rein-periodisch.
c) Der Dezimalbruch ist gemischt-periodisch.

Welcher dieser Fälle zutrifft, wird durch den Nenner bestimmt, denn die drei Fälle entsprechen genau folgenden Fällen:

a) Der Nenner hat nur 2 oder 5 als Primfaktoren.
b) Der Nenner hat weder 2 noch 5 als Primfaktoren.
c) Der Nenner hat 2 oder 5 sowie noch weitere Zahlen als Primfaktoren.

Zur weiteren Charakterisierung dieser Fälle betrachten wir das Verfahren zur schriftlichen Division von $m : n$ und bezeichnen die Reste, die dabei nach dem Berechnen der Einerstelle entstehen, mit $r_0, r_1, r_2, \ldots$ (Im Beispiel in Abb. 3.17 ist also $r_0 = 5$, $r_1 = 6$, $r_2 = 16$, $r_3 = 28$, $r_4 = 16$, …) Damit entsprechen die obigen drei Fälle genau folgenden Fällen:

a) Die Zahl 0 tritt unter diesen Resten auf.
b) Keiner der Reste ist null und die Folge der Reste ist periodisch mit Periodenbeginn bei r_0.
c) Keiner der Reste ist null und die Folge der Reste ist periodisch mit Periodenbeginn bei r_s mit $s > 0$.

Zum Beweis dieses Satzes nähern wir uns der Thematik auf elementarem Niveau, indem wir das Verfahren zur schriftlichen Division von $m : n$ genauer betrachten. Es werden dabei nur Methoden und Begriffe verwendet, die der Schulmathematik zugeordnet werden können bzw. mit dieser leicht erschließbar sind (z. B. Division mit Rest und Kongruenz natürlicher Zahlen modulo n).

Untersuchung der Reste beim schriftlichen Dividieren

Wir betrachten die im Satz definierte Folge der Reste beim schriftlichen Dividieren. Fundamental ist, wie aus jedem Rest r_i der nächste Rest r_{i+1} berechnet wird: Es wird r_i mit 10 multipliziert und dann wird ein Vielfaches von n subtrahiert. Damit ist $r_{i+1} \equiv 10 \cdot r_i \bmod n$.

Der Rest r_0 ist gleich dem Rest bei der ganzzahligen Division von m durch n, d. h., es ist $m = an + r_0$ mit $a \in \mathbb{N}_0$. Insbesondere ist $r_0 \equiv m \bmod n$. Kombiniert man dies mit den vorhergehenden Überlegungen, so ist $r_1 \equiv 10 \cdot m \bmod n$, $r_2 \equiv 10^2 \cdot m \bmod n$, $r_3 \equiv 10^3 \cdot m \bmod n$ etc. Insgesamt halten wir als Ergebnis für die Folge der Reste fest:

$$r_{i+1} \equiv 10 \cdot r_i \bmod n \text{ sowie } r_i \equiv 10^i \cdot m \bmod n \text{ für alle } i \in \mathbb{N}_0$$

Die Folge der Reste und die hieraus berechnete Folge der Nachkommastellen in der Dezimalbruchentwicklung werden also wesentlich durch die Folge der Zehnerpotenzen 10^i modulo n bestimmt.

Unterscheidung nach dem Verhalten der Folge der Reste

Wir analysieren das Verfahren zur schriftlichen Division weiter, indem wir für die Folge der Reste mögliche Fälle unterscheiden.

Fall a: Die Zahl 0 tritt als Rest auf. Es bezeichne s den kleinsten Index, bei dem der Rest r_s den Wert 0 annimmt. Da aufgrund des obigen Zusammenhangs zwischen Resten auch alle nachfolgenden Reste gleich 0 sind, ist der Dezimalbruch endlich mit s Nachkommastellen. Der Bruch $\frac{m}{n}$ ist also auf den Nenner 10^s erweiterbar. Da $10^s = 2^s \cdot 5^s$, kann der Nenner n nur 2 oder 5 als Primfaktoren haben.

Fall b und c: Keiner der Reste ist null. Bei der Division durch n können dann die Reste $1, 2, \ldots, n-1$ auftreten. Nach dem Schubfachprinzip (Abschn. 3.3.4) wiederholt sich also spätestens beim Rest r_{n-1} ein Rest, der vorher in der Folge bereits auftrat. Wir wählen nach dem Extremalprinzip (Abschn. 3.3.4) minimale Zahlen s und t, sodass die Reste r_s und r_{s+t} gleich sind, wobei $s \geq 0$, $t \geq 1$ und $s + t \leq n - 1$. Gemäß dem obigen Zusammenhang zwischen Resten gilt dann auch $r_{s+i} = r_{s+t+i}$ für alle $i \geq 0$. Die Folge der Reste und damit auch die Folge der Nachkommastellen in der Dezimalbruchentwicklung hat also eine Periode der Länge t sowie s Folgenglieder, bevor die Periode beginnt. Wir unterscheiden hierbei zwei Fälle:

Fall b: Keiner der Reste ist null und $s = 0$. Der Dezimalbruch ist also rein-periodisch. Wir zeigen, dass der Nenner n weder 2 noch 5 als Primfaktoren hat. Wegen $s = 0$

ist $r_t = r_0$. Mit den obigen expliziten Berechnungen der Reste bedeutet dies $10^t m \equiv m \bmod n$, d. h., n ist ein Teiler von $(10^t - 1)m$. Da der Bruch $\frac{m}{n}$ als gekürzt vorausgesetzt wurde, haben m und n keine gemeinsamen Primfaktoren. Damit ist n ein Teiler von $10^t - 1 = 999\dots9$. Somit ist n weder durch 2 noch durch 5 teilbar.

Fall c: Keiner der Reste ist null und $s > 0$. Der Dezimalbruch ist also gemischt-periodisch. Die Gleichheit der Reste $r_s = r_{s+t}$ bedeutet $10^s m \equiv 10^{s+t}m \bmod n$, d. h., n ist ein Teiler von $10^s(10^t - 1)m$. Da der Bruch $\frac{m}{n}$ gekürzt ist, ist n ein Teiler von $10^s(10^t - 1)$.

Angenommen, n hätte weder 2 noch 5 als Primfaktor. Da dann n keine gemeinsamen Primfaktoren mit 10^s hätte, wäre n ein Teiler von $10^t - 1$. Damit wäre $10^t \equiv 1 \bmod n$, also $r_t = r_0$. Dies steht im Widerspruch zu $s > 0$.

Damit hat n mindestens eine der Zahlen 2 oder 5 als Primfaktor. Zudem muss n noch andere Primfaktoren besitzen, da der zugehörige Dezimalbruch nicht endlich ist.

Fazit zum Beweis

Im obigen Satz liegt jeweils mit den Fällen a, b, c eine vollständige Fallunterscheidung vor. Aus den bisherigen Überlegungen folgt, dass die Aussagen unter a (und entsprechend unter b bzw. c) jeweils äquivalent sind. Die Länge t der Periode und die Länge s der Vorperiode wurden über das Verhalten der Folge der Reste charakterisiert. Im folgenden Satz werden wir noch jeweils eine weitere Charakterisierung finden, die nicht auf das Verfahren der schriftlichen Division zurückgreift, sondern auf den Nenner des Bruches Bezug nimmt.

▶ **Satz 2: Länge von Dezimalbrüchen, Vorperioden und Perioden**

Sei $\frac{m}{n}$ ein gekürzter Bruch mit $m, n \in \mathbb{N}$ und $n > 1$. Wir spalten vom Nenner die Primfaktoren 2 und 5 ab, schreiben ihn also in der Form $n = 2^u \cdot 5^v \cdot c$ mit $u, v \in \mathbb{N}_0$ und $c \in \mathbb{N}$ so, dass die Zahl c weder 2 noch 5 als Teiler hat.

Das Maximum von u und v bezeichnen wir mit s. Die Zahl t sei die kleinste natürliche Zahl, für die $10^t \equiv 1 \bmod c$ ist.

Damit trifft für den zu $\frac{m}{n}$ gehörenden Dezimalbruch genau einer der folgenden Fälle zu:

a) Der Dezimalbruch ist endlich und hat s Nachkommastellen. (Die letzte Nachkommastelle ist dabei von 0 verschieden.)

b) Der Dezimalbruch ist rein-periodisch, die Periode hat die Länge t und es ist $t < n$.

c) Der Dezimalbruch ist gemischt-periodisch, die Vorperiode hat die Länge s, die Periode hat die Länge t und es ist $t < c$.

Zum Beweis behandeln wir die drei unterschiedlichen Fälle:

Fall a: Der Dezimalbruch ist endlich. Gemäß Satz 1 ist der Nenner $n = 2^u \cdot 5^v$. Falls $u = v$, d. h. $n = 10^s$ ist, kann man anhand des Zählers den Dezimalbruch unmittelbar angeben. Andernfalls kann man den Bruch $\frac{m}{n}$ auf den Nenner 10^s erweitern, indem man entweder mit einer Potenz von 2 oder mit einer Potenz von 5 erweitert. In beiden Fällen ist beim Bruch mit dem Nenner 10^s die letzte Ziffer des Zählers nicht Null, da $\frac{m}{n}$ als gekürzt angenommen wurde. Der zugehörige Dezimalbruch hat also s Nachkommastellen.

Fall b: Der Dezimalbruch ist rein-periodisch. Nach Satz 1 ist der Nenner weder durch 2 noch durch 5 teilbar, d. h., es ist $n = c$. Gemäß dem Beweis von Satz 1 ist die Periodenlänge gleich der kleinsten Zahl t', für die $10^{t'} \cdot m \equiv m \bmod n$ ist. Diese Bedingung ist äquivalent dazu, dass n ein Teiler von $\left(10^{t'} - 1\right)m$ ist. Da m und n teilerfremd sind, ist die Bedingung äquivalent dazu, dass n ein Teiler von $10^{t'} - 1$ ist, d. h. dass $10^{t'} \equiv 1 \bmod n$ ist. Dies entspricht der Charakterisierung von t in der Formulierung von Satz 2, d. h., es ist $t' = t$. Dass die Periodenlänge $t < n$ ist, wurde bereits im Beweis von Satz 1 gezeigt.

Fall c: Der Dezimalbruch ist gemischt-periodisch. Wir führen diesen Fall auf den Fall b zurück. Dazu multiplizieren wir die Zahl $x = \frac{m}{n}$ mit der kleinstmöglichen Zehnerpotenz, für die das Ergebnis eine rein-periodische Dezimalbruchentwicklung hat. Dies ist für $10^s \cdot x = 10^s \cdot \frac{m}{2^u \cdot 5^v \cdot c} = \frac{m'}{c}$ der Fall, wobei der entstehende Zähler m' teilerfremd zu c ist. Der rein-periodische Dezimalbruch zu $10^s \cdot x = \frac{m'}{c}$ hat nach Fall b die Form $b_k b_{k-1} \ldots b_1, \overline{a_1 a_2 \ldots a_t}$, wobei die Variablen a_i und b_i jeweils für Ziffern stehen und $t < c$ ist. Die Dezimalbruchentwicklung von $10^{s-1} \cdot x = b_k b_{k-1} \ldots b_2, b_1 \overline{a_1 a_2 \ldots a_t}$ ist nach Satz 1 gemischt-periodisch. Damit sind die Ziffern b_1 und a_t verschieden. Verschiebt man in der Dezimalbruchentwicklung von $10^s \cdot x$ das Komma um s Stellen nach links, erhält man also für x einen gemischt-periodischen Dezimalbruch mit Vorperiodenlänge s und Periodenlänge t.

Ausblick in die Algebra und Zahlentheorie

Wir haben die beiden obigen Sätze mit Werkzeugen der Schulmathematik formuliert und bewiesen. Begabte Schüler könnten dies als Ausgangspunkt nehmen, um noch tiefer in die Thematik einzudringen. Mit Begriffen und Sätzen der Algebra bzw. Zahlentheorie lassen sich manche Argumentationen kürzer und eleganter führen, tiefere strukturelle Zusammenhänge treten dabei hervor.

Um dies zu illustrieren, betrachten wir einen gekürzten Bruch $\frac{m}{n}$ mit $m, n \in \mathbb{N}$ und $n > 1$, bei dem der Nenner weder 2 noch 5 als Teiler hat. Gemäß den obigen Sätzen ist der zugehörige Dezimalbruch rein-periodisch und die Periodenlänge ist die kleinste natürliche Zahl t, für die $10^t \equiv 1 \bmod n$ ist. Für die Periode ist also entscheidend, wie sich die Folge der Zehnerpotenzen modulo n verhält.

Wir betrachten diese Situation im Restklassenring $\mathbb{Z}/(n)$: Das Element $\overline{10}$ ist in diesem Ring multiplikativ invertierbar, da nach Voraussetzung $ggT(10, n) = 1$ ist. Damit ist $\overline{10}$ in der multiplikativen Gruppe $\mathbb{Z}/(n)^*$ der Einheiten des Restklassenrings enthalten. In dieser Gruppe erzeugt $\overline{10}$ die zyklische Untergruppe $\langle\overline{10}\rangle = \left\{\overline{1}, \overline{10}, \overline{10}^2, \ldots, \overline{10}^{t-1}\right\}$.

Sie hat t Elemente, da t die kleinste natürliche Zahl ist, für die $\overline{10}^t = \overline{1}$ ist. Damit haben wir eine neue Charakterisierung der Periodenlänge:

Die Periodenlänge ist die Ordnung von $\overline{10}$ in der Gruppe $\mathbb{Z}/(n)^*$.

Hieraus folgt eine weitere Eigenschaft der Periodenlänge: Da $\langle\overline{10}\rangle$ eine Untergruppe von $\mathbb{Z}/(n)^*$ ist, ist die Anzahl der Elemente von $\langle\overline{10}\rangle$ ein Teiler der Anzahl der Elemente von $\mathbb{Z}/(n)^*$. Letzteres wird durch die Euler'sche φ-Funktion angegeben:

$$\varphi(n) = \left|\mathbb{Z}/(n)^*\right| = \left|\{i \in \mathbb{N} | 1 \le i \le n \wedge ggT(i, n) = 1\}\right|$$

Der Wert von $\varphi(n)$ lässt sich anhand der Primfaktorzerlegung von n einfach berechnen. Beispielsweise ist $\varphi(1) = 1$, $\varphi(2) = 1$, $\varphi(3) = 2$, $\varphi(4) = 2$, $\varphi(5) = 4$, $\varphi(6) = 2$, $\varphi(7) = 6$, $\varphi(8) = 4$.

Wir halten damit als Ergebnis fest: Die Periodenlänge ist ein Teiler von $\varphi(n)$.

3.3.5.3 Längen von Funktionsgraphen erforschen

Mit Funktionsgraphen wird im Mathematikunterricht vielfältig gearbeitet. Sie sind Darstellungen funktionaler Zusammenhänge und dienen dazu, diese Zusammenhänge zu untersuchen – z. B. mit Mitteln der Analysis. Dabei wird oftmals auf besondere Punkte von Graphen fokussiert, wie etwa auf Schnittpunkte mit Achsen, Extrema und Wendepunkte. In der Integralrechnung haben Funktionsgraphen u. a. die Rolle einer Begrenzungslinie von Flächen. Hierbei wird üblicherweise die Frage nach dem Inhalt dieser Flächen gestellt, kaum allerdings die Frage nach ihrem Umfang. Eigentlich ist es erstaunlich, warum bei der Untersuchung von Funktionsgraphen die naheliegende Frage nach der Länge der Graphen kaum aufgeworfen wird und nicht zum Standardstoff der Schulmathematik zählt. Wie lang ist beispielsweise der Graph der Normalparabel zwischen dem Nullpunkt und dem Punkt $(1/1)$? Wie lang ist der Graph der Sinusfunktion zwischen zwei Nullstellen? Außermathematische Bedeutung können solche Fragen etwa bei Modellierungsproblemen gewinnen, wenn anhand eines Graphen beispielsweise der Verlauf eines Weges, die Form eines Brückenbogens oder die Randlinie eines Flächenstücks modelliert wird.

Damit haben wir ein für Schüler ideales Feld zum mathematischen Forschen: Die mathematischen Begriffe wie Länge und Funktionsgraph sind den Schülern bestens vertraut. Die Frage nach der Länge von Funktionsgraphen besitzt fachliche Reichhaltigkeit und Komplexität. Sie eröffnet viele Möglichkeiten für substanzielles mathematisches Forschen.

Wie lang sind Funktionsgraphen?

Mit Funktionsgraphen haben Sie im Mathematikunterricht schon vielfach gearbeitet. Im Folgenden können Sie die Frage erkunden, wie lang eigentlich ein Funktionsgraph als Linie ist.

Länge einer Parabel

Wie lang ist der Graph der Normalparabel zwischen dem Nullpunkt und dem Punkt $(1/1)$? Erforschen Sie diese Thematik!

Allgemeine Forschungsfrage

Betrachtet wird eine beliebige Funktion f, die auf einem Intervall $[a; b]$ definiert ist. Die Forschungsfrage lautet: Wie lang ist der Funktionsgraph zwischen dem Punkt $(a/f(a))$ und dem Punkt $(b/f(b))$?

Erkunden Sie diese Thematik!

Näherungsverfahren und Berechnungen am Computer

- Entwickeln und beschreiben Sie ein möglichst allgemeines Verfahren, mit dem man die Länge eines Funktionsgraphen näherungsweise und mit beliebiger Genauigkeit berechnen kann.
- Setzen Sie das Verfahren mit einem Computer um. Es eignen sich dazu beispielsweise Tabellenkalkulation oder Programmiersprachen.
- Wenden Sie das Verfahren auf selbst gewählte Beispiele an und bestimmen Sie jeweils näherungsweise die Länge von Funktionsgraphen.
- Gibt es spezielle Eigenschaften, die eine Funktion haben muss, damit das Verfahren funktioniert?

Präzise Längenbestimmung mit Integralen

- Recherchieren Sie zur Thematik „Länge von Funktionsgraphen" im Internet oder in der Fachliteratur.
- Suchen Sie einen Weg, die Länge von Funktionsgraphen mithilfe eines Integrals darzustellen.
- Begründen Sie diese Integraldarstellung der Länge von Funktionsgraphen.
- Wenden Sie diese Integraldarstellung auf Beispiele an und vergleichen Sie jeweils das Resultat mit numerischen Näherungsberechnungen. Bei der Bestimmung von Stammfunktionen und der Berechnung bestimmter Integrale können Webseiten mit einem sog. „Integralrechner" bzw. Computeralgebrasysteme sehr hilfreich sein.

Beispiel

Wenden Sie Ihre entwickelten Methoden auf die Funktion $f(x) = \sqrt{1 - x^2}$ mit $x \in [-1; 1]$ an und bestimmen Sie damit die Länge des Graphen. Interpretieren Sie das Ergebnis auch geometrisch.

Beispiel

Die Funktion $f(x) = \frac{1}{2}\left(e^x + e^{-x}\right)$ mit $x \in \mathbb{R}$ heißt „Cosinus hyperbolicus"; ihr Graph wird auch „Kettenlinie" genannt. Untersuchen Sie diese Funktion und recherchieren

Sie zu ihrer Bedeutung im Internet oder der Fachliteratur. Berechnen Sie die Länge des Graphen zum Intervall $[-1; 1]$.

Bereits die Einstiegsfrage nach der Länge des Bogens der Normalparabel zwischen zwei Punkten führt direkt zum Kern der Thematik: Wie kann man die Länge einer gekrümmten Linie bestimmen? Eine naheliegende Idee ist, den Parabelbogen durch Strecken anzunähern und deren Länge zu bestimmen. So könnten die Schüler beispielsweise einzelne Punkte auf der Parabel festlegen, die Abstände benachbarter Punkte ermitteln und alle diese Abstände addieren. Die hierfür notwendigen mathematischen Werkzeuge sind recht elementar und stehen etwa ab der 9. Jahrgangsstufe zur Verfügung (z. B. Satz des Pythagoras). Dabei stoßen die Schüler auf sehr fundamentale mathematische Ideen:

- *Approximation:* Ein kompliziertes Objekt (der Funktionsgraph) wird durch leichter handhabbare Objekte (Streckenzüge) angenähert.
- *Linearisierung:* Eine beliebige Funktion wird lokal durch lineare Funktionen ersetzt.
- *Kumulation:* Viele kleine Objekte (Strecken) werden zu einem Gesamtobjekt (Streckenzug) zusammengefasst.
- *Grenzprozess:* Es werden Folgen konstruiert, die gegen ein Grenzobjekt konvergieren. (Streckenzüge konvergieren gegen den Funktionsgraphen, die Länge der Streckenzüge konvergiert gegen die Länge des Graphen.)

Natürlich ist davon auszugehen, dass in einem solchen Forschungsprozess auch Wege eingeschlagen werden, die nicht zum Ziel führen, aber dennoch lehrreich sind. So könnte eine Idee sein, den Parabelbogen durch „Treppenlinien" anzunähern und die Treppenstufen immer kleiner zu machen. Es ist dann ein Aha-Erlebnis, wenn die Schüler feststellen, dass eine Treppenlinie vom Punkt $(0/0)$ zum Punkt $(1/1)$. immer die Länge 2 hat – unabhängig davon, wie klein die Treppenstufen sind.

Wir werden im Folgenden zwei Zugänge zur Bestimmung der Länge von Funktionsgraphen weiter ausführen: einen elementar-numerischen Zugang und einen analytischen Zugang mit Integralrechnung.

Approximation mit Streckenzügen und numerische Auswertung

Wir betrachten – wie in obiger Forschungsfrage formuliert – eine Funktion f, die auf einem Intervall $[a; b]$ definiert ist. Die Idee ist, Punkte auf dem Graphen zu wählen, benachbarte Punkte durch Strecken zu verbinden und über die Länge des Streckenzugs die Länge des Graphen anzunähern. Dazu teilen wir das Intervall $[a; b]$ in $n \in \mathbb{N}$ gleich große Teile, betrachten also die Stellen $x_i = a + i \cdot \frac{b-a}{n}$ mit $i \in \{0; 1; \ldots; n\}$. Für jedes Teilintervall betrachten wir die Strecke vom Punkt $(x_i / f(x_i))$ zum Punkt $(x_{i+1} / f(x_{i+1}))$. Sie hat die Länge

$$s_i = \sqrt{(x_{i+1} - x_i)^2 + (f(x_{i+1}) - f(x_i))^2}, \text{ wobei } i \in \{0; 1; \ldots; n-1\}.$$

Durch Aufaddieren aller dieser Streckenlängen ergibt sich die Länge $s_0 + s_1 + \ldots + s_{n-1}$ des gesamten Streckenzugs. Dabei ist auch zu überlegen, inwiefern dies als sinnvolle Näherung für die Länge des Funktionsgraphen angesehen werden kann und ob die Folge der Längen der Streckenzüge für $n \to \infty$ konvergiert. Ist die Funktion etwa unstetig (z. B. mit einer Sprungstelle oder divergierenden Funktionswerten), ist bereits anschaulich klar, dass ein Streckenzug im Allgemeinen keine gute Approximation an den Graphen darstellt. Dazu weiter unten mehr.

Für die rechnerische Realisierung dieses Verfahrens ist ein Computer sehr nützlich. Die Berechnungen können beispielsweise mit Tabellenkalkulation erfolgen. Alternativ bietet sich auch das Erstellen eines Programms mit einer Programmiersprache an. Sollten die Schüler noch keine Programmierkenntnisse besitzen, könnten sie über das konkrete Problem den Impuls erhalten, sich solche Kenntnisse anzueignen. Die folgende Programmstruktur zeigt eine mögliche Umsetzung des Algorithmus.

```
Eingabe von a, b, n
dx:=(b-a)/n
s:= 0
Für i:= 0 bis n-1
    x:= a + i*dx
    dy:= f(x+dx) - f(x)
    ds:= Wurzel(dx^2 + dy^2)
    s:= s + ds
Ende der Schleife
Ausgabe von s
```

Auf diese Weise lassen sich Längen von Funktionsgraphen numerisch berechnen. So ergibt sich beispielsweise für die Länge der Normalparabel zwischen dem Ursprung und dem Punkt (1/1) der Näherungswert $1,478942$. Der Graph der Sinusfunktion hat zwischen zwei Nullstellen eine Länge von etwa $3,820197$.

Integraldarstellung der Länge eines Graphen
Über eine Internetrecherche zu Stichworten wie „Länge Funktionsgraph" stößt man auf folgende Integraldarstellung:

▶ **Länge von Funktionsgraphen**
Eine Funktion f sei auf dem Intervall $[a; b]$ stetig differenzierbar. Dann hat der zu diesem Intervall gehörende Funktionsgraph die Länge

$$L = \int_a^b \sqrt{1 + f'(x)^2}\, dx.$$

Um diese Formel zu beweisen, betrachten wir wie oben eine äquidistante Zerlegung des Intervalls in n Teilintervalle. Gemäß den obigen Überlegungen hat die Strecke vom Punkt $(x_i/f(x_i))$ zum Punkt $(x_{i+1}/f(x_{i+1}))$ mit den Bezeichnungen $\Delta x = x_{i+1} - x_i = \frac{b-a}{n}$ und $\Delta y_i = f(x_{i+1}) - f(x_i)$ die Länge

$$s_i = \sqrt{(\Delta x)^2 + (\Delta y_i)^2} = \sqrt{1 + \left(\frac{\Delta y_i}{\Delta x}\right)^2} \cdot \Delta x.$$

Nach dem Mittelwertsatz der Differenzialrechnung gibt es eine Stelle t_i im Intervall $]x_i; x_{i+1}[$, für die $f'(t_i) = \frac{\Delta y_i}{\Delta x}$ ist. Damit ist $s_i = \sqrt{1 + f'(t_i)^2} \cdot \Delta x$.

Die Summe aller Streckenlängen ist $s_0 + s_1 \ldots + s_{n-1} = \sum_{i=0}^{n-1} \sqrt{1 + f'(t_i)^2} \cdot \Delta x$. Dies ist eine Riemann-Summe zur Funktion $\sqrt{1 + f'(x)^2}$. Da diese Funktion stetig ist, ist sie integrierbar und für $n \to \infty$ konvergiert die Folge der betrachteten Riemann-Summen gegen das im Satz angegebene Integral.

Fazit: Für stetig differenzierbare Funktionen f ist also einerseits gesichert, dass die Folge der Längen der Streckenzüge für $n \to \infty$ konvergiert, und andererseits kann dieser Grenzwert als Integral angegeben werden.

Beispiele

Die Berechnung des Integrals $\int\limits_a^b \sqrt{1 + f'(x)^2}dx$ ist für Schüler nur in wenigen Fällen „per Hand" durchführbar. Die Schwierigkeit besteht dabei darin, eine Stammfunktion zu finden. Deshalb lohnt es sich, bei dieser Thematik auf ein Computeralgebrasystem zurückzugreifen. Speziell für die Bestimmung von Integralen gibt es entsprechende Online-Angebote, die mit Stichworten wie „Integral berechnen" zu finden sind.

Beispielsweise ergibt sich damit für die Quadratfunktion $f(x) = x^2$ die Kurvenlänge

$$\int\limits_0^1 \sqrt{1 + f'(x)^2}dx = \int\limits_0^1 \sqrt{1 + 4x^2}dx = \tfrac{1}{4}\ln\left(\sqrt{5} + 2\right) + \tfrac{1}{2}\sqrt{5} = 1,478942\ldots$$

Für den Graphen der Sinusfunktion zwischen zwei Nullstellen ergibt sich die Länge

$$\int\limits_0^\pi \sqrt{1 + \cos^2 x}\,dx = 3,820197\ldots$$

Die in der obigen Aufgabenstellung angegebene Funktion $f(x) = \sqrt{1 - x^2}$ besitzt als Graph einen Halbkreis um den Ursprung mit Radius 1. Seine Länge lässt sich mit der Integralformel berechnen:

$$\int\limits_{-1}^1 \sqrt{1 + f'(x)^2}dx = \int\limits_{-1}^1 \sqrt{1 + \left(\frac{-2x}{2\sqrt{1-x^2}}\right)^2} dx = \int\limits_{-1}^1 \frac{1}{\sqrt{1-x^2}}dx = [\arcsin x]_{-1}^1 = \pi$$

Mit dem letzten Beispiel der Aufgabenstellung können die Schüler die Hyperbelfunktion „Cosinus hyperbolicus" $f(x) = \tfrac{1}{2}(e^x + e^{-x})$ erkunden. Ihr Graph wird Kettenlinie genannt, da eine zwischen zwei Punkten frei hängende Kette diese Form einnimmt. Für diese Funktion ist das Integral zur Bestimmung der Kurvenlänge elementar berechenbar. Beim Vereinfachen des Integranden stößt man auf den Zusammenhang

$\sqrt{1+f'(x)^2} = f(x)$. Der Graph zum Intervall $[-1; 1]$ besitzt also die Länge $\int_{-1}^{1} f(x)dx = \left[\frac{1}{2}\left(e^x - e^{-x}\right)\right]_{-1}^{1} = e - \frac{1}{e}$.

3.3.5.4 Modellieren und Optimieren

Komplexe Modellierungsprobleme bieten viel Potenzial zur Begabtenförderung. Möglichkeiten zur Differenzierung beim Modellieren im regulären Mathematikunterricht wurden in Abschn. 3.2.6 illustriert. Modellierungsprobleme eignen sich aber auch zur Förderung mathematisch begabter Schüler neben dem Mathematikunterricht und über diesen hinaus. Beispielsweise kann dazu die Mathematiklehrkraft Impulse für eigenständiges mathematisches Forschen geben, denen Schüler unabhängig vom Unterricht oder z. B. im Rahmen eines Drehtürmodells (vgl. Abschn. 3.3.1) nachgehen. Ebenso eignen sich Modellierungsprobleme für Enrichment-Angebote wie etwa Wahlkurse, „Ferien-Camps" oder Wettbewerbe. Ein Beispiel für einen internationalen mathematischen Modellierungswettbewerb stellt „The International Mathematical Modeling Challenge (IM^{2}C)" dar.

Beim Modellieren können alle Phasen des Modellierungskreislaufs (vgl. Abschn. 1.1.1) ausgesprochen herausfordernd und anspruchsvoll sein. Bei den folgenden Beispielen geht es jeweils darum, eine Situation möglichst optimal zu gestalten – beispielsweise die Eintrittspreise für ein Schwimmbad, die Schaltung einer Ampel oder die Konzeption von Fahrradverleihstationen in einer Stadt. Hierbei stellen insbesondere die Prozesse des Analysierens und Vereinfachens einer Realsituation sowie des Aufstellens eines mathematischen Modells substanzielle Herausforderungen dar. Es sind jeweils in der Realsituation relevante Größen sowie Beziehungen zwischen diesen Größen zu identifizieren. Um dies mit einem mathematischen Modell abzubilden, sind Vereinfachungen und Annahmen nötig. Relevante Größen und Zusammenhänge sind mit mathematischen Begriffen zu beschreiben und darzustellen. Des Weiteren ist es erforderlich, Daten zu beschaffen, um mit diesen im Modell arbeiten zu können. Hierfür kann es notwendig sein, statistische Erhebungen durchzuführen und auszuwerten – beispielsweise zum Nutzerverhalten im Schwimmbad oder zu Verkehrsflüssen an einer Ampel bzw. in einer Stadt. Die Ergebnisse des gesamten Modellierungsprozesses können schließlich eine Basis für begründete Empfehlungen und Entscheidungen zur Optimierung der jeweiligen Situation darstellen. Wenn die Schüler ihre Ergebnisse den jeweiligen Entscheidungsträgern für die Realsituation (z. B. Mitarbeitern einer Stadtverwaltung) vorstellen dürfen, gibt dies dem mathematischen Forschen und Arbeiten der Schüler tiefen Sinn, es schafft Motivation und drückt Wertschätzung aus.

Optimale Preisgestaltung

Informiere dich über die Preise, Einnahmen und Ausgaben beim Verkauf der Schülerzeitung, beim Pausenverkauf, bei einem Schwimmbad in der Region … Stelle die Daten und Zusammenhänge mit Mitteln der Mathematik dar. Kannst du einen Vorschlag entwickeln, wie man die Preisgestaltung optimieren könnte?

Ampelschaltung optimieren

Untersuche die Schaltung der Ampeln und den Verkehrsfluss an einer Kreuzung. Stelle die Daten und Zusammenhänge mit Mitteln der Mathematik dar. Kannst du einen Vorschlag entwickeln, wie man die Ampelschaltung optimieren könnte?

Fahrradverleih planen

Um den Verkehr in einer Stadt flüssiger und umweltfreundlicher zu gestalten, sollen Fahrradverleih-Stationen eingerichtet werden. Man soll sich an jeder Station ein Fahrrad ausleihen können und dieses an jeder Station abgeben können.

Wähle dir eine Stadt und erstelle für diese ein Konzept für einen solchen Fahrradverleih. Dein Konzept soll beispielsweise Vorschläge enthalten, wo sich Verleihstationen befinden, wie viele Fahrräder an den Stationen bereitgestellt werden und wie teuer das Ausleihen eines Fahrrads ist.

Plastikabfall

... in der Schule

Informiere dich zum Thema „Plastikabfall in deiner Schule". Untersuche beispielsweise, wie viel Plastikabfall pro Jahr entsteht, wo dieser anfällt, wie er sich zusammensetzt und welchen weiteren Weg er nimmt. Stelle deine Daten übersichtlich dar.

Entwickle Konzepte, wie die Menge des Plastikabfalls in deiner Schule reduziert und wie der entstehende Abfall ggf. besser weiterverwendet werden kann. Untermauere deine Überlegungen mit Daten und mathematischen Argumenten.

... in der Welt

Informiere dich zum Thema „Plastikabfall" in deiner Region, in Deutschland oder in der Welt. Berücksichtige dabei auch Mikroplastik sowie Plastik in Flüssen und Meeren. Stelle deine Ergebnisse übersichtlich dar.

Entwickle auf Basis deiner Daten zum Thema „Plastikabfall" Modelle und Prognosen für die Zukunft. Erstelle Konzepte, wie künftige Entwicklungen günstiger gestaltet werden können, wie also beispielsweise die Abfallmenge reduziert und Abfall besser verwertet werden kann. Untermauere deine Überlegungen mit Daten und mathematischen Argumenten.

Ideen präsentieren, diskutieren und umsetzen

Stelle deine Ergebnisse geeigneten Gesprächspartnern vor. Diskutiere und entwickle mit ihnen Möglichkeiten der Umsetzung deiner Konzepte.

3.3.6 Mathematische Lektüre

So wie (fremd-)sprachlich oder literarisch interessierte Schüler Freude daran finden können, entsprechende Literatur zu lesen, kann es für mathematisch interessierte Schüler ausgesprochen reizvoll sein, mathematische Lektüre zu lesen. Allerdings gibt es im Mathematikunterricht kaum die Tradition, Lektüren zu lesen – ganz im Gegensatz zum (Fremd-)Sprachunterricht. Aber zumindest für Enrichment außerhalb des Unterrichts ist dies ein weites Feld. Die Mathematiklehrkraft kann begabten Schülern gelegentlich, aber doch mit gewisser Systematik Impulse und Tipps geben, damit diese Mathematik auch als Feld für die Beschäftigung mit Literatur erleben.

Im Folgenden werden exemplarisch einige Bücher vorgestellt, die auch für Schüler gewinnbringend sein können. Die Auswahl ist nicht als Empfehlung zu verstehen, genau diese Bücher zu lesen. Vielmehr soll sie illustrieren, dass es einen doch beachtlichen Markt an mathematischer Literatur auch für Schüler gibt. Dies soll Lehrkräfte, Schüler und Eltern dazu inspirieren, selbst nach jeweils aktueller mathematischer Lektüre zu suchen.

3.3.6.1 Lektüre für Schüler ab der Sekundarstufe I

Schülern der Sekundarstufe I kann populärwissenschaftliche Literatur zu Mathematik, Überblicksliteratur zu Schulmathematik oder auch Literatur speziell für Schüler Impulse geben, sich mit Mathematik über den Unterricht hinaus zu beschäftigen und damit fachliche Horizonte zu erweitern. Einige Beispiele:

- *Die Keplersche Vermutung* (Szpiro 2011): Den roten Faden durch das Buch bildet die Frage, wie man gleich große Kugeln im Raum möglichst platzsparend anordnen kann. Der Autor gibt detailreiche Einblicke in die Geschichte der Mathematik und führt plastisch vor Augen, dass die Entwicklung von Mathematik eng mit dem Leben und Wirken von Menschen verbunden ist. Zudem lernt der Leser eine Vielfalt mathematischer Fragestellungen im Umfeld der Kepler'schen Vermutung kennen, die Mathematiker in den vergangenen Jahrhunderten beschäftigten. Der Text verzichtet auf Formalismus und ist für interessierte Schüler ab der Mittelstufe gut lesbar. Er versprüht Begeisterung für Mathematik, ist unterhaltsam und gleichzeitig mathematisch allgemeinbildend.
- *Zahlenreich – Eine Entdeckungsreise in eine vertraute, fremde Welt* (Freiberger und Thomas 2016): Die beiden Autorinnen erzählen in lockerem Plauderton Geschichten von Zahlen, ihrer Bedeutung und Menschen, die sich mit diesen Zahlen beschäftigt haben. Die 23 Kapitel des Buches können unabhängig voneinander gelesen werden; sie knüpfen jeweils bei elementaren, für Schüler leicht zugänglichen Phänomenen an und stellen daran Besonderheiten in der Welt der Zahlen heraus, die auch über die Schulmathematik hinausführen. Das Themenspektrum umfasst beispielsweise Stellenwertsysteme, Wurzeln, Irrationalität, den Goldenen Schnitt, die Euler'sche Zahl, die

Kreiszahl, Fibonacci-Zahlen, Primzahlen, vollkommene Zahlen, Mersenne-Zahlen, Ramsey-Zahlen und komplexe Zahlen. Das Buch kann Faszination für Mathematik vermitteln und Lust wecken, in die angesprochenen Themengebiete tiefer einzudringen.

- *Mathematisches Problemlösen und Beweisen – Eine Entdeckungsreise in die Mathematik* (Grieser 2017): Der Autor nimmt den Leser mit auf eine gemeinsame Reise in die Welt des Problemlösens. Dabei verfolgt er das Motto: „Problemlösen lernt man durch Problemlösen." Ausgangspunkt sind jeweils Probleme, für die in der Regel Mathematik der Sekundarstufe I ausreicht. Der Autor lässt den Leser typische Prozesse des Problemlösens miterleben. Dabei sind Phasen des Probierens und des Betrachtens von Beispielen ebenso eingeschlossen wie Irrwege und Sackgassen, die dennoch Einsichten in das Problem liefern können. Regelmäßig hält der Autor Rückschau auf das Erlebte und arbeitet dadurch Strategien und Prinzipien des Problemlösens sowie Beweismethoden plastisch heraus. Dabei lernt der Leser auch ein breites Spektrum mathematischer Inhalte neu oder aus einem neuen Blickwinkel kennen (z. B. Färbungen, Graphen, Kombinatorik, Teilbarkeit, Kongruenzen).

- *Quod erat knobelandum* (Löh et al. 2016): Das Buch stellt Themen, Aufgaben und Lösungen des Schülerzirkels Mathematik an der Universität Regensburg zusammen. Jedes der 15 Kapitel führt mit Beispielen oder Knobelaufgaben zu einem Thema hin. Darauf aufbauend werden die beobachteten Phänomene in der Sprache der Mathematik formuliert; es werden Zusammenhänge und Sätze herausgearbeitet, sodass Schüler dadurch Theorie und Werkzeuge erhalten, um selbst in diesem Themengebiet Knobelaufgaben bearbeiten zu können. Das Themenspektrum umfasst beispielsweise Teilbarkeit, Rechnen mit Restklassen, Graphentheorie, den Euler'schen Polyedersatz, Folgen und Reihen, Induktion, Unendlichkeit, Aussagenlogik und RSA-Verschlüsselung. Die einzelnen Kapitel können weitestgehend unabhängig voneinander gelesen und bearbeitet werden. Zu allen Aufgaben werden auch Lösungsvorschläge angeboten.

- *Einführung in die Wahrscheinlichkeitsrechnung, Stochastik kompakt* (Strick 2018): Die Inhalte des Buches begegnen Schülern allesamt in der Sekundarstufe, allerdings über viele Jahrgangsstufen verteilt. Es geht beispielsweise um Häufigkeiten, den Wahrscheinlichkeitsbegriff, das empirische Gesetz der großen Zahlen, Laplace-Wahrscheinlichkeiten, Vierfeldertafeln, Baumdiagramme, bedingte Wahrscheinlichkeiten, Kombinatorik, Zufallsgrößen, Wahrscheinlichkeitsverteilungen, Erwartungswerte, Bernoulli-Ketten und die Binomialverteilung. Diese Begriffe werden jeweils an Beispielen erarbeitet und illustriert, es werden Zusammenhänge herausgearbeitet. Dadurch können Schüler diese Themen der Stochastik nicht nur wiederholen und vertiefen, sondern dazu auch Überblick gewinnen und Vernetzungen herstellen.

Neben Büchern gibt es auch Zeitschriften, die sich speziell an mathematisch interessierte Schüler richten:

- Die Zeitschrift „MONOID" wird von der Johannes Gutenberg-Universität Mainz herausgegeben und erscheint viermal im Jahr. Den Kern der Hefte bilden Knobelaufgaben, die sich an Schüler aller Jahrgangsstufen der Sekundarstufe richten. Darüber hinaus wird in Artikeln Mathematik – über die Schulmathematik hinaus – auf einem für Schüler zugänglichen Niveau vermittelt. Über die Webseite http://monoid. mathematik.uni-mainz.de kann man die Zeitschrift bestellen bzw. ältere Ausgaben als PDF herunterladen.
- Die Zeitschrift „Die Wurzel" erscheint seit 1967 monatlich und wendet sich insbesondere an Schüler der Sekundarstufe II, Studierende, Lehrkräfte und sonstige an Mathematik Interessierte. Leseproben findet man auf der Webseite http://www.wurzel.org; eine Auswahl von Artikeln der Zeitschrift aus 50 Jahren ist von Blinne et al. (2017) in Buchform veröffentlicht.

3.3.6.2 Lektüre zum Übergang „Schule – Hochschule"

Im Fach Mathematik ist der Übergang von der Schule zur Hochschule durchaus anspruchsvoll. Herausforderungen für Studienanfänger liegen beispielsweise in der mathematischen Fachsprache, im Abstraktionsgrad und in der Präzision von Definitionen, Sätzen und Beweisen. Um Schülern und Studienanfängern diesen Übergang „Schule – Hochschule" zu erleichtern, gibt es ein breites Angebot an Literatur. Teils steht die Wiederholung von Inhalten aus der Schulmathematik im Fokus, teils erfolgt eine Einführung in spezifische Denk- und Arbeitsweisen der Hochschulmathematik, teils werden Inhalte der Hochschulmathematik propädeutisch erarbeitet. Einige Beispiele:

- *Einführung in mathematisches Denken und Arbeiten* (Hilgert et al. 2015): Im Fokus dieses Buches steht das Lesen und Schreiben mathematischer Texte. Inhaltlich wird Schulmathematik vom höheren Standpunkt behandelt: Es geht um Mengen, Relationen, Funktionen, Aussagenlogik, Zahlenbereichserweiterungen von den natürlichen Zahlen über die ganzen und rationalen bis zu den reellen Zahlen, Teilbarkeit, Vollständigkeit sowie Gruppen, Ringe und Körper. Zum Einstieg in diese Themenkreise erhält der Leser jeweils einen mathematischen Lehrtext. Dieser ist jeweils mit einer Fülle an Hinweisen verknüpft, die als „Stolpersteine" den Leser anregen, die Aussagen zu hinterfragen, Beispiele zu finden oder Querverbindungen herzustellen – also den Text verständnisvoll zu lesen. Auf dieser Basis erhält der Leser Übungsaufgaben, die teils explizit Verbindungen zwischen Schul- und Hochschulmathematik herausstellen. Sie fordern zum eigenständigen Schreiben mathematischer Texte auf. Bei Bedarf und zur Selbstkontrolle stehen vollständig ausgearbeitete Lösungsvorschläge zur Verfügung. Weitere Kontrollfragen im Multiple-Choice-Format geben Rückmeldung zum Lernerfolg.

- *Elementar(st)e Gruppentheorie – Von den Gruppenaxiomen bis zum Homomorphiesatz* (Glosauer 2016): Wie der Titel bereits angibt, bietet das Buch eine Einführung in die Gruppentheorie. Zielgruppe sind insbesondere mathematisch begabte Schüler der gymnasialen Oberstufe. Sie können in Inhalte und Denkweisen der universitären Algebra eindringen. Der Autor verbindet den Aufbau von Theorie (z. B. Gruppendefinition, Untergruppen, Normalteiler, Faktorgruppen, Homomorphismen, Homomorphiesatz) mit zahlreichen Beispielen (z. B. Diedergruppen, Permutationsgruppen, Restklassengruppen, direkte Produkte). Übungsaufgaben fordern zum eigenständigen Arbeiten heraus; zu jeder Aufgabe werden auch vollständig ausgearbeitete Lösungen angeboten. Das Buch eignet sich nicht nur zum Selbststudium für mathematisch begabte Schüler, sondern es kann Lehrkräften auch als Grundlage für die Gestaltung eines entsprechenden Enrichment-Kurses dienen.
- *Brückenkurs Mathematik* (Walz et al. 2014): Viele Universitäten bieten Brückenkurse in Mathematik für Studienanfänger an. Entsprechend sind hierzu verschiedene Publikationen am Markt. Das genannte Buch enthält in weiten Teilen Inhalte der Schulmathematik, allerdings in einer für Hochschulmathematik typischen Darstellungsweise, die Zusammenhänge herausstellt und aus der Schule bekannte Sachverhalte präzisiert und verallgemeinert. Thematisch geht es etwa um Gleichungen, Ungleichungen, Funktionen, ebene Geometrie, Lineare Algebra, Differenzial- und Integralrechnung, Wahrscheinlichkeitsrechnung, Statistik und komplexe Zahlen. Schüler können hierbei unmittelbar an ihr Wissen aus dem Mathematikunterricht anknüpfen; sie finden aber auch vielfältige Angebote, dieses Wissen von einem abstrakteren Standpunkt aus zu rekapitulieren, es zu verallgemeinern, zu vernetzen und zu erweitern.
- *(Hoch-)Schulmathematik – Ein Sprungbrett vom Gymnasium an die Uni* (Glosauer 2019): Das Buch entstand aus Vertiefungskursen für Schüler der gymnasialen Oberstufe. Anknüpfend an Inhalte der Schulmathematik können Schüler in Hochschulmathematik hineinschnuppern. Nach Grundlagen über Mengen, Abbildungen und Beweismethoden stehen zentrale Inhalte der Analysis und der Linearen Algebra im Fokus: Folgen, Reihen, Grenzwerte, Ableitungen, Integrale, komplexe Zahlen, Vektorräume, lineare Abbildungen, Matrizen und lineare Gleichungssysteme. Schüler können nicht nur ihr Wissen aus der Schule inhaltlich substanziell erweitern, sie werden auch in die für Universitätsmathematik typische Präzision des Begriffsbildens, des Formulierens von Aussagen und des Beweisens eingeführt.

3.3.6.3 Fachliteratur für das Mathematikstudium

In das Spektrum der Angebote zur Förderung begabter Schüler ordnet sich auch das Schülerstudium als Maßnahme der Akzeleration und des Enrichments ein (vgl. Abschn. 3.1.3). Schüler höherer Jahrgangsstufen der Sekundarstufe besuchen dabei reguläre Lehrveranstaltungen an einer Universität. Damit stellt aber auch das umfangreiche Spektrum an Fachliteratur für das Mathematikstudium eine reichhaltige Quelle zur Begabtenförderung von Schülern dar. Schüler im Schülerstudium können entsprechende Literatur begleitend zu Lehrveranstaltungen lesen. Vor allem kann diese Literatur aber auch sehr bereichernd für mathematisch begabte Schüler sein, die nicht an einem Schülerstudium teilnehmen wollen oder können (z. B. weil der nächstgelegene Universitätsstandort zu weit von ihrem Wohnort entfernt ist). Ihnen bietet Fachliteratur Möglichkeiten des Selbststudiums von universitärer Mathematik. Das Angebot hierfür ist ausgesprochen umfangreich. Nur exemplarisch ist im Folgenden jeweils ein Lehrbuch aus den Bereichen der Linearen Algebra, der Analysis und der Zahlentheorie genannt; die Bücher richten sich jeweils explizit an Studienanfänger im ersten Semester. Dies soll dazu inspirieren, dass Schüler selbst nach mathematischer Fachliteratur suchen, die ihnen interessant erscheint – beispielsweise in der Lehrbuchsammlung einer Universität, in einer Fachbuchhandlung oder im Internet.

- *Lineare Algebra* (Beutelspacher 2014): Mit dem Buch macht der Autor Mut, Schwierigkeiten beim Einstieg in ein Mathematikstudium zu meistern. In einem unterstützenden und humorvollen Ton führt er zentrale Strukturen und Begriffe der Linearen Algebra ein, z. B. Körper, Vektorräume, lineare Abbildungen, Polynome, Determinanten, Diagonalisierbarkeit, Skalarprodukte. Bei allem Bezug zu konkreten Beispielen macht der Autor deutlich, dass der Glanz und die Stärke der Mathematik insbesondere auch in der Abstraktion begründet sind.
- *Analysis 1* (Grieser 2015): Das Buch führt in die Analysis reeller Funktionen einer Variablen ein. Einerseits werden Inhalte dargestellt, die für eine Erstsemestervorlesung typisch sind, z. B. reelle Zahlen, Folgen, Reihen, Konvergenz, elementare Funktionen, Stetigkeit, Differentiation und Integration. Andererseits gibt der Autor aber auch viele Erläuterungen, die in anderen Lehrbüchern nicht explizit enthalten sind, sondern eher in Vorlesungen mündlich geboten werden. (Was ist der „Witz" einer Aussage? Warum sind Bezeichnungen gerade so gewählt? Welche Bedeutung haben Axiome? Wie kommt man auf eine Beweisidee? Warum besitzen Beweise in der Mathematik eine solch hervorgehobene Bedeutung? …) Damit wird der Einstieg in die universitäre Welt der Mathematik deutlich erleichtert.
- *Elementare Zahlentheorie* (Oswald und Steuding 2015): Wie der Titel des Buches bereits aussagt, ist diese Einführung in die Zahlentheorie bewusst elementar, sie richtet sich explizit an Studienanfänger im ersten Semester. Einerseits werden die Zahlenbereiche der natürlichen, ganzen, rationalen, reellen und komplexen Zahlen facettenreich besprochen. Andererseits wird der Leser in Themen wie Teilbarkeit, Kettenbrüche, diophantische Gleichungen und modulare Arithmetik mit Anwendungen bei Primzahltests, beim chinesischen Restsatz und in der Kryptographie eingeführt.

3.3.7 Einordnung in den Theorierahmen für Differenzierung

In diesem Abschnitt steht schulische Begabtenförderung neben dem regulären Unterricht im Fokus. Die Differenzierung besteht darin, dass mathematisch begabte Schüler Förderangebote erhalten, die nur für sie konzipiert sind und sich nur an sie richten. Beispielsweise können sie dabei zusätzliche mathematische Themengebiete erarbeiten (Abschn. 3.3.2), Algorithmen entwickeln und implementieren (Abschn. 3.3.3), sich mit Problemlöse- bzw. Wettbewerbsaufgaben beschäftigen (Abschn. 3.3.4), mathematische Forschungsprojekte durchführen (Abschn. 3.3.5) oder mathematische Literatur lesen (Abschn. 3.3.6). Wir ordnen derartige Maßnahmen in den Theorierahmen für Differenzierung aus Abschn. 3.1.2 ein.

- *Differenzierungsziele:* Da sich Begabtenförderung neben dem Mathematikunterricht in der Regel nicht an alle Schüler richtet, wird mit solchen Angeboten bewusst versucht, nur einen Teil der Schüler entsprechend ihrem besonderen Potenzial zu fördern und damit die Vielfalt an der Schule bzw. in einer Klasse zu steigern. Diversität von Schülern wird hierbei als natürlich und positiv wertgeschätzt.
- *Differenzierungsaspekte:* Da die Förderung neben dem regulären Mathematikunterricht erfolgt, kann sie sich von diesem in allen denkbaren Aspekten unterscheiden, insbesondere im Hinblick auf Lernziele, Lerninhalte, Zugangsweisen, das Anspruchsniveau und das Lerntempo.
- *Differenzierungsorganisation:* Bei der Diskussion der Beispiele in diesem Abschnitt wurden bereits Möglichkeiten der Differenzierungsorganisation angesprochen. Innere Differenzierung liegt vor, wenn eine Lehrkraft einzelnen Schülern ihrer Klasse Impulse gibt, sich über den regulären Unterricht hinaus mit Mathematik zu beschäftigen – z. B. zu Hause oder in der Schule. Die Lehrkraft tut dies als für die jeweilige Klasse verantwortliche Person. Hingegen wird partielle äußere Differenzierung innerhalb einer Schule praktiziert, wenn die Schule Wahlunterricht oder Arbeitsgemeinschaften für mathematisch begabte Schüler einrichtet. Für beide Organisationsformen eignen sich alle in diesem Abschnitt dargestellten mathematischen Inhalte.
- *Differenzierungsformate:* In Bezug auf das Differenzierungsformat können alle Varianten sinnvoll sein: Wenn eine Lehrkraft einzelnen Schülern gezielt Wettbewerbsaufgaben zum Problemlösen oder mathematische Literatur zum Erarbeiten neuer Inhaltsbereiche gibt, liegt ein eher geschlossenes Differenzierungsformat vor. Wenn die Schüler hingegen nur Impulse für mathematische Forschungsprojekte erhalten und selbst bestimmen, womit sie sich im Einzelnen beschäftigen, ist das Differenzierungsformat offen.

Kerngedanken aus diesem Kapitel

- In Abschn. 3.1 wurde Diversität als natürliche und wertvolle Eigenschaft der Menschheit herausgestellt. Es wurde ein Theorierahmen entworfen, der Orientierung für differenzierte Förderung aller Schüler in der Schule gibt.
- Abschn. 3.2 hat betont, dass Begabtenförderung integrale Aufgabe des regulären Mathematikunterrichts ist. An einem breiten Spektrum von Beispielen wurde dargestellt, wie Mathematikunterricht durch Binnendifferenzierung besonders begabte Schüler fachspezifisch fördern kann.
- In Abschn. 3.3 wurde aufgezeigt, wie Schule über den regulären Mathematikunterricht hinaus besonders begabten Schülern vielfältige Impulse zum Mathematiktreiben für eine Entfaltung ihrer Begabungen geben kann.

Literatur

Beutelspacher, A. (2014): Lineare Algebra, Eine Einführung in die Wissenschaft der Vektoren, Abbildungen und Matrizen, Springer Spektrum, Wiesbaden

Bigalke, A., Köhler, N. (2007): Mathematik, Band 1, Analysis, Cornelsen, Berlin

Blinne, A., Müller, M., Schöbel, K. (Hrsg., 2017): Was wäre die Mathematik ohne die Wurzel, Die schönsten Artikel aus 50 Jahren der Zeitschrift „Die Wurzel", Springer Spektrum, Wiesbaden

BLK – Bund-Länder-Kommission für Bildungsplanung und Forschungsförderung (1997): Gutachten zur Vorbereitung des Programms „Steigerung der Effizienz des mathematisch-naturwissenschaftlichen Unterrichts", Materialien zur Bildungsplanung und Forschungsförderung, 60, Bonn

Deci, E., Ryan, R. (1993): Die Selbstbestimmungstheorie der Motivation und ihre Bedeutung für die Pädagogik, Zeitschrift für Pädagogik, 39 (2), S. 223–238

Deiser, O. (2018): Analysis 2, http://www.aleph1.info

Dittmann, H. (2008): Komplexe Zahlen, Ein Lehr- und Arbeitsbuch, Bayerischer Schulbuch-Verlag, München

Dubs, R. (1995): Konstruktivismus: Einige Überlegungen aus der Sicht der Unterrichtsgestaltung, Zeitschrift für Pädagogik, 41 (6), S. 889–903

Engel, A. (1998): Problem-Solving Strategies, Springer, New York

Engel, J., Fest, A. (2016): Komplexe Zahlen und ebene Geometrie, de Gruyter, Berlin

Euler, L. (1740): De summis serierum reciprocarum, Commentarii academiae scientiarum imperialis Petropolitanae 7, S. 123–134, http://eulerarchive.maa.org/pages/E041.html

Freiberger, M., Thomas, R. (2016): Zahlenreich, Eine Entdeckungsreise in eine vertraute, fremde Welt, Springer Spektrum, Berlin, Heidelberg

Glosauer, T. (2016): Elementar(st)e Gruppentheorie, Von den Gruppenaxiomen bis zum Homomorphiesatz, Springer Spektrum, Wiesbaden

Glosauer, T. (2019): (Hoch-)Schulmathematik, Ein Sprungbrett vom Gymnasium an die Uni, Springer Spektrum, Heidelberg

Greefrath, G., Oldenburg, R., Siller, H.-S., Ulm, V., Weigand, H.-G. (2016): Didaktik der Analysis, Springer Spektrum, Berlin, Heidelberg

Greiten, S. (Hrsg., 2016): Das Drehtürmodell in der schulischen Begabtenförderung, Studienergebnisse und Praxiseinblicke aus Nordrhein-Westfalen, Karg Heft 9, Karg Stiftung, Frankfurt

Grieser, D. (2015): Analysis I, Eine Einführung in die Mathematik des Kontinuums, Springer Spektrum, Wiesbaden

Grieser, D. (2017): Mathematisches Problemlösen und Beweisen, Eine Entdeckungsreise in die Mathematik, Springer Spektrum, Wiesbaden

Grinberg, N. (2011): Lösungsstrategien, Mathematik für Nachdenker, Europa-Lehrmittel, Haan-Gruiten

Henn, H.-W., Filler, A. (2015): Didaktik der Analytischen Geometrie und Linearen Algebra, Springer Spektrum, Berlin, Heidelberg

Hilgert, J., Hoffmann, M., Panse, A. (2015): Einführung in mathematisches Denken und Arbeiten, Springer Spektrum, Berlin, Heidelberg

Hirt, U., Wälti, B. (2008): Lernumgebungen im Mathematikunterricht, Natürlich differenzieren für Rechenschwache und Hochbegabte, Kallmeyer, Seelze

Holzäpfel, L., Lacher, M., Leuders, T., Rott, B. (2018): Problemlösen lehren lernen, Wege zum mathematischen Denken, Kallmeyer, Seelze

Jainta, P., Andrews, L., Faulhaber, A., Hell, B., Rinsdorf, E., Streib, C. (2018): Mathe ist noch mehr, Aufgaben und Lösungen der Fürther Mathematik-Olympiade 2012–2017, Springer Spektrum, Berlin

Krauthausen, G., Scherer, P. (2014): Natürliche Differenzierung im Mathematikunterricht, Konzepte und Praxisbeispiele aus der Grundschule, Kallmeyer, Seelze

KMK – Ständige Konferenz der Kultusminister der Länder in der Bundesrepublik Deutschland (2015): Bildungsstandards im Fach Mathematik für die Allgemeine Hochschulreife, Beschluss vom 18.10.2012, Wolters Kluwer, Köln, http://www.kmk.org

Langmann, H.-H., Quaisser, E., Specht, E. (Hrsg., 2016): Bundeswettbewerb Mathematik, Die schönsten Aufgaben, Springer Spektrum, Berlin, Heidelberg

Leuders, T., Prediger, S. (2016): Flexibel differenzieren und fokussiert fördern im Mathematikunterricht, Cornelsen, Berlin

Leuders, T., Prediger, S. (2017): Flexibel differenzieren erfordert fachdidaktische Kategorien, in: Leuders, J., Leuders, T., Prediger, S., Ruwisch, S. (Hrsg.): Mit Heterogenität im Mathematikunterricht umgehen lernen, Springer Spektrum, Wiesbaden, S. 3–16

Löh, C., Krauss, S., Kilbertus, N. (Hrsg., 2016): Quod erat knobelandum, Themen, Aufgaben und Lösungen des Schülerzirkels Mathematik der Universität Regensburg, Springer Spektrum, Berlin, Heidelberg

Ludwig, M., Lutz-Westphal, B., Ulm, V. (2017): Forschendes Lernen im Mathematikunterricht, Praxis der Mathematik in der Schule, 73, S. 2–9

Malle, G. (2005a): Von Koordinaten zu Vektoren, mathematik lehren, 133, S. 4–7

Malle, G. (2005b): Neue Wege in der Vektorgeometrie, mathematik lehren, 133, S. 8–14

Mayer, W. (2002): Lösungsstrategien für mathematische Aufgaben, Aulis, Deubner, Köln

Messner, R. (2009): Forschendes Lernen aus pädagogischer Sicht, in: Messner, R. (Hrsg.): Schule forscht, Ansätze und Methoden zum forschenden Lernen, edition Körber-Stiftung, Hamburg, S. 15–30

Meyer, M., Prediger, S. (2009): Warum? Argumentieren, Begründen, Beweisen, Praxis der Mathematik in der Schule, 30, S. 1–7

Niederdrenk-Felgner, C. (2004): Lambacher Schweizer, Komplexe Zahlen, Klett, Stuttgart

Oswald, N., Steuding J. (2015): Elementare Zahlentheorie, Ein sanfter Einstieg in die höhere Mathematik, Springer Spektrum, Berlin, Heidelberg

Preckel, F., Vock, M. (2013): Hochbegabung, Ein Lehrbuch zu Grundlagen, Diagnostik und Fördermöglichkeiten, Hogrefe, Göttingen

Reinmann-Rothmeier, G. (2003): Vom selbstgesteuerten zum selbstbestimmten Lernen, Sieben Denkanstöße und ein Plädoyer für eine konstruktivistische Haltung, Pädagogik, 55 (5), S. 10–13

Reinmann-Rothmeier, G., Mandl, H. (1998): Wissensvermittlung, Ansätze zur Förderung des Wissenserwerbs, in: Klix, F., Spada, H. (Hrsg.): Enzyklopädie der Psychologie, Bd. C/II/6, Wissen, Hogrefe, Göttingen, S. 457–500

Reinmann-Rothmeier, G., Mandl, H. (2006): Unterricht und Lernumgebungen gestalten, in: Krapp, A., Weidenmann, B. (Hrsg.): Pädagogische Psychologie, Beltz, Weinheim, Basel, S. 613–658

Schmid, A. (Hrsg., 1997): Lambacher Schweizer, Algebra, Bayern, 7, Klett, Stuttgart

Schwarz, W. (2018): Problemlösen in der Mathematik, Ein heuristischer Werkzeugkasten, Springer Spektrum, Berlin

Senatsverwaltung für Bildung, Jugend und Wissenschaft Berlin (2014): Rahmenlehrplan für den Unterricht in der gymnasialen Oberstufe, Mathematik, Berlin

Simon, H. (2001): Learning to Research about Learning, in: Carver, S., Klahr, D. (Hrsg.): Cognition and Instruction, Lawrence Erlbaum Associates, Publishers, Mahwah, S. 205–226

Spitzer, M. (2006): Lernen, Gehirnforschung und die Schule des Lebens, Spektrum Akademischer Verlag, Heidelberg, Berlin

Strick, H. K. (2018): Einführung in die Wahrscheinlichkeitsrechnung, Stochastik kompakt, Springer Spektrum, Wiesbaden

Szpiro, G. (2011): Die Keplersche Vermutung, Springer, Berlin, Heidelberg

Titze, H., Walter, H., Feuerlein, R. (1980): Algebra 1, Bayerischer Schulbuch-Verlag, München

Ulm, V. (2009): Eine natürliche Beziehung, Forschendes Lernen in der Mathematik, in: Messner, R. (Hrsg.): Schule forscht, Ansätze und Methoden zum forschenden Lernen, edition Körber-Stiftung, Hamburg, S. 89–105

Ulm, V. (2020): Komplexe Zahlen, Materialien für Schülerinnen und Schüler, Mathematikdidaktik im Kontext, 4, https://epub.uni-bayreuth.de/view/series/Mathematikdidaktik_im_Kontext.html

Walz, G., Zeilfelder, F., Rießinger T. (2014): Brückenkurs Mathematik für Studieneinsteiger aller Disziplinen, Springer Spektrum, Berlin, Heidelberg

Wikimedia Commons (2015): File:Methane-3D-balls.png, https://commons.wikimedia.org/w/index.php?title=File:Methane-3D-balls.png&oldid=181493281

Wittmann, E. (1995): Mathematics Education as a ‚Design Science', Educational Studies in Mathematics, 29, S. 355–374

Wittmann, E. (2001): Developing Mathematics Education is a Systemic Process, Educational Studies in Mathematics, 48, S. 1–20

Ziegenbalg, J., Ziegenbalg, O., Ziegenbalg, B. (2016): Algorithmen von Hammurapi bis Gödel, Springer Spektrum, Wiesbaden

Begabung als Impuls für Unterrichts- und Schulentwicklung

4

Das Erkennen und Fördern besonders begabter Kinder und Jugendlicher gehört zu den zentralen Aufgaben von Schule und Unterricht. Dies begründet sich durch das generelle Ziel von Schule, dass sich jeder Schüler als Person entsprechend seinen individuellen Potenzialen möglichst optimal entfaltet. Die Konferenz der Kultusminister der Länder in der Bundesrepublik Deutschland hat dies etwa in einem Beschluss von 2016 betont:

> „Alle Schülerinnen und Schüler unabhängig von Herkunft, Geschlecht und sozialem Status so zu fördern, dass für alle Kinder und alle Jugendlichen ein bestmöglicher Lern- und Bildungserfolg gesichert ist – das ist Leitlinie einer auf Chancengleichheit und Bildungsgerechtigkeit zielenden Bildungspolitik. Bund und Länder stimmen darin überein, dass dies sowohl für den Einzelnen als auch für unsere Gesellschaft von großer Bedeutung ist.

> Der Schlüssel hierzu ist die individuelle Förderung aller Schülerinnen und Schüler. Das gilt gleichermaßen für leistungsstarke wie potenziell besonders leistungsfähige Kinder und Jugendliche. Die Potenziale aller Kinder und Jugendlichen müssen möglichst frühzeitig erkannt werden. Alle Kinder und Jugendlichen benötigen geeignete Formen des Lehrens und Lernens sowie auf sie zugeschnittene und sie aktivierende Angebote der Beratung und Begleitung ihres Bildungsganges." (KMK 2016, S. 2)

Begabtenförderung ist also eine Facette individueller Förderung aller Schüler. Dazu sind aufgrund der natürlichen Diversität jeder Lerngemeinschaft – zumindest phasenweise – differenzierte oder differenzierende Lernangebote sinnvoll. Das vorliegende Kapitel befasst sich mit der Frage, wie Entwicklungen angestoßen werden können, damit das Erkennen und Fördern besonders Begabter in der Schule bewusster, intensiver und systematischer gestaltet werden. Dies betrifft Entwicklungen auf der Ebene von

© Springer-Verlag GmbH Deutschland, ein Teil von Springer Nature 2020
V. Ulm und M. Zehnder, *Mathematische Begabung in der Sekundarstufe*, Mathematik Primarstufe und Sekundarstufe I + II, https://doi.org/10.1007/978-3-662-61134-0_4

Lehrkräften, von Unterricht und von Schule als Ganzes. Dementsprechend gibt dieses Kapitel Antworten auf folgende Fragen:

- Was kann eine Lehrkraft tun, um sich selbst und ihren Unterricht in Bezug auf das Erkennen und Fördern mathematisch begabter Schüler weiterzuentwickeln?
- Was kann das Fachkollegium Mathematik einer Schule bzw. was kann eine Schule tun, um die Diagnostik und Förderung mathematischer Begabung an der Schule zu intensivieren und zu systematisieren?

Antworten auf diese Fragen resultieren zum einen aus den Theorien und didaktischen Konzepten der drei vorhergehenden Kapitel sowie aus Theorien der Lehrerbildungsforschung, der Schulentwicklung und des Managements komplexer Systeme. Zum anderen sind sie ein Destillat jahrzehntelanger Erfahrungen aus Unterrichtsentwicklungsprojekten auf regionaler, nationaler und internationaler Ebene (z. B. SINUS, SINUS-Transfer, Fibonacci, Qualitätsoffensive Lehrerbildung, PFL).

4.1   Die Lehrkraft als Schlüsselperson für begabte Schüler

„Auf den Lehrer kommt es an" – so überschreibt Lipowsky (2006) einen Überblicksartikel, in dem er empirische Evidenzen für Zusammenhänge zwischen professionellen Kompetenzen von Lehrkräften, dem Handeln der Lehrkräfte im Unterricht und dem Lernerfolg von Schülern aufzeigt. Er kommt zum Fazit:

> „Lehrer haben mit ihren Kompetenzen und ihrem unterrichtlichen Handeln erheblichen Einfluss auf die Lernentwicklung von Schülern. Insbesondere für das Fach Mathematik konnte gezeigt werden, dass das Wissen und die Überzeugungen von Lehrern direkte und auch indirekte Effekte auf Schülerleistungen haben können." (S. 64)

In diesem Abschnitt widmen wir uns der Frage, was eine Lehrkraft tun kann, wenn sie sich selbst und ihren Unterricht in Bezug auf das Erkennen und Fördern mathematisch begabter Schüler weiterentwickeln möchte. Dazu eine positive Botschaft vorweg: Wenn man als Lehrkraft einen Fokus auf den produktiven Umgang mit mathematischer Begabung legen möchte, kann man damit „sofort" anfangen. Man muss nicht erst warten, bis die Bildungspolitik oder Bildungsverwaltung Rahmenbedingungen von Schule und Unterricht geändert hat. Man muss nicht abwarten, bis die Schulleitung oder die Lehrerkonferenz Entscheidungen gefällt hat. Das Erkennen und Fördern begabter Schüler ist integrale Aufgabe der Schule, des Unterrichts und damit jeder Lehrkraft. Jede Lehrkraft besitzt hier unmittelbare Verantwortung und Freiheit zur Gestaltung im Rahmen ihres Unterrichts.

4.1.1   Entwicklungen in überschaubaren Handlungsfeldern der Unterrichtspraxis

Das Erkennen und Fördern mathematisch begabter Schüler kann natürlicher Bestandteil der regulären Tätigkeiten einer Lehrkraft in der alltäglichen Unterrichtspraxis sein. Will man sich dieser Thematik bewusster und intensiver widmen, kann man dazu in überschaubaren Handlungsfeldern selbst Schwerpunkte setzen.

So kann die Diagnostik mathematischer Begabung der Schüler in den eigenen Klassen gemäß Kap. 2 unmittelbar im Rahmen des Mathematikunterrichts erfolgen.

- Verhaltensbeobachtungen (Abschn. 2.2.3) ergeben sich in natürlicher Weise im regulären alltäglichen Mathematikunterricht, wenn die Lehrkraft mit den Schülern in Lehr-Lern-Prozessen interagiert und sie beim Mathematiktreiben beobachtet. Checklisten und Ratingskalen können bei Verhaltensbeobachtungen unterstützen, indem sie die Lehrkraft für diagnostisch relevante Verhaltensaspekte sensibilisieren und Beobachtungen systematisieren.
- Die Verfahren schulischer Leistungsbeurteilung (Abschn. 2.2.4) – schriftlich oder mündlich – ermöglichen regelmäßig differenzierte Beurteilungen mathematischer Leistungen und damit Rückschlüsse auf mathematische Fähigkeiten und mathematische Begabung (vgl. Modell in Abschn. 1.1.5). Ergänzt werden kann dies etwa durch ein Einbeziehen von Ergebnissen aus Mathematikwettbewerben oder den Einsatz von Indikatoraufgaben (Abschn. 2.2.4).
- Schließlich entstehen im Mathematikunterricht vielfältige Schülerdokumente, die für Dokumentenanalysen zum differenzierten Erkennen von Begabungen genutzt werden können (Abschn. 2.2.5). Hierzu können etwa Bearbeitungen von Aufgaben aus dem Unterricht oder von Hausaufgaben dienen – beispielsweise in Form von Einträgen in ein Lerntagebuch.

Auch die Förderung mathematisch begabter Schüler kann eine natürliche Komponente des alltäglichen Mathematikunterrichts sein. Die in Kap. 3 dargestellten didaktischen Konzepte und Beispiele zeigen, dass es hierbei vor allem darauf ankommt, Lernangebote entsprechend differenziert zu gestalten.

- In offenen Lernumgebungen für eine gesamte Klasse können die Schüler der Klasse auf verschiedenen Niveaus arbeiten. Hierzu kann die Lehrkraft etwa verschiedene Arbeitsaufträge zur Wahl stellen oder sie setzt natürliche Differenzierung (Abschn. 3.2.4) um und gibt einen offenen Impuls, der zu mathematischem Arbeiten in verschiedenen Richtungen und auf verschiedenen Niveaus einlädt. Besonders begabte Schüler erhalten dadurch im regulären Klassenunterricht Lernmöglichkeiten entsprechend ihrem individuellen Potenzial. Beispiele wurden in Abschn. 3.2 etwa in Zusammenhang mit mathematischem Experimentieren, formalem Denken mit differenzierter Komplexität, mathematischem Modellieren und lokalem Theoriebilden vorgestellt.

- Alternativ können Lernangebote im Mathematikunterricht auch nur an besonders begabte Schüler gerichtet werden, um diese gezielt individuell zu fördern. Dadurch können zum einen im Sinne vertikalen Enrichments Thematiken des Mathematikunterrichts in vertiefter Weise oder in komplexeren Zusammenhängen bearbeitet werden (vgl. z. B. präzisiertes oder verallgemeinertes Begriffsbilden, präzisiertes Begründen und Beweisen, formales Denken in erhöhter Komplexität in Abschn. 3.2). Zum anderen können Schüler aber auch Anregungen für horizontales Enrichment erhalten und sich mit mathematischen Inhalten über den regulären Lehrplanstoff hinaus befassen (vgl. z. B. komplexe Zahlen, Entwickeln und Implementieren von Algorithmen, Problemlösen mit Knobelaufgaben, mathematische Forschungsprojekte in Abschn. 3.3). Die Impulse für solches Arbeiten können jeweils von der Mathematiklehrkraft für begabte Schüler ihrer Klasse kommen. Es kann sich anbieten, die Ergebnisse dieses mathematischen Arbeitens wieder in den Mathematikunterricht einzubinden, beispielsweise indem die Schüler eine Präsentation ihrer Resultate gestalten.

Ob eine Lehrkraft derartige Möglichkeiten zum Erkennen und Fördern mathematisch begabter Schüler in ihrem Unterricht nutzt, ist also primär eine Frage der Unterrichtsgestaltung und liegt damit im Verantwortungs- und Entscheidungsbereich der Lehrkraft. In Abschn. 3.1.1 haben wir Mathematikunterricht mit dem Modell der Lernumgebungen beschrieben. Aufgabe der Lehrkraft ist es, Lernumgebungen für ihre Schüler zu gestalten, die Schüler beim Arbeiten in der Lernumgebung zu begleiten sowie Beobachtungen und Rückmeldungen für Diagnostik und die Konzeption weiterer Förderung zu nutzen. Mit diesem Modell ist das Erkennen und Fördern mathematisch begabter Schüler keine „zusätzliche Sonderangelegenheit" im Mathematikunterricht. Vielmehr ordnet sich Begabungsdiagnostik in die regulären Aufgaben von Lehrkräften ein, Potenziale und Fähigkeiten ihrer Schüler sensibel und differenziert zu erfassen. Begabtenförderung ist natürlicher Bestandteil einer möglichst adäquaten Gestaltung von Lernumgebungen für die Schüler. Es gehört zur professionellen Kompetenz von Lehrkräften, hierfür Inhalte, Aufgaben, Medien und Methoden im Mathematikunterricht passend zu wählen bzw. zu gestalten. Wenn man sich als Lehrkraft auf diesem Gebiet weiterentwickeln möchte, kann man also unmittelbar an den alltäglichen Herausforderungen und Tätigkeiten in der eigenen Unterrichtspraxis ansetzen.

4.1.2 Innovationen im komplexen System „Mathematikunterricht"

Unterricht ist ein sehr komplexer Prozess. Schüler und Lehrkräfte sind eigene Persönlichkeiten mit vielfältigen individuellen Erfahrungen, Wissensstrukturen, Wahrnehmungen, Potenzialen und Fähigkeiten. Sie sollen in Lehr-Lern-Prozessen kommunizieren und kooperieren, damit ein breites Spektrum an Bildungs- und Erziehungszielen erreicht wird. Das Gelingen von Unterricht basiert u. a. darauf, dass alle Beteiligten grundlegende Überzeugungen zu Schule und Unterricht teilen. Hierbei lassen sich Überzeugungen (engl. *beliefs*) generell definieren „als überdauernde existentielle Annahmen über Phänomene oder Objekte der Welt, die subjektiv für wahr gehalten werden, sowohl implizite als auch explizite Anteile besitzen und die Art der Begegnung mit der Welt beeinflussen" (Voss et al. 2011, S. 235). Für schulischen Unterricht unmittelbar relevante Überzeugungen von Schülern und Lehrkräften beziehen sich etwa auf das Wesen des jeweiligen Faches („Was ist Mathematik?"), Prozesse des Lernens („Wie erfolgt Lernen?"), Prozesse des Lehrens („Was ist gutes Unterrichten?"), das Selbst („Was kann ich?") und das soziale Miteinander („Welche Rolle habe ich im Unterricht?").

Die Theorie des Managements komplexer Systeme (z. B. Malik 2015, S. 158, 294 f.) gibt Hinweise, wie man in solch komplexen Systemen wirkungsvoll Weiterentwicklungen anstoßen und Innovationen einführen kann. Einerseits empfiehlt es sich, auf die Ebene der *grundlegenden Strukturen eines Systems* abzuzielen, um nicht nur oberflächliche Strohfeuer zu entfachen. Im Bereich von Unterricht betrifft dies insbesondere die eben erwähnten Überzeugungen *(beliefs)* von Lehrkräften und Schülern zu Unterricht, denn sie beeinflussen das Denken und Handeln maßgeblich.

Andererseits sollten die Struktur eines komplexen Systems betreffende *Änderungen in kleinen Schritten,* aber auch *systematisch* erfolgen. Bei kleinen Änderungen sind die Auswirkungen überschaubar und handhabbar, sodass die Funktionsfähigkeit des Systems erhalten bleibt. Wenn solche Änderungen systematisch und kumulativ wirken, können sie evolutionär zu substanziellen Weiterentwicklungen des Systems führen. Würde man hingegen schlagartig die gesamte Struktur eines komplexen Systems revolutionieren, so bestünde die Gefahr des Scheiterns bzw. des Zusammenbruchs des Systems, weil die Folgen radikaler Änderungen aufgrund der Komplexität des Systems nicht vorhersehbar sind. Beispielsweise wäre es im Bildungsbereich Kindern und Jugendlichen gegenüber unverantwortlich, radikale Änderungen im Schulsystem durchzuführen und später feststellen zu müssen, dass das Vorhaben gescheitert ist.

Als Fazit lässt sich zusammenfassen: Innovationen in komplexen Systemen sind vor allem dann erfolgversprechend, wenn sie in kleinen Schritten und systematisch auf Änderungen auf der Strukturebene abzielen. Genau dies wird mit den schulbezogenen Vorschlägen zur Diagnostik mathematischer Begabung in Kap. 2 und mit den didaktischen Konzepten zur Differenzierung für Begabtenförderung im und in Verbindung mit Mathematikunterricht in Kap. 3 verfolgt. Auch wenn auf den ersten Blick etwa diagnostische Verfahren oder Lernumgebungen zu mathematischen Themen im Vordergrund stehen, so sind diese auch als Hilfsmittel zu sehen, um Entwicklungen auf der Ebene der Überzeugungen zu Begabtenförderung in Schule und Unterricht bei allen Beteiligten (Schülern, Lehrkräften, Eltern, Schulleitung) anzustoßen. Dieser Ansatz zeichnet sich durch folgende Charakteristika aus; sie gewährleisten zum einen Praxistauglichkeit und Umsetzbarkeit im Schulalltag und können zum anderen aber auch substanzielle, systemische Wirkungen in der Schule hervorrufen:

- *Vereinbarkeit mit Schulorganisation:* Die Maßnahmen zum Erkennen und Fördern mathematisch begabter Schüler im Unterricht und in Verbindung mit diesem können in den bestehenden schulorganisatorischen Rahmenbedingungen wirkungsvoll realisiert werden. Es sind dazu keine vorhergehenden Änderungen vonseiten der Bildungspolitik oder der Bildungsverwaltung erforderlich.
- *Vereinbarkeit mit Überzeugungen:* Das Unterrichtsentwicklungskonzept ist mit vertrauten Überzeugungen und Routinen von Lehrkräften und Schülern zum Lehren und Lernen vereinbar, bietet aber auch Anlass, diese weiterzuentwickeln. Es ist kein radikaler Bruch im Bereich dieser Überzeugungen zu Unterricht erforderlich.
- *Aufgabenbereich der Lehrkraft:* Eine Lehrkraft hat es im Rahmen ihrer regulären Aufgaben selbst in der Hand, mathematische Begabung ihrer Schüler sensibel und differenziert zu diagnostizieren sowie mathematisch Begabte bewusst und spezifisch zu fördern. Sie ist dabei nicht auf die Mitwirkung von Kollegen ihrer Schule bzw. die Schulleitung angewiesen (wobei entsprechende Kooperationen und Unterstützungsstrukturen natürlich sehr nützlich sein können, vgl. Abschn. 4.2).
- *Handhabbare Komplexität:* Veränderungen des Unterrichts haben eine überschaubare Komplexität – indem beispielsweise Diagnostik mit Verhaltensbeobachtungen im Unterricht und regulären Leistungserhebungen verbunden wird und indem Differenzierung zur Begabtenförderung nur punktuell, phasenweise oder in Bezug auf wenige Differenzierungsaspekte (Abschn. 3.1.2) umgesetzt wird. Die Lehrkraft kann das Ausmaß der Veränderung ihres Unterrichts jederzeit selbst bestimmen und adaptieren. Auch wenn sie Neues ausprobiert, ist ihre Handlungssicherheit im Unterricht nicht gefährdet.
- *Evolutionäre Entwicklungen:* Mit den Maßnahmen können jeweils Entwicklungen in kleinen Schritten erfolgen, allerdings systematisch und langfristig angelegt. Das System „Mathematikunterricht" wird nicht schlagartig revolutioniert, sondern evolutionär weiterentwickelt. Dadurch bleibt die Funktionsfähigkeit dieses Systems stets erhalten.
- *Entwicklungen auf der Strukturebene:* Es wird auf Entwicklungen auf der Ebene der Überzeugungen *(beliefs)* von Lehrkräften und Schülern zum Umgang mit Begabung als natürlicher Facette von Diversität abgezielt. Evolutionäre Entwicklungen auf dieser Strukturebene der Überzeugungen können langfristig das System „Mathematikunterricht" substanziell und nachhaltig ändern.

4.1.3   Entwicklung professioneller Kompetenz zur Diagnostik und Förderung mathematischer Begabung

Die Kernfrage dieses Abschnitts bezieht sich darauf, was eine Lehrkraft tun kann, um sich selbst und ihren Unterricht in Bezug auf das Diagnostizieren und Fördern mathematisch begabter Schüler weiterzuentwickeln. Die in Kap. 2 und 3 diskutierten

Wege werden dazu nicht nur mit dem Fokus auf Schüler gesehen; vielmehr können sie auch zur Weiterentwicklung professioneller Kompetenz von Lehrkräften im Bereich der Diagnostik und Förderung von Begabung führen. Indem sich Lehrkräfte in ihrer beruflichen Praxis diesem Thema widmen, indem sie in ihren Klassen besonders begabte Schüler sensibel diagnostizieren und gezielt fördern und indem sie dabei gewonnene Erfahrungen bewusst reflektieren, entwickeln sie selbst ihre professionelle Kompetenz und ihre berufliche Expertise auf diesem Gebiet weiter. Um dies zu konkretisieren, differenzieren wir den Begriff der professionellen Kompetenz von Lehrkräften in Anlehnung an ein Modell von Baumert und Kunter (2011, S. 32, 2013, S. 292) in folgende Komponenten und illustrieren, inwiefern im jeweiligen Bereich Entwicklungen angestoßen werden, wenn sich eine Lehrkraft wie beschrieben bewusst dem Thema mathematischer Begabung widmet.

- *Fachkompetenz:* Wenn eine Lehrkraft Schülern Impulse gibt, um Mathematik über den Lehrplanstoff hinaus zu erkunden, sollte sie auch immer offen dafür sein, mit den Schülern fachlich mitzulernen – beispielsweise wenn im Sinne vertikalen Enrichments Lehrplaninhalte vertieft erforscht werden (z. B. Dezimalbruchentwicklungen in Abschn. 3.3.5, „Null hoch Null" in Abschn. 3.2.4) oder wenn bei horizontalem Enrichment neue Inhaltsbereiche erschlossen werden (z. B. Fraktale in Abschn. 3.3.2, numerische Verfahren in Abschn. 3.3.3, Optimierungsprobleme in Abschn. 3.3.5). Solche Erweiterungen der eigenen Fachkompetenz können für die Lehrkraft nicht nur persönlich interessant sein, sondern auch in künftigen Unterricht bzw. weitere Enrichment-Angebote einfließen.
- *Fachdidaktische Kompetenz:* Im Zuge von Begabtenförderung in der Schule werden fachdidaktische Kompetenzen von Lehrkräften nicht nur gefordert, sie entwickeln sich in dieser beruflichen Praxis auch weiter. Dadurch, dass eine Lehrkraft mathematische Begabung und Fähigkeiten von Schülern fachbezogen diagnostiziert, sie differenziert unterrichtet, Lernumgebungen für begabte Schüler gestaltet, Schülerleistungen bewertet und entsprechende Rückmeldungen gibt, entwickelt sie selbst fachdidaktische Expertise zum reflektierten Umgang mit mathematischer Begabung.
- *Pädagogische Kompetenz:* Fachunabhängige pädagogische Kompetenz betrifft einerseits den Bereich der pädagogischen Diagnostik, wie er in Abschn. 2.1 dargestellt ist. Andererseits bezieht sich pädagogische Kompetenz auch auf den Bereich der Förderung von Schülern – beispielsweise auf die Klassenführung (engl. *classroom management*), den Einsatz differenzierender Unterrichtsmethoden oder die Variation von Sozialformen. Wenn eine Lehrkraft systematisch und sensibel auf die Diversität und die Begabungen ihrer Schüler achtet und eingeht, sie einen offenen Unterrichtsstil pflegt und differenzierte Lernangebote zur Begabtenförderung macht, dann entwickelt sie damit auch ihre allgemeine pädagogische Kompetenz entsprechend fort.
- *Beratungskompetenz:* Lehrkräfte, die sich gezielt der Diagnostik und Förderung mathematischer Begabung annehmen, erwerben dabei auch eine gewisse Kompetenz

zur Beratung besonders begabter Schüler und ihrer Eltern. Dies betrifft die Beratung zu Verfahren der Diagnostik (vgl. Kap. 2), zu schulischen Fördermöglichkeiten (wie z. B. Wahlunterricht, Arbeitsgemeinschaften, Überspringen von Jahrgangsstufen oder Teilspringen in einzelnen Fächern), aber auch zu außerschulischen Förderangeboten (wie Wettbewerbe, Ferienseminare, Schülerzirkel oder ein Schülerstudium an einer Universität, vgl. Abschn. 3.1.3). Es ist sehr wertvoll für eine Schule, wenn es Lehrkräfte gibt, die hier ein gewisses Überblickswissen besitzen und dadurch Schüler und Eltern gezielt auf die vielfältigen Möglichkeiten der Diagnostik und Förderung aufmerksam machen können.

- *Überzeugungen:* Begabtenförderung im Sinne von Kap. 3 gibt Schülern systematisch Freiräume, um selbstständig und eigenverantwortlich Mathematik zu betreiben. Durch eine solche Unterrichtspraxis entwickeln sich auch unterrichtsbezogene Überzeugungen von Lehrkräften weiter – insbesondere im Hinblick auf den Umgang mit Diversität von Lernenden, die Offenheit von Lernumgebungen, das Wechselspiel zwischen Instruktion durch die Lehrkraft und eigenständigem Lernen von Schülern sowie auf Mathematik als Feld für freies Denken und Forschen.

- *Motivationale Orientierungen:* Der Beruf des Lehrers erfordert einen hohen Grad an Selbstständigkeit und Selbstregulation; der Unterrichtsalltag ist mit vielfältigsten Anforderungen und Belastungen verbunden. All diese Tätigkeiten benötigen entsprechende Motivation als Triebfeder. Eine solche Motivation kann im Berufsalltag insbesondere aus Erfahrungen beim Arbeiten mit besonders begabten Schülern resultieren. So kann es einer Lehrkraft etwa ausgesprochen Freude bereiten, Schüler dabei zu begleiten, wie sie im Sinne von Enrichment Mathematik über den Lehrplanstoff hinaus erschließen. Wenn Schüler dabei positive Ergebnisse erzielen, kann die Lehrkraft Selbstwirksamkeit und Sinn ihres pädagogischen Wirkens erfahren. Dies stellt wiederum eine Grundlage für Berufszufriedenheit und berufsbezogene Motivation dar.

Fazit: In diesem Buch hat sich bereits mehrfach gezeigt, dass man gewisse Kompetenzen erwirbt, indem man sich zugehörigen Herausforderungen stellt (z. B. „Problemlösen lernt man durch Problemlösen", „Modellieren lernt man durch Modellieren", „geometrisches Denken lernt man durch geometrisches Denken"). Entsprechendes gilt für die Entwicklung professioneller Kompetenz von Lehrkräften zum Diagnostizieren und Fördern begabter Schüler. Solche Kompetenz kann in der beruflichen Praxis dadurch erworben werden, dass man mit begabten Schülern entsprechend arbeitet. Die ersten drei Kapitel dieses Buches bieten hierzu vielfältige Grundlagen und Impulse. Entsprechend den Aspekten des Lernens aus Abschn. 3.1.1 ist letztlich jede Lehrkraft selbst gefordert, eine theoriebezogene Auseinandersetzung mit Begabung und persönliche Erfahrungen in der Schulpraxis zu vernetzen sowie durch die Reflexion dieser Erfahrungen berufliche Expertise auf diesem Gebiet zu entwickeln.

4.2   Die Schule als Raum für die Entfaltung von Begabung

Auch wenn im vorhergehenden Abschn. 4.1 betont wurde, dass jede Lehrkraft Verantwortung und Freiheit zum Diagnostizieren und Fördern mathematisch begabter Schüler in ihrem Unterricht hat und sie hier relativ eigenständig handeln kann, so ist Unterricht natürlich auch im Gesamtsystem der Schule zu sehen. Insbesondere kann systematische Diagnostik und Förderung mathematischer Begabung substanzielle Impulse zur Entwicklung einer Schule als Ganzes entfalten.

4.2.1   Systematische Diagnostik und Förderung mathematischer Begabung an einer Schule

Damit für den einzelnen Schüler Begabtenförderung über seine Schulzeit hinweg Systematik und Kontinuität besitzt, ist es erforderlich, dass die Schule insgesamt einen Raum zur Förderung besonders begabter Schüler darstellt. Sensible und differenzierte Diagnostik sowie bewusste und explizite Förderung mathematischer Begabung sollten also nicht auf wenige Lehrkräfte und damit wenige Klassen beschränkt sein, vielmehr sollten sie Markenzeichen der gesamten Schule darstellen. Hierfür sollten sich die Mathematiklehrkräfte der Schule als professionelles Team begreifen, das gemeinsam für die mathematische Bildung aller Schüler ihrer Schule und insbesondere auch für Begabtenförderung in Mathematik verantwortlich ist. Einerseits sollte jede Lehrkraft besonders begabte Schüler im eigenen Unterricht entsprechend Abschn. 4.1 erkennen und fördern. Andererseits besteht aber auch die Notwendigkeit kollegialen Arbeitens im Team für systematische Begabungsdiagnostik und Begabtenförderung an einer Schule. Die folgenden Beispiele illustrieren dies:

- *Identifikation besonders begabter Schüler:* Jeder mathematisch besonders begabte Schüler einer Schule sollte die gleichen Chancen haben, an spezifischen Förderangeboten für Begabte teilzunehmen – unabhängig davon, welche Mathematiklehrkraft er hat. Dazu ist es erforderlich, im Sinne einer Talentsuche alle mathematisch besonders begabten Schüler auch als solche zu erkennen. Da dies Schüler aller Klassen einer Schule betrifft, sollten hierbei entsprechend alle Mathematiklehrkräfte der Schule zusammenarbeiten. In Abschn. 2.3.1 wurde hierfür ein multimethodales Vorgehen mit den drei Phasen des Screenings, der Statusdiagnostik und der Prozessdiagnostik beschrieben. Angesichts des Aufwands einer solch umfassenden Diagnostik ist ein pragmatischer Weg, diese Begabungsdiagnostik an einer Schule jedes Schuljahr etwa in zwei Jahrgangsstufen durchzuführen – beispielsweise immer in den Jahrgangsstufen 5 und 8. Allerdings sollte man zudem auch in allen anderen Jahrgangsstufen sensibel für mathematische Begabung der Schüler sein und die sich im Schulalltag in natürlicher Weise ergebenden diagnostischen Möglichkeiten (z. B. Beobachtungen im Unterricht, Leistungen bei Hausaufgaben, Prüfungen oder

Wettbewerben, vgl. Abschn. 4.1.1) entsprechend nutzen. Als Ergebnis kann innerhalb der gesamten Schülerschaft einer Schule eine Schülergruppe als mathematisch besonders begabt identifiziert und auf dieser Basis systematisch gefördert werden. Dabei sollte diese Gruppe über die Schuljahre hinweg nicht als „abgeschlossen" betrachtet werden, sondern offen für Zu- und Abgänge von Schülern sein (da sich Begabungen und Interessen von Schülern im Lauf der Zeit ändern können und Fehler bei der Diagnostik in der Praxis unvermeidlich sind, vgl. Abschn. 2.1.4).

- *Wettbewerbe:* In Abschn. 2.2.4 und 3.3.4 wurde bereits auf die bestehende Vielfalt von Mathematikwettbewerben hingewiesen. Es gibt Wettbewerbe von der Primarstufe bis zum Ende der Sekundarstufe II; Wettbewerbe sind auf Schulebene, regionaler Ebene, Landesebene, länderübergreifender Ebene, Bundesebene oder internationaler Ebene organisiert. Damit alle mathematisch begabten Schüler einer Schule Mathematikwettbewerbe als Feld für Enrichment wahrnehmen können, sollten die Mathematiklehrkräfte der Schule ein Konzept entwickeln, in welchen Jahrgangsstufen sie Schüler auf welche Wettbewerbe aufmerksam machen.

- *Arbeitsgemeinschaften:* Für Enrichment neben dem regulären Unterricht bieten mathematische Arbeitsgemeinschaften bzw. Wahlunterricht einen möglichen Rahmen. Beispielsweise können dadurch spezifische mathematische Fähigkeiten für die Teilnahme an Wettbewerben gezielt gefördert werden. Die hiermit zusammenhängenden Fragen (Für welche Jahrgangsstufen? Welche Lehrkraft? Mit welchem Zeitbudget? Welche Themen?) sollten von allen Mathematiklehrkräften einer Schule besprochen werden und zu einem langfristigen Gesamtkonzept für die Schule führen.

- *Drehtürprojekte:* In Abschn. 3.3.1 wurde das Drehtürmodell als Organisationsform für Enrichment vorgestellt, bei der Schüler zeitweise den regulären Unterricht verlassen. Wenn die Schüler in der Schule unter Begleitung einer Lehrkraft oder selbstständig an Themen arbeiten, die über den Lehrplan hinausgehen (Typ 2 des Drehtürmodells in Abschn. 3.3.1), bietet es sich natürlich an, dazu klassen- und jahrgangsstufenübergreifende Gruppen zu bilden. Hierfür sind inhaltliche und organisatorische Abstimmungen im Kollegium erforderlich.

- *Klassenübergreifende Leistungsdifferenzierung:* Es gibt Schulen, die zur Leistungsdifferenzierung im Fach Mathematik innerhalb einer Jahrgangsstufe folgendes pädagogisches Konzept umsetzen: An einem Tag pro Woche haben alle Klassen einer Jahrgangsstufe in der gleichen Stunde Mathematikunterricht. In dieser Stunde wird die Einteilung der Schüler in Klassen aufgelöst, die jeweiligen Lehrkräfte bieten Unterricht auf verschiedenen Anspruchsniveaus an. Beispielsweise kann eine Lehrkraft auf das Wiederholen und Sichern von Grundwissen fokussieren, eine andere Lehrkraft kann anspruchsvolle Problemlöseaufgaben anbieten. Die Entscheidung, welcher Schüler welche Gruppe besucht, kann entweder von den Lehrkräften getroffen oder den Schülern übertragen werden. Auf diese Weise lässt sich die reguläre Unterrichtszeit explizit zur Begabtenförderung nutzen. Eine Variante dieses Modells zur noch betonteren äußeren Leistungsdifferenzierung innerhalb einer Jahrgangsstufe wird von einigen Gymnasien in der Kursphase der Oberstufe praktiziert – insbesondere in

Bundesländern, die keine Unterscheidung von Grund- und Leistungskursen haben. Hier werden Mathematikkurse für verschiedene Leistungsniveaus konzipiert und den Schülern einer Jahrgangsstufe entsprechend zur Wahl angeboten.

- *Kooperation bei der Unterrichtsentwicklung:* In Abschn. 4.1 wurde zwar betont, dass das Erkennen und Fördern mathematisch begabter Schüler im regulären Mathematikunterricht zum Verantwortungs- und Gestaltungsbereich jeder einzelnen Lehrkraft zählt, allerdings bedeutet dies natürlich nicht, dass jede Lehrkraft hierbei als Einzelkämpfer arbeiten sollte. Ganz im Gegenteil! Für die Entwicklung des eigenen Unterrichts kann die Kooperation mit Kollegen ausgesprochen fruchtbar sein. Dies geht vom Austausch und von der gemeinsamen Entwicklung von Unterrichtsmaterialien und Unterrichtskonzepten über die Diskussion und Reflexion von Herausforderungen und Erfahrungen bei der Begabungsdiagnostik und Begabtenförderung bis hin zu wechselseitigen Hospitationen im Unterricht, Teamteaching oder gemeinsamer Teilnahme an Fortbildungen. Auch für das Lernen von Lehrkräften sind die in Abschn. 3.1.1 zusammengestellten Aspekte des Lernens von Bedeutung, insbesondere ist Lernen ein sozialer Prozess.
- *Begabung im Schulprofil:* Das Profil einer Schule wird maßgeblich durch die jeweiligen Lehrkräfte geprägt. Wenn sich eine Schule also ein Profil im Bereich der Begabungsdiagnostik und der Begabtenförderung geben möchte, kommt es darauf an, dass eine ausreichende Zahl an Lehrkräften sich diesem Anliegen widmet und gemeinsam entsprechende Aktivitäten mit Wirkungen nach innen und außen entfaltet.

4.2.2 Komponenten und Wege von Schulentwicklung

Schulentwicklung bezeichnet die bewusst gestaltete Weiterentwicklung von Schulen. Dies kann sich auf eine Einzelschule beziehen, die durch die an ihr beteiligten Personen von innen heraus entwickelt wird. Schulentwicklung kann sich aber auch auf regionale oder überregionale Netzwerke von Schulen in einem Schulsystem beziehen, die gemeinsam auf ein Ziel hinarbeiten, um sich weiterzuentwickeln. Der Begriff der Schulentwicklung ist ein Oberbegriff, der etwa nach Rolff (2018a, S. 17 ff.) drei Komponenten umfasst:

- *Organisationsentwicklung* bedeutet, Schulen als Organisationen weiterzuentwickeln.
- *Unterrichtsentwicklung* bezieht sich auf die Weiterentwicklung aller Aspekte von Unterricht.
- *Personalentwicklung* betrifft die Entwicklung des an Schulen beschäftigten Personals, also insbesondere Lehrerfortbildung.

Diese Komponenten von Schulentwicklung stehen in engem Systemzusammenhang. Versucht man beispielsweise Unterricht an einer Schule weiterzuentwickeln (z. B. mit Fokus auf Begabtenförderung), so können Notwendigkeiten entstehen, organisatorische

Konventionen zu durchbrechen (z. B. für Enrichment neben dem regulären Unterricht während der Unterrichtszeit, Abschn. 3.3). Zudem gehen Unterrichtsentwicklungen in der Regel mit Entwicklungen professioneller Kompetenzen von Lehrkräften, also mit Personalentwicklung, einher (Abschn. 4.1.3).

Etwas schematisch lassen sich zwei Wege der Schulentwicklung unterscheiden: Schulentwicklung „von unten" und „von oben". Erstere beschreibt Hackl (2014, S. 233) wie folgt:

> „Der Weg der Schulentwicklung ‚von unten' nimmt seinen Ausgangspunkt in der Veränderungsinitiative Einzelner oder einer einzelnen Person. Sie betrifft meist deren unmittelbaren Wirkungskreis. [...] Wenn es dieser oder diesen Lehrperson/en gelingt, Andere von ihrer Veränderungspraxis zu überzeugen oder zu begeistern, beginnt bereits ein latenter, breiterer Entwicklungsprozess, der nun, da er auch eine größere Außenwirkung erzielt, mit der Schulleitung abgestimmt werden sollte. Zugleich verändert sich die Beziehungssituation in einem Kollegium. Aus dem ‚Einzelkämpfer' wird eine Gruppe oder bereits ein Entwicklungsteam. Gelingt es, den Prozess nach innen erfolgreich zu gestalten und nach außen (Schulleitung, Kollegium und Öffentlichkeit) als überzeugendes Projekt zu präsentieren, kann der dritte Schritt eines systemischen Schulentwicklungsprojekts ‚von unten' eingeläutet werden. Das nun bereits in Teilen erprobte und erfolgreiche Verfahren wird auf die ganze Schule als Modell oder als Profilelement übertragen. Dieser letzte Schritt bedarf der aktiven Unterstützung der Schulleitung und auch der Zustimmung der Entscheidungsgremien einer Schule, gegebenenfalls der Schulverwaltung."

Diese erfahrungsbasierte Beschreibung eines Schulleiters zur Genese von Schulentwicklungsprojekten soll Mut machen: Die einzelne Lehrkraft kann – wie in Abschn. 4.1.1 dargestellt – die Initiative ergreifen, zunächst in ihrem eigenen Wirkungsbereich beginnen und dann als Kristallisationskeim für systemische Schulentwicklung wirken.

Im Gegensatz hierzu hat Schulentwicklung „von oben" ihren Ausgangspunkt bei der Schulleitung oder der übergeordneten Schulverwaltung (z. B. im Kultusministerium). Es gehört ja geradezu zu den fundamentalen Aufgaben der Schulleitung, Herausforderungen für die eigene Schule zu erkennen, Visionen und Ziele zu entwickeln, zugehörige Strategien und Maßnahmen zu entwerfen und diese mit den Mitgliedern der Schulgemeinschaft umzusetzen. Die Aspekte des Diagnostizierens und Förderns besonders begabter Schüler sind hier in natürlicher Weise eingeschlossen.

Letztlich bezieht sich diese Unterscheidung „von unten bzw. oben" nur auf die Frage, woher die Initiative und der Antrieb für Schulentwicklungsprozesse kommen. Für wirkungsvolle Schulentwicklung sind beide Richtungen wichtig: Initiativen aus dem Kollegium bedürfen der Unterstützung durch die Schulleitung, um nachhaltig in der Schule verankert zu werden. Umgekehrt sind Initiativen der Schulleitung zur Schulentwicklung darauf angewiesen, dass Lehrkräfte die Ziele übernehmen sowie die Strategien und Maßnahmen umsetzen und mitgestalten. Beispielsweise kann die Schulleitung zwar Begabungsdiagnostik und Begabtenförderung zum Schwerpunkt von Schulentwicklung erklären sowie hilfreiche Strukturen, Rahmenbedingungen und Anreize schaffen, allerdings sind doch die Lehrkräfte die entscheidenden Personen dafür, dass dies in der Praxis umgesetzt wird und Schüler davon profitieren.

4.2.3 Personorientierte Schulentwicklung

In Abschn. 1.2.8 wurde Begabung aus der Perspektive der Pädagogik der Person konzipiert. Jeder Mensch ist Person, jeder Mensch entwickelt sich als Person und jeder Mensch steht dabei in einem Verhältnis zu seiner Umwelt. Begabung ist das mit dem Menschsein untrennbar verbundene Potenzial zu einem Leben als Person. Dieses Personprinzip kann auch als Grundlage und Maßstab für Schule und Schulentwicklung dienen, denn es ist Aufgabe von Schule, alle Schüler jeweils bei der Entfaltung ihrer Begabung bzw. der Entwicklung als Person zu unterstützen.

> „Das Personprinzip ist einerseits Messlatte für Defizite, Einseitigkeiten und Schwierig-keiten, die personaler Bildung und Begabungsförderung in der Schule entgegenstehen, und andererseits können *konstruktiv* die Möglichkeiten eruiert werden, die personaler Bildung dienen, d. h. die am Ziel der Befähigung aller Kinder und Jugendlichen orientiert sind, die in ihnen potenziell angelegten Möglichkeiten, eines freien, vernünftigen und verantwort-lichen Lebens und Handelns zunehmend Wirklichkeit werden zu lassen. [...] Als regulative Idee genommen, weist das Personprinzip konkret in die Richtung einer personalen Begabungs- und Begabtenförderung. Es liefert die Richtschnur und den Orientierungs-rahmen sowohl für die Grundfragen und Ziele als auch für konkrete Maßnahmen oder die Lösung von Konflikten und Problemen." (Weigand 2014, S. 31 f.)

Im Hinblick auf Schulentwicklung und die damit verbundene Vielfalt an möglichen Aktivitäten zur Unterrichts-, Organisations- und Personalentwicklung im Alltag einer Schule ist es sinnvoll, all diesen Aktivitäten einen ordnenden Rahmen zu geben, sie in Bezug auf ein übergeordnetes Ziel zu sehen, um an einer Schule nicht in plan-losen Aktionismus zu verfallen, der zu einem zusammenhangslosen Sammelsurium von Einzelmaßnahmen führt. Nach Weigand (2013, S. 134) ist „die Orientierung am Personprinzip [...] erforderlich, wenn die praktisch-pädagogischen Vorhaben und die sie begleitenden theoretischen Reflexionen und Begründungen nicht in ein beziehungsloses Nebeneinander vielfältiger Einzelaspekte und Einzelaktivitäten zerfallen sollen. Das Personprinzip bietet hier einen verbindenden Orientierungs- und Beurteilungsmaßstab."
Personorientierte Schulentwicklung nimmt die Person jedes einzelnen Schülers als Bezugspunkt pädagogischen Denkens und Handelns und richtet Schulentwicklungsmaßnahmen danach aus. Letztere zielen darauf ab, mit Schule einen Lebensraum zu schaffen, in dem jeder Schüler sein Potenzial zur Entwicklung als Person möglichst optimal entfalten kann.
Diese allgemein-pädagogischen Konzepte können insbesondere im Fach Mathematik substanzielle Bedeutung entwickeln, Begründungen für fachbezogene Schulentwicklungsmaßnahmen zur Begabungs- und Begabtenförderung liefern und diesen Zielorientierung geben. Nehmen wir beispielsweise an, die Mathematiklehrkräfte

einer Schule entschließen sich dazu, das Konzept der natürlichen Differenzierung (vgl. Abschn. 3.2.4) systematisch im Mathematikunterricht einzuführen. Die Schüler erhalten hierbei regelmäßig offene Aufgabenstellungen, die zu mathematischem Arbeiten auf verschiedenen Niveaus einladen. Die zugehörige Unterrichtsmethodik verbindet Phasen der Einzel-, Partner- und Gruppenarbeit sowie Präsentationen und Diskussionen im Klassenteam. Nehmen wir als zweites Beispiel an, eine Schule möchte systematisch Enrichment speziell für begabte Schüler im bzw. in Verbindung mit dem Mathematikunterricht gemäß Abschn. 3.2 und 3.3 anbieten. Besonders Begabte erhalten regelmäßig Impulse für Vertiefungen oder Erweiterungen des regulären Unterrichtsstoffes. Derartige Unterrichtsentwicklungsmaßnahmen können aus verschiedenen Perspektiven begründet werden:

- Aus schulpädagogischer Sicht kann etwa die Diversität von Schülern Anlass und Grund für Differenzierung sein. Weil Schüler verschieden sind, wird im Unterricht durch Aufgabenstellungen und Unterrichtsmethoden differenziert.
- Aus fachdidaktischer Perspektive kann beispielsweise das mathematische Denken der Schüler im Blickfeld stehen. Ziel ist, dass alle Schüler ihre mathematischen Fähigkeiten, d. h. ihre Fähigkeiten zu mathematischem Denken (vgl. Abschn. 1.1.2), bestmöglich entwickeln. Aufgrund der unterschiedlichen Lernvoraussetzungen der Schüler – z. B. in Bezug auf mathematische Begabung und fachliches Vorwissen – sind differenzierte Lernangebote sinnvoll.
- Die Pädagogik der Person führt solche Überlegungen auf die anthropologische Frage nach dem Menschen zurück. Jeder Schüler ist als Person einzigartig und hat die Freiheit, Aufgabe und Verantwortung, seine eigene Entwicklung als Person selbstbestimmt zu gestalten. Jeder Schüler besitzt als Person eine Begabung im Sinne eines Potenzials zu einem Leben als Person (vgl. Abschn. 1.2.8). Aufgabe der Schule und damit auch des Mathematikunterrichts ist es, jeden Schüler bei der Entfaltung seiner Begabung bestmöglich zu unterstützen. Dabei wird jeder Schüler „als Subjekt des je eigenen Bildungsprozesses betrachtet" (Weigand 2013, S. 135), als aktiv Gestaltender, der in dialogischer Beziehung zu seiner Umwelt steht. Jeden Schüler bei seinem Werden als Person zu begleiten, bedeutet für Schule insbesondere, ihm Verantwortung für seinen eigenen Lernprozess zu übertragen. Die oben skizzierten Maßnahmen zur Unterrichtsentwicklung etwa im Hinblick auf natürliche Differenzierung oder fachbezogenes Enrichment schaffen Schülern entsprechende Freiräume und Entwicklungsmöglichkeiten als Person.

Diese personorientierte Sichtweise gibt den schulpädagogischen und fachdidaktischen Überlegungen jeweils übergeordnete Zielorientierung und Sinn. Es geht nicht nur darum, mit Diversität produktiv umzugehen oder mathematische Fähigkeiten von Schülern zu fördern. Vielmehr steht der Mensch als Ganzes in seiner Einzigartigkeit und mit seinen individuellen Potenzialen im Fokus. Weigand (2018, S. 121) betont dazu, dass differenzierende Maßnahmen und Methoden erst dann Sinn erhalten, „wenn sie an pädagogischen Zielen ausgerichtet sind. Maßgeblich ist demzufolge eine bildungstheoretische Begründung des pädagogischen Denkens und Handelns, und dafür bietet sich eine personale Anthropologie und Pädagogik an, die sich an der Person des Kindes und Jugendlichen orientiert."

4.2.4 Organisationsstruktur für Schulentwicklung

Es gibt eine Vielfalt an Literatur zu Schulentwicklung, die Lehrkräften und Schulen Anregung und Unterstützung bei der Planung, Durchführung und Evaluation von Schulentwicklungsprozessen bietet (z. B. Altrichter et al. 1998; Bastian 2007; Bohl et al. 2010; Buhren und Rolff 2018; Klippert 2008, 2013; Rolff 2016, 2019; Schratz et al. 2011). Aus dem breiten Themenspektrum beschränken wir uns in diesem und dem nächsten Abschnitt auf zwei Fragen, vor denen jede Schule steht, die Schulentwicklung zur Diagnostik und Förderung mathematischer Begabung betreiben möchte:

- Welche Personen und Organisationseinheiten sollten das Vorhaben tragen?
- Wie kann der Entwicklungsprozess strukturiert werden?

4.2.4.1 Team der Mathematiklehrkräfte

Die Frage, ob ein mathematisch begabter Schüler erkannt und spezifisch gefördert wird, sollte nicht davon abhängen, welche Mathematiklehrkraft er gerade hat. Dementsprechend ist Schulentwicklung zur Diagnostik und Förderung mathematischer Begabung Aufgabe aller Mathematiklehrkräfte einer Schule. Für die Lehrkräfte weitet sich dabei der Blick von „Ich bin für meine Klassen verantwortlich" hin zu: „Wir sind im Team für die Schüler unserer Schule verantwortlich." Die Organisationseinheit für Schulentwicklung in Mathematik ist also die Gruppe aller Mathematiklehrkräfte einer Schule. Sie wird im Weiteren als „Fachschaft Mathematik" bezeichnet, auch wenn in manchen Bundesländern hierfür andere Begriffe üblich sind (z. B. „Fachgruppe", „Fachkonferenz").

Dieses Team sollte sich für gemeinsame Planungen, Diskussionen, Entwicklungen und Reflexionen im Zuge eines Schulentwicklungsprozesses regelmäßig treffen – beispielsweise zu nachmittäglichen Sitzungen oder Pädagogischen Tagen in der unterrichtsfreien Zeit. Dabei sollten alle Mathematiklehrkräfte der Schule von Anfang an nachdrücklich dazu eingeladen werden, sich am Entwicklungsprozess zu beteiligen.

Je nach Größe der Fachschaft Mathematik kann es sinnvoll sein, für einzelne Vorhaben Arbeitsgruppen als organisatorische Untereinheiten zu bilden. Beispielsweise könnten einige Lehrkräfte die Federführung bei klassenübergreifender Begabungsdiagnostik übernehmen (Abschn. 2.3), einige Lehrkräfte könnten bei der Begabtenförderung im Mathematikunterricht in einzelnen Jahrgangsstufen kooperieren, andere könnten sich jahrgangsstufenübergreifend um Drehtürprojekte und Arbeitsgemeinschaften an der Schule kümmern (Abschn. 4.2.1). Bastian (2007, S. 101) beschreibt die

Bedeutung solcher Teams, die gemeinsam Neues im Bereich der Unterrichtsentwicklung ausprobieren, wie folgt:

> „Die für die Entwicklung von Unterricht notwendige Binnenstruktur lässt sich genauer beschreiben: Unterrichtsentwicklung bedarf überschaubarer Experimentalräume und darin arbeitender Entwicklungsgruppen. Diese haben verschiedene Funktionen gleichzeitig: Sie sind curriculare Werkstätten, Qualitätszirkel und auch zentrale Lernräume der Lehrkräfte. Man kann sie als adaptive Subsysteme einer Schule bezeichnen. Nur in solchen Entwicklungsgruppen ist es möglich, ein bestimmtes Lernkonzept mit großer Elastizität an die Lernausgangslagen der Schülerinnen und Schüler anzupassen und sukzessive und experimentell weiterzuentwickeln."

4.2.4.2 Steuergruppe

Auch wenn Schulentwicklung eine Aufgabe aller Mathematiklehrkräfte einer Schule ist, so ist es doch sinnvoll, dass sich eine Arbeitsgruppe – nennen wir sie „Steuergruppe" – darum kümmert, dass der Prozess läuft. Zu den Aufgaben der Steuergruppe zählen insbesondere:

- Vorbereitung und Leitung von Treffen der gesamten Fachschaft zum Schulentwicklungsprozess,
- Koordination von Prozessen zur Umsetzung geplanter Maßnahmen,
- Koordination der Kommunikation zwischen Arbeitsgruppen innerhalb der Fachschaft,
- Koordination von Fortbildungsaktivitäten für die Fachschaft, ggf. mit externen Referenten,
- Darstellung und Vertretung des Projekts im gesamten Lehrerkollegium der Schule, gegenüber der Schulleitung und nach außen,
- Koordination der Evaluation und der Reflexion von Prozessen und Ergebnissen,
- Herstellung und Pflege von Kontakten zu anderen Schulen und außerschulischen Partnern (vgl. Abschn. 4.3).

In der Steuergruppe sollten Mathematiklehrkräfte wirken, die bereit und in der Lage sind, einerseits selbst den Schulentwicklungsprozess mit Initiativkraft maßgeblich zu gestalten und andererseits auch andere Kollegen dabei „mitzunehmen", also beispielsweise skeptische, diskrepante Ansichten einzubeziehen oder zögernde Kollegen vom Sinn des Vorhabens zu überzeugen.

Rolff (2018b, S. 71) schreibt hierzu: „Steuergruppen stellen eine der bedeutsamsten Innovationen in der jüngeren Schulgeschichte dar. Sie bieten der Lehrerschaft eine Basis, die Schulentwicklung und ihre weitere Professionalisierung selbst in die Hände zu nehmen."

4.2.4.3 Einbezug weiterer Beteiligter

Ob in der Steuergruppe oder bei Treffen der Fachschaft Mathematik die Schulleitung, Eltern oder Schüler vertreten sind, ist je nach Situation an der Schule zu entscheiden.

Einerseits ist es für die Entwicklung fachbezogener Konzepte oder Materialien sinnvoll, wenn alle Beteiligten vom Fach, also Mathematiklehrkräfte sind. Andererseits sollten allgemein-pädagogische oder organisatorische Fragen (z. B. „Führen wir Drehtürmodelle ein?", „Fließen Enrichment-Aktivitäten in die Leistungsbewertung ein?") mit Vertretern der betroffenen Gruppen besprochen werden. Falls diese nicht regelmäßig am Kernprozess der Schulentwicklung im Fach Mathematik mitwirken, sollten sie doch zumindest gelegentlich zu Treffen eingeladen werden, von der Steuergruppe über die Aktivitäten informiert werden und die Möglichkeit besitzen, selbst Ideen einzubringen. Immerhin geht Schulentwicklung alle an Schule Beteiligten an. Je breiter die Basis ist, auf der Prozesse stehen, umso substanzieller können die Wirkungen im System Schule sein.

Eine besondere Rolle kommt hierbei der Schulleitung zu. Die Schulleitung trägt Verantwortung für die Schule, sie kann Prozesse initiieren und unterstützen, sie kann Anreize für Lehrkräfte schaffen und Engagement honorieren, sie kann Freiräume für innovative pädagogische Ideen schaffen, rechtliche Möglichkeiten ausloten – oder eben auch keine Unterstützung bieten und Initiativen aus dem Lehrerkollegium unterbinden. Falls die Schulleitung nicht persönlich an Besprechungen der Fachschaft Mathematik zur Schulentwicklung teilnimmt, so sollte sie stets von der Steuergruppe auf dem Laufenden gehalten sowie in strategische und organisatorische Planungen eingebunden werden.

4.2.5   Prozessstruktur für Schulentwicklung

Wenn sich die Fachschaft Mathematik einer Schule auf den Weg macht, das Lehren und Lernen im Fach Mathematik weiterzuentwickeln, sollte die Steuergruppe die Struktur des Prozesses bewusst gestalten und im Blick behalten – bei aller Flexibilität. Ansonsten besteht die Gefahr, dass Arbeitstreffen uneffektiv verlaufen, z. B. weil Ziele unklar sind oder man sich in Detailfragen verliert. Dies könnte langfristig zu Frustration und zu einem Scheitern des Vorhabens führen. Die Frage lautet also: Wie kann eine Fachschaft Mathematik einen Schulentwicklungsprozess mit Fokus auf das Diagnostizieren und Fördern mathematisch besonders begabter Schüler strukturieren? Auch wenn jede Schule hier ihren eigenen Weg gehen muss (denn entwickeln kann sie sich nur selbst), so können dabei doch grundlegende Empfehlungen zur Prozessgestaltung hilfreich sein, die auf Erfahrungen an anderen Schulen in der Schulentwicklung basieren.

4.2.5.1 Bestandsaufnahme

Als Ausgangspunkt jeder Schulentwicklung bietet sich ein gemeinsames Bewusstmachen des aktuellen Standes an: Wo stehen wir eigentlich? Neben einer Analyse bestehender Stärken und Herausforderungen kann auch ein Ausschärfen von Begriffen sinnvoll sein, damit die Beteiligten nicht aneinander vorbeireden. Mögliche Impulsfragen für einen solchen Gedankenaustausch in der Fachschaft Mathematik können etwa sein:

- Was verstehen wir unter mathematischer Begabung?
- Was verstehen wir unter einem mathematisch begabten Schüler?
- Wie diagnostizieren wir bislang mathematische Begabung bei unseren Schülern?
- Wie fördern wir bislang unsere mathematisch begabten Schüler?
- Wie gewinnen wir Einblick in die Interessensfelder unserer mathematisch begabten Schüler?
- Wo liegen unsere Stärken?
- Wo liegen Probleme vor? Wodurch entstehen sie?
- Welchen Problemen können bzw. wollen wir uns widmen?

Bei derartigen Diskussionen können Probleme auf sehr unterschiedlichen Ebenen hervortreten, z. B. auf der Ebene des Mathematikunterrichts, der Schule, des privaten Umfelds der Schüler, der Gesellschaft etc. Es kann hilfreich sein, solche Problemfelder bewusst zu differenzieren – insbesondere auch zur eigenen Entlastung, indem man reflektiert entscheidet, welchen Problemfeldern man sich nicht annehmen kann bzw. möchte.

4.2.5.2 Entwicklung und Vereinbarung von Zielen und Maßnahmen

Neben der Frage nach dem derzeitigen Stand lauten weitere naheliegende Fragen: Wohin wollen wir? Wie kommen wir dorthin? Die Fachschaft Mathematik sollte also Visionen und Ziele zu Begabungsdiagnostik und Begabtenförderung entwickeln sowie zugehörige kurz-, mittel- und langfristige Maßnahmen planen und vereinbaren. Zugehörige Impulsfragen könnten sein:

- Welche Ziele möchten wir in Bezug auf mathematisch begabte Schüler erreichen?
- Welche Maßnahmen erscheinen in Hinblick auf die Ziele erfolgversprechend?
- Was nehmen wir uns für die nächsten zwei Monate vor? Was machen wir in diesem Schuljahr?
- Was nehmen wir uns für die nächsten Schuljahre vor?
- Wie organisieren wir die Vorhaben?
- Wen wollen wir in den Prozess einbeziehen? Wer kann zum Gelingen beitragen?

Die Ergebnisse solcher Aushandlungsprozesse sollten schriftlich festgehalten werden, um sie innerhalb der Fachschaft Mathematik sichtbar und verbindlich zu machen sowie anderen – insbesondere der Schulleitung, Eltern und Schülern – klar mitteilen zu können. Zur Steigerung der Öffentlichkeitswirksamkeit könnte ein zugehöriges Dokument etwa auf der Webseite der Schule publiziert werden (z. B. als „Konzept der Fachschaft Mathematik für mathematisch besonders begabte Schüler").

4.2.5.3 Kooperative Umsetzung von Maßnahmen

Herzstück der Schulentwicklung ist die Umsetzung von Maßnahmen. Manche Vorhaben können Lehrkräfte selbstständig in ihrem eigenen Unterricht realisieren (Abschn. 4.1.1), manche Maßnahmen bedürfen des Zusammenwirkens mehrerer Lehrkräfte (Abschn. 4.2.1). Angesichts der Komplexität der Entwicklungsprozesse in der Schule ist es notwendig, dass sich die Fachschaft regelmäßig trifft – ggf. auch in Arbeitsgruppen –, um gemeinsam Erfahrungen zu reflektieren, Konzepte und Zielsetzungen zu überdenken und ggf. zu variieren, weitere Maßnahmen zu entwickeln etc.

Die in Abschn. 4.1.2 skizzierten Überlegungen zu Innovationen in komplexen Systemen gelten auch für das System „Mathematikunterricht an einer Schule" als Ganzes. Maßnahmen für Weiterentwicklungen sind vor allem dann erfolgversprechend, wenn sie evolutionäre, systematische Änderungen in kleinen Schritten auf der Ebene grundlegender Strukturen des Systems bewirken. In diesem Sinne sollte eine Fachschaft Mathematik im Bereich der Diagnostik und Förderung von Begabung überschaubare Handlungsfelder bearbeiten. Dazu können etwa von den in Kap. 2 und 3 dargestellten Möglichkeiten zum Diagnostizieren und Fördern mathematisch begabter Schüler diejenigen ausgewählt werden, die in der jeweiligen Situation der Schule besonders sinnvoll und praktikabel erscheinen. Wenn dies systematisch und langfristig erfolgt, ergeben sich an der Schule substanzielle Strukturentwicklungen, beispielsweise in Bezug auf die Organisation von Lehr-Lern-Prozessen, auf Lerninhalte zur Differenzierung und auf Überzeugungen aller Beteiligten (Schüler, Lehrkräfte, Eltern, Schulleitung) zum Umgang mit Begabung im Fach Mathematik und darüber hinaus.

4.2.5.4 Präsentation von Ergebnissen

Das Bild des Mathematikunterrichts bzw. der Schule in der Schulgemeinschaft und der Öffentlichkeit wird maßgeblich davon beeinflusst, wie sich der Mathematikunterricht bzw. die Schule nach innen und außen darstellen. Oftmals sind Enrichment-Aktivitäten mathematisch begabter Schüler auf Ergebnisse bzw. Produkte hin ausgerichtet. Beispielsweise bearbeiten die Schüler ein komplexes Modellierungsproblem (Abschn. 3.2.6), sie erschließen neue mathematische Gebiete (Abschn. 3.3.2), sie nehmen an einem Wettbewerb teil (Abschn. 3.3.4) oder widmen sich einem mathematischen Forschungsprojekt (Abschn. 3.3.5). Solche Resultate der Begabtenförderung können einer größeren Öffentlichkeit dargestellt werden, etwa bei einem Elternabend, auf der Webseite der Schule, im Jahresbericht, im Rahmen einer Ausstellung in einem öffentlichen Gebäude, in der Zeitung oder in einem regionalen Radio- bzw. Fernsehsender. Damit werden nicht nur die Leistungen der Schüler gewürdigt und wertgeschätzt, es bieten sich dabei jeweils auch Gelegenheiten, das Konzept der Schule zu mathematischer Begabung und das gesamte Spektrum der zugehörigen Aktivitäten vorzustellen. Eine in dieser Weise aktive Fachschaft Mathematik kann wesentlich dazu beitragen, ein positives Bild der Mathematik, der Schule und des Aspekts der Begabung in der Schulgemeinschaft und der Öffentlichkeit zu prägen.

4.2.5.5 Evaluation und Reflexion

„In Zusammenhang mit Schulentwicklung werden unter Evaluation systematische Prozesse des Bestimmens von Qualitätskriterien für eine pädagogische Praxis sowie des Sammelns und Analysierens von Informationen darüber verstanden, um auf dieser Basis Bewertungsurteile und begründete Weiterentwicklungen dieser pädagogischen Praxis zu ermöglichen." (Altrichter 1998, S. 263)

Der Begriff der „Evaluation" ruft in schulischen Kontexten nicht immer positive Emotionen hervor. Er wird mit Aspekten wie „Kontrolle", „Bewertung" oder „Zusatzarbeit" verbunden. Deshalb sollte jeder, der Schulentwicklung initiieren und begleiten möchte, mit allen Beteiligten sensibel und bewusst an das Thema der Evaluation herangehen. Dies betrifft zunächst die Frage: Warum Evaluation? Man muss sich selbst ja nichts auferlegen, was nichts nützt.

Schulentwicklung zum Erkennen und Fördern mathematisch begabter Schüler ist für eine Fachschaft Mathematik ein komplexes Vorhaben – ein langfristiger Entwicklungsprozess. Man kann nicht nur einfach eine Aktion durchführen und ist dann fertig. Gemäß dem in diesem Abschnitt dargestellten Prozessmodell ist es etwa sinnvoll, auf Basis einer Bestandsaufnahme Ziele zu explizieren sowie Konzepte und Maßnahmen im Hinblick auf diese Ziele zu entwickeln und umzusetzen. Evaluation überprüft, ob und inwieweit Ziele erreicht wurden. Dadurch zeigt sich der Nutzen von Evaluation für eine Fachschaft Mathematik: Es werden Informationen darüber gewonnen, ob Maßnahmen wirkungsvoll sind, eingeschlagene Wege unverändert weiterverfolgt oder Änderungen bzw. Optimierungen vorgenommen werden sollten. Evaluation kann beispielsweise eine explizite Bestätigung der Arbeit liefern und Erfolge deutlich machen. Sie ist für eine Fachschaft Mathematik aber auch ein „Instrument der Selbststeuerung, Planung und Entwicklung" (Buhren 2018, S. 222).

Im Hinblick auf Schulentwicklung zum Thema „Begabung" im Fach Mathematik ist es pragmatisch und naheliegend, Evaluation als interne Selbstevaluation der Fachschaft Mathematik zu konzipieren. Das heißt, die Mathematiklehrkräfte der Schule evaluieren ihr Vorhaben selbst. Sie entscheiden kollegial über inhaltliche Fragen, Methoden und Instrumente der Evaluation, sie haben die Hoheit über die Erhebung und Verwendung von Daten, sie verständigen sich auf Bewertungsmaßstäbe und ziehen Konsequenzen aus den Ergebnissen. Wenn die Verantwortung für die Evaluation und die Kontrolle bei der Fachschaft Mathematik liegen, lässt sich der Eindruck einer Überwachung bzw. Bewertung „von oben" bzw. „von außen" vermeiden. Dabei kann es zweckmäßig sein, für die Konzeption, Koordination und Durchführung der Evaluation eine Arbeitsgruppe innerhalb der Fachschaft Mathematik zu bilden. Dieses Evaluationsteam kann – je nach Situation in der Schule – personell unabhängig von der Steuergruppe (Abschn. 4.2.4) sein oder auch nicht.

Zur Strukturierung des Evaluationsvorhabens können sich folgende Phasen als sinnvoll erweisen (vgl. Buhren 2018, S. 231 f.):

- *Evaluationsbereich auswählen:* Wenn das Schulentwicklungsvorhaben ein breites Spektrum an Zielen und Maßnahmen umfasst, kann es zweckmäßig sein, bei der Evaluation zunächst nur einen Teilbereich zu fokussieren und nur diesen zu untersuchen (beispielsweise ausgewählte Verfahren der Diagnostik, Enrichment-Angebote im regulären Mathematikunterricht, Drehtürprojekte, Mathematikwettbewerbe an der Schule, …).

- *Erfolgsindikatoren festlegen:* Für das gesamte Schulentwicklungsvorhaben sollte sich die Fachschaft Mathematik auf Ziele verständigt haben (siehe oben). Doch wie kann man feststellen, ob bzw. inwieweit diese Ziele im betrachteten Evaluationsbereich erreicht sind? Worauf will man dabei achten? Hierzu sind Indikatoren zu identifizieren, anhand derer man Wirkungen der Schulentwicklungsmaßnahmen feststellen und damit den Erfolg des Vorhabens bewerten kann. Beispielsweise könnte sich dies bei Enrichment im regulären Mathematikunterricht darauf beziehen, wie viel Zeit Schüler mit solchen Enrichment-Angeboten verbringen, mit welchen Inhalten sie sich befassen, welche Facetten mathematischen Denkens dabei besonders gefördert werden, welche Ergebnisse die Schüler erzielen, wie Rückmeldungen an die Schüler erfolgen etc.

- *Erhebungsinstrumente finden:* Wenn man weiß, worauf man achten will, ist die nächste Herausforderung, Methoden und Werkzeuge zum Erheben von Daten bzw. Aufarbeiten bestehender Daten zu gewinnen. Naheliegend sind dazu etwa die Analyse von bestehenden Dokumenten (z. B. Unterrichtsmaterialien von Lehrkräften, Lerntagebücher oder Portfolios von Schülern), der Einsatz von Fragebogen, leitfragengestützte Interviews und Beobachtungen von Unterricht (z. B. Selbstbeobachtung von Lehrkräften oder kollegiale Hospitation).

- *Daten sammeln:* Anhand der Erhebungsinstrumente werden Daten für das Evaluationsvorhaben gesammelt. Gegebenenfalls ist es zweckmäßig, die entwickelten Instrumente zunächst in kleinerem Umfang einzusetzen, um sie zu testen und bei Bedarf zu optimieren. Beispielsweise könnte sich bei einem Probelauf zeigen, dass Fragen unterschiedlich verstanden werden können oder Daten nicht ausreichend differenziert erhoben werden.

- *Ergebnisse analysieren:* Die gewonnenen Daten werden statistisch analysiert und inhaltlich interpretiert, um dadurch zu erkennen und zu bewerten, ob bzw. inwieweit Ziele des Schulentwicklungsvorhabens erreicht wurden.

- *Ergebnisse präsentieren:* Das Evaluationsteam präsentiert Resultate in der Fachschaft Mathematik. Dies ist eine Grundlage für gemeinsame Reflexionen im Kollegium der Mathematiklehrkräfte.

Die Evaluationsergebnisse können beispielsweise Anlass geben, Erfolge zu feiern und Resultate des Schulentwicklungsprozesses außerhalb der Fachschaft Mathematik datengestützt zu präsentieren (z. B. gegenüber der Schulleitung, Eltern oder der Öffentlichkeit). Wenn die Evaluation Schwächen des Entwicklungsvorhabens aufzeigt, kann dies begründete und fundierte Anstöße für ein Umsteuern oder ein Optimieren der

Maßnahmen geben. Dies macht deutlich, dass es sinnvoll ist, Evaluation nicht erst ans Ende eines Schulentwicklungsprozesses zu setzen, sondern vielmehr von Anfang an als prozessbegleitende Maßnahme zu konzipieren und umzusetzen. Evaluation kann dann helfen, die Ziele des Vorhabens im Blick zu behalten, Schwierigkeiten rechtzeitig zu erkennen und zu überwinden.

4.2.6   Offene und forschende Haltung

Auch wenn die vorhergehenden Abschnitte teilweise etwas rezeptartig formuliert sind, soll dies natürlich nicht bedeuten, Schulentwicklung zu Begabungsdiagnostik und Begabtenförderung müsse genau so ablaufen. Die Verfahrensvorschläge sind nicht als Handlungsanleitungen zu verstehen, sondern vielmehr als Impulse und Hilfen, um eigene Wege der Schulentwicklung zu finden und zu gehen. Jeder Schulentwicklungs-prozess sollte immer auch von einer gewissen Offenheit geprägt sein. Man hat Ziele und Visionen, muss bei der Umsetzung aber auch immer flexibel auf die jeweilige Situation in der Schule bzw. im Unterricht reagieren. Man probiert etwas aus, gewinnt dabei Erfahrungen, reflektiert und diskutiert diese im Kollegium und entwickelt dadurch sich, den Unterricht und die Schule weiter.

Bastian (2007, S. 83) hebt hervor, „dass ein entscheidendes Strukturmerkmal des Lehrerberufs das Handeln in nicht oder nur schwach standardisierbaren Problem-situationen ist. [...] Die Charakteristik professioneller Lehrerarbeit ist deshalb gekenn-zeichnet durch die Fähigkeit zur Lösung unvorhergesehener Probleme und nicht durch das Realisieren vorgegebener Lösungsmuster. Diese Charakteristik bestimmt auch den typischen Aufbau von Wissen und Kompetenzen in diesem Beruf. Es muss immer wieder am konkreten Fall entwickelt werden, was hilft und was nicht hilft."

Die hier beschriebene Offenheit betrifft zum einen das Handeln im Unterricht, das zwar zu einem gewissen Grad geplant werden kann, sich allerdings immer auch flexibel erst in der jeweiligen Unterrichtssituation entfaltet. Zum anderen gilt diese Offenheit für Unterrichtsentwicklungsprozesse:

> „Typisch für das Lehrerhandeln in Prozessen der Unterrichtsentwicklung sind [...] immer wieder das bewusste Herbeiführen von experimentellen Arbeitsformen und das Suchen von kooperativen Lösungen in Problemsituationen. Typisch für eine solche suchende, experimentelle und forschende Haltung in offenen Situationen ist darüber hinaus, dass Ziele und Probleme oft erst im Laufe von Veränderungen erfahren, formuliert und probeweise bearbeitet werden können" (ebd., S. 84).

Lehrkräfte befinden sich also in Prozessen der Unterrichtsentwicklung in offenen Situationen eigenen Lernens zur Weiterentwicklung professioneller Kompetenz (Abschn. 4.1.3).

4.3 Netzwerke zur Unterrichts- und Schulentwicklung

Eine Schule muss ein Vorhaben zur Schulentwicklung – beispielsweise mit Fokus auf Begabungsdiagnostik und Begabtenförderung – nicht alleine bewältigen. Sie kann sich dazu in ein Netzwerk von Kooperationspartnern einbetten und sich mit diesen gemeinsam auf den Weg machen (z. B. mit anderen Schulen, Hochschulen, der Schulverwaltung und Institutionen außerhalb des Bildungssystems). Den Wert solcher Netzwerke beschreibt ein Schulleiter eines Gymnasiums mit Begabungsförderung als Schwerpunkt wie folgt:

> „Im Zusammenhang mit der Begabungsförderung, einem schulischen Bereich, in dem sich die theoretisch-wissenschaftliche wie die praktisch-methodische Entwicklung dynamisch und z. T. unübersichtlich, weil dezentralisiert entwickelt, liefern Netzwerkkontakte die notwendigen Informationen. Sie binden die einzelne Schule mit ihren Entwicklungen ein in den Strom von Gedanken, Best-practice-Beispielen, Modellen, Forschungsergebnissen, Erfolgsgeschichten und Erfahrungen des Scheiterns. Netzwerke sind Motoren des fortwährenden Ideenkreislaufs im System Begabungsförderung.
>
> Sie ermöglichen im Austausch und in Begegnungen direkte persönliche Einsichten und Erfahrungen. Wesentliche Impulse für die eigene Entwicklung ergeben sich aus Exkursionen und Begegnungen, aus dem Schüler- und Lehreraustausch mit Partnerschulen der Begabungsförderung, aus Hospitationen und Supervisionen als ‚critical friend‘, aus gemeinsamen Schulprojekten und Begegnungen bei Tagungen und Kongressen. Sie sind die ‚personale Entwicklungsagentur‘ für eigene Ideen und Visionen. Zwar kann eine direkte Übertragung der Praxis oder von theoretischen Modellen auf andere Schulen nur selten identisch erfolgen. Immer bedarf es des Transformationsprozesses im eigenen Entwicklungsteam – aber die Anregungsdynamik der Beziehungsnetzwerke für die Schulentwicklung ist nicht zu unterschätzen." (Hackl 2014, S. 240).

4.3.1 Kooperation mit Schulen

Naheliegend ist es, dass sich Schulen vernetzen, die ähnliche Schulentwicklungsvorhaben verfolgen. Die Schulen können in allen Komponenten eines Schulentwicklungsprozesses gemäß Abschn. 4.2.5 kooperieren. Allerdings stellen sich hierbei für Lehrkräfte auch Fragen: Schulentwicklung an der eigenen Schule ist bereits ein komplexes, anspruchsvolles Vorhaben. Warum sollte man die Komplexität noch steigern, indem man Schulentwicklung gemeinsam mit anderen Schulen versucht? Für jede Lehrkraft sind naheliegenderweise der eigene Unterricht und die eigene Schule Zielfelder des Interesses. Warum sollte man sich dabei auch noch mit Entwicklungen anderer Schulen befassen?

- *Ideen und Erfahrungen:* Auf den ersten Blick kann jede Lehrkraft beim Austausch mit Kollegen anderer Schulen natürlich von deren Erfahrungen profitieren und Ideen für die eigene Arbeit gewinnen. So können Lehrkräfte in Schulnetzwerken beispielsweise wechselseitig berichten, welche Konzepte zum Diagnostizieren und Fördern mathematisch begabter Schüler sie bislang umgesetzt und welche Erfahrungen sie damit gewonnen haben. Dies gibt Impulse für die eigene Arbeit in diesem Bereich.

- *Systemische Perspektive:* Der Blick über den „Tellerrand" der eigenen Schule, der eigenen Schulart oder des eigenen Bundeslandes zeigt auch: Lehrkräfte an anderen Schulen stehen vor ähnlichen Herausforderungen, haben vergleichbare Probleme – und oftmals auch ähnliche Lösungsansätze. Dies kann beruhigend und entlastend wirken, denn der Einzelne ist nicht „schuld" an den Schwierigkeiten, sie sind systemischer Natur. Es kann bestärken, den eigenen Weg weiterzugehen, wenn andere Schulen ähnliche Wege verfolgen. Schließlich kann dieser Blick auf das System Schule Mut machen und helfen, Schulentwicklungsmaßnahmen entsprechend systemisch anzulegen und umzusetzen (Abschn. 4.1.2).

- *Öffentliche Aufmerksamkeit:* Wenn sich mehrere Schulen gemeinsam auf den Weg machen und Schule weiterentwickeln, können sie dadurch eine höhere öffentliche Aufmerksamkeit – z. B. in den Medien oder der Politik – erzielen, als dies einer Einzelschule möglich ist. Hieraus können wiederum Wertschätzung und Anerkennung für die Arbeit der Lehrkräfte und der Schüler sowie ein positives Bild von Mathematik, Schule und Begabung resultieren (Abschn. 4.2.5).

- *Unterstützung organisieren:* Ein nicht zu unterschätzender Aspekt ist, dass Schulentwicklung nicht nur personelle, sondern auch finanzielle Ressourcen erfordert. Jede Fahrt einer Lehrkraft zu einer Fortbildungsveranstaltung oder einem Schulnetzwerktreffen verursacht Reisekosten. Die Einladung externer Referenten führt zu Kosten. In der Regel sind die Budgets von Schulen für derartige Ausgaben recht gering. Deshalb kann es ausgesprochen hilfreich sein, für ein Schulentwicklungsvorhaben zum Thema „Begabung" Fördermittel – beispielsweise von Stiftungen – einzuwerben. Ein solcher Förderantrag gewinnt deutlich an Gewicht, wenn er sich nicht nur auf eine einzige Schule bezieht, sondern wenn ein Netzwerk aus mehreren Schulen ein gemeinsames Kooperationsvorhaben durchführt.

Ein Beispiel für ein bundesweites Projekt, in dem mehrere Hundert Schulen mit Fokus auf Begabungs- und Leistungsförderung vernetzt sind, ist das Projekt „Leistung macht Schule". Diese gemeinsame Initiative von Bund und Ländern zielt auf breit und langfristig angelegte Schul- und Unterrichtsentwicklungsprozesse zur Förderung leistungsstarker und potenziell besonders leistungsfähiger Schüler ab.

4.3.2   Kooperation mit Hochschulen

Die Einbindung von Hochschulen in Prozesse der Schulentwicklung – insbesondere mit Fokus auf Begabung – kann sowohl auf der Ebene der Schüler als auch der der Lehrkräfte ausgesprochen fruchtbar sein.

4.3.2.1 Förderung von Schülern

Hochschulen bieten in der Regel eine breite Palette an Angeboten für Schüler an – insbesondere in den MINT-Fächern. Das Spektrum reicht von einzelnen Vorlesungen im Rahmen von „Kinder-Unis" über Wettbewerbe bei „Tagen der Mathematik" und Ferienworkshops bis hin zu regelmäßigen „Schülerzirkeln in Mathematik" und dem Schülerstudium (Abschn. 3.1.3). Es kann einen Aspekt von Schulentwicklung zur Begabtenförderung darstellen, derartige Enrichment-Angebote von Hochschulen systematisch in die Förderung der Schüler an der eigenen Schule einzubinden und mit schulischen Maßnahmen zu verknüpfen. Ansonsten hängt es sehr von Zufällen ab, ob Schüler auf derartige Angebote überhaupt aufmerksam gemacht werden und davon profitieren können.

Natürlicherweise haben Schulen in der regionalen Nähe einer Universität hier einen gewissen Standortvorteil. Allerdings können angesichts der Digitalisierung von Lehr-Lern-Angeboten auch Schulen von universitärer Lehre profitieren, die vom zugehörigen Universitätsstandort weit entfernt sind. Ein Beispiel: Ein Gymnasium organisiert in den Fächern Mathematik, Physik und Informatik ein universitäres Schülerstudium an der eigenen Schule, ohne dass die Schüler an die Universität fahren. Die Schule hat dazu eine Arbeitsgruppe im Rahmen des Wahlunterrichts eingerichtet. Hier erarbeiten die Schüler mit Begleitung durch eine Lehrkraft die Inhalte universitärer Lehrveranstaltungen mithilfe digitaler Lernmedien (Vorlesungsskripte, Vorlesungsfolien, Filmaufnahmen zur Vorlesung, Fachliteratur, wöchentliche Übungsaufgaben), wie sie die Universität für Studierende auf einer E-Learning-Plattform zur Verfügung stellt. Die Schüler sind für das Schülerstudium an der Universität eingeschrieben, sie kommen jedoch allenfalls zu Prüfungen an die Universität. Nachgewiesene Prüfungsleistungen können von der Schule im entsprechenden Schulfach als Leistungen berücksichtigt werden bzw. reguläre schulische Leistungsnachweise ersetzen. Der Unterschied zu einem herkömmlichen Fernstudium liegt bei dieser Form der Begabtenförderung darin, dass die Schüler in einer schulischen Lerngruppe studieren und dass sie dabei von einer Lehrkraft ihrer Schule als Ansprechpartner für inhaltliche und organisatorische Fragen betreut werden. Beide Strukturelemente sind für den Erfolg dieses Modells wesentlich.

4.3.2.2 Schulentwicklung mit universitärer Begleitung

Universitäten mit Lehrerbildung sind in der Regel auch in der Lehrerfortbildung engagiert und bieten Schulen die Mitwirkung bei – oftmals drittmittelgeförderten – Projekten zur Unterrichts- bzw. Schulentwicklung an. Die Universitäten wirken dabei als Impulsgeber und Begleiter, sie geben Anstöße für Entwicklungsprozesse, organisieren und moderieren den Gedankenaustausch. Die Entwicklungsarbeit selbst muss allerdings in der Schule stattfinden, dies kann die Universität der Schule nicht abnehmen. Der Entwicklungsprozess im Unterricht und an der einzelnen Schule kann dabei beispielsweise so verlaufen wie in Abschn. 4.1 und 4.2 skizziert. Er ist nur zusätzlich in ein Projekt der Universität eingebunden. Für eine Schule kann eine solche Ankopplung an ein universitäres Projekt mehrfache Vorteile bieten: Die universitäre, forschungsbezogene

Perspektive auf Schule kann die eigene Sichtweise bereichern und neue Impulse für Unterricht und Schule geben. Die Universität kann die Einbettung der Schule in ein Schulnetzwerk (Abschn. 4.3.1) organisieren und für alle Beteiligten regionale oder überregionale Veranstaltungen zur Lehrerfortbildung bzw. Schulentwicklung mit entsprechenden Referenten anbieten. In gewissem Rahmen können Universitätsmitarbeiter beim Diagnostizieren und Fördern begabter Schüler mitwirken. Über derartige Leistungen profitiert die Schule indirekt auch von Personal- und Sachmitteln der Universität.

Sollte eine Schule den Wunsch nach solch einem Projekt besitzen, allerdings gerade kein passendes Angebot einer Universität bestehen, so kann die Initiative für eine Kooperation zwischen Schule und Universität natürlich auch von der Schule ausgehen. Hilfreich ist es dabei, wenn die regionale Schuladministration mitwirkt und beispielsweise beim Aufbau eines Schulnetzwerks und bei der Durchführung von Veranstaltungen mit Ressourcen aus dem Schulsystem unterstützt.

4.3.3 Kooperation mit Partnern außerhalb des (Hoch-) Schulsystems

Ein weites Feld stellen Kooperationsmöglichkeiten mit Partnern außerhalb des Schul- bzw. Hochschulsystems dar. Dazu nur einige Beispiele, die Schulen Anregungen geben sollen, selbst in der jeweils spezifischen Situation gemäß den eigenen Bedürfnissen Kontakte zu Kooperationspartnern aufzubauen.

- *Stiftungen* können Schulentwicklungsprozesse finanziell, personell und ideell unterstützen. Hierzu gibt es in Deutschland sowohl auf regionaler als auch auf überregionaler Ebene Stiftungen, die auf Förderungen im Schulsystem abzielen – teils explizit mit Fokus auf Begabtenförderung.
- *Museen bzw. Science Centers* sind außerschulische Lernorte, die systematisch in die Begabtenförderung eingebunden werden können. Im Zuge von Exkursionen können Schüler in derartigen Einrichtungen an Exponaten Erfahrungen machen, die in der Schule in der Regel nicht möglich sind. Eine fundamentale Herausforderung besteht dabei darin, etwa in einer mathematikbezogenen Ausstellung nicht nur Phänomene zu bestaunen, sondern auch mathematische Hintergründe zu erarbeiten. Da dies während eines üblichen Museumsbesuchs allenfalls punktuell möglich ist, empfiehlt es sich, Exkursionen in der Schule inhaltlich vor- und nachzubereiten – beispielsweise im Rahmen von Arbeitsgemeinschaften zum Enrichment.
- *Wirtschaftsunternehmen* können einerseits Schulentwicklungsvorhaben durch Spenden finanziell fördern. Andererseits können aber auch Schüler direkte Einblicke in Anwendungsfelder von Mathematik in Wirtschaftsunternehmen gewinnen. Dies kann etwa so organisiert werden, dass mathematische Arbeitsgemeinschaften an der Schule inhaltlich mit Wirtschaftsunternehmen kooperieren. So können beispielsweise

in einer schulischen Arbeitsgemeinschaft Probleme aus einem Wirtschaftsbetrieb bearbeitet werden. Schüler können in Unternehmen Praktika mit mathematischem Bezug absolvieren, die in mathematisches Enrichment an der Schule im Rahmen der Arbeitsgemeinschaft eingebettet sind.

- *Verwaltungsinstitutionen* wie beispielsweise Vermessungsämter können Schülern ebenfalls Praxiserfahrungen in Anwendungsfeldern von Mathematik vermitteln. Gerade die Landvermessung ist ein unmittelbarer Erfahrungsbereich zur Geometrie – insbesondere zur Trigonometrie. Mathematisch begabte Schüler können hier beispielsweise Praktika absolvieren, die inhaltlich gemeinsam mit der Schule konzipiert und mit schulischen Arbeitsgemeinschaften vernetzt sind. Ein vielfältiges, reizvolles Forschungsfeld für Schüler stellt etwa der Umgang mit Geo-Daten dar, die über Internetportale der Vermessungsverwaltung („Geo-Portale" der Bundesländer) zur Verfügung stehen.

Für derartige Vernetzungen bedarf es an der Schule Personen, die solche Vorhaben mit Initiativkraft anstoßen und pflegen. Triebfeder hierzu kann der Wunsch nach reichhaltiger und attraktiver Begabtenförderung im Fach Mathematik sein.

Gerade in den MINT-Fächern bestehen in Deutschland eine Vielzahl und eine Vielfalt an Vernetzungsstrukturen für Akteure im Bildungsbereich (z. B. „MINT-Regionen", „MINT-Netzwerke"). Sie bieten insbesondere einen organisatorischen Rahmen für regionale Vernetzungen von Schulen mit außerschulischen Partnern. Derartige Kooperationsmöglichkeiten zu nutzen, kann sich für Lehrkräfte und Schüler als reizvolle Komponente von Schulentwicklung für Begabungsdiagnostik und Begabtenförderung erweisen.

4.3.4 Tim – ein Beispiel aus der Praxis

Abschließend sei ein Beispiel aus der Schulpraxis geschildert, bei dem ein Gymnasium und eine Universität beim Diagnostizieren und Fördern eines mathematisch besonders begabten Schülers ertragreich zusammengearbeitet haben. Nach einer Veranstaltung zur Lehrerfortbildung an der Universität kamen eine Lehrkraft und Universitätsmitarbeiter eher zufällig ins Gespräch. Die Lehrkraft erzählte, dass sie in ihrer sechsten Klasse den elfjährigen Schüler Tim hat, der viele Übungsstunden zur Bruchrechnung eigentlich gar nicht braucht. Sie hatte den Eindruck, dass Tim die Lehrplaninhalte viel schneller lernt als die anderen Schüler der Klasse und dadurch viel Leerlauf im Mathematikunterricht erlebt. In der Unterhaltung entstand die Idee, dass ein Universitätsmitarbeiter aus dem Bereich der Mathematikdidaktik die Schule besucht, um Tim kennenzulernen.

Für dieses erste Kennenlernen von Tim bereitete der Universitätsmitarbeiter einige mathematische Knobelaufgaben vor, die gezielt auf das Sechstklassniveau zugeschnitten waren (z. B. Zahlenrätsel, mathematische Kartentricks, Zahldarstellungen in Stellenwertsystemen zu beliebigen Basen). Zu Beginn des Treffens stellte der

Universitätsmitarbeiter sein Angebot Tim vor und fragte ihn, was er hiervon bearbeiten möchte. Tim reagierte sehr zurückhaltend und verschlossen, er fühlte sich von dem Angebot wenig angesprochen. Zum Glück stellt der Universitätsmitarbeiter dann folgende Schlüsselfrage: „Gibt es etwas, womit du dich beschäftigen möchtest?" Tim nahm ein weißes Blatt Papier und antwortete: „Dieses Integral

$$\iiint\limits_{\mathbb{R}^3} e^{-(x^2+y^2+z^2)}\, dxdydz = \pi^{\frac{3}{2}}$$

würde ich gerne mal berechnen."

Der Universitätsmitarbeiter nahm diesen Wunsch spontan auf. Nach einer dreiviertel Stunde hatte Tim zwei weiße Blätter Papier vollgeschrieben und – mit geringfügiger Unterstützung durch den Universitätsmitarbeiter – das obige Dreifachintegral mit einer Variablentransformation in Polarkoordinaten und einer weiteren Substitution korrekt berechnet. Dabei zeigte er tiefgreifendes inhaltliches Verständnis für Differenzial- und Integralrechnung sowie für den Umgang mit dem zugehörigen Kalkül. Die Prozesse des Problemlösens waren von Übersicht über das Problemfeld gekennzeichnet, sie umfassten Aspekte der Reflexion und Selbstregulation (Abschn. 1.1.1), sodass Tim nicht nur kreative Ideen entwickelte, sondern auch Sackgassen erkannte. Die letztlich erarbeitete Lösung war in inhaltlicher und formaler Hinsicht mustergültig.

Während dieses Mathematiktreibens blühte Tim regelrecht auf. Seine Mathematiklehrkraft war dabei anwesend und stellte fest, dass sie ihn noch nie so aus sich herausgehen gesehen hat. Verständlicherweise waren sowohl die Mathematiklehrkraft als auch der Universitätsmitarbeiter ausgesprochen verblüfft, zu sehen, womit sich der Elfjährige in seiner Freizeit beschäftigt und zu welchen Leistungen er fähig ist. Er hatte sich seine Fähigkeiten im Bereich der Integralrechnung selbstständig im Eigenstudium mithilfe von Quellen aus dem Internet angeeignet (insbesondere mit Erklärvideos und Webseiten zu Mathematik). Der Lehrkraft und dem Universitätsmitarbeiter wurde klar, dass sich Tims schulische Förderung nicht nur auf den Lehrplanstoff der 6. Jahrgangsstufe beschränken sollte. Sie entwickelten die Idee, für Tim ein Drehtürmodell einzurichten (vom Typ 2.2 gemäß Abschn. 3.3.1).

Allerdings stieß diese Idee bei der Schulleitung zunächst auf Ablehnung. Eine solche Maßnahme gab es bis dahin an der Schule noch nicht. Durch ein Zusammenwirken von Tims Mathematiklehrkraft, dem Leiter der Fachschaft Mathematik, dem stellvertretenden Schulleiter, dem Universitätsmitarbeiter und Tims Eltern konnte dennoch erreicht werden, dass das Drehtürmodell für Tim realisiert wurde. Während einer Mathematikstunde pro Woche durfte er den regulären Mathematikunterricht verlassen, um sich mit Begleitung durch den Universitätsmitarbeiter oder eine Lehrkraft der Schule mit Mathematik zu beschäftigen. Da er weiterhin „etwas mit Integralen" machen wollte, befasste er sich zunächst mit dem Volumen n-dimensionaler Kugeln.

Im Verlauf des Schuljahres wurden auch andere Kollegen der Schule auf das Drehtürmodell aufmerksam. Auch sie hatten in ihren Klassen mathematisch besonders begabte

Schüler, für die sie diese Form der Begabtenförderung als sinnvoll erachteten. So wuchs die Gruppe der Schüler im Drehtürmodell während des Schuljahres auf insgesamt sieben Schüler an. Bis Ende des Schuljahres hatte sich das Drehtürmodell als eine Facette der Begabtenförderung an der Schule etabliert.

Dieses Beispiel soll mehrere im vorliegenden Buch bereits besprochene Aspekte illustrieren:

- Um mathematische Begabung bei Schülern zu diagnostizieren, muss man diese in Situationen bringen, die zu mathematischem Denken einladen. Im Fall von Tim war dies das Berechnen des Dreifachintegrals.
- Sensible Diagnostik mathematischer Begabung erfordert Offenheit für die Person des Schülers und seine individuellen Denkwege. Da der Universitätsmitarbeiter bei der ersten Begegnung mit Tim nicht an seinen mitgebrachten Aufgaben festgehalten hat, sondern auf Tims Wunsch eingegangen ist, wurde dieser inspiriert, aus sich herauszugehen und seine außergewöhnlichen Fähigkeiten zu zeigen.
- Für die Förderung mathematisch besonders begabter Kinder und Jugendlicher kann es sinnvoll sein, schulorganisatorisch zunächst ungewohnte Wege zu gehen. Zur Entfaltung von Tims besonderer Begabung erschien der Mathematikunterricht im Klassenverband als nicht ausreichend, er wurde durch ein – für die Schule neues – Drehtürmodell ergänzt.
- Schulentwicklung kann im Kleinen beginnen, bei Ideen Einzelner. Solche Ideen können sich im System „Schule" verbreiten und evolutionär substanzielle Wirkungen für Schulentwicklung entfalten (Abschn. 4.1.2 und 4.2.2).
- Die Kooperation mit Partnerinstitutionen kann der Schulentwicklung spezifische Impulse und besonderen Schub geben. Im vorliegenden Fall erwies sich die Zusammenarbeit mit einer Universität als gewinnbringend.

Kerngedanken aus diesem Kapitel

- Abschn. 4.1 hat deutlich gemacht, dass jede Lehrkraft unmittelbare Verantwortung und Freiheit besitzt, ihre eigene professionelle Kompetenz und ihren Unterricht in Bezug auf das Erkennen und Fördern mathematisch begabter Schüler weiterzuentwickeln.
- In Abschn. 4.2 wurde dargestellt, wie die Fachschaft Mathematik einer Schule als Team Unterrichts- und Schulentwicklung gestalten kann, um die Diagnostik und Förderung mathematischer Begabung an der Schule profilbildend zu intensivieren und zu systematisieren.
- Abschn. 4.3 hat gezeigt, dass Netzwerke mit anderen Schulen und außerschulischen Partnern für Schulentwicklungsvorhaben zum Thema „Begabung" ausgesprochen förderlich sein können.

Literatur

Altrichter, H. (1998): Reflexion und Evaluation in Schulentwicklungsprozessen, in: Altrichter, H., Schley, W., Schratz, M. (Hrsg.): Handbuch zur Schulentwicklung, StudienVerlag, Innsbruck, S. 263–335.

Altrichter, H., Schley, W., Schratz, M. (Hrsg., 1998): Handbuch zur Schulentwicklung, StudienVerlag, Innsbruck.

Bastian, J. (2007): Einführung in die Unterrichtsentwicklung, Beltz, Weinheim, Basel.

Baumert, J., Kunter, M. (2011): Das Kompetenzmodell von COAKTIV, in: Kunter, M., Baumert, J., Blum, W., Klusmann, U., Krauss, S., Neubrand, M. (Hrsg.): Professionelle Kompetenz von Lehrkräften, Ergebnisse des Forschungsprogramms COAKTIV, Waxmann, Münster, S. 29–53.

Baumert, J., Kunter, M. (2013): Professionelle Kompetenz von Lehrkräften, in: Gogolin, I., Kuper, H., Krüger, H.-H., Baumert, J. (Hrsg.): Stichwort: Zeitschrift für Erziehungswissenschaft, Springer VS, Wiesbaden, S. 277–337.

Bohl, T., Helsper, W., Holtappels, H. G., Schelle, C. (Hrsg., 2010): Handbuch Schulentwicklung, Klinkhardt, Bad Heilbrunn.

Buhren, C. (2018): Evaluieren, in: Buhren, C., Rolff, H.-G. (Hrsg.): Handbuch Schulentwicklung und Schulentwicklungsberatung, Beltz, Weinheim, Basel, S. 222–240.

Buhren, C., Rolff, H.-G. (Hrsg., 2018): Handbuch Schulentwicklung und Schulentwicklungsberatung, Beltz, Weinheim, Basel.

Hackl, A. (2014): Werte entwickeln Schule, Aspekte einer werteorientierten Schulentwicklung, in: Weigand, G., Hackl. A., Müller-Oppliger, V., Schmid, G. (Hrsg.): Personorientierte Begabungsförderung, Beltz, Weinheim, Basel, S. 229–241.

Klippert, H. (2008): Pädagogische Schulentwicklung, Beltz, Weinheim, Basel.

Klippert, H. (2013): Unterrichtsentwicklung – aber wie? Beltz, Weinheim, Basel.

KMK – Ständige Konferenz der Kultusminister der Länder in der Bundesrepublik Deutschland (2016): Gemeinsame Initiative von Bund und Ländern zur Förderung leistungsstarker und potenziell besonders leistungsfähiger Schülerinnen und Schüler, Beschluss vom 10.11.2016, http://www.kmk.org.

Lipowsky, F. (2006): Auf den Lehrer kommt es an, Empirische Evidenzen für Zusammenhänge zwischen Lehrerkompetenzen, Lehrerhandeln und dem Lernen der Schüler, in: Allemann-Ghionda, C., Terhart, E. (Hrsg.): Kompetenzen und Kompetenzentwicklung von Lehrerinnen und Lehrern: Ausbildung und Beruf, Zeitschrift für Pädagogik, Beiheft 51, Beltz, Weinheim, Basel, S. 47–70.

Malik, F. (2015): Strategie des Managements komplexer Systeme, Ein Beitrag zur Management-Kybernetik evolutionärer Systeme, Haupt, Bern.

Rolff, H.-G. (2016): Schulentwicklung kompakt, Modelle, Instrumente, Perspektiven, Beltz, Weinheim, Basel.

Rolff, H.-G. (2018a): Grundlagen der Schulentwicklung, in: Buhren, C., Rolff, H.-G. (Hrsg.): Handbuch Schulentwicklung und Schulentwicklungsberatung, Beltz, Weinheim, Basel, S. 12–39.

Rolff, H.-G. (2018b): Steuergruppen und interne Begleitung, in: Buhren, C., Rolff, H.-G. (Hrsg.): Handbuch Schulentwicklung und Schulentwicklungsberatung, Beltz, Weinheim, Basel, S. 71–89.

Rolff, H.-G. (2019): Wandel durch Schulentwicklung, Beltz, Weinheim, Basel.

Schratz, M., Iby, M., Radnitzky, E. (2011): Qualitätsentwicklung, Verfahren, Methoden, Instrumente, Basis-Bibliothek Schulleitung, Beltz, Weinheim, Basel.

Voss, T., Kleickmann T., Kunter, M., Hachfeld, A. (2011): Überzeugungen von Mathematiklehrkräften, in: Kunter, M., Baumert, J., Blum, W., Klusmann, U., Krauss, S., Neubrand, M.

(Hrsg.): Professionelle Kompetenz von Lehrkräften, Ergebnisse des Forschungsprogramms COAKTIV, Waxmann, Münster, S. 29–53.

Weigand, G. (2013): Person und Schulentwicklung, in: Krautz, J., Schieren, J. (Hrsg.): Persönlichkeit und Beziehung als Grundlage der Pädagogik, Beltz Juventa, Weinheim, Basel, S. 128–142.

Weigand, G. (2014): Begabung und Person, in: Weigand, G., Hackl, A., Müller-Oppliger, V., Schmid, G. (Hrsg.): Personorientierte Begabungsförderung, Beltz, Weinheim, Basel, S. 26–36.

Weigand, G. (2018): Leistungsheterogenität und Lernerfolg in Schulklassen, in: Lin-Klitzing, S., Di Fuccia, D., Gaube, T. (Hrsg.): Heterogenität und Bildung – eine normative pädagogische Debatte? Klinkhardt, Bad Heilbrunn, S. 105–125.

Bisher erschienene Bände der Reihe Mathematik Primarstufe und Sekundarstufe I + II

Herausgegeben von
  Prof. Dr. Friedhelm Padberg, Universität Bielefeld
  Prof. Dr. Andreas Büchter, Universität Duisburg-Essen

Bisher erschienene Bände (Auswahl):

Didaktik der Mathematik

T. Bardy/P. Bardy: Mathematisch begabte Kinder und Jugendliche (P)

C. Benz/A. Peter-Koop/M. Grüßing: Frühe mathematische Bildung (P)

M. Franke/S. Reinhold: Didaktik der Geometrie (P)

M. Franke/S. Ruwisch: Didaktik des Sachrechnens in der Grundschule (P)

K. Hasemann/H. Gasteiger: Anfangsunterricht Mathematik (P)

K. Heckmann/F. Padberg: Unterrichtsentwürfe Mathematik Primarstufe, Band 1 (P)

K. Heckmann/F. Padberg: Unterrichtsentwürfe Mathematik Primarstufe, Band 2 (P)

F. Käpnick: Mathematiklernen in der Grundschule (P)

G. Krauthausen: Digitale Medien im Mathematikunterricht der Grundschule (P)

G. Krauthausen: Einführung in die Mathematikdidaktik (P)

G. Krummheuer/M. Fetzer: Der Alltag im Mathematikunterricht (P)

F. Padberg/C. Benz: Didaktik der Arithmetik (P)

E. Rathgeb-Schnierer/C. Rechtsteiner: Rechnen lernen und Flexibilität entwickeln (P)

P. Scherer/E. Moser Opitz: Fördern im Mathematikunterricht der Primarstufe (P)

H.-D. Sill/G. Kurtzmann: Didaktik der Stochastik in der Primarstufe (P)

A.-S. Steinweg: Algebra in der Grundschule (P)

G. Hinrichs: Modellierung im Mathematikunterricht (P/S)

A. Pallack: Digitale Medien im Mathematikunterricht der Sekundarstufen I + II (P/S)

R. Danckwerts/D. Vogel: Analysis verständlich unterrichten (S)

© Springer-Verlag GmbH Deutschland, ein Teil von Springer Nature 2020 413
V. Ulm und M. Zehnder, *Mathematische Begabung in der Sekundarstufe,* Mathematik
Primarstufe und Sekundarstufe I + II, https://doi.org/10.1007/978-3-662-61134-0

C. Geldermann/F. Padberg/U. Sprekelmeyer: Unterrichtsentwürfe Mathematik Sekundarstufe II (S)

G. Greefrath: Didaktik des Sachrechnens in der Sekundarstufe (S)

G. Greefrath: Anwendungen und Modellieren im Mathematikunterricht (S)

G. Greefrath/R. Oldenburg/H.-S. Siller/V. Ulm/H.-G. Weigand: Didaktik der Analysis für die Sekundarstufe II (S)

K. Heckmann/F. Padberg: Unterrichtsentwürfe Mathematik Sekundarstufe I (S)

K. Krüger/H.-D. Sill/C. Sikora: Didaktik der Stochastik in der Sekundarstufe (S)

F. Padberg/S. Wartha: Didaktik der Bruchrechnung (S)

V. Ulm/M. Zehnder, Mathematische Begabung in der Sekundarstufe (S)

H.-J. Vollrath/H.-G. Weigand: Algebra in der Sekundarstufe (S)

H.-J. Vollrath/J. Roth: Grundlagen des Mathematikunterrichts in der Sekundarstufe (S)

H.-G. Weigand/T. Weth: Computer im Mathematikunterricht (S)

H.-G. Weigand et al.: Didaktik der Geometrie für die Sekundarstufe I (S)

Mathematik

M. Helmerich/K. Lengnink: Einführung Mathematik Primarstufe – Geometrie (P)

A. Büchter/F. Padberg: Einführung in die Arithmetik (P/S)

F. Padberg/A. Büchter: Arithmetik/Zahlentheorie (P)

K. Appell/J. Appell: Mengen – Zahlen – Zahlbereiche (P/S)

A. Filler: Elementare Lineare Algebra (P/S)

H. Humenberger/B. Schuppar: Mit Funktionen Zusammenhänge und Veränderungen beschreiben (P/S)

S. Krauter/C. Bescherer: Erlebnis Elementargeometrie (P/S)

H. Kütting/M. Sauer: Elementare Stochastik (P/S)

T. Leuders: Erlebnis Algebra (P/S)

T. Leuders: Erlebnis Arithmetik (P/S)

F. Padberg/A. Büchter: Elementare Zahlentheorie (P/S)

F. Padberg/R. Danckwerts/M. Stein: Zahlbereiche (P/S)

A. Büchter/H.-W. Henn: Elementare Analysis (S)

B. Schuppar: Geometrie auf der Kugel – Alltägliche Phänomene rund um Erde und Himmel (S)

B. Schuppar/H. Humenberger: Elementare Numerik für die Sekundarstufe (S)

G. Wittmann: Elementare Funktionen und ihre Anwendungen (S)

P: Schwerpunkt Primarstufe

S: Schwerpunkt Sekundarstufe

Stichwortverzeichnis

© Springer-Verlag GmbH Deutschland, ein Teil von Springer Nature 2020
V. Ulm und M. Zehnder, *Mathematische Begabung in der Sekundarstufe,* Mathematik
Primarstufe und Sekundarstufe I + II, https://doi.org/10.1007/978-3-662-61134-0

Printed in the United States
By Bookmasters